冶金专业教材和工具书经典传承国际传播工程

Project of the Inheritance and International Dissemination
of Classical Metallurgical Textbooks & Reference Books

高职高专"十四五"规划教材

冶金工业出版社

高炉智能炼铁生产技术

主　编　王　禄　杨　雷　夏中海　杨　娜
副主编　宋如武　司金凤　孙红亮

扫码输入刮刮卡密码
查看数字资源

北　京

冶 金 工 业 出 版 社

2024

内 容 提 要

本书以项目形式详细介绍了现代化智能炼铁厂原料准备、装料、炉体监控、热风炉、喷煤、炉前、除尘等核心操作流程涉及的基本原理、生产工艺、主要设备等方面的知识。全书内容主要包括高炉炼铁生产概论、高炉炼铁原燃料、高炉本体、高炉供料及装料系统、高炉送风系统、高炉喷吹系统、高炉渣铁处理系统、高炉煤气净化系统、高炉炼铁基本原理、高炉炉况的判断与处理、高炉高效冶炼、高炉特殊操作、高炉信息化与智能化。书中运用 AR 等新形态技术辅助学习者理解并拓展其知识面，同时配有大量的思考与练习题，供学习者巩固与提高。

本书可作为高等职业院校智能冶金技术等专业的教材及钢铁企业的培训用书，也可供从事炼铁生产相关工作的工程技术人员参考。

图书在版编目（CIP）数据

高炉智能炼铁生产技术/王禄等主编 .—北京：冶金工业出版社，2024.5（2024.9 重印）

冶金专业教材和工具书经典传承国际传播工程　高职高专 "十四五" 规划教材

ISBN 978-7-5024-9852-8

Ⅰ.①高… Ⅱ.①王… Ⅲ.①智能技术—应用—高炉炼铁—高等职业教育—教材 Ⅳ.①TF53-39

中国国家版本馆 CIP 数据核字（2024）第 091318 号

高炉智能炼铁生产技术

出版发行	冶金工业出版社	**电　话**	（010）64027926
地　　址	北京市东城区嵩祝院北巷 39 号	**邮　编**	100009
网　　址	www.mip1953.com	**电子信箱**	service@ mip1953.com

策划编辑　杜婷婷　责任编辑　杜婷婷　马媛馨　美术编辑　吕欣童
版式设计　郑小利　责任校对　葛新霞　责任印制　窦　唯
三河市双峰印刷装订有限公司印刷
2024 年 5 月第 1 版，2024 年 9 月第 2 次印刷
787mm×1092mm　1/16；29.5 印张；660 千字；448 页
定价 68.00 元

投稿电话　（010）64027932　投稿信箱　tougao@ cnmip. com. cn
营销中心电话　（010）64044283
冶金工业出版社天猫旗舰店　yjgycbs. tmall. com
（本书如有印装质量问题，本社营销中心负责退换）

冶金专业教材和工具书
经典传承国际传播工程
总　序

　　钢铁工业是国民经济的重要基础产业，为我国经济的持续快速增长和国防现代化建设提供了重要支撑，做出了卓越贡献。当前，新一轮科技革命和产业变革深入发展，中国经济已进入高质量发展新时代，中国钢铁工业也进入了高质量发展的新时代。

　　高质量发展关键在科技创新，科技创新离不开高素质人才。党的二十大报告指出："教育、科技、人才是全面建设社会主义现代化国家的基础性、战略性支撑。必须坚持科技是第一生产力、人才是第一资源、创新是第一动力，深入实施科教兴国战略、人才强国战略、创新驱动发展战略，开辟发展新领域新赛道，不断塑造发展新动能新优势。"加强人才队伍建设，培养和造就一大批高素质、高水平人才是钢铁行业未来发展的一项重要任务。

　　随着社会的发展和时代的进步，钢铁技术创新和产业变革的步伐也一直在加速，不断推出的新产品、新技术、新流程、新业态已经彻底改变了钢铁业的面貌。钢铁行业必须加强对科技进步、教育发展及人才成长的趋势研判、规律认识和需求把握，深化人才培养体制机制改革，进一步完善相应的条件支撑，持续增强"第一资源"的保障能力。中国钢铁工业协会《"十四五"钢铁行业人力资源规划指导意见》提出，要重视创新型、复合型人才培养，重视企业家培养，重视钢铁上下游复合型人才培养。同时要科学管理，丰富绩效体系，进一步优化人才成长环境，造就一支能够支撑未来钢铁行业高质量发展的人才队伍。

高素质人才来源于高水平的教育和培训，并在丰富多彩的创新实践中历练成长。以科技创新为第一动力的发展模式，需要科技人才保持知识的更新频率，站在钢铁发展新前沿去思考未来，系统性地将基础理论学习和应用实践学习体系相结合。要深入推进职普融通、产教融合、科教融汇，建立高等教育+职业教育+继续教育和培训一体化行业人才培养体制机制，及时把钢铁科技创新成果转化为钢铁从业人员的知识和技能。

一流的专业教材是高水平教育培训的基础，做好专业知识的传承传播是当代中国钢铁人的使命。20 世纪 80 年代，冶金工业出版社在原冶金工业部的领导支持下，组织出版了一批优秀的专业教材和工具书，代表了当时冶金科技的水平，形成了比较完备的知识体系，成为一个时代的经典。但是由于多方面的原因，这些专业教材和工具书没能及时修订，导致内容陈旧，跟不上新时代的要求。反映钢铁科技最新进展和教育教学最新要求的新经典教材的缺失，已经成为当前钢铁专业人才培养最明显的短板和痛点。

为总结、提炼、传播最新冶金科技成果，完成行业知识传承传播的历史任务，推动钢铁强国、教育强国、人才强国建设，中国钢铁工业协会、中国金属学会、冶金工业出版社于 2022 年 7 月发起了"冶金专业教材和工具书经典传承国际传播工程"（简称"经典工程"），组织相关高校、钢铁企业、科研单位参加，计划用 5 年左右时间，分批次完成约 300 种教材和工具书的修订再版和新编，以及部分教材和工具书的对外翻译出版工作。2022 年 11 月 15 日在东北大学召开了工程启动会，率先启动了高等教育和职业教育教材部分工作。

"经典工程"得到了东北大学、北京科技大学、河北工业职业技术大学、山东工业职业学院等高校，中国宝武钢铁集团有限公司、鞍钢集团有限公司、首钢集团有限公司、河钢集团有限公司、江苏沙钢集团有限公司、中信泰富特钢集团股份有限公司、湖南钢铁集团有限公司、包头钢铁（集团）有限责任公司、安阳钢铁集团有限责任公司、中国五矿集团公司、北京建龙重工集团有限公司、福建省三钢（集团）有限责任公司、陕西钢铁集团有限公司、酒泉钢铁（集团）有限责任公司、中冶赛迪集团有限公司、连平县昕隆实业有限公司等单位的大力支持和资助。在各冶金院校和相关钢铁企业积极参与支持下，工程相关工作正在稳步推进。

　　征程万里，重任千钧。做好专业科技图书的传承传播，正是钢铁行业落实习近平总书记给北京科技大学老教授回信的重要指示精神，培养更多钢筋铁骨高素质人才，铸就科技强国、制造强国钢铁脊梁的一项重要举措，既是我国钢铁产业国际化发展的内在要求，也有助于我国国际传播能力建设、打造文化软实力。

　　让我们以党的二十大精神为指引，以党的二十大精神为强大动力，善始善终，慎终如始，做好工程相关工作，完成行业知识传承传播的使命任务，支撑中国钢铁工业高质量发展，为世界钢铁工业发展做出应有的贡献。

中国钢铁工业协会党委书记、执行会长

2023 年 11 月

前　　言

本书按照国家高职高专教材改革的要求，坚持立德树人教育理念，有机融入习近平新时代中国特色社会主义思想和党的二十大精神，同时依据高炉炼铁相关的国家职业技能标准，结合现代高炉炼铁绿色低碳和智能制造的新特点，与行业、企业专家合作编写而成，并入选由中国钢铁工业协会、中国金属学会和冶金工业出版社组织的"冶金专业教材和工具书经典传承国际传播工程"第一批立项教材。

本书以项目形式组织编写，在内容安排上与时俱进，未讲述过时的渣口、钟式炉顶等内容，并将陈旧的炼铁理论及数据进行了更新，例如将高炉强化冶炼改为高炉高效冶炼、更新高炉设计理念及评价指标等，并增加了绿色低碳、智能炼铁、参数优化等内容。

本书中各项目一般由"学习目标""基础知识""智能炼铁""拓展知识""企业案例""思考与练习"等栏目构成。"学习目标"结合职业标准，阐述知识目标、能力目标、素养目标，指导学习者明确学习内容和学习要求。"基础知识"涵盖与炼铁厂核心操作任务密切相关的基本原理、生产工艺及主要生产设备等内容。"智能炼铁"介绍高炉炼铁中的智能炼铁技术。"拓展知识"将"基础知识"进一步延伸，包括行业发展的新知识、新技术、新工艺、新方法、新规范，重视培养学习者的工匠精神。"企业案例"介绍典型智能化企业的真实生产案例及事故案例。"思考与练习"坚持问题导向，结合炼铁知识提出需要思考的问题，有些习题或思考题没有标准答案，充分激发学习者的技术创新思想，培养发散式思维方式；列出实用可行的实训项目，通过模拟实训、案例分析使学习者深入了解生产实际。

为适应"互联网+职业教育"新要求，注重学习者提升职业技能、培养职业精神，本书配套了丰富的数字资源，包括思政课堂、AR资源、仿真动画、智能炼铁、拓展知识、企业案例、在线测试、教学课件等，资源可随时更新，

实现专业教材随信息技术发展和产业升级情况及时动态更新。本书提供的 AR
资源，学习者需用手机下载安装 Mechanical Designing App（仅安装一次），然
后使用该 App 扫描书中相关图片（如图 1-1），即可观看制作精良的三维动画。

　　本书由山东工业职业学院王禄、山东钢铁集团日照有限公司杨雷、江苏沙
钢集团夏中海、山东工业职业学院杨娜担任主编，伊春职业学院宋如武、山东
工业职业学院司金凤和孙红亮担任副主编，山东工业职业学院 刘杰 、袁好杰、
张倩倩参编，全书由王禄负责统稿。具体编写分工如下：王禄编写项目 1、项
目 3 和项目 9，杨雷编写项目 10，夏中海编写项目 7，杨娜编写项目 5 和项目
11，宋如武编写项目 6，司金凤编写项目 12，孙红亮编写项目 13，刘杰 编写项
目 2，袁好杰编写项目 8，张倩倩编写项目 4。

　　本书在编写过程中，参阅了炼铁方面的相关文献及企业专家提供的资料和
案例，此外，山东工业职业学院王庆春、中国宝武集团宝钢股份有限公司华建
明、河钢集团有限公司郭光等对本书提供了许多宝贵建议，在此向有关人员和
单位一并表示衷心的感谢。

　　由于编者水平所限，书中不妥之处在所难免，敬请广大读者批评指正。

编　者

2024 年 3 月

扫一扫下载
Mechanical Designing App，
安装后用 App 扫描
书中相关图片
（如图 1-1）观看动画

扫一扫下载
全书教学课件

致学习者

　　一名优秀的炼铁工作者不仅要心中有高炉，要熟悉和关注引起高炉变化的每一个因素，或者每一个细小的变化将给高炉带来的影响，做到技术精湛、心中有数，还要胸怀大志，有大局意识，心系企业兴盛、祖国发展，始终怀有一颗匠心。

　　炼铁工作者要心中装着高炉，就像医生心中始终装着人的健康一样。为了给病人治病，为了人的健康着想，医生要加强学习，不仅要学技术，而且要学人文关怀；同样，炼铁工作者也要学习各种技术，而且要有事物相互联系的思想，有全局观念和大局意识，注重培养工匠精神，才能成为一名优秀的炼铁工作者。

　　事物是普遍联系的，要善于将哲学理念、人生体验等与本课程的学习内容相联系，这将有助于更好地掌握高炉智能炼铁技术。

　　随着学习的深入，高炉的结构及其运行规律将会越来越清晰。在学到失常炉况时，学习者还要把自己当成"医生"，把工作失常的高炉当成"病人"，分析高炉的"病情"，找到治疗方案并加以实施，直至高炉"康复"。高炉操作者要掌握引起炉况波动的因素，分析高炉各种参数的改变并综合判断它们对炉况的影响，适时并且准确地采取调剂措施，保证高炉生产稳定顺行，取得较好的技术经济指标。保持高炉稳定顺行，就像保持一个人身心健康一样，生病治病是不得已采取的措施，身心健康才应是常态，"上医治未病"，优秀的炼铁工作者应使高炉保持稳定顺行。

　　要善于发现和提出问题，重视探究式学习。探究式学习是学习者自行发现并掌握相应的原理和结论的一种学习方法。这要求学习者要始终保持一颗童心，多问几个"为什么"，知其然并知其所以然，关键是要善于发现自己不懂的问题。例如，学习者看到本书图1-4，就要思考：为什么高炉是这个样子呢？图中阴影、空白相间表示什么意思？带箭头的曲线表示煤气流向，煤气为什么这样流动？滴落带是什么样子？学习者在学习中不断提出类似的问题并将其解决，获得的知识就会越来越丰富，在不久的将来，会成为一名学识渊博的炼铁工作者。

要对照国家职业技能标准学习。本书理论与实践并重，涵盖大部分高炉炼铁工、高炉原料工、高炉运转工等职业工种高级工及以上知识及技能，融职业资格要求于学习内容之中。对照职业标准学习有助于熟悉各职业工种的工作任务，检验能否胜任工作任务，找差距，促学习，增强工作信心，为工作实践打下良好基础。

要善于使用新一代信息技术手段加强学习。对本书（含二维码提供的内容）提到的概念、名词术语、劳动模范、先进技术、技术标准等内容，可通过网络在权威官方渠道搜索详细内容进一步学习，快速形成理解技术规程、操作规程的能力，这是仅次于动手操作的另一种实践。

要认真完成本书的"思考与练习"。"思考与练习"分三部分："问题探究"着重巩固知识点内容的学习成果；"技能训练"着重提升解决炼铁实际问题的能力；"进阶问题"着重立足高炉，又突破高炉，打开学习者的学习空间，使学习者既善于发现问题又能解决实际问题，试图全面提高学习者的综合素养。

最后，愿每一位学习者都能成就一颗匠心，在热爱的领域闪耀发光。

编　者
2023 年 12 月

目　　录

项目1 高炉炼铁生产概论

项目1
课件

🎯 学习目标

本项目从广度上介绍高炉炼铁生产工艺流程、高炉炼铁车间平面布置、高炉冶炼产品及用途、高炉生产主要技术经济指标、高炉智能炼铁技术概况等；从深度上介绍高炉内五带分布、煤气与炉料的相向运动、我国高炉炼铁发展历史等，以期给学习者一个高炉炼铁生产的整体概念。学习者要先把高炉装入心中，在以后的学习中让它逐渐清晰明朗。

·知识目标：

（1）了解高炉炼铁生产工艺流程；

（2）了解高炉内五带分布及煤气与炉料的相向运动情况；

（3）了解高炉炼铁车间平面布置的形式；

（4）掌握高炉冶炼产品及用途；

（5）掌握高炉生产主要技术经济指标；

（6）了解高炉智能炼铁技术概况。

·能力目标：

（1）能描述高炉炼铁生产工艺流程；

（2）能描述高炉内五带分布及煤气与炉料的相向运动情况；

（3）能计算高炉生产的技术经济指标。

·素养目标：

（1）能介绍我国高炉炼铁发展历史，心怀钢铁强国的信念，养成良好的专业认同和责任感；

（2）能介绍我国高炉炼铁发展过程中的工匠人物及事迹，加强工匠精神的培养；

思政课堂

凝造匠心

（3）具有整体观念和全局意识；

（4）具有团结协作和开拓创新精神。

★ 每课金句 ★

要围绕深入实施科教兴国战略、人才强国战略、创新驱动发展战略，深化产业工人队伍建设改革，加快建设一支知识型、技能型、创新型产业工人大军，培养造就更多大国工匠和高技能人才。

——摘自习近平2023年10月23日在同中华全国总工会新一届领导班子成员集体谈话时的讲话

📖 **基础知识**

1.1 高炉炼铁生产工艺流程

　　高炉炼铁就是在炉内高温下用还原剂从铁矿石中将铁还原出来并熔化成铁水流出炉外的生产过程。还原铁矿石需要的还原剂和热量来自燃料（燃烧）。高炉炼铁的主要燃料是焦炭，为了节省焦炭而喷吹了煤粉、天然气等辅助燃料。为了使高炉生产获得较好的生产效果，现代高炉几乎全部采用了人造富矿（烧结矿、球团矿）作为含铁原料。由于炉料的特性不同，有的高炉在冶炼时还需加入适量的熔剂（石灰石、白云石等）。

　　高炉炼铁是借助高炉本体及其附属系统来完成的，附属系统主要有供料及装料系统、送风系统、喷煤系统、渣铁处理系统与煤气净化系统。高炉炼铁生产工艺流程如图 1-1 所示。

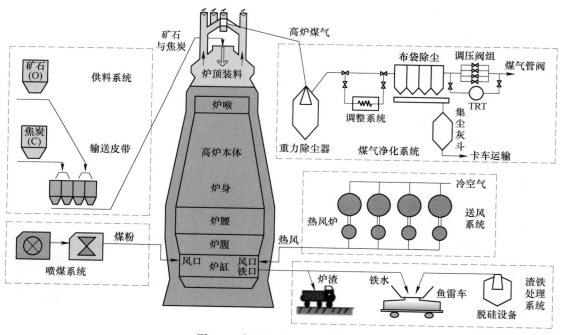

图 1-1　高炉炼铁生产工艺流程

　　（1）高炉本体。高炉本体是冶炼生铁的主体设备，它是一个用耐火材料砌筑的直立式圆筒形炉体，其工作空间自上而下由炉喉、炉身、炉腰、炉腹、炉缸五部分组成（见图 1-2），炉体最外层是由钢板制成的炉壳，在炉壳和耐火材料之间有冷却设备。

　　（2）供料及装料系统。供料及装料系统包括供料设备、上料设备、装料设备三部分。供料设备包含储矿槽、储焦槽、称量、筛分与

AR资源

请用 Mechanical Designing App 扫描图片，观看三维动画。

运输等一系列设备，其任务是为高炉冶炼准备所需的铁矿石、焦炭、熔剂等炉料；上料设备有皮带上料和料车上料两种，其任务是将炉料运送到炉顶；装料设备（无钟炉顶）的任务是将送到炉顶的炉料均匀地装入炉内，并使其在炉内合理分布，同时又起密封炉顶、回收煤气的作用。

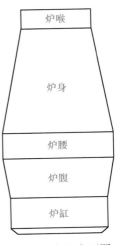

图 1-2　高炉内型图

（3）送风系统。送风系统包括鼓风机、热风炉及一系列管道和阀门等，其任务是连续可靠地供给高炉冶炼所需的热风。

（4）喷煤系统。喷煤系统包括原煤的储运、煤粉制备及煤粉喷吹等设施，其任务是均匀稳定地向高炉喷吹大量煤粉，以煤代焦，降低焦炭消耗。

（5）渣铁处理系统。渣铁处理系统包括出铁场、开铁口机、泥炮、炉前吊车、铁水罐车及水冲渣设备等，其任务是及时排放和处理渣、铁，保证高炉生产正常进行。

（6）煤气净化系统。煤气净化系统包括煤气管道、重力除尘器、洗涤塔、文氏管、布袋除尘器、静电除尘器等，其任务是将高炉冶炼所产生的煤气经过一系列的净化处理，使其含尘量降至 10 mg/m³ 以下，以满足用户对煤气质量的要求。

高炉的输入和输出如图 1-3 所示，上部不断装入炉料和导出煤气，下部不断鼓入空气（多数情况下进行富氧）和定期排放出渣铁。高炉炼铁过程是连续不断进行的，整个炼铁过程从风口前燃料燃烧开始，风口前焦炭燃烧以及定期从铁口排放渣铁使得高炉下部不断产生空间，引起炉料下降。燃烧产生的高温煤气与下降的炉料做相向运动，高炉内的一切反应均发生于煤气和炉料的相向运动及互相作用之中。

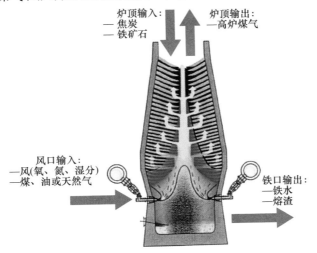

图 1-3　高炉的输入和输出

图 1-3
彩图

入炉料主要有铁矿石、焦炭和熔剂等。铁矿石在下降过程中，受到上升煤气的加热，温度不断升高。随着温度的升高，矿石发生一系列物理化学过程，其物态也不断改变，使高炉内自上而下形成不同的区域，即块状带、软熔带、滴落带、风口带和渣铁带，如图1-4及表1-1所示。为使气流能顺利通过软熔带，高炉在装料时使用焦矿分装，即焦炭和矿石（有时包含熔剂）分层装入。

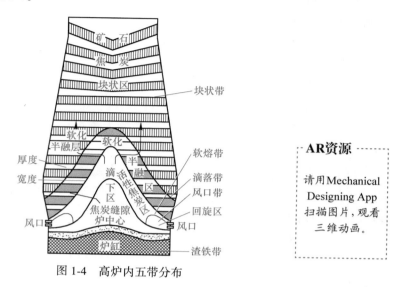

AR资源

请用Mechanical Designing App扫描图片，观看三维动画。

图1-4　高炉内五带分布

表1-1　高炉内各区域的特征

区域	相向运动	热交换	反应
块状带	固体（焦炭、矿石）在重力作用下下降，煤气在强制鼓风作用下上升	上升煤气对固体料进行预热和干燥	矿石间接还原；炉料的蒸发、挥发及分解
软熔带	影响煤气流分布	矿石软化半熔，上升煤气对软化半熔层传热熔化	矿石直接还原、渗碳、焦炭气化反应
滴落带	固体（焦炭）、液体（铁水、熔渣）的下降；煤气上升	上升煤气使铁水、熔渣、焦炭升温；滴下铁水和焦炭进行热交换	非铁元素的还原、脱硫、渗碳、焦炭气化反应
风口带	鼓风使焦炭做回旋运动	燃烧反应放热使煤气温度升高	鼓风中的氧、水蒸气和焦炭、煤粉等发生燃烧反应
渣铁带	贮存铁水、熔渣，定时从铁口排放渣铁，浸入渣铁中的焦炭随出渣铁做缓慢的沉浮运动，部分被挤入风口带燃烧	铁水、熔渣和缓慢运动的焦炭进行热交换	渣铁反应

1.2　高炉炼铁车间平面布置

高炉炼铁车间平面布置直接关系到相邻车间和公用设施布置是否合理，也关系到原料和产品的运输能否正常连续进行。此外，设施的共用性及运输线、管网线的长短对产品成本及单位产品投资也有一定影响。因此，规划车间平面布置时一定要考虑周到。

合理的平面布置应符合下列原则。

（1）在工艺合理、操作安全、满足生产的条件下，应尽量紧凑，并合理地共用一些设备与建筑物，以求少占土地和缩短运输线、管网线的距离。

（2）有足够的运输能力，保证原料及时入厂和产品（副产品）及时运出。

（3）车间内部铁路、道路布置要畅通。

（4）要考虑扩建的可能性，在可能条件下留一座高炉的位置。在高炉大修、扩建时进行施工和安装作业及材料和设备的堆放等，不得影响其他高炉正常生产。

高炉炼铁车间平面布置的形式可分为以下四种。

（1）一列式布置。一列式高炉平面布置图如图 1-5 所示，其主要特点是：高炉与热风炉在同一列线，出铁场也布置在高炉列线上，三者成为一列，并且与车间铁路线平行。这种布置形式可以共用出铁场、炉前起重机、热风炉值班室和烟囱，节省投资；热风炉距高炉近，热损失少。但是其运输能力低，在高炉数目多、产量高时，运输不方便，特别是在一座高炉检修时车间调度复杂。

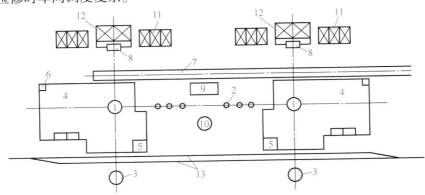

图 1-5　一列式高炉平面布置图

1—高炉；2—热风炉；3—重力除尘器；4—出铁场；5—高炉计器室；6—休息室；7—水渣沟；
8—卷扬机室；9—热风炉计器室；10—烟囱；11—储矿槽；12—储焦槽；13—铁水罐车停放线

（2）并列式布置。并列式高炉平面布置图如图 1-6 所示，其主要特点是：高炉与热风

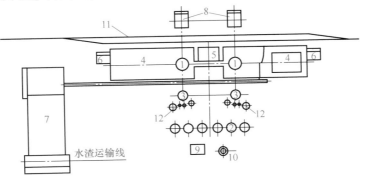

图 1-6　并列式高炉平面布置图

1—高炉；2—热风炉；3—重力除尘器；4—出铁场；5—高炉计器室；6—休息室；7—水渣池；
8—卷扬机室；9—热风炉计器室；10—烟囱；11—铁水罐车停放线；12—洗涤塔

炉分设于两条列线上，出铁场布置在高炉列线上，车间铁路线与高炉列线平行。这种布置形式可以共用一些设备和建筑物，节省投资；高炉之间距离近。但是其热风炉距高炉远，热损失大，并且热风炉靠近重力除尘器，劳动条件差。

（3）岛式布置。岛式高炉平面布置图如图1-7所示，其主要特点是：每座高炉和它的热风炉、出铁场、铁水罐车停放线等组成一个独立的体系，并且铁水罐车停放线与车间两侧的调度线成一定的交角，角度一般为11°～13°。岛式布置形式的铁路线为贯通式，空的铁水罐车从一端进入炉旁，装满铁水的铁水罐车从另一端驶出，运输量大，并且设有专用辅助材料运输线。但是其高炉间距大，管线长；设备不能共用，投资高。

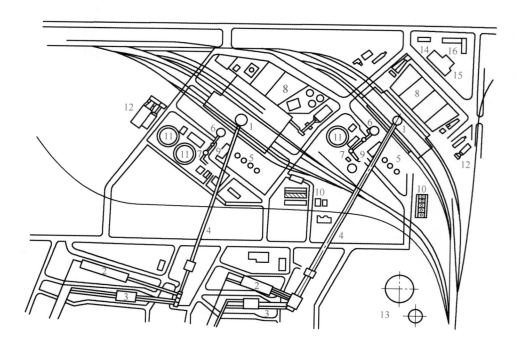

图 1-7 岛式高炉平面布置图

1—高炉及出铁场；2—储焦槽；3—储矿槽；

4—上料皮带机；5—热风炉；6—重力除尘器；

7—文氏管；8—干渣坑；9—计器室；10—循环水设施；

11—浓缩池；12—出铁场除尘设施；13—煤气柜；

14—修理中心；15—修理场；16—总值班室

（4）半岛式布置。半岛式布置是岛式布置与并列式布置的过渡，高炉和热风炉列线与车间调度线间的交角增大到45°，因此，高炉间距离近，并且在高炉两侧各有三条独立的、有尽头的铁水罐车停放线和一条辅助材料运输线，如图1-8所示。其出铁场与铁水罐车停放线垂直，缩短了出铁场长度；设有摆动流嘴，出一次铁可放置多个铁水罐车。近年来新建的大型高炉多采用这种布置形式。

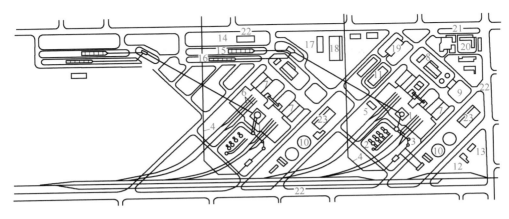

图 1-8　半岛式出铁场的高炉平面布置图

1—高炉；2—热风炉；3—除尘器；4—净煤气管道；5—高炉计器室；6—铁水罐车停放线；
7—干渣坑；8—水淬电器室；9—水淬设备；10—沉淀室；11—炉前除尘器；12—脱水机室；
13—炉底循环水槽；14—原料除尘器；15—储焦槽；16—储矿槽；17—备品库；18—机修间；
19—碾泥机室；20—厂部；21—生活区；22—公路；23—水站

1.3　高炉冶炼产品及用途

高炉生产的主要产品是生铁，副产品有炉渣、煤气及（煤气带出的）炉尘。

1.3.1　生铁

生铁分为普通生铁和合金生铁，前者包括炼钢生铁和铸造生铁，后者主要是锰铁和硅铁。普通生铁占高炉冶炼产品的98%以上。生铁是碳含量（质量分数）大于2%的铁碳合金，工业生铁碳含量（质量分数）一般为 $2.5\% \sim 6.67\%$，并含有硅、锰、硫、磷等元素，这些元素对生铁的性能均有一定的影响。

（1）碳（C），在生铁中主要以两种形态存在，一种是石墨碳（游离碳），主要存在于铸造生铁中，石墨很软、强度低，它的存在能增加生铁的铸造性能；另一种是化合碳（碳化铁），主要存在于炼钢生铁中。碳化铁硬而脆、塑性低，当其含量适当时可提高生铁的强度和硬度。

（2）硅（Si），能促使生铁中所含的碳分离为石墨状，能去氧，还能减少铸件的气眼、降低铸件的收缩量，但含硅过多也会使生铁变硬、变脆。

（3）锰（Mn），能溶于铁素体和渗碳体。在高炉冶炼生铁时，锰含量适当，可提高生铁的铸造性能和切削性能。

（4）磷（P），属于有害元素，它的存在将使生铁增加硬脆性，使钢材产生冷脆性，优良的生铁磷含量（质量分数）应低于0.025%。但有的制品内往往磷含量较高，这是由于磷降低了生铁熔点，可改善铁水的流动性。

（5）硫（S），在生铁中是有害元素，它可与铁化合成低熔点的 FeS，使生铁产生热脆性和降低铁液的流动性，故含硫高的生铁不适于铸造。

生铁质硬而脆，几乎没有塑性变形能力，不能通过锻造、轧制、拉拔等方法加工成型。

（1）炼钢生铁。炼钢生铁的碳主要以碳化铁的形态存在，这种生铁坚硬而脆，几乎没有塑性，是炼钢的主要原料。表1-2列出了炼钢生铁牌号及化学成分。

表1-2　炼钢生铁牌号及化学成分（YB/T 5296—2011）

牌　号			L03	L07	L10
化学成分（质量分数）/%	C		≥3.50		
	Si		≤0.35	>0.35~0.70	>0.70~1.25
	Mn	一组	≤0.40		
		二组	>0.40~1.00		
		三组	>1.00~2.00		
	P	特级	≤0.100		
		一级	>0.100~0.150		
		二级	>0.150~0.250		
		三级	>0.250~0.400		
	S	一类	≤0.030		
		二类	>0.030~0.050		
		三类	>0.050~0.070		

（2）铸造生铁。铸造生铁中的碳以片状的石墨形态存在，它的断口为灰色，通常又称为灰口铁。由于石墨质软，具有润滑作用，因而铸造生铁具有良好的切削、耐磨和铸造性能。但它的抗拉强度不够，故不能锻轧，只能用于制造各种铸件，如铸造各种机床床座、铁管等。表1-3所示为铸造生铁牌号及化学成分。

表1-3　铸造生铁牌号及化学成分（GB/T 718—2005）

牌　号			Z14	Z18	Z22	Z26	Z30	Z34
化学成分（质量分数）/%	C		≥3.30					
	Si		≥1.25~1.60	>1.60~2.00	>2.00~2.40	>2.40~2.80	>2.80~3.20	>3.20~3.60
	Mn	1组	≤0.50					
		2组	>0.50~0.90					
		3组	>0.90~1.30					
	P	1级	≤0.060					
		2级	>0.060~0.100					
		3级	>0.100~0.200					
		4级	>0.200~0.400					
		5级	>0.400~0.900					
	S	1类	≤0.030					
		2类	≤0.040					
		3类	≤0.050					

（3）合金生铁。高炉可生产品位较低的硅铁、锰铁等铁合金。合金生铁能够用于炼钢脱氧和合金化或其他特殊用途。

1.3.2 高炉炉渣和高炉煤气

（1）高炉炉渣。高炉炉渣是高炉炼铁产生的一种副产品，它的主要成分为 CaO、SiO_2、MgO、Al_2O_3 等，冶炼 1 t 生铁产生的渣量为 300~500 kg。一般将其冲制成水渣，作为生产水泥的原料；还可制成渣棉，作为隔声、保温材料等。

（2）高炉煤气。高炉煤气为炼铁过程中产生的副产品，主要成分为 CO、CO_2、N_2、H_2，其中可燃成分约占 25%，热值为 3000~3500 kJ/m^3，产生的煤气量为 1600~2000 m^3/t。其作为气体燃料，经除尘后可用于烧热风炉、烟气炉等。

1.4 高炉生产主要技术经济指标

（1）高炉有效容积利用系数（η_v）。高炉有效容积利用系数是指每昼夜（d）每立方米高炉有效容积（V_u）生产的合格生铁产量，单位为 $t/(m^3 \cdot d)$。

$$\text{高炉有效容积利用系数 } \eta_v = \frac{\text{日合格生铁产量}}{\text{高炉有效容积}} \tag{1-1}$$

η_v 是高炉冶炼的重要指标，η_v 越大，高炉生产率越高。目前，我国重点企业的高炉有效容积利用系数为 2.5 $t/(m^3 \cdot d)$ 左右，一些中小高炉最高达到 4.0 $t/(m^3 \cdot d)$ 以上。

（2）入炉焦比、煤比、燃料比。这些指标用来反映高炉的能耗情况，体现了高炉效率的高低，单位为 kg/t。

1）入炉焦比。入炉焦比（简称焦比）是指冶炼每吨生铁消耗的干焦量。

$$\text{入炉焦比} = \frac{\text{干焦消耗量}}{\text{合格生铁产量}} \tag{1-2}$$

焦比包括大块焦比和小块焦比。大块焦比是冶炼每吨合格生铁消耗的大块焦炭量；小块焦比（焦丁比）是冶炼每吨合格生铁消耗的小块焦炭（焦丁）量。

焦炭消耗量占生铁成本的 30%~40%，欲降低生铁成本，必须力求降低焦比。焦比大小与冶炼条件密切相关，一般入炉焦比为 270~400 kg/t，喷吹煤粉可以有效地降低焦比。

2）煤比。冶炼每吨生铁消耗的煤粉量称为煤比。

$$\text{煤比} = \frac{\text{煤粉消耗量}}{\text{合格生铁产量}} \tag{1-3}$$

3）燃料比。燃料比是冶炼单位生铁高炉所消耗的各种燃料之和。

$$\text{燃料比} = \text{焦比} + \text{煤比} \tag{1-4}$$

燃料比是用来衡量高炉生产技术水平的综合指标，同时也反映了炼铁过程的资源、能源消耗水平和环境影响水平，还与高炉生产成本密切相关。

以前我国高炉还使用综合焦比作为评价高炉能耗情况的指标。综合焦比是指冶炼每吨生铁消耗的综合干焦量。

$$综合焦比 = \frac{综合干焦量}{合格生铁产量} = \frac{干焦消耗量 + 煤粉消耗量 \times 煤粉置换比}{合格生铁产量} \tag{1-5}$$

单位质量煤粉所代替的焦炭质量称为煤粉置换比，它表示煤粉利用率的高低。一般煤粉的置换比为 0.7~1.0。由于综合焦比折算不科学，目前已很少使用。

（3）冶炼强度和综合冶炼强度。

1）冶炼强度。冶炼强度是指每昼夜每立方米高炉有效容积消耗的干焦量，单位为 t/(m³·d)。

$$冶炼强度 = \frac{日干焦消耗量}{高炉有效容积} \tag{1-6}$$

2）综合冶炼强度。综合冶炼强度是指每昼夜每立方米高炉有效容积消耗的各种燃料之和。

$$综合冶炼强度 = \frac{干焦消耗量 + 煤粉消耗量}{高炉有效容积} \tag{1-7}$$

冶炼强度表示高炉的作业强度，它与鼓入高炉的风量成正比，在焦比不变的情况下，冶炼强度越高，高炉产量越大。当前国内外大型高炉的冶炼强度一般在 1.00~1.05 t/(m³·d)。

有效容积利用系数、焦比及冶炼强度之间的关系如下。

不喷吹燃料时：

$$有效容积利用系数 = \frac{冶炼强度}{焦比} \tag{1-8}$$

喷吹燃料时：

$$有效容积利用系数 = \frac{综合冶炼强度}{燃料比} \tag{1-9}$$

（4）高炉炉缸面积利用系数（η_A）。高炉炉缸面积利用系数是高炉日合格生铁产量与高炉炉缸面积之比，代表高炉设备的生产效率，单位为 t/(m²·d)。

$$高炉炉缸面积利用系数\eta_A = \frac{日合格生铁产量}{炉缸面积} \tag{1-10}$$

图 1-9 为高炉有效容积与炉缸面积利用系数及高炉容积利用系数的关系。可以看出，小高炉容积利用系数高，但大小高炉的炉缸面积利用系数差别不大，通常为 60~65 t/(m²·d)。

（5）炉腹煤气量指数。炉腹煤气量指数是高炉每分钟产生的炉腹煤气量与高炉炉缸面积之比，代表高炉强化的程度，单位为 m/min。

$$炉腹煤气量指数 = \frac{炉腹煤气量}{炉缸面积} \tag{1-11}$$

指标较好高炉的炉腹煤气量指数通常在 60 m/min 左右。

（6）吨铁炉腹煤气量。吨铁炉腹煤气量是每吨生铁消耗的炉腹煤气量，代表能量利用指标，单位为 m³/t。

$$吨铁炉腹煤气量 = \frac{炉腹煤气量}{日合格生铁产量} \quad (1\text{-}12)$$

炉缸面积利用系数、炉腹煤气量指数及吨铁炉腹煤气量之间的关系如下：

$$高炉炉缸面积利用系数 = \frac{炉腹煤气量指数}{吨铁炉腹煤气量} \quad (1\text{-}13)$$

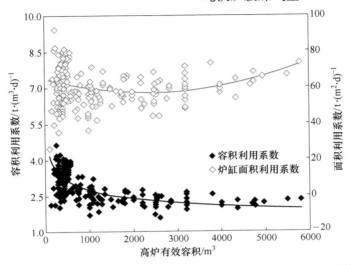

图 1-9　高炉有效容积与炉缸面积利用系数及高炉容积利用系数的关系

（7）焦炭负荷（O/C）。高炉装料时，一批料中矿石量与焦炭量的比值称为焦炭负荷，表示单位焦炭熔炼的矿石量。一般来说，焦炭负荷越大，焦比越低。随着高炉喷煤技术的不断发展，焦比一直呈下降趋势，造成焦炭负荷越来越大。

（8）生铁合格率。化学成分符合国家标准的生铁称为合格生铁，合格生铁占生铁总产量的百分数为生铁合格率。它是衡量产品质量的指标。

（9）炼铁工序单位能耗（kgce/t，千克标准煤/吨）。高炉冶炼每吨合格生铁所消耗的各种能源总量，包括工序耗用的燃料和动力等能源的总消耗量。炼铁工序单位能耗等于炼铁工序消耗能量减去回收能量的差值再除以合格生铁产量。

（10）生铁成本。生产 1 t 合格生铁所消耗的所有原料、燃料、材料、水电、人工等一切费用的总和，称为生铁成本。

（11）休风率。休风率是指高炉休风时间占高炉规定作业时间（日历时间减去计划大、中修时间和封炉时间）的百分数。休风率反映高炉设备维护和操作水平。实践证明，休风率每降低 1%，产量可提高 2%。

（12）作业率。作业率是高炉实际作业时间占日历时间的百分数。

（13）炉龄。炉龄即高炉一代寿命，是指从点火开炉到停炉大修之间的冶炼时间，或指高炉相邻两次大修之间的冶炼时间。大型高炉一代寿命为 10～15 年。衡量炉龄的另一指标为每立方米炉容在一代炉龄期内的累计产铁量。世界先进高炉的单位炉容累计产铁量超过 1 万吨，我国宝钢 3 号高炉一代炉龄累计产铁超过 5700 万吨，单位炉容产铁量达 1.309 万吨，根据国际上通行的衡量高炉长寿的标准，它是目前世界上最长寿的高炉之一。

智能炼铁

▪ 智能　人怎样掌握和操作高炉

20 世纪 50 年代初，新中国第一代的高炉工长步入炉台时，仅有几块仪表指示数据，主要是靠肉眼观察炉渣、铁水以及风口内的温度变化来判断炉况。这时的高炉操作纯属技艺，炉况判断往往不准，经常出错，高炉像人"打摆子"似的忽冷忽热。

50 年代中期，鞍钢 7 号、8 号高炉装备了从苏联引进的整套监测设施，这些监测技术很快就被高炉工长所掌握，并在全国迅速推广，从而使高炉操作从技艺转入半科学，迈进了一大步，我们称之为第二代技术。

80 年代初，我国的高炉开始采用计算机采集数据，并建立数据库，在此基础上，90 年代又开发出了高炉操作专家系统（Expert System，ES）。这项技术使高炉操作从第二代的看仪表、抄数据、凭经验的生产操作方式转变为人机对话，依靠计算机来优化决策和科学管理，我们称之为第三代技术。杭钢、济钢的高炉操作专家系统的命中率达到 85% ~ 90%，命中率高，高炉稳定性增强，技术经济指标改善，取得了较好的经济效益。80 年代刚采用计算机时，高炉控制室中的仪表盘和计算机是并存的，宝钢 1 号高炉第一代炉役就是这样，当时主要是担心计算机的可靠性差，作业率低。十多年的实践表明，计算机是非常可靠的，因此宝钢的 1 号高炉在大修时已将仪表盘全部拆除，新建高炉再也不会花双份钱，既买仪表又买计算机了。我国的高炉操作水平迈上了一个新台阶。

高炉专家系统作为人的智力劳动的延伸，凝聚了"专家级"操作人员的经验与智慧的结晶，借助于计算机技术和信息技术整合各种专家知识规则，可以及时、自动地判断出冶炼过程发生的各种异常炉况，从而避免人为的疏忽，为高炉精细化操作赢得时间和经验。当前，高炉专家系统正与其他高新技术相结合，将数据库、神经网络技术、多媒体技术、机器人技术等人工智能技术引入高炉炉况判断中，实现各种技术的集成，建立高炉集成智能系统，将大大拓展高炉专家系统的应用前景，使高炉专家系统进入一个崭新的阶段。

智能制造是新一代信息技术与先进制造技术的深度融合，已成为各国推动制造业转型升级的重点，美国"先进制造业国家战略计划"、德国"工业 4.0"、日本"工业价值链计划"等都将智能制造作为培育制造业未来竞争优势的重点。中国在 2015 年发布了《中国制造 2025》，提出"智能制造是建设制造强国的主攻方向"。炼铁工业将以此次智能制造浪潮为契机，深度融合 5G、物联网、大数据、人工智能、云计算等新兴信息技术，结合企业自身特点和实际情况，推动炼铁智能化跨越式发展，实现炼铁工业转型升级。我们称之为第四代技术。

智能炼铁将实现以下几个方面的内容。

（1）集中操控。充分整合炼铁系统各工艺单元（原料场、焦化、烧结、球团、高炉）的信息资源，利用自动化控制、远程监控、5G 传输等技术将整个铁前系统集中在一个控制中心进行操控，取消各现场操作室，实现各工序的集中布置、集中监控、集中操作，生产信息数据共享互通，生产作业高效协同。在此基础上，增加大数据、CPS（网络-实体系统）等功能，为信息化服务、生产优化和运行维护提供数据支撑。远期还应实现整个钢铁基地甚至不同基地之间的集中操控。

（2）智能监控。在重要作业区域设置高清摄像，对重要设备的运行数据进行在线采集，监控影像和运行数据进入集中操控中心，同时使用机器视觉识别替代人工监控，从而实现对重点区域和重要设备的智能监控。在高炉各个部位设置大量的检测设备和元件，获取关于炉内状态的有效检测数据，再通过各类算法构建数学模型，实现高炉各区域生产状态的可视化，破解高炉"黑匣子"。

（3）智能诊断。在设备运行状态在线监控的基础上，采用数据挖掘技术和人工智能算法，结合机理模型，在设备发生故障之前进行智能预测和预警，在设备发生故障之后对故障的原因、部位、程度等作出判断，并提供解决方案的建议。还可将设备的运行状态远程传送到分析中心，由专家进行远程诊断。

（4）智能操作。全面提升装备的自动化、智能化水平，减少人工干预环节，提高工序衔接自动化程度，在"脏、累、险"环境中使用机器人代替人工操作，实现操作无人化、少人化。采用机器深度学习代替人工决策，实现专家系统闭环控制。

（5）智能维检。将VR、AR技术应用到维检工作中，生成一种三维动态视景模拟现场环境，并结合实际运行数据对其进行修正，从而使炼铁工作者足不出户即可实现对生产现场的巡视和检验；集控中心通过对设备运行数据的收集和分析，实现对设备的智能预警和预维护，准确判断，积极干预，有效减少设备故障频次和时间。设备发生故障后，系统根据全厂设备状况和生产情况修正检修计划，并发出检修指令给检修工人或检修机器人，从而完成设备检修工作。

📈 拓展知识

· 拓展1-1 高炉工匠

自新中国成立以来，我国钢铁工业从小到大、从弱到强，经过自强不息、艰辛探索、艰苦创业，取得了举世瞩目的成就。中国钢铁波澜壮阔的奋斗史，同时也是一部体现中国钢铁人钢铁报国的精神史。此间，在高炉炼铁领域，造就了一大批老中青结合的技术和管理骨干，涌现出一大批行业知名专家、工匠，成为炼铁行业最宝贵的精神财富。过去，他们开拓创新，铸就了我国钢铁行业服务国家战略、满足人民需要的钢铁脊梁。未来，他们将推动我国钢铁行业绿色低碳技术进步，促进生态文明发展，实现高水平科技自立自强，以智能智慧带动产业链升级，为人民创造更加美好的生活。

· 拓展1-2 钢铁工业在国民经济中的地位

· 拓展1-3 我国炼铁工业发展简介

钢铁工业在国民经济中的地位

我国炼铁工业发展简介

? 思考与练习

· 问题探究

1-1　简述高炉炼铁生产工艺流程。

1-2　简述高炉的输入输出及炉内炼铁基本过程。

1-3　为什么高炉在装料时使用焦矿分装？

1-4　高炉炼铁车间平面布置的形式有哪些，各有何特点？

1-5　高炉冶炼的产品有哪些，各有何用途？

1-6　高炉生产都有哪些技术经济指标，各自的意义如何？

1-7　简述智能炼铁技术的主要内容。

· 技能训练

1-8　绘制高炉内五带分布示意图，描述煤气与炉料的相向运动情况。

1-9　计算高炉生产指标：

（1）某 3200 m^3 高炉日产生铁 8000 t，干焦炭消耗 2800 t，煤粉消耗 1280 t，计算高炉当日有效容积利用系数、入炉焦比、煤比、燃料比、冶炼强度及综合冶炼强度；

（2）某高炉有效容积为 1200 m^3，当日入炉焦炭 1105 t，入炉矿石 4033 t，计算当日冶炼强度。

· 进阶问题

1-10　根据表 1-4，你认为主要应从哪些方面降低生铁成本？

表 1-4　高炉炼铁成本主要组成

序号	项目	主要内容	比例
1	原料	烧结矿、球团矿、块矿等	50%~60%
2	燃料	焦炭、喷吹煤、高炉煤气、焦炉煤气等	30%~40%
3	动力介质	水、电、鼓风、氧气、氮气、压缩空气等	3%~6%
4	制造费用	折旧、修理费、劳务费、运输费、备件消耗等	2%~4%
5	职工薪酬		<1%
6	辅料	耐火材料、河沙、萤石等	<1%
7	1~6 合计		100%
8	回收或转供	高炉煤气、TRT 发电量、返矿、返焦、水渣、除尘灰等	占消耗的 10%~12%

1-11　根据表 1-5 的数据，分析近几年高炉炼铁技术经济指标变化情况。

表 1-5　近几年中国钢铁工业协会会员单位高炉炼铁技术经济指标

年份	燃料比 /kg·t^{-1}	焦比 /kg·t^{-1}	煤比 /kg·t^{-1}	风温 /℃	入炉品位 /%	熟料率 /%	利用系数 /t·$(m^3·d)^{-1}$	休风率 /%	劳动生产率 /t·(人·年)$^{-1}$	工序能耗 /kgce·t^{-1}
2016	542.91	363.86	140.15	1139	57.25	84.90	2.48	2.57	6998	390.63

续表 1-5

年份	燃料比 /kg·t⁻¹	焦比 /kg·t⁻¹	煤比 /kg·t⁻¹	风温 /℃	入炉品位 /%	熟料率 /%	利用系数 /t·(m³·d)⁻¹	休风率 /%	劳动生产率 /t·(人·年)⁻¹	工序能耗 /kgce·t⁻¹
2017	544.04	363.86	148.16	1142	57.32	89.06	2.51	1.93	7227	390.75
2018	526.68	358.44	143.50	1132	57.63	86.68	2.58	1.79	8037	391.74
2019	527.70	356.94	145.18	1147	57.85	90.99	2.60	2.35	7653	387.97
2020	529.11	355.19	147.50	1115	57.73	91.77	2.63	1.92	8367	385.17

注：焦比计算中未包含焦丁。

1-12　了解我国大型钢铁企业拥有的高炉基本情况。

1-13　概括介绍某企业 3000 m³以上高炉基本情况，使用了哪些智能炼铁技术？

1-14　"高炉炼铁在 20 世纪 80 年代刚采用计算机时，控制室中的仪表盘和计算机是并存的，宝钢 1 号高炉第一代炉役就是这样，当时主要是担心计算机的可靠性差，作业率低。十多年的实践表明，计算机是非常可靠的，因此宝钢的 1 号高炉在大修时已将仪表盘全部拆除，新建高炉再也不会花双份钱，既买仪表又买计算机了。"

　　根据以上资料，你得到了哪些启示？

1-15　概括介绍某高炉工匠的事迹。

1-16　为了掌握好炼铁技术，你将如何规划你的学习内容？在以后的学习过程中，请不断反思修正你的学习规划。

在线测试1

项目 2　高炉炼铁原燃料

🎯 学习目标

本项目主要介绍高炉炼铁原燃料的种类及用途；学生需理解原燃料的特性对高炉冶炼的影响，掌握高炉对入炉原燃料的要求，为后续高炉调剂操作奠定基础。

· 知识目标：

（1）掌握高炉炼铁铁矿石的种类及特性；

（2）掌握高炉炼铁的燃料种类和用途；

（3）了解高炉炼铁常用辅助原料；

（4）掌握高炉对入炉原燃料的要求。

· 能力目标：

（1）具备识别原燃料类别的能力；

（2）具备分析原燃料特性对高炉冶炼影响的能力；

（3）具备解读企业生产操作日志中原燃料信息的能力。

· 素养目标：

（1）具有自主学习能力和团队协作精神；

（2）培养勇于探索、严谨认真的工匠精神；

（3）建立事物普遍联系的观念。

★ 每课金句 ★

要全面推进清洁生产，促进重点领域和重点行业节能降碳增效，做强做优绿色低碳产业，建立健全绿色产业体系，加快形成可持续的生产生活方式。

——摘自习近平 2023 年 11 月 30 日在深入推进长三角一体化发展座谈会上的讲话

📖 基础知识

高炉炼铁的原燃料一般为铁矿石、熔剂和焦炭，统称为炉料。在炉内高温还原环境下，铁矿石中的铁氧化物被还原成单质铁并熔化成为铁水，而杂质成分形成炉渣，为使液态的渣铁便于分离，需加入石灰石、白云石等熔剂调整渣的性能；在高炉下部，焦炭不会熔化，搭起骨架，支撑整个料层，液态的渣铁在焦炭缝隙中滴落下降（见图1-4），以合适的速度到达炉缸，提高了传热和反应效果。另外，在高炉风口附近燃料（焦炭和喷吹燃料）燃烧形成的煤气，需通过炉料的间隙顺利上升，以完成传热和反应过程，故保持炉料的透气性在高炉炼铁中至关重要，炉料的透气性成为炼铁理论与实践研究的核心问题之一。

现代高炉炼铁普遍使用还原性更好的熟料（烧结矿和球团矿）作为炼铁原料，因熟料在生产过程中已预先加过熔剂，故高炉可以少加甚至不加熔剂。

2.1 含铁炉料

铁矿石是高炉炼铁的主要原料，高炉炼铁的铁矿石主要有两类：一类是自然界开采的高品位天然铁矿石（块矿）；另一类是对开采的低品位铁矿石进行加工处理得到的高品位人造富矿。目前常用的人造富矿主要是烧结矿和球团矿。

好的高炉炉料组成是以烧结矿和/或球团矿为主要部分，配加一定粒度的块矿，含铁炉料如图 2-1 所示。许多高炉既使用烧结矿也使用球团矿，但两者使用比例变化很大。另外，高炉加入金属铁（废钢、直接还原铁或热压块）能提高高炉生产率，同时减少温室气体排放；钢厂的回收废料压块也是炉料的一个选择。烧结矿、球团矿、块矿、金属铁以及钢厂回收废料压块，构成全部的含铁炉料。

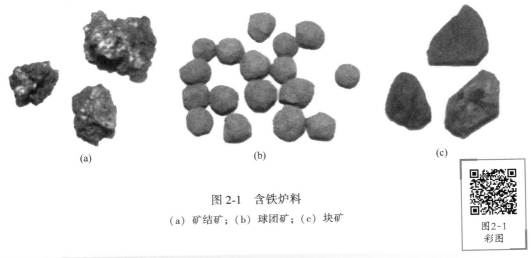

图 2-1　含铁炉料
（a）矿结矿；（b）球团矿；（c）块矿

2.1.1 天然矿

天然铁矿石种类较多，在自然界中已发现的有 300 多种含铁矿物。目前常用的铁矿石的分类及特性见表 2-1，其主要是以下四大类。

（1）磁铁矿。磁铁矿的化学式为 Fe_3O_4，具有强磁性，结构致密，晶粒细小、颜色及条痕均为黑色，脉石主要是石英及硅酸盐。难破碎，含硫、磷量较多，还原性差。磁铁矿中含有 TiO_2 及 V_2O_5 等组成的复合矿，被称为钛磁铁矿或钒钛磁铁矿。自然界中纯磁铁矿很少，由于地表氧化作用部分磁铁矿氧化为赤铁矿，但仍残留着磁铁矿的晶格及外形，故又称为假象磁铁矿。

（2）赤铁矿。赤铁矿的化学式为 Fe_2O_3，条痕为樱红色，外表颜色为暗红色，具有弱磁性，含硫、磷量较少，易破碎，易还原，脉石多为硅酸盐。

（3）褐铁矿。褐铁矿是含结晶水的铁氧化物，化学式为 $n\text{Fe}_2\text{O}_3 \cdot m\text{H}_2\text{O}$（$n = 1 \sim 3$，$m = 1 \sim 4$）。褐铁矿中绝大部分含铁矿物是以 $2\text{Fe}_2\text{O}_3 \cdot 3\text{H}_2\text{O}$ 的形式存在的。

（4）菱铁矿。菱铁矿的化学式为 FeCO_3，颜色为灰色带黄褐色。菱铁矿经过焙烧，分解出 CO_2 气体，含铁量即可得到提高，而且也变得疏松多孔，易破碎，还原性好。

表 2-1　常用的铁矿石的分类及特性

矿石名称	化学式	理论含铁量（质量分数）/%	密度/t·m⁻³	颜色	实际富矿含铁量（质量分数）/%	有害杂质	强度及还原性
磁铁矿	Fe_3O_4	72.4	4.9~5.2	黑色	40~70	硫、磷含量高	坚硬、致密，难还原
赤铁矿	Fe_2O_3	70.0	4.9~5.3	暗红色	55~68	硫、磷含量低	软、易破碎，易还原
褐铁矿	水赤铁矿 $2\text{Fe}_2\text{O}_3 \cdot \text{H}_2\text{O}$	66.1	4.0~5.0	黄褐色、暗褐色或绒黑色	37~55	硫含量低、磷含量高低不等	疏松，易还原
	针赤铁矿 $\text{Fe}_2\text{O}_3 \cdot \text{H}_2\text{O}$	62.9	4.0~4.5				
	水针赤铁矿 $3\text{Fe}_2\text{O}_3 \cdot 4\text{H}_2\text{O}$	60.9	3.0~4.4				
	褐铁矿 $2\text{Fe}_2\text{O}_3 \cdot 3\text{H}_2\text{O}$	60.0	3.0~4.2				
	黄针赤铁矿 $\text{Fe}_2\text{O}_3 \cdot 2\text{H}_2\text{O}$	57.2	3.0~4.0				
	黄赭石 $\text{Fe}_2\text{O}_3 \cdot 3\text{H}_2\text{O}$	55.2	2.5~4.0				
菱铁矿	FeCO_3	48.2	3.8	灰色带黄褐色	30~40	硫含量低、磷含量较高	易破碎，焙烧后易还原

从矿山开采出来的矿石，含铁量（质量分数）一般为 30%~60%。富铁的天然铁矿石（一般含铁量不少于理论含铁量的 70%）称为富矿。富矿经破碎和筛分后，可直接使用的称为块矿，筛下物粉矿可作为烧结原料。贫矿必须经过选矿和造块后才能入炉冶炼。

块矿作为高炉炉料，其资源正逐渐变得稀少，而且性能较差。鉴于此，块矿主要用作球团矿的低成本替代物。对于高利用系数低焦比的高炉操作，最大的块矿比例为 10%~15%，可达到的比例取决于块矿的质量。

2.1.2　烧结矿

2.1.2.1　烧结法造块工艺流程

烧结法是重要的造块方法之一。烧结法生产烧结矿就是将各种粉状含铁原料，配入适量的燃料和熔剂，加入适量的水，经混合后在烧结设备上进行烧结的过程。在此过程中借助燃料燃烧产生的高温，物料发生一系列的物理化学变化，并产生一定数量的液相。当冷却时，液相将矿粉颗粒黏结成块，即烧结矿。目前广泛采用带式抽风烧结机生产烧结矿。

2.1.2.2 烧结矿的特点

烧结矿是一种由不同成分黏结相与铁矿物黏结而成的多孔块状集合体。高炉上使用的烧结矿粒度范围一般为 5～40 mm，平均粒度 15～25 mm。烧结矿碱度越高，平均粒度越小。烧结矿在运输和处理过程中劣化，故在高炉必须再次筛分，以筛除产生的粉末。冷态强度低会导致粉末增加，通常用转鼓试验来测量冷态强度。

烧结矿还原时从赤铁矿到磁铁矿的晶体结构转变会导致低温还原粉化现象（400～600 ℃），对高炉炉料顺行和炉内煤气流分布的影响很大。致密的烧结矿结构可改进还原粉化特性，烧结矿的 FeO 含量也与还原粉化有密切的关系，FeO 含量越高，发生的还原粉化越少，但对还原性能产生负面影响。

2.1.2.3 烧结矿的分类

烧结矿按碱度（CaO/SiO$_2$）不同分为以下几种：烧结过程中不加熔剂的烧结矿称为酸性烧结矿或普通烧结矿；加少量熔剂，但高炉冶炼时仍加较多熔剂的烧结矿称为熔剂性烧结矿；而加足熔剂，在高炉冶炼时不加或极少量加（调碱度用）的烧结矿称为自熔性烧结矿；烧结矿碱度在 1.5 以上与酸性料组合成合理炉料结构的烧结矿称为高碱度烧结矿。球团矿的区分与此相同。

目前高炉上普遍使用碱度为 1.8～3.0 的高碱度烧结矿，强度和还原性都较好，而且高炉冶炼时可不加熔剂，对提高产量、降低焦比以及顺行均有好处。

2.1.3 球团矿

2.1.3.1 球团法造块工艺流程

球团法造块是把润湿的精矿粉、少量的添加剂（熔剂）、造球剂和燃料粉等混合后，用挤压和滚动的方法滚、压成直径为 8～16 mm 的圆球，再经过干燥和焙烧，使生球固结成为适合高炉使用的人造富矿的生产过程。焙烧设备主要有带式球团焙烧机、链箅机-回转窑和竖炉等。

2.1.3.2 球团矿的特点

球团矿为较多微孔的球状物，与烧结矿相比，球团矿具有粒度小而均匀、强度高、还原性好、品位高、冶炼效果好、便于运输和贮存等优点。但在高温下球团矿易产生体积膨胀。目前，国内外大多习惯于把球团矿和烧结矿按比例搭配使用。

球团矿在 900 ℃左右还原时有体积膨胀现象，膨胀发生在浮氏体向金属铁转变的过程中。体积增加 20%或以上被视为是严重的，还原膨胀率较高时，会使高炉料柱透气性变差，煤气分布失常，炉况不顺，严重影响高炉的正常冶炼。这给高炉带来的影响取决于在炉料中所用的球团矿比例。

2.1.3.3 球团矿的分类

目前，世界上生产的球团矿有酸性氧化性球团矿（包括氧化镁酸性球团等）、自熔性球团矿和白云石熔剂性球团矿三种，但我国高炉生产普遍采用的是碱度在 0.4 以下的酸性氧化性球团矿，可与高碱度烧结矿配合使用。

2.1.4 金属附加物

金属附加物主要是机械加工的残屑和余料、钢渣加工线回收的小铁块、铁水罐中残铁、不合格的硅铁、镜铁等各种碎铁以及矿渣铁，金属附加物应加到高炉中心。所有的金属附加物必须进行加工处理，防止大块加入而造成装料和布料设备故障。要求的标准（质量分数）是：

（1）一级品，含铁量 80%，含硫量不大于 0.1%；

（2）二级品，含铁量 65%，含硫量不大于 0.1%。

2.1.5 铁矿炉料质量检验

铁矿炉料的特性如下。

（1）化学成分。

（2）粒度分布，其对炉内铁矿料层的透气性是非常重要的。

（3）冶金性能，包括：

1）冷态强度，用于表征铁矿炉料在运输和处理过程中的粉化程度；

2）还原粉化，用于表征第一阶段还原（Fe_3O_2 还原为 Fe_3O_4）的影响，对应于高炉炉身区域；

3）还原性，用于表征炉料改进还原反应程度的能力；

4）软化和熔融性能，其对在炉内形成软熔带是非常重要的。

以上多数检验指标对烧结矿、球团矿以及块矿都适用，但有些检验是特定的。以球团矿为例，有专用冷态抗压强度和膨胀试验。膨胀试验是确保球团矿在还原过程的体积增加不超过设定的最大值。块矿有专门的爆裂试验，评价块矿从室温到 700 ℃ 的快速加热对一定粒度试样（例如 20~25 mm）的影响，具体做法是测量经过加热 30 min 后通过 6.30 mm 筛孔的质量分数。

2.1.5.1 粒度分布

目前，我国对高炉炉料的粒度组成检测尚未标准化，推荐采用方孔筛 5 mm×5 mm、6.3 mm×6.3 mm、10 mm×10 mm、16 mm×16 mm、25 mm×25 mm、40 mm×40 mm、80 mm×80 mm 共 7 个级别，其中前 6 个级别为必用筛，使用摇动筛筛分，粒度组成按各粒级的质量分数（%）表示。

筛分指数：按取样规定取原始试样 100 kg，等分为 5 份，每份 20 kg，放入筛孔为 5 mm×5 mm 的摇筛，往复摇动 10 次，以小于 5 mm 的粒级质量计算筛分指数。

2.1.5.2　冷态强度检验

冷态强度多用转鼓试验来标定。试验中，一定量的原料在旋转的圆筒形转鼓中翻转一定时间，然后测量粉末含量。确定经转鼓转动后的粒度分布，用其作为质量指标。这个过程模拟了所有含铁物料种类的物理运输和处理。球团矿也进行冷态抗压强度检验，以保证在处理和炉内过程中有足够的内在强度。

（1）转鼓指数：转鼓后，大于 6.3 mm 粒级部分的质量分数（%）；

（2）抗磨指数：转鼓后，小于 0.5 mm 粒级部分的质量分数（%）。

2.1.5.3　还原粉化试验

还原粉化试验是把炉料样品加热到至少 500 ℃，然后用含有 CO（有时也含 H_2）的煤气来还原。还原后，将样品冷却，进行转鼓试验，测量转鼓后的样品粉末含量。采用大于 3.15 mm 颗粒的质量分数作为试验结果，称还原粉化指数（$RDI_{+3.15}$）。

2.1.5.4　球团矿还原膨胀性能

球团矿的还原膨胀性能以其相对自由还原膨胀指数（简称还原膨胀指数）表示。所谓还原膨胀指数 RSI，是指球团矿在 900 ℃ 等温还原过程中自由膨胀，还原前后体积增长的相对值，用体积分数（%）表示。

2.1.5.5　还原性检验

还原性是通过两个不同的试验来测量的。试验温度为 900 ℃，用含 CO 的煤气还原。在试验过程中，连续测量试样的质量。质量的减少是由于试样中氧的脱除。试验获得还原速率（dO/dt）指标或经 180 min 后的最终还原度。

还原度：以三价铁状态为基准（即假定铁矿石中的铁全部以 Fe_2O_3 形态存在，并将 Fe_2O_3 中的氧当作 100%），还原一定时间后所达到的脱氧程度，以 Rt 表示，用质量分数表示。以 180 min 的还原度指数作为考核指标，用 RI 表示。

还原速率指数：以三价铁为基为准，用原子比 O/Fe 为 0.9（相当于还原度 40%）时的还原速率作为还原速率指数，以 RVI 表示，单位为 %/min。

2.1.5.6　高温软化与熔滴性能

铁矿石的软化性包括铁矿石的软化温度和软化温度区间两个方面。软化温度是指矿石在一定的荷重下受热开始变形的温度；软化温度区间是指矿石开始软化到软化终了的温度范围。高炉内软化熔融带的形成及其位置，主要取决于高炉操作条件和炉料的高温性能。而软化熔融带的特性对炉料还原过程和炉料透气性将产生明显的影响。为此，许多国家对铁矿石软化性的试验方法进行了深入研究。但是到目前为止，试验装置、操作方法和评价指标都不尽相同，一般以软化温度及温度区间、滴落开始温度和终了温度、熔融带透气性和熔融滴下物的性状作为评价指标。

2.1.6　高炉炼铁对铁矿石的要求

铁矿石是高炉冶炼的主要原料，其质量的优劣与冶炼进程及技术经济指标有极为密切的关系。决定铁矿石质量优劣的主要因素是化学成分、物理性质及其冶金性能。高炉冶炼对铁矿石的要求是：含铁量高，脉石少，有害杂质少，化学成分稳定，粒度均匀，具有良好的还原性及一定的机械强度。

2.1.6.1 铁矿石品位（含铁量）

铁矿石品位指铁矿石的含铁量，以 TFe 的质量分数（%）表示。品位是评价铁矿石质量的主要指标。铁矿石有无开采价值，开采后能否直接入炉冶炼及其冶炼价值如何，均取于矿石的含铁量。

铁矿石含铁量高有利于降低焦比和提高产量。经验表明：矿石含铁量每增加1%，焦比将降低2%，产量可提高3%，这是因为随着矿石品位的提高，脉石含量降低，熔剂用量和渣量减少，既节省热量消耗，又有利于炉况顺行。

2.1.6.2 脉石成分

铁矿石的脉石成分主要是 SiO_2、Al_2O_3、CaO 和 MgO。以 SiO_2 和 Al_2O_3 为主的脉石称为酸性脉石；以 CaO 和 MgO 为主的脉石称为碱性脉石。

现有的铁矿资源中，脉石绝大多数为酸性脉石，SiO_2 含量较高。因为 SiO_2 和 Al_2O_3 这类酸性氧化物熔点很高，所以，在现代高炉冶炼条件下，为了得到一定碱度的低熔点炉渣，就必须在炉料中配加一定数量的碱性熔剂（石灰石）与 SiO_2 作用造渣。矿石中 SiO_2 含量越高，需要加入的石灰石也越多，生成的渣量也越多，这样，将使焦比升高，产量下降。因此，要求铁矿石中含 SiO_2 越少越好。

脉石中含碱性氧化物（CaO、MgO）较多的矿石，冶炼时可少加或不加石灰石，对降低焦比有利，具有较高的冶炼价值。这种冶炼时不加熔剂的矿石称为自熔性矿石。

2.1.6.3 有害杂质和有益元素的含量

A 有害杂质

矿石中的有害杂质是指那些对冶炼有妨碍或使矿石冶炼时不易获得优质产品的元素，主要有硫、磷、铅、锌、砷、钾、钠等。高炉冶炼要求矿石中的有害元素含量越少越好。我国规定矿石中的有害元素含量界限见表2-2。

表 2-2　我国规定矿石中有害元素含量的界限

元素名称与符号	硫（S）	磷（P）	铅（Pb）	锌（Zn）	砷（As）
允许含量（质量分数）/%	≤0.3	≤0.06~0.3	≤0.1	≤0.1~0.2	≤0.07

a 硫

硫在矿物中主要以硫化物状态存在。硫的危害主要表现在以下几个方面。

（1）钢中的含硫量超过一定量时，会使钢材具有热脆性。这是由于 FeS 和铁结合成低熔点（985 ℃）合金，冷却时最后凝固成薄膜状，并分布于晶粒之间，当钢材被加热到1150~1200 ℃时，硫化物首先熔化，使钢材沿晶粒界面形成裂纹。

（2）对铸造生铁，会降低铁水的流动性，阻止 Fe_3C 分解，使铸件产生气孔、难以切削并降低其韧性。

（3）硫会显著降低钢材的焊接性、抗腐蚀性和耐磨性。

在高炉冶炼过程中，可以除去 90% 以上的硫，但脱硫时要求提高炉渣碱度，这必然导致焦比升高、产量下降。铁矿石中含硫量较高时，应通过选矿、焙烧、烧结等方法处理以后再入炉冶炼，以降低铁矿石中的含硫量。

b　磷

磷也是钢材的有害成分，它以 Fe_2P、Fe_3P 的形态溶于铁水中。磷化物是脆性物质，冷凝时聚集于钢的晶界周围，减弱晶粒间的结合力，使钢材在冷却时产生很大的脆性，从而造成钢的冷脆现象。磷在选矿和烧结过程中不易除去，高炉冶炼过程中磷全部还原进入生铁。因此，控制生铁含磷的唯一途径就是控制入炉原料的含磷量。

c　铅

铅在矿石中一般以方铅矿（PbS）形态存在。它在高炉中是易还原元素，但铅不熔于生铁且密度大于生铁，因此沉入炉底，渗入砖缝破坏炉底砌砖，甚至使炉底砌砖浮起。铅又极易挥发，在高炉上部被氧化成 PbO，黏结于炉墙，易引起结瘤。一般要求矿石中的含铅量低于 0.1%。

d　锌

锌在矿石中多以闪锌矿（ZnS）状态存在。锌沸点低（905 ℃），不熔于铁水，但很容易挥发，在炉内又被氧化成 ZnO。部分 ZnO 沉积在炉身上部炉墙上，形成炉瘤，部分渗入炉衬的孔隙和砖缝中，引起炉衬膨胀而破坏炉衬。矿石中的含锌量应低于 0.1%。

e　砷

砷在矿石中常以硫化物形态存在。与磷相似，砷在高炉冶炼过程中全部还原进入生铁，钢中含砷量大于 0.1% 时也会产生"冷脆"现象，并降低钢材的焊接性能。要求矿石中的含砷量低于 0.07%。

f　碱金属

碱金属主要指钾和钠，一般以硅酸盐形式存在于矿石中。冶炼过程中，在高炉下部高温区碱金属被直接还原生成大量碱蒸气，随煤气上升到低温区又被氧化成碳酸盐沉积在炉料和炉墙上，部分随炉料下降，从而反复循环积累。其危害主要为：与炉衬作用生成钾霞石（$K_2O \cdot Al_2O_3 \cdot 2SiO_2$），体积膨胀 40% 而损坏炉衬；与炉衬作用生成低熔点化合物，黏结在炉墙上，易导致结瘤；与焦炭中的碳作用生成化合物，体积膨胀很大，破坏焦炭高温强度，从而影响高炉下部料柱的透气性。因此，要限制矿石中 K_2O 和 Na_2O 的总含量不超过 0.6%。

g　铜

铜是贵重的有色金属，铜在钢中的含量不超过 0.3% 时，能增强金属的抗腐蚀性能，但当含铜量超过 0.3% 时，钢的焊接性能降低，并产生热脆。为使钢中含铜量不超过 0.3%，要求矿石中含铜量应小于 0.2%。

B　有益元素

许多铁矿石中常伴有锰、铬、钒、钛、镍等元素，形成多金属的共生矿。这些金属能改善钢材的性能,是重要的合金元素,故称为有益元素。

a 锰

铁矿石中几乎都含有锰,但一般含量都不超过5%。锰能增加钢材的强度和硬度。它在高炉中的还原率为40%~60%。生铁中含有一定量的锰能降低生铁的含硫量,含锰的矿粉在烧结时可以改善烧结矿的质量。

b 铬

铬是很贵重的合金元素,它能提高钢的耐腐蚀能力和强度,是冶炼不锈钢的重要合金元素。铬在矿石中常以铬铁矿（$FeO \cdot Cr_2O_3$）的形态存在,在高炉中的还原率为80%~85%。

c 镍

镍能提高钢的强度,也是冶炼不锈钢的重要合金元素。它在铁矿石中含量很少,常存在于褐铁矿中,高炉冶炼时全部进入生铁。

d 钒

钒是非常宝贵的合金元素,它能提高钢的耐疲劳强度。钒存在于钒钛磁铁矿中,少量存在于褐铁矿中。高炉冶炼时,钒的还原率为70%~90%。

e 钛

含有钛的合金钢,具有耐高温、抗腐蚀的良好性能,是近代制造飞机、火箭、航天器的高温合金。钛在钒钛磁铁矿中以$FeO \cdot TiO_2$的形态存在。钛化物进入炉渣后使炉渣变得黏稠,高炉不易操作。

2.1.6.4 铁矿石的粒度、气孔度和机械强度

A 铁矿石的粒度

铁矿石的粒度是指矿石颗粒的直径。它直接影响着炉料的透气性和传热、传质条件。粒度太小,会影响炉内料柱的透气性,使煤气上升的阻力增大;粒度过大,又使矿石的加热和还原速度降低。近年来,有降低矿石粒度上限的趋势,同时采用分级入炉（例如块矿可分为8~15 mm和15~30 mm两级）。通常,入炉矿石粒度为5~35 mm,小于5 mm的粉末是不能直接入炉的。

B 铁矿石的气孔度

铁矿石的气孔度有体积气孔度和面积气孔度两种表示法。体积气孔度是矿石孔隙占总体积的百分比;面积气孔度是单位体积内气孔表面积的绝对值。气孔有开口气孔和闭口气孔两种。高炉冶炼要求矿石的开口气孔要大,烧结矿和球团矿等人造富矿能满足这一要求。

C 铁矿石的机械强度

铁矿石的机械强度是指铁矿石耐冲击、耐摩擦、抗挤压的强弱程度。强度差的矿石,在炉内下降过程中很容易产生粉末,恶化料柱的透气性。高炉冶炼要求矿石具有较高的机械强度,但矿石在常温下的机械强度并不能反映高炉内的实际情况。近年来,国内外日益

重视高炉原料在高温条件下的机械强度的研究工作。

2.1.6.5 铁矿石的还原性

铁矿石的还原性是指铁矿石中与铁结合的氧被气体还原剂（CO、H_2）夺取的难易程度。铁矿石还原性好，有利于降低焦比。影响铁矿石还原性的主要因素有矿物组成、矿物结构的致密程度、粒度和气孔度等。气孔度大的矿石透气性好，气体还原剂与矿石的接触面增加，加速铁矿石的还原。磁铁矿因结构致密，最难还原；赤铁矿有中等的气孔度，比较容易还原；褐铁矿和菱铁矿失去结晶水和 CO_2 后，气孔度增加，容易还原；烧结矿和球团矿的气孔度高，其还原性一般比天然富矿还要好。

铁矿石的还原性可用其还原度指数（RI）来评价，还原度越高，矿石的还原性越好。对于烧结矿来说，生产中习惯使用 FeO 含量代表其还原性。FeO 含量高，表明烧结矿中难还原的硅酸铁多，烧结矿过熔而使结构致密、孔隙率低，故还原性差。合理的指标是 FeO含量在 8% 以下，但多数企业为 10%，有的甚至更高。根据国内外实践经验，烧结矿中FeO 含量每减少 1%，高炉焦比下降 1.5%，产量增加 1.5%。

2.1.6.6 铁矿石的软化性

高炉冶炼要求铁矿石软化温度高（800 ℃以上）、软化温度区间要窄，形成位置适当低而厚度较薄的软熔带，这有利于高炉稳定顺行和降低焦比。反之，会使铁矿石在高炉内过早地形成初渣，成渣位置高，软熔区大，将使料柱透气性变差，并增加炉缸热负荷，严重影响冶炼过程的正常进行。

2.1.6.7 低温还原粉化性

烧结矿的低温还原粉化一般在 400~600 ℃区间内发生，即开始于料线下 3~5 m 处，在 7 m 处基本停止。烧结矿的低温还原粉化率与 Fe_2O_3 的含量及晶状形态有密切关系，其含量越高，$\alpha\text{-}Fe_2O_3$ 的晶态量越多（$\alpha\text{-}Fe_2O_3$ 转变成 $\gamma\text{-}Fe_2O_3$ 晶格时内应力巨大），粉化越严重；此外，还与烧结矿碱度、其他脉石成分以及在炉内低温还原粉化区的停留时间有关。

球团矿则在温度为 570~1000 ℃的区间内还原粉化较严重。随着氧化物还原各阶段的进行，正常情况下球团矿有 20%~25% 的体积膨胀率，造成的粉化率为 30%~35%。随碱度的提高，球团低温还原粉化率上升。

某些天然块矿入炉时，由于内含水分迅速蒸发和热膨胀不均，会引起不同程度的膨胀爆裂和粉化现象。

炉料粉化对块状带料柱的透气性危害极大，将导致炉况不顺、产量下降和焦比升高。多数厂家规定烧结矿的 $RDI_{+6.3}>65\%$、$RDI_{-0.5}<15\%$。生产实践证明，入炉料的低温还原粉化率每增加 5%，生铁减产约 1.5%。对人造富矿的低温还原粉化，可以通过生产工艺和成分调整来改善；对天然矿，则往往限制其入炉配比量。

2.1.6.8 铁矿石各项指标的稳定性

要保证高炉的正常生产和最大限度地发挥生产效率，必须有一个相对稳定的冶炼条件，要求铁矿石的各项理化指标应符合要求并保持相对稳定。在前述各项指标中，矿石的品位、脉石成分与数量、有害杂质含量的稳定性尤为重要。高炉冶炼要求成分波动范围：$w(TFe)$ 为 $\pm(0.5\% \sim 1.0\%)$；$w(SiO_2)$ 为 $\pm(0.2\% \sim 0.3\%)$；烧结矿碱度为 $\pm(0.03 \sim 0.1)$。

矿石混匀（也称为中和）可以稳定入炉矿石的化学成分。常用方法是平铺直取，即将矿石一层一层地铺在地上，达到一定高度后，沿垂直断面截取（直取）。由于截取多层矿石，故达到了混匀的目的。混匀的机械设备有门形抓斗起重机、电产抓斗、堆取料机等。

2.2 熔剂

2.2.1 熔剂在高炉冶炼中的作用

为了保证高炉能冶炼出合格的生铁，在高炉冶炼过程中还需加入一定量的熔剂。熔剂一般在烧结矿和球团矿中加入，高炉直接加入熔剂的情况很少。高炉冶炼过程中加入熔剂的主要作用如下。

（1）使渣铁分离。高炉冶炼加入的熔剂能与铁矿石中高熔点的脉石和焦炭中高熔点的灰分结合，生成熔化温度较低的炉渣，使其能顺利地从炉缸中流出来，并同铁水分离，保证高炉生产的顺利进行。

（2）改善生铁质量，获得合格生铁。加入适量的熔剂，可获得具有一定化学成分和物理性能的炉渣，以增加其脱硫能力，并控制硅、锰等元素的还原，有利于改善生铁质量。

2.2.2 熔剂的分类

根据矿石脉石成分和焦炭灰分成分的不同，高炉冶炼使用的熔剂分为碱性、酸性和中性三种。在确定熔剂的添加量时，应考虑燃料灰分是高酸性物质。

（1）碱性熔剂。当铁矿石中的脉石为酸性氧化物时，需加入碱性熔剂。常用的碱性熔剂有石灰石（$CaCO_3$）、白云石（$MgCO_3 \cdot CaCO_3$）等。由于铁矿石中的脉石绝大多数呈酸性，所以高炉冶炼使用的熔剂绝大多数是碱性的，且主要是石灰石。

（2）酸性熔剂。当使用含碱性脉石的矿石冶炼时，可加入酸性熔剂，如石英（SiO_2）等。由于铁矿石中的脉石绝大部分是酸性氧化物，所以高炉生产中很少使用酸性熔剂；即使是含有一部分碱性脉石的铁矿石，通常也是和含酸性脉石的铁矿石搭配使用，而不另外配加石英。只有在生产中遇到炉渣 Al_2O_3 含量过高，导致高炉冶炼过程失常时，才使用石英来改善造渣，调节炉况。

（3）中性熔剂（高铝熔剂）。当矿石中脉石与焦炭中灰分含 Al_2O_3 很少时，由于渣中 Al_2O_3 少，炉渣的流动性会非常不好，这时需加一些 Al_2O_3 含量高的中性熔剂，如铁矾土、黏土页岩等。在实际生产中很少使用中性熔剂，若遇渣中 Al_2O_3 含量低时，最合理的方法还是加入一些 Al_2O_3 含量较高的铁矿石，增加渣中 Al_2O_3 含量，而不是单独加入中性熔剂。

2.2.3 高炉冶炼对碱性熔剂的质量要求

2.2.3.1 碱性氧化物含量要高

高炉冶炼使用的熔剂主要是石灰石，要求它的碱性氧化物（CaO+MgO）含量要高，酸性氧化物（$SiO_2+Al_2O_3$）含量要低。石灰石中 CaO 的理论含量为 56%，一般要求 CaO 实际含量不低于 50%，SiO_2 和 Al_2O_3 的含量不应超过 3.5%。

对于石灰石仅考虑它的 CaO 含量是不够的，实际生产中用石灰石有效熔剂性作为其质量评价指标。石灰石有效熔剂性是指熔剂按炉渣碱度的要求，除去自身酸性氧化物所消耗的碱性氧化物外，剩余部分的碱性氧化物含量。它是评价熔剂最重要的质量指标，可用下式表示：

$$石灰石有效熔剂性 = CaO_{熔剂} + MgO_{熔剂} - SiO_{2熔剂} \frac{CaO_{炉渣} + MgO_{炉渣}}{SiO_{2炉渣}}$$

当石灰石与炉渣中的 MgO 含量很少时，为了计算简便，多用 CaO/SiO_2 来表示炉渣碱度，则上式可简化为：

$$石灰石有效熔剂性 = CaO_{熔剂} + MgO_{熔剂} - SiO_{2熔剂} \frac{CaO_{炉渣}}{SiO_{2炉渣}}$$

高炉生产要求石灰石有效熔剂性越高越好。

2.2.3.2 硫、磷含量要低

高炉生产要求熔剂中的有害杂质硫、磷含量越少越好。石灰石中：$w(S)=0.01\% \sim 0.08\%$；$w(P)=0.001\% \sim 0.03\%$。

2.2.3.3 石灰石应有一定的强度和均匀的块度

除方解石在加热过程中很易破碎产生粉末外，其他石灰石的强度都是足够的。石灰石的粒度不能过大，过大的块度在炉内分解慢，会增加炉内高温区的热量消耗，使炉缸温度降低。目前的石灰石粒度，大中型高炉为 25~75 mm，最好不超过 25~50 mm；小型高炉为 10~30 mm，有的把石灰石的粒度降低到与矿石相同。表 2-3 列出了石灰石的技术条件。

表 2-3　石灰石的技术条件

级　别	化学成分（质量分数）/%				
	CaO	MgO	$SiO_2+Al_2O_3$	P_2O_5	SO_3
I	≥52	≤3.5	≤2.0	≤0.02	≤0.25
II	≥50	≤3.5	≤3.0	≤0.04	≤0.25
III	≥49	≤3.5	≤3.5	≤0.06	≤0.35
白云石化石灰石	35~44	6~10	≤5		

2.3　燃料

燃料是高炉冶炼不可缺少的基本原料之一。高炉冶炼早期以木炭为燃料，而后使用了无烟煤，再到后来高炉几乎都使用焦炭作燃料，并应用了喷吹技术。从风口喷吹的燃料已占全部燃料用量的 10%~30%，有的达 40%，用作喷吹的燃料主要有无烟煤和天然气等。

2.3.1　焦炭

焦炭基本上是强度高、不熔化的原料，它是煤在约 1000 ℃的高温条件下经干馏而获得的由含碳物质相互黏结形成的块状体。焦炭块的平均粒度比铁矿炉料的粒度大很多，而且焦炭将在整个高炉过程保持固体状态，即使在高炉炉缸的高温（1500 ℃及以上）条件下。焦炭在高炉中不断被消耗而最终消失，图 2-2 显示了焦炭在高炉不同区域的停留时间和质量参数。

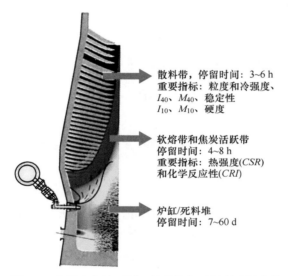

散料带，停留时间：3~6 h
重要指标：粒度和冷强度、
I_{40}、M_{40}、稳定性
I_{10}、M_{10}、硬度

软熔带和焦炭活跃带
停留时间：4~8 h
重要指标：热强度(CSR)
和化学反应性(CRI)

炉缸/死料堆
停留时间：7~60 d

图2-2
彩图

图 2-2　焦炭在高炉不同区域的停留时间和质量参数

2.3.1.1　焦炭在高炉冶炼中的作用

（1）作为发热剂。焦炭在风口前燃烧放出热量而产生高温，它使高炉内各种化学反应得以进行，并使渣、铁熔化。高炉冶炼所消耗的热量 70%~80%是由焦炭燃烧来提供的。

（2）作为还原剂。焦炭中的固定碳（C）和它燃烧后产生的 CO、H_2 与铁矿石中的各级氧化物反应后，将铁还原出来。铁矿石还原所需要的还原剂几乎全部由燃料所供给。

（3）作为料柱骨架。高炉内的铁矿石和熔剂下降到高温区时，全部软化并熔化成液体，而焦炭则既不软化也不熔化，因此它可以作为高炉内料柱的骨架来支撑上部的炉料。焦炭在高炉料柱中约占整个体积的 1/3~1/2，焦炭又是多孔的固体，同时它又起着改善料柱透气性的作用。

（4）作为渗碳剂。纯铁熔点很高（1535 ℃），在高炉冶炼温度下难以熔化；但是当铁在高温下与焦炭接触不断渗碳后，其熔化温度逐渐降低，可降至1150 ℃。因此，生铁在高炉内能顺利熔化、滴落，与脉石组成的熔渣良好分离，保证高炉生产过程连续不断地进行。生铁碳含量达 3.5%~4.5%，主要来自焦炭。

随着高炉喷煤技术的应用和风温水平的提高，焦炭作为发热剂、还原剂、渗碳剂的作用相对减弱，而其料柱骨架的作用却越来越重要。

2.3.1.2 高炉冶炼对焦炭的质量要求

A 固定碳含量要高，灰分含量要低

固定碳和灰分是焦炭的主要组成部分，两者互为消长关系。固定碳含量高，单位焦炭提供的热量和还原剂就多，灰分含量相应降低。焦炭灰分高，不但使固定碳含量降低，还带来如下一系列不良影响：灰分成分中约80%是 SiO_2 和 Al_2O_3，灰分增加，则高炉渣量随之增加。高炉灰分每增加1%，需补入为 SiO_2 增量 1.1 倍的 CaO，高炉渣量增加数为燃料比的1%，约为 5 kg/t。灰分在炼焦过程中不能熔融，对焦炭中各种组织的黏结不利，使裂纹增多、强度降低。灰分与焦炭的膨胀性不同，在高炉加热后，灰分颗粒周围产生裂纹，使焦炭裂化、粉碎。灰分中的碱金属和 Fe_2O_3 等都对焦炭的气化反应起催化作用，使焦炭反应性指数增高，影响反应后的强度。

B 挥发分含量要低

挥发分是焦炭成熟程度的标志。挥发分含量低，说明结焦后期热分解与热聚缩程度高，气孔壁材质致密，有利于焦炭显微硬度、耐磨强度和反应后强度的提高；但挥发分含量太低会形成小而结构脆弱的焦炭。合适的挥发分含量为 0.7%~1.4%。

C 焦炭水分要少且稳定

焦炭水分含量波动会引起入炉干焦量的变化，即焦炭真实负荷的波动，从而造成热制度的波动，因此，水分含量稳定比水分值更重要。但水分含量过高，焦粉会黏附在焦块上不易筛除，从而带入高炉，这也是不利的，因此，希望水分含量稳定在较低水平。

D 硫、磷和碱金属等有害成分要少

高炉燃料（焦炭和煤粉）带入的硫量约占高炉硫负荷的80%，根据生产实际，焦炭中的硫含量每增加0.1%，焦比会增加1%~3%，生铁减产2%~5%。

E 机械强度要高

焦炭的机械强度主要是指焦炭的耐磨性和抗冲击的能力，其次是抗压强度。它是一个重要的质量指标。若机械强度不好，在焦炭运转的过程中和在炉内下降的过程中，由于炉料与炉料之间、炉料与炉墙之间互相摩擦挤压，会导致焦炭破裂而产生大量的粉末，在高炉冶炼过程中，这些粉末将渗入初渣中，增加初渣的黏度，降低初渣的流动性，增加煤气通过软熔带上升的阻力，最终造成炉况不顺、炉缸堆积、风口烧坏等事故。

焦炭机械强度可用转鼓试验测定。转鼓试验后，以大于 40 mm 的焦炭占焦炭试样的质量分数（用 M_{40} 表示）作为破碎强度指标，以小于 10 mm 的焦炭占焦炭试样的质量分数

（用 M_{10} 表示）作为耐磨强度指标。中型高炉用焦炭 M_{40} 为 60%～70%，大型高炉 M_{40} 在 75% 以上。M_{10} 均应小于 9.0% 为好。

焦炭的抗压强度一般在 9.81～14.71 MPa，而高炉炉缸的实际压力只有 0.294～0.490 MPa，但焦炭在炉内高温作用下，强度会有明显降低并产生碎裂。

由于焦炭的强度指标是在常温、无化学作用的情况下测得的，所以它不能真正代表焦炭在高炉内的实际强度。因此，鉴定焦炭的强度（特别是高温下的强度）的合理方法尚待进一步研究。

F 焦炭粒度要合适、均匀、稳定

焦炭的平均粒度是矿石平均粒度的 3～5 倍，为 40～60 mm，具体要求应根据高炉容积、操作水平和指标水平，并以焦炭本身强度为基础来考虑。焦炭粒度要均匀，这样才能使高炉有良好的透气性和透液性。焦炭粒度的稳定与否取决于焦炭强度。我国高炉对焦炭粒度的要求为：大型高炉焦炭粒度为 40～80 mm，中小型高炉焦炭粒度为 25～60 mm。如果入炉焦炭粒度的允许下限控制过高，对合理利用焦炭资源不利。生产上为节约资源，也使用小颗粒的焦丁。

焦丁是指较小颗粒的焦炭，是一种容易造成高炉炉况波动的冶金焦炭次品。由于强度差、透气性差、高温性能差，使用起来风险大。但焦丁的价格优势明显，降成本潜力大；焦丁与矿石混装，可先与大块焦炭进行气化反应和渗碳，使大块焦炭维持更好的性能。许多高炉将 15～25 mm 的焦丁与矿石混装，取得了很好的冶炼效果。

G 焦炭的高温性能要好

焦炭的高温性能包括反应性 CRI 和反应后强度 CSR。反应性是指焦炭发生气化反应的速度，它是衡量焦炭在高温状态下抵抗气化能力的化学稳定性指标。高炉冶炼过程中焦炭破碎主要由化学反应消耗碳造成，如焦炭气化反应（$C+CO_2 = 2CO$）、焦炭与炉渣反应（$C+FeO = Fe+CO$）、铁焦反应（$C+3Fe = Fe_3C$）。焦炭的反应性高，在高炉内熔损的比例就高，最终导致焦炭结构疏松、气孔增大，气孔壁变薄，强度下降过程加剧，因此，希望焦炭的反应性低些。反应后强度是衡量焦炭在经受碱金属侵蚀状态下保持高温强度的能力，显然，希望焦炭反应后强度高些。

焦炭质量是高炉生产稳定顺行的基础。高炉喷煤后，焦比下降，焦炭负荷上升，工作条件的恶化要求焦炭必须具有更高的强度。据统计，高炉在高冶炼强度和高喷煤比条件下，焦炭质量水平对高炉指标的影响率在 35% 左右。

2.3.1.3 焦炭在高炉内下降的变化过程

焦炭在高炉内下降过程中将劣化并参与反应，其粒度变化如图 2-3 所示。

（1）装料区：焦炭跌落到料面，将发生一些破碎和磨损。

（2）块状带：焦炭和矿石在它们各自的料层中保持分散颗粒状态。从温度到达 900 ℃ 起，焦炭开始与 CO_2 反应，一直持续到温度超过 1000 ℃。在本区域，发生的焦炭劣化（多数是磨损）是由于机械负荷和轻微的气化反应引起的。

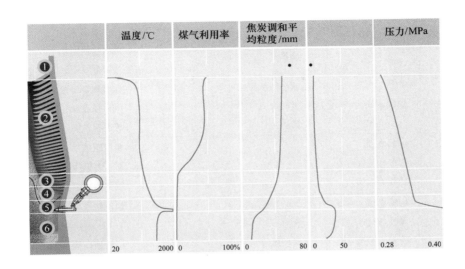

图 2-3　焦炭从炉顶下降到炉底过程中的粒度变化

（3）软熔带：此区域上升的煤气只能从焦炭层通过。在较高的温度水平下（1000~1300 ℃）焦炭与 CO_2 的气化反应速率增加。软化或熔融物料与焦炭块的接触更加密切，导致焦炭颗粒外表面的机械磨损增加。在软熔带的停留时间相当短（30~60 min），取决于高炉生产率和块状炉料的软化性能。

（4）滴落带：滴落带是一个焦炭床。液态铁和渣通过焦炭床过滤，滴落入炉缸。颗粒焦炭进一步还原剩余铁氧化物和增加铁的碳含量；与碱金属蒸气反应，强度降低。到达此区域的焦炭中的大多数流向回旋区，其余部分进入死料堆。焦炭在此带的停留时间一般为4~8 h，其温度从1200 ℃逐步增加到1500 ℃。

（5）回旋区：焦炭颗粒在回旋区以很高的速度循环运动，同时与煤、油及天然气等喷吹物一起被气化。部分焦炭和喷吹物不能被完全燃烧。在喷吹煤时，产生未燃炭黑。炭黑和粉尘随煤气流向上传输，它们包裹了焦炭颗粒，然后随熔损反应一起进行反应。炭黑和粉尘减少了焦炭的反应性并增加了液相的表观黏度。由于焦炭和喷吹物的氧化放热，温度迅速上升到超过2000 ℃。自回旋区产生的焦炭粉末和喷吹物粉末或者完全气化，或者被吹出回旋区进入焦炭床。焦炭粉末和煤粉会直接在回旋区后面累积，形成一个几乎不透气区域，称为"鸟巢"。

（6）炉缸区：炉缸中心锥体形状的死料堆有相对致密的表层结构。铁水和渣在从铁口排出前，穿过死料堆在炉缸聚集。死料堆焦炭的停留时间为10~14 d甚至更长的时间。

焦炭在下降过程中功能和劣化机理的变化及要求见表2-4。

表 2-4 焦炭功能、劣化机理及要求

高炉区域	焦炭功能	焦炭劣化机理	焦炭要求
装料区		冲击应力 磨损	粒度组成 抗破损性能 抗磨损性能
块状带	煤气透气性	碱金属沉积 机械应力 磨损	粒度和稳定性 机械强度 抗磨损性能
软熔带	炉料支撑 煤气透气性 铁和渣渗透	CO_2 气化 磨损	粒度组成 对 CO_2 低反应性 磨损后高强度
滴落带	炉料支撑 煤气透气性 铁和渣渗透	CO_2 气化 磨损 碱金属侵蚀和反应	粒度组成 对 CO_2 低反应性 抗磨损性能
回旋区	产生 CO	燃烧 热震 石墨化 冲击应力和磨损	抗热震和机械应力强度 抗磨损性能
炉缸区	炉料支撑 铁和渣渗透 铁的渗碳	石墨化 溶于铁水 机械应力	粒度组成 机械强度 抗磨损性能 碳溶解

2.3.1.4　焦炭代用品

为了保证焦炭的质量，炼焦使用的煤要求有一定的黏结性。肥煤和焦煤能满足这一要求，但这些煤的储量并不丰富且分布不均匀。冶金工作者对此进行了多方面的努力，从"开源节流"着手，首先是大量降低高炉的焦比，节约焦炭及炼焦煤的消耗量，其次是开发使用焦炭的代用品，如热压型焦、冷压型焦、铁焦等其他炼铁燃料。

（1）热压型焦。热压型焦生产的主要特点是快速加热、热压成形。将高挥发分的弱黏结性煤（如气煤和长焰煤）在热气流中快速悬浮加热（约为 450 ℃），以增加胶质体的数量和提高其流动性，使挥发性气体在胶质体形成时大量放出，造成适当的膨胀压力，以利于煤柱的黏结，同时施以一定的外压（0.1961~0.2942 MPa），促使煤质的黏结，从而获得一定形状和尺寸的半焦产品。为了防止焦炭在形成过程中产生大量的裂纹而影响强度和块度，从半焦转变成焦炭时要以 1.5~2 ℃/min 的速度缓慢加热。这种生产工艺主要由四部分组成，即煤的干燥、快速加热和维持温度以及热压成型。

（2）冷压型焦。冷压型焦的生产，根据所用煤料的性质及压型情况可分为两种：一种是对于高挥发分的煤料（如长焰煤等），先炼成半焦，然后配加一定数量的黏结剂（如煤焦油、沥青等）冷压成型；另一种是将挥发分不高的煤料（如瘦煤或不黏结的煤）中加入一定数量的黏结剂，加压成形后在高温条件下炭化结焦。加入的沥青等在煤中可以起胶质液相的作用。

（3）铁焦。铁焦是在炼焦配煤中加入一部分高炉炉尘、精矿粉或富矿粉等含铁原料，在炼焦炉内干馏后得到的一种强度大的块状含铁焦炭。这种生产方式可以节省一部分矿粉造块的设备投资，同时因铁焦中已生成一部分金属铁，从而有利于降低焦比。特别是在铁焦生产时，配煤中可以加入相当数量的结焦性差的高挥发分的气煤和肥煤，节约了主焦煤，扩大了冶金焦用煤的来源。但铁焦生产还存在着焦炉生产率下降和对焦炉炉衬的寿命有影响等问题，有待于进一步研究解决。

2.3.2 喷吹燃料

从风口向高炉中喷吹燃料目前已被大量采用。喷吹燃料可分为气体燃料、液体燃料和固体燃料三种，气体燃料有天然气、焦炉煤气等，液体燃料有重油、焦油等，固体燃料以无烟煤和烟煤为主。各国的燃料资源不同，喷吹的燃料也不同，我国高炉喷吹燃料以无烟煤为主，也有喷吹天然气，或采用以无烟煤为主配加少量烟煤进行喷吹的。各种喷吹燃料的理化性能见表 2-5 和表 2-6。

表 2-5　气体燃料的理化性能

类别	成分/%							发热值/kJ·m⁻³
	CH_4	C_2H_4	C_mH_n	H_2	N_2	CO_2	CO	
辽宁天然气	94.31	1.76	0.78		0.66	3.15	0.10	33930
四川天然气	97.40	0.40			1.60	0.40		39867
焦炉煤气	28.4	6.00	2.40	55.60	0.90	2.90	5.80	19368

表 2-6　固体燃料（无烟煤）的理化性能

类别	工业分析/%					元素分析/%				低发热值/kJ·m⁻³
	全水	灰分	挥发分	S	固定碳	C	H	N	O	
阳泉1	0.81	18.93	9.17	0.84	71.90	90.77	4.24	1.20	2.70	34290
阳泉2	0.68	14.03	11	0.40	76.80		3.87	1.21	1.54	

现在，我国冶金企业多数高炉都采用喷吹煤粉的工艺，以节约焦炭、降低成本。高炉喷吹煤粉的类型主要是无烟煤、烟煤，也可喷吹褐煤或焦粉。一般情况下，无烟煤挥发分含量低、可磨性和燃烧性差，但发热量很高；而烟煤则挥发分含量高、可磨性和燃烧性好，不过发热量低。因此，单一喷吹哪一种煤都不经济。如果将这两种煤按一定比例配合起来喷吹，扬长避短，可获得最佳经济效果。高炉喷吹用煤应能满足高炉工艺的要求，这样有利于提高置换比和扩大喷煤量。高炉冶炼对喷吹煤粉的要求如下。

（1）煤粉灰分含量越低越好，一般要求低于或接近焦炭灰分，最高不大于15%。煤粉水分含量要低于1%，以便于输送，并减少在炉缸中的吸热反应。

（2）硫含量越低越好，一般要求小于0.7%，最高不大于1.0%。

（3）胶质层厚度适宜，一般要求小于 10 mm，以免在喷吹过程中风口结焦和堵塞喷枪，影响喷吹和高炉正常生产。

（4）煤的可磨性要好，这样，制粉耗电少，磨煤机台时产量高，可以降低成本。这是因为高炉喷煤需要将煤磨到一定粒度，例如小于 0.088 mm（180 目）粒级比例达到 85%。煤粉粒度细，有利于采用气动输送，减轻对管道的磨损；并有利于在风口前迅速而完全地燃烧，促进高炉顺行。

（5）煤的燃烧性能要好，即着火点温度低，燃烧性、反应性强。燃烧性能好的煤在风口有限的空间、时间内能充分燃烧，少量未燃煤粉也因反应性强而与高炉煤气中的 CO_2、H_2O 反应气化，不给高炉冶炼带来麻烦。此外，燃烧性能好的煤也可磨得粗些，这样就为降低磨煤能耗和费用提供了条件。

（6）煤的发热值要高。喷入高炉的煤是以其放出的热量和形成的还原剂来代替焦炭在高炉内提供的热源和还原剂，其发热值越高，在高炉内放出的热量越多，置换的焦炭量也就越多。

（7）煤的灰分熔点温度要高一些。当灰分熔点温度太低时，风口容易挂渣和堵塞喷枪。灰分熔点温度主要取决于 Al_2O_3 含量，当其含量占灰分总量的 40% 时，煤灰的软化温度会超过 1500 ℃。

2.4 辅助原料

2.4.1 洗炉剂

洗炉剂包括轧钢皮、均热炉渣、锰矿和萤石等，用于处理炉内结厚和结瘤。

（1）轧钢皮。轧钢皮是钢坯（钢锭）在轧制过程中表面氧化层脱落所产生的氧化铁鳞片，常呈片状，故称铁鳞。轧钢皮密度大（4.5~5.0 g/cm³），呈青黑色，含铁量高（60%~75%）。其大部分为小于 10 mm 的小片，在料厂筛分后，大于 10 mm 的部分可作为炼铁的洗炉剂。

（2）均热炉渣。均热炉渣是钢锭、钢坯在均热炉中的熔融产物，有时混有少量的耐火材料。这类产物组织致密，FeO 含量很高，在高炉上部很难还原。集中使用时，可起洗炉剂的作用。高炉利用这些含 FeO 及其硅酸盐的洗炉剂，可以造熔化温度较低、氧化性较高的炉渣，对于清洗碱性黏结物或堆积物比较有效。

（3）锰矿。锰矿除了可以用来满足冶炼锰铁等铁种对锰含量的要求外，也可用作洗炉剂来消除碱性黏结物堆积和石墨碳堆积。这是因为硅酸锰组成的高炉渣熔点比较低，为1150~1250 ℃，提高渣中 MnO 的含量能够降低炉渣的熔点；硅酸锰的还原需要消耗一定的 CaO，渣中 MnO 在一定浓度范围内还有降低高碱度炉渣黏度的作用，有利于消除炉缸碱性黏结物的堆积；铁水中的 Mn 能与 C 结合成碳化物而溶于生铁，随着碳含量的提高，铁水凝固点进一步降低，有利于铁水流动性的改善，因此加入锰矿可以消除石墨碳的堆积。由于有一定的脱硫作用，故采用锰矿时可适当降低炉渣碱度。锰矿石强度较差，入炉粒度以 10~40 mm 为宜。

（4）萤石。萤石化学成分为 CaF_2，在造渣过程中，由于 F^- 能代替 O^{2-} 促进硅氧复合阴离子解体，使其结构简单，并能消除 CaO 含量高的难熔物质，从而使炉渣的熔点和黏度显著降低，迅速改善炉渣的流动性，但其对炉衬侵蚀严重。这种洗炉剂对于消除炉缸石墨碳形成的堆积，效果不太理想。质量好的萤石常呈黄色、绿色、紫色，透明并具有玻璃光泽，硬度为 4，密度为 3.1~3.2 g/cm^3，性脆，熔点低（约 930 ℃）。质量差的萤石则呈白色，表面带有褐色条斑或黑色斑点，且硫化物含量较多。炼铁对萤石的要求是：$w(CaF_2)>65\%$，$w(SiO_2)<23\%$，$w(S)<0.15\%$，其他杂质尽量少，粒度为 5~50 mm。

2.4.2　护炉含钛物料

高炉含钛物护炉技术已经在我国普遍推广。目前，国内的护炉含钛物有含钛块矿、钛渣及含钛烧结矿与球团矿。含钛炉料护炉的基本原理是，炉料中的 TiO_2 在炉内高温还原气氛下可以还原成 Ti，并与 C、N 生成 TiC、TiN 及其连接固溶体 Ti(NC)。这些钛的氮化物和碳化物在炉缸、炉底生成、发育和集结，与铁水及铁水中析出的石墨等凝结在离冷却壁较近的、被侵蚀严重的炉缸、炉底砖缝和内衬表面。由于钛的碳化物与氮化物熔化温度很高（纯 TiC 为 3150 ℃，TiN 为 2950 ℃，TiNC 是固溶体，熔点也很高），从而对炉缸、炉底的内衬起到保护作用。

在使用含钛物护炉时，应根据高炉的侵蚀情况因地制宜地加入 TiO_2，过少则起不到护炉作用；过多则炉渣变稠，给操作带来困难。因此，应通过试验确定其合适的加入量。生产实践表明，正常的 TiO_2 加入量维持在 5 kg/t，不仅不影响高炉冶炼，而且能起到护炉效果。当高炉下部侵蚀严重或在炉役后期，钛矿护炉可延缓或挽救炉缸烧穿的严重危机。

智能炼铁

· 智能 2-1　原燃料采购决策专家系统

· 智能 2-2　智能化原料场

原燃料采购决策专家系统

智能化原料场

拓展知识

· 拓展 2-1　高炉原燃料质量的分析

· 拓展 2-2　高炉原燃料技术指标

高炉原燃料质量的分析

高炉原燃料技术指标

· 拓展 2-3　全球铁矿石资源现状

· 拓展 2-4　我国铁矿石资源现状

全球铁矿石
资源现状

我国铁矿石
资源现状

？ 思考与练习

· 问题探究

2-1　简述高炉炉料构成及作用。

2-2　常用的天然铁矿石有哪几类，其基本特性是什么？

2-3　简述烧结矿和球团矿的特点及分类。

2-4　高炉炼铁对铁矿石有哪些要求？

2-5　矿石中的有害杂质有哪些，对钢铁的性能和高炉冶炼有什么影响？

2-6　矿石中的有益元素有哪些，对钢铁的性能有什么影响？

2-7　高炉冶炼为什么要加入熔剂？

2-8　高炉使用的石灰石应具备哪些质量要求？

2-9　焦炭在高炉冶炼中起什么作用，高炉冶炼对焦炭的质量要求有哪些？

2-10　焦炭在炉内下降时经历了怎样的变化过程？

2-11　喷吹用燃料的种类有哪些？

2-12　洗炉剂有什么作用，常用的洗炉剂有哪些？

· 技能训练

2-13　根据出示的原燃料试样，写出相应的原料名称与主要化学成分。

2-14　根据表 2-7 所示烧结矿的理化指标，试对烧结矿的质量进行分析。

表 2-7　烧结矿的理化指标

名称	化学成分（质量分数）/%									粒度<5mm 占比/%	碱度
	TFe	FeO	CaO	MgO	SiO_2	Al_2O_3	S	P	ZnO		
烧结矿 1	49.24	8.02	15.54	2.54	8.42	1.90	0.19	0.043	0.044	12.33	1.85
烧结矿 2	55.12	13.24	9.39	2.98	7.22	1.86	0.20	0.042	0.245	16.25	1.30

2-15　根据表 2-8 所示焦炭的理化指标，试对焦炭的质量进行分析。

表 2-8　焦炭的理化指标

焦炭名称	工业分析（质量分数）/%				灰分中 K_2O+Na_2O 含量（质量分数）/%	热强度/%	
	灰分	挥发分	硫分	固定碳		CRI	CSR
山丹焦	16.80	1.53	1.09	81.89	1.608	35.80	48.60
大地焦	15.15	1.65	0.96	83.40	1.769	33.50	50.40

焦炭名称	工业分析（质量分数）/%				灰分中 K_2O+Na_2O 含量（质量分数）/%	热强度/%	
	灰分	挥发分	硫分	固定碳		CRI	CSR
铁西焦	13.43	1.04	0.88	85.59	0.924	31.17	54.28

· 进阶问题

2-16　如何将原燃料采购优化与生产工艺融为一体，降低生产成本？

2-17　分析我国铁矿石资源现状及对策。

2-18　为什么保持炉料的透气性在高炉炼铁中至关重要，炉料的哪些性能与透气性相关？

2-19　结合图 2-4，从铁矿石的还原性和炉料的透气性两方面分析高炉对炉料的粒度和分级入炉的要求。

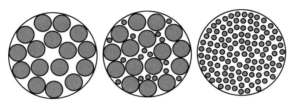

图 2-4　粒度分布对孔隙率的影响

2-20　结合图 1-3 和图 1-4，描述炼铁原燃料在高炉内的变化情况及最终的去向。假如炼铁原燃料的性能指标（逐一分析这些指标）有变化，会对高炉冶炼产生什么样的影响？随着学习的深入，请不断反思修正你的这些看法。

在线测试2

项目3 高炉本体

🎯 学习目标

高炉本体是高炉炼铁系统的主体设备，一切炼铁反应和过程均在高炉本体中发生。本项目介绍高炉本体的基本结构，学习者需把每一个结构部分与炼铁过程联系起来加以理解，要用相互联系的观点理解它们之间的作用关系，既要理解该结构部分对炼铁过程是如何影响的，也要理解炼铁过程对该结构部分的作用，主要是破坏作用，从而思考如何才能维护好高炉，延长其寿命。

· 知识目标：

（1）掌握高炉本体结构的组成与作用；

（2）了解高炉砌筑用耐火材料的性能，熟悉高炉各部位炉衬的破损机理；

（3）掌握高炉冷却的结构形式、作用；

（4）熟知风口套的组成、作用、结构和破损机理；

（5）掌握冷却制度，掌握冷却设备破损的原因、判断方法和处理措施；

（6）了解高炉炉体的支撑结构，熟知对高炉基础的要求。

· 能力目标：

（1）能确定高炉座数和容积；

（2）能进行简单的炉型设计计算，能进行砖型的选择与砖量的计算；

（3）能为高炉选择合适的耐火材料；

（4）能选择合适的冷却设备，能判断破损冷却设备的位置；

（5）能根据炉体监控参数判断炉衬的工作状态；

（6）能提出高炉炉体的维护措施，提高高炉寿命。

· 素养目标：

（1）能介绍我国的巨型高炉，增强民族自信和职业自信；

（2）能用理论与实践的辩证关系解释炉型设计过程；

（3）能用普遍联系的观点解释炉型尺寸与高炉冶炼的关系；

（4）培养认真仔细、一丝不苟的工作作风；

（5）培养开拓创新精神。

★ **每课金句** ★

进行顶层设计，需要深刻洞察世界发展大势，准确把握人民群众的共同愿望，深入探索经济社会发展规律，使制定的规划和政策体系体现时代性、把握规律性、富于创造性，做到远近结合、上下贯通、内容协调。

——摘自习近平 2023 年 2 月 7 日在新进中央委员会的委员、候补委员和省部级主要领导干部学习贯彻习近平新时代中国特色社会主义思想和党的二十大精神研讨班开班式上的讲话

基础知识

高炉本体包括高炉炉型、炉衬、冷却设备、钢结构以及高炉基础等。高炉炉体是建立在高炉炉型基础上的高炉实体，从里到外依次是炉衬、冷却设备和炉壳，自上而下依次为炉顶、高炉内型、死铁层、炉底与炉基，周围是钢结构框架。

3.1 高炉炉型

高炉内部工作空间的形状称为高炉炉型或高炉内型，如图 1-1 所示。由于高炉冶炼过程和工作条件十分复杂，高炉内型的计算还没有完全科学和纯理论计算的方法，各尺寸是基于经验公式和当前先进高炉的运行经验估算的，同时要把不同的操作条件（如炉料的种类等）考虑在内。

高炉的设计首先起始于高炉产量目标，考虑当前运行高炉的合理的有效容积利用系数，然后可导出高炉有效容积。高炉有效容积常用来表示高炉的大小。参考合适的炉缸面积利用系数（或冶炼强度及炉缸截面燃烧强度），可确定炉缸直径（应根据炉腹煤气量指数核定炉缸直径和炉容）；再根据液态渣铁的总体积，可确定风口到铁口之间的距离。当这些主要确定下来，下一步就可推导出全炉的各个尺寸，如高炉有效高度、炉腹尺寸、炉身尺寸、炉喉尺寸等。其中，炉腹和炉身的斜度或角度具有特别的重要性，且此值因炉而异。

《高炉炼铁工程设计规范》（GB 50427—2015）推荐采用炉腹煤气量指数和炉缸面积利用系数来确定高炉内型，能够避免仅仅采用有效容积利用系数给高炉内型设计带来的负面影响，避免有效容积与炉缸面积之比过小等问题。

3.1.1 高炉炉容的确定

高炉有效容积和高炉座数表明了高炉车间的规模。高炉车间总容积可以根据生产能力（生铁年产量）来确定。

高炉车间的生产能力是根据本钢铁企业中炼钢车间对炼钢生铁的需求及本地区对铸造生铁的产量和质量的需求而定的。同时也应考虑到与高炉车间相配合的原料、燃料资源情况以及与采矿、选矿、造块的生产能力相适应，充分发挥资源优势，适应市场经济。一般

建厂时多采用分阶段建设的办法,以便能够尽快形成生产能力。

$$高炉总容积 = \frac{生铁年产量}{高炉有效容积利用系数 \times 高炉年工作日 \times 高炉年作业率}$$

高炉有效容积利用系数一般直接选定。大型高炉选低值,小型高炉选高值。利用系数的选择应该既先进又留有余地,保证投产后短时间内达到设计产量。如果选择过高,则达不到预定的生产量;如果选择过低,则使生产能力得不到充分发挥。

高炉年日历日数与年作业率(一般取97%)的乘积即高炉年工作日,指高炉一代炉役期间扣除大修、中修、小修时间后,每年平均实际生产时间,我国一般采用355 d。

高炉设计年平均参数的参考值见表3-1。

表 3-1　高炉设计年平均参数的参考值

炉容级别/m³	1000	2000	3000	4000	5000
有效容积利用系数/t·(m³·d)⁻¹	2.2~2.5	2.1~2.4	2.0~2.3	2.0~2.3	2.0~2.25
炉缸面积利用系数/t·(m²·d)⁻¹	55~61	55~64	55~65	56~66	60~68
炉腹煤气量指数/m·min⁻¹	56~65	56~65	56~64	55~63	56~63
平均燃料比/kg·t⁻¹	≤520	≤515	≤510	≤500	≤500
平均焦比/kg·t⁻¹	≤360	≤340	≤330	≤310	≤310

注:不包括特殊矿石炼铁的设计指标。

高炉炼铁车间的总容积确定之后,就可以确定高炉座数和一座高炉的容积。一般来说,1000 m³以下的为小型高炉,1000~2000 m³的为中型高炉,大于2000 m³不超过5000 m³的为大型高炉,超过5000 m³的为巨型高炉。设计时,一个车间的高炉容积最好相同,这样有利于生产管理和设备管理。高炉座数的确定应从两方面考虑:一方面,从投资、生产效率、管理等角度考虑,数目越少越好;另一方面,从铁水供应、高炉煤气供应的角度考虑,则希望数目多些。确定高炉座数的原则是:保证在一座高炉停产时铁水和煤气的供应不间断。过去钢铁联合企业中高炉数目较多,近年来随着管理水平的提高,新建企业一般只有两座或三座高炉。

3.1.2 高炉炉型的确定

高炉炉型是高炉工作空间的内部剖面形状,高炉炉型各部位尺寸的表示方法如图3-1所示。好的高炉炉型能实现炉料的顺利下降和煤气流的合理分布。高炉所使用的原燃料条件、操作条件以及采用的技术都对炉型尺寸有影响。因此,设计炉型必须与所使用的原燃料条件、冶炼铁种的特性、炉料运动以及煤气流运动相适应。

现在高炉炉型设计采用分析比较和经验公式相结合的方法进行。炉型设计的原则是:

(1)参考已有炉型的计算方法,初步确定高炉内型各部位尺寸及其基本的比例关系;

(2)研究国内外高炉炉型的发展趋势,重点调整局部尺寸;

(3)收集国内外炉型资料,以炉容相近、原燃料及操作条件相近、生产指标先进的炉型为参考,对计算炉型尺寸做适当的调整。

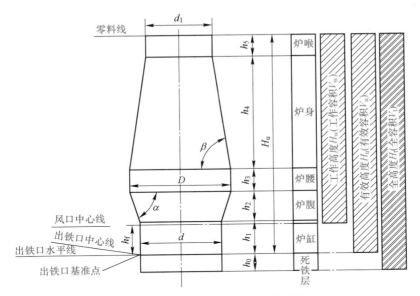

图 3-1 高炉炉型各部位尺寸的表示方法

H_u—有效高度，mm；V_u—有效容积，m^3；D—炉腰直径，mm；d—炉缸直径，mm；

d_1—炉喉直径，mm；h_0—死铁层厚度，mm；h_1—炉缸高度，mm；h_2—炉腹高度，mm；

h_3—炉腰高度，mm；h_4—炉身高度，mm；h_5—炉喉高度，mm；h_f—风口高度，mm；

α—炉腹角，(°)；β—炉身角，(°)

AR资源

请用Mechanical Designing App 扫描图片，观看三维动画。

炼铁工作者根据本厂的具体情况各自提出了合理内型各部位的尺寸比例关系。不同容积的高炉内型各部位尺寸比例关系选择范围见表 3-2 和表 3-3。

表 3-2 不同容积的高炉内型各部位尺寸比例关系

有效容积/m^3	300~620	800~1050	1300~2000	2500~4000	5000~5800
d/mm	4200~5700	6500~7300	8400~9800	10000~13400	14500~15500
D/d	1.32~1.16	1.15~1.13	1.12~1.08	1.11~1.09	1.15~1.08
d_1/d	0.98~0.77	0.84~0.79	0.69~0.67	0.67~0.65	0.76~0.72
H_u/D	3.22~3.06	3.10~3.04	2.85~2.65	2.52~2.23	2.1~1.9
α/(°)	82~80	81~80	80.5~79.5	81.5~80.5	80.8~74.6
β/(°)	85.5~84.5	85~84.5	84~83.8	83.5~82	83.1~80.5

在生产过程中由于炉衬的不断侵蚀，炉型是变化的。高炉生产后形成的炉型称为操作炉型。操作炉型与设计炉型相比，变化主要体现为炉腰直径变大，炉腹高度增加，炉腹角、炉身角变小，在高炉一代炉役期内，往往炉役中期的生产技术指标比开炉时期要好，而炉役后期则技术指标又会变差。在设计时应充分考虑这变化规律，力求在生产中尽快地形成合理的操作炉型。近年来出现的薄壁炉衬的内型设计就是基于这一点（见表 3-3），当然，薄壁炉型设计也减少了砌筑用耐火材料的使用量。

表 3-3 不同容积高炉炉型计算的主要参数

项目	厚壁高炉经验式	薄壁高炉经验式
D/d	$1.10 \sim 1.20$（$V_u = 300 \sim 1000 \ m^3$）	$1.14 \sim 1.20$（$V_u = 2000 \sim 5000 \ m^3$）
$d_1 \cdot d$	一般为 $0.65 \sim 0.72$，大高炉取大值	$0.73 \sim 0.77$（$V_u = 2000 \sim 5000 \ m^3$）
$H_u \cdot D$	一般为 $2.0 \sim 4.0$	$1.9 \sim 2.4$（$V_u = 2000 \sim 5000 \ m^3$）
h_1/m	$h_1 = (0.12 \sim 0.15) H_u$ 或 $h_1 = h_f + a$（$a = 0.5 \sim 0.7$）	$h_1 = (0.124 \sim 0.170) H_u$（$V_u = 2000 \sim 5000 \ m^3$）
$\alpha/(°)$	一般为 $78 \sim 82$	$75 \sim 78$
h_3/m	调整高炉容积用，一般为 $1.0 \sim 3.0$	调整高炉容积用，一般为 $1.0 \sim 3.0$
$\beta/(°)$	一般为 $80 \sim 83$	$79 \sim 83$
h_f/m	$h_1 - h_f = 0.5 \sim 0.6$	$h_1 - h_f = 0.5 \sim 0.6$

表 3-4 为我国部分高炉炉型尺寸。

表 3-4 我国部分高炉炉型尺寸

项目	鞍钢4号	唐钢1号	包钢1号	本钢5号	鞍钢7号	武钢5号	宝钢	宝钢	山钢	曹妃甸	沙钢
V_u/m^3	1004	1260	1513	2000	2580	3200	4063	5047	5192	5576	5867
d/mm	7200	8000	8600	9800	11000	12200	13400	14500	14600	15500	15300
D/mm	8200	9100	9600	10900	12200	13400	14600	16400	16800	17000	17500
d_1/mm	5700	6400	6600	7300	8200	9000	9500	10800	11000	11200	11500
H_u/mm	25039	25800	28000	29200	29900	30600	32600	32100	32000	32800	33200
h_0/mm	875	1000	724	1000	1200	1900	1800	3672	3600	3200	3200
h_1/mm	3200	3500	3200	3800	3700	4800	4900	5500	5400	5400	6000
h_2/mm	3000	3200	3200	3100	3600	3500	4000	4400	4000	4000	4000
h_3/mm	2200	2000	1800	1500	2000	2000	3100	2400	2400	2500	2400
h_4/mm	14200	15300	17300	18500	18000	17900	18100	17800	18000	18400	18600
h_5/mm	2000	1800	2500	2000	2600	2400	2500	2000	2200	2500	2200
$\alpha/(°)$	80.53	80.25	81.12	79.95	81.55	80.27	81.47	77.82	74.62	79.42	74.66
$\beta/(°)$	85.08	84.96	85.05	84.44	83.65	82.99	81.98	81.06	80.85	81.09	80.88
H_u/D	3.04	2.83	2.92	2.68	2.45	2.28	2.23	1.96	1.905	1.93	1.897
风口/个	14	20	18	22	26	32	36	40	40	42	40
铁口/个					2	4	4	4	4	4	3

3.1.3 高炉炉型尺寸与高炉冶炼的关系

3.1.3.1 高炉有效容积和有效高度

我国规定：高炉有效容积（V_u）为高炉有效高度内包含的容积，高炉有效高度为高炉零料线（料线零位）到出铁口水平线之间的垂直距离。对于无钟炉顶来说，料线零位一般为炉喉钢砖上沿位置，或者旋转溜槽最低位置的下缘，大部分高炉二者位置是一致的。

高炉的有效高度对高炉内煤气与炉料之间的传热、传质过程有很大影响。在相同的炉容和冶炼强度条件下，增大有效高度，炉料与煤气流接触机会增多，有利于改善传热、传质过程，降低燃料消耗；但过分增加有效高度，料柱对煤气的阻力增大，容易形成料拱，对炉料下降不利，甚至破坏高炉顺行。高炉有效高度应适应原燃料条件，如原燃料强度、粒度及均匀性等方面的变化。

生产实践证明，高炉有效高度与有效容积之间有一定关系，但不是直线关系，当有效容积增加到一定值后，有效高度的增加不明显。高炉有效高度与炉腰直径的比值（高径比 H_u/D）是表示高炉"矮胖"或"细长"的一个重要指标。随着高炉有效容积的增加，H_u/D 的值逐渐降低。

3.1.3.2 炉缸

高炉炉型下部的圆筒部分为炉缸，在炉缸上部设有风口，下部设有铁口（现代高炉大多不设渣口）。炉缸下部储存液态渣铁，上部空间为风口的燃烧带。

A 炉缸直径

炉缸直径过大和过小都直接影响高炉生产。炉缸直径过大将导致炉腹角过大，边缘气流过分发展，中心气流不活跃而引起炉缸堆积，同时加速对炉衬的侵蚀；炉缸直径过小则限制焦炭的燃烧，影响产量的提高。炉缸截面积应保证一定数量的焦炭和喷吹燃料的燃烧空间，炉缸截面燃烧强度是高炉冶炼的一个重要指标，它是指每小时每平方米炉缸截面积所燃烧的燃料数量，一般为 $1.00 \sim 1.25$ t/$(m^2 \cdot h)$。炉缸截面燃烧强度的选择应与风机能力和原燃料条件相适应，风机能力大、原料透气性好、燃料可燃性好时，炉缸截面燃烧强度可选高些，否则选低值。

选择合适的炉缸面积利用系数，结合高炉日合格生铁产量即可确定炉缸面积，从而求得炉缸直径。

B 炉缸高度

炉缸高度的确定包括铁口数目、风口高度、风口数目以及风口结构尺寸的确定。

（1）铁口数目。铁口位于炉缸下水平面，铁口数目的多少应根据高炉炉容或高炉产量而定，一般 1000 m³ 以下高炉设 1 个铁口，1500~3000 m³ 高炉设 2 个或 3 个铁口，3000 m³ 以上高炉设 3 个或 4 个铁口；或以每个铁口日出铁量达 1500~3000 t 设置铁口数目。原则上，出铁口数目取上限有利于强化高炉冶炼。例如，宝钢 4063 m³ 高炉设置 4 个铁口，唐钢 2560 m³ 高炉设置 3 个铁口，多个铁口交替连续出铁。

（2）风口高度。风口中心线与铁口中心线之间的距离称为风口高度（h_f），风口以下应能容纳一定渣量和提供一定的燃烧空间。风口高度可参照式（3-1）计算：

$$h_f = \frac{4bP}{\pi NC\rho_{铁}d^2} \tag{3-1}$$

式中 P——日产生铁量，t；

　　　　b——生铁产量波动系数，一般取 1.2；

　　　　N——昼夜出铁次数，次；

　　　　C——风口以下炉缸容积利用系数，一般取 0.28~0.36，炉容大、渣量大时取低值；

　　　　$\rho_{\text{铁}}$——铁水密度，取 7.1 t/m³；

　　　　d——炉缸直径，m。

　　（3）风口数目。风口数目主要取决于炉容大小，与炉缸直径成正比，还与预定的冶炼强度有关。风口数目多有利于减小风口间的"死料区"，改善煤气分布。风口数目可以根据风口中心线在炉缸圆周上的距离（s）进行计算：

$$n = \frac{\pi d}{s} \tag{3-2}$$

　　其中，s 为 1.1~1.6 m，小型高炉取下限，大型高炉取上限。确定风口数目时还应考虑风口直径与入炉风速，风口数目一般取偶数。风口数目推荐值见表 3-5。

表 3-5　风口数目推荐值

高炉容积/m³	1000	2000	2500	3000	4000	5000
风口个数/个	16~20	24~28	26~30	28~32	34~38	40~42

　　（4）风口结构尺寸（风口中心线到炉腹下缘的距离）。风口结构尺寸（a）根据经验直接选定，见表 3-6，一般为 0.35~0.80 m。

表 3-6　不同容积高炉的风口结构尺寸

高炉容积/m³	600~1000	1000~2000	2000~3000	>3000
a/mm	350~500	400~600	600~800	≈800

　　炉缸高度 h_1 可用式（3-3）计算：

$$h_1 = h_f + a \tag{3-3}$$

3.1.3.3　炉腹

　　炉腹在炉缸上部，呈倒截圆锥形。炉腹的形状适应了炉料熔化滴落后体积的收缩，可稳定下料速度；同时，可使高温煤气流离开炉墙，既不烧坏炉墙又有利于渣皮的稳定；对上部料柱而言，使燃烧带处于炉喉边缘的下方，有利于松动炉料，促进炉况顺行。燃烧带产生的煤气量为鼓风量的 1.4 倍左右，理论燃烧温度为 2000~2300 ℃，气体体积剧烈膨胀，炉腹的存在可适应这一变化。

　　炉腹的结构尺寸是指炉腹高度（h_2）和炉腹角（α）。炉腹过高，有可能炉料尚未熔融就进入收缩段，易造成难行和悬料；炉腹过低，则减弱炉腹的作用。炉腹高度 h_2 可由式（3-4）计算：

$$h_2 = \frac{D - d}{2}\tan\alpha \tag{3-4}$$

　　炉腹角一般为 79°~83°，过大会使边缘煤气流过分发展，高炉挂渣困难；过小则增大对炉料下降的阻力，不利于高炉顺行。

3.1.3.4　炉腰

炉腹上部的圆柱形空间为炉腰，它是高炉炉型中直径最大的部位。炉腰处恰是冶炼的软熔带，透气性差，炉腰的存在扩大了该部位的横向空间，改善了透气条件。

在炉型结构上，炉腰起着承上启下的作用，使炉腹向炉身的过渡变得平缓，减小了死角。经验表明，炉腰高度（h_3）对高炉冶炼的影响不太显著，一般取 $1 \sim 3$ m，炉容大时取上限，设计时可通过调整炉腰高度使其他尺寸符合经验数据。炉腰直径（D）与炉缸直径（d）和炉腹角（α）、炉腹高度（h_2）相关，并决定了炉型的下部结构特点。

3.1.3.5　炉身

炉身呈正截圆锥形，其形状适应炉料受热后体积的膨胀和煤气流冷却后体积的收缩，有利于减小炉料下降的摩擦阻力，避免形成料拱。炉身角对高炉煤气流的合理分布和炉料顺行影响较大。炉身角小，有利于炉料下降，但易发生边缘煤气流，使焦比升高；炉身角大，有利于抑制边缘煤气流，但不利于炉料下降，对高炉顺行不利。设计炉身角时要考虑原燃料条件，原燃料条件好，炉身角可取大值；相反，原料粉末多、燃料强度差时，炉身角取小值。高炉冶炼强度高、喷煤量大时，炉身角也应取小值。此外，炉身角还要适应高炉容积，一般大型高炉由于径向尺寸大，径向膨胀量也大，这就要求炉身角小些；相反，中小型高炉的炉身角要大些，炉身角一般为 $81.5° \sim 85.5°$。$4000 \sim 5000$ m³高炉的炉身角取值为 $81.5°$ 左右。

炉身高度（h_4）占高炉有效高度的 $50\% \sim 60\%$，保证了煤气与炉料之间传热和传质过程的进行，可按式（3-5）计算：

$$h_4 = \frac{D - d_1}{2} \tan\beta \tag{3-5}$$

3.1.3.6　炉喉

炉喉呈圆柱形，它是承接炉料、稳定料面、保证炉料合理分布的重要部位。炉喉直径（d_1）与炉腰直径（D）、炉身角（β）、炉身高度（h_4）相关，并决定了高炉炉型的上部结构特点。d_1/D 的值为 $0.64 \sim 0.73$。炉喉高度应以能满足控制炉料分布与煤气流分布为宜，过高会使炉料挤紧而影响其下降，过低则难以满足装料制度调节的要求。大型和巨型高炉的炉喉高度一般为 $2.0 \sim 2.5$ m，中小型高炉一般为 $1.5 \sim 2$ m。

3.1.3.7　死铁层厚度

铁口中心线到炉底砌砖表面之间的距离称为死铁层厚度。死铁层是不可缺少的，其内残留的铁水可隔绝渣铁和煤气对炉底的侵蚀，其热容量可使炉底温度均匀、稳定，消除热应力的影响。高炉的死铁层厚度 $h_0 = (0.15 \sim 0.2)d$。高炉冶炼不断强化，死铁层厚度有增加的趋势。目前，国内外新设计高炉的死铁层厚度由原来的 $500 \sim 1000$ mm 增加到3000 mm以上，主要目的是增大死铁层对浸埋在渣铁中焦炭的浮力，降低死料柱下面铁水向铁口流动的阻力，减轻铁水环流对炉缸砖衬的冲刷侵蚀，可有效地保护炉缸。

3.1.4 现代高炉炉型的特点

现代化的高炉有较高的机械化与自动化水平,在操作方面以精料为基础,强化冶炼为手段,适应大风量、高风温、大喷吹量。现代高炉炉型的发展趋势应能满足和适应上述发展方向和要求。

(1) H_u/D 值减小。近年来,随着高炉大型化,高炉高度变化很小,主要是横向发展,出现了矮胖型高炉。有些高炉大修时为了扩容或是为了进一步强化,主要是减小了 H_u/D 值,扩大了炉腰直径,有的还降低了有效高度,取得了提高利用系数的良好效果。在煤气的热能和化学能的利用方面,已有精料、喷吹、富氧、高风温、高压操作等技术相应发展,大大改善了炉内还原和热交换过程。实践表明,炉料在炉内的停留时间只与冶炼强度和焦比有关。因此,上述措施都为相对降低有效高度提供了条件。但 H_u/D 值过小,将导致煤气与炉料接触时间过短和煤气分布恶化,还易造成"管道行程",使煤气能量利用率降低,燃料比升高。对小型高炉而言,有效高度和炉缸截面积本来就小,煤气能量利用率低,焦比高,如果人为地降低有效高度,所带来的不利影响将比大型高炉更为严重。

(2) V_u/A (A 为炉缸截面积) 值减小,即相对而言使用了大炉缸。扩大炉缸直径辅以多风口来配合,风口数目多能减小炉缸"死区",使各个风口的燃烧带连成完整的圆环,煤气流在炉缸内分布更趋均匀合理。促进料面均匀下降,也有利于喷吹燃料。

(3) 炉身角 β 值减小。高炉大型化之后,炉身角和炉腹角趋于接近。由于大型和巨型高炉的炉喉直径增加,高炉越大,炉料横向膨胀也就越厉害。为了保证有适当的边缘煤气流,而且防止炉料受热膨胀引起拱料,必须采用较小的炉身角,对于中小型高炉而言,出于对高炉强化冶炼和顺行的考虑,也应适当缩小炉身角。

(4) 厚壁向薄壁转型(设计内型接近操作炉型)。随着高炉冷却技术、耐火材料技术的进步,高炉炉体依靠加厚炉衬维持长寿的传统观念被逐步摒弃。减薄炉体砖衬、构建高效冷却的薄壁高炉,已成为现代高炉炉体结构发展主流。厚壁高炉在炉衬侵蚀破坏的过程中,容易引起炉况的波动,造成指标下降。设计内型与操作炉型越接近越有利于快速形成合理的操作炉型,达到高炉长期稳定顺行。

值得注意的是,小型高炉的具体比值和角度有其特殊性,主要是料柱矮,焦比高,因此料柱透气性好。成渣带对料柱透气性影响也小,故其炉型比大型高炉更接近直筒形,即炉身角可大些,H_u/D 值也相对大些。此外,燃烧带易伸向炉子中心,炉缸工作面活跃而均匀,可以扩大炉缸直径而保证中心煤气流不过分发展,故 V_u/A 值相对小些。

3.2 高炉炉衬

高炉炉体由炉壳、冷却器和炉衬三部分组成。高炉内部是由耐火材料砌筑的实体炉衬;外部是由钢板焊制的炉壳,起密封渣、铁和煤气的作用,并承担一定的建筑结构任务;冷却器在炉壳和炉衬之间,用来保护炉衬、炉壳,其布置轮廓在很大程度上决定着高炉操作炉型。三者密切联系，相互影响，实践表明，三者中任一个损坏，都有可能导致炉体的全面损坏。

高炉炉衬的寿命决定高炉一代寿命的长短。炉衬的作用是：

（1）构成了高炉的工作空间；

（2）直接抵抗冶炼过程中的机械、热和化学侵蚀；

（3）减少热损失；

（4）保护炉壳和其他金属结构免受热应力和化学侵蚀的作用。

由于高炉内不同部位发生不同的物理化学反应，故高炉各部位炉衬所用的耐火材料是不同的。

3.2.1 高炉炉衬的破损机理

影响高炉寿命的因素很多，当冶炼制度和冷却条件等因素相对稳定时，高炉炉衬的寿命是决定高炉需要大修或中修的一个主要依据，高炉内衬的破损程度是影响高炉寿命的根本因素。图 3-2 所示是不同冷却结构的炉衬破损情况。

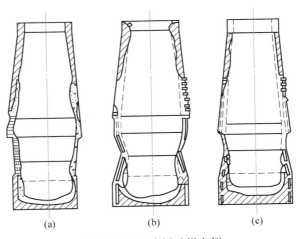

图 3-2　高炉内衬破损实例

（a）采用冷却板的炉缸；（b）（c）采用冷却壁的炉缸

高炉不同部位冶炼进程各不相同，各部位炉衬所处的工作环境不同，因而炉衬各部位被侵蚀破坏的因素也不同，概括起来主要有以下几个方面。

（1）热力作用。温度升高，耐火材料可能发生膨胀，个别情况下也会因晶体组织改变而产生体积收缩。温度波动超过一定限度，将因热冲击（即热震）引起耐火砖的破裂。温度高，也会引起耐火砖软化甚至熔化。

（2）化学作用。主要是碱金属及其化合物对炉衬的化学侵蚀，高温下液态渣铁的化学侵蚀，锌和氟的破坏以及适宜温度下发生碳素沉积等的破坏作用。

（3）物理作用。主要是指装料时炉料对炉衬的冲击，炉料下降时对内衬的摩擦以及高温含尘煤气流和高温液态渣铁的机械冲刷，渗入砖缝的液态物质对砖的浮力、静压力，高压煤气的压力等作用。

（4）操作因素。操作不当会损坏炉衬，例如炉腹边缘气流过强会加速炉腹炉衬的损坏。

此外，炉衬的材质质量、砌筑质量、炉型构造、烘炉质量等也能够影响炉衬寿命。

随高炉的部位、使用的内衬材料不同，其主要起破坏作用的因素也不同。一般地说，一切热的、化学的、压力的作用都只是炉衬损坏的基本条件，而冲刷、摩擦和渗入等动力因素则是直接或迅速造成炉衬损坏的主要原因。高炉炉衬的破损与冶炼条件有关，当冶炼制度与冷却条件等因素相对稳定时，炉衬侵蚀较慢或趋于相对稳定。

3.2.1.1 炉底、炉缸的破损机理

高炉停炉大修后的炉底破损状况和生产中炉底温度的检测结果表明，炉底破损分两个阶段：第一阶段是铁水渗入使砖漂浮而形成深坑，第二阶段是熔结层形成后的化学侵蚀，如图3-3所示。

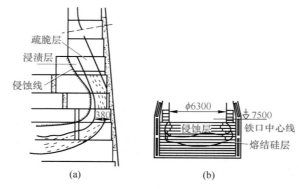

图3-3 高炉炉缸、炉底侵蚀状况

（a）国外某高炉炉缸、炉底侵蚀状况；（b）首钢3号高炉第一代炉底侵蚀状况

铁水渗入的条件为：一是炉底砌砖承受着液态渣铁、煤气压力、料柱重量的10%~12%；二是砌砖存在砖缝和裂缝。当铁水在高压下渗入砖衬缝隙时会缓慢冷却，在1150℃时凝固，在冷凝过程中析出石墨碳，体积膨胀，从而又扩大了缝隙，如此互为因果，铁水可以渗入很深。铁水密度大于高铝砖和炭砖密度，在铁水的静压力作用下砖会漂浮起来。

当炉底侵蚀到一定程度后，侵蚀逐渐减弱，炉底砖衬在长期的高温高压下部分软化、重新结晶，形成熔结层。与下部未熔结的砖衬相比，熔结层的砖被压缩，空隙率显著降低，体积密度显著提高，同时砖中氧化铁和碳的含量增加。熔结层中砖与砖已烧结成整体，能抵抗铁水的渗入，并且坑底面的铁水温度也较低，砖缝已不再是铁水渗入的薄弱环节了。这时炉衬的损坏主要转化为铁水中的碳将砖中二氧化硅还原成硅，并被铁水所吸收的化学侵蚀，反应如下：

$$SiO_{2(砖)} + 2[C] + [Fe] \Longrightarrow [FeSi] + 2CO$$

因此，熔结层表面的二氧化硅含量降低，而残铁和炉内凝铁中的硅含量增加，这时炉

底的侵蚀速度大大减慢。

由此可见,炉底砖衬的侵蚀程度关键在于熔结层的形成位置。生产实践表明,采用炉底冷却的大型高炉,炉底侵蚀深度为 1~2 m;而没有炉底冷却的高炉,侵蚀深度可达 4~5 m。

高炉炉缸侵蚀后的形状有两种,即锅底形和象脚形。锅底形是由于炉底中部侵蚀较多而形成的。这种侵蚀多发生在小型高炉没有炉底冷却或者冷却不足,并使用高铝质耐火材料作为炉缸、炉底砖衬的结构,这时炉缸、炉底的破损机理主要是渣铁的熔蚀和冲刷,碱金属、重金属的破坏,还有洗炉剂(萤石等)的熔损。这种炉缸、炉底结构由于侵蚀快、寿命短,基本已经不再采用。象脚形多发生在高炉炉缸中心区存在"死料区"和铁水环流的条件下。大中型高炉由于炉缸、炉底采用了炭砖水冷结构,而且炉缸直径大,中心存在的死料区较大,所以易发生这种侵蚀。象脚形侵蚀形成的原因主要如下。

(1)中心死料堆透气性和透液性差,炉缸内铁水环流发展。炉底角部边缘铁水侵入接缝和炭砖被侵蚀后,与环砌炭砖接触的高铝砖会不同程度地侵蚀和浮起,造成环状侵蚀。

(2)死料堆坐落在炉底中心,使炉底铁水流动停滞,温度下降。炉底中部表面高铝砖被烧结成致密的一体,增强了抗铁水渗透能力,侵蚀也较轻。

(3)除炉缸内铁水环流的作用外,铁水的渗入和碳的熔损也是造成异常侵蚀的重要原因。使用导热性能好的优质炭砖,其气孔率低(通过加入少量金属微粉可进一步降低炭砖气孔率),能有效地抑制对炭砖的侵蚀。

(4)炭砖导热性能好、尺寸大,因此其承受的热应力相应增大,有产生环裂缝的风险。环裂缝会造成的气体间隙或渣铁裂缝,热阻增大导致炭砖热端的化学侵蚀加剧,如果侵蚀深入环缝,炉缸就存在烧穿的危险。

3.2.1.2 炉腹、炉腰与炉身的破损机理

(1)高热流强度的冲击。高炉内衬经受着高温和多变的热流冲击,特别是喷煤时,热流强度峰值比正常值高出很多。

(2)炉腹位于风口之上,炉腹炉衬不仅承受高温以及温度波动引起的热冲击,还要承受上部落入炉缸的渣铁水和高速向上运动的高温煤气流的冲刷、化学侵蚀及氧化作用,以及料柱的压力、摩擦力、坐料和崩料时的巨大冲击力。因此,实际上开炉几个月之后,此部位的炉衬即被侵蚀掉,仅靠在冷却壁上通过冷凝作用形成的一层熔铁、焦炭和渣的混合物,即渣皮保护层,代替炉衬工作。渣皮保护层的厚度多在几十到 100 mm 范围内波动。

(3)上下折角处高温煤气和渣铁的冲刷、侵蚀。高炉内煤气流速可达 15~20 m/s,初始温度高达 2200~2300 ℃,且携带大量粉尘,上升的煤气流对炉衬有很大的冲刷作用。液态渣铁对炉身下部、炉腰、炉腹部位的侵蚀影响剧烈。炉身中上部的破损主要以炉料的摩擦为主。

(4)碱金属、锌及用特种矿石冶炼时产生的破坏作用。碱金属氧化物与陶瓷质耐火砖衬会发生化学反应,形成低熔点化合物,并与砖中的 Al_2O_3 形成钾霞石、白榴石,体积膨胀 30%~50%,使砖衬剥落。锌的破坏作用则是锌氧化物被 CO 还原成锌蒸气,发生循环

富集，渗入砖缝和砌体中，使耐火砖发生体积膨胀而脆化。

（5）初渣侵蚀。炉身下部，特别是炉腰附近，该处含有大量 FeO 和 MnO 的初渣生成，所以炉渣的侵蚀作用更为严重。

（6）碳素沉积是炉身部位炉衬破损的重要因素。碳素沉积反应（$2CO = CO_2 + C\downarrow$）在 $400\sim700\ ℃$ 进行最快，而整个炉身炉衬正好都处于这一温度范围。在砖缝中发生碳素沉积，体积膨胀，从而破坏炉身部位的炉衬。游离铁的存在能够加速碳素沉积反应的进行。

总的看来，高炉自上而下工作条件逐渐恶化，破坏程度逐渐加剧。

3.2.1.3　炉喉的破损机理

炉喉主要受炉料的频繁撞击和高温含尘煤气流的冲刷。如果炉喉部位的炉衬被破坏，布料与煤气流的分布将失去控制。为维持其圆筒形状不被破坏，炉喉材料应具有良好的抗打击能力，因此炉喉要用金属做成炉喉保护板（也称钢砖）。即便如此，它仍会在高温下失去强度，并由于温度分布不均而产生热变形。

高炉内任何部位炉衬的损坏都是诸多因素和破坏机理综合作用的结果。高炉寿命是高炉炉型、炉衬结构和材质、高炉冷却设备、冶炼条件等因素综合作用的结果。

3.2.2　高炉用耐火材料

根据高炉炉衬的操作条件和蚀损特征，要求耐火材料具有以下性质。

（1）耐火度要高。耐火度是指耐火材料在无荷重时抵抗高温作用达到特定软化程度时的温度。

（2）荷重软化点要高。荷重软化点是指将直径为 36 mm、高 50 mm 的试样在 0.2 MPa 载荷下升温，以压缩 0.6% 时的变形温度作为被测试样的荷重软化开始温度，即荷重软化点。

（3）组织致密。体积密度大，气孔率小，特别是显气孔率要小，没有裂纹。体积密度是单位体积（包括气孔）材料的质量。气孔率是气孔的体积与材料体积的百分比。材料中与大气相通的气孔称为开口气孔，不与大气相通的气孔称为闭口气孔。显气孔率为开口气孔体积占材料总体积的百分比。

（4）体积稳定性要好。耐火材料在高温下长期使用时，其外形体积保持稳定不发生变化（收缩或膨胀）的性能称为高温体积稳定性。在长期使用过程中，受高温作用时，耐火材料的这种不可逆的体积变化称为残余膨胀或收缩，也称重烧膨胀或收缩，一般用体积百分率或线变化百分率表示。

（5）抗热震性要好。抗热震性也称为热震稳定性，它是指耐火材料抵抗温度急剧变化而不破裂或剥落的能力，常用实验条件下耐火材料耐急冷急热次数（热交换次数）表示其热震稳定性指标。

（6）Fe_2O_3 含量低。以防止 Fe_2O_3 与 CO 在炉衬内作用，降低砖的耐火性能和在砖的表面上形成黑点、熔洞、熔疤、鼓胀等外观和尺寸的缺陷。

（7）抗渣性要高。抗渣性是指耐火材料在高温下抵抗炉渣侵蚀和冲刷作用的能力。高炉耐火材料约50%的损坏是炉渣侵蚀造成的。

（8）抗碱性要好。抗碱性是指耐火材料在高温下抵抗碱金属侵蚀的能力。

（9）抗氧化性要好。抗氧化性是指耐火材料在高温氧化性气氛下抵抗氧化的能力。

此外，对于散热材料来说，热导率要高；对于保温材料而言，保温性能要好。耐火砖外形尺寸准确，能够确保砖缝达到规定要求。

按照矿物组成分类，高炉常用的耐火材料有陶瓷质（硅酸铝质）耐火材料和碳质耐火材料两类。

3.2.2.1 陶瓷质耐火材料

陶瓷质耐火材料主要有黏土砖、高铝砖、刚玉砖等。

（1）黏土砖。黏土砖的 Al_2O_3 含量（质量分数）为 $30\% \sim 48\%$，它有良好的物理力学性能，成本较低，主要用于大中型高炉的炉身上部。

（2）高铝砖。高铝砖是以高铝矾土为主要原料制成的、用于砌筑高炉的耐火制品。与黏土砖相比，高铝砖的 Al_2O_3 含量高（大于 48%），耐火度与荷重软化点高，抗渣性与抗磨性好。高铝砖常用于炉身上部与中部温度较低的区域。

（3）刚玉砖。刚玉砖 Al_2O_3 含量大于 90%，具有很高的常温耐压强度（可达 $340\ MPa$）、高硬度、高荷重软化开始温度（高于 $1700\ ℃$）及很好的化学稳定性，对酸性或碱性渣、金属以及玻璃液等均有较强的抵抗能力。它的热震稳定性与其组织结构有关，致密制品的耐侵蚀性能良好，但热震稳定性较差。刚玉砖主要用于高炉炉缸与炉底的陶瓷杯或陶瓷垫中。

过去陶瓷杯或陶瓷垫常用的耐火砖以黄刚玉、棕刚玉为主，现在则发展为主要以致密刚玉、微孔刚玉、刚玉莫来石、塑性相复合刚玉为主。

3.2.2.2 碳质耐火材料

碳质耐火材料是指炭砖、石墨砖、碳化硅砖三个类别的耐火材料。

与陶瓷质材料相比，炭砖耐火度高，不熔化、不软化，$3500\ ℃$ 时升华；耐侵蚀，耐磨，抗渗透性好；导热性高；热膨胀系数小，热稳定性好。但其易氧化，对氧化性气氛的抵抗能力差。一般碳质耐火材料在 $400\ ℃$ 时能被气体中的氧气所氧化，$500\ ℃$ 时开始与水汽作用，$700\ ℃$ 时与 CO_2 作用。

目前高炉常用的炭砖类型是大炭砖、热压小炭砖、微孔炭砖、超微孔炭砖，主要用于高炉炉底与炉缸部位。

石墨砖（石墨化炭砖、半石墨化炭砖）除具有炭砖的一般特性外，还具有较高的热导率，能够尽快导出炉底的热量，降低炉底温度，常用于高炉炉底部位。

与高铝砖相比，碳化硅砖抗渣性更好，热导率更高；侵蚀速度是黏土砖的 1/6，是刚玉砖的 1/4。与炭砖相比，碳化硅质材料发生氧化的反应温度要高一些，常用于高炉炉腹、炉腰、炉身中下部。

我国建议采用的高炉耐火砖衬见表 3-7。

表 3-7   我国建议采用的高炉耐火砖衬

部　　位		炉容/m³				
		300	1000	2000	3000	≥4000
炉底	热面	高铝砖	铝炭砖	铝炭砖	铝炭砖	铝炭砖
	冷面	自焙炭砖	半石墨化炭砖或自焙炭砖	NMA 型炭砖或石墨化炭砖	NMA 型炭砖或石墨化炭砖	NMA 型炭砖或石墨化炭砖
炉缸	热面	铝炭砖	刚玉莫来石或棕刚玉砖	刚玉莫来石砖	刚玉莫来石砖	刚玉莫来石砖
	冷面	自焙炭砖	石墨化炭砖	石墨化炭砖或半石墨化炭砖	NMA 型炭砖或石墨化炭砖	NMA 型炭砖或石墨化炭砖
炉腹		黏土砖或高铝砖	碳化硅砖或高铝砖	NMD 型炭砖或半石墨化碳化硅砖	NMD 型炭砖或半石墨化碳化硅砖	NMD 型炭砖或半石墨化碳化硅砖
炉腰	热面	铝炭砖	铝炭砖	铝炭砖	铝炭砖	铝炭砖
	冷面	碳化硅砖	Si_3N_4-SiC 砖或 SiC 砖	Si_3N_4-SiC 砖或 SiC 砖	Si_3N_4-SiC 砖或 SiC 砖	Si_3N_4-SiC 砖或 SiC 砖
炉身 下部	热面	铝炭砖	铝炭砖	铝炭砖	铝炭砖	铝炭砖
	冷面	SiC 砖	Si_3N_4-SiC 砖或 SiC 砖	Si_3N_4-SiC 砖或 SiC 砖	NMD 砖或 SiC 砖	NMD 型炭砖或 SiC 砖
中部	热面	铝炭砖	铝炭砖	铝炭砖	铝炭砖	铝炭砖
	冷面	SiC 砖	Si_3N_4-SiC 砖或 SiC 砖	Si_3N_4-SiC 砖或 SiC 砖	NMD 砖或 SiC 砖	NMD 型炭砖或 SiC 砖
上部		高铝砖或黏土砖	高铝砖或 SiC 砖	高铝砖或 SiC 砖	高铝砖或 SiC 砖	高铝砖或 SiC 砖

3.2.2.3　不定形耐火材料

高炉还需要使用不定形耐火材料来填塞砖缝、充填缝隙、进行内衬修理等。不定形耐火材料与定形耐火材料相比，具有成型工艺简单、能耗低、整体性好、抗热震性强、耐剥落等优点，还可以减小炉衬厚度、改善导热性等。高炉常用的不定形耐火材料主要有耐火泥浆、填料、捣打料、喷涂料、灌浆料等，其按成分主要分为碳质和黏土质两类。

耐火泥浆的作用是填塞砖缝，使高炉内衬砌体黏结成一个整体。砖缝是高炉砌砖的薄弱环节，炉衬的侵蚀和破坏首先从砖缝开始，因此，耐火泥浆配料必须具有合适的胶结性和耐火度，保证砌砖时间内不干涸，以满足砖缝厚度及砖缝内泥浆饱满度的要求。此外，耐火泥浆还要保证高温下性能稳定、孔隙率低，其粒度组成也要与炉衬砖缝相适应。

填料是填充在两层炉衬之间的隔热物质或黏结物质。耐火填料一般应具有可塑性和良好的导热性能，以吸收砌体的径向膨胀和密封煤气，并利于冷却和降低损坏速度。填充高炉炉底板下部、冷却板两侧时，常用炭素填料。填充冷却壁之间、炉喉钢砖之间以及冷却壁与出铁口框、风口之间的缝隙时，常用铁屑填料，随着新材料、新工艺的开发，国内外高炉在这些部位也选用炭素材料作为填料。

捣打料是用人工或机械捣打方法施工，并通过加热硬化的不定形耐火材料。它可以在炉底水冷管中心线以上、炉底封板以上找平层以及高炉冷却壁之间填充捣打。

喷涂料是在炉腹中部以上炉壳内表面喷涂的不定形耐火材料。它可以提高炉体的气密性，防止炉壳龟裂变形。

一般来说，冷却壁与炭砖之间用 150～200 m 的炭捣料，冷却壁与炉壳之间用 15～20 mm 的稀泥浆，炉身砌砖与炉壳之间用 100～150 mm 的水渣石棉，炉身部位炉壳内喷涂 30～50 mm 的不定形耐火材料，炉喉与炉壳之间用 75～150 mm 的耐火泥，炉底水冷管中心线以上用 150～200 mm 的炭捣层。

3.2.3 提高炉衬寿命的措施

实践表明，炉衬寿命会随冶炼条件变化，但最薄弱的环节仍然在炉底（含炉缸）和炉身。提高炉衬寿命的措施有以下几个方面。

（1）均衡炉衬。根据高炉炉衬各部位的工作条件和破损情况，采用多种材质和不同尺寸的砖搭配砌筑，不使高炉因局部破损而休风停炉，达到延长炉衬寿命和降低成本的目的。

（2）改进耐火砖质量，不断研发新型耐火材料。减少杂质含量，提高砖的密度，提高耐火砖的理化性能。

（3）控制炉衬热负荷，改进冷却器结构，强化冷却。改进冷却器结构，建立与炉衬热负荷相匹配的冷却制度，减小热应力。在炉衬侵蚀最严重的部位，应提高水压并采用软水冷却。

（4）稳定炉况，控制煤气流分布。努力采用低燃料比技术，控制边缘煤气流发展，有利于减少热震破坏，减少炉衬破损。

（5）改进砌砖结构，严格按砌筑炉衬的要求砌炉。

（6）改善检测系统。观察炉役期内炉衬侵蚀情况，当炉衬局部破损只需小修补时可用"灌浆法"，泥浆性质应与该处的耐火砖性质相近，以便于黏结；当内衬修补面积较大时，可用热喷补法，喷补料应具有良好的附着性能和可塑性能，以减少回弹力和回弹量。

3.3 高炉炉体冷却设备

因为高炉各部位工作条件不同，通过冷却达到的目的也不尽相同，所以采取的冷却设备也不同，一般可分为外部喷水冷却设备和内部冷却设备，以及风口、炉底等专用冷却设备。

（1）炉底的冷却目的主要是增大炉底砖衬内的温度梯度，使铁水凝固的 1150 ℃ 等温面远离炉壳，防止炉底被渣铁烧漏，保护混凝土构件，使之不失去强度。

（2）炉缸、炉腹部位冷却的目的主要是使炉衬表面形成保护性渣皮、铁壳、石墨层，并依靠渣皮保护或代替炉衬工作，维持合理的操作炉型。

（3）高炉中上部进行冷却是为了能够延缓耐火材料的侵蚀，以维护高炉内型。炉身部位冷却器还能够起到支撑高炉内衬、增强砌体稳定性的作用。

（4）任何部位进行冷却都有一个共同的功能，即保护炉壳和冷却设备免受破坏。冷却设备能够将传过来的热量迅速导出炉外，使之在距离冷却壁热面 150～300 mm 处形成300～400 ℃相对稳定的温度界面，把一切破坏作用控制在这一等温度界面之外（高于 400 ℃的区域内），从而保护炉壳和冷却设备免受破坏。

正常生产时，高炉炉壳只能在低于 80 ℃的温度下长期工作，炉内传出的高温热量由冷却水带走80%以上，只有15%的热量通过炉壳散失，不影响炉壳的气密性和强度。改进冷却结构设备、合理布置冷却设备、提高冷却介质质量，是进一步延长高炉寿命的重要措施。

3.3.1 高炉冷却介质与冷却系统

3.3.1.1 冷却介质

高炉的冷却介质可以是水、风及汽水混合物。但目前高炉冷却主要使用水冷，很少使用空气，这是因为水比热容大、热导率大、便于运输、成本低廉。

合理地选定冷却介质是延长高炉寿命的因素之一。现代化高炉除使用普通工业净化水冷却或强制汽化冷却外，又逐步向软水或纯水密闭循环冷却方向发展，而且对水的纯度要求越来越严格，根据不同处理方法所得到的冷却用水分为普通工业净化水、软水和纯水。

（1）普通工业净化水。天然水（含有多种杂质，即悬浮物及溶解质）经过沉淀及过滤处理后，去掉了大部分悬浮物杂质，而溶解杂质并未发生变化，称为普通工业净化水。

（2）软水。将钠离子经过离子交换剂与水中的钙、镁离子进行置换，而水中其他的阴离子没有改变，软化后水中碱度未发生变化，而水中含盐量比原来略有增加。

（3）纯水（脱盐水）。将净化水通过氢型阳离子交换器，使交换器中的 H^+ 与水中的 Ca^{2+}、Mg^{2+}、Na^+ 等阳离子进行置换，出交换器的水呈酸性，经脱碳器排除 CO_2，并经过羟型阴离子交换器，使交换器中的 OH^- 置换水中所有阴离子，H^+ 与 OH^- 结合而形成纯水。

3.3.1.2 冷却系统

冷却水系统主要分为敞开式和封闭式两种，原理如图 3-4 和图 3-5 所示。

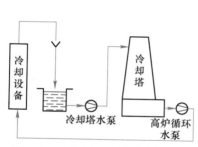

图 3-4 工业水开路循环冷却系统

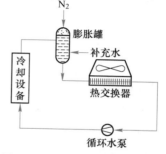

图 3-5 软水密闭循环冷却系统

敞开式冷却系统冷却介质为工业水，冷却水用过后不是立即排放掉，而是循环再利用，水的再次冷却是通过冷却塔来进行的。该系统的优点是传热系数大，热容量大，便于输送，成本便宜。但其致命弱点是水质差，容易结垢而降低冷却强度，导致烧坏冷却设备，而且水的循环量大，能耗大。

封闭式冷却系统冷却介质为软水，在此系统中，冷却水用过后也不是马上排放掉，而是循环再利用，在循环过程中，冷却水不暴露于空气中，因此损失很少，水中各种矿物质和离子含量一般不发生变化。

汽化冷却系统（见图3-6）也是一种封闭系统。该系统是利用下降管中水和上升管中汽水混合物的密度不同所形成的压头，克服整个循环过程中的阻力，从而产生连续循环、汽化吸热而达到冷却目的。优点是：该系最节水；冷却介质为软水，可防止结垢；自然循环不需要动力，在停电情况下仍能继续运行。缺点是：冷却设备在承受大而多变的热负荷冲击下容易产生循环脉动，甚至可能出现膜状沸腾，致使冷却设备过热而烧坏；汽化冷却时，冷却壁本体的温度比水冷时高，缩短了冷却壁的寿命。

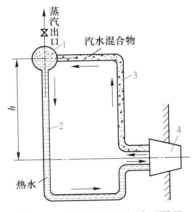

图3-6 汽化冷却自然循环原理

1—汽包；2—下降管；3—上升管；4—冷却器；
h—汽包中心线与冷却器中心线之间的距离

软水密闭循环冷却系统在克服了工业开路水冷却和汽化冷却技术缺陷的同时，继承两者的优势，改善了冷却水质，消除了冷却器结垢，在当前高炉炼铁设计中已逐步取代另外两种冷却成为主流设计。

目前，在国内采用的软水密闭循环冷却，按其膨胀水箱设置的位置，分为上置式和下置式，如图3-7和图3-8所示。相对于下置式，上置式是较为合理的冷却系统（系统运行

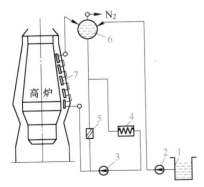

图3-7 上置式软水密闭循环冷却系统

1—补水箱；2—补水泵；3—循环泵；4—空气冷却器；
5—逆止阀；6—膨胀水箱；7—冷却壁

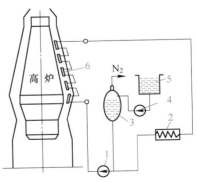

图3-8 下置式软水密闭循环冷却系统

1—循环泵；2—空气冷却器；3—膨胀水箱；
4—补水泵；5—补水箱；6—冷却壁

安全可靠，各回路间相互影响小，压力波动较小）。该系统用软水作为冷却介质，工作温度为40~45℃，由循环泵带动循环，将冷却设备中带出来的热量经过热交换器散发于大气。系统中设有膨胀罐，目的在于吸收水在密闭系统中由于温度升高而引起的膨胀。系统工作压力由膨胀罐内的N_2压力控制，使得冷却介质具有较大的热度而控制水在冷却设备中的汽化。

软水闭路循环冷却是现代高炉冷却的发展方向，目前大型高炉软水闭路循环系统使用的范围越来越大，重要部位已开始使用工业纯水闭路循环冷却。

3.3.2　高炉常用冷却设备

3.3.2.1　喷水冷却装置

喷水冷却是一种最简单的冷却方式，这种冷却是在炉壳外安装环形喷水管，喷水管直径一般为50~150 mm。在喷水管朝着炉皮的方向钻有5~8 mm的喷水小孔，水喷在炉壳上面，并沿着炉壳向下流入集水槽，然后流入排水管排走。

炉外喷水冷却的特点是冷却不能深入炉内，冷却深度浅，一般用于小型高炉。对于大中型高炉，喷水冷却主要在冷却设备损坏多的情况下作为一种辅助冷却的手段使用。国外有的大型高炉炉缸采用炭砖炉衬，为发挥炭砖炉衬导热性好的特点，在炉壳内不设冷却器，而采用炉外喷水的冷却方式，取得了满意的冷却效果。

3.3.2.2　冷却壁

冷却壁安装在炉壳内部，其优点是炉壳不开口，密封性好；均匀分布在炉衬之外，冷却均匀，侵蚀后炉衬内壁光滑。它的缺点是消耗金属多，笨重，冷却壁损坏后难更换。

冷却壁按材质可分为以下几类。

（1）普通灰铸铁光面冷却壁。允许使用温度不高于400℃，热导率比球墨铸铁和低铬铸铁高，适合于热流强度大且稳定的炉底、炉缸和风口带使用。

（2）低铬铸铁光面冷却壁。它是在普通灰铸铁冷却壁的基础上加入少量的铬（$w(Cr) \leq 0.6\%$，国外还加入Cr含量为50%的铬镍合金），提高了允许使用温度的极限。低铬铸铁冷却壁的导热性比灰铸铁冷却壁差，一般只使用于风口带。

（3）球墨铸铁镶砖冷却壁。它的热导率比普通铸铁略低。其特点是冷却壁受高温作用时发生裂纹，不向热影响区以外的区域传播，适合于炉腹、炉腰和炉身部位使用。过去镶砖冷却壁的材质是黏土砖、高铝砖，现在一般用碳化硅砖、Si_3N_4-SiC砖、半石墨化碳化硅砖、铝碳砖等。

（4）铜冷却壁。铜冷却壁用导热性高的铜作为冷却壁材质，而且其内设有铸入的水管，消除了气隙热阻。高炉正常工作条件下，铜冷却壁的工作温度只有60℃左右。与其他材质的冷却壁相比，铜冷却壁更容易形成稳定的渣皮保护层，并且不容易脱落。即使渣皮脱落，铜冷却壁也可在5~20 min内形成新的渣皮，而铸铁冷却壁则需约4 h才能重建渣皮。

冷却壁按结构分为光面冷却壁、镶砖冷却壁及起支撑砖衬作用的带凸台冷却壁，冷却壁基本结构如图3-9所示。

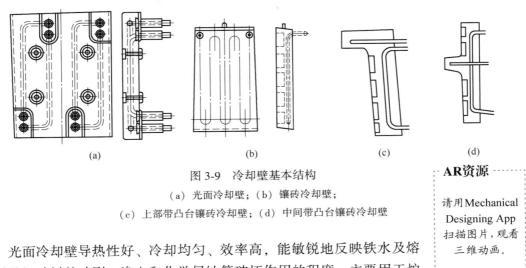

图 3-9　冷却壁基本结构
（a）光面冷却壁；（b）镶砖冷却壁；
（c）上部带凸台镶砖冷却壁；（d）中间带凸台镶砖冷却壁

AR资源

请用Mechanical
Designing App
扫描图片，观看
三维动画。

　　光面冷却壁导热性好、冷却均匀、效率高，能敏锐地反映铁水及熔渣对炉缸砖衬的冲刷、渗入和化学侵蚀等破坏作用的程度，主要用于炉缸冷却。

　　镶砖冷却壁冷却均匀、炉墙光滑、下料阻力小、耐磨、耐冲刷、炉壳完整，故强度与密封性较好，一般用于炉腹及以上部位的冷却。

　　带凸台冷却壁上的凸台有的在上部，有的在中部，且凸台处有两路水管冷却以保护凸台，在边角部位也设一路水管加强冷却，本体冷却水管在原来一路的基础上又在背面增加了另一路。当炉身采用带凸台镶砖冷却壁时，既有利于挂住渣皮，削弱煤气运动对冷却壁的冲刷，又能够起到支撑炉衬的作用。

3.3.2.3　插入式冷却器

　　插入式冷却器有冷却板、支梁式水箱、青铜圆柱形水箱（冷却柱）等类型，均埋设在砖衬内。其优点是冷却强度大；缺点为点式冷却，炉役后期，炉衬工作面凹凸不平，不利于炉料下降，此外在炉壳上开孔多，降低炉壳强度并给炉壳密封带来不利影响。

　　（1）冷却板。冷却板分为铸铜冷却板、铸铁冷却板、埋入式冷却板等。铸铜冷却板在局部需要加强冷却时采用，铸铁冷却板在需要保护炉腰托圈时采用，埋入式铸铁冷却板是在需要起支撑内衬作用的部位采用。各种形式的冷却板如图 3-10 所示。

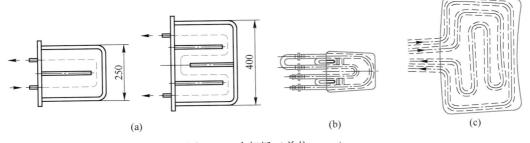

图 3-10　冷却板（单位：mm）
（a）铸铜冷却板；（b）埋入式冷却板；（c）铸铁冷却板

冷却板内铸无缝钢管，厚度为 75~110 mm，长度和宽度则根据使用部位的需要确定。冷却板安装时要埋在砖衬内，通常用于厚壁炉腰、炉腰托圈、厚壁炉身中下部砖衬冷却，也有高炉全部用密集式铜冷却板冷却炉腹和炉身的。近年来，炉身下部炉衬的损坏也成为影响高炉寿命的薄弱环节。为了缓解炉身下部耐火材料的损坏和保护炉壳，在国内外一些高炉的炉身部位采用了冷却板和冷却壁交错布置的结构形式，既加强了耐火材料的冷却和支托作用，又使炉壳得到全面的保护，如图 3-11 所示。

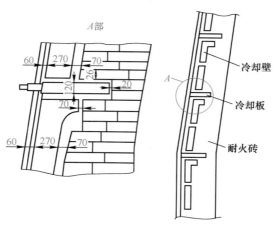

图 3-11　冷却板和冷却壁交错布置的冷却结构（单位：mm）

（2）支梁式水箱。支梁式水箱一般用铸铁铸造而成，也有用铸钢铸造而成的，其形状为中空长方楔形，水箱内铸有无缝钢管。冷却水管侧壁厚为 100~110 mm，其余部分为 50 mm 左右。水箱宽度一般为 200~300 mm。长度应根据冷却炉衬的厚度确定，一般以 700~800 mm 为宜。水箱前端砌砖厚度一般为 460~575 mm，有的最薄处砌砖厚度只有 230 mm。这种冷却器的结构如图 3-12（a）所示。支梁式水箱一般布置在炉身其他冷却设备的上部，强度大，有足够的支撑砖衬的能力，但有被改进后的凸台冷却壁所取代的趋向。

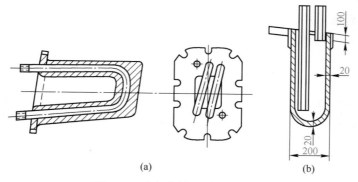

(a)　　　　　　　　　　(b)

图 3-12　冷却水箱（单位：mm）

（a）支梁式冷却水箱；（b）冷却柱

（3）青铜圆柱形水箱。青铜圆柱形水箱又称冷却柱，如图3-12（b）所示，由冷却柱主体、冷却管和灌浆座三部分组成。灌浆座焊接在冷却柱主体上，冷却管安装在冷却柱主体内。冷却柱主要使用于炉体冷却壁损坏后炉衬遭受严重侵蚀、炉壳钢板发红及开裂的部位。其材质有钢管焊接与铜锻压成型两种。冷却柱的安装方法是在炉壳坏水箱的部位钻孔，将冷却柱插入并固定在炉壳钢板上通水冷却，热面辅以喷涂料造衬。

3.3.2.4　炉底冷却设备

采用炭砖炉底的高炉，其炉底一般都应设冷却装置，防止炉基过热及热应力造成基墩开裂破坏。综合炉底结构的冷却装置是在炉底耐火砖砌体底面与基墩表面之间安装通风或通水冷却的无缝钢管，并把冷却钢管用炭捣料埋入找平。冷却管直径一般为146 mm，壁厚8~14 mm。冷却管布置的原则是在炉底中央排列较密，越往边缘排列越疏。目前，国内外大型高炉普遍采用水冷形式。水冷炉底有两种供水方式：一是用炉缸排水供炉底冷却，二是由炉体给水总管供水。冷却水速应大于0.8 m/s。水冷炉底的水管排列图如图3-13所示，排水管口高于水冷管平台以上，然后流入排水槽。

3.3.2.5　炉身冷却模块

为提高高炉炉身寿命，苏联开发了一种炉身冷却模块结构并广泛应用于高炉生产。炉身冷却模块结构取消了砖衬和冷却壁，将冷却水管直接焊接在炉壳上，并浇注耐热混凝土。它是由炉壳、厚壁钢管、耐热混凝土构成的大型冷却模块。冷却模块将炉身部位的炉壳沿圆周方向分成数块，块数取决于炉前的起重能力，唐钢1260 m³高炉是10块，图3-14为其结构示意图。

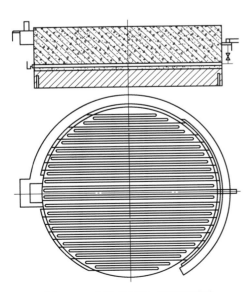

图3-13　水冷炉底的水管排列图

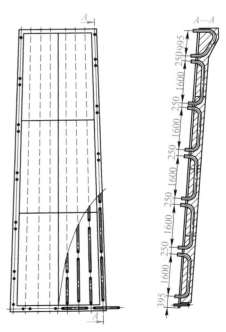

图3-14　炉身冷却模块结构示意图（单位：mm）

炉身冷却模块的制造可在停炉前预先进行，停炉后只进行吊装、焊接、浇注及对接缝等，相当于在高炉上整体组装炉身，大大缩短了大修工期，明显降低了炉身造价，在高炉大修初始即形成操作炉型。

3.3.2.6　高炉冷却设备选用原则

（1）高炉炉底宜采用水冷，炉缸、炉底侧壁应设置冷却设施，宜采用炉壳开孔少、界面小、容易施工、传热可靠的冷却方式。采用冷却壁方式时，冷却壁间及冷却壁与炭砖间的不定形材料的选择和施工方法的选择，应防止出现气隙。

（2）炉腹宜采用铸铁冷却壁或铜冷却壁，也可采用密集式铜冷却板或铸钢冷却壁。

（3）炉腰和炉身中、下部的冷却设备宜采用强化型镶砖铸铁冷却壁、铸钢冷却壁、铜冷却壁或密集式铜冷却板，也可采用冷却板和冷却壁相组合的薄炉衬炉体结构形式。

（4）炉身上部宜采用镶砖冷却壁。

3.3.2.7　高炉冷却壁（板）损坏的主要原因及处理

高炉冷却壁（板）漏水分为管头漏和烧漏两种。前者往往是由于设计不合理，在生产中因热膨胀而切断的；后者则与高炉操作、冷却强度、冷却设备结构及材质有关。

（1）进水水管根部受剪切力断裂。剪切力产生的原因是新安装的冷却壁在开炉不久，由于炉壳和冷却壁热膨胀量不同而产生上下方向的剪切力。

（2）近几年高炉不断强化后，现有冷却壁不能承受过大的热量而导致冷却壁烧坏。特别是在炉役中后期，炉腹、炉身冷却壁烧坏较多。

（3）冷却水质差。水中悬浮物含量太大或水的硬度较大时，易在冷却壁水管内产生沉淀或形成水垢，不仅缩小了冷却壁内水管的内径，降低了冷却强度，而且水垢的导热性差，易烧坏冷却壁。

（4）高炉操作因素的影响。炉温波动大，对炉腹、炉腰冷却壁渣皮起破坏作用，长期发展边缘气流或发生管道行程会造成冷却壁热流量过大等。

（5）若冷却壁铸造质量差，当高炉出现热震时，易造成冷却壁断裂。

确定冷却器漏水后，要判断漏水的严重程度。对漏水量不大的冷却壁，采取关小进水阀门的办法，使冷却器内水的压力接近炉内煤气压力，得到动态平衡，既可保证冷却壁冷却，又能减少水的流入。而当冷却器漏水严重时，要及时将出水头堵死，同时关闭进水阀门，并在外部喷水冷却。对于损坏的冷却壁，外部喷水冷却工作要保证连续、均匀，应定期清理氧化铁皮，提高冷却效果，利用休风检修机会用铜冷却棒来代替损坏的冷却壁。

3.4　风口与铁口

3.4.1　风口装置

风口装置起着使热风炉加热的热风通过热风总管、热风围管，再经风口装置送入高炉的作用。高炉对风口装置的要求是：接触严密、不漏风，耐高温、隔热且热损失小，耐用、拆卸方便且易于机械化。

3.4.1.1　风口装置的组成

风口装置一般由鹅颈管、伸缩管、异径管、弯管、直吹管、风口水套及附件等组成，如图 3-15 所示。

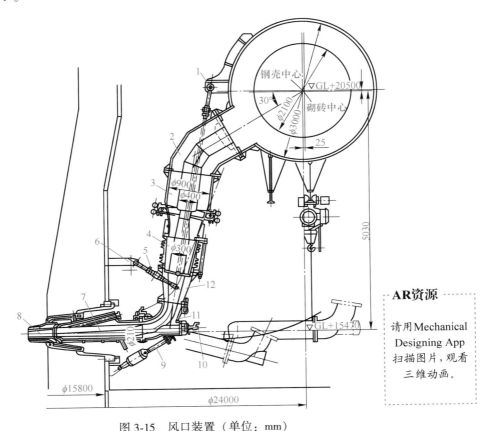

图 3-15　风口装置（单位：mm）

1—横梁；2—鹅颈管 1；3—鹅颈管 2；4—伸缩管；5—拉杆；6—环梁；7—直吹管；
8—风口；9—松紧法兰螺栓；10—窥视孔；11—弯管；12—异径管

（1）鹅颈管。鹅颈管是上大下小的异径弯管，其形状应保证局部阻力损失越小越好。大中型高炉的鹅颈管用铸钢做成，内砌黏土砖或浇注不定形耐火材料，使之耐高温且热损失小。

（2）伸缩管。伸缩管的作用是调节热风围管和炉体因热膨胀引起的相对位移，内有不定形耐火材料浇注的内衬，下部内衬与伸缩管之间塞有陶瓷纤维棉，并装有多层垫圈。

（3）异径管。异径管用来连接不同直径的管道，上设吊杆和中部拉杆底座，用以安装张紧装置，用于稳定和紧固送风支管的位置，并使直吹管紧压在风口小套上。

（4）弯管。弯管用插销吊挂在鹅颈管上，也是铸钢材质，内衬黏土砖，后面有窥视孔装置，下端有一块用于拉紧固定的带肋的板。

（5）直吹管。现代大型高炉的直吹管一般由端头、管体、喷吹管、尾部法兰和端头冷却水管路五部分组成，如图3-16所示。早期的直吹管没有喷吹管和端头冷却水管路。增加喷吹管的目的是用于向高炉炉缸内喷吹煤粉，以降低焦比、强化冶炼。增加端头冷却水管路则是为了使直吹管能承受日益提高的风温影响。直吹管为带内衬的铸钢管，其内衬可以是耐火砖衬，也可用耐热混凝土捣固，以抵抗灼热的热风对管体的破坏和减少散热。

（6）风口水套。高炉风口水套是保证高炉正常生产的关键部件。为了便于更换并减少备件消耗，风口通常做成锥台形的三段水套（风口大套、二套和小套），如图3-17所示。

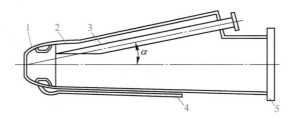

图3-16　直吹管结构图（单位：mm）

1—端头；2—管体；3—喷吹管；4—冷却水管；5—尾部法兰

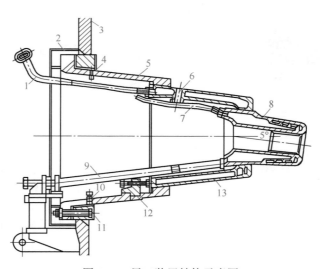

图3-17　风口装置结构示意图

1—风口中套冷水管；2—风口大套密封罩；3—炉壳；4—抽气孔；5—风口大套；
6，10—灌泥浆孔；7—风口小套冷水管；8—风口小套；9—风口小套压紧装置；
11—风口法兰；12—风口中套压紧装置；13—风口中套

风口大套一般用铸铁或铸钢制成，内有蛇形无缝钢管通水冷却，用法兰盘与炉壳连接。高压高炉的风口大套与炉壳焊接。风口二套和小套常用紫铜铸成空腔式结构，空腔内通水冷却。风口二套靠固定在炉壳上的压板压紧，小套由直吹管压紧。风口三个水套之间均以摩擦接触压紧固定，因此，接触面必须精加工，以避免漏气。

风口小套的通风道一般为锥状，其通风道前端内径应根据高炉操作对风速的要求来确定。有的高炉由于高炉操作的需要，风口通风道也有设计成向下倾斜的或椭圆形的。

风口装置不仅要求密封性好，耐高温和隔热，而且要求拆换风口水套应方便、迅速，以免影响高炉操作。

3.4.1.2 风口破损的机理

风口是一个热交换极为强烈的工作元件。风口破损是造成高炉休风率高的重要原因之一。高炉生产时，风口前段约有 500mm 伸入炉内，直接受到液态渣铁的热冲蚀和掉落热物料的严重磨损，容易失效。因此，风口损坏的部位总是在露出的风嘴部分，大部分是在外圆柱的上面、下面和端面。

风口损坏的机理主要有以下几种。

（1）熔损。熔损是风口常见的损坏原因。在热负荷较高时（如风口和液态铁水接触时风口热负荷将超过正常情况的 1 倍甚至更高），如果风口冷却条件差，冷却水压力、流速、流量不足，再加上风口前端出现的 Fe-Cu 合金层恶化了导热性，会使风口局部温度急剧升高，最终导致风口冲蚀熔化而烧坏。

（2）开裂。风口外壁处于 1500 ~ 2200 ℃ 的高温环境中，而内壁则通以常温的冷却水；风口外壁承受鼓风的压力，内壁则承受冷却水的压力；并且这些温度和压力是经常变化的，从而造成风口材质的热疲劳与机械疲劳。风口在高温下会沿晶界及一些缺陷发生氧化腐蚀，降低了强度，造成应力集中，最后引起开裂。此外，风口中的焊缝处也容易开裂。

（3）磨损。风口前端伸入炉缸内，高炉内风口前焦炭的回旋运动以及上方炉料沿着风口上部向下滑落和移动，会造成对风口上表面的磨损。高炉喷吹煤粉时，如果插枪位置不当，内孔壁及端头处被煤粉磨漏的现象也时有发生。

为使风口能够承受恶劣的工作条件，延长其使用寿命，常采取以下三方面的措施：

（1）提高制作风口的紫铜纯度，以提高风口的导热性能；

（2）改进风口结构，增强风口冷却效果；

（3）对风口前端进行表面处理，提高其承受高温和磨损的能力。

当然，风口的使用寿命还与高炉采用的操作工艺、炉况、水冷条件等多种因素有关。

3.4.2 铁口装置

铁口装置主要是指铁口套。铁口套的作用是保护铁口处的炉壳。铁口套一般用铸钢制成，并与炉壳铆接或焊接。考虑不使应力集中，铁口套的形状一般为椭圆形或四角大圆弧半径的方形，如图 3-18 所示。铁口整体结构剖面形状，如图 3-19 所示。

铁口工作环境恶劣，长期受高温渣铁的侵蚀和冲刷。一般情况下，高炉投产后不久，铁口前端砖衬即被侵蚀，在整个炉役期间，铁口区域始终由泥包保护着。

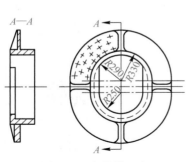

图 3-18   高炉铁口套

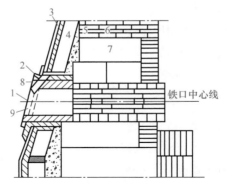

图 3-19   铁口整体结构剖面

1—铁口泥套；2—铁口套；3—炉壳；4—炉缸冷却壁；
5—填料；6—炉墙砌砖；7—炉缸环形炭砖；
8—异形砖套；9—保护板

3.5   高炉冷却制度

高炉冷却制度主要包括冷却水消耗量、水流速、水温控制、供水压力及水质控制制度等。

3.5.1   冷却水消耗量

高炉冷却水消耗量取决于炉体热负荷。炉体热负荷是指单位时间内炉体热量的损失量。炉体热量的损失，除通过炉壳散失很少部分外，绝大部分通过冷却器的冷却介质（主要是水）带走。炉体总的热负荷与炉体总的冷却水用量之间的关系可近似地用式（3-6）表示：

$$Q = Mc(t - t_0) \tag{3-6}$$

式中 Q——炉体总的热负荷，kJ/h；

M——炉体总的冷却水用量，kg/h；

c——冷却水的比热容，kJ/(kg·℃)；

t_0，t——冷却水的进水、出水温度（平均值），℃。

由以上关系可知，炉体冷却水消耗量随着炉体热负荷的增加而增加，随进出水温差的增大而降低。但是在实际生产过程中，要想准确、及时地测出热负荷是困难的。因此，在考虑炉体热负荷时，一般是通过经验公式来进行粗略估算。大型高炉热负荷的经验计算公式如下：

$$Q = 0.12n + 0.0045V_u \tag{3-7}$$

式中 Q——炉体热负荷，kJ/h；

n——高炉风口数目，个；

V_u——高炉有效容积，m^3。

高炉炉体冷却水消耗量（见表 3-8）通常用每立方米有效容积每小时消耗的水量来表示。高炉有效容积越大，消耗水量相对越小。

表 3-8 某些高炉炉体冷却水消耗量

炉容/m^3	620	1000	1260	1500	3200	4063	5192	5867
耗水量/t·$(m^3 \cdot h)^{-1}$	1.6	1.4	1.75（循环水）	1.3	2.0（循环水）	1.6	1.4	1.2

高炉各部位由于工作条件不同，其热负荷也不相同；且同一部位炉体由于工作条件不稳定，热负荷也是在变化的。因此，高炉局部区域冷却水的消耗量，应根据所处部位的不同而随时调整。高炉局部区域的热负荷常用热流强度来表示。

热流强度是指单位时间单位面积的炉衬通过冷却器带走的热量。根据热平衡原理，可得到如下关系：

$$q = \frac{Q_1}{F} = \frac{M_1 c(t - t_0)}{F} \tag{3-8}$$

式中 q——一个冷却器承受冷却炉衬的热流强度，$kJ/(m^2 \cdot h)$；

Q_1——一个冷却器带走的热量，kJ/h；

F——一个冷却器承受的冷却炉衬面积，m^2；

M_1——一个冷却器的冷却水量，kg/h；

可见，冷却器的耗水量取决于冷却区域炉衬的热流强度、冷却区域的面积大小以及冷却器的进出水温差。在实际生产中，一个冷却器所承受的冷却炉衬面积是不变的，而热流强度则是随炉况变化而变化的。冷却水温差应该控制在规定的范围之内。因此，冷却器的耗水量主要是根据炉况的变化（热流强度变化）来进行调节控制的。

3.5.2 冷却水流速和水温差

降低冷却水流速和增加进出水温差可以降低冷却水消耗量。但是冷却水流速太低会使冷却水中的机械混合物沉淀，使进出水温差过高，形成局部沸腾而产生碳酸盐沉淀。这些沉淀物以水垢形式附于水管壁，使其导热能力大为下降，严重时冷却器会因过热而损坏。因此，冷却水流速和水温差的控制是以不发生水中机械混合物沉淀与不产生碳酸盐沉淀为原则的。

工业用冷却水经过供水池沉淀和过滤器过滤后，水中机械悬浮物的粒度已小于 4 mm，含量也小于 200 mg/dm^3。为了避免悬浮物在冷却器水管内出现沉淀，当滤网孔径为 4~6 mm 时，最低水速应不低于 0.8 m/s。表 3-9 为不同粒度的悬浮物不发生沉淀的冷却水流速要求，表 3-10 为高炉冷却设备冷却水流速的参考值。

表 3-9　不同粒度的悬浮物不发生沉淀的冷却水流速要求

悬浮物粒度/mm	0.1	0.3	0.5	1	3	4	5
冷却水流速/m·s⁻¹	0.02	0.06	0.10	0.20	0.30	0.60	0.80

表 3-10　高炉冷却设备冷却水流速的参考值

冷却部位	各段冷却壁直段及蛇形管	凸台	炉底水冷管	风口小套	风口中套
流速/m·s⁻¹	≥1.8	≥2.0	≥2.0	≥15	≥5

冷却水进出水温差值的允许范用要保证水中碳酸盐不大量产生沉淀，其主要取决于碳酸盐含量和进出水温度。一般工业用循环冷却水的暂时硬度小于 10 度（即 CaO 的体积质量小于 100 mg/L），经过多次加热后，碳酸盐开始沉淀温度为 50~60 ℃，而循环水温度一般低于 35 ℃。因此，只要冷却水的理论允许进出水温差控制在 15~25 ℃，就可以避免碳酸盐的沉淀。但是实际生产中冷却器的热流强度是不稳定的，考虑这种因素后，要求冷却器的实际进出水温差低于理论允许进出水温差。考虑冷却器热流强度波动的安全系数（φ）后，实际进出水温差应用式（3-9）表示：

$$\Delta t = \phi \Delta t_1 \tag{3-9}$$

式中　Δt——实际进出水温差，℃；

　　　Δt_1——理论允许进出水温差，℃；

　　　ϕ——热流强度波动安全系数，ϕ 值大小与炉体部位有关，具体见表 3-11。

表 3-11　ϕ 值大小与炉体部位的关系

部位	炉腹、炉身	风口带	炉缸	风口小套
ϕ	0.4~0.6	0.15~0.3	0.08~0.15	0.3~0.4

高炉各部位冷却水温差的控制标准参考值见表 3-12。

表 3-12　高炉各部位冷却水温差的控制标准参考值

冷却部位	冷却水温差/℃	备　　注
炉身上部	3	全炉总水温差 10 ℃ 以内（控制严格的高炉的全炉水温差 3 ℃ 以内），小量高炉水温差适当放宽
炉身中下部	3	
炉腰	2.5	
炉腹	1	
炉缸	0.3	
炉底	0.5	

3.5.3　冷却水压力

由于高炉冶炼的进一步强化，炉内热流强度波动频繁，热震现象也比较严重，为了加强冷却，对水压提出了更高的要求。风口水压要求为 1.0~1.7 MPa，其他部位冷却水压力至少要比炉内压力高 0.05 MPa，以避免水管破裂后炉内煤气窜到水管里发生重大事故。高炉冷却水实际压力参考值见表 3-13。

表 3-13　高炉冷却水实际压力参考值

炉容/m³	≤1000	1000~2000	2000~3000	3000~4000	4000~5000	>5000
风口小套冷却水实际压力/MPa	1.0	1~1.2	1.1~1.3	1.2~1.4	1.3~1.5	1.5~1.7
风口中套冷却水实际压力/MPa	0.5~0.7	0.5~0.8	0.6~0.8	0.7~0.9	0.8~1	0.8~1
炉体冷却水实际压力/MPa	0.5~0.7	0.5~0.8	0.6~0.8	0.7~0.9	0.8~1	0.8~1

3.5.4　水质调节

提高冷却水质防止冷却壁内水管结垢是维护好炉体的重要内容。防止水垢的主要措施是进行水的预处理，即：逐步采用或全部采用软水闭路循环冷却系统；使用软化水或者除盐水（纯水）；工业水加药（缓蚀剂、整合剂、阻垢分散剂及杀菌剂），达到防腐、阻垢、杀菌的效能，可以大大减缓腐蚀、污垢、微生物造成的危害并阻止水中沉淀物的生成。

如果高炉采用一般工业水循环冷却，生产一定时间后，在冷却器内壁结成水垢是不可避免的。水垢的导热能力只有钢铁材料导热能力的1/30，从而导致冷却器局部过热而被烧毁。因此，冷却器需定期除垢，可采用酸洗、高压水冲洗、高压蒸汽（或压缩空气）清洗等方法。

3.6　高炉本体钢结构

3.6.1　高炉炉壳

炉壳是高炉的外壳，里面有冷却设备和炉衬，顶部有装料设备和煤气上升管，下部为高炉基础，是不等截面的圆筒体。炉壳的主要作用是固定冷却设备、保证高炉砌砖的牢固性、承受炉内压力和密封炉体，有的还要承受炉顶载荷和起到冷却内衬的作用（外部喷水冷却时）。因此，炉壳必须具有一定强度。炉壳厚度应与工作条件相适应。高炉下部钢壳较厚，这是因为此部位经常受高温作用以及安装铁口和风口时开孔较多。

3.6.2　高炉承重结构

高炉承重结构（支撑结构）主要用于将炉顶载荷、炉身载荷传递到炉基，此外，还要解决炉壳密封问题。高炉承重结构主要有以下几种形式，如图 3-20 所示。

（1）炉缸支柱式。炉缸支柱用来承担炉腹或炉腰以上，经炉腰支圈传递下来的全部载荷。它的上端与炉腰支圈连接，下端则伸到高炉基座的座圈上。支柱向外倾斜6°左右，以使炉缸周围宽敞。支柱的数目常为风口数目的1/2 或 1/3，并且均匀分布在炉缸周围。这种结构的特点是节省钢材，但炉身炉壳易受热变形，风口平台拥挤，炉前操作不方便，并

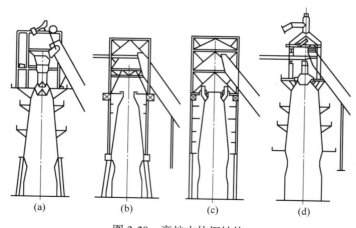

图 3-20　高炉本体钢结构

（a）炉缸支柱式；（b）炉缸炉身支柱式；（c）框架环梁式；（d）自立式

且大修时更换炉壳不方便。过去我国 255m³ 以下高炉多采用炉缸支柱式。

（2）炉缸炉身支柱式。炉顶装料设备和煤气导出管、上升管等的重量经过炉身炉壳传递到炉腰托圈，炉顶框架等则通过炉身支柱传递到炉腰托圈，然后再通过炉缸支柱传递到基础上。煤气上升管和炉顶平台分别设有座圈和托座，大修更换炉壳时炉顶煤气导出管和装料设备等载荷可作用在平台上。这种结构降低了炉壳的负荷，安全可靠，但耗费钢材较多，投资高。

（3）框架环梁式。目前我国高炉多采用框架环梁式。其特点是：由四根支柱连接成框架，与高炉中心成对称布置，框架下部固定在高炉基础上，顶端则支撑在炉顶平台上。风口平台以上部分的钢结构，有"工"字断面，也有圆形断面，圆筒内灌以混凝土。风口平台以下部分可以是钢结构，也可以采用钢筋混凝土结构。它承担炉顶框架上的载荷和斜桥的部分载荷，装料设施和炉顶煤气导出管的载荷仍由炉壳传到基础。按框架和炉体之间的关系，炉体框架可分为框架自立式和框架环梁式两种。框架与炉体间没有力的关系时为框架自立式，框架与炉体间有力的关系时为框架环梁式。用环形梁代替原炉腰支圈可以减少上部炉壳的载荷。这种结构由于取消了炉缸支柱，框架离开高炉一定距离，所以风口平台宽敞，炉前操作方便，有利于大修时高炉容积的扩大，但钢材消耗较多。

（4）自立式。炉顶全部载荷均由炉壳承受，炉体周围没有框架或支柱，平台走梯也支撑在炉壳上，并通过炉壳传递到基础上。其特点是：结构简单，操作方便，节约钢材，炉前宽敞，便于更换风口和炉前操作；但炉壳容易变形，高炉大修时炉顶设备需要另设支架。小型高炉多采用自立式。

3.6.3　高炉炉体平台与走梯

高炉炉体凡是设置有人孔、探测孔、冷却设施及机械设备的部位，均应设置工作平台，以便于检修和操作。各层工作平台之间用走梯连接。我国宝钢 1 号高炉炉体钢结构及炉体平台如图 3-21 所示。

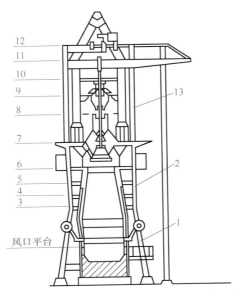

图 3-21　宝钢 1 号高炉炉体钢结构及炉体平台
1—下部框架；2—上部框架；3~12—炉体平台；13—炉顶框架

AR资源

请用Mechanical
Designing App
扫描图片，观看
三维动画。

3.7　高炉基础

　　高炉基础是高炉下部的承重结构，它的作用是将高炉全部载荷均匀地传递到地基。高炉基础由埋在地下的基座部分和露出地面的基墩部分组成，如图 3-22 所示。

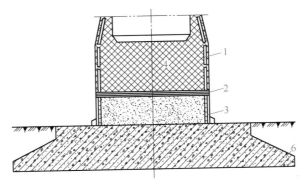

图 3-22　高炉基础
1—冷却壁；2—水冷管；3—耐火砖；4—炉底砖；5—耐热混凝土基墩；6—钢筋混凝土基座

3.7.1　高炉基础的负荷

　　高炉基础承受的载荷有静载荷、动载荷和热应力作用。其中，温度造成的热应力作用最危险。

（1）静载荷。高炉基础承受的静载荷包括高炉内部的炉料重量、渣液及铁液重量、炉体本身的砌砖重量、金属结构重量、冷却设备及炉顶设备重量等，另外还有炉下建筑物、斜桥、卷扬机等分布在炉身周围的设备重量。就力的作用情况来看，前者是对称的，作用在炉基上；后者则常常是不对称的，是引起力矩的因素，可能产生不均匀下沉。

（2）动载荷。生产中常有崩料、坐料等，其加给炉基的动载荷是相当大的，设计时必须考虑。

（3）热应力作用。炉缸中储存着高温的铁液和渣液，使炉基处于一定的温度下。由于高炉基础内温度分布不均匀，一般是里高外低、上高下低，因而在高炉基础内部产生了热应力。

3.7.2　对高炉基础的要求

（1）高炉基础应把高炉全部载荷均匀地传给地基，不允许发生下沉和不均匀下沉。高炉基础下沉会引起高炉钢结构变形、管路破裂。不均匀下沉将引起高炉倾斜，破坏炉顶正常布料，严重时不能正常生产。

（2）高炉基础应具有一定的耐热能力。一般混凝土只能在 150 ℃ 以下工作，250 ℃ 时便有开裂现象，温度达到 400 ℃ 时失去强度。钢筋混凝土在 700 ℃ 时失去强度。过去由于没有耐热混凝土基墩和炉底冷却设施，炉底破损到一定程度后常引起基础破坏甚至爆炸。采用水冷炉底及耐热基墩后，可以保证高炉基础很好地工作。

基墩断面为圆形，直径与炉底相同，高度一般为 2.5~3.0 m，设计时可以利用基墩高度调节铁口标高。

基座直径与载荷及地基土质有关；基座厚度由所承受的力矩计算，并结合水文地质条件及冰冻线等综合情况确定。

智能炼铁

- 智能 3-1　高炉内衬及冷却设备的诊断

- 智能 3-2　高炉炉缸测温监测系统

高炉内衬及冷却设备的诊断

高炉炉缸测温监测系统

拓展知识

- 拓展 3-1　高炉炉衬的结构

1. 炉底、炉缸

炉底与炉缸是高炉积存液态渣铁的部位，也是焦炭与煤粉燃烧的部位，工作环境十分恶劣，因此，它们是影响高炉寿命最关键的部分。为了延长其使用寿命，国内外在炉底、炉缸破损机理以及耐火砖质量，炉底、炉缸结构的改进方面做了大量的研究工作。

炉底结构有缓蚀型和永久型两种。20 世纪 50 年代以前，世界上大多数高炉采用缓蚀型炉底。缓蚀型炉底结构全采用高铝砖、黏土砖，不重视冷却，完全靠耐火材料来抵抗炉内的侵蚀，炉底厚度较大，高炉寿命较短，容易引发炉底、炉缸的烧穿事故。永久型炉底结构则是在炉底采用了高导热碳质耐火材料，其厚度比缓蚀型炉底减薄 2/3，重视炉底冷却，加强冷却效果，依靠在炉内尽早形成内衬的保护层来抵抗炉内的侵蚀，延长了炉底的寿命。目前缓蚀型炉底已被淘汰，多采用永久型，并形成了全炭砖炉底结构和综合炉底结构两大流派。

从传热学角度来讲，综合炉底是绝热和导热机理的结合，全炭砖炉底则是完全的导热机理。全炭砖炉底虽然通过减薄炉底，同时采用高导热的优质炭砖满足了高导热、强冷却的要求，可以通过形成炉缸、炉底冷却保护层来抵抗铁水和炉渣对耐火材料的侵蚀。但是在实际的生产中，在开炉初期，由于操作和冷却不到位等原因，保护层不一定能很快形成，此时的炭砖侵蚀就会加剧。而综合炉底则在炭砖上表面加了层耐磨、低导热、抗碱、抗铁水侵蚀的优质陶瓷材料，在高炉生产初期就能保护炭砖。当这层陶瓷保护砖被侵蚀掉后又能很快形成炭砖的保护层，这种结构更能实现高炉炉底的长寿。我国高炉多数采用综合炉底。

目前国内外综合炉底、炉缸结构主要有以下三种类型：

（1）大块炭砖砌筑，炉底设陶瓷垫；

（2）热压小块炭砖砌筑，炉底设陶瓷垫；

（3）大块或小块炭砖砌筑，炉底和炉缸设陶瓷杯。

其中，陶瓷杯+热压小块炭砖的炉底、炉缸结构如图 3-23 所示。

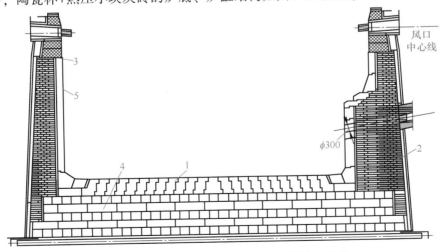

图 3-23　陶瓷杯+热压小炭砖的炉底、炉缸结构（单位：mm）

1—陶瓷底垫；2—热压小炭砖；3—风口组合砖；4—大炭砖；5—陶瓷杯壁

陶瓷杯就是在炉底炭砖和炉缸炭砖的内缘砌筑专门设计的陶瓷材料，整个陶瓷材料在炉缸形成一个杯形结构。这种炉底结构一般采用普通炭砖、石墨化炭砖、半石墨化炭砖、微孔炭砖中的 2 种或 3 种分层砌筑，炉缸侧壁采用半石墨化炭砖、微孔炭砖和超微孔炭砖中的 1 种或 2 种区分砌筑，而整个炭砖内侧为优质陶瓷材料。陶瓷杯材料在其应用初期主要以黄刚玉、棕刚玉为主，现在则发展为主要以致密刚玉、微孔刚玉、刚玉莫来石、塑性相复合刚玉为主，如图 3-24 所示。

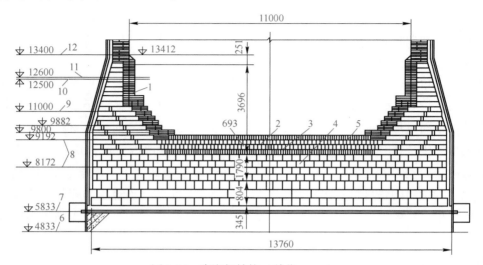

图 3-24　陶瓷杯结构（单位：mm）

1—刚玉莫来石砖；2—黄刚玉砖；3—烧成铝炭砖；4—半石墨化自焙炭砖；5—保护砖；

6—炉壳封板；7—水冷管；8—测温电偶；9—铁口中心线；10，11—东西渣口中心线；12—炉壳拐点

陶瓷垫和陶瓷杯是利用刚玉材料的高荷重软化温度、较强的抗渣铁侵蚀性能以及低导热性，使高温等温线集中在这些材料的砖衬内，起保温和保护炭砖的作用。而炭砖的高导热性又可以将陶瓷杯输入的热量很快传导出去，提高了炉衬寿命。该结构有如下优越性。

（1）提高铁水温度。由于陶瓷杯的隔热保温作用，减少了通过炉底、炉缸的热损失，因此铁水可保持较高的温度，给炼钢生产创造了良好的节能条件。

（2）易于复风操作。由于陶瓷杯的保温作用，在高炉休风期间炉子冷却速度慢，热损失减少，这有利于复风时恢复正常操作。

（3）降低铁水渗透。铁水的凝固温度在 1150 ℃左右，而陶瓷质内衬的内壁等温线很接近 1150 ℃，由于耐火材料的膨胀减小，耐火制品和预制块之间的连接缝会变小，因此渗入孔缝处的铁水是有限的。

2. 炉腹、炉腰与炉身

从炉腹到炉身下部的炉衬要承受煤气流冲刷、炉料磨损、初渣侵蚀、碱金属和锌蒸气渗透以及热震破坏作用，其也是影响高炉寿命的薄弱环节。为了形成合理、稳定的操作炉型，设计时炉衬的厚度、材质要与冷却设备的结构形式结合起来考虑。

由于开炉后炉腹部分炉衬很快被侵蚀掉，靠渣皮工作，所以我国高炉一般砌一层厚

345 mm 的高铝砖，周围采用镶砖冷却壁。炉腹与薄壁炉腰用黏土砖或高铝砖砌筑时，砖紧靠镶砖冷却壁平砌，砖与冷却壁之间的缝隙用泥浆填满。

炉腰是炉腹到炉身的过渡段，有厚壁炉腰、薄壁炉腰和过渡式炉腰三种结构形式，如图3-25 所示。高炉冶炼过程中部分煤气流沿炉腹斜面上升，在炉腹和炉腰交界处转弯，对炉腰下部冲刷严重，这部分炉衬侵蚀较快，使炉腹段上升，径向尺寸也有扩大。厚壁炉腰有利于这种转化，热损失少；薄壁炉腰不利于这种转化，但有固定炉型的作用；过渡式炉腰结构介于两者之间。可见，设计炉型和操作炉型的关系复杂，炉型设计时应全面认真考虑。

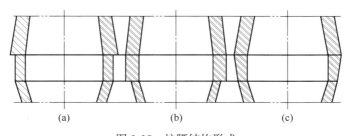

图 3-25　炉腰结构形式
（a）薄壁；（b）厚壁；（c）过渡式

炉身砌砖厚度通常为 690~805 mm，目前向薄的方向发展。当炉身采用镶砖冷却壁时，炉腹、炉腰及炉身下部砌砖紧靠冷却壁，缝隙填充浓泥浆；每层砖平砌成环形，砌体与炉壳间隙为 100~150 mm，填以水渣-石棉隔热材料。为防止填料下沉，每隔 15~20 层砖砌两层带砖，带砖与炉壳间隙为 10~15 mm。

炉身用冷却水箱冷却时，砌砖方法与薄壁炉腰的砌筑方法相同，在有冷却水箱（冷却板）的部位为平砌，砌体与冷却水箱间应按规定留出足够空隙，其间隙内填满浓泥浆。水箱周围两砖宽的砌体紧靠炉壳砌筑，砖与炉壳间留 10~15 mm 的间隙。

在炉身无冷却器的其他区域，砌体与炉壳之间留 100~150 mm 的间隙，内填水渣-石棉料。

炉身砖脱落是生产中普遍存在的问题，解决这一问题的方法除了改进冷却器结构和改善耐火砖材质外，增加砖托也是一种常见的方案，图 3-26 是宝钢的砖托结构示意图。

3. 炉喉与炉头

炉喉不用耐火砖砌筑，而采用钢砖结构。目前，大中型高炉炉喉一般都采用条状钢砖结构。其优点是生产中不易变形、脱落，且结构稳定、拆装方便。条状钢砖的结构如图3-27所示。

炉喉钢砖内浇注料的填充与钢砖的安装配合进行。每安装一层钢砖，充填一次浇注料，浇注料凝固后湿润养护 24 h，再进行下一层钢砖的安装。若为水冷钢砖，则在钢砖内的缝隙填充完毕后，在钢砖与炉壳之间一次填充浇注料。

炉头部位一般紧靠炉壳砌筑一层黏土砖，高炉炉头砌砖的作用是隔热和保护钢壳不受侵蚀和磨损。

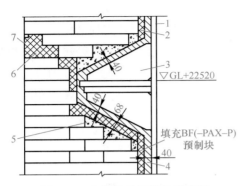

图3-26　宝钢的砖托结构示意图

1—炉壳；2，5—填充料；3—砖托；

4—喷涂料；6—缓冲泥浆；7—白铁皮

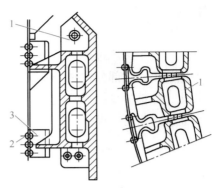

图3-27　条状钢砖的结构

1—长钢砖；2—铆钉；3—吊挂装置

炉衬砌筑的质量和炉衬材质具有同等的重要性，因此，对砌筑砖缝的厚度、砖缝的分布等都有严格的要求。高炉砌体砌筑砖缝的大小，根据不同部位砌体的工作环境及泥浆性质确定。有渣铁侵蚀的炉底和炉缸部位，砖缝要小些，其他部位可适当扩大些；使用黏土质或高铝质泥浆砌筑时砖缝应小些，而用高强度磷酸盐耐火泥浆砌筑时砖缝可扩大些。高炉各部位砌体的砖缝厚度见表3-14。

表3-14　高炉各部位砌体的砖缝厚度

砌砖部位	砌砖类别	砖缝厚度/mm	砌砖部位	砌砖类别	砖缝厚度/mm
黏土砖或高铝砖砌体炉底	特	0.5	周围环状砌体	Ⅲ	3.0
炉缸（包括铁口、风口通道）	特	0.5	风口平台出铁场附近柱子的保护砖	Ⅳ	5.0
炉腹和薄壁炉腰	Ⅰ	1.0	炭砖砌体炉底薄缝	Ⅲ	2.5
厚壁炉腰	Ⅰ	1.0	顶端斜接缝	Ⅱ	1.5
炉身上部冷却箱以下	Ⅱ	1.5	炉缸薄缝	Ⅱ	2.0
炉身上部冷却箱以上	Ⅱ	2.0	其他部位的薄缝	Ⅲ	2.5
炉喉钢砖区域	Ⅲ	3.0	黏土砖保护层砌体	Ⅲ	3.0
炉顶砌砖、炉底耐热混凝土	Ⅱ	2.0			

· 拓展3-2　砖量计算

1. 高炉用耐火砖的尺寸

当高炉炉衬采用标准砖砌环状砌体时，厚度一致可以获得最小的水平缝。我国高炉用黏土砖、高铝砖、满铺炉底炭砖、环形炭砖以及石墨化炭砖的尺寸见表3-15～表3-18。

表 3-15　高炉用黏土砖和高铝砖的形状及尺寸

砖　型	砖号	尺寸/mm			砖　型	砖号	尺寸/mm			
		a	b	c			a	b	b_1	c
直形砖	G-1	230	150	75	楔形砖	G-3	230	150	135	75
						G-4	345	150	125	75
	G-7	230	115	75		G-5	230	150	120	75
	G-2	345	150	75		G-6	345	150	110	75
	G-8	345	115	75		G-10	345	114	99	75
	G-11	400	150	90		G-31	460	150	130	75
						G-32	460	150	110	75
	G-30	4*60	150	90		G-33	460	114	94	75

表 3-16　满铺炉底炭砖的尺寸

砌　筑　方　法	标准尺寸/mm×mm×mm
卧砌	400×400×2900
	400×400×2600
	400×400×2200
	400×400×1700
立砌	400×400×1200
	400×400×800

表 3-17　环形炭砖的尺寸

形　状	尺寸/mm				弯曲外半径 $[ab/(b-b_1)]$/mm	每环极限块数
	a	b	b_1	c		
	800	400	360	400	8020	125.664
	800	400	320	400	4010	62.832
	1000	400	350	400	8020	125.664
	1000	400	300	400	4010	62.832
	1200	400	340	400	8020	125.664
	1200	400	280	400	4010	62.832
	1400	400	330	400	8020	125.664
	1400	400	260	400	4010	62.832
	1600	400	320	400	8020	125.664
	1600	400	340	400	4010	62.832

表 3-18　高炉用石墨化炭砖的规格尺寸

（mm）

规格代号	宽　度	高　度	长　度
SKG400×400	400	400	<3000
SKG400×500	400	500	<3000
SKG400×600	400	600	<3000
SKG500×500	500	500	<3500

2. 高炉砌砖量的计算

在计算高炉砖量时，一般都不扣除风口、铁口及水箱所占的体积，砖缝可以忽略不计，此外一般还要考虑2%~5%的损耗。如果需要计算砖的质量，则用每块砖的质量乘砖数即可。

（1）炉底砌砖量的计算。炉底部位砖量可按砌砖总容积除以每块砖的容积来计算。求炉底每层的砖数时，可以用炉底砌砖水平截面积除以每块砖的相应表面积来计算。

（2）环圈砌砖量的计算。高炉其他部位都是圆柱体或圆锥体，不论上下层还是里外层都要砌出环圈来，而砌成环圈时必须使用楔形砖。若砌任意直径的环圈，则需楔形砖和直形砖配合使用，一般以 G-1 直形砖与 G-3 或 G-5 楔形砖相配合，G-2 直形砖与 G-4 或G-6 楔形砖相配合。由于要求的环圈直径不同，故直形砖和楔形砖的配合数目也不同。

如果单独用 G-3、G-4、G-5、G-6 楔形砖砌环圈，可用式（3-10）计算砖量：

$$n_x = \frac{2\pi a}{b - b_1} \qquad (3\text{-}10)$$

式中　n_x——砌一个环圈的楔形砖数，块；

　　　a——砖长度，mm；

　b，b_1——楔形砖大头宽度与小头宽度，mm。

由式（3-10）得知，每个环圈使用的楔形砖数 n_x 只与楔形砖两头宽度和砖长度有关，而与环圈直径无关。由此得出单独用 G-3 楔形砖砌环圈需要的砖数为：

$$n_{G\text{-}3} = \frac{2 \times 3.14 \times 230}{150 - 135} = 97 \text{ 块}$$

同理

$$n_{G\text{-}4} = \frac{2 \times 3.14 \times 345}{150 - 125} = 87 \text{ 块}$$

$$n_{G\text{-}5} = \frac{2 \times 3.14 \times 230}{150 - 120} = 48 \text{ 块}$$

$$n_{G\text{-}6} = \frac{2 \times 3.14 \times 345}{150 - 110} = 54 \text{ 块}$$

而单独用上述四种楔形砖所砌环圈的内径依次是 4150 mm、3450 mm、1840 mm、1897 mm。

如果要砌筑任意直径的圆环，需要直形砖与楔形砖配合使用，直形砖砖数可由式（3-11）计算：

$$n_z = \frac{\pi D - n_x b_1}{b} \qquad (3\text{-}11)$$

式中　n_z——直形砖数，块；

　　　D——环圈内径，mm；

　　　n_x——楔形砖数，砖型确定后是一常数，块；

　b_1，b——楔形砖小头宽度与直形砖宽度，mm。

［例 3-1］　试用 G-3 与 G-1 砖砌筑内径为 7.2 m 的圆环，求所需楔形砖数及直形砖数。

解查表得：$n_{G\text{-}3} = 97$ 块，则：

$$n_z = \frac{\pi D - n_x b_1}{b} = \frac{3.14 \times 7200 - 97 \times 135}{150} = 65 \text{ 块}$$

综上所述，需要 G-3 砖 97 块、G-1 砖 65 块。

高炉砖量的简单确定也可以通过查计算尺进行，如图 3-28 所示，其中 D 为砖环内径，a 为砖块长度，单位为 mm。

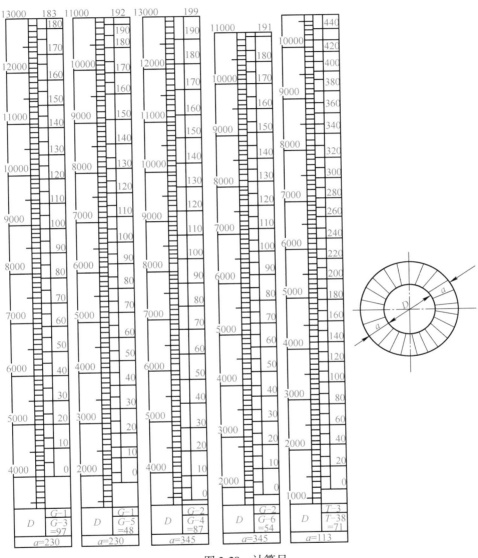

图 3-28　计算尺

· 拓展 3-3　高炉长寿维护概述

· 拓展 3-4　炉缸、铁口及风口区域的维护概述

高炉长寿
维护概述

炉缸、铁口
及风口区域
的维护概述

·拓展 3-5　风口检漏与处理

风口检漏
与处理

高炉本体及
维护实例

☐☆ 企业案例

·案例　高炉本体及维护实例

？ 思考与练习

·问题探究

3-1　简述高炉本体基本构成。

3-2　高炉内型设计有许多经验参数，分析炉缸面积利用系数（有效容积利用系数）、高径比、炉缸直径、风口高度、炉腹角、炉身角等参数过大或过小带来的影响。

3-3　现代高炉炉型有何特点？

3-4　高炉炉衬的作用是什么？分析高炉各部位炉衬的破损机理。

3-5　高炉常用的耐火砖有哪几种类型，各有何特点？

3-6　高炉常用的不定形耐火材料有哪些，各有何特点？

3-7　提高炉衬寿命的措施有哪些？

3-8　高炉冷却有何意义？

3-9　高炉冷却系统有哪些，各有何特点？

3-10　冷却壁与插入式冷却器各有哪些类型及特点？

3-11　简述高炉冷却壁（板）损害的主要原因及处理措施。

3-12　简述风口装置的组成及破损机理。

3-13　简述铁口装置的组成。

3-14　高炉冷却制度包括哪些内容？

3-15　简述软水密闭循环冷却系统的工作原理，并说明其优越性。

3-16　冷却器的耗水量与哪些因素有关系，如何确定耗水量的多少？

3-17　如何控制冷却水流速、温差和压力？

3-18　高炉炉体结构的支撑形式有哪几种，它们的重力载荷传递方式是怎样的？

3-19　高炉炉基由哪几部分组成？

3-20　高炉内衬及冷却设备的有哪些诊断技术？

3-21　如何动态了解炉缸侵蚀情况？

3-22　简述线性测温传感器技术原理。

3-23　线性测温传感器有何特点？

3-24　什么是全炭炉底和综合炉底，各有何特点？

3-25　陶瓷杯炉底有何特点？

3-26　怎样才能维护好高炉炉体，延长高炉寿命？

3-27　如何对炉缸、铁口及风口区域进行维护？

3-28　风口检漏方法有哪些，如何处理？

▪ 技能训练

3-29　设计年产炼钢生铁 300 万吨的高炉车间的高炉内型尺寸，并绘出内型图。

3-30　根据图 3-29，完成如下内容。

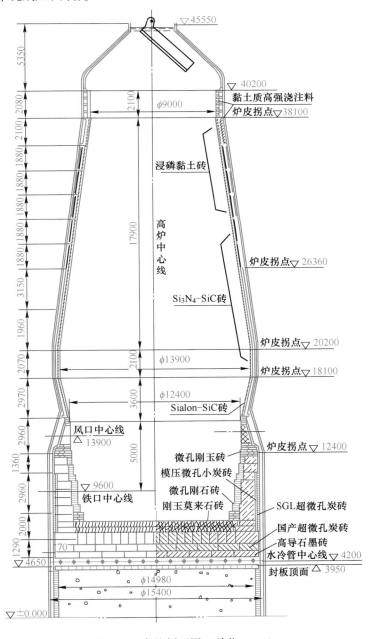

图 3-29　高炉剖面图（单位：mm）

（1）高炉内型。

1）写出高炉内型尺寸（包括死铁层的厚度），并计算此高炉的有效容积。

2）计算此高炉的年产量。条件是：高炉有效容积利用系数为 2.5 t/（m³·d），年工作日为 350 d。

3）为该高炉配置风口数目。

4）校核表 3-19 所列的参数，对高炉内型尺寸进行评价。

表 3-19　校核参数及评价

校核参数	V_u/A	H_u/D	D/d	d_1/d	$a/（°）$	$\beta/（°）$
评价						

（2）高炉炉衬。

1）炉底与炉缸。

①炉底与炉缸使用了哪几种耐火砖，这些耐火砖有何特点？

②炉底与炉缸的砌筑属于哪种结构，该结构有何优点？

③计算高炉炉底用国产超微孔炭砖的数量。条件为：超微孔炭砖的尺寸为 400 mm×400 mm×1000 mm。

2）炉腹、炉腰与炉身。

①炉腹、炉腰与炉身采用的耐火砖种类是什么？说明使用这些砌砖的理由。

②炉腰结构属于哪种类型？

③计算炉腹砌砖量。条件为：直形砖尺寸，345 mm×150 mm×75 mm；楔形砖尺寸，345 mm×（150 mm、125 mm）×75 mm。

（3）高炉冷却设备。高炉不同部位可采用哪些类型的冷却设备？说明理由。

3-31　分析高炉炉体的监控参数。某高炉炉体各层温度监测情况见表 3-20，分析该高炉可能发生了什么情况，并说明原因。

表 3-20　某高炉炉体各层温度监测情况　　　　　　　　　　　　　（℃）

部　位	东	东北	北	西北	西	西南	南	东南
炉腹	90	92	130	138	146	135	132	128
炉腰	94	95	97	108	115	105	100	94
炉身上部	96	101	104	109	119	104	106	102
炉身中部	158	176	179	136	121	133	139	142
炉身下部	160	178	115	138	127	143	147	138

3-32　某 3200 m³ 高炉各冷却区域的热流强度设计值见表 3-21，试估算高炉冷却水消耗量。

表 3-21　某高炉各冷却区域的热流强度设计值

区　段	热流强度/kJ·（m²·h）$^{-1}$	水温差/℃	热负荷/kJ·h^{-1}	冷却面积/m²
炉身上部	29268	0.422	3782900	129.27
炉身中部	100328	2.241	29907900	289.07
炉身下部及炉腰	167200	3.173	51259340	306.58
炉腹	125400	1.174	15035460	119.93

续表 3-21

区　段	热流强度/kJ·(m²·h)⁻¹	水温差/℃	热负荷/kJ·h⁻¹	冷却面积/m²
风口带	83600	0.370	3849780	46.06
炉缸区	16720	0.591	6224020	372.28
合计			110059400	

▪ 进阶问题

3-33　与下置式软水密闭循环冷却系统相比，为什么上置式各回路间相互影响小，压力波动较小？

3-33习题
解答参考

3-34　了解高炉风口、冷却壁炉衬检测中红外热像仪的应用，你还能了解到哪些炉体检测技术？

3-35　深入了解炉体灌浆、硬质料压入、炉内喷涂造衬、钛矿护炉等技术，你还能了解到哪些炉体维护技术？

3-36　高炉内型设计、冷却制度等有许多经验参数，实际工作中应怎样对待这些经验参数？经验参数是一成不变的吗，如何用发展的观点看待这一变化？

3-37　事物是普遍联系的，试讨论高炉某部位冷却强度过大或过小会带来哪些影响？随着学习的深入请持续思考这一问题。

在线测试3

项目4 高炉供料及装料系统

🎯 学习目标

高炉炉料中的矿石和焦炭由料车或传输皮带送至高炉炉顶，然后分别加入高炉形成铁矿层和焦炭层。本项目介绍供料设备、上料设备、装料设备及工作过程，为进一步学习装料制度打下基础。

· 知识目标：

（1）熟知现代高炉对原料供应系统、上料系统、炉顶布料系统的要求与工艺流程；

（2）掌握皮带上料与料车上料主要设备的结构、用途、工作原理和操作程序；

（3）掌握无钟炉顶主要设备的结构、用途、工作原理和操作程序；

（4）掌握炉顶装料设备均压原理；

（5）掌握炉顶探料设备工作原理。

· 能力目标：

（1）能进行高炉槽下原料的筛分、称量与运输操作；

（2）能进行高炉无钟炉顶布料操作；

（3）能说明供料及装料过程中矿石和焦炭经过的设备及时序；

（4）能够配合相关工种处理生产故障。

· 素养目标：

思政课堂

凝造匠心

（1）能介绍我国高炉上料设备和炉顶装料设备发展历史，培养科技报国理念；

（2）通过高炉上料在炼铁中的作用，培养整体观念和全局意识；

（3）通过供料设备、上料设备、装料设备相互协调配合的工作过程，培养团结协作精神。

★ 每课金句 ★

把科技创新摆到更加突出的位置，深化教育科技人才综合改革，加强科教创新和产业创新融合，加强关键核心技术攻关，加大技术改造和产品升级力度。

——摘自习近平2023年12月14日至15日在广西考察时的讲话

📖 基础知识

现代大型高炉每昼夜连续需要原燃料上万吨。原燃料的供应由原料供应系统、上料系统、炉顶装料系统来保证。系统各设备之间需相互紧密衔接、配合，协调地进行工作，满足高炉对炉料的需求。

高炉上料方法在很大程度上会影响原料供应系统的布置。目前，高炉上料方法主要有料车上料和皮带机上料两种。中小型高炉一般采用料车上料，大型高炉采用皮带机上料。两种上料方式的流程示意图如图4-1和图4-2所示，其工艺方式的比较见表4-1。

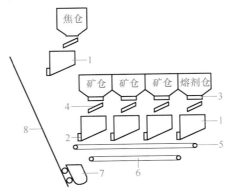

图 4-1 高炉斜桥料车上料的流程示意图

1—称量斗；2—称漏斗闸门；3—振动给料器；4—振动筛；5—运矿皮带；6—粉矿皮带；7—上料小车；8—斜桥

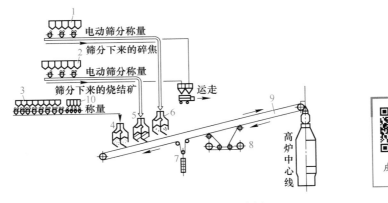

图 4-2 高炉皮带机上料的流程示意图

1—焦炭料仓；2—烧结矿料仓；3—矿石料仓；
4—矿石及辅助料集中斗；5—烧结矿集中斗；6—焦炭集中斗；
7—皮带机张紧装置；8—皮带机传动机构；9—皮带机；10—辅助原料仓

表 4-1 料车上料与皮带机上料的比较

料 车 上 料	皮 带 机 上 料
（1）高炉周围布置集中，车间布置紧凑； （2）对有3个出铁场的高炉布置有困难； （3）对中小型高炉有利，大型高炉因料车过大，炉顶煤气管道与炉顶框架的间距必须扩大，炉子高度增加，投资较大； （4）对炉料分布不利，且破碎率较大； （5）炉顶承受水平力大； （6）难以满足高炉强化后的供料要求	（1）皮带坡度为10°~18°，高炉与原料称量系统的距离较远（约300 m），布置分散，高炉周围自由度大； （2）对大型高炉布置有利，可改善高炉环境； （3）炉顶设备无钢绳牵引的水平拉力； （4）皮带机运输能力大，可充分满足大型高炉上料的要求，并对降低建设投资有利

4.1 供料设备

在高炉生产中，料仓上下所设置的设备，是为高炉上料设备服务的，称为供料设备，包含储矿（焦）槽、槽下筛分设备、称量设备以及运输设备等。供料设备的基本职能是：根据冶炼要求，将不同质量计量的原燃料组成一定的料批，按规定程序往高炉上料设备装料。因此，供料设备必须满足以下要求：

（1）供料设备应能适应多品种的要求；

（2）易于实现机械化和自动化操作；

（3）为保证高炉连续生产，供料设备应简易可靠；

（4）在组成料批时，对供应原料进行最后过筛。

4.1.1 储矿（焦）槽

储矿（焦）槽是炼铁厂供料系统中的重要设备，其作用是储存原料，用于解决高炉连续上料和间断供料的矛盾；对容积较大的储矿槽，还有混匀炉料的作用。

矿槽、焦槽数量应根据原料品种贮存时间及清槽、检修等综合因素确定，并应符合容积大、槽数少的要求。焦槽的贮存时间宜为 8~10 h；烧结矿槽贮存时间宜为 10~14 h，分级入炉时可采用上限值；其他原料的贮存时间应大于 12 h。储矿槽、储焦槽的容积与高炉容积的关系见表4-2。不同高炉单个储矿槽、储焦槽的容积差别较大，宝钢1号、2号高炉矿槽焦槽容积及贮存时间见表4-3。

表 4-2　某些高炉储矿槽、储焦槽的容积与高炉容积的关系

高炉容积/m³	620	1053	1385	1513	2025	4063	5192	5867
储矿槽相当于高炉容积的倍数	1.87	2.13	2.06	1.83	1.32	1.16	2.23	1.0
储焦槽相当于高炉容积的倍数	0.62	0.76	0.58	0.53	0.78	0.66	0.69	0.55

表 4-3　宝钢1号、2号高炉矿槽焦槽容积及贮存时间

原料	料槽数目/个	单槽容积/m³	单槽容量/t	总容积/m³	总容量/t	堆密度/t·m⁻³	储存时间/h
焦炭	6	450	203	2700	1215	0.45	6
烧结矿	6	566	1019	3396	6113	1.8	10
块矿	3	140	280	420	840	2.0	13.4
球团矿	3	140	308	420	924	2.2	12.2
石灰石	1	170	255	170	255	1.5	12.2
锰矿	1	170	306	170	306	1.8	36.4
硅石	1	60	90	60	90	1.5	21.8
白云石	1	60	84	60	84	1.4	20

　　储矿（焦）槽一般采用钢筋混凝土结构，近年也有采用钢板壳体结构的，在其内壁衬以耐磨钢板或铸石保护板等抗磨材料。矿槽和焦槽一般上部为正方形或长方形，下部为平截锥形，矿槽底壁与水平线的夹角一般为 $50° \sim 55°$，对于储焦槽不小于 $45°$。

　　储矿（焦）槽的宽度根据槽上供料方式及槽下筛分称量方式的要求确定。槽上采用胶带运输机供料时，储矿槽（烧结矿、球团矿）的宽度通常为 $8 \sim 12$ m，其长度一般与宽度相同或按建筑模数的要求增减，其高度根据槽上胶带运输机的要求或在长度、宽度、容积确定后计算出来。

　　储矿（焦）槽的布置根据上料方式、原料来源、数量和品种等条件确定。

　　（1）采用胶带运输机上料时，储矿（焦）槽远离高炉布置，与上料胶带运输机的中心线可以不成直角，储矿、储焦槽可以靠在一起布置，也可以分开布置；采用料车上料时，储矿（焦）槽需靠近高炉，与上料斜桥成垂直布置。

　　（2）当矿石品种单一、储矿槽容积较大时，可设计为单排矿槽；当矿石品种较多，储矿槽容积较小时，可设计为双排矿槽。

　　（3）在储矿（焦）槽上采用胶带运输机向数座高炉供料时，转运站应布置在数座高炉的中间位置。采用料车上料的高炉，一般布置两个储焦槽。

　　储矿（焦）槽的在库量应保持在每个槽有效容积的 70% 以上。槽内料位低于规定最低料位 3 m 时，应停止使用，并向厂调汇报。各槽应遵循一槽一品种的原则，不得混料。总在库量低于管理标准时，应迅速判明情况，主动向有关部门汇报，同时做好应变准备。比如，当某 1800 m³ 高炉总在库量小于 50% 时，要求高炉减风 10% ~ 30%；当总在库量小于 30% 时，要求高炉休风。

4.1.2 闭锁装置

　　每个储矿槽下设有两个漏嘴，漏嘴上装有闭锁装置（即闭锁器），其作用是开关漏嘴并调节料流。要求闭锁器能正确闭锁住料流，不卡、不漏，而且还应该有足够的供料能力。大型高炉漏料能力达 15 ~ 25 m/min，目前常用的闭锁装置有启闭器和给料机两种。

　　启闭器靠炉料本身的重力供料，难以控制料流，易跑料和卡料，特别是当物料粒度不均匀时更是如此，破坏了称量的准确性，一般用于机械化程度较低的中小高炉。启闭器常用形式有单扇形板式、双扇形板式、S 形翻板式和溜嘴式四种，如图 4-3 所示，扇形板式多用于焦槽。

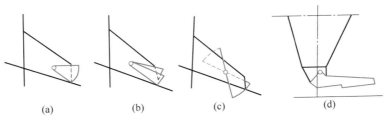

(a)　　　　　(b)　　　　　(c)　　　　　(d)

图 4-3　启闭器

（a）单扇形板式；（b）双扇形板式；（c）S 形翻板式；（d）溜嘴式

给料机是利用炉料自然堆角自锁的（见图 4-4），当自然堆角被破坏时，物料借助自重落到给料器上，然后又靠给料器运动，迫使炉料向外排出。振动给料机多设在烧结矿、球团矿、块矿、杂矿槽下，有电磁式和电机式两种形式，如图 4-5 和图4-6 所示。

电磁振动给料机由给料槽、激振器和减振器三部分组成。激振器工作原理：交流电源经过单相半波整流，当线圈接通后，在正半周电磁线圈有电流通过，衔铁和铁芯之间产生一脉冲电磁力相互吸引，这时槽体向后运动，激振器的主弹簧发生变形，

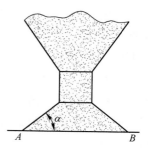

图 4-4　散料仓利用堆角的自锁原理

储存了一定的势能，在后半周线圈中无电流通过，电磁力消失，在弹簧作用下，衔铁和铁芯朝相反方向离开，槽体向前运动。电磁振动给料器在共振情况下工作，驱动功率小；设备没有回转运动零件，不需要润滑；物料前进呈跳跃式，几乎不在小槽板表面滑动，小料槽磨损很小，维护比较简单，设备质量小；但噪声大，电磁铁易发热，弹簧寿命短，适应外部条件变化的能力差。

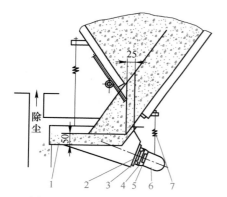

图 4-5　电磁式振动给料机结构

1—料槽；2—连接叉；3—衔铁；4—弹簧组；
5—铁芯；6—激振器；7—减振器

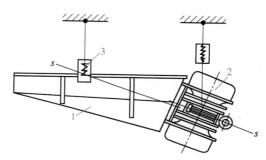

图 4-6　电机式振动给料机结构

1—槽体；2—激振器；3—减振器

电机式振动给料机主要由槽体、激振器和减振器三部分组成。由成对电动机组成的激振器和槽体是用螺丝固结在一起的。振动电动机可以安装在槽体的端部，也可以安装在槽体的两侧。振动电机的每个轴端装有偏心质量，两轴做反向回转，偏心质量在转动时就构成了振动的激振器，驱动槽体沿 s—s 方向产生往复振动，如图 4-6 所示。电机式振动给料机的优点是更换激振器方便，振动方向角容易调整，激振可根据振幅需要进行无级调整。

4.1.3　振动筛

原燃料粒度对高炉料柱的透气性有很大影响，烧结矿、焦炭在入炉之前普遍进行筛分；球团、块矿和杂矿根据原料情况可以筛分，也可以不经筛分直接进入称量漏斗。焦炭

筛下不大于 25 mm 的碎焦量占 5%~10%，可送往烧结厂；或再次筛分，其中 10~25 mm 的小粒焦返回小粒焦槽，与烧结矿混装入炉。烧结矿筛下小于 5 mm 的碎矿送往烧结厂；或再次筛分，将其中 3~5 mm 的小粒烧结矿返回储矿槽的小粒矿槽，作为单独的小批装入炉内。

现有的振动筛种类很多，如图 4-7 所示。根据筛体在工作中的运动轨迹分为平面圆运动和定向直线运动两种。图 4-7 中，属于平面圆运动的有半振动筛（a）、惯性振动筛（b）和自定中心振动筛（c）；属于定向直线运动的有双轴惯性筛（d）、共振筛（e）和电磁振动筛（f）。从结构运动分析来看，自定中心振动筛较为理想。它的转轴是偏心的，平衡重与偏心轴相对应，在振动时，皮带轮的空间位置基本不变，只做单一的旋转运动，皮带不会时紧时松而疲劳断裂。但其筛箱运动没有给物料向前运动的推力，要依靠筛箱的倾斜角度使物料向前运动。自定中心振动筛由框架、筛体和传动部分组成。框架是钢结构件，内设衬板。筛底选用高锰合金板，架设在底脚弹簧上；筛面常为条状结构，呈梳齿状形式。

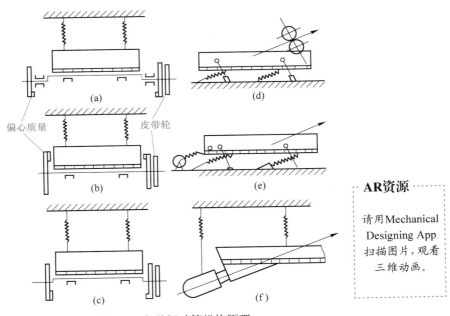

图 4-7　各种振动筛机构原理

（a）半振动筛；（b）惯性振动筛；（c）自定中心振动筛；
（d）双轴惯性筛；（e）共振筛；（f）电磁振动筛

AR资源

请用 Mechanical Designing App 扫描图片，观看三维动画。

槽下运输采用胶带运输机时，可归纳为"分散筛分、分散称量""分散筛分、集中称量"和"集中筛分、集中称量"三种方式。"分散筛分、分散称量"方式（见图 4-8 中高炉的储矿槽部分）的特点是：每个矿槽下都设有单独的筛分、称量设备，有的设矿石中间漏斗，有的直接送往上料胶带机；操作灵活，备用能力大，便于维护检修，适用于大料批、原料品种多的情况。储焦槽下多采用"分散筛分、集中称量"方式，此流程的特点是：有利于振动筛的检修，减少了称量设备，节省了投资；但带料启动、制动频繁，适用于给料量大和品种单一的情况，如图 4-9 所示。而"集中筛分、集中称量"方式的特点是：设备数量最少，投资省，布置集中；但备用能力低，一旦筛分设备或称量设备发生故障，就会影响高炉生产。

4.1.4　运输设备

槽下运输设备有称量车和胶带运输机。胶带运输机设备简单、投资少、自动化程度高、生产能力大、可靠性强、劳动条件比较好，已取代称量车成为目前槽下运输的主要设备。

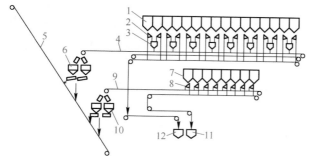

图 4-8　分散筛分、分散称量方式

1—储矿槽；2—烧结矿筛；3—矿石称量漏斗；
4—烧结矿输出胶带机；5—上料胶带运输机；
6—矿石集中漏斗；7—储焦槽；8—焦炭筛；
9—焦炭输出胶带机；10—焦炭称量漏斗；
11—粉焦仓；12—粉矿仓

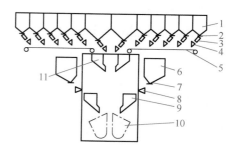

图 4-9　分散筛分、集中称量方式

1—储矿槽；2，7—流嘴阀门；3—给料机；
4—烧结矿筛；5—烧结矿输出胶带机；
6—储焦槽；8—焦炭筛；9—焦炭称量漏斗；
10—料车；11—矿石称量漏斗

4.1.5　称量漏斗

称量漏斗的作用在于称量原料，使原料组成一定成分的料批。它由 10~15 mm 厚的钢板焊成，内衬 20~25 mm 厚的锰钢板，斗底倾角应避免剩料。

根据称量传感原理不同，称量漏斗可分为杠杆式称量漏斗和电子式称量漏斗。杠杆式称量漏斗比较复杂，整个尺寸结构庞大，刀口变钝后不能保证其称量精度。而电子式称量漏斗质量小、体积小、结构简单、拆装方便，不存在刀口磨损和变钝的问题，计量精度较高，一般误差不超过 0.5%，目前在国内外被广泛应用。

如图 4-10 所示，电子式称量漏斗由传感器、固定支座、称量漏斗本体及启闭闸门组成。三个互成 120° 的传感器设在漏斗外侧突圈与固定支座之间，构成稳定的受力平面。料重通过传力滚珠及传力杆作用在传感器上。传感器上贴有电阻应变片（见图 4-11），当传感器元件受压变形时，贴在传感器上的应变片也随之相应变形，其电阻值随其变形量而变化，故测量电阻值就可知所受力的大小。

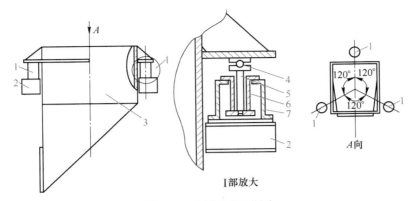

图 4-10　电子式称量漏斗

1—传感器；2—固定支座；3—称量漏斗；4—传力滚珠；5—传力杆；6—传感元件；7—保护罩

使用称量漏斗配料的方式主要有同排、正排和反排三种。同排配料即指本料批中所有选中的斗不论远近同时放料。其优点是配料时间短，控制简单；缺点是不但料流间断，而且皮带负载重，容易洒落。正排配料即指根据料单的填写，靠近主皮带的斗先放料，第一个斗放完后第二个斗开始放。这种配料方式不能避免同一料批内有料流间断的情况，放料时间长。焦炭料批一般可选择正排配料方式。反排配料的基本原则是远离

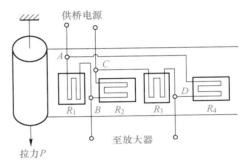

图 4-11　传感器侧面展开图

主皮带的斗先放料，程序对烧结矿的料头和料尾分别跟踪。例如，第一斗是烧结矿，当烧结矿的料尾到达其他烧结矿斗下方时，其他烧结矿斗开始放料。这种配料方式可以缩短排料时间，应用广泛。

皮带上料时，熔剂一般加在矿料料条的尾部，锰矿及其他洗炉料应加在矿料料条的头部，焦丁（10~25 mm）应均匀撒在矿料料条的表面，小粒烧结矿（3~5 mm）使用时应以单加为主。

4.2　上料设备

一般把按品种、数量称量好的炉料运送到炉顶的生产机械称为上料设备，有料车上料和皮带机上料两种方法。高炉上料设备应满足下列要求：

（1）有足够的上料速度，既能满足工艺操作的要求（如赶料线），又能满足生产率进一步增长的要求；

（2）运转可靠、耐用，以保证高炉连续生产；

（3）有可靠的自动控制和安全装置，最大限度地实现上料自动化；

（4）结构简单、合理，便于维护和维修。

4.2.1　料车上料

　　料车式上料机主要由斜桥、斜桥上铺设的轨道、料车（一般使用两台料车，上下交替运行）、料车卷扬机及牵引用钢丝绳、绳轮等组成。

　　卷扬机卷筒两侧分别引出钢丝绳，通过绳轮各自牵引料车上下运行。卷扬机运转时，装满炉料的料车自料车坑沿斜桥轨道上升；与此同时，在炉顶卸完料的空料车沿斜桥轨道下降（此时料车自重得到平衡）。当上升料车到达炉顶卸料时，空料车进入料车坑受料位置。

　　斜桥下端向料车供料的场所称为料车坑。料车坑的作用是容纳焦炭称量漏斗、矿石称量漏斗、停放料车、碎焦运输设施、排污水泵等设备。其大小与深度根据坑内所容纳设备的多少以及维护操作方便等因素确定。料车坑内的设备布置，应着重考虑各料斗溜嘴在漏料过程中能准确地将炉料卸入到料车内并避免料车与其他设备之间发生碰撞。料车与各漏斗之间的相关尺寸如图 4-12 所示。

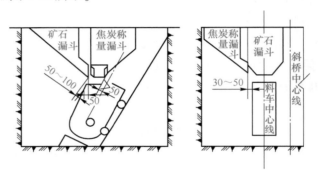

图 4-12　料车坑内料车与漏斗（单位：mm）

4.2.1.1　斜桥

　　斜桥多采用由槽钢和角钢焊接的桁架式结构，如图 4-13 所示，其角度为 55°～60°。斜桥下弦铺有两队平行的轨道，供料车行驶。一般料车轨道分为三段，其一是料坑直线段，为了充分利用料车有效容积，使料车多装些料，倾角为 60°；中间段直轨是料车高速行驶段，倾角为 45°～60°；上部为卸料曲轨段，过去常用曲线型卸料导轨，而近年来主要采用直线型卸料导轨，如图 4-14 所示。

4.2.1.2　料车

　　料车由车体、车轮、辕架三部分组成，如图 4-15 所示。料车车体由 10～12mm 的钢板焊成，在车的底部和侧壁均镶有铸钢或锰钢保护衬板，以防车体磨损。车体的后部做成圆角以防矿粉黏结，在尾部上方有一个小窗口，供撒落在料车坑内的料装回料车。料车前后两对车轮的构造不同，前轮只能沿主轨道滚动，后轮在斜桥上先沿主轨道运行，到达炉顶曲轨段后还要沿辅助轨道滚动（见图 4-16），以便倾翻卸料，因此后轮要做成具有两个踏面形状的轮子。车辕是一个金属的门型框架，它与车体的连接为活动连接，便于车辕与车体做相对转动。在车体的前面焊有防止料车仰翻的挡板，钢丝绳与车辕的连接是通过能调整钢绳长度的调节器来进行的。一般牵引料车采用双钢丝绳结构，这样既可提高安全系数，又可因为钢绳变细而减小钢绳刚度，使钢绳弯曲的曲率半径减小，绳轮和卷筒的直径减小，斜桥的质量减小。

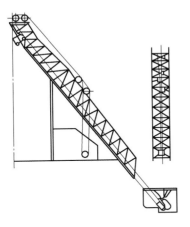

图 4-13　桁架式斜桥

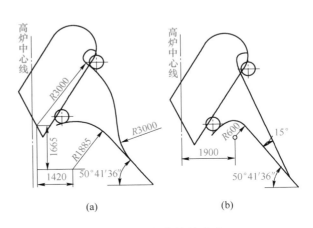

图 4-14　卸料曲轨的形式
（a）曲线型；（b）直线型

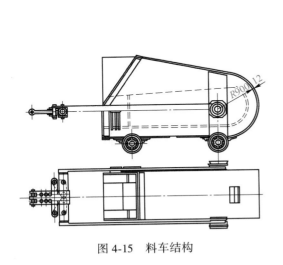

图 4-15　料车结构

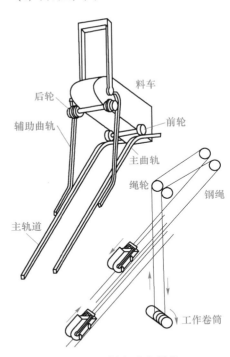

图 4-16　料车式上料机

　　料车容积为高炉容积的 0.7% ~ 1.0%，见表 4-4。扩大料车容积一般采用增加料车高度和宽度并扩大开口的办法来进行，而很少加长料车。这是因为加长料车容易受到料车倾翻、曲轨长度以及运行时稳定性的限制。

表 4-4　料车有效容积与高炉有效容积的比值

高炉有效容积 V_u/m^3	焦炭批重范围/kg·批$^{-1}$	料车有效容积 $V_{料车}/m^3$	$(V_{料车}/V_u) \times 100$
100①	350~1000	1.0 或 1.2	1.0 或 1.2
255	900~2500	2.0	约 0.8
620	1800~4500	4.5	0.725
1000	3000~6500	6.5	0.65
1500	4500~9000	9.0~10.0	0.6~0.667
2000	5000~11000	12.0	0.6
2500	5500~14000	15.0	0.6

①采用单料车卷扬系统时，料车有效容积为 1.2 m³；采用双料车卷扬系统时，料车有效容积为 1.0 m³。

4.2.1.3　料车卷扬机

料车卷扬机是上料的驱动设备，要求其运行安全可靠、调速性能良好、终点位置停车准确，且能自动运行。料车卷扬机的作业率一般不应超过 75%，以利于低料线时能及时赶上料线，如图 4-17 所示。

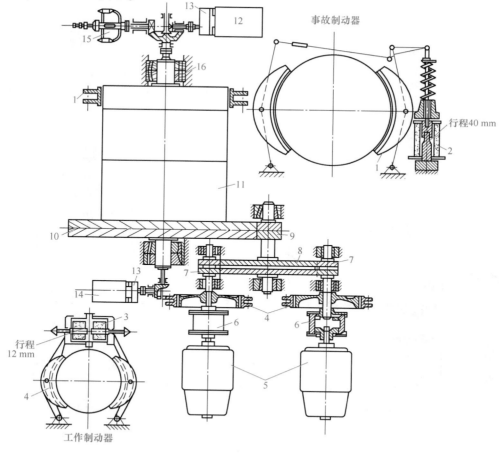

图 4-17　料车卷扬机的组成

1—事故制动器的制动块；2—事故制动器的电磁铁；3—工作制动器的电磁铁；
4—工作制动器的制动块；5—电动机；6—齿轮联轴节；7~9—传动齿轮；10—大齿轮；11—卷筒；
12—第一行程开关；13—减速箱；14—第二行程开关；15—速度继电器；16—轴承

料车卷扬机由调速性能比较好的直流电动机、减速箱、卷筒组成，还应设置安全保护装置。为确保安全，采用两台主卷扬电动机，当一台电动机发生故障时，另一台电动机可维持70%的工作量。主卷扬机的卷筒由铸铁制成，在它上面刻有左旋螺纹绳槽，用来缠绕两根平行的驱动钢绳，钢绳的一头用楔子或其他方法固定在卷筒上。卷筒的一端装有供传动用的齿环，另一端为事故制动盘。卷筒由中间轴和卷筒轴上两组人字齿轮减速传动。为了保证料车卷扬机安全可靠地运行，卷扬机应有事故制动器、行程断电器、水银断电器和钢绳松弛断电器。

事故制动器（见图4-17），现场也称为抱闸，可保证正常情况下停车准确与事故状态下紧急停车。工作制动器通过电磁线圈进行工作，每个工作制动器上有两个电磁线圈互相串联，当卷扬机运转时，电磁线圈获电，两块电磁铁相互吸引，支撑开制动臂使闸瓦与制动盘脱离，当卷扬机停止时，电磁线圈断电，电磁铁失电，由于弹簧张力作用，使制动臂靠拢将闸瓦抱紧制动盘，卷扬机的整个运动机构停止。工作制动器的制动工作也有用液压传动实现的。

行程断电器可以控制料车在斜桥上的运行速度。当电气设备控制失灵时，采用水银断电器来控制（曲轨上的速度不应超过最大卷扬速度的40%～50%，直线段轨道上的速度不应超过最大卷扬速度的120%）。水银离心断电器的工作原理如图4-18所示，中心圆柱部分7和与其连通的两个容器6中盛有水银，当卷扬机停车时，水银呈一个静止的水平面，卷筒转动时，由于离心力的作用，两侧容器内的水银面上升而中心部分水银下降，从而切断相应的触点。

钢绳松弛断电器（见图4-19）装于卷筒两侧，主要用来防止钢绳松弛。如果料车下降时被卡住而导致钢绳松弛，钢绳压在横梁上，通过杠杆使断电器起作用，卷扬机便停车。

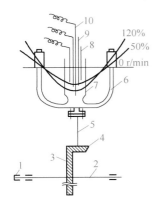

图4-18　水银离心断电器

1—联轴节；2，5—轴；3，4—高速齿轮；

6—容器；7—圆柱；8～10—触点

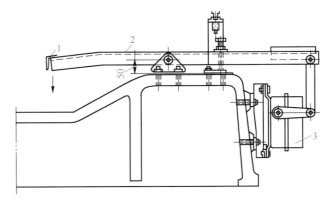

图4-19　钢绳松弛断电器

1—横梁；2—杠杆；3—断电器

4.2.2　皮带机上料

一座3000 m³的高炉，料车坑深达五层楼以上，料车体积扩大使料车的容量和斜桥的重量加大，而且料车在斜桥上的振动力很大，使钢绳加粗到难以卷曲的程度，不论是扩大料车的容积还是增加上料次数，只要是间断式上料，都是很不经济的，故大型高炉都采用皮带机上料系统，如图4-2所示。皮带机上料有以下优点：

（1）生产能力大，效率高，灵活性大，连续上料，炉料破损小，配料可实现自动控制；

（2）设备质量小，维修简单，投资小，控制系统简单，易于实现全部自动化；

（3）皮带机上料是高架结构，炉顶设备工作条件好，占地面积小，坡度在10°～18°，高炉周围空间大，可布置两个或环形出铁场，能适应高炉大型化的要求。

采用皮带机上料设备应注意以下几个问题：

（1）为了防止划伤皮带，在上料机前必须设置铁片清除装置；

（2）为了防止皮带烧坏，要求冷矿入炉；

（3）皮带张力大，必须采用多辊驱动，要采用夹钢绳芯的高强度胶带。

带式上料机由皮带、上下托辊、装料漏斗、头轮及尾轮、张紧装置、驱动装置、换带装置、料位检测装置以及皮带清扫除尘装置等组成。

（1）皮带。通常采用钢绳芯高强度皮带，具有寿命长、抗拉力强、受拉时伸长率小、运输能力大等优点，但也具有皮带横向强度低、容易断丝的缺点。

（2）上下托辊、头轮及尾轮。上下托辊采用三托辊30°槽型结构。头轮设置在卸料终端炉顶受料装置的上方，尾轮通过轴承座支撑在基础座上。

（3）张紧装置、驱动装置及换带装置。张紧装置设在皮带回程，利用重锤将皮带张紧。驱动装置多为双卷筒四电动机（其中一台备用）的驱动方式，以减少皮带的初拉力。在驱动装置中的一个张紧滚筒上设置换带驱动装置。换带时，打开主驱动系统的链条接手，然后利用旧皮带牵引新皮带，在换带驱动装置的带动下更新皮带。

（4）料位检测装置。如图4-20所示，6、7两个检测点分别给出一个料堆的矿石或焦炭的料尾已通过的判断，解除集中卸料口的封锁，发出下一料堆可以卸到皮带机上的指令。卸料口到检测点的距离（L）即为两个料堆间的距离，应保证炉顶装料设备的准备动作能够完成。料头到达检测点5时，给出炉顶设备动作指令，并把炉顶设备动作信号返

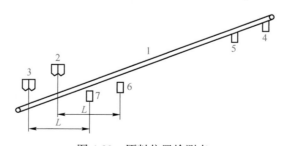

图4-20　原料位置检测点

1—装料皮带机；2—矿石斗；3—焦炭斗；4—原料到达炉顶检测点；

5—炉顶准备检测点；6—矿石终点检测点；7—焦炭终点检测点

回。料头到达检测点 4 时，如炉顶设备的有关动作信号未返回，上料机停机；如果炉顶设备的有关动作信号已返回，料头通过检测点。当料尾通过检测点 4 时，向炉顶装料设备发出动作信号。

（5）皮带清扫除尘装置。在机尾皮带返程端，设置橡胶螺旋清洁滚筒、压缩空气喷嘴、水喷嘴、橡胶刮板、回转刷及负压吸尘装置。

4.3 装料设备

通常把运到炉顶的炉料按照一定的工艺要求装入炉内，同时能够防止炉顶煤气外溢的装置称为炉顶装料设备。高炉炉顶是炉料的入口，炉顶装料设备主要经历了敞开式、单钟式、双钟式、无钟式的转变过程。无论何种装料设备，均应满足以下基本要求：

（1）要适应高炉生产能力；

（2）能够满足炉喉合理布料的要求，并能够按生产要求进行炉顶调剂；

（3）能够保证炉顶可靠密封，使高压操作顺利进行；

（4）设备结构简单、坚固，制造、运输、安装方便，能够抵抗高温与温度的急剧变化；

（5）易于实现自动化操作。

高炉装料设备容积应根据最大矿批加小块焦容积确定。高炉矿石料批重量宜符合表 4-5 的规定。

表 4-5 高炉矿石料批重量

炉容级别/m³	1000	2000	3000	4000	5000
正常矿石批重/t	30~60	50~95	80~125	115~140	135~170
最大矿石批重/t	35~70	60~100	90~140	126~160	150~190

4.3.1 无钟炉顶设备

随着高炉的大型化和炉顶压力的提高，卢森堡 PW 公司于 20 世纪 70 年代初推出了无料钟炉顶装置，现在已被大小型高炉广泛使用。按照料罐布置方式的不同，无钟炉顶可分为并罐式与串罐式两种基本形式。

4.3.1.1 并罐式无钟炉顶

并罐式无钟炉顶由受料漏斗（包括上部闸门）、料罐（包括上下密封阀及下部闸门）、叉形管、中心喉管、旋转溜槽，以及传动、均压、冷却系统等组成，如图 4-21 所示。

并罐式无钟炉顶有以下主要优点。

（1）布料理想，调剂灵活。旋转溜槽既可做圆周方向上的旋转，又能改变倾角，从理论上来讲，炉喉截面上的任何一点都可以布有炉料。

（2）设备使用积木式部件，便于制造、运输、安装、维修和更换。

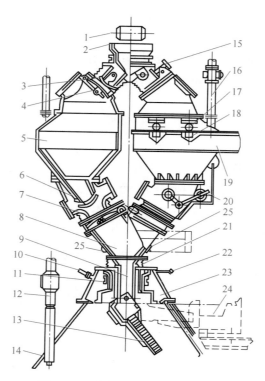

图 4-21　并罐式无钟炉顶装置示意图

1—皮带运输机；2—受料漏斗；3—上闸门；4—上密封阀；5—储料仓；6—下闸门；7—下密封阀；8—叉型管；
9—中心喉管；10—冷却气体充入管；11—传动齿轮机构；12—探查尺；13—旋转溜槽；14—炉喉煤气封盖；
15—闸门传动液压缸；16—均压或放散管；17—料仓支撑轮；18—电子秤压头；19—支撑架；
20—下部闸门传动机构；21—波纹管；22—测温热电偶；23—气密箱；24—更换滑槽小车；25—消声器

（3）用上下密封阀密封，密封阀不与炉料接触，密封性好，能承受高压操作。

（4）两个称量料罐交替工作，当个称量料罐向炉内装料时，另一个称量料罐接受上料系统装料，具有足够的装料能力和赶料线能力。

但是并罐式无钟炉顶也有其不利的一面，具体如下。

（1）炉料由叉型管进入中心喉管时呈蛇形运动，造成中心喉管磨损较快。

（2）由于料罐中心线和高炉中心线有较大间距，会在布料时产生料流偏析现象，称为并罐效应。高炉容积越大，并罐效应越明显。在双料罐交替工作时，料流偏析能得到一定的补偿，但两个料罐所装入的炉料在品种、质量上不可能完全对等，因而并罐效应始终无法消除。

（3）尽管并列的两个料罐从理论上来讲可以互为备用，即在一侧料罐出现故障、检修时用另一侧料罐来维持正常装料；但实际上，由于并罐效应，单侧装料一般不能超过 6 h，否则炉内就会出现偏行，引起炉况不顺。另外，在不休风且一侧料罐维持运行的情况下对另一侧料罐进行检修，也是相当困难的。

4.3.1.2　串罐式无钟炉顶

串罐式无钟炉顶的上下料罐同心重叠布置，上罐起受料和储料作用，仅在下罐设上下密封阀、料流调节阀和称量装置，称量不受外界影响，称量精度高。其设备高度与并罐式无钟炉顶基本一致。串罐式无钟炉顶与高炉同心，减轻了炉料的偏析，减少了炉料运动的撞击、减少了破损，有利于煤气流的畅通和高效利用，同时也减少了中心喉管的磨损。此外，其投资少，结构简单，事故率低，维修量相应减少。但当一个料罐出现故障时，高炉要休风。

串罐式无钟炉顶的各部件与并罐式相似，如图 4-22 所示。

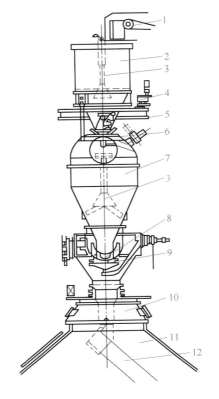

AR资源

请用Mechanical Designing App 扫描图片，观看三维动画。

图 4-22　串罐式无钟炉顶

1—胶带机；2—旋转料罐；3—插入件；4—驱动装置；
5—上部料闸；6—上密封阀；7—称量料罐；8—料流调节阀；
9—下密封阀；10—齿轮箱；11—高炉；12—旋转料罐

（1）受料罐。受料罐是炉料从头轮罩到称量料罐之间的存储料仓，有固定与旋转两种形式。它由带衬板焊接的罐体、插入件、分配器、软密封等组成。插入件起到减轻炉料对衬板冲刷和蓬料的作用。分配器装在头轮罩内的下底板，由带衬板的导料槽和槽箱组成，能够使炉料分布均匀。

（2）密封料罐。密封料罐也称为称量料罐，它的作用是接受和储存炉料。料罐的上部装有上密封阀。罐中心设有防止炉料偏析、改善下料条件的插入件（导料器），固定在料罐壁上，可以上下调整高度。料罐下部设有防扭装置、抗震装置、称量装置等。在下密封阀的上部设有调节料流的闸门，一般用油缸驱动密封阀和调节料流的闸门。罐内壁装有耐磨衬板，材质为含铬 25% 的铸铁板。称量料罐属于压力容器，用压力容器钢板焊接。受料罐与称量料罐的容积应大于最大矿批或最大焦批重量所占有的容积，满足装入最大矿批与最大焦批的需要。

（3）密封阀。密封阀用于料罐密封，其结构如图 4-23 所示。高炉冶炼对它的要求是：密封性能好，耐磨性能好，能承受高压操作。

1）上密封阀。上密封阀安装在称量料罐上部锥体处。在称量料罐排压后，上密封阀

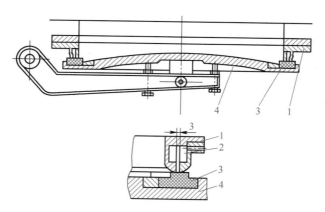

图 4-23　密封阀结构
1—阀座；2—吹扫座；3—橡胶圈；4—阀盖

打开，炉料从受料罐经此阀装入称量料罐。受料罐停止供料后，该阀关闭，对料罐进行密封，以保证高炉高压操作。上密封阀主要由阀座、阀板和驱动装置组成。阀座与阀板是保证密封阀密封性能的关键部件。阀座在与密封圈接触处堆焊耐磨硬质合金，阀板上的胶圈为耐高温硅胶圈。阀座上设有蒸汽加热和热电偶测温元件，控制阀座和阀板接触面保持在一定的温度（105~120 ℃），使密封处不致产生冷凝水或潮湿积灰而影响密封性能。

2）下密封阀。下密封阀安装在下阀箱内，结构与上密封阀相同。称量料罐均压后，打开下密封阀，再打开料流调节阀，炉料从称量料罐直接通过中心喉管、旋转溜槽进入炉内。在称量料罐排压前，先关闭料流调节阀，再关闭下密封阀，使炉气密封，以保证高炉高压操作。

（4）料流调节阀（截流阀）。料流调节阀由两个带有耐磨衬板的半球形闸门组成，为方形开口，其开口大小决定了布料量与布料时间。料流调节阀的作用是：避免原料与下密封阀接触，以防密封阀磨损；调节和控制通过中心喉管料流的大小，与布料溜槽合理配合而达到各种形式的布料。一般是卸球团矿时开度小些，卸烧结矿时开度大些，卸焦炭时开度最大。料流调节阀与下密封阀均装在阀箱内，阀箱内装有称量用的压力传感器和测温用的温度传感器。

（5）旋转溜槽。旋转溜槽为半圆形槽体，长度为 3~3.5 m。旋转溜槽本体由耐热钢铸成，装有衬板。衬板上堆焊一定厚度的耐热、耐磨合金材料。旋转溜槽用 4 个销轴挂在 U 形卡具中，U 形卡具通过它本身的两个耳轴吊挂在旋转圆套筒下面，一侧伸出的耳轴上固定有扇形齿轮，以便传动并使溜槽驱动。旋转溜槽可以完成两个动作：一是绕高炉中心线做旋转运动，二是在垂直平面内可以改变溜相的倾角，其传动机构在气密箱内，如图 4-24 所示。

溜槽倾角和转速可由布料器控制系统调节和控制。一般规定溜槽垂直时为 0°，水平时为 90°，通常溜槽倾角为 10°~60°。在布料周期控制中，溜槽旋转一次布 $n+1/6$ 圈（n 为规定的布料圈数），以避免因启动和制动所造成的圆周布料不均匀固定化。每次布料宜为

4~12层，太少则圆周布料不均匀，太多则因离心力影响，会最后集中在一起布下。因此，要想布料均匀，就要将漏料时间和溜槽转速配合起来。

高压炉顶操作的高炉，为了使密封阀能顺利打开装料，必须采取炉顶均压措施。均压的方法是在上下密封阀之间用半净煤气和氮气进行充压和排压。一般要进行两次均压，一次均压采用半净煤气（压力不能满足要求），二次均压采用氮气。均压系统的主要设备是充压阀、排压阀、管道及其他附属设备等。

4.3.2.1 均压系统

均压系统的布置与均压阀的结构形式和炉顶其他设备的布置有关。无料钟炉顶为了适应高压操作的要求和避免罐内棚料，料罐分别设置了上密封阀和下密封阀，料罐即为均压室。图4-25为无钟炉顶均压系统。其工作过程是当上罐向下罐漏料时，下罐处于常压状态，接近大气压；下罐向炉内卸料时，罐内处于高压状态，略高于炉顶压力 0.001~0.002 MPa。为此，无料钟炉顶装料时必须进行两次均压。

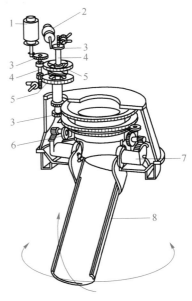

图 4-24　齿轮箱

1—旋转电动机；2—倾动电动机；
3—蜗轮；4—蜗杆；5—齿轮；
6—旋转装置；7—倾动装置；8—旋转溜槽

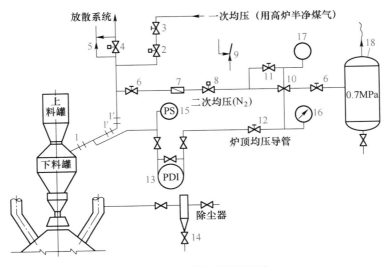

图 4-25　无钟炉顶均压系统

1—万向膨胀节；1'—单向膨胀节；2—二次均压阀；3，6—蝶阀；4—放散阀；5，9—安全阀；
7—单向阀；8—二次均压阀；10—差压调节阀；11—差压阀（N_2入口阀）；12—差压阀（高炉煤气入口阀）；
13—差压器；14—除尘器放水阀；15—压力继电器；16—压力表（N_2压力）；17—压力表（炉顶）；18—氮气罐

4.3.2.2　均压制度

炉顶均压制度是指炉顶均压阀充压和排压操作制度。均压制度分为基本工作制、辅助工作制和混合工作制。采用基本工作制均压时，下罐空间经常保持大气压力，只在下密封阀打开前才充压，下密封阀关闭后立即排压。因此，采用基本工作制均压对保护上密封阀有利，而对保护下密封阀不利。采用辅助工作制均压时，下罐空间经常保持高压状态，只在上密封阀打开前排压，上密封阀关闭后立即充压，因而对保护下密封阀有利，对保护上密封阀不利。采用混合工作制均压时，下密封阀关闭后不立即排压，上密封阀关闭后也不立即充压，是基本工作制和辅助工作制的混合形式。

4.3.3　探料设备

在高炉冶炼过程中，保持稳定的料线是达到准确布料和高炉正常工作的重要条件之一。为了及时、准确地探测和掌握炉料在炉喉的下降速度和位置，给高炉装料提供可靠的依据，必须设置高炉探料装置，并使其工作自动化。

（1）探料尺。探料尺是反映高炉下料情况的常用设备。链条探料尺（见图 4-26）将整个料尺密封在与炉内相通的壳内，只有转轴伸出处采用干式填料密封，探料深度 4~6 m。探料尺重锤中心与炉墙的距离不应小于 300 mm，探料尺卷筒下面有旋塞阀，可以切断煤气，以便由阀上的水平孔中取出重锤和环链进行更换。探料尺的直流电动机是经常通电的（向提升探料尺方向），电动机启动力矩小于重锤力矩，重锤不能提升，只能拉紧钢丝绳；只有切去电枢上的电阻，启动力矩随之增大，探料尺才能提升。当提升到料线零点以上时，才可以打开装料。这种机械探料尺存在两个缺点：一个是只能测两个或三个点，不能全面了解炉喉的下料情况；二是探料尺端部与炉料直接接触，容易滑尺和陷尺而产生误差。

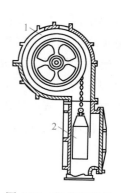

图 4-26　链条探料尺

1—链条的卷筒；2—重锤

（2）放射性探测料面技术。用放射性同位素 ^{60}Co 可以测量料面形状和炉喉直径上各点的下料速度。放射性同位素的射线能穿透炉喉而被炉料吸收，使到达接收器的射线强度减弱，从而指示出该点是否有炉料存在。将射源固定在炉喉不同的高度水平，每一高度水平上沿圆圈每隔 90°安置一个放射源。当料位下降到某一层接收器以下时，该层接收到的射线突然增加，控制台上相应的信号灯就亮了。放射性探料设备结构简单，体积小，可以远距离控制，无须在炉顶开孔，检测的准确性和灵敏度比较高，可以记录出任何方向的偏料及平面料面；但射线对人体有害，需要加以防护。

（3）红外线探测料面技术。用安装在炉顶的金属外壳微型摄像机获取炉内影像，通过具有红外线功能的 CCD 芯片将影像传到高炉值班室的监视器上，在线显示整个炉喉料面的气流分布图像。图像经过处理还可得到料面气流分布和温度分布状况的定量数据。

（4）激光探测料面技术。在高炉炉顶安装激光器，连续向料面发射激光，激光反射波被接收器接收和处理后，经计算机计算可显示出炉喉布料形状和料线高度。

（5）料层测定磁力仪。料层测定磁力仪可以用来测试矿石层与焦炭层的厚度及其界面移动情况，对了解下料规律及焦、矿层分布很有意义。

智能炼铁

· 智能　无钟炉顶装料设备控制

（1）布料方式及控制。布料器布料方式有环形布料（单环布料、多环布料）、螺旋布料、定点布料和扇形布料四种。自动工作时选用环形布料和螺旋布料；手动工作时选用定点布料和扇形布料。以自动操作的多环布料为基本布料方式。布料控制方式有两种：一种为时间控制方式，即以控制布料溜槽在每一环上的停留时间来控制每一环上的布料量；另一种为重量控制方式，即根据每一环上的实际布料重量来控制布料溜槽的倾动。由于布料时料罐的称量不够准确，故重量控制方式一般不单独使用，通常与时间控制方式结合使用。

（2）布料模式设定及修改。布料溜槽通常设有 11 个倾角位置，每开一次料流调节阀为装一次料，布料溜槽只能单向从外侧向内侧倾动。在计算机和控制站中，应存储一组各种代码的溜槽倾角组合，组成一组代码表，操作只预约表中的代码。计算机将该代码下的布料溜槽倾角组合传送给控制站，完成布料操作，并可通过操作站的监视器 HMI 对该代码表进行修改。例如，当采用 C↓O↓ 装料制度时，每装一次料溜槽的布料圈数可设定为 14 圈，分为内侧 7 圈和外侧 7 圈。而当采用 C↓OL↓OS↓（OL 表示大粒度矿石，OS 表示小粒度矿石（5~8 mm））装料制度时，每装一次料焦炭和大粒度矿溜槽布料圈数可设定为 12 圈，分为内侧 6 圈和外侧 6 圈，小粒度矿溜槽的布料圈数设定为 4。

（3）装料制度设置及控制。装料程序是根据装料设备形式及装料制度制定的，并与槽下供料及胶带机或料车上料系统紧密衔接。在装料指令下达后，按程序要求自动打开均压放散阀对料罐进行卸压，随之开启上密封阀、受料斗闸阀，将上料罐中的炉料装入下料罐。装料完毕，关闭上料罐闸阀、上密封阀和均压放散阀并向料罐充压，直到等于或略大于下部压力。在探尺降至规定料线深度并提升到位后，启动布料溜槽，随之打开下密封阀、料流调节阀，用料流调节阀开度大小来控制料流速度，也可用料罐装有的称量装置控制调节阀开度，炉料由布料溜槽布入炉内。布料溜槽设有 6 个起始位置，间隔 60°，每布一批料，起始角均较前一批料的起始角步进 60°。整个装料过程按制定的装料程序表进行。

无料钟炉顶布料灵活，一般采用 C↓O↓ 的装入方式作为主要的装料制度。为了使布料均匀，每小批料维持一定的布料圈数。在装料制度为 C↓O↓ 时，一批料由两个小批料组成，在正常批重下，大型高炉一般选择焦炭布 8~16 圈、矿石布 8~16 圈的布料制度。

拓展知识

· 拓展　串罐式无钟炉顶布料操作程序

串罐式无钟
炉顶布料
操作程序

企业案例

高炉供料及
装料实例

· 案例　高炉供料及装料实例

? 思考与练习

· 问题探究

4-1　炉料进入炉内，经历了哪些流程？

4-2　什么是供料设备，其基本功能是什么？

4-3　高炉冶炼对供料设备有何要求？

4-4　简述振动给料机的工作原理。

4-5　槽下胶带运输机有哪些工作方式，各有何特点？

4-6　称量漏斗有哪些配料方式，各有何特点？

4-7　什么是上料设备？高炉有哪些上料方法，各有何特点？

4-8　高炉冶炼对上料设备有何要求？

4-9　简述料车式上料设备的组成。

4-10　料车卷扬机有哪些安全保护措施？

4-11　简述皮带式上料设备的组成。

4-12　什么是装料设备，高炉对装料设备有何要求？

4-13　并罐式无钟炉顶装料设备的组成与结构特点有哪些？简述其装料过程。

4-14　串罐式无钟炉顶装料设备的组成与结构特点有哪些？简述其装料过程。

4-15　旋转溜槽有何用途，它是如何工作的？

4-16　炉顶设备为什么要均压，均压是如何实现的？

4-17　有哪些炉顶均压制度？

4-18　什么是探料设备，有哪些常用的探料设备？

4-19　炉顶系统运转方式有哪些，各有何特点？

4-20　布料模式是如何设定的？

4-21　无料钟布料控制方式有哪些？

· 技能训练

4-22　以下是称量斗的备料操作步骤，理解并解释这些步骤：

（1）根据料制要求选中某称量斗备料；

（2）确认该称量斗空、称量斗闸门关好；

（3）启动槽下的相应运矿或运焦皮带机；

（4）启动相应振动筛；

（5）称量斗达到预满值时，停止振动筛；

（6）运矿皮带停止工作时，焦丁皮带必须停机。

4-23　根据下列条件，计算批重，说明将一批料布入炉内的过程（物料流经过的设备及时序）。

（1）原燃料成分，见表4-6。

表4-6　原燃料成分

物料	$w(Fe)/\%$	$w(FeO)/\%$	$w(CaO)/\%$	$w(SiO_2)/\%$	$w(MgO)/\%$	$w(S)/\%$
烧结矿	54.95	9.00	10.40	6.70	3.20	0.029
球团矿	62.90	10.06	0.98	5.84	0.88	0.026
焦炭	0.54			5.55		0.76

（2）炉渣碱度$w(CaO)/w(SiO_2) = 1.05$，$w(MgO) = 12\%$。

（3）球团矿批重为1500 kg/批，焦炭批重为620 kg/批，料批组成为烧结矿+球团矿+焦炭。

（4）装料制度为：O_{33221}^{109876} $C_{222224}^{1098761}$（上面的数据为溜槽倾角位置，数字越小越靠近炉喉中心；下面的数据为布料圈数），矿石采用反排的配料方式，焦炭采用正排的配料方式，料线为1.5 m。

· 进阶问题

4-24　有序性是高级系统的特征。根据串罐式无钟炉顶布料操作程序，尝试任意交换操作程序，讨论带来的影响。进一步，举例说明人类社会有序性的重要性。

4-25　为了提高、维持生产设备的原有性能，通过人的五感（视、听、嗅、味、触）或者借助工具、仪器，按照预先设定的周期和方法，对设备上的规定部位（点）进行有无异常的预防性周密检查的过程，以使设备的隐患和缺陷能够得到早期发现、早期预防、早期处理，这样的设备检查称为点检。任选一本项目介绍过的设备，了解其点检内容。曾子曰："吾日三省吾身"，这与设备点检有哪些异同？

4-26　宝钢1号高炉炉容为4063 m³，日产生铁9100 t，批重及每昼夜的装料批数见表4-7，装料制度规定一个料批由两个焦炭小批和两个矿石小批组成，上料胶带运输机的作业顺序图如图4-27所示。

4-26习题
解答参考

（1）试计算焦比、焦炭负荷。

（2）矿石和焦炭集中称量漏斗（各有两个）有效容积应等于矿（焦）批或矿石（焦炭）小批的容积，若矿石和焦炭的堆密度分别为1.9 t/m³和0.45 t/m³，试计算矿石和焦炭集中称量漏斗的有效容积。

（3）批重与炉顶受料斗卸料时间的关系见表4-8，设炉顶装料设备富余时间为10 s，上料胶带运输机运输矿石和焦炭的能力分别为3500 t/h和880 t/h（运输炉料时间考虑7 s富余），试计算一批料的时间。

（4）该高炉后来进行了技术装备升级改造，装料制度改为一个料批由一个焦炭批和一个矿石批组成，哪些装备尺寸需要相应改进？与以前的装料制度相比，现在的装料制度有什么优点？

表4-7　批重及每昼夜的装料批数

项　　目	最大批重	正常批重	最小批重
焦炭批重/t	35	30	26
矿石批重/t	144	124	107

续表 4-7

项 目	最大批重	正常批重	最小批重
每昼夜正常装料批数/批·d^{-1}	125	145	168
设备能力/批·d^{-1}	188	205	252

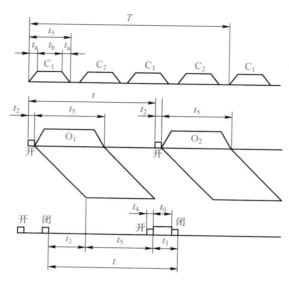

图 4-27 上料胶带运输机的作业顺序图

T—装一批料的时间；t—装小批料的时间；t_1—炉顶受料斗卸料时间；

t_2—中间漏斗闸门开启时间；t_3—炉顶装料设备富余时间；t_4—炉顶设备动作的提前时间；

t_5—上料胶带运输机运输炉料的时间；t_a—焦炭称量漏斗和中间矿石溜斗卸料开始或终了时间；

t_b—焦炭称量漏斗和中间矿石漏斗卸料时间；O—矿批；C—焦批

表 4-8 矿石和焦炭批重与炉顶受料斗卸料时间的关系

矿石小批重/t	55	60	65	70
炉顶受料斗卸料时间/s	21	22	23	25
焦炭小批重/t	13	14.5	16	17.5
炉顶受料斗卸料时间/s	13	14	15	16

4-27 首钢股份 3 号高炉高球团矿配比冶炼试验中，调整了料罐放料方式。由于球团矿易滚动，在布料时容易滚向中心漏斗和边沿炉墙处，使中心和边沿两股气流均有所减弱，不利于炉况顺行。为此：

（1）调整放料延时，适当延长球团矿在 N1 皮带上的长度，使球团矿与烧结矿充分混匀；

（2）调整料罐放料顺序，尽量将球团矿放在矿料批中段，布料时球团矿落在矿石环带的中间，烧结矿分布在矿石环带两端，减少球团矿往边沿和中心滚动，减轻对软熔带和煤气分布的影响。

根据以上资料，理解并说明高炉供料及装料操作对高炉冶炼的影响。

4-28 了解红外线探测料面技术、激光探测料面技术等可视化监测技术在高炉上的应用情况。

4-29 了解《高炉原料工》国家职业技能标准的主要内容。尝试回答以下问题：本职业有哪些工种？各工种有哪些等级？不同工种等级都有哪些具体要求？如何进行职业资格证书（技能等级证书）考核？详细阅读各工种三级/高级工的要求，找出自己的差距，思考如何才能消除这个差距？在今后的学习和工作中，请将"消除这个差距"作为自己努力奋斗的目标之一。

在线测试4

项目5 高炉送风系统

🎯 学习目标

本项目主要介绍高炉鼓风机、热风炉及附属设备、热风炉操作制度、热风炉事故处理及设备维护等；学习者应熟悉高炉送风系统的组成，懂得如何操作热风炉获得高温热风并实现节能减排，为后续进行高炉调剂奠定基础。

· 知识目标：

（1）熟悉高炉送风系统组成；

（2）了解高炉鼓风机的结构及工作原理，理解高炉对鼓风机的要求；

（3）理解热风炉的结构及工作原理，了解热风炉系统的管道、阀门等附属设备；

（4）理解热风炉操作制度。

· 能力目标：

（1）能根据鼓风机参数变化分析高炉系统的异常情况；

（2）能合理选择热风炉操作制度，合理提高热风炉送风温度；

（3）具备处理热风炉一般事故的能力。

· 素养目标：

（1）具有煤气安全操作意识；

（2）具有系统稳定平衡的观念，理解稳定是高级系统的特征；

（3）培养规范操作、严谨务实、开拓创新的工匠精神。

思政课堂

凝造匠心

★ 每课金句 ★

团结奋斗是党领导人民创造历史伟业的必由之路。团结奋斗要靠目标凝心聚力，新征程上我们就要靠中国式现代化进一步凝心聚力、团结奋斗。中国式现代化是全体人民的共同事业，也是一项充满风险挑战、需要付出艰辛努力的宏伟事业，必须坚持全体人民共同参与、共同建设、共同享有，紧紧依靠全体人民和衷共济、共襄大业。

——摘自习近平2023年12月21日至22日在中共中央政治局召开的专题民主生活会上的讲话

📖 基础知识

高炉送风系统包括高炉鼓风机、冷风管路、热风炉、热风管路及管路上的各种阀门等，如图5-1所示。

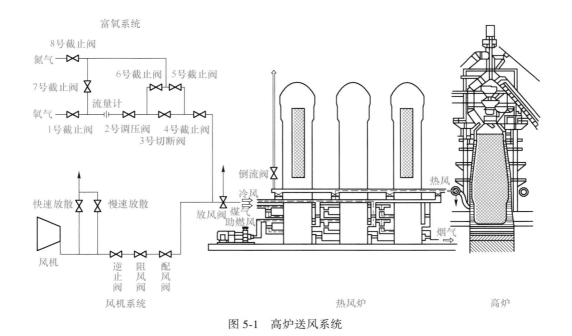

图 5-1　高炉送风系统

5.1　高炉鼓风机

高炉鼓风机是供给高炉所必需的大量空气的设备。随着高炉的大型化和超高压操作，鼓风机向着大流量、高风压、高转速、大功率、高自动化的方向发展。

5.1.1　高炉鼓风机及其特性

排气压力在 0.115~0.7 MPa 的风机称为鼓风机。鼓风机是一种能量转换装置，可把外界输入的能量转换为气体的动能和势能。鼓风机可分为叶轮式或透平式（离心式、轴流式）和容积式（活塞式、旋转式）两类。高炉用鼓风机主要是离心式和轴流式。随着高炉的大型化及炉顶压力的提高，高炉多采用轴流式鼓风机，风机容量也随高炉大型化迅速增大。

5.1.1.1　离心式鼓风机

离心式鼓风机的结构如图 5-2 所示，当叶轮旋转时，气体沿轴向被吸入，当气体在叶片间流动时，旋转的叶轮（圆周速度为 250~300 m/s）推动气体质点运动，产生离心力，提高了气体的势能和动能，送出具有一定压力和流量的气体。

为了提高风压，常在机壳内将几个叶轮串联安装在同一个轴上，称为多级离心式鼓风机，如图 5-3 所示。这样不仅设备紧凑，而且提高了效率；每个叶轮就是鼓风机的一个级，一般经过 2~5 级就可将气体由低压转变为高压，压力可达 0.2~0.5 MPa。"级"数越多，获得的风压也越高。

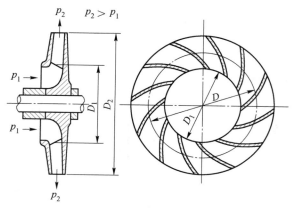

图 5-2　离心式鼓风机叶轮形状

　　在一定吸气条件下，风机风压、效率及功率随风量与转速变化的曲线，称为鼓风机特性曲线。图 5-4 为 K-4250-41-1 型离心式鼓风机特性曲线，适用于 $1500\sim2000$ m³ 的高炉。

　　离心式鼓风机有以下特点。

　　（1）在一定转速下，风量增加，风压降低；反之，风量减少，风压增加。高炉炉况波动将引起风量风压的变化。为了保证高炉在所规定的风量下工作，鼓风机设有风量自动调节机构（风机转速改变，风量和风压也随之变化，因此可以控制风机转速，使风量保持稳定）。

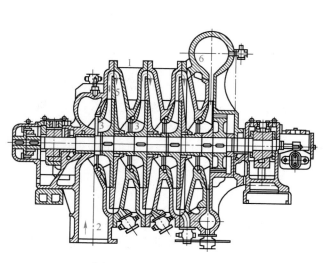

图 5-3　多级离心式鼓风机

1—机壳；2—进气口；3—工作叶轮；4—扩散器

5—固定导向叶片；6—排气口

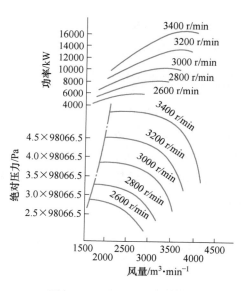

图 5-4　K-4250-41-1 型离心式
鼓风机的特性曲线

　　（2）风机转速越高，风压-风量曲线末尾的线段越陡。风量过大时，风压降低很多，而中等风量曲线较平坦，效率也较高，这个较宽的高效率的区间，称为经济运行区。

（3）风机风压过高时，风量将迅速减小，在超过飞动线（也称为喘振线，即图5-4上的点划线）时，会出现倒风现象，风机和管网系统内的气体不断往复振荡，风机性能被破坏，出现周期性剧烈振动的噪声。鼓风机在喘振线右边的安全运行区工作才是稳定的。

（4）风机风压过低时，风量较大，原动机功率增加，因此大量放风将导致原动机过载。

（5）允许通过出风口或进风口阀门开启程度来调节风量，流量为零时，功率最小，故应闭阀启动风机。

（6）风机特性曲线随吸气状态的不同而变化。随大气温度、气压和湿度等气象条件的不同风量变化很大。即便是同一风机采用同一转速，夏季的出口风压往往比冬季低20%~25%。

离心式鼓风机结构简单，机械磨损小，工作可靠，维护条件好，可连续运转2~3年，效率可达80%。其动力可以是蒸汽机，也可以是电动机。但离心式风机的气流方向与叶轮旋转方向垂直，效率降低；且离心式鼓风机体积较庞大，制造困难。

5.1.1.2　轴流式鼓风机

轴流式鼓风机的气流沿着轴向吸入和排出，气流转折少，效率高，便于做成多级式。图5-5为多级轴流式鼓风机简图。静叶系列也称导流叶系列，固定在机壳上与机壳一起构成定子；工作叶系列即动叶系列，固定在转子上，转子支撑在轴承上，轴承既承受整个转子的径向荷载，又承受风机工作时所产生的轴向力。一个工作叶片和它后面的一片导流静叶的组合，叫作轴流式风机的一个"级"，轴流式鼓风机为5~10级。当原动机带动转子高速旋转时，其圆周速度可达200~300 m/s，气体从轴向吸入，依次流过轴流式风机的各个级。在叶片连续旋转推动下，使之加速并沿轴向排出，从而获得动能和势能。

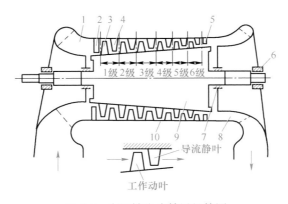

图 5-5　多级轴流式鼓风机简图

1—进口收敛器；2—进口导流器；3—工作动叶；4—倒流静叶；5—出口导流器；
6—轴承；7—密封装置；8—出口扩散器；9—转子；10—机壳

与同等能力的离心式风机相比，轴流式风机尺寸小，效率可提高10%以上；同时通过调节静叶片角度，可以扩大风量的变动范围，提高风机的稳定性，非常适合于大型高炉。当前，我国新建 1000 m³ 以上的高炉，均采用轴流式鼓风机。

风机在工作时有失速和喘振现象。

气流在风机叶片进口形成正冲角（气流方向与叶片叶弦的夹角），当冲角增大时，在叶片后缘附近将形成涡流。当正冲角超过某一临界值时，气流在叶片背部的流动遭到破坏，升力减小，阻力却急剧增加，这种现象称为"旋转脱流"或"失速"。失速使叶片产生交变应力，从而导致疲劳破坏，叶片长期疲劳达到极限后，才出现突然破坏，因此很危险。

风机失速时出口风压降低，造成风量回流，当风机出口风压大于管道压力时，风机又向管道送风，风机及管路系统出现周期性的剧烈振动，并伴随着强烈的噪声，这种现象称为喘振，会严重损坏风机的机体。喘振是风机本身固有的特性，当流量小或处于不稳定工作区运行时易发生喘振。在出现喘振时必定会出现失速，但失速时不一定造成喘振。通常在特性曲线图上设计一条防喘振线，称为放风线。工况点到该线时就放风，通过降压增量的办法避免喘振；喘振线与放风线的距离间隔，按风量留约 10% 余量。

鼓风机安全运行的范围称为安全运行区（或稳定工作区、有效使用区）。如果鼓风机在安全运行区以外工作，就会发生事故，甚至把鼓风机毁掉。图 5-6 为轴流式风机的工况范围。由图 5-6 可见，多级轴流式风机的使用范围受 4 条界线的限制。曲线 1 为喘振线即飞动线；曲线 2 为旋转失速线；曲线 4 为第一级阻塞线；曲线 3 为末级阻塞线。对静叶可调型风机，静叶、动叶各有一条末级阻塞线。

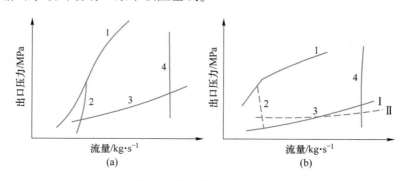

图 5-6　轴流鼓风机工况范围
（a）静叶固定型；（b）静叶可调型
1—喘振线；2—旋转失速线；3—末级阻塞线（Ⅰ动叶、Ⅱ静叶）；4—第一级阻塞线

第一级阻塞线是在大流量区，流量增加超过一定值时，叶片上出现失速。通过第一级叶栅上的气流速度达到音速（马赫数等于 1）时，即使再提高转速或改变静叶角度，流量也不会增大，形成第一级阻塞界限，鼓风机的最大风量也取决于它。它只造成阻气现象，而不产生对叶片的周期性交变应力，故危害不大。

末级阻塞线是在低压区，当风机出口风压降低时，鼓风机内的气体因膨胀而加快流速，并在末级叶栅上达到音速，这时即使再降低出口风压，也不会影响鼓风机的工作状况，这就是末级阻塞现象。由此将导致末级叶栅前（按气流方向）的气压升高，末级叶栅后的气压降低，使其前后压差加大，因此在此线以下运行是不利的。

图 5-7 为转速和静叶角均可调的轴流式鼓风机特性曲线，它反映出鼓风机的有效使用区，包含了各种安全措施，如防喘振放风线、防阻线和风压限制线等。

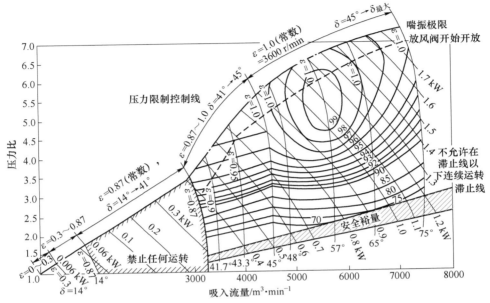

图 5-7　轴流式鼓风机特性曲线

吸入状态气压：0.1 MPa（752 mmHg）；气温：20 ℃；

相对湿度：72%；$N = 21800$ kW；$n = 3860$ r/min，$\varepsilon = 1$

从轴流式鼓风机特性曲线可以看出以下几个方面。

（1）风机风量随外界阻力（即要求的出口风压）增加而减少得不多，大流量区几乎成了与风压坐标相平衡的直线，有利于高炉稳定风量操作。如果根据高炉鼓风量判断炉况，需注意到有风压波动，而风量变化却很缓慢，甚至不动的现象。

（2）轴流式鼓风机特性曲线相对于离心式鼓风机较陡，允许风量变化范围窄，即稳定运转区较窄。因此，轴流式风机只有在高炉稳定风量操作时才能体现出效率高的优势；若遇到原料条件差，风量调节频繁，风机的工作效率势必降低；当其效率与理论效率的比值降到 0.9 时，轴流式风机的高效率的特点就不存在了。因此，选用轴流式风机应从建厂的具体条件及可能达到的精料水平等多方面考虑。

轴流式风机对灰尘很敏感，吸入的空气要过滤；另外，轴流式鼓风机的噪声比离心式鼓风机大 10 dB 左右，要加消声器或隔声罩来解决。

5.1.2　风机工作点及运行工况区

风机工作点为风机性能曲线与管网特性曲线的交点如图 5-8 所示。风机转速不变，其

特性曲线 AB 不变；气体在管网中的流动阻力与流量的平方成正比，称为管网特性曲线。

$$\Delta p = P_t + AQ^2 \qquad (5\text{-}1)$$

式中　Δp——管网阻力损失；

　　　P_t——管网出口压力要求，对高炉来说，即是炉顶压力；

　　　A——管网阻力系数；

　　　Q——管网中的气体流量。

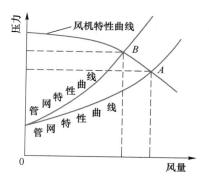

图 5-8　风机工作点

炉内透气性的变化，将影响到管网阻力系数，透气性变差时，管网阻力系数将增大。风机在转速一定时，若炉内阻力增大，工况点将由 A 到 B 移动，即风压上升风量减小；反之，工况点将由 B 到 A 移动，即风压减小风量上升。若风机转速变化，风机性能曲线将发生变化，工作点也将发生变化。所有的工作点（工况点）组成风机运行工况区。

5.1.3　高炉鼓风机的要求

5.1.3.1　足够的送风能力

高炉鼓风机足够的送风能力包括满足高炉对风量和风压两方面的要求。

鼓风机的出口风量包括高炉风量及送风管路系统的漏风损失。高炉风量应根据吨铁耗风量和产量确定。吨铁耗风量根据高炉操作条件通过物料平衡和热平衡计算确定，应按照最大炉腹煤气量确定最大风量和富氧量，最大风量应根据最大炉腹煤气量中由鼓风形成的炉腹煤气分量推算。

当不富氧时，冶炼每吨生铁消耗风量值宜符合表 5-1 的规定。

表 5-1　冶炼每吨生铁消耗的风量值（不富氧）

燃料比/kg·t⁻¹	540	530	520	510	500
消耗风量/m³·t⁻¹	≤1310	≤1270	≤1240	≤1210	≤1180

注：1. 耗风量为标准状态；

　　2. 表中风量包括漏风损耗。

不富氧时吨铁耗风量 q_0 也可由经验公式求出：

$$q_0 = 0.01292FR^2 - 10.20FR + 3050 \qquad (5\text{-}2)$$

式中　FR——燃料比，kg/t。

富氧鼓风时，每吨生铁的消耗风量由式（5-3）求得：

$$q_f = q_0 \frac{21}{21+f} \qquad (5\text{-}3)$$

式中　q_f——富氧时的每吨生铁耗风量，m³/t；

　　　f——富氧率，%。

不同高炉最大入炉标态风量和鼓风机最大出口标态风量计算结果见表5-2。为保证高炉达到表3-1的设计年平均指标，表5-2在确定高炉鼓风机的入炉正常风量、最大风量以及鼓风机出口风量时，设定的日产量更高，选定的燃料比、平均炉腹煤气量和最大炉腹煤气量也较高。

表5-2　最大入炉标态风量和鼓风机最大出口标态风量计算值

炉容级别/m³	1000		2000		3000		4000		5000	
炉容选例/m³	1000	1500	2000	2500	3000	3500	4000	4500	5000	5500
日产量/t·d⁻¹	2300~2650	3250~3825	4300~5000	5250~6125	6300~7350	7350~8400	8400~9800	9225~10800	10000~12000	11000~13200
面积利用系数/t·(m²·d)⁻¹	51.2~70.0	51.2~70.1	52.6~70.7	53.3~70.9	57.5~71.2	57.5~71.8	58.7~74.0	58.8~73.6	59.1~74.4	60.6~74.8
容积利用系数/t·(m³·d)⁻¹	2.20~2.65	2.15~2.55	2.15~2.50	2.10~2.45	2.10~2.45	2.10~2.40	2.10~2.45	2.05~2.40	2.00~2.40	2.00~2.40
正常炉腹煤气量指数/m·min⁻¹	58.0	56.0	56.0	56.5	59.0	58.0	62.5	61.7	60.1	65.8
最大炉腹煤气量指数/m·min⁻¹	66.2	66.2	66.1	66.0	65.8	65.5	66.0	65.6	65.5	66.0
燃料比/kg·t⁻¹	500~540	500~540	500~530	500~530	495~520	495~520	490~510	490~510	490~505	485~505
富氧率/%	1.0~2.5	1.0~2.5	1.5~3.0	1.5~3.0	2.0~3.5	2.0~3.5	2.0~4.0	2.0~4.0	2.0~4.0	2.0~4.0
正常入炉标态风量/m³·min⁻¹	1860	2500	3350	4000	4650	5300	6000	6670	7280	7940
最大入炉标态风量/m³·min⁻¹	2100	2900	3700	4450	5200	5900	6550	7200	7900	8600
热风炉充风量/m³·min⁻¹	300	350	400	450	500	600	700	800	850	850
鼓风机出口风量/m³·min⁻¹	2400	3250	4100	4900	5700	6500	7250	8000	8750	9450
单位炉容的风量/m³·(m³·min)⁻¹	2.40	2.17	2.05	1.96	1.90	1.86	1.81	1.78	1.75	1.72

鼓风机的出口压力 P 应满足炉顶压力 P_t、炉内料柱阻力损失 ΔP_{BF} 和送风系统阻力损失 ΔP_{HS} 的要求。

$$P = P_t + \Delta P_{BF} + \Delta P_{HS} \tag{5-4}$$

ΔP_{BF} 与炉容大小、炉型有关，还取决于原料条件、装料制度和冶炼强度。ΔP_{HS} 主要取决于送风管路的布置形式、气流速度和热风炉形式。鼓风机出口压力、炉内料柱阻力损失及送风系统阻力损失宜符合表5-3的规定。

表 5-3　高炉鼓风机出口压力、炉内料柱阻力损失及送风系统阻力损失值

炉容级别/m³	1000	2000	3000	4000	5000
炉内料柱阻损/kPa	130~160	160~180	170~190	170~200	180~200
送风系统阻损/kPa	25	25	30	35	35
炉顶压力/kPa	180~220	200~250	250~280	250~300	250~300
鼓风机出口压力/kPa	350~420	380~450	450~490	450~530	470~550

注：压力为表压。

5.1.3.2　送风均匀稳定且有良好的调节性能

当高炉要求固定风量操作时，风量应不受风压波动的影响；当高炉要求定风压操作时，风压应保证稳定，不受风量变动的影响。

5.1.3.3　有一定的风量、风压调节范围

由于操作和气象条件的变化，需要变动风量和顶压，从而要求风机的风量和风压能在较大范围内变动，因之形成了鼓风机的运行工况区，该区应包含在风机有效使用范围内。

5.1.3.4　应尽量使鼓风机安全、经济运行

应尽可能选择额定效率高、高效区较广的鼓风机，使鼓风机能够长期连续稳定地安全、经济运行。

5.1.4　高炉鼓风机的选择

5.1.4.1　高炉和鼓风机配合原则

（1）在一定的冶炼条件下，高炉和鼓风机选配得当，使二者的生产能力都能得到充分的发挥。既不会因为炉容扩大受制于风机能力不足的限制，也不会因风机能力过大而让风机经常处在不经济运行区运行或放风操作，浪费大量能源。选择风机时应给高炉留有一定的强化余地，一般为 10%~20%。

（2）鼓风机的运行工况区必须在鼓风机的有效使用区内。运行工况区是高炉在不同季节和不同冶炼强度操作时，或在料柱阻力发生变化的条件下，鼓风机的实际出风量和风压的变动范围。如图 5-9 所示，由 A、B、C、D、E、F 各个工况点闭合组成的区域即运行工况区。在进行鼓风机选型时，鼓风机高压运行线 D-E-A 需在鼓风机组防喘振线及压力控制线以内，并留有一定富余。鼓风机组常压运行线 B-F-C 需在鼓风机防阻塞线以内，并留有一定富余。鼓风机组大流量运行线 A-B 需在鼓风机初级叶片的阻塞线以内，并留有一定的富余。鼓风机组常压小流量运行点 C 点应在机组旋转失速以外，并留有一定富余。E 点是由最大炉腹煤气量确定的鼓风机最大入炉风量确定；E_0 是由高炉常年运行的炉腹煤气量确定，即鼓风机正常富氧率、正常脱湿情况下的常年运行点，并应保证 E-E_0 工况点在鼓风机的高效运行区域以内。A 点为在 E 点的基础上，由增加热风炉充风量确定。

5.1.4.2　考虑大气状况对鼓风机的影响

5.1.3 节中计算的高炉风量是按标准状态下计算的，但是大气的温度、压力和湿度因

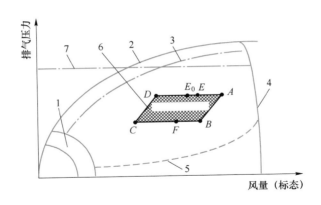

图 5-9　风机运行工况区

1—旋转失速区；2—喘振线；3—防风线；4—初级叶片阻塞线；5—防阻塞线；6—轴流风机运行工况区；7—压力限制线

时因地而异，鼓风机的吸气条件并非标准状态，因此工况点的确定必须用气象修正系数来修正。考虑大气状况影响的换算公式为：

$$q_v = K \cdot Q \tag{5-5}$$

式中　q_v——鼓风机出口风量，m^3/min；

　　　Q——鼓风机特性曲线上工况点的容积流量，m^3/min；

　　　K——风量修正系数。

$$P = K' \cdot P' \tag{5-6}$$

式中　P——某地区鼓风机实际出口风压，MPa；

　　　P'——鼓风机特性曲线上工况点的风压，MPa；

　　　K'——风压修正系数。

我国各类地区风量修正系数 K 值及风压修正系数 K' 值见表5-4。风量修正系数 K 值可按 $PV/T = P'V'/T'$ 的理想气体状态方程式计算，再扣除大气中湿分所占的体积。

表 5-4　我国各类地区风量修正系数 K 值及风压修正系数 K' 值

季节	一类地区		二类地区		三类地区		四类地区		五类地区	
	K	K'	K	K'	K	K'	K	K'	K	K'
夏季	0.55	0.62	0.70	0.79	0.75	0.85	0.80	0.90	0.94	0.95
冬季	0.68	0.77	0.79	0.89	0.90	0.96	0.96	1.08	0.99	1.12
全年平均	0.63	0.71	0.73	0.83	0.83	0.91	0.88	1.00	0.92	1.04

注：1. 地区分类按海拔标高划分。高原地区：一类地区为海拔约3000 m以上地区，如昌都、拉萨等；二类地区为海拔1500~2300 m的地区，如昆明、兰州、西宁等；三类地区为海拔800~1000 m的地区，如贵阳、包头、太原等。

　　2. 平原地区：四类地区为海拔在400 m以下地区，如重庆、武汉、湘潭等；五类地区为海拔在100 m以下地区，如鞍山、上海、广州等。

5.1.5　提高风机出力的措施

已建成的高炉，由于生产条件的改变，风机能力不足，或者新建的高炉缺少配套的风机，都要求采取措施提高现有风机的出力，满足高炉生产的需要。

提高风机出力的措施主要有：改造现有鼓风机本身的性能，如改变驱动力，增大其功率，使风量、风压增加；提高转子的转速使风量风压增加；改变风机叶片尺寸，叶片加宽或改变其角度均可改变风量；改变吸风参数，改变吸风口的温度和压力，如吸风口处喷水降温，设置前置加压机。通常使用的办法是风机的串联或并联。

（1）风机串联。所谓风机串联，即在风机吸风口前置一加压机，使主风机吸入的空气密度增加，不仅提高了压缩比，而且提高了风量。一般应在加压风机后设冷却装置，否则主风机温度过高。一般串联是为了提高风压。

（2）风机并联。所谓风机并联，就是把两台风机出口管道顺着风的流动方向合并成一根管道送往高炉。并联主要是增加风量，风压增加较少。为了保证并联效果，除两台风机应尽量采用同型号或性能相同外，每台鼓风机的出口，都应设逆止阀和调节阀。逆止阀用来防止风的倒灌，调节阀用来在并联时将两台风机调到相同的风压。

串联、并联的送风方法只是在充分利用现有设备的情况下采用的，它们提高风机的出力程度是有限的，虽然能够提高高炉产量，但风机的动力消耗增加，是不经济的。

5.2 热风炉

热风炉是供给高炉热风的热工设备，热风提供的热量约占炼铁生产耗热的四分之一。目前的风温水平，一般为 1000~1200 ℃，高的为 1250~1350 ℃，最高的可达 1450~1550 ℃。风温每提高 100 ℃降低焦比 4%~7%，产量提高 2%。

热风炉是一种蓄热式换热器。借助煤气燃烧将热风炉蓄热室的格子砖烧热，然后再将冷风通入格子砖，冷风被加热。由于燃烧（即格子砖被加热）和送风（即冷却格子砖）是交替工作的，蓄热式热风炉呈周期性工作，一个工作周期有燃烧期、送风期和换炉期三个过程。为保证向高炉连续供风，每座高炉至少需配置两座热风炉，一般配置三座，大型高炉以四座为宜。当前，热风炉有内燃式热风炉、外燃式热风炉和顶燃式热风炉三种结构形式，如图 5-10 所示。以内燃式热风炉为例，其工艺过程如图 5-11 所示。

燃烧期的主要任务是将蓄热室的格子砖加热到一定温度。此时关闭冷风入口和热风出口，按一定比例将煤气和空气从燃烧器送入，煤气燃烧后高温的火焰将格子砖加热到需要的高温，废气经过烟道从烟囱排放，然后转入送风期。

送风期的主要任务是将鼓风机送来的冷风加热至高温并送入高炉。此时燃烧器和烟气出口关闭，冷风入口和热风出口打开，冷风通过格子砖时被加热，热风经热风出口和管道送入高炉。当冷风不能加热到预期的温度时，就由送风期再次转入燃烧期。

热风炉中冷气和热气的流动按气体垂直流动分流定则的规律运行，即高温的火焰由上向下经过蓄热室，冷空气由下向上经过蓄热室，以使气流在格子砖各个通道内自动地分布均匀。

热风炉组拥有的蓄热面积一般为每立方米炉容 60~80 m²，通常高炉每立方米有效容

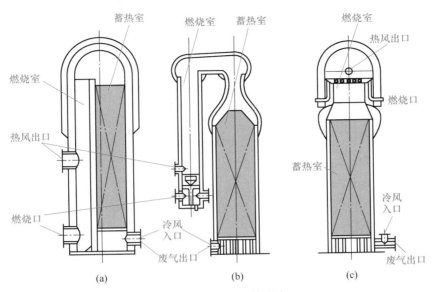

图 5-10 热风炉结构形式

（a）内燃式；（b）外燃式；（c）顶燃式

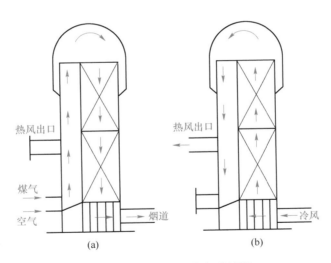

图 5-11 热风炉燃烧期与送风期

（a）燃烧期；（b）送风期

积具有的蓄热面积称为热风炉的加热能力；也有的用每立方米风量（标态）所需的加热面积来表示，一般为 25~35 m²/(m³·min)；日本设计为 30~33 m²/(m³·min)，相当于 1250~1350 ℃风温，个别达 37 m²/(m³·min)。

5.2.1 热风炉结构类型

5.2.1.1 内燃式热风炉

内燃式热风炉是最早使用的一种形式，由考贝发明，故又称为考贝蓄热式热风炉。内燃式热风炉的燃烧室和蓄热室同置于一个圆形炉壳内，由一个隔墙将其分开。内燃式热风炉又分为传统内燃式和改造内燃式。图 5-12 为传统内燃式热风炉结构示意图，图 5-13 为改造后内燃式热风炉结构示意图。

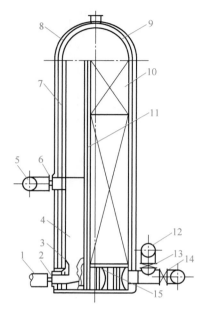

图 5-12   内燃式热风炉结构示意图

1—煤气管道；2—煤气阀；3—燃烧器；4—燃烧室；
5—热风管道；6—热风阀；7—大墙；8—炉壳；
9—拱顶；10—蓄热室；11—隔墙；12—冷风管道；
13—冷风阀；14—烟道阀；15—炉算和支柱

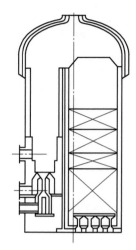

图 5-13   改造后的内燃式热风炉结构示意图

传统内燃式热风炉有以下几大缺点。

（1）隔墙两侧燃烧室与蓄热室的温差太大，又是使用套筒式金属燃烧器，容易产生严重的燃烧脉动现象，引起燃烧室裂缝、掉砖，甚至烧穿短路。

（2）拱顶坐落在大墙上，结构不合理；拱顶受大墙不均匀涨落与自身热膨胀的影响而导致裂缝、损坏。

（3）当高温烟气由拱顶进入格子砖时，拱顶局部容易过热，致使蓄热室中心部分烧损严重，同时由于高温区耐火砖的高温蠕变，造成燃烧室向蓄热室侧倾斜，引起隔孔紊乱。

（4）随着高炉大型化，风压越来越高，热风炉成为一个受压容器，热风炉的炉皮随着耐火砌体的膨胀而上涨，炉底板被拉成"碟子"状。焊缝拉开，炉底板拉裂，造成严重漏风。

（5）由于热风炉存在着周期性的摆动和上下涨落移动，经常出现热风炉短路"烂脖子"现象。

因此，当风温长期维持在 1000 ℃ 左右时，这种热风炉内部结构要遭到破坏，限制了风温的进一步提高，故在此基础上进行了技术改造，主要是：

（1）采用圆形燃烧室（火井）及新型隔墙；

（2）采用陶瓷燃烧器和圆弧形炉底板；

（3）应用锥形拱顶、"蘑菇"拱顶等新技术。

应用上述新技术，基本上解决了燃烧室掉砖、烧穿、短路等问题，也改善了拱顶的稳定性，克服了传统内燃式热风炉的弊病。

5.2.1.2　外燃式热风炉

尽管对内燃式热风炉做了各种改进，但由于燃烧温度总是高于蓄热室温度，隔墙的两侧温度不同，炉墙四周仍然变形，拱顶仍有损坏，还存在隔墙"短路"窜风、寿命短等问题。

外燃式热风炉由内燃式热风炉演变而来。它的燃烧室设于蓄热室之外，在两个室的顶部以一定的方式连接起来，按连接方式不同将外燃式热风炉分为四种（见图5-14），其特性见表5-5。

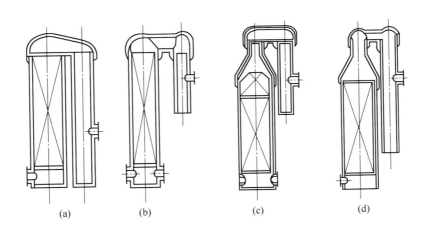

（a）　　　　　（b）　　　　　　（c）　　　　　　（d）

图 5-14　外燃式热风炉形式

（a）地得式；（b）考伯斯式；（c）马琴式；（d）新日铁式

表 5-5　外燃式热风炉特性比较

热风炉形式	拱 顶 结 构	优 缺 点	首次使用时间、地点
地得（Didier）式	由两个不同半径接近1/4的球形和半个截头圆锥组成，整个拱顶呈半卵形整体结构，燃烧室上部或下部设有膨胀补偿器	（1）高度较低，占地面积较小； （2）拱顶结构较简单，砖型较少； （3）晶间应力腐蚀问题较易解决； （4）气流分布比其他外燃式热风炉差； （5）拱顶结构庞大，稳定性较差	1959年，由联邦德国首次建成使用

热风炉形式	拱 顶 结 构	优 缺 点	首次使用时间、地点
考伯斯 （Koppers）式	燃烧室和蓄热室均保持各自半径的半球形拱顶，两个球顶之间由配有膨胀补偿器的连接管连接	（1）高度较低，占地面积较小； （2）钢材及耐火材料消耗量较少，基建费用较省； （3）气流分布较地得式好； （4）砖型多； （5）连接管端部应力大、容易开裂	1950 年，考伯斯公司由化学工业引用于高炉
马琴（Martin & Pagenstecher）式	蓄热室顶部有锥形缩口，拱顶由两个半径相同的 1/4 球顶和一个平底半圆柱连接管组成	（1）气流分布好； （2）拱顶尺寸小，结构稳定性好； （3）砖型少； （4）使用材料较多，散热面较大； （5）燃烧室与蓄热室之间没有膨胀补偿器，燃烧室高度选择不当时拱顶应力大，易产生裂缝	1965 年，在沃古斯特-蒂森公司使用
新日铁式	蓄热室顶部具有锥形缩口，拱顶由两个半径相同的 1/2 球顶和一个圆柱形连接管组成，连接管上设有膨胀补偿器	（1）气流分布好； （2）拱顶对称，尺寸小，结构稳定性好； （3）使用材料较多，散热面积较大； （4）硅型较多，投资较高； （5）占地面积最大	20 世纪 60 年代末，在新日铁八幡制铁所洞岗高炉使用

外燃式热风炉取消了燃烧室和蓄热室的隔墙，使燃烧室和蓄热室都各自独立，从根本上解决了温差、压差所造成的砌体破坏。圆柱形砖墙和蓄热室的断面得到了充分的利用，在相同的加热条件下，与内燃式相比，外燃式热风炉炉壳与砖墙直径都较小，故结构稳定。此外，其受热均匀，结构上都有单独膨胀的可能，稳定性大大可靠。由于两室都做成圆形断面，使炉内气流分布均匀，故有利于燃烧和热交换。

生产实践表明，外燃式热风炉也存在着许多问题。主要是以下几方面。

（1）外燃式热风炉比内燃式热风炉的投资多，钢材和耐火材料消耗大。

（2）砌砖结构复杂，需要大量复杂的异型砖，对砖的加工制作要求很高。

（3）拱顶钢结构复杂，不仅施工困难，而且由于外燃式热风炉的结构不对称，受力不均匀，不适应高温和高压的要求。很难处理燃烧室和蓄热室之间的不均匀膨胀，在高温高压的条件下容易产生炉顶连接管偏移或者开裂窜风。

（4）由于钢结构复杂，在高温高压的条件下容易造成高应力部位产生晶间应力腐蚀，钢壳开裂，从而限制了热风炉顶温和风温的升高。

（5）外燃式热风炉不宜在中小型高炉上使用。

5.2.1.3　顶燃式热风炉

顶燃式热风炉不设专门的燃烧室，而是将拱顶空间作为燃烧室，也称无燃烧室式热风炉。为了在短时间和有限的空间内使煤气与空气能很好地混合并完全燃烧，必须使用燃烧能力大的短焰或无焰烧嘴；每座热风炉炉顶配有 2~4 个燃烧口，外装燃烧器；热风出口位置高，稍低于燃烧口。顶燃式热风炉多呈一列式布置，也可呈三角形或正方形布置。其形式主要有中国首钢型（见图 5-15）、俄罗斯卡鲁金式（见图 5-16）、旋流式（见图 5-17）、球式（见图 5-18）等，其主要区别在于顶部燃烧器的类型与布置方式不同，或者蓄热室所装蓄热体不同。

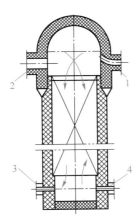

图 5-15　首钢型顶燃式热风炉结构图

1—燃烧器；2—热风出口；

3—烟气出口；4—冷风入口

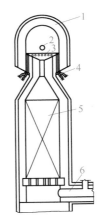

图 5-16　俄罗斯卡鲁金顶燃式热风炉结构图

1—拱顶；2—热风出口；3—燃烧孔；4—混合道；

5—高效格子砖；6—烟道与冷风入口

顶燃式热风炉吸收了内燃式、外燃式热风炉的优点，其特点如下。

（1）与内燃式热风炉相比：

1）顶燃式热风炉采用短焰燃烧器，能保证煤气完全燃烧，减少了燃烧时的热损失，由于取消了燃烧室，蓄热面积增加 25%~30%，从而增加了蓄热能力；

2）取消侧面的燃烧室，从根本上消除了燃烧室和蓄热室中下部产生"短路"的可能；

3）顶燃式热风炉炉顶结构对称稳定，强度高，炉型简单，受力均匀，温度区间分明；

4）气流分布均匀；

5）节省了热风炉操作平台周围的空间，节省了占地面积。

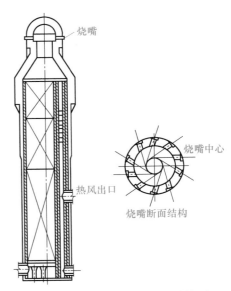

图 5-17　旋流顶燃式热风炉结构图

（2）与外燃式热风炉相比：

1）占地少、投资省，可节约大量的钢材和耐火材料，效率高；

2）砌砖结构简单，节省大量的异型砖；

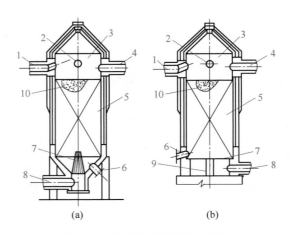

图 5-18　球式热风炉结构示意图

（a）架空式；（b）落地式

1—燃烧口；2—装球孔；3—燃烧室；4—热风出口；5—蓄热室；6—卸球孔；
7—炉箅子；8—冷风入口与烟道；9—炉箅子支柱；10—耐火球

3）钢结构简单，可以避免和减少晶间应力腐蚀的可能性。

顶燃式热风炉的结构能适应现代高炉向高温、高压和大型化发展的要求，因此，它代表了新一代高风温热风炉的发展方向。

5.2.1.4　球式热风炉

球式热风炉采用顶燃式结构，以自然堆积的耐火球代替格子砖来蓄热。其加热面积大，热交换好，风温高，体积小，节省材料，节省投资，施工方便，建设周期短。

球式热风炉要求耐火球质量好，煤气净化程度高，煤气压力大，助燃风机的风量风压要大。如果煤气含尘量多，会造成耐火球孔隙堵塞，表面渣化黏结，甚至变形破损，使阻力损失增大，热交换变差，风温降低。煤气压力和助燃空气压力大，才能保证发挥球式热风炉的优越性。

球式热风炉球床使用周期短，需定期换球卸球（卸球后90%以上的耐火球可以继续使用），但卸球劳动条件差，休风时间长，加之阻力损失大，功率消耗大，当量厚度小，限制了球式热风炉的推广使用，在大中型高炉上不宜使用。

5.2.2　热风炉的炉体结构

热风炉本体由炉基、炉壳、大墙、拱顶、燃烧室、燃烧器、蓄热室、隔墙（内燃式热风炉）、炉箅子和支柱等组成。

5.2.2.1　炉基

热风炉主要由钢结构和大量的耐火砌体及附属设备组成，具有较大荷重，要求有良好的基础，即炉基。炉基不能发生不均匀下沉和过分沉降，由于荷重随高炉炉容的扩大和风温的提高而增加，故要求地基的耐压力不小于 0.2~0.25 MPa，耐压力不足时，应打桩加固。

5.2.2.2 炉壳

炉壳的作用：一是承受砖衬的热膨胀力；二是承受炉内气体的压力；三是确保密封。现代高温热风炉炉壳是由 8~20 mm 厚度不等的钢板，与炉底一起焊成一个不漏气的整体，并用地脚螺丝将炉壳固定在炉基上，内衬为耐火砖砌体。

随着高炉大型化，风压越来越高，热风炉成为名副其实的"受压容器"。因此，对炉壳材质的选择和焊接工艺的要求越来越高，有向厚炉壳发展的趋势。

5.2.2.3 大墙

大墙即热风炉炉体外围耐火砖砌体，由内向外依次由耐热层、绝热层和隔热层组成。一般耐热层由 345 mm 厚的耐火砖砌成，砖缝应小于 2 mm；绝热层厚 65 mm，用硅藻土砖砌筑；隔热层厚 60~145 mm，用干水渣料填充。在上部高温区耐火砖外增加一层厚度为113 mm 或 230 mm 的轻质黏土砖，以加强绝热，减少热损失。现代大型热风炉炉墙为独立结构，可以自由膨胀，在稳定状态下，炉墙仅成为保护炉壳和减少热损失的保护性砌体。

5.2.2.4 拱顶

拱顶是连接蓄热室和燃烧室的空间，长期在高温下工作，除选用优质耐火材料砌筑外，还必须在高温气流作用下保持砌体结构的稳定性，满足高温气流在蓄热室横断面上分布均匀，此外还要求砌体品质好，隔热性能好，施工方便。

内燃式热风炉拱顶有半球形［见图 5-19（a）］、锥形、抛物线形和悬链线形［见图5-19（b）］。传统内燃式热风炉多为半球形拱顶，稳定性最差，改造内燃式热风炉的拱顶一般为锥形、抛物线形和悬链线形，其中悬链线形稳定性最好，抛物线形次之，锥形较差。半球形拱顶底部第一层砖为拱脚砖，拱顶荷重通过拱脚正压在大墙上，它可使炉壳免受侧向推力作用，以保持结构的稳定性。由于大墙受热膨胀受压，易于损坏，故悬链线形将拱顶与大墙分开，由环形梁支撑，由此扩大了炉壳直径，形成了蘑菇形拱顶，俗称"大帽子"。

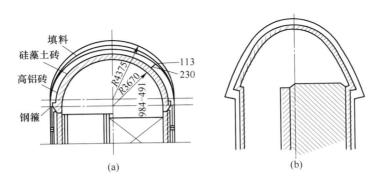

图 5-19　热风炉拱顶结构图
（a）半球形拱顶；（b）蘑菇形拱顶

外燃式热风炉拱顶呈半球形，其间以联络管相连。联络管下半部与炉顶下部的直筒段相连，上半部与拱顶相连。拱顶下部直筒段炉墙砌筑要求与悬链形拱顶相同，但增加了连接处组合砖的配合砌筑，故要求更高。

顶燃式热风炉的砌筑比较复杂，必须与燃烧器的砌筑相结合。

确定拱顶厚度时，既要考虑高温区的隔热保温，又要考虑砌体的应力分布和重量载荷。总的原则是减薄耐火砖层厚度，增加隔热层厚度，增强结构稳定性。一般中小型热风炉拱顶砌体厚度是：内层砌一层 300~350 mm 厚的黏土砖或高铝砖，其外砌 1~2 层隔热轻质黏土砖（230 mm 或 113 mm）和硅藻土砖（113 mm 或 65 mm）；大型热风炉拱顶砌体厚度为：内层砌一层厚度为 350~400 mm 的高铝砖或硅砖，其外再砌 2~3 层轻质高铝砖、轻质黏土砖和硅藻土砖等，并在紧靠炉壳处填以 40~60 mm 厚的陶瓷耐火纤维，隔热层总厚度可达到 100~500 mm。为了提高拱顶的稳定性和气密性，拱顶耐火砖可以做成阶梯状，相互咬砌。

5.2.2.5　燃烧室

煤气燃烧的空间即燃烧室。内燃式热风炉的燃烧室位于炉内一侧，其断面形状有圆形、眼睛形和复合形，如图 5-20 所示。圆形燃烧室结构稳定，煤气燃烧较好，但占地面积大，蓄热室死角面积大，相对减少了蓄热面积。目前，除了外燃式热风炉外，新建的内燃式热风炉均不采用。眼睛形占地面积小，烟气流在蓄热室分布均匀，但燃烧室当量直径大，烟气流阻力大，对燃烧不利，在隔墙与大墙的咬合处容易开裂，故一般多用于小型高炉。复合形也称为苹果形，兼有上述二者的优点，但砌砖复杂，一般多用于大中型高炉。

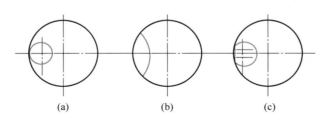

图 5-20　燃烧室断面形状
（a）圆形；（b）眼睛形；（c）苹果形

外燃式热风炉的燃烧室位于蓄热室之外，其断面形状为圆形。两室顶部以一定的方式连接。

顶燃式热风炉在拱顶燃烧，不设专门的燃烧室。

5.2.2.6　燃烧器

燃烧器又称烧嘴，是将煤气和空气混合并送进热风炉燃烧室进行燃烧的设备。燃烧器种类很多，有焰燃烧器用于内燃式和外燃式热风炉，短焰或无焰燃烧器用于顶燃式热风炉。

A　套筒式金属燃烧器

煤气道与空气道为套筒结构（见图 5-21），煤气和空气进入燃烧室后相互混合并燃烧。它的优点是结构简单、阻损小、调节范围大、不易回火。但它存在两个固有的缺陷：一是煤气和助燃空气混合不好，燃烧不稳定，火焰会跳动，产生脉动燃烧，使炉体结构震动，震动过大会危及结构的稳定性；二是从燃烧器出来的火焰和混合气体与燃烧器轴向垂直，火焰直接在隔墙上燃烧、冲刷，在燃烧室内产生较大的温度差，会加剧隔墙的损坏。因此，这种金属燃烧器已不适应高风温热风炉的发展，取而代之的是陶瓷燃烧器。

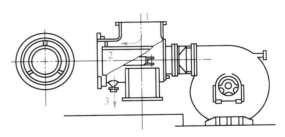

图 5-21 套筒式金属燃烧器
1—煤气；2—空气；3—冷凝水

B 陶瓷燃烧器

陶瓷燃烧器用耐火材料砌成，安装在热风炉燃烧室内部。一般上部要求耐火度高，用高铝砖或莫来石砖砌筑；下部体积稳定性要好，用硅线石砖或黏土砖砌筑，也有用磷酸盐耐热混凝土预制块的。燃烧器内空气喷出速度应小于吹灭火焰极限，一般实际速度为 $30 \sim 50 m/s$。煤气流速应大于火焰传播速度，特别是有预混结构的燃烧器，一般实际速度应大于 $5 m/s$。优质陶瓷燃烧器要求低的过剩空气系数、燃烧稳定不回火、不熄火和安全可靠。

a 有焰燃烧器

有焰燃烧器的典型结构是套筒式陶瓷燃烧器（见图 5-22）和矩形陶瓷燃烧器（见图 5-23）。煤气和空气在燃烧器内有各自的通道，中心断面是圆形或矩形，出口后形成粗大流

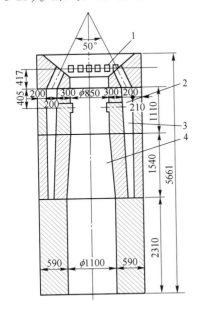

图 5-22 带预混装置的
套筒式陶瓷燃烧器（单位：mm）
1—空气分配帽；2—一次空气入口；
3—空气通道；4—煤气通道

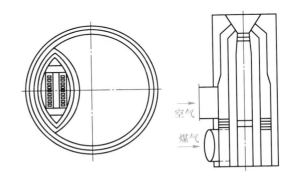

图 5-23 矩形陶瓷燃烧器

股, 气体在中心通道流动时, 阻力损失很小。环道断面是圆环形或矩形, 气体出口前被分制成多个小流股, 且以一定的角度流出与中心流股相交、混合。煤气、空气在出口后进一步混合, 然后着火、燃烧。这种燃烧器的优点是: 结构简单, 容易砌筑, 对燃烧室掉砖、掉物不敏感, 阻力损失小, 强制燃烧时燃烧器上表面看不到火焰形状, 属悬峰火焰。缺点是燃烧温度比无焰燃烧器低, 火焰长, 有时燃烧不完全。

b　短焰燃烧器

短焰燃烧器其中心通道走煤气, 为使出口处煤气分布均匀, 在煤气入口的对面处安装气体阻流板。空气走环道, 进入环道后, 经中心通道和环道隔墙上的多个矩形孔喷出, 在燃烧器中心通道内开始混合, 由于矩形孔到出口断面的距离较短, 故煤气、空气没充分混合, 进燃烧室后继续混合。这种燃烧器的特点是结构简单, 砌筑方便, 高径比较小。

三孔陶瓷燃烧器属于半焰燃烧器, 结构如图 5-24 所示。它的中心通道走高热值煤气, 中间环道走空气, 外环走高炉煤气, 在燃烧器出口前少部分煤气、空气已混合。它的特点是燃烧能力大, 燃烧稳定, 但是结构繁杂, 在阀门等设备安全保证方面要求严格。

c　无焰燃烧器

典型结构为栅格式陶瓷燃烧器, 如图 5-25 所示。煤气、空气在燃烧器上部开始混合, 在出口处已充分混合。混合气体以众多小流股从上表面流出, 在燃烧室中着火、燃烧。这种燃烧器的特点是: 燃烧火焰短、燃烧稳定, 空气消耗系数低, 理论燃烧温度高, 燃烧能力大; 但是结构复杂, 不易砌筑, 对燃烧室掉物、掉砖敏感。

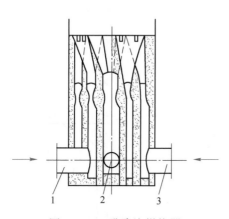

图 5-24　三孔陶瓷燃烧器

1—空气入口; 2—焦炉煤气入口;

3—高炉煤气入口

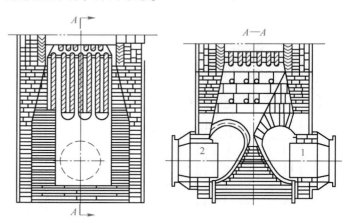

图 5-25　栅格式陶瓷燃烧器

1—煤气通道; 2—空气通道

5.2.2.7　蓄热室

蓄热室是进行热交换的主要场所, 是砌满格子砖的格子房, 砖的表面就是蓄热室的加热面, 格子砖块就是储存热量的介质, 因此蓄热室的工作既要求传热快又要求蓄热多, 还要具有尽可能高的温度水平。

蓄热室的蓄热能力、风温水平和传热效率取决于格孔大小、形状、砌砖数量和材质等。对格子砖砖型的要求如下：

（1）单位体积格子砖具有最大的受热面积；

（2）有和受热面积相适应的砖量来蓄热，保证在一定的送风周期内，不致引起过大的风温波动；

（3）为提高对流传热速度，应尽可能地引起气流扰动，保持较高流速；

（4）有足够的建筑稳定性；

（5）便于加工制造、砌筑及维护，且成本低。

格子砖型有板状和整体穿孔两种。其格孔形状有圆形、三角形、方形、矩形和六角形。格子砖表面也有平板状或波浪状。通常蓄热时用不同孔形的格子砖砌成若干段。现代高温热风炉尺寸加大，板状砖逐渐被整体穿孔砖所代替。

矩形格孔在蓄热能力及热交换性能方面，优于其他孔型；圆形格孔的格子砖有强度高的优点，结构上的稳定性好，目前已被广泛采用。其中，普遍采用的是五孔砖（见图 5-26）和七孔砖（见图 5-27）。

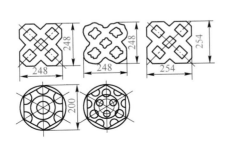

图 5-26　五孔砖（单位：mm）

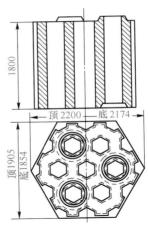

图 5-27　七孔砖（单位：mm）

5.2.2.8　隔墙

内燃式热风炉的燃烧室与蓄热室之间的墙就是隔墙。一般厚度为 575 mm，由内、外两环砖组成，内环厚 230 mm，外环厚 345 mm。两层砌砖之间不咬缝，以免受热不均造成破坏，也便于检修时更换。隔墙与拱顶要留有 200~250 mm 的膨胀缝，为了使气流分布均匀，隔墙要比蓄热室格子砖高出 400~700 mm。

传统内燃式热风炉的隔墙易烧穿、短路。在改造内燃式热风炉上，为了减少隔墙两侧温差大的问题，在绝热层靠蓄热室侧，加了大半圆周合金钢板，厚度为 4 mm，材质为不锈钢 1Cr18Ni9Ti，高 7 m；下面 5 m 为普通钢板，共 12 m；其目的是防止短路，加强密封，使用效果较好。

5.2.2.9　炉箅子和支柱

蓄热室全部格子砖都通过炉箅子支撑在支柱上,当废气温度不超过350℃、短期不超过400℃时,用普通铸铁件能稳定地工作。当废气温度较高时,可用耐热铸铁 [w(Ni)=0.4%~0.8%, w(Cr)=0.6%~1.0%] 或高锰耐热铸铁。

为了避免堵塞格孔,支柱及炉箅子的结构应和格孔相适应,故支柱做成空心的,如图5-28所示。支柱高度要满足安装烟道和冷风管道的净空需要,同时保证气流畅通。炉箅子的块数与支柱数相同,而炉箅子的最大外形尺寸,要能从烟道口进出。

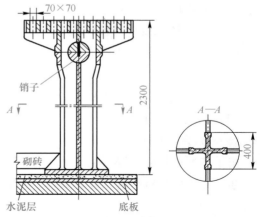

图 5-28　1513 m^3高炉热风炉
蓄热室的支柱和炉箅子(单位:mm)

5.2.3　热风炉用耐火材料

热风炉耐火材料在高温、高压下工作,温度与压力周期性变化,条件十分恶劣。因此,合理选择耐火材料、正确设计结构形式、保证砌筑质量是实现热风炉高风温、长寿命的关键。

5.2.3.1　热风炉的破损机理

热风炉炉衬破损最严重的地方是拱顶、隔墙以及连接通道这些温度高、温差大、结构较复杂的部位。热风炉的破损机理如下。

(1)热震破损。在热风炉内不仅有高温作用,还有周期性的温降,因此热风炉炉衬与格子砖在热应力作用下,易产生裂纹和剥落,严重时砌体倒塌。

(2)煤气粉尘的化学侵蚀。煤气中含有一定量的粉尘,主要成分是铁氧化物和碱性氧化物。粉尘进入蓄热室后,部分黏附于砖衬和格子砖表面,与耐火材料发生化学反应,产生低熔点、低黏度的熔体,冷却后形成玻璃体,称为渣化现象。最终使砖表面不断剥落或逐渐向砖内渗透,导致组织破坏,发生龟裂。

(3)机械载荷作用。热风炉是一种较高的构筑物,蓄热室格子砖下部最大载荷可达到0.8 MPa,燃烧室下部砖衬静载荷可达到0.4 MPa。耐火砖在使用温度下长期负载发生蠕变变形而损坏,出现拱顶下沉、格砖下陷等事故。

5.2.3.2　热风炉用耐火材料的类型与特性

为了适应热风炉耐火材料砌体的工作条件,减少破损,要求热风炉用耐火材料应具有较高的耐火度、荷重软化温度、抗蠕变性、体积稳定性、导热性、热容量、耐压强度等。热风炉各部位选择耐火材料的依据是,以它所在位置的加热面温度为准,能够在承受载荷的条件下长期稳定地工作。比如,热风炉的高温部位,包括拱顶、燃烧室上部、蓄热室上部格子砖及炉墙,是以拱顶温度为标准,耐火材料的耐火度及抗蠕变性均应高于拱顶温度，这些部位多选用硅砖或优质高铝砖；蓄热室中下部温度较低，可以分别选用高铝砖和黏土砖；燃烧室下部温度波动相当大，应使用体积稳定性高和热膨胀小的高铝砖。

5.2.4 热风炉附属设备

热风炉的附属设备主要包括助燃风机、管道、阀门、烟囱、助燃空气及煤气预热装置等。

5.2.4.1 助燃风机

助燃风机一般采用离心式鼓风机。助燃风机不仅为热风炉煤气燃烧提供足够的助燃空气，而且还为燃烧烟气流动克服阻力损失提供必需的动能。

助燃风机的配置方式，有单炉分散配置和热风炉组集中配置两种。未采取助燃空气预热的热风炉，一般是采用单炉分散配置，即每座热风炉配置一台助燃风机，操作方便，但风机台数增加，也给风机检修带来困难。采取助燃空气预热的热风炉都采取每座高炉的热风炉组集中配置一定数量的助燃风机，例如 4 座热风炉集中配置 3 台助燃风机，2 台运行，1 台备用；或者 4 座热风炉只配置 2 台助燃风机，不设备用风机。

5.2.4.2 管道

热风炉系统设有冷风管道、热风管道、混风管道、燃烧用净高炉煤气管道、焦炉煤气管道、助燃空气管道（指集中鼓风的热风炉）、主烟道管道（指高架烟道的热风炉）、倒流休风管道、废气管道等。热风炉管道配置情况如图 5-29 所示。

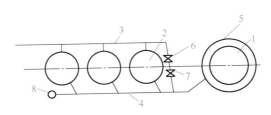

图 5-29　热风炉管道布置简图

1—高炉；2—热风炉；3—冷风管；4—热风管；5—热风围管；
6—混风调节阀；7—混风大闸；8—倒流休风管

（1）冷风管道：冷风管道应保证密封，常用 4~12 mm 钢板焊接而成；在冬季冷风温度为 70~80 ℃，夏季常超出 100 ℃甚至高达 150 ℃；为了消除热应力，在冷风管道上要设置伸缩圈，风管的支柱要远离伸缩圈，而支柱上的管托与风管间制成活结，以便冷风管能伸缩自如。

（2）热风管道：热风管道由约 10 mm 厚的普通钢板焊成，要求密封性好，热损失小。管道内常用标准砖砌筑；最外层垫石棉板以加强绝热，内层砌黏土砖或高铝砖，中间隔热层砌轻质黏土砖或硅藻土砖。近些年，大中型高炉还在热风管道内表面喷涂不定形耐火材料。

（3）混风管道：混风管道为稳定热风温度而设，根据热风炉的出口温度而掺入一定量的冷风，使热风温度稍有降低。如果采用双炉并联送风方式（一座炉为主送风，一座炉为副送风），高低风温互相配合使用，可取消混风管道。

（4）倒流休风管道：倒流休风管道实际上是安装在远离高炉热风总管末端的烟囱，是直径为 1 m 左右的圆筒，可用 10 mm 厚的钢板焊成。倒流气体温度很高，下部应砌一段耐火砖，并安装有水冷阀门与热风阀门，倒流休风时才打开。

（5）净煤气管道：净煤气管道应有 0.5% 的排水坡度，并在进入支管前设置排水装置。

5.2.4.3　阀门

热风炉用的阀门应该坚固结实，能承受一定的高温，保证高压下密封性好，开关灵活、使用方便，结构简单易于检修和操作。热风炉阀门的配置情况如图 5-30 所示。

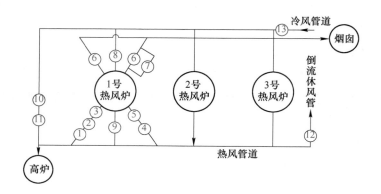

图 5-30　热风炉平面布置示意图

1—煤气调节阀；2—煤气阀；3—煤气燃烧阀；4—助燃风机；5—空气阀；6—烟道阀；7—废气阀；
8—冷风阀；9—热风阀；10—冷风大闸；11—冷风温度调节阀；12—倒流阀；13—放风阀

根据热风炉周期性工作的特点，可分为控制燃烧系统的阀门和控制送风系统的阀门。

控制燃烧系统的阀门是将空气及煤气送入热风炉燃烧，并把燃烧产生的废气排出热风炉，起调节煤气和助燃空气的流量、调节燃烧温度等作用。当热风炉送风时，燃烧系统的阀门又把煤气管道、空气风机及烟道与热风炉隔开，以保证设备的安全。控制燃烧系统的阀门主要有助燃空气调节阀、助燃空气切断阀、煤气调节阀、煤气切断阀、燃烧阀、烟道阀及废气阀等。

控制送风系统的阀门是将鼓风机的冷风送入热风炉，并把热风送到高炉；有的阀门还起着调节热风温度的作用。控制送风系统的阀门主要有冷风阀、热风阀、放风阀、混风调节阀、混风切断阀等。

热风炉用的阀门按构造形式可分为三类，如图 5-31 所示。

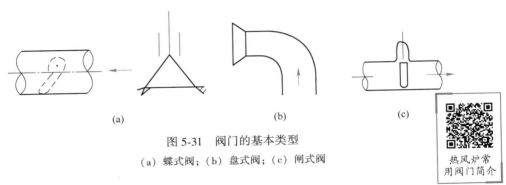

图 5-31　阀门的基本类型
（a）蝶式阀；（b）盘式阀；（c）闸式阀

热风炉常
用阀门简介

（1）蝶式阀：中间有轴，轴上有翻板也称蝶板，可以自由旋转翻动；
通过转角的大小来调节流量。早期蝶式阀由于密封性能不良，只能用来调节；现在弹性金属阀座及新的结构形式的出现，使得蝶式阀在高温、低温环境中也逐渐被采用。目前，蝶式阀的发展趋势是既可作调节用，也可作密封用。通常，空气调节阀、煤气调节阀、混风调节阀等是蝶式阀。

（2）盘式阀：阀盘开闭方向与气流运动方向平行，构造比较简单；多用于切断含尘气体，密封性差，气流经过阀门时方向转 90°，阻力较大。通常，放散阀、烟道阀等为盘式阀。

（3）闸式阀：闸板开闭方向与气体流动方向垂直，构造较复杂，但密封性好。由于气流经过闸式阀门时气流方向不变，故阻力最小，适用于洁净气体的切断。通常，热风阀、冷风阀、燃烧阀、煤气阀、烟道阀和废气阀等为闸式阀。

阀门的驱动有手动、液压传动、电动、气动等。为了提高热风炉设备的利用率，缩短换炉时间，确保安全生产，减轻劳动强度，大中型高炉热风炉阀门普遍采用自动联锁操作。

5.2.4.4　烟囱

烟囱是用来排放热风炉高温废气的设备之一。目前，排烟方法有两种：一种是用引风机或喷射器强制排烟；另一种是用烟囱自然排烟。

烟囱排烟工作可靠，不易发生故障；不消耗动力；能把烟气送到高空，减轻对周围空气的污染；不需要经常检修。目前热风炉均用烟囱排烟，只有当排烟系统阻力过大，或废气温度较低时，才用引风机强制排烟，而且多与烟囱同时使用。两座相邻高炉的热风炉组可共用一个烟囱。

5.2.4.5　助燃空气及煤气预热装置

为了获得高风温，除了采用高炉焦炉煤气混合燃烧外，目前还普遍采取助燃空气和煤气预热。空气与煤气的预热方法主要有以下几种。

（1）利用热风炉送风期结束后自身的余热来预热助燃空气，能将空气温度预热很高，但不能预热煤气。无论是三座或四座热风炉，均可预热助燃空气，采用一送一烧一预热或两烧一送一预热的方法。即：热风炉送风后转为预热，预热后转为燃烧，燃烧后再转为送风。此法需增设一套冷、热助燃空气管道系统，建设投资大，运行成本高。热风炉排烟温度很高，不利于回收余热和节能。

（2）用小型辅助蓄热式热风炉预热助燃空气。

（3）从高炉热风中分出少部分鼓风作为热风炉的助燃风。此法浪费了已加热的高温热风，因此一般不宜采用。

（4）用高炉煤气在专门设置的燃烧器中燃烧，产生的高温废气再与热风炉的烟道废气同时通入混合室混合，然后将混合后的热废气分别送到助燃空气和煤气预热的金属换热器内，使空气、煤气预热。

（5）利用热风炉烟道废气，通过各种金属热交换器预热助燃空气和煤气。这是目前广泛采用的方法，可有效地节约炼铁能耗，一般可将助燃空气和煤气预热到 150~200 ℃。

烟道废气热交换器的种类较多，主要的有管式或板式、旋转再生式、热媒式及热管式等四种。

（1）管式或板式热交换器。冷热流体都是利用管壁或板壁传导传热进行热交换，热效率比较低，体积也比较大，目前很少采用。

（2）旋转再生式热交换器。旋转再生式热交换器（见图 5-32），又称旋转蓄热式热交换器，由陶瓷体或钢板为贮热体做成转鼓，当转鼓转到通过高温废气的通道时，贮热体被加热，转鼓转到低温气体（助燃空气）通道时，贮热体放热，助燃空气被加热。

（3）热媒式热交换器。热媒的种类很多，常用的有水、水蒸气、油等。热媒被加压循环泵强制压入废气热交换器，被加热后分别流入空气和煤气换热器，把热量交换给空气或煤气，再循环回循环泵。

（4）热管式热交换器。热管原理示意图如图 5-33 所示。蒸发段热媒（蒸馏水）吸热后蒸发和沸腾，转变为蒸汽；蒸汽流动到冷凝段，向外放出汽化潜热，空气和煤气获得热

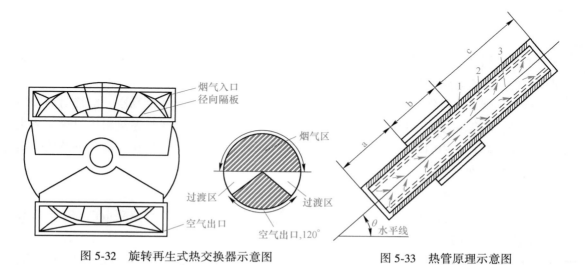

图 5-32　旋转再生式热交换器示意图　　　　图 5-33　热管原理示意图

a—蒸发段；b—传输段；c—冷凝段；

1—外壳；2—吸液芯；3—蒸汽空间

量；冷凝液依靠重力或毛细管作用回到蒸发段，如此周而复始。热管垂直安装时，热媒的回流主要依靠重力作用来完成，称重力热管；热管倾斜安装时，热媒的回流依靠重力和毛细管作用共同来完成，称重力辅助热管；热管水平安装时，则全靠毛细管作用使热媒回流，称毛细热管。

5.3 热风炉操作

在高炉冶炼中，需最大限度地发挥热风炉的供热能力，尽量提高风温，为高炉降低燃料比、降低成本、生产优质生铁及提高产量创造条件。

5.3.1 提高热风温度的途径

5.3.1.1 提高热风炉炉顶温度

热风温度与热风炉炉顶温度一般相差 100~200 ℃，炉顶温度与理论燃烧温度相差 70~90 ℃，提高理论燃烧温度，热风温度相应提高。

影响理论燃烧温度的因素式（5-7）：

$$t_{理} = \frac{Q_{燃} + Q_{空} + Q_{煤} - Q_{水}}{V_{产} C_{产}}$$ (5-7)

式中 $Q_{燃}$——煤气燃烧放出的热量，kJ/m^3；

$\quad\quad Q_{空}$——助燃空气带入的物理热，kJ/m^3；

$\quad\quad Q_{煤}$——燃烧用煤气带入的物理热，kJ/m^3；

$\quad\quad Q_{水}$——煤气中水分的分解热，kJ/m^3；

$\quad\quad V_{产}$——燃烧产物量，m^3；

$\quad\quad C_{产}$——燃烧产物的平均比热容，$kJ/(m^3 \cdot ℃)$。

由式（5-7）可以看出，影响理论燃烧温度的因素有以下几个方面。

（1）提高煤气发热值 $Q_{燃}$，理论燃烧温度相应提高。在发热值较低的高炉煤气中配一定量的焦炉煤气或天然气，可提高 $Q_{燃}$ 值。

（2）预热助燃空气 $Q_{空}$ 和煤气 $Q_{煤}$ 能有效地提高理论燃烧温度。在 100~600 ℃，助燃空气每升高 100 ℃，相应提高理论燃烧温度 30~35 ℃。煤气预热温度每升高 100 ℃，可提高理论燃烧温度约 50 ℃。助燃空气预热温度没有限制，但煤气预热温度一般不超过 250 ℃。通常利用热风炉烟道废气预热空气和煤气。

（3）减少燃烧产物量 $V_{产}$，理论燃烧温度相应提高。采用富氧燃烧或缩小空气过剩系数，均使 $V_{产}$ 降低，从而获得较高的理论燃烧温度，但应考虑废气量减少对热风炉中下部热交换不利。

（4）降低煤气水分 $Q_{水}$，理论燃烧温度 $t_{理}$ 相应提高。使用干法除尘的煤气，水蒸气含量低，有助于提高理论燃烧温度。

5.3.1.2　提高烟道废气温度

提高烟道废气温度可以增加热风炉（尤其是蓄热室中下部）的蓄热量。在废气温度 200~400 ℃时，每提高废气温度 100 ℃约可以提高风温 40 ℃。影响烟道废气温度的因素主要有：

（1）单位时间燃烧的煤气量越多，烟道废气温度越高；

（2）延长燃烧时间，废气温度随之近直线地上升；

（3）热风炉蓄热面积越小，废气温度升高越快。

5.3.2　燃烧制度

燃烧制度是烧炉周期储备热量的制度。其控制原理是：通过调节煤气热值控制热风炉拱顶温度；通过调节煤气总流量控制废气温度；通过助燃空气流量来控制燃烧，即根据煤气成分和流量设定合理的空气过剩系数。

5.3.2.1　炉顶温度和烟道废气温度的确定

炉顶温度和烟道废气温度不能超过热风炉原始设计的最高温度值，以保护热风炉耐材砌体、下部炉箅和支柱等不损坏，延长热风炉整体寿命。

热风炉拱顶温度主要受耐火材料理化性能的限制。一般将拱顶温度控制在比拱顶耐火砖平均荷重软化温度低 50~100 ℃，一般高铝砖控制不高于 1350 ℃，高铝质低蠕变砖控制不高于 1400 ℃，硅砖控制不高于 1500 ℃。另外，还要考虑煤气含尘量（格子砖渣化的主要原因是煤气含尘量和拱顶温度过高），不同含尘量允许的拱顶温度不同（见表 5-6）；拱顶温度还受燃烧产物中腐蚀性介质 NO_x 的限制，NO_x 的生成量与燃烧温度有关；为避免发生拱顶钢板的晶界应力腐蚀，一般将拱顶温度控制在不超过 1400 ℃的温度范围内。炉顶温度若因故超出规定值，可采用停烧焦炉煤气、减少煤气量或增大空气量等办法来调节。

表 5-6　不同含尘量允许的拱顶温度

煤气含尘量/mg·m⁻³	80~100	<50	<30	<20	<10	<5
拱顶温度/℃	≤1100	≤1200	≤1250	≤1350	≤1450	≤1550

提高废气温度，将导致热效率降低，同时，存在烧坏下部炉墙金属结构的危险。测量表明，燃烧末期炉箅子温度比废气平均温度高 130 ℃左右，因此，一般热风炉废气温度控制在 400 ℃以下。

5.3.2.2　燃烧制度的分类

热风炉在一定条件下烧炉时要保证合理燃烧，即：

（1）单位时间内燃烧的煤气量适当；

（2）煤气燃烧充分、完全，并且热损失最小；

（3）可能达到的风温水平最高，并确保热风炉的寿命。

要保证热风炉合理燃烧，就要根据热风炉的条件选择合理的燃烧制度。目前，热风炉燃烧制度大体可分为 3 种（见表 5-7 和图 5-34）：固定煤气量，调节助燃空气量；固定助燃空气量，调节煤气量；煤气量和助燃空气量同时调节。

表5-7 各种燃烧制度的特性

类　别	固定煤气量，调节空气量		固定空气量，调节煤气量		煤气量、空气量同时调节	
	升温期	蓄热期	升温期	蓄热期	升温期	蓄热期
空气量	适量	增大	不变	不变	适量	减少
煤气量	不变	不变	适量	减少	适量	减少
空气过剩系数	最小	增大	最小	增大	较小	较小
拱顶温度	最高	不变	最高	不变	最高	不变
废气量	增大		稍减少		减少	
热风炉蓄热量	加大，利于强化		减小，不利于强化		减少，不利于强化	
操作难易	较难		易		难	
适用范围	空气量可调		空气量不可调或助燃风机容量不足		空气量、煤气量均可调，可用以控制废气温度	

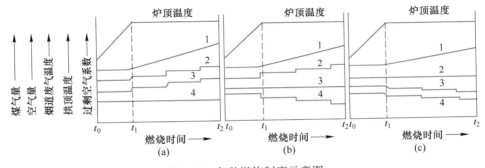

图5-34 各种燃烧制度示意图

（a）固定煤气量，调节空气量；（b）固定空气量，调节煤气量；（c）煤气量、空气量同时调节

1—烟道废气温度；2—过剩空气系数；3—空气量；4—煤气量

（1）固定煤气量，调节助燃空气量：在燃烧期内煤气量始终保持不变，适当地调节助燃空气量保证煤气的完全燃烧。整个燃烧期一直是最大煤气量，当炉顶温度达到规定值后，用增加助燃空气量的办法稳定炉顶温度。此方法烟气体积、流速增大，有利于对流传热，强化热风炉中、下部的热交换，适用于助燃空气量可调，鼓风机有剩余能力的炉子。

（2）固定助燃空气量，调节煤气量：在燃烧期内助燃空气量始终固定不变，适当调节煤气量进行燃烧。此方法在保温期减少了煤气量、烟气量，对热风炉的传热不利；但是调节方便，易于掌握，适用于助燃风机能力不足或助燃空气量不能调节的炉子。

（3）煤气量和助燃空气量同时调节：在燃烧初期，使用最大的煤气量和适当的助燃空气量配合燃烧，当炉顶温度达到规定值后，同时减少煤气量和助燃空气量，以维持炉顶温度。此方法控制煤气和空气的合适配比较为困难，同时烟气量少，不利于蓄热室的加热。

5.3.2.3 快速烧炉法

在正常情况下，热风炉的烧炉与送风周期大体是一定的，如图5-35所示。在烧炉期，炉顶温度要尽快升至规定的温度 T_1，延长恒温时间；如果升温的时间较长，如图5-35中虚线所示，则相对缩短了恒温时间，热风炉在高温下的蓄热时间减少。快速烧炉法就是在燃烧初期，用最大的煤气量和最小的空气过剩系数进行强化燃烧，在短时间内（一般不超过 15~20 min）将炉顶温度烧到规定的最高值，然后保温，把废气温度也迅速烧上来。

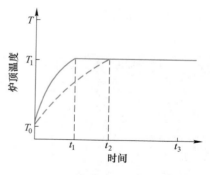

图 5-35　热风炉炉顶升温曲线

生产上一般采用固定煤气量调节空气量的快速烧炉法，具体操作程序如下。

（1）开始燃烧时，根据高炉所需风温水平来决定燃烧操作，一般应以最大的煤气量和最小的空气过剩系数来强化燃烧。在保持完全燃烧的情况下，空气过剩系数尽量小，以利尽快将炉顶温度烧到规定值。

（2）炉顶温度达到规定温度时，应适当加大空气过剩系数，保持炉顶温度不上升，提高烟道废气温度，增加热风炉中下部的蓄热量。

（3）若炉顶温度、烟道温度同时达到规定值时，不能减烧，应采取换炉通风的办法。

（4）若烟道温度达到规定值仍不能换炉时，应当减少煤气量来保持烟道温度不上升。

（5）如果高炉不正常，要求低风温延续时间超过 4 h，应采取减烧与并联送风措施。

影响快速烧炉的因素如下。

（1）燃烧器的形式和能力：应不断开发使用燃烧能力强的陶瓷燃烧器。

（2）煤气量（煤气压力）波动：煤气量不足或煤气压力波动，使空气和煤气的配合不能适当，则不能迅速、稳定地升高拱顶温度，造成热风炉蓄热量减少，即使延长烧炉时间，风温水平仍可能降低。

5.3.2.4　合理燃烧周期的确定

热风炉从开始燃烧到送风结束的全部时间称为一个工作周期，包含燃烧、送风和换炉三个过程。热风炉内的温度是周期性变化的。图 5-36 为热风炉一个工作周期的温度控制曲线。

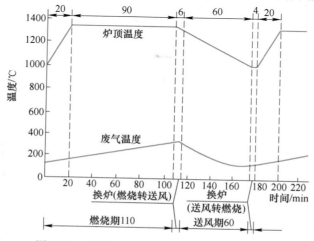

图 5-36　热风炉一个工作周期的温度控制曲线

燃烧期长对提高风温有利，但随着燃烧期的延长，格子砖中心和表面的温差减小，热交换变得缓慢。燃烧期过长还会造成废气温度升高，热损失增多，炉体寿命受影响；燃烧期过短，则热风炉蓄热不够，换炉过于频繁，缩短了有效的燃烧时间。

送风期过长热量输出多，对提高风温不利（某热风炉送风时间与热风出口温度的关系见表5-8）；送风期过短，不能充分利用蓄热，当再次燃烧时废气升温过快。

表5-8 送风时间与热风出口温度的关系

送风时间/h	热风出口温度/℃
0.5	1100
0.75	1100
1	1090
1.5	1030
2	1000

注：固定炉顶温度为1250 ℃，烟道废气温度为200 ℃。

燃烧期与送风期两者对立统一。合理的周期与热风炉的座数、炉体寿命、蓄热面积、助燃风机和煤气管网能力以及高炉对风温、风量的要求等因素有关，在生产实践中需要逐渐调整至最优。燃烧期与送风期时间之比过去常为（2∶1）~（3∶1），现在两期时间趋于相等。理论分析和实践说明，适当缩短总周期、缩小燃烧时间与送风时间的比值，可以提高热风炉的加热能力和热效率。

5.3.2.5 合理燃烧的判断

燃烧配比就是燃料量与空气量的比例。经验表明，1 m^3 煤气需要 0.7~0.91 m^3 空气。在装有分析仪表的热风炉上，可参考烟道废气成分进行燃烧调整。煤气、空气配比适当（即过剩空气系数适当），废气成分中有微量的 O_2，无CO；空气量过多时，废气成分中 O_2 含量增多；空气量不足时，废气成分中CO含量明显增多。合理的烟道废气成分见表5-9。

表5-9 合理的烟道废气成分

项 目		CO_2/%	O_2/%	CO/%	过剩空气系数
理论值		23~26	0	0	1.0
实际值	烧高炉煤气	23~25	0.5~1.0	0	1.05~1.10
	烧混合煤气	21~23	1.0~1.5	0	1.10~1.20

没有分析仪表，可以直接观察到燃烧室内火焰情况的热风炉，可通过燃烧火焰来判断燃烧是否正常。

（1）正常燃烧：煤气和空气的配比合适。火焰中心呈黄色，四周微蓝而透明，通过火焰可以清晰地见到燃烧室砖墙，加热时炉顶温度很快上升。

（2）空气量过多：火焰明亮呈天蓝色，耀目而透明，燃烧室砖墙清晰可见，但发暗，炉顶温度下降，达不到规定的最高值。烟道废气温度上升较快。

（3）空气量不足：燃料没有完全燃烧，火焰混浊而呈红黄色，个别带有透明的火焰，燃烧室不清晰，或完全看不清。炉顶温度下降，烧不到规定最高值。

5.3.3 送风制度

5.3.3.1 送风方式

送风方式的选择要考虑以下几方面：

（1）热风炉座数与蓄热面积；

（2）助燃风机与煤气管网能力；

（3）高炉对风温、风量的要求；

（4）热风炉设备的潜力与安全；

（5）风温的提高和热效率；

（6）能耗的降低。

高炉有三座热风炉时，有两烧一送、一烧两送和交叉半并联送风三种，如图 5-37 所示；四座热风炉时，有三烧一送、并联和交叉并联三种，如图 5-38 所示。各种送风制度的比较见表 5-10。生产中常用单炉送风、交叉并联送风和交叉半并联送风等方式。

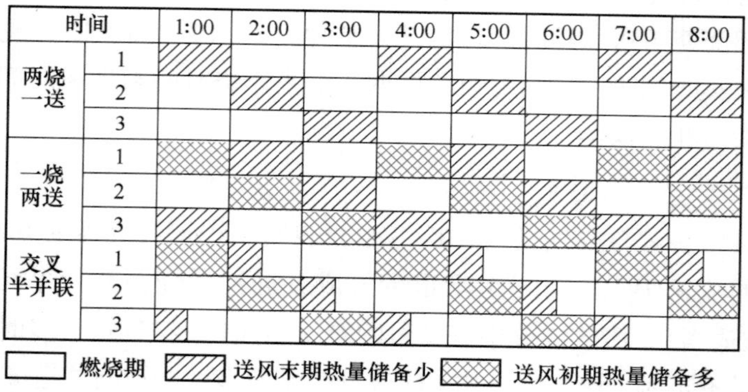

图 5-37 使用三座热风炉时各种送风制度

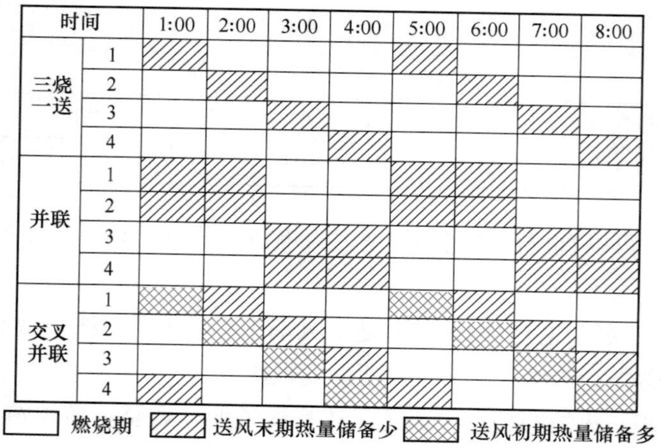

图 5-38 使用四座热风炉时各种送风制度

表 5-10　各种送风制度的比较

送风制度	适　用　范　围	热　风　温　度	热效率	煤气耗量
两烧一送	三座热风炉时常用	波动大，难提高	低	多
一烧两送	燃烧期短，需燃烧器能力足够大，控制废气温度	波动较小，能提高	较高	最少
交叉半并联	燃烧器能力较大，控制废气温度	波动较小，平均值提高	高	少
三烧一送	燃烧器能力不足	波动较小，能提高	最低	最多
并联	燃烧器能力大	波动较大，难提高	较高	较多
交叉并联	四座热风炉时常用	波动较小，平均值提高	高	多

A　单炉送风

在三座或四座的热风炉组中，仅有一座热风炉处于送风状态，热风炉出口温度必须高于或等于规定的送风温度，通过混入冷风以获得稳定的风温。

B　交叉半并联送风

在一座热风炉的整个送风期，前期作为主送炉，后期作为副送炉。在第一阶段，蓄热能力很大时，热风炉作为主送炉将部分热风送入高炉，另一部分热风由副送炉送入高炉，两座热风炉并联送风；在第二阶段，高炉需要的热风全部由主送炉提供，而副送炉转为燃烧炉，此时呈单炉送风状态；第三阶段，当主送炉的蓄热量减少时，将其变为副送炉，而刚烧好的热风炉为主送炉，仍然是两座热风炉并联送风。

C　交叉并联送风

交叉并联送风属于两烧两送制。在四座热风炉组中，两座风量不同、温度不同的炉子（一个主送炉，一个副送炉）错开时间同时送风，热风混合后，可获得稳定的风温（不需要混入冷风）。对一个热风炉而言，它前期作为主送炉，后期蓄热量减烧后变为副送炉，四座热风炉交替工作。首钢的生产实践证明，在相同条件下，交叉并联送风比单炉送风提高风温约 40 ℃，提高热效率 4% 左右。

5.3.3.2　热风炉换炉操作

热风炉生产工艺是通过切换各阀门的工作状态来实现的，通常称为换炉。换炉操作包括由燃烧转为送风、由送风转为燃烧两部分。在一种状态向另一种状态转换的过程中，应严格按照操作规程的程序工作，否则将会发生严重的生产事故，甚至危及人身的安全，损坏设备。

热风炉换炉的主要技术要求有：风压、风温波动小，速度快，保证不跑风；风压波动不大于 5 kPa；风温波动不大于 20 ℃。

热风炉换炉操作注意事项如下。

（1）热风炉是一个高压容器，在开启某些阀门之前必须均衡阀门两侧的压力。例如，热风阀和冷风阀是靠冷风小门向炉内逐渐灌风，均衡热风炉与冷风管道之间的压力之后才开启的；再如，烟道阀和燃烧闸板，首先是废风阀向烟道内泄压，均衡热风炉与烟道之间的压差之后才启动的。

（2）换炉时要先关煤气闸板，后停助燃风机。若先停助燃风机，会有部分煤气进入热风炉，形成爆炸性混合气体，引发小爆炸；部分煤气可能从助燃风机喷出，造成中毒事故，尤其是煤气闸板因故短时关不上时，后果更加严重。

（3）换炉时废风要放净。送风炉废风没有排放干净就强开烟道阀，炉内气压较大，会将烟道阀钢绳或月牙轮拉断，或者由于负荷过大烧坏马达。废风放净的判断方法是：冷风压力表指针回零；此外，也可从声音、时间来判断。

（4）换炉时灌风速度不能过快。换炉时如果快速灌风，会引起高炉风量、风压波动太大，对高炉操作会产生不良影响。因此，一定要根据风压波动的规定灌风换炉，灌风时间达 180 s 就可满足要求。

（5）操作中禁止"闷炉"。"闷炉"就是热风炉的各阀门呈全关状态，既不燃烧，也不送风。"闷炉"时热风炉成为一个封闭体系，炉顶高温区与下部低温区的热量逐渐均衡，使废气温度过高，烧坏金属支撑件；另外，热风炉内压力增大，炉顶、各旋口和炉墙难以承受，容易造成炉体结构的破损。

（6）换炉应先送后撤，即先将燃烧炉转为送风炉后，再将送风炉转为燃烧，绝不能出现高炉断风现象。

（7）热风炉停止燃烧时先关高发热量煤气，后关高炉煤气；热风炉点炉时先给高炉煤气，后给高发热量煤气。

5.3.3.3　热风炉操作方式

热风炉的基本操作方式为联锁自动操作和联锁半自动操作。为了便于设备维护和检修，操作系统还需要备有单炉自动、半自动操作，手动操作和机旁操作等方式。

（1）联锁自动控制操作：按预先选定的送风制度和时间进行热风炉状态的转换，换炉过程全自动控制。

（2）联锁半自动控制操作：按预先选定的送风制度，由操作人员指令进行热风炉状态的转换，换炉过程由人工干预。

（3）单炉自动控制操作：根据换炉工艺要求，一座炉子单独由自动控制完成热风炉状态转换的操作。

（4）手动操作：通过热风炉集中控制台上的操作按钮进行单独操作，用于热风炉从停炉转换成正常状态，或转换为检修的操作。

（5）机旁操作：在设备现场单独操作一切设备，用于设备的维护和调试。

联锁是为了保护设备不误动作，在热风炉操作中要保证向高炉连续送风，杜绝恶性生产事故。因此，换炉过程必须保证至少有一座热风炉处于送风状态，另外的热风炉才可以转变为燃烧或其他状态。

5.3.3.4　热风炉工作方法

"三勤一快"是热风炉操作的基本工作方法。

（1）勤联系：经常与高炉、煤气调度室、煤气管理室等单位联系，对高炉炉况、风温使用情况、煤气平衡情况、外界情况的各种变化，做到心中有数。

（2）勤调节：对燃烧的热风炉，注意观察炉顶温度和废气温度的变化情况，调整好煤气与空气的配比；在较短的时间里，调整炉顶温度达到最佳值，然后保温，增加废气温度，科学、合理烧炉。

（3）勤检查：对所属设备运转情况，炉顶、炉皮、三岔口、各阀门及冷却水、风机等各部位进行必要的巡回检查，及时发现问题，及时处理。

（4）快速换炉：在风压、风温波动不超过规定值的前提下，准确、迅速地换炉，以获得较长的燃烧时间，提高热风炉效率。

5.3.4 热风炉倒流休风

高炉在更换风口等冷却设备时，炉缸煤气会从风口冒出，给操作带来困难。因此，在更换冷却设备时进行倒流休风，有两种形式：一种是利用热风炉烟囱的抽力把高炉内剩余的煤气经过热风总管→热风炉→烟道→烟囱排出；另一种是利用热风总管尾部的倒流阀，经倒流管将剩余的煤气倒流到大气中。

用热风炉倒流时，荒煤气中含有炉尘，易使格子砖堵塞和渣化；倒流的煤气在热风炉内燃烧，初期炉顶温度过高，可能烧坏衬砖，后期煤气又太少，炉顶温度会急剧下降，温度急变影响热风炉的寿命。由于倒流管掉砖或倒流阀本身有问题导致不能倒流或倒流出煤气量很少时，应选择炉顶温度较高的热风炉倒流。

倒流休风的操作程序：

（1）高炉风压降低50%以下时，热风炉全部停烧；

（2）关冷风大闸；

（3）接到倒流休风信号，关闭送风炉的冷风阀、热风阀，开废风阀，放尽废风；

（4）打开倒流阀，煤气进行倒流；

（5）如果用热风炉倒流，按下列程序进行：开倒流炉的烟道阀，燃烧闸板，然后打开倒流炉的热风阀倒流；

（6）休风操作完毕，发出信号，通知高炉。

热风炉倒流注意事项如下。

（1）倒流休风炉，炉顶温度必须在1000 ℃以上。炉顶温度过低的坏处：一是炉顶温度会进一步降低，影响倒流后的烧炉作业；二是温度过低，倒流煤气在炉内不燃烧或不完全燃烧，形成爆炸性混合气体，易引起爆炸事故。

（2）倒流时间不超过60 min，否则应换炉倒流。若倒流时间过长，会造成炉子大凉，炉顶温度大大下降，影响热风炉正常工作和炉体寿命。

（3）一般情况下，不能两个热风炉同时倒流。

（4）正在倒流的热风炉，不得处于燃烧状态。

（5）倒流的热风炉一般不能立即用作送风炉，如果必须送风时，待残余煤气抽净后，方可用作送风炉。

（6）集中鼓风的炉子和硅砖热风炉禁止用热风炉倒流操作。

智能炼铁

·智能   热风炉智能燃烧控制系统

热风炉智能燃烧控制系统

拓展知识

·拓展 5-1   煤气事故的预防与处理

煤气事故的预防与处理

高炉煤气作为气体燃料，具有输送方便、操作简单、燃烧均匀、温度和用量易于调节等优点，是工业生产的主要能源之一。高炉煤气的主要成分是 CO、H_2、N_2、CO_2，其中 CO 有毒。在煤气生产过程中，常见的事故主要有煤气中毒、煤气火灾和煤气爆炸。

煤气中毒的主要原因是煤气泄漏。存在泄漏煤气的部位有高炉风口、热风炉煤气闸阀、煤气管道的法兰部位、煤气鼓风机周围等处，作业人员在这些区域作业时最容易发生煤气中毒事故。我国劳动卫生标准规定：在作业环境中 CO 允许浓度不超过 30 mg/m³。当 CO 浓度为 50 mg/m³ 时，连续工作时间不应超过 1 h；当 CO 浓度为 100 mg/m³ 时，连续工作时间不应超过 0.5 h；当 CO 浓度为 200 mg/m³ 时，连续工作时间不应超过 20 min。

煤气燃烧必须具备两个条件：一是有足够的空气，二是有明火或者达到煤气的燃点。煤气爆炸必须具备三个条件：一是煤气浓度在爆炸极限范围以内，二是在受限空间，三是存在点火源。只有这三个条件同时具备，煤气才能爆炸。常见气体的爆炸范围和着火点见表 5-11。

表 5-11   常见气体的浓度爆炸范围和着火点

煤 气 名 称	浓度范围/%	着火点/℃
高炉煤气	40~70	700
焦炉煤气	6~30	650
天然气	5~15	550

·拓展 5-2   热风炉阀门布置及换炉操作程序

·拓展 5-3   热风炉停气、停风、紧急停风等操作

·拓展 5-4   热风炉事故处理

热风炉阀门布置及换炉操作程序

热风炉停气、停风、紧急停风等操作

热风炉事故处理

- 拓展 5-5　热风炉烘炉

- 拓展 5-6　热风炉保温

- 拓展 5-7　热风炉凉炉

热风炉
烘炉

热风炉
保温

热风炉
凉炉

企业案例

案例 5-1　煤气事故案例

案例 5-2　热风炉操作实践

煤气事故
案例

热风炉
操作实践

? 思考与练习

- 问题探究

5-1　简述高炉送风系统的组成。

5-2　简述离心式鼓风机的组成及特点。

5-3　简述轴流式鼓风机的组成及特点，为什么目前都趋向于使用轴流式鼓风机？

5-4　风机在工作时为什么有失速和喘振现象？

5-5　什么是风机的安全运行区？

5-6　什么是风机工作点及运行工况区？

5-7　高炉对鼓风机有哪些要求？

5-8　为什么鼓风机的运行工况区必须在鼓风机的有效使用区内？

5-9　大气状况对鼓风机有何影响？

5-10　提高风机出力的措施有哪些？

5-11　简述热风炉的工作原理。

5-12　热风炉有几种结构形式，各有何特点？为什么顶燃式热风炉代表了新一代热风炉的发展方向？

5-13　热风炉本体有哪些组成部分？

5-14　简述热风炉的拱顶结构及特点。

5-15　简述热风炉的燃烧室结构及特点。

5-16　热风炉燃烧器有哪些类型，各有何特点？

5-17　热风炉对蓄热室格子砖的要求有哪些？

5-18　简述热风炉的破损机理。

5-19　简述热风炉用耐火材料的类型与特性。

5-20　简述热风炉管道配置情况。

5-21　简述热风炉阀门的配置情况。

5-22　热风炉阀门有哪些类型，各有何作用？

5-23　助燃空气与煤气的预热方法有哪些？

5-24　有哪些类型的烟道废气热交换器？简述其工作原理。

5-25　提高热风温度的途径有哪些？

5-26　热风炉的炉顶温度和烟道废气温度是如何确定的？

5-27　简述热风炉的燃烧制度。

5-28　什么是快速烧炉法，影响快速烧炉的因素有哪些？

5-29　如何确定热风炉的燃烧周期？

5-30　如何判断热风炉燃烧是否正常？

5-31　热风炉有哪些送风方式，各有何特点？

5-32　热风炉换炉操作应注意哪些问题？

5-33　热风炉有哪些操作方式？

5-34　热风炉"三勤一快"的操作内容是什么？

5-35　什么是倒流休风？简述倒流休风的操作程序。

5-36　热风炉智能燃烧控制系统有何特点？

5-37　简述热风炉基本换炉程序？

5-38　简述如何进行如下操作：热风炉停气及停风、热风炉送风及送气、热风炉紧急停风、热风炉紧急停电。

5-39　热风炉主要有哪些阀门故障，如何处理？

5-40　如何处理高炉憋风及断风事故？

5-41　热风炉烘炉应注意哪些问题？

5-42　热风炉如何进行保温？

5-43　热风炉如何进行凉炉？

▪ 技能训练

5-44　简述热风炉燃烧转送风和送风转燃烧的基本换炉程序。

5-45　小组讨论拓展 5-3 中的操作步骤，发现并解决其中的疑难问题。

5-46　设有 n 座热风炉，使用单炉送风方式，则烧炉时间 $\tau_{烧}$、送风时间 $\tau_{送}$ 及换炉时间 $\tau_{换}$ 之间有何关系？

5-47　已知某高炉煤气发热值 $Q_{高} = 3200$ kJ/m³，焦炉煤气发热值 $Q_{焦} = 1800$ kJ/m³，要求混合后的发热值 Q 混达到 4500 kJ/m³，当一座热风炉每小时耗煤气量为 3000 m³时，计算一座热风炉需混入焦炉煤气量为多少？

▪ 进阶问题

5-48　在煤气区域如何安全工作？

5-49　在不同的燃烧制度中，快速烧炉后是如何进行保温的，哪一种燃烧制度工作周期最短？

5-50　稳定是高级系统的特征之一，热风炉快速烧炉后的保温就是维持稳定的例子，平时生活有规律也是稳定的例子，在生产生活中还有哪些系统平衡稳定的例子？

5-51　参考习题 4-29 的要求，了解《高炉运转工》国家职业技能标准的主要内容。

在线测试5

项目 6 高炉喷吹系统

🎯 学习目标

本项目介绍高炉喷煤的工艺流程、主要设备及相关操作等内容。学习者在学习时要树立安全操作意识，从加强整体观念和团结协作方面提升安全操作技能水平。

- **知识目标：**

(1) 了解高炉喷煤的工艺流程；

(2) 了解干燥气体制备系统；

(3) 掌握煤粉制备系统主要流程及设备；

(4) 掌握煤粉喷吹系统主要流程及设备；

(5) 掌握喷吹烟煤的安全措施。

- **能力目标：**

(1) 能叙述煤粉制备及煤粉喷吹操作流程；

(2) 培养分析技术资料的能力。

- **素养目标：**

(1) 具有安全操作意识；

(2) 具有整体观念和全局意识；

(3) 具有团结协作精神。

思政课堂

凝造匠心

★ 每课金句 ★

协同推进降碳、减污、扩绿、增长，把产业绿色转型升级作为重中之重，加快培育壮大绿色低碳产业，积极发展绿色技术、绿色产品，提高经济绿色化程度，增强发展的潜力和后劲。

——摘自习近平 2023 年 10 月 12 日在进一步推动长江经济带高质量发展座谈会上的讲话

📖 基础知识

目前，世界上 90% 以上的生铁是由喷吹煤粉的高炉冶炼的。高炉喷煤就是将原煤磨制成合格粒度的煤粉，利用压缩气体把煤粉送进高炉各个风口，以替代部分焦炭参与高炉冶炼进程。

6.1 高炉喷煤的工艺流程

高炉喷煤系统主要由原煤储运系统、干燥气体制备系统、煤粉制备系统、煤粉输送系统、煤粉喷吹系统和供气系统等几部分组成，其工艺流程如图 6-1 和图 6-2 所示。

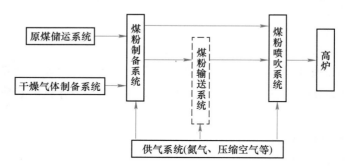

图 6-1 高炉喷煤系统工艺

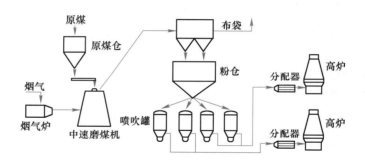

图 6-2 典型高炉喷煤的工艺流程

（1）原煤储运系统。原煤储运系统主要由原煤场及原煤仓组成。原煤场进行原煤堆放、储存、破碎、筛分及去除金属杂物的工作，同时对过湿的原煤进行自然干燥。原煤仓则用于存放准备进入制粉系统的原煤。原煤仓一般为双曲线形状，在双曲线上的原煤每下落一点高度，其自重在垂直方向上的分力都比前一个高度的分力大，因此，原煤下降比较顺利，不容易悬料。

（2）干燥气体制备系统。高炉喷煤要求入炉煤粉的水分含量低于 1%，而原煤中煤粉水分含量高达 5% 以上，需要通入干燥气来降低煤粉的含水量。干燥煤粉不仅是冶炼上的要求，也是煤粉破碎和运输的要求，这是因为湿度大的煤粉黏性大，会降低破碎效率，并且容易堵塞管道和喷枪，也容易使喷吹罐下料不畅。干燥气系统的主要设备是烟气炉。

（3）煤粉制备系统。煤粉制备是通过磨煤机将原煤加工成粒度和含水量均符合高炉喷吹的煤粉，再将煤粉从干燥气中分离出来存入煤粉仓。制粉系统包括原煤仓、给煤机、磨煤机、布袋收粉器及煤粉仓等，系统中必须设置相应的惰化、防爆、抑爆及监测控制装置。

（4）煤粉输送系统。间接喷吹工艺需设置煤粉输送系统，采用气力输送方式。煤粉仓的煤粉先装入仓式泵，用压缩空气或氮气流化（喷吹高挥发分煤）后进入混合器，再用压缩空气经煤粉管网送到喷吹系统的收煤罐（集煤罐）。依据粉与气比例的不同，气力输送又分为浓相输送（大于 40 kg/m³）和稀相输送（5~30 kg/m³）。浓相输送载气量小，煤粉输送速度低，节省能源，减少了输送管道及煤粉的磨损；此外，浓相输送产生静电小，有利于改善管道内气、固相的均匀分布和烟煤的安全输送，是煤粉输送技术的发展方向。

（5）煤粉喷吹系统。煤粉喷吹系统由布袋收粉器、煤粉仓、喷吹罐、混合器、喷枪等组成。根据现场情况，喷吹罐组可布置在制粉系统的煤粉仓下面，直接将煤粉喷入高炉；也可布置在高炉附近，用设在制粉系统煤粉仓下面的仓式泵，将煤粉输送到高炉附近的喷吹罐组。

（6）供气系统。供气系统是高炉喷吹系统不可缺少的组成部分，主要涉及压缩空气、氮气和少量的蒸汽。压缩空气主要用于煤的输送和喷吹，同时也为一些气动设备提供动力。氮气和蒸汽主要用于维持系统的安全运行，如烟煤制粉和喷吹时采用氮气和蒸汽惰化、灭火等。

6.2　干燥气体制备系统

6.2.1　干燥气的类型

制粉对干燥气的要求是进入磨煤机时的温度在 (280±20)℃，氧含量在 6% 以下。制粉系统使用的干燥气有燃烧炉（烟气炉）烟气+冷空气、热风炉烟道废气以及燃烧炉烟气+热风炉烟道废气三种类型，目前第三种较普遍。

燃烧炉烟气温度为 1000 ℃左右，必须兑入冷空气，结果使烟气氧含量升高，有可能超过所要求的 6%，因此这种干燥气只适用于无烟煤。热风炉烟道废气用作磨煤干燥气，既可利用余热，又能惰化系统气氛，但它的温度波动大，从热风炉抽到磨煤机处的温度可能达不到要求。由 85%~90% 的热风炉烟道废气和 5%~10% 的燃烧炉烟气组成混合干燥气，既可保证磨煤机入口处的温度在 280 ℃左右，又可保持氧含量低于 6%，是适用于任何煤种的常用干燥气。

引用热风炉烟道废气作干燥气时，应注意以下几点：

（1）降低热风炉的漏风率，特别要关严烟道阀，避免送风期内冷风从烟道阀漏入烟道；

（2）换炉时，由废风阀排出的剩余热风应用单独的管道直通烟囱排放；

（3）优化热风炉的烧炉达到完全燃烧，并降低烧炉的空气过剩系数为 1.05~1.10。

6.2.2　烟气炉

某高炉喷煤系统烟气炉的结构如图 6-3 所示。烟气炉由燃烧室与混合室组成。燃烧室是一个由保温耐火材料砌筑的封闭燃烧空间，金属炉壳内有耐火喷涂材料，并黏结 20 mm 厚的耐火隔热纤维毡和两层黏土砖，有很好的气密性和隔热性。混合室装有两个冷空气吸入孔，可通过调节挡板的开度来调节气体的吸入量。

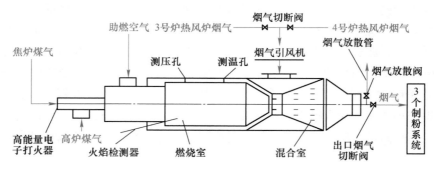

图 6-3　烟气炉结构示意图

烟气炉应在微负压状态下运行，不可出现正压或负压太大的情况，可通过调节燃烧烟气量的大小、兑入热风炉烟气量的多少、主排粉风机进气阀的开度等手段来进行控制。烟气炉一律采用过剩空气燃烧，不得使煤气过剩，以免煤气燃烧不完全而进入磨煤机进口管道或磨煤机内燃烧。管网煤气压力低于 5 kPa 时，必须停止烧炉以免发生事故。

6.3　煤粉制备系统

为了便于气力输送和煤粉完全燃烧，经过磨制的煤粉要求湿度小于 1%，小于 0.074 mm（200 目）的应占总量的 80% 以上。制粉工艺分为球磨机制粉和中速磨煤机制粉两种。

图 6-4 所示为 20 世纪 90 年代后改进的球磨机制粉工艺，原煤仓中的煤经给煤机送入球磨机内磨制，干燥气经切断阀和调节阀送入球磨机。干燥气和煤粉混合物中的木屑等其

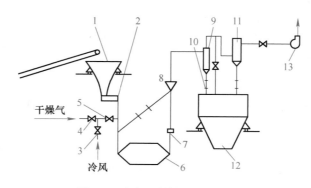

图 6-4　球磨机制粉的工艺流程

1—原煤仓；2—给煤机；3—冷风调节阀；4—切断阀；5—调节阀；6—球磨机；7—木屑分离器；8—粗粉分离器；9—旋风分离器；10—锁气器；11—布袋收粉器；12—煤粉仓；13—主排粉风机

他杂物被木屑分离器捕捉后，由人工清理。煤粉随干燥气上升，并经粗粉分离器分离，分离后不合格的粗粉经回粉管返回球磨机，合格的细粉被吸入旋风除尘器进行气粉分离，大量的煤粉被分离后经锁气器落入煤粉仓，尾气经布袋收粉器过滤后由二次风机排入大气中。

目前制粉的主要工艺是中速磨煤机制粉工艺（见图6-5），原煤仓中的煤粉经给煤机送入中速磨煤机进行碾磨，干燥气对磨煤机内的原煤进行干燥，中速磨煤机自身带有粗粉分离器，从磨煤机出来的气粉混合物直接进入布袋收粉器，被捕捉的煤粉落入煤粉仓，干燥气由抽风机抽入大气，中速磨煤机不能磨碎的粗硬煤粒或杂物从主机下部的清渣孔排出。

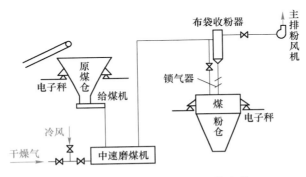

图 6-5　中速磨煤机制粉的工艺流程

6.3.1　给煤机

给煤机位于原煤仓下部，用于向磨煤机提供原煤，制粉系统常用的给煤机类型有圆盘给料机、电磁振动给料机、埋刮板给料机及密封称重式给料机。

（1）圆盘给料机，如图6-6所示。圆盘给料机的优点是给料均匀稳定，易调节，设备体积小等。缺点是漏风系数较大，密封性差，不能满足喷吹烟煤的要求，生产上多用于无烟煤喷吹系统。常用调节给煤量的方法如下：1）调节挡板插入盘内深度；2）采用变速电机调节给煤机圆盘转速；3）调节套筒的高度。

（2）电磁振动给料机，如图4-5所示。电磁振动给料机的优点是结构简单，无传动器件，不用润滑及易于维修。缺点是该装置不适合输送含水分高、黏性大的煤，且对使用环境的温度和湿度要求严格，要求环境温度不低于20℃。

（3）埋刮板给料机，如图6-7所示。可调速电动机带动链轮和链条，链条上装设刮板在壳体内轨道上滑动，刮板可将原煤仓排出的原煤刮出并输送到磨煤机下煤管，落入磨煤机内。煤量由可调速电动机调节埋刮板运行速度来调节，也可以通过埋刮板输料厚度和出口调节煤量。此种给煤机优点是：密封性好，是生产高挥发分煤粉、减少磨煤机入口漏风与系统含氧量较为理想的给煤设备；煤量调节灵活稳定并能发送断煤和过载信号。缺点是：结构复杂，维护量大，对原煤质量要求较严，但目前仍被广泛应用。

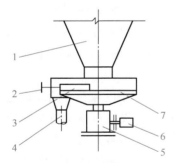

图 6-6　圆盘给料机

1—原煤仓；2—调节手轮；3—挡板；

4—下料管；5—减速机；

6—电动机；7—圆盘

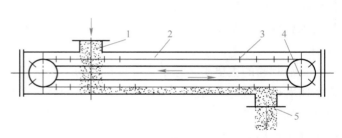

图 6-7　埋刮板给料机

1—进料口；2—壳体；3—刮板；4—星轮；5—出料口

（4）密封称重式给料机，如图 6-8 所示。密封称重式给料机由埋刮板给料机发展而来，多用于新建、改造的大型磨煤机给煤计量调节系统。密封称重式给料机由称重调速皮带机、落料清扫刮板机、相应检测传感器等组成，密封在一个箱体内，具有计量准确、调节灵活、密封性好、运行可靠等特点。

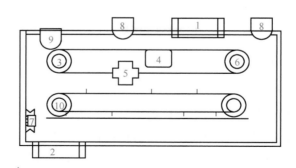

图 6-8　密封称重式给料机示意图

1—给煤口；2—出煤口；3—称重调速皮带机；4—载荷检测；5—跑偏检测；

6—速度传感器；7—堵煤检测；8—照明；9—温度检测；10—清扫链条机

6.3.2 磨煤机

根据磨煤机的转速，分为低速磨煤机和中速磨煤机。

低速磨煤机又称钢球磨煤机或球磨机（见图 6-9），筒体转速为 16~25 r/min。球磨机主体是一个大圆筒筒体，筒内镶有波纹形锰钢钢瓦，钢瓦与筒体间夹有隔热石棉板，筒外包有隔声毛毡，毛毡外面是用薄钢板制作的外壳。筒体两头的端盖上装有空心轴，空心轴与进出口短管相接，内壁有螺旋槽，螺旋槽能使空心轴内的钢球或煤块返回筒内。球磨机制粉工艺对各种煤都可通用，但设备笨重、系统复杂、电耗高，煤的硬度大时则影响产量。

中速磨煤机转速为 50～300 r/min，具有结构紧凑、占地面积小、基建投资低、煤粉均匀性好、噪声小、耗水量少、金属消耗少和磨煤电耗低等优点。但磨煤元件易磨损，尤其是平盘磨和碗式磨的磨煤能力随零件的磨损明显下降。由于磨煤机干燥气的温度不能太高，因此磨制水分含量高的原煤较为困难。另外，中速磨煤机不能磨硬质煤，原煤中的铁件和其他杂物必须全部去除。

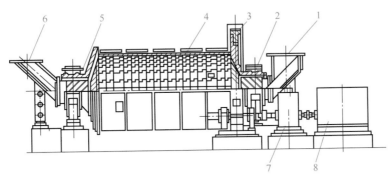

图 6-9 球磨机结构示意图

1—进料部件；2—轴承部件；3—传动部件；4—转动部件；
5—螺旋管；6—出料部件；7—减速器；8—电动机

中速磨煤机是目前制粉系统广泛采用的磨煤机，主要有辊-盘式、辊-碗式、辊-环式及球-环式等多种形式。

（1）平盘磨煤机（辊-盘式）。如图 6-10 所示，转盘和辊子是平盘磨煤机的主要部件。电动机通过减速器带动转盘旋转，转盘带动辊子转动，煤在转盘和辊子之间被研磨，碾压煤的压力包括辊子自重和弹簧拉紧力。原煤由落煤管送到转盘中部，转盘转动产生的离心力使煤连续不断地向转盘边缘移动，在通过辊子下面时被碾碎。转盘边缘装有一圈挡环，防止煤从转盘上滑落出去，还能保持转盘上有一定厚度的煤层，提高磨煤效率。干燥气从风道引入风室后，以大于 35 m/s 的速度通过转盘周围的环形风道进入转盘上部。气流的卷吸作用将煤粉带入磨煤机上部的粗粉分离器，过粗的煤粉被分离后回到转盘上重新磨制。在转盘的周围还装有随转盘一起转动的叶片，叶片的作用是扰动气流，使合格煤粉进入磨煤机上部的粗粉分离器。此种磨煤机装有 2～3 个锥形辊子，辊子轴线与水平盘面的倾斜角一般为 15°。

（2）碗式磨煤机（辊-碗式）。如图 6-11 所示，碗式磨煤机由辊子和碗形磨盘组成，沿钢碗圆周布置有三个辊子。钢碗由电动机经蜗轮蜗杆减速装置驱动，做圆周运动。弹簧压力压在辊子上，原煤在辊子与钢碗壁之间被磨碎，磨细的煤粉从钢碗边溢出后即被干燥气带入上部的煤粉分离器，合格煤粉被带出磨煤机，粒度较粗的煤粉再次落入碾磨区进行碾磨，原煤在被碾磨的同时还被干燥气干燥。难以磨碎的异物落入磨煤机底部，由随同钢碗一起旋转的刮板扫至杂物排放口，并定时排出磨煤机体外。

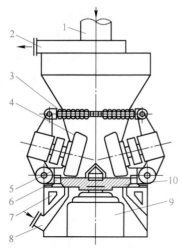

图 6-10   平盘磨煤机结构示意图

1—原煤入口；2—气粉出口；3—弹簧；4—辊子；

5—挡环；6—干燥气通道；7—气室；

8—干燥气入口；9—减速器；10—转盘

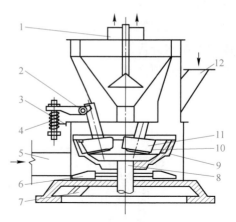

图 6-11   碗式磨煤机结构示意图

1—气粉出口；2—耳轴；3—调整螺钉；4—弹簧；

5—干燥气入口；6—刮板；7—杂物排放口；

8—转动轴；9—钢碗；10—衬圈；

11—辊子；12—原煤入口

（3）MPS 磨煤机（辊-环式）。如图 6-12 所示，MPS 磨煤机属于辊环结构，具有出力大、碾磨件寿命长、电耗低、设备可靠、运行平稳等特点，因而得到广泛应用。它配置 3 个位置固定的大磨辊，互成 120°，与垂直线的倾角为 12°~15°，随着主动旋转着的磨盘转动，在转动时还有一定程度的摆动，碾磨力可以通过液压弹簧系统调节。干燥气通过喷嘴环以 70~90 m/s 的速度进入磨盘周围，用于干燥原煤，并且提供将煤粉输送到粗粉分离器的能量。

（4）E 型磨煤机（球-环式）。如图 6-13 所示，E 型磨煤机的研磨、烘干、分离和输送都在一简单的单元设备中，是一种新型磨煤机。物料由中央送进旋转的研磨机，再将煤平均地分布在磨球和下磨环之间，研磨后的物料沿着磨环的凹形边缘向外加速，顺着热气流均匀地被干燥，并被带到上方的分离器，分离出的不合格颗粒将返回磨煤机重新研磨。

磨煤机出口温度的下限应保证在布袋收粉器处的气体温度高于露点；而上限则应根据煤粉系统防爆安全条件，即煤粉在制粉系统内的着火点及着火的可能性来决定，一般不应超过 130 ℃。

6.3.3   粗粉分离器

粗粉分离器的任务是把经过磨制的过粗煤粉分离出来，送回磨煤机再磨。目前使用较多的粗粉分离器如图 6-14 所示。其叶片角度可调，有效调节范围是 30°~75°，从而改变了煤粉气流的旋转强度。影响煤粉粒度的因素除叶片角度外，还有分离器的容积强度，即流经分离器的干燥气量与分离器容积之比。对一定容积的分离器，如果提高磨煤干燥气流量，煤粉在分离器内的停留时间将缩短，煤粉将变粗，可见，磨煤机的通气量是控制煤粉粒度的重要参数之一。

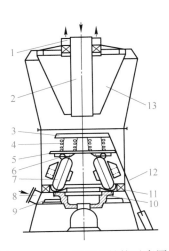

图 6-12　MPS 磨煤机结构示意图

1—煤粉出口；2—原煤入口；3—压紧环；

4—弹簧；5—压环；6—滚子；7—磨辊；

8—干燥气入口；9—刮板；10—磨盘；

11—磨环；12—拉紧钢丝绳；13—粗粉分离器

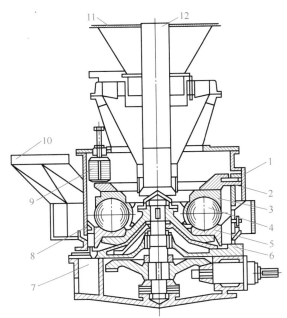

图 6-13　E 型磨煤机结构示意图

1—导块；2—压紧环；3—上磨环；4—钢球；

5—下磨环；6—辊架；7—石子煤箱；

8—活门；9—弹簧；10—热风进口；

11—煤粉出口；12—原煤进口

新型中速磨已将粗粉分离器与磨机合并在一起，通过调节叶片转速来调整煤粉的粒度。布袋收粉器前已不再设置粗粉分离器了。

6.3.4　锁气器

锁气器是装在旋风分离器下部的卸粉装置，其任务是只让煤粉通过而不允许气体通过。常用的锁气器有斜板式和锥式两种，如图 6-15 所示。其重锤质量可以调节，煤粉积到一定程度时活门开启一次，煤粉通过后又迅速关闭。为了达到气流无法向下流动的目的，常安装两台串联锁气器，始终处于一开一关状态或双闭状态。

6.3.5　收粉器

6.3.5.1　旋风收粉器

旋风收粉器形式较多，其结构和形式在不断改进和发展，但工作原理大体相同。图6-16为螺旋渐开线旋风收粉器，由一圆筒和一截锥体组成外筒，入口管为一螺旋渐开线，与圆筒截面成切线方向，出口管从外筒顶部中心插入形成内筒。圆筒插入越深则分离效率越高，但阻力也越大。煤粉与烟气混合物由入口进入收粉器做旋转运动，在离心力的作用下使多数煤粉碰撞到外筒内壁，颗粒动能减小而沿筒壁下落到锥体煤粉收集斗内，而更细的煤粉颗粒随气体由出口排出。旋风收粉器入口气体速度为 $16 \sim 25$ m/s，收粉效率一级为 $85\% \sim 95\%$，二级为 $40\% \sim 55\%$。

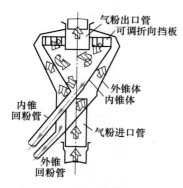

图 6-14 离心式粗粉分离器

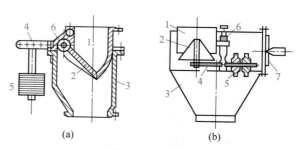

图 6-15 锁气器

（a）斜板式；（b）锥式

1—煤粉管道；2—活门；3—外壳；

4—杠杆；5—重锤；6—支点；7—手孔

6.3.5.2 布袋收粉器

新建煤粉制备系统一般采用高浓度脉冲式布袋收粉器一次收粉，简化了制粉系统的工艺流程。布袋收粉器通过滤袋分离煤粉颗粒。常用的气箱脉冲式布袋收粉器（见图 6-17）由箱体、灰斗排灰装置、脉冲清灰系统等组成。箱体由多个室组成，内装滤袋，每个室配有两个脉冲阀和一个带汽缸的提升阀。

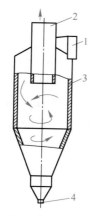

图 6-16 螺旋渐开线旋风收粉器的结构

1—旋风收粉器入口；2—旋风收粉器出口；

3—外壳体；4—排粉口

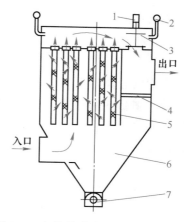

图 6-17 气箱脉冲式布袋收粉器的结构

1—提升阀；2—脉冲阀；3—阀板；4—隔板；5—滤袋及袋笼；

6—灰斗；7—叶轮给煤机或螺旋输送机

布袋收粉器下设星形阀，细粉通过它落到细粉仓中。为了避免在正压下漏风排出煤粉污染环境，可将二次风机设置在布袋收粉器之后，使其在负压下工作。

6.4 煤粉喷吹系统

从制粉系统的煤粉仓后面到高炉风口喷枪之间的设施属于喷吹系统，主要包括煤粉输送、煤粉收集、煤粉喷吹、煤粉的分配及风口喷吹等。

6.4.1 喷吹工艺

仓式泵（或煤粉仓）的煤粉被输送到喷吹系统的收煤罐（或直接输送到贮煤罐），经倒罐后进入喷煤罐（也称喷吹罐），喷煤罐用压缩空气或氮气加压力后，经混合器（或给煤器），通过管道或者煤粉分配器分配到高炉各风口的喷煤枪喷入高炉。喷煤工艺流程如图6-18所示。

在煤粉制备站与高炉之间距离小于300 m的情况下，把喷吹设施布置在制粉站的煤粉仓下面，不设输粉设施，这种工艺称为直接喷吹工艺；在制粉站与高炉之间的距离较远时，增设仓式泵等输粉设施，将煤粉由制粉站的煤粉仓输送到喷吹站，这种工艺称为间接喷吹工艺。

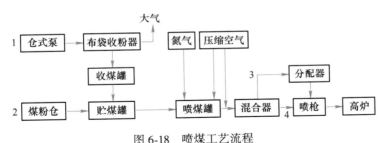

图6-18 喷煤工艺流程

1—间接喷吹；2—直接喷吹；3—单管路加分配器；4—多管路

6.4.2 喷吹罐布置形式

目前，高炉采用高压喷吹形式的较多，这是因为常压喷吹适用于喷吹无烟煤的中小型高炉。而高压喷吹适用于采用高压操作的大中型高炉，并且可以喷吹无烟煤、烟煤。高压式又称为罐式，罐式布置又分为串罐式和并罐式两种。

6.4.2.1 串罐式喷吹

串罐式喷吹（见图6-19）是将集煤罐、中间罐和喷吹罐三个罐从上向下串联起来垂直布置，它们之间用阀门连接和控制。集煤罐处于常压状态，中间罐和喷吹罐处于高压状态。

煤粉由输煤管道输送到喷吹站的集煤罐，并通过上钟阀6落入中间罐。当中间罐煤粉装满后关上钟阀6，待喷吹罐内煤粉降低到最低料位时，中间罐充气（氮气）均压，使中间罐压力与喷吹罐压力相当，依次打开均压阀9、下钟阀14和中钟阀12，待中间罐煤粉放空时，依次关闭中钟阀12、下钟阀14和均压阀9，开启放散阀5直到中间罐压力为0。中间罐煤粉落入喷吹罐并被喷吹到高炉内。

在喷吹过程中，中间罐充压和泄压交替进行，采用气动控制阀进行充压与放散，各控制阀用电磁阀操纵，各罐间采用钟形阀切断，钟阀可电动或气动。

串罐喷吹的特点：设备容量大，利用率高，向高空发展占地面积小，连续喷吹，工作可靠，作业率较高。中间罐和喷吹罐除有料面测量装置外，还安装电子秤测量煤粉的质量。为了称量准确，中间罐和喷吹罐中间用软连接相连，罐与各管道则以金属管连接。

6.4.2.2 并罐式喷吹

并罐式喷吹（见图6-20）由两个或多个喷吹罐在同一水平面上并列布置，一个喷吹罐喷吹时，另一个喷吹罐装煤和充压，这样两个或多个喷吹罐交替使用。

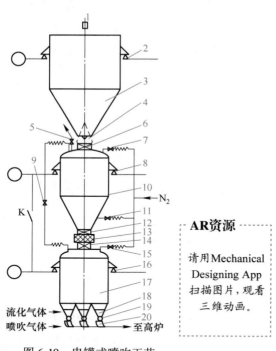

AR资源

请用Mechanical Designing App 扫描图片，观看三维动画。

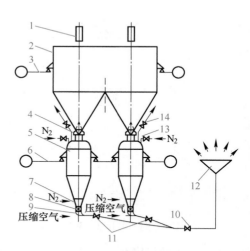

图6-19　串罐式喷吹工艺

1—塞头阀；2—煤粉仓电子秤；3—煤粉仓；

4，13—软连接；5—放散阀；6—上钟阀；

7—中间罐充压阀；8—中间罐电子称；9—均压阀；

10—中间罐；11—中间罐流化阀；12—中钟阀；

14—下钟阀；15—喷吹罐充压阀；16—喷吹罐电子秤；

17—喷吹罐；18—流化器；19—给煤球阀；20—混合器

图6-20　并罐式喷吹工艺

1—塞头阀；2—煤粉仓；3—煤粉仓电子秤；

4—软连接；5—喷吹罐；6—喷吹罐电子秤；

7—流化器；8—下煤阀；9—混合器；

10—安全阀；11—切断阀；12—分配器；

13—充压阀；14—放散阀

并罐式喷吹分单罐并列式和双罐重叠双系列并列式。

（1）单罐并列式。单罐并列式由两个喷吹罐并列置于煤粉仓下面，交替向高炉进行喷吹，即一个罐喷吹，另一个罐泄压装煤，充压和均压，然后进入备用状态。喷吹罐的功能与仓式泵相同。

（2）双罐重叠双系列并列式。双罐重叠双系列并列式是两个系列双罐同时向某座高炉进行喷吹，也可以相互交替向某座高炉进行喷吹。双罐双系列并列喷吹量增大，并且当一个系列出了问题，另一系列还可以连续向高炉喷煤，但需要更大的占地面积。这种装置适合于大型高炉。

并罐式喷吹的特点是：工艺流程简单，可大大降低喷吹设备的高度，工程投资少，煤粉计量容易，可与单罐管路分配器配合使用。

6.4.3 喷吹管路布置方式

按喷吹管路的多少，可分为单管路喷吹和多管路喷吹。

单管路喷吹是指每座高炉只设一根喷煤主管与设置在高炉炉台上的煤粉分配器连接，由分配器分出的若干根喷煤支管与风口喷煤枪连接。煤粉通过喷煤主管、分配器、支管及喷枪喷入炉内，如图6-21所示。

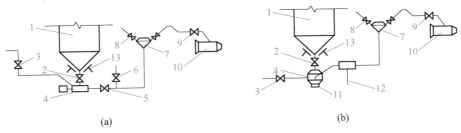

图6-21　单管路喷吹工艺流程图

（a）下出粉；（b）上出粉

1—喷煤罐；2—下煤阀；3—压缩空气阀；4—混合器；5—自动切断阀；6—吹扫阀；7—分配器；
8—送煤阀；9—煤枪；10—高炉直吹管；11—流化室；12—二次风；13—流化装置

单管路喷吹工艺的特点是：

（1）工艺简单，设备少，投资低，维修量小，操作方便，易于实现喷吹自动化；

（2）混合器大，管道粗，不易堵塞和积粉；

（3）在个别喷枪停用时，不会导致喷吹罐内产生死料角，能保持下料顺畅状态，且容易调节喷吹速度；

（4）可以在总管上安装过滤筛和防回火的自动切断阀，确保喷煤系统的安全。

因此，单管路喷吹可满足喷吹易燃易爆高挥发煤种的要求。我国高炉多采用单管路系统喷吹。

多管路喷吹是指从喷吹罐引出多条喷吹管，每条喷吹管直接连接一支喷枪的形式，如图6-22所示。这种系统的管径小，阻力大，只适合于近距离喷吹。

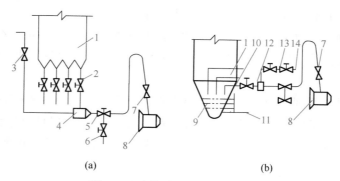

图 6-22　多管路喷吹工艺流程图

（a）下出粉；（b）上出粉

1—喷煤罐；2—下煤阀；3—压缩空气阀；4—混合器；5—三通旋塞阀；6—吹扫阀；7—喷枪；8—高炉风管；
9—流化板；10—煤粉导出管；11—流化风管；12—合流管；13—二次风调节阀；14—二次风

6.4.4　喷吹罐出粉方式

喷吹罐出粉有上出粉和下出粉两种方式。

上出粉即在喷吹罐下部设置具有水平流化床的混合器，喷煤管线始端与流化板垂直安装，其间距一般为 20~50 mm，并沿四周均匀排列，煤粉自罐底向上导出，然后喷入高炉。这种方式可实现浓相输送，通过二次风控制喷吹浓度，如图 6-21（b）和图 6-22（b）所示。

下出粉即煤粉从喷吹罐底部经混合器喷入高炉。喷吹管路和设备布置在下边，易于操作和维护，且罐底不易积粉，如图 6-21（a）和图 6-22（a）所示。

6.4.5　高炉喷煤主要设备

6.4.5.1　混合器

混合器是高压喷煤时将压缩空气与煤粉混合并使煤粉启动的设备，其工作原理是利用从喷嘴喷射出的高速气流产生的相对负压将煤粉吸入、混匀和启动。混合器可分为喷射混合器、流化罐混合器和沸腾式混合器三种形式，如图 6-23~图 6-25 所示。

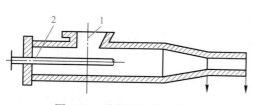

图 6-23　喷射混合器结构图

1—混合器外壳；2—混合器喷嘴

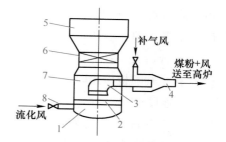

图 6-24　流化罐混合器结构图

1—流化气室；2—流化板；3—排料口；4—补气装置；
5—喷煤罐；6—下煤阀门；7—流化床；8—流化风入口

（1）喷射混合器。喷射混合器多用于多管路下出料喷吹形式，结构简单，价格便宜，寿命长；但煤粉混合浓度低，混合不均匀，不易实现煤量自动控制，目前已被淘汰。

（2）流化罐混合器。流化罐混合器外观呈罐形，内设水平流化板，下为气室。煤粉流出管道垂直于水平流化板，由上部插入，其距离大小可调节煤粉量。流化罐混合器结构比较复杂，造价高，但可以通过二次风调节煤粉浓度，适宜于浓相喷吹，易于实现煤量的自动控制。

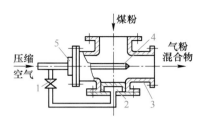

图 6-25　沸腾式混合器结构图
1—压缩空气阀门；2—气室；3—壳体；
4—喷嘴；5—调节帽

（3）沸腾式混合器。壳体底部设有气室，气室上部为沸腾板，通过沸腾板的压缩空气能提高气粉混合效果，增大煤粉的启动动能。

6.4.5.2　分配器

单管路喷吹必须设置分配器。煤粉由设在喷吹罐下部的混合器供给，经喷吹总管送入分配器。在分配器四周均匀布置了若干个喷吹支管，喷吹支管数目与高炉风口数目相同，煤粉经喷吹支管和喷枪喷入高炉。喷煤使用的分配器种类有瓶式、盘式、锥式和球式分配器等。

（1）瓶式分配器。瓶式分配器［见图 6-26（a）］结构简单，但是分配器内易产生涡流，阻力大，易积粉，目前逐渐被其他形式的分配器所取代。

（2）盘式分配器。盘式分配器［见图 6-26（b）］使得喷吹介质和煤粉沿固定流向出入，阻力小，分配精度高，分配均匀，不易堵塞。

（3）锥式分配器。锥式分配器（见图 6-27）是在进气室的上端装有分配盘，在分配盘的上端装有若干根分配支管，在分配盘中心下端装有分配锥。进气室、分配盘、分配锥均安装在同一中心轴线上，而每根分配支管的中心轴线与分配锥的中心轴线的夹角均应大于 30°。这种分配器分配煤粉均匀，不易积粉，且内壁喷镀耐磨材料，寿命大大提高。

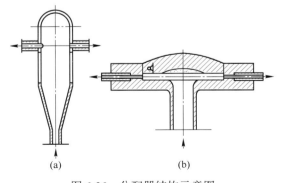

图 6-26　分配器结构示意图
（a）瓶式分配器；（b）盘式分配器

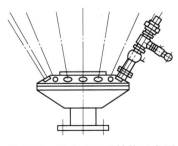

图 6-27　锥式分配器结构示意图

（4）球式分配器。球式分配器（见图6-28）由一个球形空腔和空腔中的一个垂直圆筒组成，圆筒下部与球体密封固定，煤粉从侧面切向进入球内壁与圆筒外侧的空腔内，边旋转边上升，由上面进入球筒内部后再旋转下降，从下面等角布置的出口流出。这种分配器克服了其他分配器所要求的垂直安装高度的问题，且适合于浓相喷吹。

6.4.5.3　喷煤枪

喷煤枪是高炉喷煤系统的重要设备，由耐热无缝钢管制成，直径15~25 mm。根据喷枪插入方式分为斜插式、直插式和风口固定式三种形式，如图6-29所示。喷枪与喷煤支管（钢管）之间采用一段适当长度的胶皮管连接，这样不仅操作方便，而且当热风倒入管路时胶管即被烧断，避免热风倒入喷吹系统，保证安全。喷吹管道应设逆止阀，以防倒风。

（1）斜插式喷煤枪。斜插式是常见的喷煤枪插入方式，从直吹管插入，喷枪中心与风口中心线有一夹角，一般为12°~14°。斜插式喷煤枪的操作较为方便，直接受热段较短，不易变形，但是煤粉流会冲刷直吹管壁。

（2）直插式喷煤枪。直插式喷煤枪从窥视孔插入，喷枪中心与直吹管中心线平行，喷吹的煤粉流不易冲刷风口；但是妨碍操作者观察风口，并且喷枪受热段较长，喷枪容易变形。

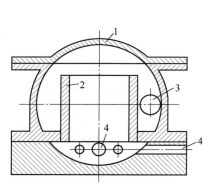

图6-28　球式分配器结构示意图

1—球腔；2—圆筒；3—进口；4—出口

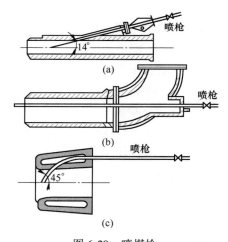

图6-29　喷煤枪

（a）斜插式；（b）直插式；（c）风口固定式

（3）风口固定式喷煤枪。风口固定式喷煤枪由风口小套水冷腔插入，无直接受热段，停喷时不需拔枪，操作方便；但是制造复杂，成品率低，并且不能调节喷枪伸入长度。

6.4.5.4　氧煤枪

采用氧煤枪（见图6-30）将氧气由风口及直吹管之间加入，促进煤粉的燃烧，是高炉富氧的一种有效方法。

氧煤枪枪身由两支耐热钢管相套而成，内管吹煤粉，内、外管之间的环形空间吹氧

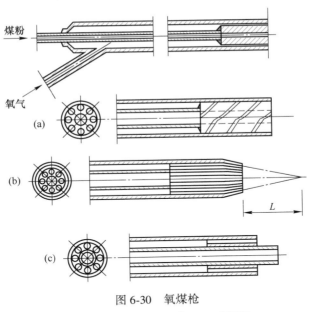

图 6-30　氧煤枪

（a）螺旋形；（b）向心形；（c）退后形

气。枪嘴的中心孔与内管相通，中心孔周围有数个小孔，氧气从小孔以接近音速的速度喷出。图 6-30 所示的三种结构不同，氧气喷出的形式也不一样。图 6-30（a）所示为螺旋形，它能迫使氧气在煤股四周做旋转运动，以达到氧煤迅速混合燃烧的目的；图 6-30（b）所示为向心形，它能将氧气喷向中心，氧煤股的交点可根据需要预先设定，其目的是控制煤粉开始燃烧的位置，以防止过早燃烧而损坏枪嘴或风口结渣现象的出现；图 6-30（c）所示为退后形，当枪头前端受阻时，该喷枪可防止氧气回灌到煤粉管内，以达到保护喷枪和安全喷吹的目的。

6.4.5.5　仓式泵

仓式泵可作为输煤设备，也可用作喷吹罐，有下出料和上出料两种，下出料仓式泵与喷吹罐结构相同，上出料仓式泵（见图 6-31）实际上是一台容积较大的沸腾式混合器。仓式泵仓体下部有一气室，气室上方设有沸腾板，在沸腾板上方出料口呈喇叭状，与沸腾板的距离可以在一定范围内调节。仓式泵内煤粉沸腾后，由出料口送入输粉管。

6.4.5.6　供气系统

布袋收粉器的脉冲气源一般都是采用氮气，氮气用量应根据需要进行控制。在布袋箱体密封不严的情况下，若氮气量不足或压力过低，空气被吸入箱内会提高氧含量；反之，氮气外逸又有可能使人窒息。喷吹罐补

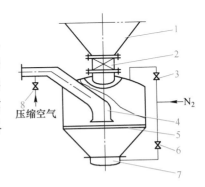

图 6-31　上出料仓式泵

1—煤粉仓；2—给煤阀；3—充压阀；
4—喷出口；5—沸腾板；6—沸腾阀；
7—气室；8—补气阀

气风源、流态化风源一般使用氮气。处理煤粉堵塞和球磨机满煤时应使用氮气，严禁使用压缩空气。喷吹载气一般使用压缩空气。在条件具备的情况下，可用氮气作为载气进行浓相喷吹。

6.5　喷吹烟煤的安全措施

氧浓度、煤粉悬浮浓度及温度是煤粉爆炸的三大要素。就煤粉本身而言，煤粉爆炸的危险性取决于煤的挥发分、粒度、水分和灰分等。

（1）氧浓度。煤粉在容器内燃烧后体积膨胀，压力升高超过容器抗压能力时容器爆炸。容器内氧浓度越高，爆炸力越大。因此，喷吹烟煤时，必须严格控制气氛中的含氧量，一般控制在12%以下。煤粉爆炸的气氛条件还与烟煤本身的特性——挥发分多少、煤粉粒度组成及混合浓度的高低等有关，故只能针对特定的煤种，在模拟实际生产的条件下进行试验，确定其临界含氧量。实际生产可取临界含氧量的80%作为安全含氧量。

（2）煤粉悬浮浓度。煤粉在气体中的悬浮浓度达到适宜值时才可能发生爆炸，高于或低于此值时均无爆炸可能。发生爆炸的适宜浓度值随着烟煤成分、煤粉粒度以及气体含氧量的不同而改变，需要由试验得出。烟煤易于着火的范围是 $100 \sim 3000$ g/m^3。由于实际生产情况错综复杂，煤粉悬浮浓度一般无法控制，因此要消除这一爆炸条件是极为困难的。

（3）温度。喷煤工艺各点的控制温度远低于着火点，引起煤粉着火主要是煤粉堆积出现自燃以及外来火源引燃，因此必须杜绝火源，避免煤粉堆积。

另外，煤粉灰分含量高，爆炸的可能性小，但不宜将增加灰分作为抑爆手段；挥发分含量越高，煤粉粒度越小，水分越少，煤粉爆炸的可能性就越大，但粒度和水分取决于高炉喷煤的工艺要求，也不宜作为防火防爆措施。喷煤系统防火防爆应以采取降低工艺过程的氧浓度、控制温度和防止积粉为主。

由于实际生产条件多变，影响安全生产的因素很多，有些因素难以预计，并且当一个条件变化时常常会引起其他条件的变化，因此，对所有能够控制的条件都应该重视和调节。

（1）控制系统气氛。磨煤机干燥气一般采用热风炉烟道废气与燃烧炉热烟气混合气体。为了控制干燥气的含氧量，必须及时调节废气量和燃烧炉的燃烧状况，减少兑入冷风量，防止制粉系统漏风。严格控制系统的氧含量在8%~10%。分别在磨煤机干燥气入口管、袋式收粉器出口管处设置氧含量和一氧化碳含量检测装置，达到上限时报警，系统各处消防充氮阀自动打开，向系统充入氮气。布袋收粉器的脉冲气源一般采用氮气，氮气用量应能够根据需要进行调节。在布袋箱体密封不严的情况下，若氮气压力偏低，则空气被吸入箱体内会提高氧的含量，反之，氮气外逸可能使人窒息。喷吹罐补气气源、充压、流化气源采用氮气，喷吹煤粉的载气使用压缩空气。实际生产中应重视混合器、喷吹罐、分配器及喷枪的畅通，否则，喷吹用载气会经喷嘴倒灌入罐内，使喷吹罐内的氧含量增加。在处理煤粉堵塞和磨煤机满煤故障时，使用氮气，严禁使用压缩空气。

（2）设计时要避免死角，防止积粉。煤粉仓锥形部分倾角应大于70°，或设计为双曲线形煤粉仓。在储煤仓、中间罐、喷吹罐下部设流化装置。

（3）控制煤粉温度。严格控制磨煤机入口干燥气温度不超过250~290 ℃，出口不超过90 ℃。在其他各关键部位，如收粉装置煤粉斗、煤粉仓、中间罐、喷吹罐等都设有温度检测装置。当各点温度达到上限时报警，系统各处消防充氮阀自动打开，向系统充入氮气。

（4）综合喷吹。采取烟煤和无烟煤混合喷吹技术，可以降低煤粉中挥发分的含量。各种煤的配比，应根据煤种和煤质特性经过试验而定。若制粉和喷吹工艺条件允许，可在煤粉中加入高炉冶炼所需要的其他粉料，如铁矿粉、石灰石粉、焦粉和炼钢炉尘等，加入这些粉料对烟煤爆炸起着极为明显的抑制作用。

（5）设备和管道采取防静电措施。管道、阀门及软连接处设防静电接地线，布袋选用防静电滤袋。

（6）喷煤管道设自动切断阀。当喷吹压力低时自动切断阀门，停止喷煤。

另外，系统还应设置消防水泵站和消防水管路系统，各层平台均应有消防器材和火灾报警装置。

🔧 智能炼铁

· 智能 6-1　煤粉制备系统自动控制

· 智能 6-2　煤粉喷吹系统煤粉总流量自动控制

煤粉制备系统自动控制

煤粉喷吹系统煤粉总流量自动控制

📐 拓展知识

· 拓展 6-1　煤粉气力输送基本条件

（1）输送风在输煤管道内具有一定的速度。要使煤粉在输煤管道内顺利运行，就必须使煤粉颗粒在管道内处于悬浮状态。煤粉颗粒受重力作用而沉降，当输送介质在输送管道内流动时又产生推力而使其前进，而且输送介质速度越高，煤粉颗粒越易悬浮，反之越易沉降。当输送介质流速达到一定值时，煤粒就不会沉降而处于悬浮状态，此流速就被称为悬浮速度或沉降速度。因此，为使煤粉在输煤管道内顺利地被输送，就必须具有一定的输送介质速度。

（2）要有足够的输送介质压力。煤粉必须具备足够的输送压力来克服输粉系统的压力损失（即阻损）。两相流输送的压力损失包括纯输送介质流动的压力损失和被输送煤粉运动的压力损失总和，这两项均应包括输送管道全长度上摩擦阻损和局部阻损以及管道末端的动压头。

（3）防止堵塞措施。在输送过程尤其长距离等径管道输送，可能出现煤堵塞管道。因此，必须设置防止堵塞与处理堵塞的措施。等径管道输送始端压力低、输送介质速度高不易堵塞，而始端压力高、速度低易于堵塞。因此，堵塞一般易发生在始端，为此，应在始端附近设放煤粉阀，以便堵塞时打开此阀放出煤粉。

· 拓展 6-2　浓相输送

高炉喷煤采用气力输送，按单位气体载运煤粉量的多少，可分为稀相输送和浓相输送。气力输送过程中，一般稀相输送的速度在 20 m/s 以上，煤粉浓度为 5~30 kg/m³；而浓相输送的速度则小于 10 m/s，煤粉浓度大于 40 kg/m³。

浓相输送是先将喷吹罐下部的煤粉通过流化床进行流态化，再在罐压作用下输送到高炉风口。流化床由多孔材料构成，具有一定的透气性。按照煤粉的物理性质（如密度、粒度等），从流化床下部吹入一定气体后，使流化床上部的煤粉开始"悬浮"起来，形成气固两相混合流，这时通过流化床的气流速度称为临界流化速度。

稀相输送与浓相输送在管道中的输送形态有很大差别。稀相输送时，煤粉均匀地分布在气流中，煤粉沿管道断面均匀分布呈悬浮状态；而浓相输送时，由于气体流速低，单位体积内煤粉浓度高，形成输送管道下部煤粉较多，上部较少，但没有停滞现象，煤粉粒度又不很均匀，较大颗粒的煤粉主要在管底流动，这种现象称为底密悬浮流动。

浓相输送的优点是：单位气体载运的煤粉量大，或者说输送单位煤粉消耗的气体量小，煤粉在管道内的流速低，对管道及设备的磨损减小，可以节省能源，提高煤粉喷吹量。其缺点是：设备复杂，价格较高，对煤粉质量的要求严格，需用输送介质的压力也比较高。

企业案例

· 案例　高炉喷煤实践

高炉喷煤
实践

？思考与练习

· 问题探究

6-1　高炉喷煤系统有哪些组成部分？

6-2　简述煤粉制备系统的组成。

6-3　制粉系统使用的干燥气有何作用，有哪些类型？

6-4　烟气炉为何应在微负压状态下运行？

6-5　简述中速磨煤机制粉的工艺流程。

6-6　制粉系统常用的给煤机有哪些类型，各有何特点？

6-7　磨煤机主要有哪几种形式，各有何特点？

6-8　什么是锁气器，有哪些类型？

6-9　简述旋风收粉器和布袋收粉器的工作原理。

6-10　简述煤粉喷吹系统的组成。

6-11　常见的喷吹工艺有哪些，各有何特点？

6-12　什么是串罐喷吹？简述其工作过程及特点。

6-13　什么是并罐喷吹？简述其工作过程及特点。

6-14　什么是单管路和多管路喷吹，各有何特点？

6-15　喷吹罐出粉方式有哪些，各有何特点？

6-16　混合器的作用是什么，它有哪些类型？

6-17　分配器的作用是什么，它有哪些类型？

6-18　喷煤枪的作用是什么，它有哪些类型？

6-19　什么是氧煤枪，它有哪些类型？

6-20　什么是仓式泵？简述其工作原理。

6-21　供气系统一般提供哪些气源，各有何作用？

6-22　简述煤粉爆炸的影响因素。

6-23　高炉喷吹烟煤的安全措施有哪些？

6-24　制粉系统自动控制的主要内容有哪些？

6-25　煤粉喷吹系统煤粉总流量是如何自动控制的？

6-26　煤粉气力输送基本条件有哪些？

6-27　什么是煤粉的浓相输送技术？

▪ 技能训练

6-28　串罐喷吹时，中间罐向喷煤罐装煤操作步骤如下，解释这些操作步骤：

　　（1）确认喷煤罐内煤粉已快到规定低料位，自动发出"允许加料"信号；

　　（2）喷吹罐内压力达到设定值，若未达到则首先开充压阀和自动调节阀，使其达到设定值，确认喷吹罐下煤球阀、补气阀关闭；

　　（3）确认中间罐"料满"；

　　（4）关中间罐放散阀，开中间罐充压阀；

　　（5）中间罐与喷吹罐压差小于设定值时，关闭充压阀，打开两罐间均压阀；

　　（6）开中间罐下锥形阀，开喷吹罐上锥形阀；

　　（7）开中间罐流化阀；

　　（8）煤粉全部装入喷煤罐，中间罐发出"料空"信号；

　　（9）关中间罐流化阀，关中间罐下锥形阀；

　　（10）关喷吹罐上锥形阀，关中间罐充压阀，关中间罐与喷吹罐间均压阀；

　　（11）开中间罐放散阀；

　　（12）当下锥形阀关不严时，开喷煤罐充压阀，待下锥形阀关严后，关喷煤罐充压阀。

· 进阶问题

6-29 找一些相关的技术资料，看看能否正确理解？这是检验知识是否掌握的一种方法。通常需要对知识反复学习，并且查阅更多的资料，才能真正理解技术原理，这是学习知识和提高技能的好方法。请在学习中多找些技术资料来研读，培养阅读技术资料的能力。

6-30 "安全第一、预防为主"是我国安全管理方针，如果你在煤粉制备或煤粉喷吹等岗位工作，如何将这一方针落到实处。

6-31 以串罐喷吹或并罐喷吹工作过程为例说明协同工作的重要性。

6-32 讨论哪些原因会导致喷煤系统故障，不能向高炉输送煤粉，此时将对高炉产生哪些影响？从整体和部分的关系理解喷煤系统安全运行的重要性。

6-33 了解高炉喷吹系统的智能化技术。

在线测试6

项目 7
课件

项目 7 | 高炉渣铁处理系统

🎯 学习目标

本项目介绍炉前工艺布置、炉前设备及炉前出渣铁工作。炉前操作不仅影响高炉产量，影响炉况顺行，还容易引发各种事故。学习者需将炉前操作与高炉基本操作制度联系起来加以学习，要用相互联系的观点理解它们之间的作用关系，体会炉前操作的重要性；通过学习强化安全责任意识，避免各类事故的发生。

- 知识目标：
(1) 掌握高炉风口平台及出铁场的工艺布置；
(2) 掌握高炉渣沟、铁沟和撇渣器的构造；
(3) 掌握炉前主要设备的性能、结构和工作原理；
(4) 了解铁水与炉渣的处理工艺及设备。

- 能力目标：
(1) 能进行出铁操作和撇渣器操作；
(2) 能处理炉前出渣铁一般事故。

- 素养目标：
(1) 具有不怕吃苦、艰苦奋斗的优良作风；
(2) 具有整体观念和全局意识；
(3) 培养规范操作职业精神及团结协作精神。

思政课堂

凝造匠心

★ 每课金句 ★

要大力弘扬劳模精神、劳动精神、工匠精神，发挥好劳模工匠示范引领作用，激励广大职工在辛勤劳动、诚实劳动、创造性劳动中成就梦想。

——摘自习近平 2023 年 10 月 23 日在同中华全国总工会新一届领导班子成员集体谈话时的讲话

📖 基础知识

炉料由炉顶装入炉内，经过一系列的物理化学反应，生成液态的渣铁积存在炉缸中。大型高炉日产铁水达万吨以上，同时还有四五千吨炉渣，如何将大量的铁水和炉渣及时从炉内排出、运输和处理，是稳定高炉操作、提高生产率的重要课题。及时出尽渣铁有利于炉况顺行，炉内渣铁积存过多会导致炉缸空间减少、气流不稳定，造成炉况失常甚至事故。

7.1 炉前工作平台

炉前工作平台是指风口以下沿炉缸四周设置的整个平台，包括风口平台和出铁场。炉前工作平台常用钢筋混凝土或钢板做成架空式结构。风口平台高于出铁场，出铁场的高度取决于最低的渣、铁沟流嘴的高度，最低渣沟、铁沟流嘴下缘距铁轨的距离不能低于 4.8 m，以便机车安全运行。

7.1.1 风口平台

风口平台一般比风口中心线低 1150~1250 mm，用于更换风口装置及存放风口、直吹管等备品备件，操作人员在这里可以通过风口观察炉况、更换风口、检查冷却设备、操纵阀门等。风口平台上要留有一定的排水坡度，以防地面积水。

应尽量保持风口平台完整、宽敞、平坦。使用老式电动或液压泥炮的中小型高炉，为了便于出铁操作，将风口平台在铁口处断开。大型高炉有两个及两个以上的铁口，如果风口平台被分割成几小块，操作会很不方便，因此应尽量采用矮式液压泥炮，保持风口平台完整。

以前高炉设有渣口，会在风口平台上设置上渣沟。因渣口容易损坏，高炉必须低压甚至休风更换，严重影响生产，故现在高炉加强了对铁口的维护，不再使用渣口。

7.1.2 出铁场

在出铁口侧延长并加宽了的炉前工作平台称为出铁场，是进行出铁出渣操作的地方。出铁场除安装开铁口机、泥炮等炉前设备外，还布置有主沟、铁沟、渣沟、撇渣器、炉前吊车、储料仓、降温设备及除尘设施等。出铁场上空设有天棚，防止铁沟和铁水罐被雨淋湿或积水导致出铁爆炸事故。烟尘收集装置主要是吸尘罩，烟尘均抽送给除尘器进行除尘净化。

出铁场按布置形状有矩形和环形两种。矩形出铁场（见图 7-1）呈长方形布置，采用多流嘴及固定罐位出铁、出渣时，渣铁运输线与出铁场中心线平行，一般设在出铁场两侧；大型高炉采用混铁炉式铁水罐车时多采用摆动流嘴，渣铁运输线大多与出铁场中心线垂直。矩形出铁场的炉前作业区和检修区分别设置，宽敞、安全，但起重机作业范围比较小。现代大型高炉多采用环形出铁场（见图 7-2），整个出铁场环绕高炉圆周布置，与矩形出铁场相比其具有如下优点：

（1）出铁口可均匀布置，利于高炉操作；

（2）面积较矩形出铁场小，渣沟、铁沟长度缩短；

（3）一般配有单轨环形吊车，作业面积大，炉前机械化水平高，减轻了炉前劳动强度；

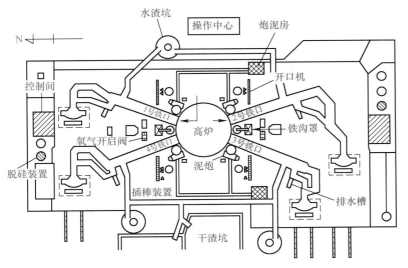

图 7-1　矩形出铁场

（4）汽车可通过引桥直接进入环形出铁场，将备品备件、沟料、泥炮等原材料运到风口平台，简化了炉前操作程序；

（5）自然通风条件好，热量能均匀分布，降低了环境温度。

7.1.2.1　主沟

从铁口至撇渣器之间的一段沟槽称为主沟，渣铁经主沟流至撇渣器，因密度不同而分离。主沟的长度和宽度与铁水流速及每次出铁量有关（铁流速度正常为 3~8 t/min，炉渣流速为 2~6 t/min），随着铁口出铁速度加快，主沟长度逐渐加长。出铁速度达 3~4 t/min 时，主沟长度为 10 m 左右；大型高压高炉出铁速度达 8 t/min 以上，主沟长度已逐渐加长到 20 m，不同炉容高炉的主沟长度参考值见表 7-1。主沟宽度是逐渐扩张的，以便降低渣铁的流速，有助于渣铁分离。

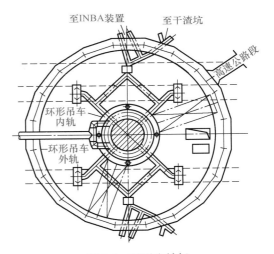

图 7-2　环形出铁场

表 7-1　不同炉容高炉的主沟长度参考值

炉容/m³	620	1000~1500	2000~2500	4000	5000
主沟长度/m	10	12	14~16	19	20

主沟的结构形式主要有非储铁式、半储铁式及储铁式三种。

（1）非储铁式主沟的坡度在 5% 以上，出铁后主沟内铁量很少，只有砂口内存有一定量的铁水；主沟内衬大部分暴露在空气中，温度变化大，主沟寿命低，只在小型高炉上使用。

（2）半储铁式主沟的坡度为 3%～5%，铁水冲击区有 100～200 mm 的铁水层。储铁少，主沟前部内衬暴露在空气中，影响主沟寿命，一般在中型高炉上使用。

（3）储铁式主沟的坡度为 1%～3%，沟内经常储存一定深度的铁水（450～600 mm），使得从铁口喷出的呈射流状的铁水不致直接冲击沟底（见图 7-3），由于其内衬被铁水覆盖、温度波动小，可避免大幅度的热震破坏，也减轻了空气对沟衬的氧化，延长了主沟的寿命。

主沟底部为钢板槽（或铸铁槽），其上部依次为隔热砖（大高炉使用）、黏土砖等耐火砖，最上部是浇注料或捣打料制成的工作衬。图 7-4 和图 7-5 分别为宝钢高炉储铁式主沟结构图及中小型高炉主沟断面图。浇注料主要由刚玉、碳化硅、焦粉、矾土水泥硅粉和添加剂组成。使用浇注料的主沟寿命长，铁沟过铁量也比较多，有利于降低劳动强度和成本。

主沟衬损坏时的清除和修补工作十分困难，劳动条件差，有些高炉为了缩短主沟修补的时间、降低炉前工人的劳动强度，采用可整体更换的活动主沟。主沟接近铁沟部分设置有沟盖机，用于出铁过程中盖住主沟，满足环境保护的需要。

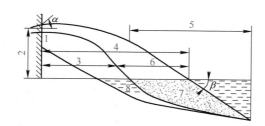

图 7-3　铁口处的铁水以射流状落入储铁式主沟的情况示意图

1—铁口孔道；2—落差；3—最小射流距离；4—最大射流距离；5—与铁水体积对应的主沟长度；
6—落入范围；7—射流落入体积；8—沟底泥料；α—铁口角度；β—落入角度

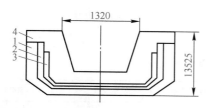

图 7-4　宝钢高炉储铁式主沟结构图

1—隔热砖；2—黏土砖；
3—高铝碳化硅砖；4—浇注料

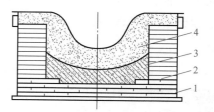

图 7-5　中小型高炉主沟断面图

1—钢板外壳；2—黏土砖；
3—炭素捣料；4—铺沟泥

7.1.2.2 撇渣器

撇渣器又称渣铁分离器、砂口或小坑，它位于主沟末端，其工作原理是利用渣铁密度的不同，使熔渣浮在铁水面上，用挡渣板把熔渣挡住，只让铁水从下面穿过，达到渣铁分离的目的。撇渣器应保证渣铁分离良好，确保渣沟不过铁、铁沟不过渣、撇渣器不憋铁。

撇渣器的结构如图 7-6 所示，由前沟槽、大闸、过道孔（砂口眼）、小井、砂坝和残铁孔组成。大闸可挡住前沟槽的熔渣。过道孔连通前沟槽和小井，仅能使铁水通过。小井有一定的高度，使大闸前后保持一定的铁水深度。前沟槽中的铁水面上积聚了一定量的熔渣后，推开砂坝使熔渣流入渣沟内。

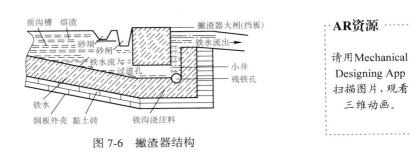

AR资源

请用Mechanical Designing App 扫描图片，观看三维动画。

图 7-6　撇渣器结构

撇渣器的尺寸要合适。当撇渣器过道孔过大时，渣铁分离差，易导致撇渣器过渣；当过道孔过小时，对铁流的阻力大，易使铁水流入渣沟。高砂坝的标高要高于低砂坝的标高，低砂坝的标高应等于或稍高于小井上缘的沟头高度，以免铁水流入渣沟。撇渣器可以一周或数周放一次残铁。闷撇渣器的作用是：

（1）减少铁中带渣和渣中带铁，降低铁耗，延长铁水罐的使用寿命；

（2）延长撇渣器的使用寿命，使撇渣器处于恒温状态，消除热应力的影响；

（3）残铁孔用耐火料捣固，不易漏铁，同时也可减轻劳动强度；

（4）减少出铁后放残铁程序，缩短了铁水罐调配运输时间。

由于普通撇渣器使用时间短、修补工作繁重，所以出现了可整体更换的活动式撇渣器、双撇渣器和水冷撇渣器等几种形式。某高炉使用的活动式水冷撇渣器的结构如图 7-7 所示，它是根据高炉冷却壁的工作原理，在撇渣器四周及大闸内部埋设数根蛇形无缝钢管用于冷却，并用炭素捣料经捣制成型的新型整体撇渣器。此种撇渣器可整体吊运安装，使用时通工业水强制冷却，从而在炭素捣料和铁水之间形成等温凝固线保护层，最终减缓铁水对四周炭素捣料的侵蚀速度，延长了撇渣器的使用寿命（一代使用寿命在一年以上）。

7.1.2.3 铁沟

铁沟上端与撇渣器小井相接，下端分别通向各个铁水罐。在铁沟上分段安装拨流闸板，使铁水分别流入各铁水罐。铁沟坡度一般为 5%~8%。大型强化高炉铁水流速快，在沟料材质改变不大的情况下，铁沟寿命都不长。为此，有些铁厂采用活动铁沟，其构造如图 7-8 所示。

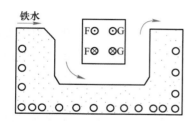

图 7-7 活动式水冷撇渣器剖面示意图

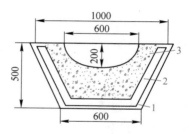

图 7-8 活动铁沟断面图（单位：mm）

1—钢板外壳；2—黏土砖；3—捣固内衬

7.1.2.4 渣沟

在撇渣器大闸前设有渣沟。渣沟的前端与撇渣器的砂坝相接并与主沟垂直，后端通向各渣罐或冲渣池。渣沟是在壁厚 40~80 mm 的铸铁槽内捣一层 150~200 mm 厚的垫沟料，铺上河砂即可，不必砌砖衬（因为渣液遇冷会自动结壳）。炉渣的流动性比铁水差，渣沟的坡度一般为 7%~8%。渣沟在较平坦的地方应设置沉铁坑，以使熔渣中的铁能沉积下来，这样不仅减少了生铁损失，而且在冲渣或流进渣罐时可以避免铁水爆炸或烧穿渣罐事故。

7.1.2.5 流嘴

流嘴是出铁场平台的铁沟进入铁水罐的末端那段，其构造与铁沟类同，只是悬空部分的位置不易炭捣，常用炭素泥砌筑。出铁少时，可采用固定流嘴，大型高炉多采用摆动流嘴。摆动流嘴安装在出铁场下面，其作用是把经铁水沟流来的铁水注入出铁场平台下的任意一个铁水罐中。采用摆动流嘴时，要求铁水罐车双线停放，以便依次移动罐位，这样大大缩短了铁沟长度，简化了出铁场布置，减轻了修补铁沟的负担。

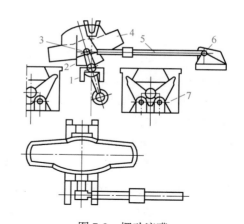

图 7-9 摆动流嘴

1—支架；2—摇台；3—摇臂；4—摆动流嘴本体；
5—曲柄连杆传动装置；6—驱动装置；7—铁水罐车

摆动流嘴由驱动装置、摆动流嘴本体及支座组成，如图 7-9 所示。电动机通过减速器、曲柄带动连杆，使摆动流嘴本体摆动。在支架和摇台上设有限止块，为减轻工作中出现的冲击，在连杆中部设有缓冲弹簧。一般摆动角度为 30°，摆动时间为 12 s。

7.2 渣铁系统主要设备

7.2.1 开铁口机

开铁口机是高炉出铁时打开铁口的设备。开铁口机必须满足下列要求：

（1）开孔钻头应在出铁口中开出具有一定倾斜角度的直线孔道；

（2）开铁口时，不应破坏覆盖在铁口区域炉缸内壁上的耐火泥和铁口内的泥道；

（3）能够进行机械化、远距离操作，保证安全；

（4）为了不妨碍炉前各种操作，开铁口机外形要尽量小，能够在打开铁口后迅速远离。

开铁口的常用方法有以下几种。

（1）单杆钻孔法。用钻孔机钻到炽热的硬层，然后人工用钢钎或钢棒捅开。当炽热层有凝铁时，可用氧气烧开。以前用于低压操作的高炉，而且使用有水炮泥。目前基本淘汰。

（2）双杆钻捅法。具有双杆的开铁口机，先用一杆钻到炽热层，再用另一杆捅开铁口。目前很少运用。

（3）埋置钢棒法。堵完铁口后，立即用钻头将铁口钻到一定深度，然后换上比钻头稍细的铁钎插透铁口，再后退 10 mm 左右，将铁钎留在铁口内不动，待下次出铁时启动开铁口机将铁钎拨出，铁口便可自动打开。这种方法要求炮泥质量好、炉缸铁水液面较低，否则会出现钢棒熔化、渣铁流出事故。此法一般应用于开铁口机具有正打和逆打功能的中小型高炉上。目前基本淘汰。

（4）气水雾化冲钻，一竿到底法。开口机前端合金钻头加上氮气和水形成雾化冷却，在冲击和旋转配合使用情况下逐步钻入铁口，基本是一根钻杆钻开铁口，有些厂为了节约成本，在钻到红点后，换成圆钢打成的扁钎钻入铁口。目前比较常用。

开铁口机按结构形式，分为吊挂式、框架式、斜座式、高架立柱式、矮座式、折叠式；按钻削原理，分为单冲式、单钻式、冲钻联合式和正反冲钻联合式；按动力源，分为电动式、气动式、液动式、气液结合式、电气结合式与电液结合式。

7.2.1.1 钻孔式开铁口机

常用的钻孔式开铁口机主要由回转机构、推进机构和钻孔机构三部分组成，如图 7-10 所示。

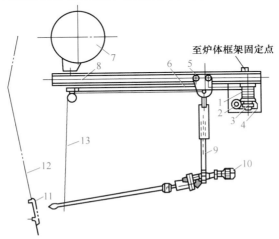

图 7-10　钻孔式开铁口机示意图

1—钢绳卷筒；2—推进电动机；3—蜗轮减速器；4—支架；5—小车；6—钢绳；7—热风围管；
8—滑轮；9—连接吊挂；10—钻孔机构；11—铁口框；12—炉壳；13—抬钻钢绳

回转机构由电动机、减速器、卷筒、牵引钢绳及横梁组成。横梁的一端用旋转轴固定在热风围管上，开铁口前以铁口为圆心旋转到铁口位置并对准铁口中心线，待钻到红点后再往回旋转，回到铁口的一侧。

推进机构也称行走机构或送进机构，由电动机、减速器、卷筒、牵引钢绳及滑动小车组成。其作用是钻铁口时前后往复运动。

钻孔机构是为了开铁口时能使钻头旋转，由电动机、减速器、钻头及钻杆组成。钻杆直径有 50 mm 和 60 mm 两种，用厚壁无缝钢管制成。一般钻杆分为四段，即钻头、进入铁口内的短杆、主杆和具有密封装置的空心连接轴。钻杆又直又长，并且承受较大的阻力，因而对其强度和刚度的要求较高。钻头材质为铜焊的硬质合金。

钻孔式开铁口机的工作原理：钻杆和钻头是空心的，钻杆一边旋转一边吹风，利用压缩空气在冷却钻头的同时把切削下来的粉尘吹出铁口孔道，当吹屑中开始带铁花时，说明已经钻到红点，此时应退钻，再用捅铁口钢钎或圆钢棍捅开铁口，以免铁水烧坏钻头。

钻孔式开铁口机结构简单，操作容易；靠旋转钻孔，不能进行冲击及捅铁口操作，且钻孔角度不易固定；一般靠人工对位，钻出的铁口孔道是一条弓形的倾斜通道，适用于有水炮泥开口作业。

7.2.1.2　冲钻式开铁口机

冲钻式开铁口机由钻孔机构、冲击机构、移送机构、换杆机构、锁紧与压紧机构组成，如图 7-11 所示。开口机构中钻头以冲击运动为主，同时通过旋转机构使钻头产生旋转运动，即钻头既可以进行冲击又可以进行旋转。此方式是目前应用较为广泛的形式。

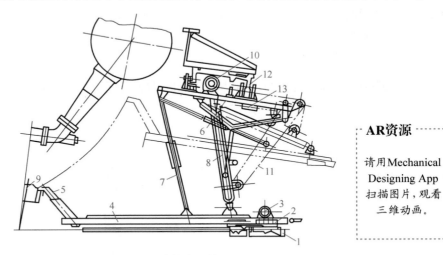

AR资源

请用Mechanical Designing App 扫描图片，观看三维动画。

图 7-11　冲钻式开铁口机

1—钻孔机构；2—送进小车；3—风动电机；4—轨道；5—锚钩；6—压紧气缸；7—调节蜗杆；
8—吊杆；9—环套；10—升降卷扬机；11—钢绳；12—移动小车；13—安全钩气缸

开铁口时，移动小车使开铁口机移向出铁口，并使安全钩脱钩，然后开动升降机构，放松钢丝绳，将轨道放下直到锁钩钩在环套上，再使压紧气缸动作，将轨道通过锁钩固定在出铁口上，这时钻杆已对准出铁口，开动钻孔机构风动电机使钻杆旋转，同时开动送进机构风动电机使钻杆沿轨道向前运动。当钻头接近铁口时，开动冲击机构，开铁口机一边旋转一边冲击，直至打开出铁口。而后立即使送进机构反转（当钻头阻塞时，可用冲击机构反向冲击钻杆），使钻头迅速退离出铁口，然后开动升降机构使开铁口机升起并挂在安全钩上，最后用移动小车将开铁口机移离出铁口。当需要捅铁口时，可换上捅杆进行捅铁口操作。

冲钻式开铁口机钻出的铁口通道接近于直线，可减少泥炮的推泥阻力；开铁口速度快，时间短；自动化程度高，大型高炉多采用这种开铁口机。

7.2.1.3 全液压式开铁口机

全液压式开铁口机由液压驱动。开铁口机固定在浇铸基础中的一个中间托架中，主要由一个机器用支架、带回转驱动装置的悬臂、开铁口机滑架以及钻削头组成，如图 7-12所示。

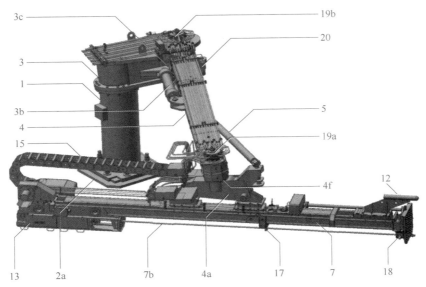

图 7-12 全液压式开铁口机示意图

1—立柱；2a—浇铸基础框架；3—基架；3b—摆动缸；3c—后旋转支座；4—悬臂；4a—吊挂装置；
4f—前旋转支座；5—控制杆；7—滑架；7b—钻杆；12—定心装置；13—液压钻削头；15—拖链；
17—定心滑座；18—前钻杆导向装置；19a，19b—旋转接头；20—锁紧装置

开铁口时，开铁口机将从静止位置摆动至出铁口的前面，在堵口泥料中钻一个出铁口。

全液压式开铁口机具有结构紧凑、功能强大、性能稳定、开口高效以及对出铁口保护能力强（孔道平直光滑）等优点，在大型高炉上有广阔的应用前景。

几种开铁口机的主要性能指标见表 7-2。

表 7-2 几种开铁口机的主要性能指标

项目	邯钢	马钢	宝钢 3 号	宝钢 4 号	山钢	沙钢
高炉容积/m³	1260	2500	4350	4350	5100	5860
开铁口机数/台	2	3	4	4	4	3

续表 7-2

项目	邯钢	马钢	宝钢 3 号	宝钢 4 号	山钢	沙钢
结构形式	全气动悬挂式	全气动悬挂式	全气动悬挂式	全液压式	全液压悬挂式	液压式带气动
开铁口机行程/m	4.0	5.5	6.0	5.5	5.5	6.5
开孔深度/m	2.5	4.0	4.3	4.6	5	4.2
开铁口角度/(°)	7、10、13	10	10	8~11	8~12	5~11
钢钎直径/mm	50	38、42、50	38、42、50		40	38~70
退避回转角度/(°)	125	140	154	140	105	145
回转时间/s	35~50	35~50	35~40		20~25	40
升降时间/s	15~20	升 10~20 降 15~18	升 10~15 降 15~18			10

7.2.2　堵铁口泥炮

　　泥炮是出完铁后用来堵铁口的专用设备。泥炮需在高炉不停风、全风压的情况下把堵铁口炮泥填满铁口孔道，并能修补出铁口周围损坏的炉缸内壁。泥炮必须满足下列要求：

　　(1) 泥缸应具有足够的容量，保证供应足够的堵口炮泥，能够一次堵住铁口；

　　(2) 打泥活塞应具有足够的推力，用以克服较密实堵口炮泥的最大运动阻力，并将堵口炮泥分布在炉缸内壁上；

　　(3) 炮嘴应有合理的运动轨迹，炮嘴进入出铁口泥套时应尽量沿直线运动，以免损坏泥套，而且泥炮到达工作位置时应有一定的倾角；

　　(4) 工作可靠，能够远距离操作。

　　泥炮按驱动方式分为汽动泥炮、电动泥炮和液压泥炮三种。汽动泥炮采用蒸汽驱动，泥缸容积小、活塞推力不足，目前已被淘汰。随着高炉的大型化和无水炮泥的使用，要求泥炮的推力越来越大，因此，电动泥炮也难以满足现代高炉的要求，正逐渐被液压泥炮取代。

7.2.2.1　电动泥炮

　　电动泥炮主要由打泥机构、压紧机构、锁炮机构和转炮机构组成，如图 7-13 所示。打泥机构 (见图 7-14) 的作用是将炮筒中的炮泥按适宜的吐泥速度打入铁口

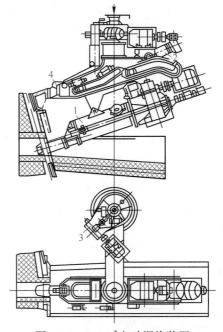

图 7-13　0.4 m³ 电动泥炮装置

1—打泥机构；2—压炮机构；

3—转炮机构；4—锁炮机构

（当电动机旋转时，通过齿轮减速器带动螺杆回转，螺杆推动螺母和固定在螺母上的活塞前进，将炮筒中的炮泥通过炮嘴打入铁口）。压紧机构的作用是将炮嘴按一定角度插入铁口，并在堵铁口时把泥炮压紧在工作位置上。转炮机构要保证在堵铁口时能够回转到对准铁口的位置，并且在堵完铁口后退回原处，一般可以回转180°。当转炮到一定位置时，必须锁炮，否则在打泥时由于反作用力作用泥炮会后退。常用电动泥炮的性能见表7-3。

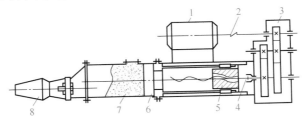

图 7-14　电动泥炮打泥机构

1—电动机；2—联轴器；3—齿轮减速器；4—螺杆；5—活塞；7—炮泥；8—炮嘴

表 7-3　常用电动泥炮的性能

高炉容积 /m³	公称推力 /kN	泥缸有效容积/m³	泥缸直径 /mm	活塞单位压力/MPa	活塞速度 /m·s⁻¹	吐泥速度 /m·s⁻¹	活塞行程时间/s	打泥电机功率/kW
620	1000	0.3	500	4.5	0.0234	0.323	52	32
1000	1600	0.5	650	5.0	0.0201	0.268	78	50
1500~2000	2120	0.4	580	8.0	0.0134	0.200	113	40

7.2.2.2　液压泥炮

液压泥炮与电动泥炮不同，液压泥炮是将由电动机驱动改为由液压驱动。

液压泥炮同样是由打泥、压炮、锁炮和回转机构四部分组成。其中，打泥、压炮、开锁（锁炮是当回转机构转到打泥位置时，由弹簧力带动锚钩自动挂钩，将回转机构锁紧）均采用液压缸传动，而回转机构则是液压马达通过齿轮传动。

液压泥炮体积小、结构紧凑、传动平稳、工作稳定、活塞推力大，能适应现代高炉高压操作的要求。但其液压元件要求精度高，必须精心操作和维护，避免液压油泄漏。

目前，国外使用的液压泥炮主要有 IHI 型、MHG 型、PW 型、DDS 型、KD 型等；国内使用的液压泥炮主要有日本的 MHG 型、德国的 DDS 型以及国产 BG 型和 SGXP 型等。

现代高炉多采用液压矮式泥炮。所谓矮式泥炮，是指泥炮在非堵铁口和堵铁口位置时均处于风口平台以下，不影响风口平台的完整性。图 7-15 是 DDS 型液压泥炮的设备组成，主要由立柱基础架、立柱与旋臂连接装置、回转悬臂装置、调整装置、炮体与臂架连接装置、打泥机构及吊挂缓冲器组成。

我国研制的 BG 型液压矮炮，其结构如图 7-16 所示。BG 型液压矮炮与国内外液压泥炮比较，具有结构新颖紧凑、体轻、高度小和工作可靠等优点。此种液压泥炮的总高度只有 1762 mm，可安装在风口平台的下面，为机械化更换风口创造了条件，并采用垂直的旋转立柱，因此基础安装和装泥操作均较方便。

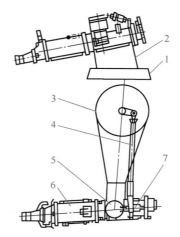

AR资源

请用 Mechanical Designing App 扫描图片，观看三维动画。

图 7-15　DDS 型液压泥炮的设备组成

1—基础架；2—立柱与旋臂连接装置；3—回转悬臂装置；4—调整装置；
5—炮体与臂架连接装置；6—打泥机构；7—吊挂缓冲器

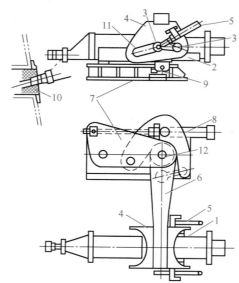

图 7-16　BG 型液压矮泥炮

1—炮身；2—冷却板；3—走行轮；4—门形框架；5—压炮油缸；6—转臂；7—机座；
8—回转油缸；9—锚钩；10—泥套；11—导向槽；12—固定轴

部分液压泥炮的主要性能列于表 7-4。

表 7-4　部分液压泥炮的主要性能

高炉容积/m³	形式	泥炮推力/kN	泥缸有效容积/m³	泥缸直径/mm	泥缸压力/MPa	打泥油压/MPa
1200		2350	0.25	550	9.8	20
4197		3000	0.25	480	16.4	30

高炉容积/m³	形式	泥炮推力/kN	泥缸有效容积/m³	泥缸直径/mm	泥缸压力/MPa	打泥油压/MPa
4080	IHI	4000	0.25			30
5070	MHG60	6000	0.40			34
5100		6177	0.31	600	25	28
5860		6945	0.40	600	25	25~26

7.2.3 铁水处理设备

高炉生产的炼钢生铁主要以液态的形式供给炼钢厂，但当炼钢设备检修等暂时性生产能力配合不上时，需将部分铁水铸成铁块；铸造生铁一般要铸成铁块。铁水处理设备包括运送铁水的铁水罐车和铸铁机两种。

7.2.3.1 铁水罐车

铁水罐车是用普通机车牵引的特殊铁路车辆，由车架和铁水罐组成。铁水罐由钢板焊成，罐内砌有耐火砖衬，并在砖衬与罐壳之间填石棉绝热板。铁水罐上设有被吊车吊起的枢轴，并通过本身的两对枢轴支撑在车架上，此外还设有供铸铁时翻罐用的双耳和小轴。

常见的铁水罐车有上部敞开式和混铁炉式两种类型，如图 7-17 所示。图 7-17 (a) 为上部敞开式铁水罐车，其散热量大，但修理铁水罐比较容易。图 7-17 (b) 为混铁炉式铁水罐车，又称鱼雷罐车，它的上部开口小，散热量也小，有的上部可以加盖，但修理铁水罐较困难。混铁炉式铁水罐车容量较大，可达到 200~600 t，大型高炉上多使用混铁炉式铁水罐车。

7.2.3.2 铸铁机

铸铁机（见图 7-18）是把铁水连续铸成铁块的机械化设备，是一台倾斜向上装有许多铁模和链板的循环链带。铸铁机环绕着上下两端的星形大齿轮运转，上端的星形大齿轮为传动轮，由电动机带动；下端的星形大齿轮为导向轮，其轴承位置可以移动，以便调节链带的松紧度。按辊轮固定的形式，铸铁机可分为两类：一类是辊轮安装在链带两侧，链带运行时，辊轮沿着固定轨道前进，称为辊轮移动式铸铁机；另一类是把辊轮安装在链带下面的固定支座上，用于支撑链带，称为固定辊轮式铸铁机。

铸铁机的工作流程是：铁水罐车从高炉运送至铸铁机车间后，由倾翻机构将铁水罐倾翻，铁水经铁水流槽流入铸模内，装满铁水的铸模在链带的带动下徐徐向上移动。运行一段距离后（一般为全长的 1/3），铁水表面冷凝，冷却装置将冷却水喷淋在已结壳的铁块上，以加速铁块降温冷却。当链带绕过上端的星形大齿轮时，已经完全凝固的铁块便脱离铁模，沿着铁槽落到车皮上运出。个别不易脱落的铁块由扒铁装置清理脱落。在空链带从铸铁机下面返回的途中，向铁模内喷层 1~2 mm 厚的石灰与煤泥的混合泥浆，以防止铁块与铁模黏结。

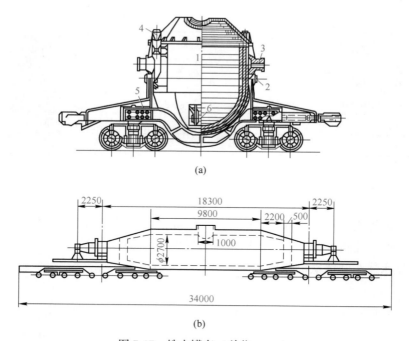

(a)

(b)

图 7-17 铁水罐车（单位：mm）

（a）上部敞开式铁水罐车；（b）420 t 混铁炉式铁水罐车

1—锥形铁水罐；2—枢轴；3—耳轴；4—支承凸爪；5—底盘；6—小轴

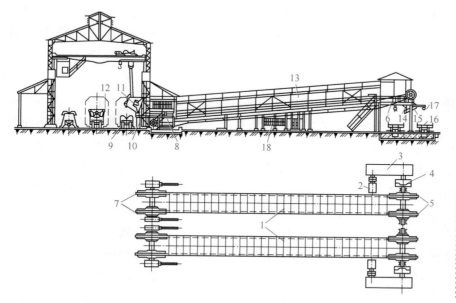

AR资源

请用Mechanical
Designing App
扫描图片，观看
三维动画。

图 7-18 铸铁机及厂房设备图

1—链带；2—电动机；3—减速器；4—联轴器；5—传动轮；6—机架；7—导向轮；8—铸台；
9—铁水罐车；10—倾倒铁水罐用的支架；11—铁水罐；12—倾倒耳；13—长廊；14—铸铁槽；
15—将铸铁块装入车皮用的槽；16—车皮；17—喷水用的喷嘴；18—喷石灰浆的小室

铸铁机的生产能力取决于链带速度、倾翻卷扬速度及设备作业率等因素。链带速度一般为 5~15 m/min，过慢会降低生产能力；过快则冷却时间不够，易造成"淌稀"现象，使铁损增加、铁块质量变差，同时也加速铸铁机设备零件的磨损。链带速度还应与链带长度配合考虑，链带短时不利于冷却；太长则会使设备庞大，在铁模的预热等措施跟不上时，铁模温度不够，喷浆效果就差，可能造成黏模现象。

7.2.4　炉渣水淬处理工艺及设备

高炉炉渣可以作为水泥原料、隔热材料以及其他建筑材料，用途不同，其处理方法也不相同。高炉渣的处理方法有放干渣、半水冲渣和水渣处理三种方式。干渣处理主要用于处理开炉初期炉渣、炉况失常时渣中带铁的炉渣以及在水冲渣系统事故检修时的炉渣。半水冲渣处理又称膨胀渣生产，它是将流入渣槽后的热炉渣经喷水急冷，又经高速旋转的滚筒击碎、抛甩并继续冷却，从而使熔渣自行膨胀并冷却成珠的过程，膨胀渣主要用于生产绝热材料。目前，国内高炉炉渣普遍采用水渣处理，熔渣经水淬粒化制成水渣，它是生产建筑材料的好原料。

7.2.4.1　沉渣池法

沉渣池法（见图 7-19）是一种传统的炉渣处理工艺，在我国中小型高炉上普遍采用。高炉熔渣流进熔渣沟后，经高压水水淬成水渣，经过水冲渣沟流进沉渣池内进行沉淀，水渣沉淀后将水放掉，然后用抓斗起重机将沉渣送到储渣场或汽车内运出。这种方法具有设备简单、工作可靠、耗电少、生产能力高等特点，但存在沉淀池占地面积大、浮渣无法回收利用、废水排放和水渣粒化过程中产生硫化氢气体污染环境、蒸汽多等问题。

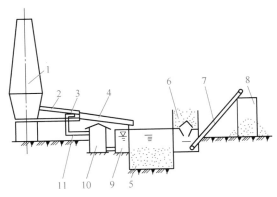

图 7-19　沉渣池法处理高炉熔渣的工艺流程

1—高炉；2—熔渣沟；3—水冲渣喷嘴；4—水冲渣沟；5—沉渣池；6—储渣槽；7—运输皮带；
8—储渣场；9—吸水井；10—水冲渣泵房；11—高压水管

7.2.4.2　底滤（OCP）法

底滤法（见图 7-20）的工艺与沉渣池法相似，差别是水渣的脱水方法不同。高炉熔渣经水冲渣沟进入水冲渣喷嘴，由高压水喷射制成水渣，渣水混合物经水渣沟流入底滤式过滤池，过滤池底部铺有滤石，水经滤石池排出。水渣用抓斗起重机装入储渣仓或汽车内运走，过滤出的水通过设在滤床底部的排水管排到储水池内作为循环水使用，滤石要定期清洗。

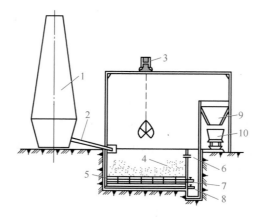

图 7-20　底滤法处理高炉熔渣的工艺流程

1—高炉；2—熔渣沟和水冲渣槽；3—抓斗起重机；4—水渣堆；5—保护钢轨；6—溢流水口；
7—冲洗空气进口；8—排出水口；9—储渣仓；10—运渣车

7.2.4.3　沉渣池过滤池法

沉渣池过滤池法是将沉渣池法与底滤法组合在一起的工艺。高炉熔渣经熔渣沟流入水冲渣喷嘴，被高压水射流水淬成水渣，渣水混合物经水渣沟流入沉渣池，水渣沉淀，水经过溢流口流到配水渠中而分配到过滤池内。过滤池结构与底滤法完全相同，水经过滤床排出，循环使用。此种工艺具有沉渣池法和底滤法的优势。

7.2.4.4　回转圆筒式冲渣（INBA）法

回转圆筒式冲渣（INBA）法（见图 7-21）是卢森堡 PW 公司开发的炉渣处理工艺。

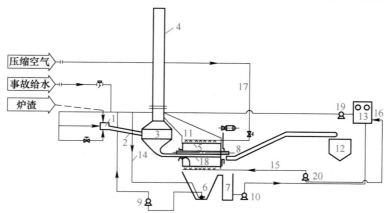

图 7-21　回转圆筒式冲渣（INBA 法）的工艺流程

1—冲渣箱；2—水渣沟；3—水渣槽；4—烟囱；5—滚筒过滤；6—温水槽；7—中继槽；
8—排料胶带机；9—底流泵；10—温水泵；11—盖；12—成品槽；13—冷却塔；14—搅拌水；
15—洗净水；16—补给水；17—空气；18—分配器；19—冲渣泵；20—清洗泵

水淬后的渣水混合物经水渣槽流入分配器，经缓冲槽落入脱水转鼓中，脱水后的水渣经转鼓内和转鼓外的胶带机运至成品水渣仓内进一步脱水。滤出的水经集水斗、热水池、热水泵送至冷却塔冷却，冷却后的冲渣水经粒化泵送往水渣冲制箱循环使用。其优点是：可以连续滤水，环保，占地少，工艺布置灵活，吨渣电耗低，循环水中悬浮物含量少，泵、阀门和管道的寿命长。

7.2.4.5 拉萨（RASA）法

拉萨（RASA）法（见图7-22）是由英国RASA公司和日本钢管公司共同研究开发的。水淬后的渣水混合物流入搅拌槽，水渣经搅拌破碎成细小颗粒（粒度为1~3 mm），与水混合成渣浆后再用输渣泵送入分配槽，分配槽将渣浆分配到各脱水槽中，分离出来的水经过脱水槽的金属网汇集到集水管，再流入沉降槽，排除水中的细粒渣后，水流入循环水槽。其中，一部分水用冷却泵打入冷却塔，冷却后再返回循环水槽，循环水槽的搅拌泵将水温搅拌均匀；另一部分水作为给水直接送至水渣冲制箱；还有部分水用搅拌槽的搅拌泵打入搅拌槽进行搅拌，防止水渣沉降。在沉降槽里沉淀的细粒水渣用排污泵送给脱水槽，进行再脱水处理。

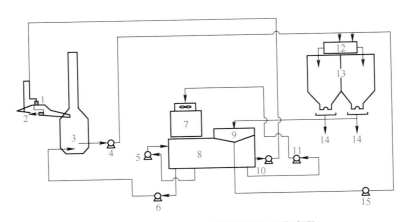

图7-22 拉萨法处理高炉熔渣的工艺流程

1—水渣槽；2—喷水口；3—搅拌槽；4—输渣泵；5—循环槽搅拌泵；6—搅拌槽搅拌泵；
7—冷却塔；8—循环水槽；9—沉降槽；10—冲渣给水泵；11—冷却泵；
12—分配器；13—脱水槽；14—汽车；15—排泥泵

7.2.4.6 图拉法

图拉法（见图7-23）是俄罗斯图拉公司开发的。炉渣从熔渣沟流到转轮粒化器上，液态炉渣被粒化轮上快速旋转的叶片击碎，并沿切线方向抛射出去，遇到粒化器上部喷头喷出的高压水射流而冷却水淬成水渣，喷水只起水淬和冷却作用，因此水量消耗少。渣水混合物进入脱水转鼓，经转鼓上的筛网过滤，水渣落入受料斗，再经胶带机输送到堆渣场或渣仓中；过滤水通过溢流口和回水管进入集水池或集水罐，经循环泵加压后再打到转轮粒化器喷头上。循环水中含有一部分粒度小于0.5 mm的固体颗粒，沉淀在集水池下部，这部分固体沉淀物用气力提升泵提升到高于脱水器筛斗的上部，使其回流进行二次过滤，进一步净化循环水。

7.2.4.7 螺旋法

螺旋法（见图7-24）是通过螺旋机将渣水进行分离的，螺旋机成10°~20°倾斜角安装在水渣槽内，随着传动机构进行旋转，螺旋叶片将水渣从槽底部捞起并输送到水渣运输皮带机上，水则靠重力向下回流到水渣槽内，从而达到渣水分离的目的。浮渣则采用滚筒分离器进行分离，并将其输送到水渣运输皮带机上。水经过水渣槽上部溢流口溢流后，经沉淀、冷却、补充新水等处理后循环使用。

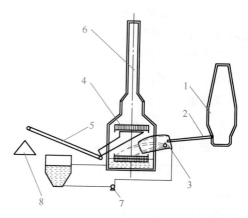

图7-23   图拉法处理高炉熔渣的工艺流程

1—高炉；2—熔渣沟；3—粒化器；4—脱水器；5—皮带机；6—烟囱；7—循环水泵；8—堆渣场

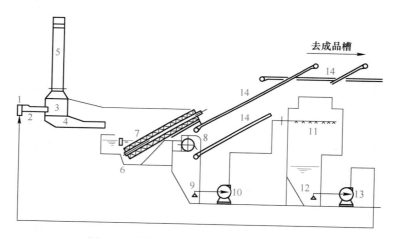

图7-24   螺旋法处理高炉熔渣的工艺流程

1—冲制箱；2—水渣沟；3—缓冲槽；4—中继槽；5—烟囱；6—水渣槽；7—螺旋输送分离机；8—滚筒分离器；9—温水槽；10—冷却泵；11—冷却塔；12—冷水槽；13—给水泵；14—皮带机

7.3 炉前操作

高炉生产是连续进行的。随着冶炼进行，炉缸渣铁增多，如不能及时出尽渣铁，炉缸中液态渣铁面升高后必然会恶化炉缸料柱的透气性，造成风压升高、风量降低、下料转慢、炉缸工作不活跃，甚至造成崩料、悬料等异常炉况，不仅影响高炉产量，不利于炉况顺行，而且容易引发各种事故。当铁口状态维护不好，铁口工作失常时，会出现断铁口、漏铁口、铁口难开、铁口打不进炮泥或者打泥压力低等情况，造成铁口逐渐变浅、出铁时间短、铁口孔道不规则，出铁跑大流、铁口斜喷、堵不上铁口、铁水自动流出，甚至导致炉缸冷却壁烧穿等重大恶性事故。出不尽渣铁不仅破坏炉前正常作业、恶化炉况，还直接影响高炉寿命。

　　小型高炉有一个出铁口，大型高炉往往设两个或两个以上铁口周期性轮流出铁。铁口区受到高温、机械冲刷、化学侵蚀等一系列破坏作用，工作环境十分恶劣。炉前作业应保证合适的铁口深度，合理的出铁时间，及时出尽渣铁，维护好铁口，同时维护好炉前设备和渣铁沟系统。认真做好炉前工作是高炉高效、优质、低耗、长寿和环保的可靠保证。

7.3.1 炉前操作指标

7.3.1.1 出铁正点率

　　出铁正点是指按时打开铁口并在规定的时间内出净渣铁。出铁正点率是指正点出铁炉数占出铁总炉数的百分比。出铁正点率对高炉况有重要的影响。若提前出铁，会因为潮泥而"打火箭"或爆喷，引起铁口过浅，渣铁出不尽；若晚点出铁，会因炉内憋铁而引起炉况不顺，还会给渣铁罐的正常配置带来困难，影响生产的组织和协调。生产中要求出铁正点率越高越好。高炉有效容积与正常出铁时间的参考值见表7-5，日均出铁次数一般在8~12次。

表7-5　高炉有效容积与正常出铁时间的参考值

高炉容积/m³	<600	800~1000	1800~2025	2500	>4000
正常出铁时间/min	50±5	60±10	80±10	130±10	150±10

7.3.1.2 铁口深度合格率

　　铁口深度是指从铁口保护板到红点（与液体渣铁接触的硬壳）间的长度，如图7-25所

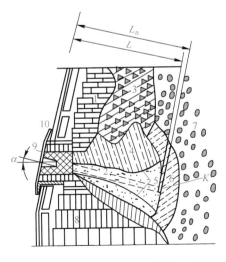

AR资源

请用Mechanical Designing App 扫描图片，观看三维动画。

图7-25　开炉前出铁口的整体构造示意图

1—残存的炉墙砌砖；2—铁口孔道；3—渣皮；4—旧堵泥；5—出铁时泥包被渣铁侵蚀的变化；
6—新堵泥；7—炉缸焦炭；8—残存的炉底砌砖；9—铁口泥套；10—铁口框架；
L_n—铁口全深；L—铁口深度；K—红点；α—铁口角度

示。铁口深度反映了炉墙砌体被保护情况，它与正常打入铁口的泥量多少及高炉炉缸工作状态有关。正常铁口深度应大于铁口区（包括铁口保护板在内）整个炉墙厚度 0.5~0.8 m（为炉缸内衬至炉壳厚度的 1.2~1.5 倍），高炉有效容积与正常铁口深度的关系见表 7-6。铁口深度控制，主要靠经验和改进炮泥质量，若泥包过长，泥包与炉墙接触面积就越小，这样泥包就不稳固，生产中会出现铁口断、铁口漏现象；反之泥包过短，起不到保护铁口作用。

表 7-6　高炉有效容积与正常铁口深度的关系

高炉容积/m³	<350	500~1000	1000~2000	2000~4000	>4000
铁口深度/m	1.0~1.5	1.5~2.5	2.5~2.8	2.5~3.2	3.2~3.9

铁口深度合格率是指铁口深度合格次数与实际出铁次数的百分比。它是反映铁口维护工作好坏的一个重要指标，其数值越高，说明铁口维护越好。保证铁口深度是维护铁口、保护炉缸炉衬的重要措施。维持正常的铁口深度，可促进高炉中心渣铁流动，抑制渣铁对炉底周围的环流侵蚀。若铁口过深，则其稳定性变差，出铁时间延长，出现断铁口、开口困难、不易出铁、见渣迟、炉内储渣量增加、铁口易卡焦炭等现象；若铁口过浅，会导致以下危害：

（1）无固定的泥包保护炉墙，在渣铁的冲刷侵蚀下，炉墙越来越薄，铁口难以维护，容易造成铁水穿透残余砖衬，烧坏冷却壁，甚至发生铁口爆炸或炉缸烧穿等重大恶性事故；

（2）出铁时往往发生"跑大流"和"跑焦炭"事故，高炉被迫减风出铁，造成煤气流分布失常、崩料、悬料和炉温的波动；

（3）渣铁出不尽，使炉缸内积存过多的渣铁，恶化炉缸料柱的透气性，影响炉况顺行；

（4）在退炮时容易导致铁水冲开堵泥流出，造成泥炮倒灌，烧坏炮头，甚至发生渣铁漫到铁道上烧坏铁轨、铁水车事故。

7.3.1.3　铁量差

铁量差是指实际出铁量与理论计算出铁量的差值，它是衡量铁水是否出净的指标。为了保持最低铁水液面的稳定，一些厂要求每次出铁的铁量差不大于 10%。铁量差超过一定数值即为亏铁。亏铁会影响顺行，造成高炉憋风，减少下料批数，还易使高炉铁口难以维护。

$$铁量差 = nm_{理} - m_{实} \tag{7-1}$$

式中　n——两次出铁间的下料批数，批；

　　　$m_{理}$——理论出铁量，t/批；

　　　$m_{实}$——本次实际出铁量，t/批。

7.3.1.4　全风堵口率

正常出铁堵铁口应在全风下进行，不应减风、放风。全风堵口的次数占实际出铁次数的百分比称为全风堵口率，其高低反映了铁口维护、堵铁口操作的水平和设备稳定性。全风堵口有利于提高泥包泥质的密度，形成坚固泥包，还可增强铁口孔道强度及抗冲刷性能。为此，必须保证铁口泥套及炮头完整，堵口时炮头周围没有残渣积铁，防止堵口跑泥，甚至堵不住铁口。

7.3.1.5　见渣时间

渣和铁都从铁口排出，但渣是更难排出的液体，每次出铁对见渣时间有严格要求，以确保在出铁时能将炉内的渣子及时排出。日产 9000~9500 t 的高炉，一般要求从上次出铁堵口时间起算到这次出铁的见渣时间不大于 60 min；日产 9500 t 以上的高炉，则要求在 45 min 内见渣。若超过该时间，就应该安排重叠出铁（即两个铁口同时出铁，比如宝钢之前规定，在日产生铁 9500 t 以上时，相邻两次铁有 10~20 min 的重叠出铁），并查找原因。

7.3.2　出铁口工作状态

7.3.2.1　出铁口的构造

出铁口的整体构造如图 3-19 所示，其由铁口套（铁口框架）、保护板、泥套、铁口孔道等组成。开炉烘炉前，需先在铁口区构筑泥套和泥包，在生产中起导入炮泥和保护砌体的作用。高炉生产过程中，铁口区域的炉墙砖衬会被渣铁冲刷侵蚀而变薄，全靠堵泥形成泥包和渣皮保护。开炉前出铁口的整体构造示意图如图 7-25 所示。

7.3.2.2　铁口泥套

铁口泥套是指出铁孔道与铁口框架的保护板内（250~300 mm 的空间）用耐火材料做成的与泥炮炮嘴完全吻合的结构。铁口泥套的作用如下：

（1）使铁口流出的渣铁不直接与铁口框架接触，保护铁口框架；

（2）堵铁口时炮嘴不直接与铁口异型砖接触，保护铁口异型砖；

（3）使炉缸内渣铁水顺利从铁口排出，确保堵口不冒泥，保持合适的铁口深度；

（4）有利于铁口孔道炮泥密实及泥包的修复形成。

铁口泥套在生产中条件恶劣，它应具有良好的体积稳定性、抗氧化能力、抗渣铁侵蚀和冲刷能力。铁口泥套的状态完好是堵口正常的必要前提，泥套的使用寿命与泥套制作的耐火材料、泥套的制作方法等有关。

7.3.2.3　良好的铁口状态

铁口工作环境恶劣，长期受高温渣铁侵蚀和冲刷。一般情况下，高炉投产后不久，铁口前端砖衬即被侵蚀，在整个炉役期间，铁口区域始终由泥包保护着。为了适应恶劣的工作条件，保证铁口安全生产，提高铁口砖衬材质是十分重要的。砌筑铁口砖衬的耐火材料需有优质的抗碱性、耐剥落性、抗氧化性、耐铁水溶解性、抗渣性和耐用性等。良好铁口状态的标志包括：

（1）铁口泥包、泥套稳固，不易断裂、破损；

（2）铁口区域无大量煤气火冒出；

（3）铁口深度在要求范围内；

（4）开口容易，规定时间内能打开铁口，无断铁口、漏铁口；

（5）铁口孔道密实、规则，不松散，开口后铁流稳定，出铁过程中孔道扩展稳定、均匀，铁口不喷溅、不卡焦；

（6）铁口角度稳定，和泥炮角度基本一致，堵口打泥正常，打泥压力稳步提升，不出现打泥压力过高或过低现象。

7.3.2.4　出铁口的工作条件

铁口区受到高温、机械冲刷和化学侵蚀等一系列的破坏作用，工作条件十分恶劣。

（1）熔渣和铁水的冲刷。炉内周边产生的渣铁在出铁时集中流向铁口，使铁口周围的铁流和热负荷加大，铁口打开后，渣铁在炉内煤气压力和炉料有效重力的作用下，以极快的速度流经铁口孔道，冲刷铁口。受铁口孔道的限制，大量的渣铁在铁口孔道前将形成"涡流"，剧烈地冲刷铁口泥包，最后把铁口孔道里端冲刷成喇叭口状。环流或径向流的强度是侵蚀铁口的重要因素。

（2）风口循环区域对铁口的磨损。渣铁在风口循环区域的作用下，呈现一种搅拌状态，风口直径越大、长度越短，循环区域越靠近炉墙，风口前渣铁对铁口泥包的搅拌冲刷就越剧烈，对炉墙、泥包损害也越大。故铁口上方两侧的风口宜用直径较小的长风口，有时甚至采取暂时堵住这两个风口的办法来处理铁口过浅的问题。

（3）出铁时铁口受到的热应力作用。出铁时，铁口泥包和铁口孔道被液态渣铁加热到很高的温度（达 1500 ℃以上）。由于铁口泥导热性差，使铁口孔道表面温度与内部有很大的温差，因而产生热应力。

（4）炉缸内焦炭沉浮对铁口泥包的磨损。炉缸内焦炭在出铁时下沉，堵上铁口后又逐渐上升，对铁口泥包有一定的磨损作用。

（5）熔渣对铁口的化学侵蚀。熔渣中的 CaO 和 MgO 等碱性物质会与堵泥中的 SiO_2 发生化学反应，产生低熔点的化合物，使堵泥很快被侵蚀。当熔渣碱度高、流动性好时，这种侵蚀作用更为严重。

（6）煤气流对铁口的冲刷。出铁末期堵铁口之前，从铁口喷出大量的高温煤气，有时夹杂着焦炭，剧烈磨损铁口孔道和铁口泥包。

（7）炮泥质量和打入铁口泥量的影响。炮泥质量下降导致铁口连续打泥困难，侵蚀的泥包得不到新泥补充，铁口深度下降；炮泥质量下降导致铁口孔道松散，孔道不规则，出铁时间短。休止的铁口由于长时间不出铁，泥包在炉内受到渣铁环流的侵蚀和冲刷会逐渐消失，铁口深度基本上只保留至炉墙砌砖的长度，因此铁口休止的时间不宜过长。

（8）打泥压力的影响。堵口时，如果打泥压力过低，则打入铁口内的炮泥密实度不够，铁口孔道松散，新旧炮泥结合易产生缝隙，导致铁口渗铁。

（9）炉体漏水的影响。炉体冷却系统漏水，大多流向铁口区域，这样不仅加快对铁口泥包、孔道的侵蚀，也会加速冷却体耐火材料的侵蚀，导致泥包脱落。

（10）潮铁口出铁会破坏孔道和泥包。铁口潮时，在铁水的高温作用下水分急剧蒸发，产生的巨大压力会使铁水喷溅，造成铁口状况的恶化。

7.3.3 铁口维护

维护好铁口是确保按时出净渣铁的基础，保持铁口正常深度是铁口维护的关键，而出净渣铁又是保持铁口正常深度的中心环节。

7.3.3.1 出净渣铁，全风堵出铁口

只有在渣铁出净后，铁口前端才有焦炭柱存在。具有一定可塑性的堵泥进入炽热的焦炭块空隙时会迅速固结，与焦炭块结成一个硬壳；焦炭柱阻止这个硬壳继续向前推进，在炉内全风形成的压力作用下，随后打进的堵泥被硬壳挡住向四周蔓延，能比较均匀地黏结在铁口周围炉墙上，形成坚固的泥包，保护炉墙和铁口正常深度。

如果渣铁未出净，则打入的堵泥会因液态渣铁的冲刷或漂浮而消失，甚至连铁口孔道外端的喇叭口也弥补不上，只封住了铁口孔道，使铁口变浅。渣铁连续出不净时，铁口会越来越浅，极易酿成事故。出净渣铁和全风堵口是维护好铁口的保证。

要做到按时出净渣铁，必须及时配好渣铁罐并维护好出铁设备。开铁口时，应根据上次铁的铁口深度及炉温变化，正确控制铁口眼的大小，以保证渣铁在规定的时间内出净。

出铁过程中要跟踪出铁流速，只有出铁流速大于炉内铁水生成流速，才能保证炉内渣铁及时出净。根据高炉容积大小不同，出铁流速也不相同。

发生以下情况时，为了保证炉缸安全容铁量在正常范围内需进行重叠出铁：

（1）出铁速度低于生成速度；

（2）由于开口困难，造成开口间隔时间超过规定时间；

（3）渣铁未出净；

（4）休风前；

（5）处理炉况需要；

（6）来渣时间超过规定时间。

重叠出铁的两个铁口，先堵口的铁口作为下次出铁口。如果在重叠出铁的同时，炉缸渣铁积存量继续呈上升趋势，则需要进行减风减氧，控制炉内渣铁生成量。

7.3.3.2 提高打泥压力

在堵口过程中，打泥压力不是稳定不变的，而是在 $15\sim25$ MPa 波动。打泥压力的大幅变化会对铁口孔道的填充密实度以及泥包的稳定产生不利影响。打泥压力的高低与炮泥的质量、炉况和铁口的工作状态密切相关。为了确保堵口安全，日常操作上往往使用最快的打泥速度，在打泥压力较低时，炮泥已经填充结束，这样填充的铁口孔道密实度不够，经烧结后自身强度不高，抗渣铁冲刷能力下降，容易出现漏、断铁口的现象。如果在一段时间内铁口的打泥压力过低，在不影响堵口安全的前提下可以调低打泥速度，提高堵口过程中的打泥压力，或者采用打泥过程中补压方式进行打泥，从而确保孔道和泥包填充的密实度。

7.3.3.3　稳定打泥量

为了使炮泥克服炉内阻力和铁口孔道的摩擦阻力全部顺利地进入铁口，打泥量一定要适当而稳定。通常 1000 ~ 2000 m³ 高炉每次打泥量为 200 ~ 300 kg，炮泥单耗为 0.5 ~ 0.8 kg/t。实践表明，产量每增加 30 t，要增加打泥量 1 ~ 2 kg/t，以确保足够的铁口深度。打泥量是根据铁口深度的变化来决定的。铁口深度稳定时，打泥量也应稳定。铁口深度连续两炉超过标准范围时，可增减打泥量，但每次增减幅度不得大于 20 ~ 40 kg，以稳定铁口深度。

7.3.3.4　固定适宜的铁口角度

铁口角度是指出铁时铁口孔道中心线与水平面间的夹角。铁口角度固定，可以保持死铁层的厚度、保护炉底和出净渣铁。同时，也可在堵铁口时使铁口孔道内的渣铁液能全部倒回炉缸中，避免渣铁夹入泥包，引起破坏和给开铁口造成困难。现代高炉为了减轻铁水环流对炉缸、炉底砖衬的侵蚀，死铁层设计较深，出铁口由一套组合砖构筑。传统高炉由于死铁层较浅，随着炉龄的增加，炉底砖衬被侵蚀，将导致最低铁水面下移，在这种情况下可适当增加铁口角度以出净渣铁和维护好铁口。传统高炉一代炉役中铁口角度的变化见表 7-7。

表 7-7　传统高炉一代炉役中铁口角度的变化

炉龄/年	开炉	1 ~ 3	4 ~ 6	7 ~ 10	停炉
铁口角度/(°)	0 ~ 5	5 ~ 8	8 ~ 12	12 ~ 15	15 ~ 17

7.3.3.5　改进炮泥质量

炮泥质量应满足以下要求：

（1）要有良好的塑性，使其能够比较容易地从泥炮中推入铁口，填满铁口通道；

（2）要具有快干、速硬性，使其能够在较短时间内硬化；

（3）其耐高温渣铁磨蚀和熔蚀的能力要好，使出铁过程中铁口孔道不扩大，铁流稳定；

（4）要有良好的体积稳定性，其在铁口中随温度升高体积变化小，中间不断裂；

（5）要有适宜的孔隙率，使其具有足够的透气性，有利于其中挥发分的外逸。

7.3.3.6　严禁潮铁口出铁

潮铁口出铁时，堵泥中残余的水分和焦油受热后急剧蒸发，产生的高压不但会使铁水喷出而危及人身安全，也会使铁口泥包出现裂纹及脱落，甚至会使潮泥连同铁水一起从铁口喷出，使铁口泥套受到严重破坏，造成炉前漫铁的事故，严重时还会酿成铁口堵不上及烧坏铁口区冷却壁等重大事故。因此，严禁潮铁口出铁。

7.3.3.7　保持正常的铁口直径

铁口直径变化直接影响渣铁流速。孔径过大易造成流量过大，引起铁水跑大流；另外，过早地结束出铁工序，将使下次出铁的时间间隔延长，也影响到炉况的稳定。而孔径过小则易导致规定时间内渣铁出不尽。开铁口时，需要根据上次铁口深度、炉温、压力变化及炉内积存量，正确选择钻头直径，以保证渣铁平稳顺利出尽。不同铁种的开口机钻头直径的参考值见表7-8。

表7-8　不同铁种选用开口机钻头直径的参考值

炉顶压力/MPa	0.06	0.08	0.12~0.15	0.15
铸造生铁选用开口机钻头直径/mm	80~60	70~55	65~50	55~45
炼钢生铁选用开口机钻头直径/mm	70~55	60~50	55~45	50~40

7.3.3.8　定期修补，制作泥套

只有泥炮的炮嘴和泥套紧密吻合，才能使炮泥在堵口过程中顺利地将泥打入铁口孔道内。由于泥套不断受到高温和渣铁液的冲刷侵蚀，很容易产生裂纹或大块脱落而失去其完整性，导致发生冒泥甚至堵不上铁口的现象，所以应及时修补和更换泥套，保持其完整性。

7.3.3.9　控制好炉缸内安全渣铁量

如果渣铁出不净，在炉缸铁水积存量超过安全容铁量时则易发生烧坏风口等恶性事故。炉缸安全容铁量通常是指铁口中心线至风口中心线以下500 mm炉缸容积所容的铁量，计算方法如下：

$$m_{安} = \frac{1}{4}k\pi d^2 h\rho_{铁} \tag{7-2}$$

式中　$m_{安}$——炉缸安全容铁量，t；

　　　k——炉缸容铁系数，一般为0.6~0.7；

　　　d——炉缸直径，m；

　　　h——铁口中心线至风口中心线以下500 mm的高度，m；

　　　$\rho_{铁}$——铁水密度，计算时一般取7.0 t/m³。

我国大中型高炉一般每昼夜出铁8~10次，利用系数高时，可增加到11~12次。大型高炉铁口较多，几乎经常有一个铁口在出铁，炉缸内的渣铁液面趋于某一水平，故炉缸内不易积存过多的渣铁量，相对比较安全。

7.3.4　出铁过程

炉前出渣铁包括出铁前准备、开铁口前的确认、出铁过程监控、堵口作业等流程。

出铁前准备工作主要有工器具检查、设备及状态检查、环保检查、沟检查及介质确认等。

开铁口前的确认工作主要有出铁准备就绪、渣处理准备就绪、铁水罐兑位准确（铁水罐本体不倾斜，罐口干净）、撇渣器顺畅（表面未结壳，撇渣器沙坝已做好）、炉前除尘各吸尘点已开始吸风等。

出铁过程中，各岗位监视不能中断，监视内容有铁口状况、渣铁流速、过渣、过铁状

况、沟材浮起、异常冒烟、铁口卡焦、铁口斜喷、混铁车内铁水量、主沟液面状况、摆动流嘴监视等。

　　堵口作业：正常情况下，需要在渣铁出净后堵口。判断渣铁是否出净的根据是：按料批计算的理论铁量和实际出铁量基本相符，不应超过允许的铁量差。堵口作业工作主要有堵口准备（顶紧炮泥，清除铁口泥套周围渣铁，吹扫泥套）、堵口操作、堵口异常情况处理（铁口泥套损坏、焦炭卡塞等）。

🔬 智能炼铁

· 智能 7-1　出铁场的自动化

· 智能 7-2　铁水自动测温取样系统

出铁场的
自动化

铁水自动测
温取样系统

🔗 拓展知识

· 拓展 7-1　出铁操作

· 拓展 7-2　出铁异常情况处理

· 拓展 7-3　撇渣器操作

· 拓展 7-4　撇渣器异常情况处理

· 拓展 7-5　炮泥

· 拓展 7-6　钢铁企业创业史

出铁操作

出铁异常
情况处理

撇渣器
操作

撇渣器异常
情况处理

炮泥

钢铁企业
创业史

📑★ 企业案例

炉前操作及
智能化

案例　炉前操作及智能化

❓ 思考与练习

· 问题探究

7-1　炉前操作的任务有哪些？

7-2 风口平台有何作用？

7-3 出铁场的形式有哪些，环形出铁场的优点是什么？

7-4 什么是主沟，有哪些结构形式？

7-5 简述撇渣器的结构及工作原理。

7-6 摆动流嘴的优点有哪些？

7-7 为保证正常打开铁口，开铁口机应满足哪些要求？

7-8 开铁口的常用方法有哪些？

7-9 常用的开铁口机有哪几种？

7-10 为保证正常堵住铁口，泥炮应满足哪些要求？

7-11 泥炮按驱动方式可以分为哪几种，液压泥炮有何优点？

7-12 泥炮有哪些组成部分，各部分的作用是什么？

7-13 铁水罐车有哪些类型，各有何特点？

7-14 简述铸铁机的结构和工作过程。

7-15 高炉渣的处理方法有哪些，各有何用途？

7-16 常见的水渣处理工艺有哪些？简述其处理过程。

7-17 高炉出铁时，不能及时出净渣铁有何危害？

7-18 简述常用的炉前操作指标。

7-19 铁口过浅有哪些危害？

7-20 良好铁口状态的标志有哪些？

7-21 出铁口损坏的原因有哪些，如何维护好出铁口？

7-22 简述出铁工作过程。

7-23 简述炉前自动化的主要内容。

7-24 简述铁水自动测温取样系统的组成。

7-25 出铁操作有哪些异常情况，如何处理？

7-26 简述撇渣器操作过程。

7-27 撇渣器操作有哪些异常情况，如何处理？

7-28 炮泥有哪些类型，各有何特点？

▪ 技能训练

7-29 绘制出铁口的整体构造图，描述出铁过程中出铁口内部的变化情况。

7-30 已知某高炉每批料的配比为矿石 15.5 t/批、焦炭 3800 kg/批，其中矿石含铁 55%，焦炭灰分含量为 12.35%，灰中含铁 5%，生铁含铁 93%。两次铁间下料批数为 16 批，实际出铁量为 120 t。问是否亏铁，如果亏铁可能造成什么后果？

7-31 某高炉炉缸直径为 7.5 m，风口中心线与铁口中心线之间的距离为 3 m，矿批重 25 t/批，$w[Fe]=$ 93%，矿石品位为 55%，每小时下料 7 批，求炉缸安全容铁量是多少，两次出铁间隔为多长（炉缸铁水安全系数取 0.6，铁水密度取 7.0 t/m³）？

7-32 高炉发生炉凉状况，低风量操作，炉渣流动性差，这时如果请你安排炉前出渣铁，你会怎样安排？

7-33 某高炉计划检修 20 h 更换成型储铁沟，正常复风 2 h 后出第一次铁，铁水温度为 1390 ℃，$w[Si]=$ 0.95%，第一炉铁铁水顺利通过撇渣器，出铁 65 min 后堵口。45 min 后打开铁口出第二次铁，开口 5 min 后发现主沟液面铁水溢出，撇渣器出口铁流断流，此时高炉处于恢复状态，无法堵口。请分析撇渣器是否堵塞，堵塞的原因有哪些？总结本次事故的经验教训。

7-34　某高炉 1 号铁口打开后 55 min 未来渣，炉内憋风。为缓和炉内情况要求打开 3 号铁口重叠出铁；4 号铁口在堵口时泥炮有异常未引起注意，退炮时才发现泥炮故障，要处理 6 h（2 号铁口已退出），此时 4 号主沟内储铁已达 6 h。刚接班就碰到了这样头疼的问题，你将如何在确保高炉顺行的情况下，安排好本班的作业并给下一班创造好条件？

7-34习题
解答参考

▪ 进阶问题

7-35　炉前出铁、渣铁沟维护等工作比较辛苦，可以磨炼人的意志，培养不怕吃苦、艰苦奋斗的优良作风，讨论在此类岗位上如何才能干好工作？

7-36　从全局角度，讨论出铁对高炉运行的影响及出铁口维护的重要性？

7-37　以前的高炉使用渣口，现代高炉已不再使用渣口，查阅有关渣口的资料，论述事物发展与扬弃的关系，讨论充分认识任何事物都有利弊的重要性。

7-38　炉前哪些工作能体现团结协作精神的重要性？

在线测试7

项目 8　高炉煤气净化系统

🎯 学习目标

本项目主要介绍煤气净化原理、净化工艺及净化设备，学习者在学习中要体会煤气净化过程是循序渐进的；学习者还要在学习中培养安全操作意识，深刻理解只有通过学习才能保证安全。

· 知识目标：

(1) 掌握煤气除尘基本原理；

(2) 掌握煤气湿法除尘与干法除尘的工艺流程及特点；

(3) 掌握炉顶各种管道和阀门的位置、作用与结构；

(4) 掌握重力除尘器、旋风除尘器、文氏管、环缝洗涤塔、布袋除尘器、静电除尘器等除尘设备的结构和工作原理；

(5) 掌握煤气透平发电基本原理。

· 能力目标：

(1) 能在煤气区域安全工作；

(2) 能进行高炉切煤气、引煤气操作。

· 素养目标：

(1) 具有环境保护意识；

(2) 具有安全生产意识；

(3) 具有整体观念和全局意识。

思政课堂

凝造匠心

★ 每课金句 ★

尊重自然、顺应自然、保护自然，是全面建设社会主义现代化国家的内在要求。必须牢固树立和践行绿水青山就是金山银山的理念，站在人与自然和谐共生的高度谋划发展。

——摘自习近平 2022 年 10 月 16 日在中国共产党第二十次全国代表大会上的报告

📖 基础知识

高炉煤气中含有 CO、H_2、CH_4 等可燃气体，温度为 150～300 ℃，热值为 2900～3800 kJ/m^3，但不能直接送给用户使用，这是因为它含有 20～40 g/m^3 的炉尘。炉尘是随高速上升的煤气带离高炉的细颗粒炉料，这些炉尘会堵塞管道，渣化设备中的耐火材料从而降低设备寿命、影响传热效率等，因此高炉煤气必须除尘，达到用户要求（一般要求含尘量小于 5 mg/m³)。

通过高炉煤气净化：一方面可以得到纯净的煤气；另一方面可以回收煤气中的高炉炉尘。炉尘一般含铁（质量分数）30%~50%，含碳（质量分数）10%~20%，经煤气除尘器回收后，可用作烧结矿原料。

此外，还可以通过高炉煤气透平发电回收能量。炼铁余能发电主要是利用炼铁产生的高炉煤气的余能（压力能和热能），既回收高炉煤气、减少煤气排放，又创造效益，是钢铁企业二次能源利用最重要的技术。

8.1 煤气除尘原理及工艺

8.1.1 煤气除尘原理

所有煤气的清洗除尘都要靠外力（如惯性力、加速变力、静电力和束缚力等）来完成，为此要消耗能量，增加清洗费用。高炉煤气清洗采用能量消耗低、费用少的三段式除尘，即粗除尘、半精细除尘和精细除尘。一般除尘后尘粒粒度在 100~60 μm 及以上的颗粒除尘设备称为粗除尘设备，粒度在 60~20 μm 的颗粒除尘设备称为半精细除尘设备，粒度小于 20 μm 的颗粒除尘设备称为精细除尘设备。

煤气除尘设备的评价指标主要有生产能力、除尘效率、压力降、水的消耗和电能消耗。

（1）生产能力。生产能力是指单位时间处理的煤气量，一般用每小时所通过的标准状态的煤气体积流量来表示。

（2）除尘效率。除尘效率是指标准状态下单位体积的煤气通过除尘设备后所捕集下来的灰尘质量占除尘前所含灰尘质量的百分数。可用式（8-1）计算：

$$\eta = \frac{m_1 - m_2}{m_1} \times 100\% \tag{8-1}$$

式中　　η——除尘效率，%；

m_1，m_2——分别为入口和出口煤气含尘量（标态），g/m³ 或 mg/m³。

（3）压力降。压力降是指煤气压力能在除尘设备内的损失，以入口和出口的压力差表示。

（4）水的消耗和电能消耗。水、电消耗一般以每处理 1000 m³ 标准状态煤气所消耗的水量和电量表示。

8.1.2 煤气除尘工艺

按照三段式除尘组合成的高炉煤气除尘系统主要有湿法和干法两大类。湿法除尘效果稳定，清洗后的煤气质量好；缺点是产生污水，既消耗大量水，还要进行污水处理。干法的最大优点是消除了污水，有利于环保，节约投资，简化工艺流程；而且可以提高余压透平发电系统入口煤气的温度和压力，提高了能量的回收率；可合理利用煤气显热，提高煤气燃烧热效率，高炉煤气温度按 180 ℃ 计，每吨铁可回收煤气约 $3×10^5$ kJ 的显热，相当于 10 kg 标准煤。

8.1.2.1 湿法除尘工艺

传统高炉常用的煤气清洗工艺是塔后调径文氏管系统，简称塔文系统，如图 8-1 所示，近年来国内外大型高炉煤气清洗主要采用串联双级文氏管系统，简称双文系统（见图 8-2 和图 8-3）以及环缝洗涤塔系统，也称比肖夫洗涤塔系统，如图 8-4 所示。

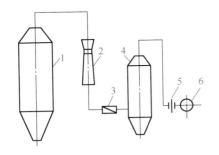
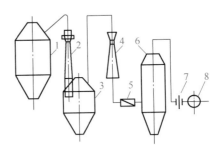

图 8-1　塔后调径文氏管系统

1—洗涤塔；2—调径文氏管；3—调压阀组；

4—脱水器；5—叶形插板；6—净煤气总管

图 8-2　串联双级文氏管系统（不带余压发电）

1—重力除尘器；2—溢流文氏管；3—脱泥器；

4—二级调径文氏管；5—调压阀组；6—脱水器；

7—叶形插板；8—净煤气总管

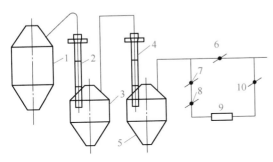
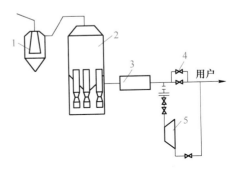

图 8-3　串联双级文氏管系统（带余压发电）

1—重力除尘器；2——级调径文氏管；3—脱水器；

4—二级调径文氏管；5—脱水器；6—调压阀组；

7—快速切断阀；8—调速阀；9—余压透平；10—切断阀

图 8-4　环缝洗涤塔系统

1—重力除尘；2—环缝洗涤器；3—脱水器；

4—旁通阀；5—透平机组

塔文系统水单耗为 5~5.5 kg/m³，耗水量大，比较落后，目前新建高炉已不用此系统。

双文系统的优点是操作、维护简便，占地少，耗水量低（水气比为 3~4 L/m³），节约投资 50% 以上，煤气温度比塔文系统的略高 2~3 ℃，经除尘后煤气含尘量小于 10 mg/m³。但一级文氏管磨损较严重。

环缝洗涤塔系统将煤气净化、冷却、脱水及调节炉顶压力等功能集于一体。其与双文系统相比，设备重量轻、占地少；耗水少（水气比为 $2\sim2.5$ L/m³），节水明显；除尘效率高达 99.8%以上，经除尘后煤气含尘量小于 5 mg/m³；阻力损失比双文系统小 $10\sim20$ kPa，可增加 TRT 4%左右的发电量，并可调节顶压，顶压比较稳定（波动范围为±2 kPa）；使用寿命长，维护工作量小，便于管理。目前，环缝洗涤塔系统已被大型高炉广泛应用。

8.1.2.2　干法除尘工艺

干法除尘工艺主要有两种，即：重力除尘器+静电除尘器，如图 8-5 所示；重力除尘器+布袋除尘器，如图 8-6 所示。目前，国内高炉煤气应用干式静电除尘器的不多，且都为引进设备，并备用了一套湿法除尘系统。而布袋除尘工艺越来越受到世界各国钢铁企业的重视和青睐，并已从中小型高炉逐步推广应用到大型高炉。据测定，正常运行时布袋除尘工艺的除尘效率均在 99.8%以上，净煤气含尘量在 10 mg/m³ 以下（一般为 6 mg/m³ 以下），而且比较稳定。

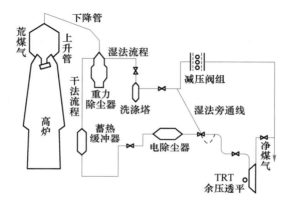

图 8-5　重力除尘器+静电除尘器的工艺流程

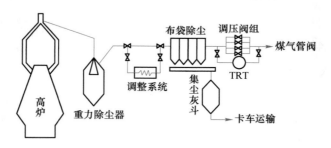

图 8-6　重力除尘器+布袋除尘器的工艺流程

8.2　高炉煤气管道与粗除尘设备

8.2.1　煤气输送管道与阀门

8.2.1.1　煤气输送管道

高炉煤气由炉顶封板（炉头）引出，经导出管、上升管、下降管进入重力除尘器，如

图 8-7 所示。从高炉炉顶到粗除尘设备之间的煤气管道称为荒煤气管道，从粗除尘设备到精细除尘设备之间的煤气管道称为半净煤气管道，精细除尘设备以后的煤气管道称为净煤气管道。

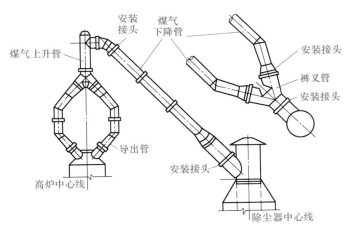

图 8-7　高炉炉顶煤气管道

　　煤气导出管的设置应有利于煤气在炉喉截面上均匀分布，减少炉尘吹出量。大中型高炉设有 4 根导出管，均匀分布在炉头处，总截面积不小于炉喉截面积的 40%。为了增加导出口截面积和不受炉顶封板高度的限制，导出管与炉顶封板的接触处常做成椭圆形断面，为了简化高炉管道结构，也可以采用圆形断面结构。煤气在导出管内的流速为 3~4 m/s。导出管倾角应大于 50°，一般为 53°，以防止灰尘沉积堵塞管道。

　　煤气上升管的总截面积为炉喉截面积的 25%~35%，上升管内煤气流速为 5~7 m/s。上升管的高度应能保证下降管有足够大的坡度。

　　为了防止煤气灰尘在下降管内沉积，下降管内煤气流速应大于上升管，一般为 6~9 m/s，或按下降管总截面积为上升管总截面积的 80% 考虑，同时应保证下降管倾角大于 40°

　　目前，高炉炉顶煤气管道上升管与下降管连接节点最好为球形节点，将 4 根上升管向高炉中心位置的上方一次交汇，在交汇处作一球形壳体节点，从球形壳体节点上引出下降管，下降管末端接除尘器，如图 8-8 所示。下降管的方向和斜度都较灵活，除尘器布置也很灵活，而且可以降低炉顶高度。

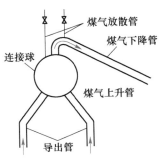

图 8-8　球形节点式连接

8.2.1.2　煤气管道阀门

　　（1）煤气放散阀。煤气放散阀属于安全装置，设置在炉顶煤气上升管的顶端、除尘器的顶端和除尘系统煤气放散管的顶端，为常关阀。当高炉休风时，打开放散阀并通入水蒸气，将煤气驱入大气，操作时应注意不同位置的放散阀不能同时打开。对煤气放散阀的要求是密封性能良好、工作可靠、放散时噪声小。煤气压力高的高炉常采用连杆式放散阀和揭盖式放散阀，如图8-9所示。连杆式放散阀由阀体、阀盖以及连杆开合机构组成，阀盖为90°翻转，密封结构为软硬结合的复合密封。阀盖上设有蝶形弹簧，使阀盖密封面与阀座密封面通过蝶形弹簧压紧力保持接触，并且保持定的预紧压力。揭盖式放散阀在操作时用平衡重压住，阀盖与阀座接触处加焊硬质合金，在阀壳内设有防止料块飞出的挡帽。

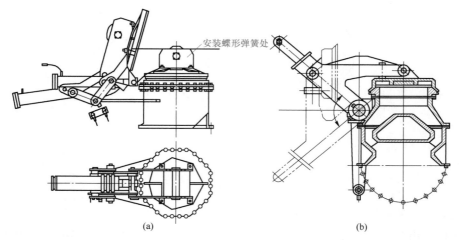

图8-9 煤气放散阀

（a）连杆式；（b）揭盖式

（2）煤气遮断阀。煤气遮断阀设置在重力除尘器上部的圆筒形管道内，属于盘式阀，如图8-10所示。高炉正常生产时其处于常通状态，阀盘提到虚线位置，煤气入口与重力除尘器的中心导入管相通。高炉休风时其关闭，阀盘落下，将高炉与煤气除尘系统隔开。要求煤气遮断阀的密封性能良好，开启时压力降要小。

8.2.2 粗除尘设备

粗除尘设备通常作为三级处理设备的第一级设备，而且都是干法设备。

8.2.2.1 重力除尘器

重力除尘器（见图8-11）使用历史悠久，运行可靠，是高炉煤气除尘系统中应用最广泛的一种除尘设备。其除尘原理是煤气经中心导入管进入后，由于除尘器与中心管直径相差甚大，煤气速度突然降低，气流转向180°，煤气中的灰尘颗粒在重力和惯性力作用下沉降到除尘器底部而去除。煤气在除尘器内的流速必须小于灰尘的沉降速度，而灰尘的沉降速度与灰尘的粒度有关，荒煤气中灰尘的粒度与原料状况及炉顶压力有关。一般重力除尘器内煤气流速为0.6~1.5 m/s。

重力除尘器可以除去粒度大于30 μm的灰尘颗粒，除尘效率在60%左右，出口煤气含尘量可降至1~6 g/m³，阻力损失较小，一般为50~200 Pa。

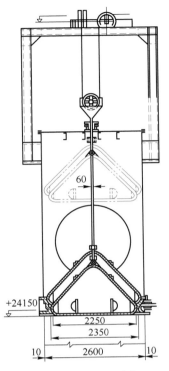

图 8-10 煤气遮断阀（单位：mm）

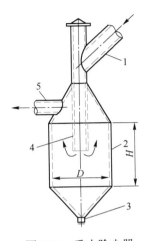

图 8-11 重力除尘器

1—煤气下降管；2—除尘器；3—清灰口；4—中心导入管；
5—出口管；D—除尘器内径；H—除尘器直筒段高度

除尘器内的灰尘颗粒干燥且细小，排灰时极易飞扬，严重影响劳动条件并污染周围环境，目前多采用螺旋清灰器排灰，可改善清灰条件。螺旋清灰器的结构如图 8-12 所示。

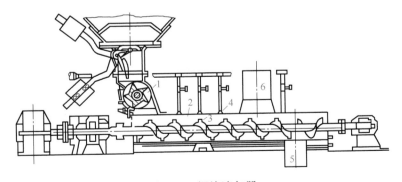

图 8-12 螺旋清灰器

1—筒形给料器；2—出灰槽；3—螺旋推进器；4—喷嘴；5—水和灰泥的出口；6—排气管

8.2.2.2 轴流旋风除尘器

为了减轻后续煤气清洗压力，许多新建高炉采用轴流旋风除尘器（见图 8-13），其工作原理同旋风分离器。轴流旋风除尘器结构小巧，可以除去大于 25 μm 的粉尘颗粒，除尘效率高，一般可达到 80% 以上；但轴流旋风除尘器对设备及材料的要求高，投资相对要大一些。

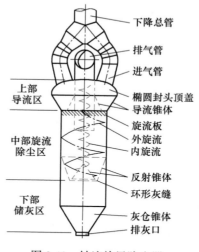

图 8-13　轴流旋风除尘器

8.3　高炉湿法除尘设备

8.3.1　半精细除尘设备

半精细除尘设备设在粗除尘设备之后，用来除去粗除尘设备不能去除的细颗粒粉尘。半精细除尘设备主要有洗涤塔和溢流文氏管，一般可将煤气含尘量降至 0.5 g/m³ 以下。

8.3.1.1　洗涤塔

空心洗涤塔为细高的圆筒形结构，如图 8-14（a）所示。其外壳由 8~16 mm 钢板焊成，煤气由入口管道进入塔内，入口管道带有一定的角度，目的是避免煤气直接冲刷对面器壁。在煤气入口管道上方设有煤气分配盘，其作用是使煤气分布均匀，有利于降尘、降温。在分配盘上方铺设 2 层或 3 层喷水管，每层都设有均匀分布的喷头，最上层逆气流方向喷水，喷水量占总水量的 50%；下面两层则顺气流方向喷水，喷水量各占 25%，这样不致造成过大的煤气阻力且除尘效率较高。喷头呈渐开线形，喷出的水为伞状细小雾滴。

洗涤塔工作原理：煤气由洗涤塔下部进入自下而上运动，遇到由上而下喷洒的水滴，煤气中的灰尘被水滴润湿，小颗粒凝聚成较大颗粒，在重力作用下，随水一起流向洗涤塔下部，再经塔底水封排出，经冷却和洗涤的煤气由塔顶管道导出，煤气温度降至 40 ℃ 以下。

洗涤塔的排水机构，常压高炉采用水封排水，如图 8-14（b）所示，在塔底设有排放淤泥的放灰阀；高压操作的高炉洗涤塔上设有自动控制的排水设备，如图 8-14（c）所示，一般设有两套，每套都能排除正常生产时的用水量，蝶式调节阀由水位调节器中的浮标牵

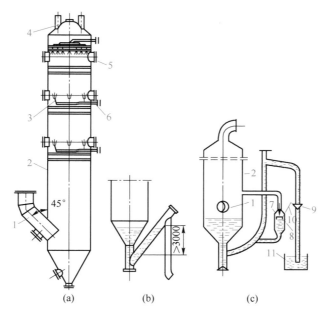

图 8-14　洗涤塔

（a）空心洗涤塔；（b）常压洗涤塔的水封装置；（c）高压煤气洗涤塔的水封装置
1—煤气导入管；2—洗涤塔外壳；3—喷嘴；4—煤气导出管；5—人孔；6—给水管；
7—水位调节器；8—浮标；9—蝶式调节阀；10—连杆；11—排水沟

动，它既能使水封保持在像普通压力下那样的高度，又能在压力变化时使塔内水位稳定在一定水平上。

影响洗涤塔除尘效率的主要因素是水的消耗量、水的雾化程度和煤气流速。耗水量越大，除尘效率越高。水的雾化程度应与煤气流速相适应，水滴过小会影响除尘效率，甚至由于过高的煤气流速和过小的雾化水滴使已捕集到灰尘的水滴被吹出塔外，致使除尘效率下降。为防止载尘水滴被煤气流带出塔外，可以在洗涤塔上部设置挡水板，将载尘水滴捕集下来。

洗涤塔筒体直径是根据煤气在洗涤塔内的平均流速来确定的，平均流速一般为 1.8~2.5 m/s，过大的流速会将过小的水滴和灰尘带出洗涤塔而影响除尘效率。直筒部分的高度是指煤气入口管中心至最高一层喷水嘴之间的距离，按 10~15 s 的煤气停留时间计算。

洗涤塔的除尘效率可达 80%~85%，压力损失为 80~200 Pa。

8.3.1.2　溢流文氏管

溢流文氏管是由文氏管发展而来的，它在较低喉口流速（50~70 m/s）和低压头损失（3500~4500 Pa）的情况下，不仅可以部分地除去煤气中的灰尘，使含尘量由 6~12 g/m³ 降至 0.25~0.35 g/m³，还可有效地将煤气冷却到约 35 ℃。

溢流文氏管（见图 8-15）由煤气入口管、溢流水箱、收缩管、喉口和扩张管等组成。工作时，溢流水箱的水不断沿溢流口流入收缩段，保持收缩段至喉口连续地存在一层水膜。煤气进入文氏管后，收缩段截面不断缩小，煤气流速不断增大，当高速煤气流通过喉口时与水激烈冲击，使水雾化而与煤气充分接触，两者进行热交换后煤气温度降低；同时，雾化水使粉尘颗粒润湿、相互撞击凝集在一起，使颗粒变大。在扩张段中，由于煤气流速不断降低，凝集后的尘粒靠惯性力从煤气中分离出来，随水排出。其排水机构与洗涤塔相同。

溢流文氏管与洗涤塔比较，具有结构简单、体积小、水耗低、除尘效率高、可节省钢材 50%~60% 等优点；但煤气出口温度比洗涤塔高 3~5 ℃，阻力损失大，为 1500~3000 Pa。

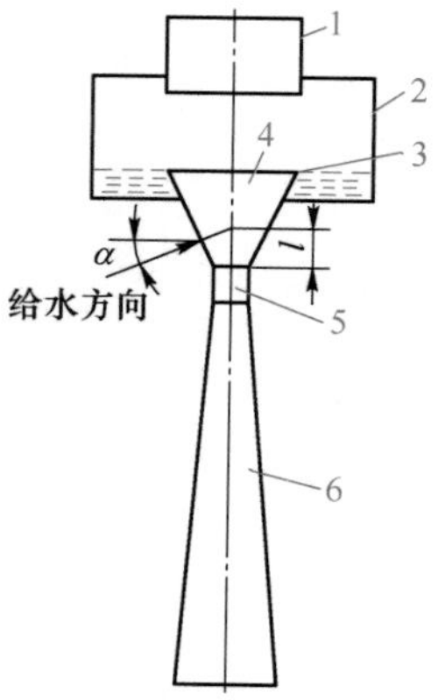

图 8-15　溢流文氏管
结构示意图

1—煤气入口管；2—溢流水箱；
3—溢流水；4—收缩管；
5—喉口；6—扩张管

8.3.2　精细除尘设备

湿法精细除尘设备主要有高能文氏管和环缝洗涤塔，除尘后煤气含尘量小于 10 mg/m³。

8.3.2.1　高能文氏管

高能文氏管由收缩管、喉口、扩张管三部分组成，一般在收缩管前设两层喷水管，在收缩管中心设一个喷嘴，如图 8-16 所示。

高能文氏管的除尘原理与溢流文氏管相同，只是通过喉口部位的煤气流速更大，气体对水的冲击更激烈，水的雾化更充分，可以使更细的粉尘颗粒得以湿润凝聚并与煤气分离。高能文氏管的除尘效率与喉口处煤气流速和耗水量有关，当耗水量一定时，喉口流速越高，除尘效率越高；当喉口流速一定时，耗水量多，除尘效率也相应提高。但喉口流速过分提高，会导致阻力损失的增加。

高炉冶炼条件的变化常引起煤气的变化，为了保证喉口处煤气流速的稳定，也可采用调径文氏管。调径文氏管多采用矩形喉口，宽度不大于 350 mm，喉口高度为 200~300 mm。收缩后采用边缘喷水的溢流水槽，两块调节板由传动轴伸向管外，并有平衡重调节叶板的偏心力矩，两块叶板全关闭时四周应留有 1~2 mm 的缝隙，以便排泄洗涤水。

8.3.2.2　环缝洗涤塔

环缝洗涤塔（又称比肖夫洗涤塔，即 Bischoff 洗涤塔）由筒体、洗涤水喷嘴、环缝洗涤器及液压驱动装置、上下段锥形集水槽、煤气入口及出口管等组成，如图 8-17 所示。

塔体可分为三段：上段为预清洗段，设有多层喷嘴，布置在塔内中心线上喷水，使煤气冷却，同时较大的尘粒被雾化水滴捕集后从半净煤气中分离出来。含尘水滴汇集在预清洗段下部的集水槽处，在第一段之前排出，经沉淀、加药处理后循环使用。中段为环缝洗涤段，内设有多个并联的环缝洗涤元件（AGS），在每个环缝洗涤装置的导流管中设有一个大流量喷嘴将洗涤水雾化，雾化后的水滴在环缝洗涤器内被高速气流进一步雾化成更细小的颗粒，一般粒度大于 5 μm 的尘粒均能被水滴捕集，只要控制 ACS 的适当压差（20~25 kPa）就可保证半净煤气流经此区域后含尘量小于 5 mg/m³。下段内设有驱动环缝洗涤元件的液压站。

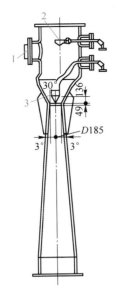

图 8-16 高能文氏管示意图

1—人孔；2—螺旋形喷水嘴；3—弹头式喷水嘴

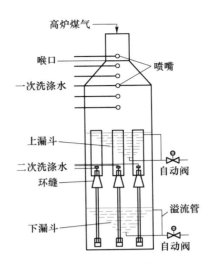

图 8-17 环缝洗涤塔结构示意图

环缝元件是环缝洗涤塔的关键部件（见图 8-18），主要由文氏管和锥形件组成。锥形件由液压驱动，做垂直方向运动。通过改变锥形件和文氏管之间的环缝宽度，可控制高炉顶压及保证煤气清洗质量。这种环缝结构使得流经环缝元件的气流、水流分布均匀，冲刷磨损小，不易积灰，操作简单，维护工作量小，使用寿命长；也使得环缝元件能控制炉顶压力，从而可取消减压阀组，相应地消除了减压阀组调节炉顶压力时造成的严重噪声污染。

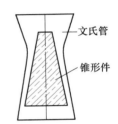

图 8-18 环缝元件示意图

8.3.3 湿法除尘的附属设备

8.3.3.1 喷水嘴

常用的喷水嘴有渐开线形、碗形、辐射形等形式，如图 8-19～图 8-21 所示。

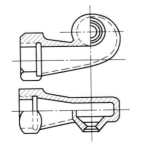

图 8-19 渐开线形喷水嘴

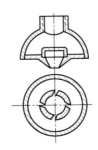

图 8-20 碗形喷水嘴

（1）渐开线形喷水嘴。渐开线形喷水嘴又称螺旋形喷水嘴或蜗形喷水嘴，其结构简单，不宜堵塞；但喷淋不均匀，中心密度小，圆周密度大，供水压力越高越明显。此种喷水嘴喷射角为68°，流量系数小，一般常用于洗涤塔。

（2）碗形喷水嘴。碗形喷水嘴雾化性能弱，水滴细，喷射角大（67°~97°）；但结构复杂，易堵塞，对水质要求高，喷淋密度不匀，常用于文氏管与静电除尘器。

（3）辐射形喷水嘴。辐射形喷水嘴用于文氏管喉口处，它的结构简单，中心是空圆柱体，沿周边钻有1排或2排水孔，水孔直径为6 mm。在其前端圆头部分沿中心线钻一个直径为6 mm的小孔或3个直径为6 mm的斜孔，以减少上堵塞现象。

8.3.3.2 脱水器

湿法除尘后的煤气含有大量细粒水滴，而且水滴吸附有尘泥，这些水滴必须除去，否则会降低净煤气的发热值，腐蚀和堵塞煤气管道，降低除尘效果。因此，在精细除尘设备之后设有脱水器（又称灰泥捕集器），使净煤气中的水滴从煤气中分离出来。

（1）重力式脱水器（见图8-22）。重力式脱水器的脱水原理是：气流进入脱水器后，由于气流流速和方向突然改变，气流中吸附有尘泥的水滴在重力和惯性力作用下沉降，与气流分离。重力式脱水器结构简单，不易堵塞，但脱泥、脱水效率不高。通常安装在文氏管后，煤气在脱水器内的流速为4~6 m/s。

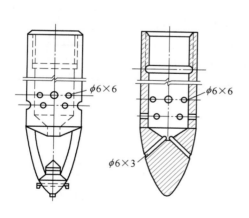
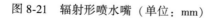

图 8-21　辐射形喷水嘴（单位：mm）

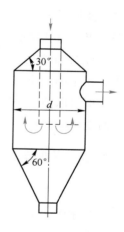

图 8-22　重力式脱水器

（2）挡板式脱水器（见图8-23）。挡板式脱水器的脱水原理是：煤气从切线方向进入，在脱水器内一边旋转、一边沿伞形挡板曲折上升，含泥水滴在离心力和重力作用下与挡板、器壁碰撞，被吸附在挡板和器壁上积聚向下流动而被除去。挡板式脱水器入口处煤气流速不小于12 m/s，筒内流速为4~5 m/s，压力降为500~1000 Pa，脱水效率约为80%。一般设在调压阀组之后。

（3）填料式脱水器（见图 8-24）。填料式脱水器的脱水原理是：靠煤气流中的水滴与填料相撞失去动能，从而使水滴与气流分离。填料式脱水器一般设两层填料，填料多为塑料杯，筒体高度约为直径的 2 倍，脱水压力降为 500~1000 Pa，脱水效率为 85%。

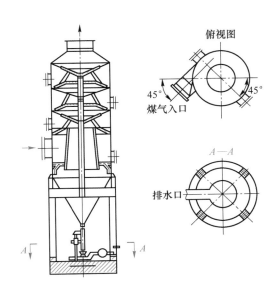

图 8-23　挡板式脱水器　　　　　　　图 8-24　填料式脱水器

8.3.3.3　煤气调压阀组

煤气调压阀组又称减压阀组或高压阀组，是高压高炉煤气清洗系统中的减压装置，既控制高炉炉顶压力，又确保净煤气总管压力为设定值。

调压阀组设置在净煤气管道上，其构造如图 8-25 所示。对于 1000 m³ 高炉来说，调压阀组由三个 $\phi750$ mm 的设有手动控制的电动蝶阀、一个内径为 $\phi400$ mm 的设有手动控制的电动蝶阀和 $\phi250$ mm 的常通管道组成。当三个 $\phi750$ mm 的蝶阀逐次关闭后，高炉进入高压操作状态，自动控制蝶阀则不断变动其开启程度，维持稳定的炉顶压力。$\phi400$ mm 的阀门用于细调，$\phi750$ mm（或 $\phi800$ mm）的阀门用于粗调或分挡调节，常通管道起安全保护作用。

调节阀组的煤气压力降可达 19.6 kPa 以上，而且每个阀门前都有喷水装置，这对除尘有显著的效果。

8.3.3.4　煤气洗涤污水处理

高炉煤气洗涤水含有大量悬浮物及有毒物质，这些污水必须进行净化处理，回收的清水可以作为循环水继续使用。煤气洗涤污水的处理通常采用沉淀法。

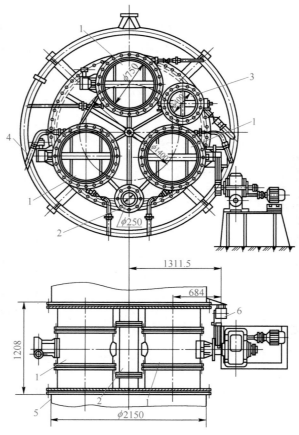

图8-25 煤气调压阀组（单位：mm）
1—电动蝶式调节阀；2—常通管；3—自动控制蝶式调节阀；
4—给水管；5—煤气主管；6—终点开关

8.4 高炉干法除尘设备

8.4.1 布袋除尘器

布袋除尘器是过滤除尘，含尘煤气流通过布袋时，灰尘被截留在纤维体上，而气体通过布袋继续运动。布袋除尘的特点是：效率高，一般在99.8%以上；煤气质量好，净煤气含尘量一般在6 mg/m³以下，而且比较稳定；属于干法除尘，可以提高余压透平发电系统入口煤气温度和压力，提高能源回收效率。

布袋除尘器主要由箱体、布袋、清灰设备及反吹设备等构成，如图8-26所示。含尘煤气经支管进入袋式除尘器的下箱体，经过分配板向上到达布袋进行过滤，微细粉尘经过滤附着在滤袋外表面，净化后煤气通过滤袋汇集到上箱体，经净煤气支管、总管送出。当过滤到一定时间后，滤袋表面的粉尘增加，导致除尘器阻力上升，此时需要清灰。清灰时间的确定有两种方式：一种是定压差方式，即当阻力上升到设定数值时，程序控制系统自动发出清灰信号；另一种是定时方式，根据操作过程摸索的经验，设定好清灰周期。各布袋除尘器一般都有若干个箱体，箱体清灰依次轮流进行，周而复始，煤气除尘并不间断。

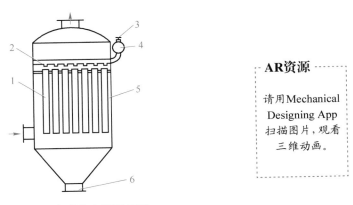

图 8-26　布袋除尘器示意图

1—布袋；2—反吹管；3—脉冲阀；4—脉冲气包；5—箱体；6—排灰口

布袋除尘工艺按进气方式分为上进气与下进气两种，上进气的是气流方向和灰尘降落的方向一致，反吹时有利于灰尘沉降，但灰斗部分易形成煤气死区，温度低，易结露，卸灰困难。下进气的反吹效果差，但灰斗部分温度高，易卸灰。

布袋除尘工艺按其过滤方式可分内滤式和外滤式。含尘气体经过滤袋的内表面过滤后，粉尘被阻隔在滤袋的内表面上，这种过滤方式称为内滤式；含尘气体经过滤袋的外表面过滤后，粉尘被阻隔在滤袋的外表面上，这种过滤方式称为外滤式。

布袋除尘工艺按其清灰方式分为机械振动型、（煤气）加压反吹型和脉冲喷吹型三种。脉冲喷吹型较为常用，脉冲阀开启后，气包中的气体经喷吹管从袋口喷入，滤袋急速向外扩张，附在滤袋外面的粉尘被抖落下来，落入灰斗，喷吹结束，除尘器进入正常过滤状态。

布袋除尘器箱体由钢板焊制而成，箱体截面为圆筒形或矩形，箱体下部为锥形集灰斗，水平倾斜角应大于 60 ℃，方便灰尘下滑。集灰斗下部设置螺旋清灰器，定期将集灰排出。

布袋的材质是布袋除尘器的关键，目前我国自行研制的布袋材质有两种。一种是玻璃纤维滤袋，可耐高温（280~300 ℃），使用寿命一般在 1.5 年以上，价格便宜；缺点是抗折性能较差，广泛应用在中小型高炉上。另一种是合成纤维滤袋，其特点是过滤风速高，是玻璃纤维的 2 倍，抗折性能好，但耐温低，一般为 204 ℃，瞬间可达 270 ℃，而且价格较高，是玻璃纤维滤袋的 3~4 倍，目前仅在大型高炉使用。

除尘滤袋能承受的最高温度大约为 280 ℃，而进入滤袋除尘器的煤气温度下限应高于露点温度 80 ℃，因此，为防止因温度超高而烧损滤袋或因温度过低而黏结滤袋，有效地控制进入箱体的煤气温度对布袋除尘器的正常运行极为重要。

8.4.2 静电除尘器

静电除尘器的除尘原理：煤气流通过由正负电极形成的高压电场时，气体发生电离，形成正负离子，称为电晕放电。金属棒上固定有骨刺钢针等尖锐物体时，易产生电晕放电，一般接高压直流电源的负极，称为放电极（电晕极），集尘极接地为正极，集尘极可以采用圆管，也可以采用平板。气体电离后，正离子向负极移动，负离子向正极移动。放电极的电晕范围通常局限于周围几毫米处，由于范围很小，只有少量的尘粒在电晕区通过，获得正电荷，沉积在电晕极上。大多数尘粒在电晕外区通过，获得负电荷，最后沉积在集尘极上。沉积的灰尘通过振打或水冲使其从电极上脱下落入集灰斗排除。

静电除尘器特点是：除尘效率达 99% 以上，可将煤气净化到 5 mg/m³；压力损失小于 500 Pa；受高炉操作影响小；耗电量少，一般每立方米煤气为 0.7 kW·h。但建设投资较高，对温度很敏感，只能在 250 ℃ 以下运行。

静电除尘器结构如图 8-27 所示。

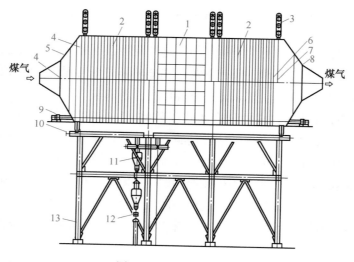

图 8-27 干式电除尘器

1—放电电极；2—集尘电极；3—绝缘子室；4—多孔板；5—入口扩收管；
6—放电电极振打装置；7—集尘电极振打装置；8—出口扩散管；9—螺旋减速器；
10—螺旋输送机；11—灰仓；12—排灰阀；13—电除尘台架

静电除尘器的电气部分主要是整流和升压装置，电压达 60~70 kV。过去用机械整流器，近年来被硅整流器及可控硅整流器取代，有的还使用硒整流器。后者体积小，并有无级调压的优点，在新设计中采用比较多。

8.5 煤气透平发电

现代高炉普遍使用高压操作。高炉炉顶煤气余压透平发电装置（简称 TRT）是通过透平膨胀机做功将高炉炉顶煤气具有的压力能及热能转化为机械能，再通过发电机组将机械能转化为电能输送给电网用户加以利用的装置。这种发电方式既不消耗任何燃料，也不产生环境污染，发电成本又低，是高炉冶炼工序的重大节能项目，经济效益十分显著，可以回收高炉鼓风机所需能量的30%左右。以一座4000 m³高炉为例，每年可回收电力1.0亿千瓦时，价值约2000万元，基建投资2~2.5年即可回收。

8.5.1 煤气透平发电的工艺特点

TRT工艺分为湿式和干式两种，分别适用于湿法和干法除尘净化的煤气。

8.5.1.1 湿式TRT工艺

湿式TRT工艺是使用水来除尘并设置TRT装置的工艺。如图8-28所示，煤气经重力除尘器、文氏管洗涤器净化后，从文氏管出口分为两路，一路是当TRT不工作时，煤气通过减压阀组减压后进入煤气管网；另一路是TRT运转时，经入口蝶阀、眼镜阀、紧急切断阀、调压阀进入TRT，然后经可以完全隔断的水封截止阀，最后从除雾器进入煤气管网。

湿式TRT工艺的特点是：煤气比较干净，被水蒸气所饱和，其内部装设有专门的喷水装置，可以使透平内发生很强的冷凝效果，同时可以清洗叶片，以防叶片积垢和磨损。煤气系统比较简单，通常煤气通过一级或二级文氏管洗涤器后，进入透平的煤气中的粉尘及时用水冲洗除去，不会使透平造成腐蚀和堵塞。

8.5.1.2 干式TRT工艺

干式TRT工艺是采用干式除尘（旋风除尘、布袋或电除尘）并设置TRT装置的工艺。如图8-29所示，透平机装在重力除尘器和旋风除尘器之后，要求进入透平的煤气温度比较高（170 ℃左右），以免煤气在绝热膨胀时温度下降而冷凝，使煤气中的粉尘在叶片上黏结。如果煤气温度达不到170 ℃，则应把部分煤气燃烧后混入，这会使煤气的发热量降低。

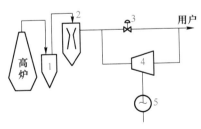

图8-28 湿法TRT工艺流程图
1—重力除尘器；2—文氏管洗涤器；
3—调压阀组；4—煤气透平；5—发电机

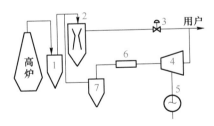

图8-29 干式TRT工艺流程图
1—重力除尘器；2—文氏管洗涤器；
3—调压阀组；4—煤气透平；5—发电机；
6—燃烧器；7—旋风除尘器

干式TRT工艺的特点是：生产每吨铁节水约9 t，其中节约新水2 t；发电功率比湿式高30%~50%；排出的煤气温度高，所含热量多、水分低，煤气的理论燃烧温度高，用于烧热风炉，可提高热风温度 $40 \sim 90$ ℃，相应降低焦比 $8 \sim 16$ kg/t，吨铁回收电量约 50 kW·h。

8.5.2　煤气透平发电机的类型及工作原理

煤气透平发电机是利用煤气产生膨胀并把能量转化为机械能来进行发电的一种装置，按其结构类型的不同分为向心式和轴流式两大类。

8.5.2.1　向心式透平机

离心压缩机的工作原理如图 8-30（a）所示，它由电动机带动气体由中部轴向进入，然后沿径向离心流出，出口压力 P_2 大于入口压力 P_1。向心式透平机的工作原理如图 8-30（b）所示，其工作过程是离心压缩机的逆向过程，气体以压力 P_2 沿径向流入透平的动叶，推动工作叶轮转动，然后带动发电机发电。向心式透平机结构简单，运行可靠，但效率较低。

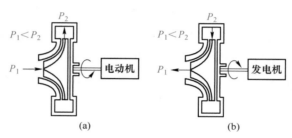

图 8-30　离心压缩机和向心式透平机的工作原理
（a）离心压缩机；（b）向心式透平机

8.5.2.2　轴流式透平机

轴流式透平机（见图 8-31）由一系列静叶叶栅和装有动叶叶栅的工作叶轮彼此串联而成。气体（压力 P_2）流经动叶时，其动量发生变化而产生一个气动力 F，推动叶轮旋转，气体压力转化为机械能，出口压力 P_1 小于入口压力 P_2。若轴流式透平的动叶流道的通流面积做成不变的［见图 8-31（a）］，称为冲动式透平；动叶流道的通流面积是逐渐收缩的［见图 8-31（b）］，称为反动式透平。轴流式透平机结构上便于做成多级型式，允许流过大量的煤气，效率高。

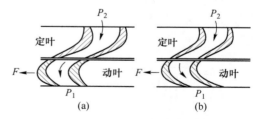

图 8-31　轴流式透平的叶栅
（a）冲动式透平；（b）反动式透平

拓展知识

· 拓展 8-1　高炉切煤气、引煤气操作

高炉切煤气、引煤气操作

· 拓展 8-2　布袋除尘器的清灰操作

· 拓展 8-3　绿色制造是高炉炼铁发展的必由之路

布袋除尘器的清灰操作

绿色制造是高炉炼铁发展的必由之路

企业案例

案例　煤气处理实例

煤气处理实例

？思考与练习

· 问题探究

8-1　为什么高炉煤气要进行净化？

8-2　煤气除尘的原理是什么？

8-3　煤气净化为什么使用三段式除尘？

8-4　评价煤气除尘设备的指标有哪些？

8-5　湿法除尘和干法除尘各有何特点？

8-6　煤气湿法除尘有哪几种工艺，它们的特点是什么？

8-7　煤气干法除尘有哪几种工艺，它们的特点是什么？

8-8　炉顶煤气输送管道是如何布置的？

8-9　煤气放散阀和遮断阀各有何作用？

8-10　简述重力除尘器的结构及工作原理。

8-11　简述轴流旋风除尘器的结构及工作原理。

8-12　简述洗涤塔的结构及工作原理。

8-13　文氏管的除尘原理是什么，影响文氏管除尘效率的因素有哪些？

8-14　高能文氏管与溢流文氏管有何异同？

8-15　环缝洗涤塔的构造与工作原理是怎样的？

8-16　喷水嘴有何作用，它有哪些类型？

8-17　脱水器有何作用，它有哪些类型？

8-18　煤气调压阀组有何作用，它的结构是怎样的？

8-19　简述布袋除尘器的结构及工作原理。

8-20　简述静电除尘器的结构及工作原理。

8-21　什么是 TRT，湿式 TRT 和干式 TRT 各有何特点？

8-22　煤气透平发电机有哪些类型？

· 技能训练

8-23　解释高炉切煤气与引煤气的操作步骤。

8-24　煤气净化系统中哪些地方或哪些操作易导致煤气泄漏？

· 进阶问题

8-25　一个人的学习要经历小学、初中、高中、大学等阶段，谚语中说"一口吃不成个胖子"，结合煤气净化使用三段式除尘，试论述事物阶段性和顺序性的特点。

8-26　什么是绿色制造，为什么说废气治理重点应放在如何控制 CO_2 的排放量方面？

在线测试8

项目 9　高炉炼铁基本原理

项目 9
课件

学习目标

本项目介绍高炉炼铁的基本理论。学习者需结合可能性和现实的辩证关系、质量互变规律、系统平衡观点、对立统一规律、事物普遍联系等哲学观念思考高炉炼铁的基本理论。在学习过程中需从生产实践或生活体验中寻找相似的例子帮助加深理解。

·知识目标：

（1）理解铁氧化物还原反应的热力学规律，掌握直接还原与间接还原对碳素消耗的影响；

（2）理解未反应核模型理论，掌握影响矿石还原速度的因素；

（3）掌握复杂铁氧化物及硅、锰、磷等非铁元素在高炉内的还原特点；

（4）理解生铁渗碳及生铁的形成过程；

（5）了解高炉炉渣的成分和作用、炉渣碱度的含义及表达式，掌握高炉炉渣结构、矿物组成、性质及其对高炉冶炼的影响；

（6）掌握高炉内炉渣脱硫的条件和影响生铁硫含量的因素；

（7）掌握燃烧反应、燃烧带及焦炭回旋区对高炉冶炼的影响，掌握高炉煤气上升过程中的变化及高炉内的热交换过程；

（8）掌握炉料下降的条件、炉料在高炉内的分布与运动、高炉内煤气流的分布及炉料和煤气运动的相互影响；

（9）掌握高炉基本操作制度的内容。

·能力目标：

（1）能解释高炉降低焦比的措施；

（2）能描述高炉内各部位煤气和炉料的运动；

（3）能进行炼铁简易配料计算、物料平衡计算和热平衡计算；

（4）能进行炉况调整的工艺计算；

（5）能对高炉基本操作制度进行分析，并根据具体条件进行上部调剂与下部调剂。

·素养目标：

（1）能从可能性和现实的辩证关系理解各级铁氧化物的还原情况；

（2）能用量变到质变、系统平衡的观点理解高炉内的循环富集现象；

（3）能从对立统一规律理解煤气和炉料的相对运动；

思政课堂

凝造匠心

（4）能用普遍联系的观点理解高炉基本操作制度之间的关系；

（5）具有整体观念和全局意识。

★ **每课金句** ★

　　我们推进理论创新是实践基础上的理论创新，而不是坐在象牙塔内的空想，必须坚持在实践中发现真理、发展真理，用实践来实现真理、检验真理。

——摘自习近平 2023 年 6 月 30 日在二十届中央政治局第六次集体学习时的讲话

📖 基础知识

　　高炉冶炼是一个连续而复杂的物理化学过程，生产要取得较好的技术经济指标，必须实现高炉炉况稳定顺行。炉况顺行是指能维持煤气流分布的稳定，保持合适而充沛的炉缸温度，炉内气、固、液三态物质运动状态稳定。顺行是冶炼过程中各种矛盾的相对统一。高炉炉内操作的目的就是保证上升煤气流与下降的炉料顺利进行。

　　操作制度是根据高炉具体条件（如高炉炉型、设备水平、原料条件、生产计划及品种指标要求）制定的高炉操作准则，选择合理的操作制度是高炉操作的基本任务。高炉基本操作制度包括炉缸热制度、造渣制度、送风制度和装料制度。合理的操作制度能保证高炉稳定顺行。

9.1　铁矿石的还原理论

9.1.1　铁氧化物还原的热力学

9.1.1.1　高炉内还原剂的选择

　　金属与氧的亲和力很强，除个别金属能从其氧化物中分解出来外，几乎所有金属都不能靠简单加热的方法从氧化物中分离出来，必须依靠某种还原剂夺取氧化物中的氧，使之变成金属元素。高炉冶炼过程基本上就是铁氧化物的还原过程（除铁的还原外，高炉内还有少量硅、锰、磷等元素的还原），还原反应贯穿整个高炉冶炼的始终。

　　金属氧化物的还原反应常用式（9-1）表示：

$$MeO + B = Me + BO \tag{9-1}$$

式中　MeO——被还原的金属氧化物；

　　　Me——还原得到的金属；

　　　B——还原剂；

　　　BO——还原剂被氧化得到的产物。

　　从式（9-1）看出，MeO 失去 O 被还原成 Me，B 得到 O 而被氧化成 BO。根据化学反应发生的条件可知，选择还原剂的热力学条件是：

$$\Delta_f G^\ominus(BO) < \Delta_f G^\ominus(MeO) \tag{9-2}$$

显然，还原剂氧化物的标准生成吉布斯自由能（$\Delta_f G^{\ominus}$）越小，其与氧的亲和力越大，夺取氧的能力就越强。

图 9-1 列举出高炉中常见氧化物的标准生成吉布斯自由能随温度变化的关系。

在图 9-1 上位置越低的氧化物，其 $\Delta_f G^{\ominus}$ 值越小（负值越大），该氧化物越稳定，越难还原。凡是在铁以下的物质，其单质都可用来还原铁的氧化物，例如，Si 可以还原 FeO，如果两线有交点，则交点温度即为开始还原温度。高于交点温度，下面的单质能还原上面的氧化物；低于交点温度，则反应逆向进行。如两线在图中无交点，那么下面的单质一直能还原上面的氧化物。从热力学的有关手册数据以及图 9-1 中可以了解到，高炉冶炼常遇到的各种金属元素还原的难易顺序（由易到难）为：Cu、Pb、Ni、Co、Fe、Cr、Mn、V、Si、Ti、Al、Mg、Ca。从热力学角度来讲，排在铁后面的各元素均可作为铁氧化物的还原剂。

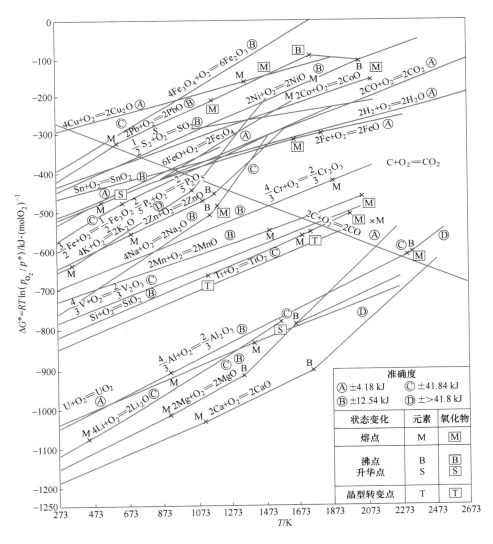

图 9-1 各种氧化物的 $\Delta G^{\ominus}$-T 图

图 9-2 为各种氧化物的 p_{O_2}-T 图。从图 9-2 可以看出，某氧化物的 p_{O_2} 曲线越高，氧化物的分解压越大，这表明，该氧化物中的元素与氧的亲和力越小，该氧化物越不稳定，越容易被还原；反之，则该氧化物越稳定，越不容易被还原。例如，FeO 的分解压比 MnO 和 SiO_2 的分解压大，因此 FeO 比 MnO 和 SiO_2 易于还原。高价铁氧化物的分解压比低价铁氧化物的分解压大，因此高价铁氧化物比低价铁氧化物容易还原。

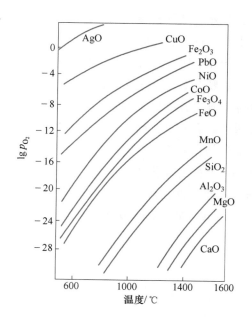

图 9-2 各种氧化物的 p_{O_2}-T 图

由于铁是需要量很大的普通金属，作为还原剂的物质必须在自然界中储存量大、易开采、廉价且不易造成环境污染。因此，从热力学与经济学两者的角度共同考虑，高炉生产中选择 C、CO 及 H_2 作为还原剂。

在高炉冶炼条件下，Cu、Pb、Ni、Co、Fe 为易被全部还原的元素，Cr、Mn、V、Si、Ti 为只能部分被还原的元素，Al、Mg、Ca 为不能被还原的元素。

9.1.1.2 铁氧化物存在形态及还原难易程度

炉料中铁氧化物的存在形态有 Fe_2O_3、Fe_3O_4、Fe_xO 等，但最后都是经 Fe_xO 的形态被还原成金属 Fe。Fe_xO 是立方晶系氯化钠型的缺位晶体，称为方铁矿，常称为浮氏体，$x = 0.87 \sim 0.95$。但在讨论 Fe_xO 参与化学反应时，为方便起见，仍将其记为 FeO，并认为它是有固定成分的化合物。

铁氧化物无论用何种还原剂还原，其还原顺序都是由高级氧化物向低级氧化物逐级变化的（见图 9-3），高于 570 ℃时还原顺序为：$Fe_2O_3 \rightarrow Fe_3O_4 \rightarrow FeO \rightarrow Fe$，此时各阶段的失

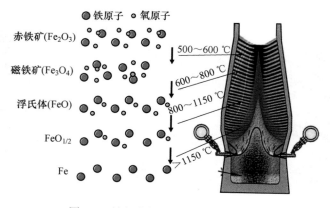

图 9-3 铁氧化物还原和温度示意图

氧量可写为：

$$3Fe_2O_3 \rightarrow 2Fe_3O_4 \rightarrow 6FeO \rightarrow 6Fe$$
$$1/9 \qquad 2/9 \qquad 6/9$$

可见，第一阶段（$Fe_2O_3 \rightarrow Fe_3O_4$）失氧数量少，因而还原是容易的，越到后面失氧量越多，还原越困难。一半以上（6/9）的氧是在最后阶段，即从 FeO 还原到 Fe 的过程中被夺取的，所以铁氧化物中 FeO 的还原具有最重要的意义。

低于 570 ℃ 时，$p_{O_2}(FeO) > p_{O_2}(Fe_3O_4)$，FeO 不稳定，会立即按式（9-3）分解：

$$4FeO \Longrightarrow Fe_3O_4 + Fe \tag{9-3}$$

因此，此时的还原顺序是：$Fe_2O_3 \rightarrow Fe_3O_4 \rightarrow Fe$。

铁的高价氧化物的分解压比低价氧化物大，在高炉中，除 Fe_2O_3 不需要还原剂（只靠热分解）就能得到 Fe_3O_4 外，Fe_3O_4、FeO 必须使用还原剂夺取其中的氧。

9.1.1.3　用 CO 还原铁氧化物

矿石入炉后，在加热温度未超过 1000 ℃ 的高炉中上部，铁氧化物中的氧被煤气中 CO 夺取产生 CO_2。这种还原过程不是直接用焦炭中的碳素作为还原剂，故称为间接还原，其还原反应方程式为：

高于 570 ℃ 时　　$3Fe_2O_3 + CO \Longrightarrow 2Fe_3O_4 + CO_2 + 37130 \text{ kJ} \tag{9-4}$

$$Fe_3O_4 + CO \Longrightarrow 3FeO + CO_2 - 20888 \text{ kJ} \tag{9-5}$$

$$FeO + CO \Longrightarrow Fe + CO_2 + 13605 \text{ kJ} \tag{9-6}$$

低于 570 ℃ 时　　$3Fe_2O_3 + CO \Longrightarrow 2Fe_3O_4 + CO_2 + 37130 \text{ kJ}$

$$Fe_3O_4 + 4CO \Longrightarrow 3Fe + 4CO_2 + 17160 \text{ kJ} \tag{9-7}$$

上述反应的特点是：（1）仅反应式（9-5）是吸热反应，其余反应均为放热反应；（2）反应式（9-4）可看作不可逆反应（Fe_2O_3 分解压较大，即使气相成分几乎都是 CO_2，Fe_3O_4 也不会被氧化），其他反应都是可逆反应；（3）反应前后气体分子数没有变化，故反应不受压力影响。

当 Fe_2O_3、FeO 等为纯物质时，其活度 $\alpha_{Fe_2O_3} = \alpha_{FeO} \approx 1$，以上可逆反应的平衡常数为：

$$K_p = \frac{p_{CO_2}}{p_{CO}} = \frac{\varphi(CO_2)}{\varphi(CO)}$$

式中　$\varphi(CO_2)$，$\varphi(CO)$——反应处于平衡状态时 CO_2、CO 的浓度（体积分数），%。

因少一个反应物 CO，就多一个生成物 CO_2，故可认为 $\varphi(CO) + \varphi(CO_2) = 100\%$，代入上式可得：

$$\varphi(CO) = \frac{1}{K_p + 1} \times 100\% \tag{9-8}$$

对不同温度和不同铁氧化物而言，由于 K_p 值不同，可求得不同温度下的平衡气相成分 $\varphi(CO)$，绘成图 9-4。

图 9-4 中曲线 1 对应的反应为 $3Fe_2O_3 + CO \Longrightarrow 2Fe_3O_4 + CO_2$。它的位置很低，说明平衡气相中 CO 浓度很低。换句话讲，只要少量的 CO 就能使 Fe_2O_3 还原，一般把它看作不

可逆反应。该反应在高炉上部低温区就可全部完成。

曲线 2 对应的反应为 $Fe_3O_4 + CO = 3FeO + CO_2$。该反应是吸热反应，温度升高有利反应向右进行，故它向下倾斜。

曲线 3 对应的反应为 $FeO + CO = Fe + CO_2$。它向上倾斜，反应平衡气相中 CO 的浓度随温度的升高而增大，说明 CO 的利用程度随温度的升高而降低；又因该反应为放热反应，故升高温度不利于反应向右进行。

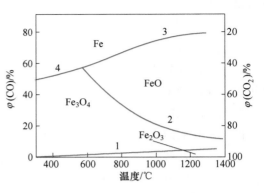

图 9-4　用 CO 还原铁氧化物的
平衡气相成分与温度的关系

曲线 4 对应的反应为 $Fe_3O_4 + 4CO = 3Fe + 4CO_2$。它与曲线 3 一样，是向上倾斜的，并在 570 ℃的位置与曲线 2、3 相交，说明该反应仅在 570 ℃以下才能进行。由于温度低，该反应进行得很慢，在高炉中发生的数量不多，其意义也不大。

曲线 2、3、4 将图 9-4 分为三部分，分别称为 Fe_3O_4、FeO、Fe 的稳定存在区域。稳定区的含义是该化合物在该区域条件下能够稳定存在，例如在 800 ℃条件下，还原气相在该区域中保持 $\varphi(CO) = 20\%$ 时，投进 Fe_2O_3 将被还原成 Fe_3O_4，而投进 FeO 则被氧化成 Fe_3O_4，所以稳定存在的物质只有 Fe_3O_4。若想在 800 ℃下得到 FeO 或 Fe，必须把 CO 的浓度相应保持在 35.1%以上或 65.3%以上才有可能。因此，稳定区的划分取决于温度和气相成分两方面。

Fe_3O_4 和 FeO 的还原反应均属可逆反应，即在某温度下有固定平衡成分，用 1 mol CO 不可能把 1 mol Fe_3O_4（或 FeO）还原为 3 mol FeO（或金属 Fe）。为了使 1 mol Fe_3O_4 或 FeO 还原更加彻底，必须要加过量的还原剂 CO 才行。为了体现 CO 的过量性，将反应式写为：

高于 570 ℃时　　$Fe_3O_4 + nCO = 3FeO + CO_2 + (n-1)CO$

$$FeO + nCO = Fe + CO_2 + (n-1)CO$$

低于 570 ℃时　　$Fe_3O_4 + 4nCO = 3Fe + 4CO_2 + 4(n-1)CO$

式中　　n——还原剂的过量系数，其大小与温度有关，其值大于 1。

n 可根据平衡常数 K_p 求得，也可按平衡气相成分求得：

$$K_p = \frac{p_{CO_2}}{p_{CO}} = \frac{\varphi(CO_2)}{\varphi(CO)} = \frac{1}{n-1} \tag{9-9}$$

则

$$n = 1 + \frac{1}{K_p} \tag{9-10}$$

将 $K_p = \varphi(CO_2)/\varphi(CO)$ 代入式（9-10）：

$$n = \frac{1}{\varphi(CO_2)} \tag{9-11}$$

由此可见，高炉中不可能将 CO 完全转变成 CO_2，炉顶煤气中必定还有一定数量的 CO

存在。CO 转变成 CO_2 的程度称为煤气 CO 的利用率，用 η_{CO} 表示，$\eta_{CO} = \dfrac{\varphi(CO_2)}{\varphi(CO) + \varphi(CO_2)} \times$ 100%，其值越大，表明煤气化学能的利用程度越高。高炉煤气中，η_{CO} 的值一般为 40%~50%。

9.1.1.4 用 H_2 还原铁氧化物

在不喷吹燃料的高炉上，煤气中的 H_2 浓度仅为 1.8%~2.5%，它主要由鼓风中的水分在风口前高温分解产生。在喷吹燃料的高炉内，煤气中 H_2 的浓度显著增加，可达 5%~8%。用氢还原铁氧化物的顺序与 CO 还原时一样，即：

高于 570 ℃ $\qquad$ $3Fe_2O_3 + H_2 = 2Fe_3O_4 + H_2O + 21800 \ kJ$ $\qquad$ (9-12)

$\qquad\qquad\quad$ $Fe_3O_4 + H_2 = 3FeO + H_2O - 63570 \ kJ$ $\qquad$ (9-13)

$\qquad\qquad\quad$ $FeO + H_2 = Fe + H_2O - 27711 \ kJ$ $\qquad$ (9-14)

低于 570 ℃ $\qquad$ $3Fe_2O_3 + H_2 = 2Fe_3O_4 + H_2O + 21800 \ kJ$

$\qquad\qquad\quad$ $Fe_3O_4 + 4H_2 = 3Fe + 4H_2O - 146650 \ kJ$ $\qquad$ (9-15)

上述反应的特点是：(1) 除反应式 (9-12) 是放热反应外，其他都是吸热反应；(2) 反应式 (9-12) 实际上是不可逆反应（Fe_2O_3 分解压较大，即使气相成分几乎都是 H_2O，Fe_3O_4 也不会被氧化），其他反应都是可逆反应；(3) 反应前后气体分子数没有变化，故反应不受压力影响。

在一定温度下，上述可逆反应有固定的平衡常数 $K_p = \dfrac{p_{H_2O}}{p_{H_2}} = \dfrac{\varphi(H_2O)}{\varphi(H_2)}$。用 H_2 还原铁氧化物的平衡气相成分与温度的关系，如图 9-5 所示。

曲线 1、2、3、4 分别对应反应式 (9-12)、反应式 (9-13)、反应式 (9-14) 和反应式 (9-15)。曲线 2、3、4 向下倾斜，说明均为吸热反应，随温度升高，平衡气相中的还原剂含量降低，而 H_2O 含量增加，这与 CO 的还原不同。

为了比较 CO 和 H_2 的还原能力，将图 9-4 与图 9-5 绘成图 9-6。可见，用 H_2 和 CO 还原 Fe_3O_4 和 FeO 时的平衡曲线都交于 810 ℃。说明 H_2 的还原能力随温度的升高不断提高，在 810 ℃ 时，H_2 与 CO 的还原能力相同；在 810 ℃ 以上时，H_2 的还原能力高于 CO 的还原能力；而在 810 ℃ 以下时，CO 的还原能力高于 H_2。

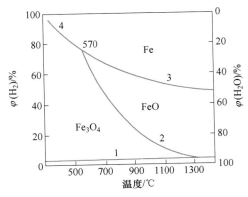

图 9-5 用 H_2 还原铁氧化物的平衡气相成分与温度的关系

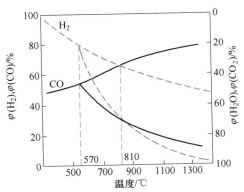

图 9-6 CO 和 H_2 还原能力比较

H_2 与 CO 的还原相比，其相同点如下。

（1）均属间接还原（用 CO 或 H_2 作还原剂、生成 CO_2 或 H_2O 的反应）。

（2）反应前后气相体积没有变化，即反应不受压力影响。

（3）除 Fe_2O_3 的还原外，Fe_3O_4、FeO 的还原均为可逆反应。为了使铁氧化物能彻底还原，都需要过量的还原剂。

（4）高炉内发生反应的温度区域为低于 1100 ℃ 的温度区域。

其不同点如下。

（1）从反应的热力学因素来看，在 810 ℃ 以上时，H_2 的还原能力高于 CO；在 810 ℃ 以下时，则相反。

（2）从反应的动力学因素来看，H_2 与其反应产物 H_2O 的分子半径均比 CO 与其反应产物 CO_2 的分子半径小，因而扩散能力强。此外，H_2 黏度小、导热快、传输氧的能力强，其还原反应速度比 CO 还原反应速度要快。

（3）H_2 既是还原剂又是催化剂。H_2 在高炉中只有一部分（30% ~ 50%）参加还原，得到产物 H_2O，大部分随煤气逸出炉外。H_2 起催化作用的反应式如下：

在低温区
$$FeO + H_2 = Fe + H_2O$$
$$+ H_2O + CO = H_2 + CO_2$$
$$\overline{}$$
$$FeO + CO = Fe + CO_2$$

在高温区
$$FeO + H_2 = Fe + H_2O$$
$$+ H_2O + C = H_2 + CO$$
$$\overline{}$$
$$FeO + C = Fe + CO$$

可见，H_2 在中间积极参与还原反应，而最终消耗的还是 C 和 CO。

实践表明，H_2 在高炉下部高温区内的还原反应激烈，其量为炉内参加还原反应 H_2 量的 85% ~ 100%。而直接代替 C 还原的 H_2 量占炉内参加还原反应 H_2 量的 80% 以上，另外一少部分则代替了 CO 的还原。因此，H_2 可以改善还原过程，促进间接还原的发展和降低焦比。

在高炉中 H_2 的利用率总是高于 CO，η_{CO} 和 η_{H_2} 由如下可逆反应联系在一起：

$$H_2O + CO = H_2 + CO_2 \tag{9-16}$$

高炉操作数据的统计表明，两者存在下述关系：

$$\eta_{H_2} = (0.88\eta_{CO} + 0.1) \times 100\% \tag{9-17}$$

9.1.1.5　用固体碳还原铁氧化物

用固体碳还原铁氧化物，生成气相产物 CO 的反应称为直接还原。

高于 570 ℃ 时　　$3Fe_2O_3 + C = 2Fe_3O_4 + CO - 128636 \ kJ$ $\tag{9-18}$

$$Fe_3O_4 + C \Longrightarrow 3FeO + CO - 186654 \text{ kJ} \tag{9-19}$$

$$FeO + C \Longrightarrow Fe + CO - 152161 \text{ kJ} \tag{9-20}$$

低于 570 ℃ 时　$3Fe_2O_3 + C \Longrightarrow 2Fe_3O_4 + CO - 128636 \text{ kJ}$

$$Fe_3O_4 + 4C \Longrightarrow 3Fe + 4CO - 64590 \text{ kJ} \tag{9-21}$$

这些反应有两个特点：（1）均为不可逆反应，而且都是吸热反应，由于耗热多，反应都是在高温区进行；（2）反应物没有气相成分，反应的产物有气相成分。

事实上，由于矿石在高炉上部的低温区已进行了间接还原，高温区残存下来的铁氧化物主要以 FeO 的形式存在（在崩料、坐料时也可能有少量未经还原的高价铁氧化物落入高温区），因而具有实际意义的只有反应式（9-20）。

不同物理状态的矿石，其直接还原的方式也是不同的。矿石在软化和熔化之前，由于与焦炭的接触面积很小，反应的速度会很慢，所以其直接还原反应实际上是借助于碳气化反应式（9-22）的叠加来实现。

$$CO_2 + C_{(焦)} \Longrightarrow 2CO - 165766 \text{ kJ} \tag{9-22}$$

实际反应为：

$$FeO + CO \Longrightarrow Fe + CO_2$$
$$+ \quad CO_2 + C \Longrightarrow 2CO$$
$$\overline{\qquad\qquad\qquad\qquad\qquad}$$
$$FeO + C \Longrightarrow Fe + CO$$

以上两步反应中，起还原作用的是气体 CO，但最终消耗的是固体碳，故称为直接还原。碳气化反应只有在高温下才能向右进行，此时直接还原才存在。

反应式（9-22）前后气相体积发生变化（由 1 mol CO_2 变为 2 mol CO），故提高压力有利于反应向左进行。

图 9-7 所示是反应式（9-22）在 1 atm（$p = p_{CO} + p_{CO_2} = 10^5$ Pa）下平衡气相成分与温度的关系曲线与图 9-4 的合成图。图 9-7 中，曲线 5 分别与曲线 2、3 交于 b 和 a，两点对应的温度分别是 $t_b = 647$ ℃，$t_a = 685$ ℃。

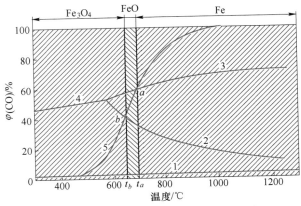

图 9-7　碳的气化反应对还原反应的影响

由于碳气化反应的存在，使图 9-4 中的三个稳定区发生了变化。在碳气化反应达到平衡时，在 685 ℃以上的区域内，气相中 CO 的浓度总是高于曲线 1、2、3 的平衡气相中 CO 的浓度，使反应向右进行，直到 FeO 全部还原到 Fe 为止。因此，高于 685 ℃的区域是 Fe 的稳定存在区。

温度低于 647 ℃的区域内，曲线 5 的位置很低，与前面分析情况相反，碳气化反应达到平衡时，CO 浓度较低，为 Fe_3O_4 的稳定存在区。

温度为 647~685 ℃的区域内，曲线 5 的位置高于曲线 2 而低于曲线 3，因此该区为 FeO 的稳定存在区。

但高炉内的实际情况与以上分析不相符，在高炉内低于 685 ℃的低温区，已见到有 Fe 被还原出来，主要原因如下。

（1）上述讨论是在平衡状态下得出的，而高炉内煤气流速很大，煤气在炉内停留时间很短（2~6 s），煤气中 CO 的浓度又很高，故还原反应未达到平衡。

（2）任何反应在低温下的反应速度都很慢，反应达不到平衡状态，因而气相中 CO 浓度在低温下远远高于其平衡气相成分。高炉中除风口前的燃烧区域为氧化区域外，其余都为较强的还原气氛，铁的氧化物则易被还原成 Fe。

（3）685 ℃是在压力为 $p_{CO} + p_{CO_2} = 10^5$ Pa 的前提下获得的，而实际高炉内的 $\varphi(CO) + \varphi(CO_2) \approx 40\%$，即 $p_{CO} + p_{CO_2} = 0.4 \times 10^5$ Pa。压力降低，碳的气化反应平衡曲线应向左移动，故高炉内还原生成铁的反应温度应低于 685 ℃。

（4）碳的气化反应不仅与温度、压力有关，还与焦炭的反应性有关。据测定，一般冶金焦炭在 800 ℃时开始气化反应，到 1100 ℃时明显加速，此时，气相中 CO 浓度几乎达 100%，而 CO_2 浓度几乎为零。故可以认为高炉内低于 800 ℃的低温区不存在碳的气化反应，称为间接还原区；高于 1100 ℃的区域称为直接还原区；在 800~1100 ℃的中温区，两种还原反应都存在，称为混合区，如图 9-8 所示。

在高炉下部的高温区，软熔、熔融滴落的铁氧化物（渣中）的直接还原通过以下方式进行（小括号中为炉渣中的成分，中括号中为铁水中的成分）：

$$（FeO） + C_{焦} = [Fe] + CO_{(g)} \tag{9-23}$$

$$（FeO） + [Fe_3C] = 4[Fe] + CO_{(g)} \tag{9-24}$$

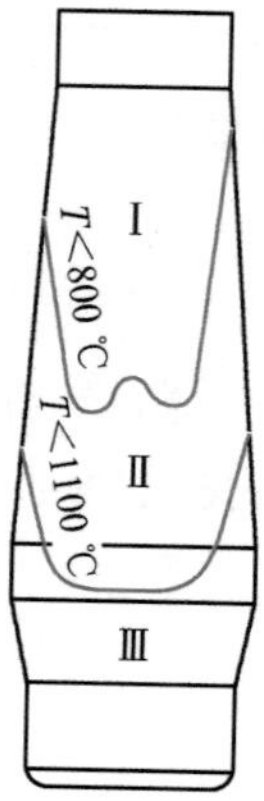

图 9-8　高炉内铁
的还原区

Ⅰ—间接还原区；Ⅱ—混合区；Ⅲ—直接还原区

由于液态渣与焦炭表面接触良好，扩散阻力也比气体在曲折的微孔隙中阻力小，加之又处于高温下，反应速度常数很大，故这类反应的速率很高，Fe 的总回收率大于 99.7%，一般只有极少量的 Fe 进入炉渣中。如遇炉况失常、渣中 FeO 较多时，会造成直接还原增加，而且大量吸热反应还会引起炉温剧烈波动。

9.1.2 铁氧化物直接还原与间接还原的比较

高炉内进行的还原方式有两种，即直接还原和间接还原。各种还原在高炉内的发展程度可以用铁的直接还原度及高炉的直接还原度来衡量。

9.1.2.1 铁的直接还原度（r_d）与高炉的直接还原度（R_d）

根据铁氧化物还原的热力学分析可知，高炉内铁的高价氧化物（Fe_2O_3、Fe_3O_4）还原到低价氧化物（FeO）几乎全部为间接还原。从 FeO 的还原开始，以直接还原方式还原出来的铁量与被还原的总铁量之比称为铁的直接还原度，以 r_d 表示：

$$r_d = \frac{m(Fe)_直}{m(Fe)_{生铁} - m(Fe)_料}$$ (9-25)

式中 $m(Fe)_直$——FeO 以直接还原方式还原出的铁量，kg；

   $m(Fe)_{生铁}$——铁中的总铁量，kg；

   $m(Fe)_料$——炉料中以元素铁的形式带入的铁量，通常指入炉废铁中的铁量，kg。

r_d 处于 0~1，通常为 0.4~0.6。相应的，铁的间接还原度为：

$$r_i = 1 - r_d$$ (9-26)

高炉冶炼过程中，直接还原夺取的氧量 $m(O)_d$（包括还原 Fe、Si、Mn、P 及脱硫等）与还原过程夺取的总氧量 $m(O)_t$ 之比称为高炉的直接还原度，以 R_d 表示：

$$R_d = \frac{m(O)_d}{m(O)_t} = \frac{m(O)_d}{m(O)_d + m(O)_i}$$ (9-27)

式中 $m(O)_d$, $m(O)_i$——直接还原与间接还原夺取的氧量；

   $m(O)_t$——还原夺取的总氧量。

上述两个指标都可以评价冶炼过程中直接还原的发展程度。r_d 虽然没有包括非铁元素的直接还原，但在冶炼条件较稳定时能灵敏地反映出还原过程的变化，应用较为广泛。

9.1.2.2 铁氧化物直接还原与间接还原对耗碳量的影响

在高炉内如何控制各种还原反应来改善燃料的热能和化学能的利用，是降低燃料比的关键问题。高炉最低的燃料消耗并不是通过全部直接还原或全部间接还原获得，而是在两者之间有一合适的比例，下面进行计算与分析（不加废铁，以吨铁为计算单位）。

A   还原剂碳量消耗的计算

（1）用于直接还原铁的还原剂碳量消耗：

$$m(C)_d = \frac{12}{56} \times r_d \cdot w[Fe] \times 10^3$$ (9-28)

式中 $m(C)_d$——生产 1 t 生铁直接还原的耗碳量，kg；

   $w[Fe]$——生铁中元素 Fe 的质量分数，%；

   r_d——铁的直接还原度。

（2）用于间接还原铁的还原剂碳量消耗：

$$FeO + nCO \Longrightarrow Fe + CO_2 + (n-1)CO$$

$$m(C)_i = \frac{12}{56} \times n \cdot r_i \cdot w[Fe] \times 10^3 = \frac{12}{56} \times n(1-r_d) \cdot w[Fe] \times 10^3 \qquad (9-29)$$

式中　$m(C)_i$——生产 1 t 生铁间接还原的耗碳量，kg；

　　　　n——还原剂的过量系数。

图 9-9 指出，高炉风口区燃烧生成的 CO 首先遇到 FeO 进行还原：

$$FeO + n_1CO \Longrightarrow Fe + CO_2 + (n_1 - 1)CO$$

$$n_1 = 1 + \frac{1}{K_{p1}}$$

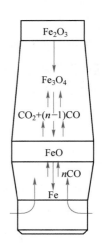

图 9-9　高炉内 CO 还原铁氧化物的示意图

其中，K_{p1} 为平衡常数。还原 FeO 之后的气相产物 $CO_2 + (n_1 - 1)$ CO 在上升过程中遇到 Fe_3O_4，反应式为：

$$\frac{1}{3}Fe_3O_4 + CO_2 + (n_1 - 1)CO \Longrightarrow FeO + \frac{4}{3}CO_2 + (n_1 - \frac{4}{3})CO$$

该反应平衡常数为：

$$K_{p2} = \frac{\varphi(CO_2)}{\varphi(CO)} = \frac{\frac{4}{3}}{n_1 - \frac{4}{3}}, \quad n_1 = \frac{4}{3}\left(\frac{1}{K_{p2}} + 1\right)$$

为了方便比较并与 FeO 的还原相区别，这里把 Fe_3O_4 还原的过量系数写成 n_2，即 $n_2 = \frac{4}{3}\left(\frac{1}{K_{p2}} + 1\right)$。当 $n_1 = n_2$ 时，FeO 与 Fe_3O_4 还原时的耗碳量均可满足，相应的耗碳量也是最低的理论耗碳量（$n_1 = n_2 = n$）。不同温度下的 n_1 和 n_2 值，见表 9-1。将表 9-1 中的数值绘成图 9-10。由于 FeO 的还原是放热反应，所以 n_1 随温度升高而上升；而 Fe_3O_4 的还原为吸热反应，故 n_2 随温度升高而降低。当 $n_1 = n_2 = n$ 时（即 a 点），是保证两个反应都能完成的最小还原剂消耗量。从图 9-10 可见，在 630 ℃时，$n_1 = n_2 = 2.33$，代入式（9-29）可计算出间接还原时还原剂的最小消耗量。

表 9-1　不同温度下的 n_1 和 n_2 值

反应式	600 ℃	700 ℃	800 ℃	900 ℃	1000 ℃	1100 ℃	1200 ℃
$FeO \xrightarrow{n_1CO} Fe$	2.12	2.5	2.88	3.17	3.52	3.82	4.12
$\frac{1}{3}Fe_3O_4 \xrightarrow{n_2CO} Fe$	2.42	2.06	1.85	1.72	1.62	1.55	1.50

比较式（9-28）和式（9-29）可以得出，仅从还原剂消耗来看，生产出 1 t 生铁（不包括其他元素等直接还原的耗碳），全部直接还原的耗碳量要比全部间接还原的耗碳量少（注意 r_d 通常为 0.4～0.6）。

可以看出，从还原剂消耗量的角度分析直接还原与间接还原的最佳比例，就是在高温区直接还原产生的 CO，上升到高炉上部低温区时仍可参加间接还原，无须另行消耗碳来制造 CO。或者说，如果由直接还原产生的 CO 丝毫不加以利用地从炉内逸出，只能造成碳的浪费。故两者的最佳比例（最低耗碳量比例）为高温区直接还原产生的 CO 恰好满足间接还原在热力学上所要求的数量。

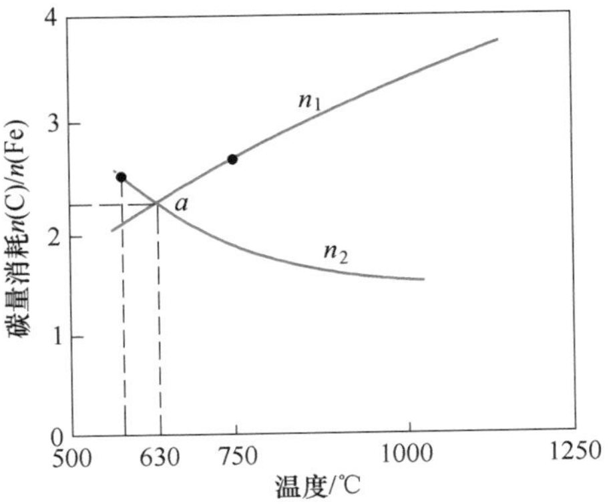

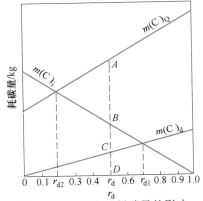

图 9-10　CO 还原铁氧化物的 n 值与温度的关系

B　发热剂碳量消耗的计算

从还原反应的热效应来看，间接还原是放热反应式（9-6），还原 1 kg Fe 的放热量为 $\frac{13605}{56} = 243$ kJ；而直接还原则是吸热反应式（9-20），还原 1 kg Fe 的吸热量为 $\frac{152161}{56} = 2717$ kJ，两者绝对值相差 10 倍以上。从热量的需求来看，发展间接还原非常有利。

作为发热剂消耗的碳量，$m(C)_Q$ 可根据高温区域热平衡求出：

$$m(C)_Q = \frac{Q_{渣铁} + w[Fe] \times 10^3 \times r_d \times 2717 + Q_{其他} - Q_{风} - Q_{料}}{9797} \tag{9-30}$$

式中　$Q_{渣铁}$——冶炼 1 t 生铁铁水与炉渣从高温区带走的热量，kJ；

$\quad\quad$ $Q_{其他}$——冶炼 1 t 生铁高温区的其他热量消耗，包括硅、锰、磷的还原耗热，炉渣脱硫耗热以及高温区的热损失等，kJ；

$\quad\quad$ $Q_{风}$——冶炼 1 t 生铁鼓风带入的热量，kJ；

$\quad\quad$ $Q_{料}$——冶炼 1 t 生铁炉料带入高温区的热量，kJ；

$\quad\quad$ 2717——直接还原 1 kg 铁的耗热量，kJ/kg；

$\quad\quad$ 9797——1 kg 碳燃烧生成 CO 时的发热量，kJ/kg。

显然，随 r_d 的增加 $m(C)_Q$ 升高。

C　直接还原度对高炉耗碳量的影响

综上所述，高炉中碳的消耗应满足三方面需求，即直接还原、间接还原和发热剂。把 $m(C)_d$、$m(C)_i$ 和 $m(C)_Q$ 与铁的直接还原度 r_d 的关系绘在同一图上，如图 9-11 所示。横坐标为铁的直接还原度 r_d，纵坐标为单位生铁的耗碳量（只考虑铁氧化物的还原）。左端纵轴代表全部为间接还原行程，右端纵轴代表全部为直接还原行程。$m(C)_Q$ 建立在 $m(C)_d$ 基础上，由于生产中热损失有所不同，故

图 9-11　r_d 对高炉耗碳量的影响

$m(\mathrm{C})_Q$ 线在图中会有相互平行地上下移动。

（1）若不考虑热量消耗所需的碳量，耗碳量应是 $m(\mathrm{C})_d$ 和 $m(\mathrm{C})_i$ 两者中的较大者。当高炉生产处于 r_d（即 D 点）时，直接还原消耗的碳量为 CD，间接还原消耗的碳量为 BD，最终消耗的碳量应是两者中的较大者 BD，而不是两者之和。这是因为高炉下部直接还原生成的 CO，在上升过程中能继续用于高炉上部的间接还原。此时，最低的还原剂消耗量应是 $m(\mathrm{C})_d = m(\mathrm{C})_i$，即 $m(\mathrm{C})_d$ 与 $m(\mathrm{C})_i$ 线的交点。可见，仅从还原剂需要的角度考虑，最低还原剂消耗量所对应的铁的直接还原度为 r_{d1}。

（2）若同时考虑热量消耗所需的碳量，耗碳量应是 $m(\mathrm{C})_Q$ 和 $m(\mathrm{C})_i$ 两者中的较大者。如高炉的 r_d 仍处于 D 点，直接还原耗碳量由 CD 保证，间接还原耗碳需在风口前再燃烧 BC 数量的碳，为了保证热量消耗，还要在风口前燃烧 AB 数量的碳，故高炉所需的最低耗碳量应该是 AD 所确定的值。最低耗碳量所对应的 r_{d2} 一般在 0.2~0.3 范围内，而最低耗碳量所对应的铁的直接还原度称为理想的铁的直接还原度。由此可见，理想的高炉行程既非全部直接还原，也非全部间接还原，而是两者有一定的比例。

（3）高炉冶炼处于 D 点时，直接还原消耗碳量为 CD，而用于热量消耗需在风口前燃烧的碳量为 AC。风口前燃烧和直接还原都生成 CO，其中，BD 部分用在间接还原，而 AB 部分则以 CO 形式离开高炉，此即高炉煤气中化学能未被利用的部分，它可以通过优化操作等继续挖掘潜力。但 AB 并不等于炉顶煤气中 CO 的数量，这是因为 BD 中包含一部分被可逆反应平衡所需的 CO，这部分 CO 加上 AB 数量的 CO，再扣去铁、锰等高价氧化物还原到 FeO、MnO 所消耗的 CO，才是最终从炉顶离开的 CO 数量。

（4）生产中铁的直接还原度往往在 0.35~0.6，大于 $r_{d理想}$，故高炉耗碳量主要取决于热量消耗与直接还原消耗的碳量之和，而不取决于间接还原的耗碳量，此即高炉焦比由热平衡来计算的理论依据。由此推论，一切降低热量消耗的措施均能降低焦比。当前，降低 r_d 是当前降低燃料比的有效措施之一。

D　降低焦比的基本途径

降低焦比可从降低热量消耗、降低直接还原度、增加非焦炭的热量和碳素量（代替焦炭所提供的热量和碳素）等几个方面着手。

（1）降低热量消耗。高炉内的热量消耗主要有下列几项：

1）直接还原（包括 Fe、Mn、Si、P 等）吸热；

2）碳酸盐分解吸热；

3）水分蒸发、化合水分解，H_2O 在高温区与 C 发生反应吸热；

4）脱硫吸热；

5）炉渣、生铁、煤气带出炉外的热量；

6）冷却水和高炉炉体散热。

从上述各项可以看出：降低热量消耗的 1）项是降低直接还原度的问题；3）项中主要是化合水分解吸热，可通过炉外焙烧消除；5）项的铁水带出炉外的热量是必需的，煤气量少和热交换好时，炉顶温度低，煤气带出炉外的热量就少。反之，炉顶温度高，煤气带出炉外的热量就多。因此，要降低煤气带出炉外的热量，就要降低煤气量和改善炉内的热交换。6）项冷却水带走和炉体散热是一项损失，一般来说，它的数值是一定的，当产量提高时，单位生铁的热损失就降低，反之则升高，因此它只与产量有关。其他各项消耗热量多少的关键是原料性能，例如：降低焦炭的灰分和含硫量，提高矿石品位，采用高碱度烧结矿等，少加或不加熔剂，降低渣量，从而能降低碳酸盐分解吸热和炉渣带出炉外的热量。

（2）降低直接还原度。降低直接还原度，包括改善 CO 的间接还原和 H_2 的还原，主要措施有：改善矿石的还原性，比如减少烧结矿中的 FeO 含量等；控制高炉内煤气流的合理分布，改善煤气能量利用；高炉综合喷吹（喷吹燃料配合富氧鼓风等）以及喷吹高温还原性气体等。

（3）增加非焦炭的热量和碳素量。高炉增加非焦炭的热量和碳素量的措施主要有提高风温和喷吹燃料等。

目前，国内外为了降低焦比而采取的精料、高风温、富氧鼓风、喷吹燃料等技术措施都基于上述几条基本途径。

9.1.3 铁矿石还原反应的动力学

动力学的研究内容既包括反应机理，也包括反应速度。研究气体还原固态铁矿石的反应机理和反应速度规律，是促进间接还原发展、提高冶炼效率与降低燃料消耗的基础课题。

9.1.3.1 还原反应机理

所谓铁矿石的还原机理，就是对铁矿石的还原过程进行的微观解释，即关于铁矿石在还原过程中铁氧化物的氧是怎样被还原剂夺走和这种还原过程的快慢受哪些因素限制等问题的理论说明。历年来有关这一课题的研究报告积累丰富，到了 20 世纪 60 年代后期，多数冶金工作者趋向于认为，还原的全过程是由一系列互相衔接的次过程所组成，很多时候由两个或更多的次过程复合控制。在还原过程的不同阶段，过程的控制环节还可能转化。由于对各个次过程所起作用的理解不同，科学家提出了多种还原过程的机理模型，如吸附自动催化模型、固相扩散模型、未反应核模型等。其中，未反应核模型已普遍被人们所接受，它比较全面地解释了铁氧化物的整个还原过程，如图 9-12 所示。

未反应核模型理论的要点是：铁氧化物从高价到低价逐级还原；当一个铁矿石颗粒还原到一定程度后，外部形成了多孔的还原产物—铁壳层，而内部尚有一个未反应的核心，随着反应的推进，这个未反应核心逐渐缩小，直到完全消失；整个反应过程分步骤进行，最慢的一步将是反应的限制性环节。

整个反应过程按以下顺序进行：

（1）气体还原剂（CO、H_2）通过气相边界层，向铁矿物表面进行外扩散；

（2）气体还原剂继续穿过还原产物层，向反应界面进行内扩散；

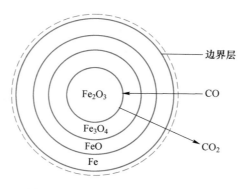

图 9-12 铁氧化物的还原反应机理图

（3）还原剂被反应界面吸附，发生界面化学反应，气体产物脱离吸附；

（4）气体产物通过多孔的固体还原产物层，向气相边界层进行内扩散；

（5）气体产物通过气相边界层，向外进行外扩散。

由此，可将矿石还原反应过程分成三个主要环节。

（1）外扩散。还原性气体通过边界层向矿块表面或气体产物自矿块表面向边界层扩散。

（2）内扩散。还原性气体或气体产物通过矿块或固态还原产物层的大孔隙、微孔隙向反应界面或脱离反应界面而向外扩散。

（3）反应界面的化学反应。反应界面的化学反应包括如下过程。

1）还原性气体在反应界面上的吸附。CO 和 H_2 都能在固体铁氧化物表面上被吸附，但 H_2 的吸附能力比 CO 大，且 H_2 的扩散系数大于 CO，因此 H_2 还原铁氧化物的速度大于 CO。高炉中的 N_2 也能被吸附，它减少了还原剂的被吸附点，因而对还原过程不利。

2）吸附的还原剂与铁氧化物发生界面反应，生成单质 Fe 和气体产物，直到整个矿物被还原完为止。在反应界面逐渐向未反应核矿块核心推移的过程中，其还原速度具有自动催化特性，如图 9-13 所示。还原初期，由于新相生成困难，还原速度很慢，称为诱导期；还原中期，新相界面不断扩大，对晶核长大有催化作用，使还原速度达到最大，此阶段称为自动催化期；还原末期，新相汇合成整体，使新、旧相的交界面大为缩减，还原速度下降，此阶段

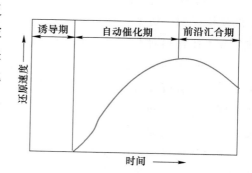

图 9-13 氧化铁还原速度的变化特征

称为前沿汇合期。由此可见，新相核形成的难易程度和自动催化作用直接影响铁矿石的还原速度，还原速度最大值的出现时间与温度有关，温度升高，反应速度加快，达到最大值的时间缩短。

3）气体产物脱离吸附。还原产生的气体产物 CO_2 和 H_2O 将脱离吸附。气相中若有

CO_2 和 H_2O 存在，将使还原速度减慢。

由未反应核模型理论可知，矿石的还原是自外向内进行的。但是，由于矿石种类不同，则矿物组成和结构不同，因而矿石自外向内还原的方式也不尽相同。例如，矿石具有带式结构时，反应将在各带同时进行；当矿石孔隙多、呈蜂窝状结构（烧结矿）时，反应在外部与内部同时进行，会形成许多反应中心。

9.1.3.2 还原反应速度

总体还原反应速度主要由阻力最大的环节决定，因而总速度取决于内扩散、外扩散以及界面化学反应三个环节中最慢的一步。当反应速度受扩散速度限制时，反应处于"扩散速度范围"；当反应速度受化学反应速度控制时，反应处于"化学反应动力学范围"；当两个环节都影响反应速度时，则反应处于"中间速度范围（过渡速度范围）"。根据研究，高温下还原反应容易处于内扩散速度范围，而在低温下则容易处于化学反应动力学范围。就高炉而言，由于炉内煤气流速很高，气体边界层厚度已达到稳定的最小值，外扩散不再是高炉铁氧化物还原反应的限制环节，因而反应速度受到内扩散和界面反应的共同影响，一切影响内扩散速度与界面反应速度的因素都将影响矿石的还原反应速度。高炉内影响铁矿石还原反应速度的主要因素有以下几个方面。

（1）矿石的粒度、孔隙率与组成。

1）缩小矿石的粒度，既可以增加单位体积料层内矿石与气体还原剂的接触面积，又可以降低内扩散阻力，因此有利于加快还原反应速度。但是当矿石粒度缩小到一定程度后，使反应过程转变到化学反应动力学范围时，其将不再起作用，此时的粒度称为临界粒度。高炉冶炼条件下，临界粒度为 $3 \sim 5$ mm。

2）矿石的孔隙率在很大程度上决定了矿石的还原性。在很多情况下，内扩散往往是还原过程的限制环节。孔隙率大，尤其是开口气孔多，会加速内扩散过程；反之，矿石结构致密或多为封闭型气孔时，还原性显著降低。

3）FeO 的形核形态对还原产物金属铁层的结构也有很大影响。当浮氏体的纯度高及还原温度较高时，生成的金属铁层较为疏松，内扩散阻力小。铁矿物结构不同，其还原的难易程度也有很大差别，一般矿石还原由易到难的顺序是球团矿、褐铁矿、高碱度烧结矿、菱铁矿、赤铁矿、磁铁矿。

（2）温度。一般来说，随着温度的升高，界面化学反应速度加快。在温度为 $800 \sim 1000$ ℃ 的范围内，温度对反应的加速作用最为重要；高出此范围，如矿石达到软化、熔融温度后，将引起体积收缩和孔隙率减小，反应过程将从化学反应动力学范围转向扩散速度范围，总反应速度反而会减慢。因此，矿石在转入高温区前应得到充分还原。

（3）高炉煤气成分。高炉煤气是由 CO、H_2、N_2、CO_2 组成的。CO、H_2 浓度增加，还原剂与矿石接触面积增大，反应速度加快。尤其是 H_2，浓度增加后，由于 H_2 的扩散系数和反应速率常数都比 CO 大，所以提高 H_2 浓度将加快还原反应速度。如果 N_2 和 CO_2 浓度增加，它们在反应界面的吸附过程中就会占据活性点，减少 CO、H_2 的吸附量，阻碍还原过程的进行。

（4）煤气压力与气流分布。煤气压力是通过对气体浓度的影响起作用的，因此，当反应过程处于内扩散和化学反应动力学范围时，提高煤气压力，吸附量增加，反应速度加快，有利于矿石还原；同时，提高压力还使碳的气化反应变慢，使 CO_2 消失的温度区域提高到 1000 ℃ 左右，有利于中温区间接还原的发展。但是，随着压力的提高，还原速度并不成比例地增加。这是因为提高压力以后，还原产物 CO_2 和 H_2O 的吸附能力也随之增加，阻碍还原剂的扩散。同时，由于碳素熔损反应的平衡逆向移动，气相中的 CO_2 浓度增加，更接近 CO 间接还原的平衡组成，这些对铁氧化物的还原是不利的。因此，提高压力对加快还原的作用是不明显的，提高压力的主要意义在于降低压差，改善高炉顺行，为高炉高效冶炼提供可能性。另外，煤气流分布合理，矿石与气体还原剂的接触面积增大，对加快矿石的间接还原十分重要。

9.1.4 铁的复杂化合物的还原

高炉炉料中的铁氧化物常与其他氧化物结合成复杂的化合物，例如烧结矿中的硅酸铁（$n\text{FeO} \cdot m\text{SiO}_2$）、熔剂性烧结矿中的铁酸盐（$n\text{CaO} \cdot m\text{Fe}_2\text{O}_3$）、钒钛磁铁矿中的钛铁矿（$\text{FeO} \cdot \text{TiO}_2$）等。复杂氧化物还原时需先分解成自由的铁氧化物，而后再被还原剂所还原，因此还原就比较困难，会消耗更多的热量。

9.1.4.1 硅酸铁的还原

高炉原料中常含有一部分硅酸铁（Fe_2SiO_4），硅酸铁还原时，首先分解成自由铁氧化物，而后再被还原剂所还原。但是硅酸铁的结构比较致密，还原性差。用 CO 或 H_2 还原时，要达到 900 ℃ 左右时才能开始，而且还原速度很慢，基本上都是直接还原，其反应式如下。

当用 CO 还原时：

$$\text{Fe}_2\text{SiO}_4 = 2\text{FeO} + \text{SiO}_2 - 47520 \text{ kJ}$$
$$+ \ 2\text{FeO} + 2\text{CO} = 2\text{Fe} + 2\text{CO}_2 + 27210 \text{ kJ} \tag{9-31}$$

$$\overline{\text{Fe}_2\text{SiO}_4 + 2\text{CO} = 2\text{Fe} + \text{SiO}_2 + 2\text{CO}_2 - 20310 \text{ kJ}} \tag{9-32}$$

当有固定碳存在时：

$$\text{Fe}_2\text{SiO}_4 = 2\text{FeO} + \text{SiO}_2 - 47520 \text{ kJ}$$
$$2\text{FeO} + 2\text{CO} = 2\text{Fe} + 2\text{CO}_2 + 27210 \text{ kJ}$$
$$+ \ \ \ 2\text{CO}_2 + 2\text{C} = 4\text{CO} - 331532 \text{ kJ}$$

$$\overline{\text{Fe}_2\text{SiO}_4 + 2\text{C} = 2\text{Fe} + \text{SiO}_2 + 2\text{CO} - 351842 \text{ kJ}} \tag{9-33}$$

比较反应式（9-20）和反应式（9-33）的热效应可知，从硅酸铁中还原 FeO 比还原自由的 FeO 要消耗更多热量。

硅酸铁的熔点低，流动性好，如果未被充分预热和还原就被熔化，则流入炉缸后就进入炉渣。由于炉渣中 CaO 的存在，而 CaO 与 SiO_2 的结合力比 FeO 的结合力大，能将其置换出来，于是还原反应式变为：

$$Fe_2SiO_4 + 2CaO \Longrightarrow 2FeO + Ca_2SiO_4 + 91858 \text{ kJ} \tag{9-34}$$

$$2FeO + 2CO \Longrightarrow 2Fe + 2CO_2 + 27210 \text{ kJ}$$

$$+ \quad 2CO_2 + 2C \Longrightarrow 4CO - 331532 \text{ kJ}$$

$$Fe_2SiO_4 + 2CaO + 2C \Longrightarrow 2Fe + Ca_2SiO_4 + 2CO - 212464 \text{ kJ} \tag{9-35}$$

可见，有 CaO 存在时，还原 Fe_2SiO_4 的热量消耗有所降低。但由于这种还原是在炉缸中进行的，要消耗炉缸中的热量，会使炉缸温度降低。因此，高炉冶炼不希望使用含 Fe_2SiO_4 高的原料。特别是一些中小型高炉，由于风温不高，故炉缸热储备少，炉渣中过多的 Fe_2SiO_4 还会造成"凉炉"、炉况不顺、生铁含硫升高等现象。如果使用较高碱度的烧结矿、球团矿或者采用高风温和碱性渣操作等都有利于 Fe_2SiO_4 的还原。

9.1.4.2　钛磁铁矿中铁的还原

我国钛磁铁矿蕴藏丰富，它的复合氧化物一般以钛铁矿 $FeTiO_3$、钛铁晶石 $2FeO \cdot TiO_2$ 和钛磁铁矿 $Fe_3O_4 \cdot TiO_2$ 的形态居多。

由实验室研究得出，温度在 400 ℃时，用 CO、H_2 还原钛磁铁矿粉末，有少量的铁被还原出来；在 900 ℃时用纯 CO 可以还原出 95% 以上的铁，如果单用 H_2 还原，则可以还原出更多的铁。故钛磁铁矿中铁的还原一般都在 900 ℃以上区域内进行，通过固定碳直接还原，其反应式为：

$$FeTiO_3 \Longrightarrow FeO + TiO_2 - 33494 \text{ kJ} \tag{9-36}$$

$$FeO + CO \Longrightarrow Fe + CO_2 + 13605 \text{ kJ}$$

$$+ \quad CO_2 + C \Longrightarrow 2CO - 165766 \text{ kJ}$$

$$FeTiO_3 + C \Longrightarrow Fe + TiO_2 + CO - 185655 \text{ kJ} \tag{9-37}$$

或者：

$$FeTiO_3 \Longrightarrow FeO + TiO_2$$

$$FeO + H_2 \Longrightarrow Fe + H_2O$$

$$+ \quad H_2O + C \Longrightarrow H_2 + CO$$

$$FeTiO_3 + C \Longrightarrow Fe + TiO_2 + CO$$

考虑到钛磁铁矿难还原以及高炉冶炼的特点和要求，当前我国高炉在冶炼钒钛磁铁矿时都是通过选矿、烧结后使用，以改进钛磁铁矿的冶炼性能，而不是直接入炉进行冶炼。

9.1.5　非铁元素的还原

9.1.5.1　锰的还原

锰是高炉冶炼中常遇到的金属，主要由锰矿石带入，一般铁矿石中也都含有少量锰。

高炉内锰氧化物的还原是从高价向低价逐级进行的，其顺序为：

$$6MnO_2 \rightarrow 3Mn_2O_3 \rightarrow 2Mn_3O_4 \rightarrow 6MnO \rightarrow 6Mn$$

由于 MnO_2 和 Mn_2O_3 的分解压都比较大，在 p_{O_2} = 98066.5 Pa 时，MnO_2 分解温度 565 ℃，Mn_2O_3 分解温度为 1090 ℃，气体还原剂（CO、H_2）将高价锰氧化物还原到低价 MnO 是比较容易的。在高炉的炉身上部，锰的高价氧化物可全部转化为 MnO，其反应式为：

$$3Mn_2O_3 + CO = 2Mn_3O_4 + CO_2 + 170120 \text{ kJ} \tag{9-38}$$

$$Mn_3O_4 + CO = 3MnO + CO_2 + 51880 \text{ kJ} \tag{9-39}$$

上述反应热效应值较大，这是冶炼锰铁的高炉炉顶温度较高的原因之一。

MnO 是相当稳定的化合物，其分解压比 FeO 分解压小得多，比 FeO 更难还原。在 1400 ℃ 的纯 CO 气流中，只能有极少量的 MnO 被还原，平衡气相中的 CO_2 浓度只有 0.03%。因此，高炉内 MnO 的间接还原是不可能进行的。MnO 的还原只能用 C 进行，而且 MnO 多呈 $MnO \cdot SiO_2$ 状态，因而铁水中的 Mn 是从炉渣中还原出来的，即成渣后渣中（MnO）与炽热焦炭或饱和 ［C］接触时发生反应，反应式如下：

$$(MnO) + C = [Mn] + CO - 261291 \text{ kJ} \tag{9-40}$$

还原 1 kg Mn 的耗热量比直接还原 1 kg Fe 的耗热量约高 1 倍，因此高温是锰还原的首要条件。

当有 CaO 存在时，发生下列反应：

$$MnSiO_3 + CaO + C = Mn + CaSiO_3 + CO - 228200 \text{ kJ} \tag{9-41}$$

如碱度更高时形成 Ca_2SiO_4，此时锰还原耗热量可少些，可见，高碱度炉渣是锰还原的重要条件。此外，若高炉内有已还原的 Fe 存在，锰与铁水能无限互溶，形成近似理想的溶液，降低了 ［Mn］的活度；同时，随着 ［Mn］的增加，铁水的黏度降低，流动性也将明显改善，这些都有利于锰的还原。

锰在高炉内有部分随煤气挥发，到高炉上部又被氧化成 Mn_3O_4。在冶炼普通生铁时，40%~60% 的锰进入生铁，5%~10% 的锰挥发进入煤气，炉温越高，挥发进入煤气的锰越多。

9.1.5.2　硅的还原

不同的铁种对其硅含量有不同要求，硅铁合金要求硅含量要高，铸造生铁则要求硅含量在 1.25%~4.0%，一般炼钢生铁的硅含量应小于 1%。目前高炉冶炼低硅炼钢生铁，其硅含量已降低到 0.3%~0.4%，甚至更低。

生铁中的硅主要来自脉石以及焦炭灰分中的 SiO_2，SiO_2 是比较稳定的化合物，其分解压很低（1500 ℃ 时为 3.6×10^{-19} MPa），生成热很大，因此 Si 比 Fe 和 Mn 都难还原，只能在高温下（液态）靠固体碳直接还原，反应式为：

$$SiO_2 + 2C = Si + 2CO - 627980 \text{ kJ} \tag{9-42}$$

还原 1 kg 硅的耗热量相当于还原 1 kg 铁（直接还原）所需热量的 8 倍，是还原 1 kg 锰耗热量的 4 倍，因而常常把还原产生硅量的多少作为判断高炉热状态的标准。提高炉温，有利于促进硅的还原；而生铁硅含量升高，往往表明炉温升高。此外，生铁中硅含量对生铁的物理性能也有重大影响。

硅的还原也是逐级进行的（$SiO_2 \rightarrow SiO \rightarrow Si$），中间产物 SiO 的蒸气压比 Si 和 SiO_2 的都大，在 1890 ℃时可达 98066.5 Pa，所以风口附近的 SiO 在还原过程中可挥发成气体。气态 SiO 改善了与焦炭接触的条件，促进了 Si 的还原。SiO_2 的还原也可借助于被还原出来的 Si 进行。反应方程式如下：

$$SiO_2 + C \Longrightarrow SiO + CO \tag{9-43}$$

$$SiO + C \Longrightarrow Si + CO \tag{9-44}$$

$$SiO_2 + Si \Longrightarrow 2SiO \tag{9-45}$$

未被还原的 SiO 在高炉上部重新被氧化，凝成白色的 SiO_2 微粒，部分随煤气逸出，部分随炉料下降，影响高炉顺行。因此，当风口前理论燃烧温度很高时，容易导致高炉悬料。

除受温度影响外，生铁硅含量的高低还与 SiO_2 的活度有关，其值越大，硅的还原量越大。SiO_2 的活度与其存在形态有关。焦炭灰分中 SiO_2 的活度可认为是 1，即其呈自由态存在，而炉渣中 SiO_2 的活度只有焦炭中的 1/20~1/10。冶炼低硅生铁时，生铁中的 Si 主要来自焦炭灰分，因此，使用高灰分焦炭和高灰分喷吹燃料，渣量太大以及初渣碱度太低，对冶炼低硅生铁都是不适宜的；相反，使用高碱度烧结矿以及提高渣中 MgO 含量，都可以降低渣中 SiO_2 的活度，减少硅的还原。在冶炼铸造生铁时，焦炭灰分带入的 SiO_2 量是有限的，不及渣中带入量的 1/6~1/5，实际上，来自焦炭和来自炉渣的硅的还原量几乎差不多。根据平衡移动原理，硅的还原受压力影响也是很明显的。大型高炉顶压高，炉内压力大，有利于降低生铁硅含量和能耗，而小型高炉则相反，因此，用小型高炉冶炼含硅高的铸造生铁就比大型高炉更为经济、合理。

高炉内由于有 Fe 存在，还原产生的 Si 能与 Fe 在高温下形成很稳定的硅化物 FeSi（也包括 Fe_3Si 和 $FeSi_2$ 等）而溶解于铁中，因此降低了还原时的热消耗和还原温度，有利于 Si 的还原，其反应为：

$$SiO_2 + 2C \Longrightarrow Si + 2CO - 627980 \text{ kJ}$$
$$+ \quad Si + Fe \Longrightarrow FeSi + 80333 \text{ kJ}$$
$$\overline{\qquad\qquad\qquad\qquad\qquad\qquad\qquad}$$
$$SiO_2 + 2C + Fe \Longrightarrow FeSi + 2CO - 547647 \text{ kJ} \tag{9-46}$$

从动力学来看，一切减少硅还原反应接触面积和接触时间的措施都有利于抑制硅的还原。

高炉解剖研究和高炉生产取样的测定表明：硅在炉腰或炉腹上部才开始还原，达到风口水平面时还原出的硅量达到最高，是终铁硅含量的 2.34~3.87 倍。上述事实证明，硅是在滴落带被大量还原的，因此滴落带是高炉的增硅区。

含硅的铁滴在穿过渣层时，由于炉缸中存在硅氧化的耦合反应，比如：

$$[Si] + 2(FeO) \Longrightarrow (SiO_2) + 2[Fe] \tag{9-47}$$

$$[Si] + 2(MnO) === (SiO_2) + 2[Mn] \tag{9-48}$$

$$[Si] + 2(CaO) + 2[S] === (SiO_2) + 2(CaS) \tag{9-49}$$

有一部分 Si 又会重新氧化生成 SiO_2，风口水平面铁水中的硅含量比终铁中的要高出许多，因此风口以下是高炉的降硅区。

炉外铁水增硅技术可以将炼出的炼钢生铁增硅成铸造生铁，解除高炉生产中转变铁种的麻烦和由此带来的产量损失和焦比升高。铁水增硅的方法有高炉出铁过程中在撇渣器后投入硅铁块增硅和铁水罐中喷硅铁粉增硅两种。前一种方法硅铁的回收率较低，为 80% 左右；而铁水罐喷平均粒度为 0.6 mm 硅粉时，回收率在 90% 以上，能耗低，经济效益好，而且易于控制，劳动条件也优越。

9.1.5.3　磷的还原

炉料中的磷主要以磷酸钙 $(CaO)_3 \cdot P_2O_5$ 的形态存在，有时也以磷酸铁（又称蓝铁矿）$(FeO)_3 \cdot P_2O_5 \cdot 8H_2O$ 的形态存在。

磷酸铁脱水后比较容易还原，在 900 ℃时用 CO 可以从蓝铁矿中还原出磷来：

$$2[(FeO)_3 \cdot P_2O_5] + 16CO === 3Fe_2P + P + 16CO_2 \tag{9-50}$$

在温度高于 950 ℃时进行直接还原：

$$2[(FeO)_3 \cdot P_2O_5] + 16C === 3Fe_2P + P + 16CO \tag{9-51}$$

还原生成的 Fe_2P 和 P 都溶于铁水中。

磷灰石是较难还原的物质，它在高炉内首先进入炉渣，被炉渣中的 SiO_2 置换出自由态 P_2O_5 后再进行直接还原：

$$(CaO)_3 \cdot P_2O_5 + 3SiO_2 === 3Ca_2SiO_4 + 2P_2O_5 - 917340 \text{ kJ}$$

$$+ \qquad 2P_2O_5 + 10C === 4P + 10CO - 1921290 \text{ kJ}$$

$$\overline{\qquad\qquad\qquad\qquad\qquad\qquad\qquad\qquad\qquad\qquad}$$

$$2Ca_3(PO_4)_2 + 3SiO_2 + 10C === 3Ca_2SiO_4 + 4P + 10CO - 2838630 \text{ kJ} \tag{9-52}$$

还原出 1 kg 磷需要的耗热量为 $\dfrac{2838630}{4 \times 31} = 22892$ kJ。磷属于难还原元素，但在高炉条件下一般能全部还原。这是由于：

（1）炉内有大量的碳，炉渣中又有过量的 SiO_2，而还原出的磷又溶于生铁而生成 FeP，并放出热量；

（2）置换出的自由态 P_2O_5 易挥发，改善了与碳的接触条件；

（3）磷本身也很易挥发，而挥发的磷随煤气上升，在高炉上部又全部被海绵铁吸收。因此，要控制生铁中的磷含量 [P]，只有控制原料的磷含量。

此外还有人认为，当炉料中磷含量较高时，采用高碱度炉渣冶炼可以阻止 10%~20% 的磷酸钙还原，而直接进入炉渣。

9.1.5.4　铅、锌、砷的还原

铅在炉料中以 $PbSO_4$、PbS 等形式存在。铅是易还原元素，可全部还原，其反应式为：

$$PbSO_4 + Fe + 4C \Longrightarrow FeS + Pb + 4CO \tag{9-53}$$

$$PbS + CaO \Longrightarrow PbO + CaS \tag{9-54}$$

$$PbO + CO \Longrightarrow Pb + CO_2 \tag{9-55}$$

还原出的铅不溶于铁水，由于其密度大于生铁（$\rho_{pb} = 11.34 \times 10^3 \ kg/m^3$，$\rho_{Fe} = 7.86 \times 10^3 \ kg/m^3$），而熔点又低（327 ℃），还原出的铅很快穿入炉底砖缝，破坏炉底的衬砖。铅在1550 ℃时沸腾，在高炉内有部分铅挥发上升，而后又被氧化并随炉料下降，再次还原，从而循环富集，使沉积炉底的铅越来越多，有时也能形成炉瘤，破坏炉衬。我国鞍山和龙烟铁矿中均含有微量的铅，高炉内无法控制其还原，只能定期排除沉积的铅，如在炉底设置专门的排铅口、出铁时降低铁口高度或提高铁口角度等。

高炉炉尘、转炉炉尘以及某些铁矿中含有少量的锌（如南京凤凰山矿）。锌在矿石中常以 ZnS 的形态存在，有时也以碳酸盐或硅酸盐状态存在。随着温度升高，碳酸盐能分解为 ZnO 和 CO_2，硅酸盐也会被 CaO 取代出来，ZnO 可被 CO、H_2 和固体碳所还原：

$$ZnO + CO \Longrightarrow Zn + CO_2 - 65980 \ kJ \tag{9-56}$$

$$ZnO + H_2 \Longrightarrow Zn + H_2O - 107280 \ kJ \tag{9-57}$$

锌在高炉内 400~500 ℃的区域内就开始还原，一直到高温区才还原完全。还原出的锌易于挥发，在炉内循环富集，破坏高炉顺行。部分渗入炉衬的锌蒸气在炉衬中冷凝下来，并氧化成 ZnO，使得炉衬体积膨胀、风口上翘；而凝附在内壁的 ZnO 沉积，将形成炉瘤。

铁矿中砷的含量不多，属于易还原元素，还原后进入生铁并与铁化合成 FeAs，会显著降低钢的焊接性。试验表明，无论高炉冷行还是热行、炉渣碱度高还是低，砷均能被还原进入生铁。

对于含铅、锌、砷的原料，可采用氯化焙烧等预处理方法将其分离出去，但在工业上实施尚有一定的困难，因此常用配矿方法来控制它们的入炉数量。

9.1.5.5 碱金属的还原

碱金属还原进入生铁的数量并不多，但其因在炉内能够循环富集，给冶炼过程带来很大的影响而备受重视。碱金属矿物主要是以各种硅酸盐的形态存在。这些碱金属矿物的熔点都很低，在800~1100 ℃全部被熔化，进入高温区时，一部分进入炉渣，另一部分则被 C 还原成 K、Na 元素。由于金属 K、Na 的沸点只有799 ℃和882 ℃，因而它们还原出来后立即气化并随煤气上升，在不同的温度条件下又与其他物质反应而转化为氰化物、氟化物和硅酸盐等，但大部分被 CO_2 氧化成为碳酸盐，例如：

$$2K_{(g)} + 2CO_2 \Longrightarrow K_2CO_3 + CO \tag{9-58}$$

产物 K_2CO_3 在低于900 ℃时是固体，若高于900 ℃将熔化。当其随炉料下降到温度高于1050 ℃的区域时，反应逆向进行，即 K、Na 重新被还原。因此，在高炉上部的中低温区，K、Na 是以金属和碳酸盐的形式进行循环和富集的。

K、Na 的氰化物是在高于1400 ℃的高温区生成的，反应方程式为：

$$3C + N_2 + K_2O \cdot Al_2O_3 \cdot 2SiO_2 \Longrightarrow 2KCN_{(g)} + Al_2O_3 + 2SiO_2 + CO \tag{9-59}$$

气态的氰化物上升到低于800 ℃的区域时液化，而到达低于600 ℃的区域时则转变为固体粉末。它们再度随炉料下降，并重新被还原生成氰化物。因此，K、Na 的氰化物是在 600~1600 ℃范围内进行循环和富集的。

碱金属在高炉中危害很大，能降低矿石的软化温度，使矿石尚未充分还原就已熔化滴落，增加了高炉下部直接还原的热量消耗；能引起球团矿的异常膨胀而严重粉化；能强化焦炭的气化反应能力，使焦炭反应后强度急剧降低而粉化；液态或固态碱金属还会黏附于炉衬上，既能使炉墙严重结瘤，又能直接破坏砖衬。

目前，控制炉内碱金属量的方法主要是降低炉料带入的碱金属量，在操作中降低炉渣碱度、控制较低炉温以增加炉渣排碱量。

9.1.6　生铁的形成与渗碳过程

铁矿石在高炉内总的停留时间波动于 5~8 h，其中 1~2 h 用于完成由高价氧化物转变为浮氏体（Fe_xO）的气-固相还原过程，再用 1~2 h 将一半或稍多的 Fe_xO 以间接还原的方式还原为金属铁。进入 1000 ℃以上的高温区后，炉料升温到软化以及熔融温度后成渣，渣中未还原的液态 Fe_xO 要靠固体碳或铁中溶解的碳以极快的速度完成还原过程。无论是低温还原后形成的海绵铁，还是高温所得的液态铁，在下降过程中都将不断地吸收碳而发生渗碳反应。同时，液态铁滴在滴落过程中还会吸收［Si］、［S］等元素。当铁滴穿过炉缸中积存的渣层时，在以秒计的短暂时间内将完成液态渣铁成分的最后调整（即渣-铁间的氧化还原反应），最终形成生铁，流出高炉。生铁的形成过程主要是已还原的金属铁中逐渐溶入合金元素和不断渗碳的过程。

9.1.6.1　渗碳反应

高炉内生铁形成的主要特点是必须经过渗碳过程。研究认为，高炉内渗碳过程大致可分为以下三个阶段。

（1）固体金属铁的渗碳，即海绵铁的渗碳。在高炉上部有部分铁矿石在固态时就被还原成金属铁，随着温度升高，逐渐有更多的铁被还原出来。刚还原产生的铁呈多孔海绵状，称为海绵铁。早期出现的海绵铁成分比较纯，几乎不含碳。海绵铁在下降过程中将少量吸收 CO 在低温下分解产生的化学活泼性很强的炭黑（粒度极小的固体碳）。其反应式为：

$$2CO = CO_2 + C_{黑}$$
$$+ 3Fe_{(s)} + C_{黑} = Fe_3C_{(s)}$$
$$\overline{\phantom{3Fe_{(s)} + 2CO = Fe_3C_{(s)} + CO_2}}$$
$$3Fe_{(s)} + 2CO = Fe_3C_{(s)} + CO_2 \tag{9-60}$$

一般来说，这一阶段的渗碳发生在 800 ℃以下的区域，即在高炉炉身的中上部位有少量金属铁出现的固相区域。此阶段的渗碳量占全部渗碳量的 1.5%左右。

（2）液态铁的渗碳。这是在铁滴形成之后，铁滴与焦炭直接接触的过程中进行的，其反应式为：

$$3Fe_{(l)} + C_{焦} = Fe_3C_{(l)} \tag{9-61}$$

据高炉解剖资料分析，矿石在进入软熔带后，出现致密的金属铁层和具有炉渣成分的熔结聚体。当其继续下降进入 1300~1400 ℃ 的高温区时，形成由部分氧化铁组成的低碱度渣滴，且在焦炭空隙之间出现金属铁的"冰柱"，此时金属铁以 γ-Fe 形态存在，碳含量（质量分数）达 0.3%~1.0%，由相图分析得知此金属仍属于固体。继续下降至 1400 ℃ 以上的区域后，"冰柱"经炽热焦炭的固相渗碳，熔点降低，此时才熔化为铁滴并穿过焦炭空隙而流入炉缸。由于液体状态下的铁与焦炭的接触条件得到改善，加快了渗碳过程，生铁碳含量（质量分数）立即增加到 2% 以上，到炉腹处的金属铁中碳含量（质量分数）已达 4%，与最终生铁的碳含量相差不多。

（3）炉缸内的渗碳。炉缸部分只进行少量渗碳，一般渗碳量只有 0.1%~0.5%，其反应式为：

$$3Fe_{(1)} + C_{焦} \Longrightarrow Fe_3C_{(1)}$$

可见，生铁的渗碳是沿着整个高炉的高度进行的，在滴落带尤为迅速。任何阶段渗碳量的增加都会导致终铁碳含量（质量分数）升高。

生铁的最终碳含量（质量分数）与温度有关。在 Fe-C 平衡相图上，1153 ℃ 共晶点处的饱和碳含量（质量分数）为 4.3%，随着温度的提高其饱和碳含量（质量分数）将升高，有如下关系：

$$w[C] = 1.3 + 2.57 \times 10^{-3} t \tag{9-62}$$

式中　　$w[C]$——饱和碳含量，%；

　　　　t——铁水温度，℃，在 1153~2000 ℃ 内适用。

此外，碳在铁中的溶解度还受铁中其他元素的影响，特别是 Si 和 Mn 的影响。

Mn、Cr、V、Ti 等能与 C 结合成碳化物而溶于生铁，因而能提高生铁碳含量。例如普通生铁中，随着［Mn］含量的增加，［C］含量提高，铁水凝固点进一步降低，有利于铁水流动性的改善，生产中通过加入锰矿来消除石墨碳堆积就是利用这个道理。Mn 含量（质量分数）为 15%~20% 的锰铁，其碳含量（质量分数）常为 5%~5.5%；Mn 含量（质量分数）为 80% 的锰铁，碳含量（质量分数）达 7% 左右。

Si、P、S 能与铁生成化合物，促使 Fe_3C 分解，使化合碳游离为石墨碳，使生铁碳含量降低。比如，硅铁碳含量（质量分数）只有 2% 左右。

凝固生铁中碳的存在形态有两种，即碳化物形态（Fe_3C、Mn_3C）和石墨碳形态。如果是以碳化物形态存在，生铁的断面呈银白色，又称白口铁；如果是以石墨碳状态存在，生铁的断面呈暗灰色，又称灰口铁。灰口铁具有一定的韧性和耐冲击性，易于切削加工。碳元素在生铁中的存在形态还与铁水的冷却速度有关。当生铁中 Si、Mn 及其他元素的含量相同时，其冷却速度越慢，析出的石墨碳越多，形成灰口铁断面。

冶炼普通生铁时，碳含量常用下列经验公式估算：

$$w[C] = 4.3 - 0.27w[Si] - 0.32w[P] + 0.03w[Mn] - 0.032w[S] \tag{9-63}$$

［S］的影响也可忽略。

随着高炉冶炼技术的发展，高炉内煤气总压力和 CO、H_2 含量对生铁碳含量的影响越来越大。目前研究认为，炉内压力每提高 10 kPa，生铁碳含量提高 0.045%。总的来说，铁水中的［C］总是达到该条件下的饱和状态，几乎无法人为调节。现代高炉炼钢生铁的铁水碳含量在 4.5%~5.4% 之间波动。

9.1.6.2 其他少量元素的溶入

在高炉条件下被还原的其他非铁元素，大部分可溶入铁水，其溶入量与各元素还原出的数量以及还原后形成化合物的形态有关。生产者根据生铁品种规格的要求，可有意地促进或抑制某些元素的还原过程。对某些特殊的稀有元素，则应尽可能地促进其还原入铁，提高它们在炼铁工序中的回收率。

生铁中的常规元素有 Mn、Si、S、P。Mn 与 Fe 的性质及晶格形式相近，因而它们可形成近似理想溶液，即高炉内能还原得到的 Mn 皆可溶入铁水，因此，铁水中的锰量基本上是由原料配入的锰含量来决定的。Si 与 Fe 有较强的亲和力，能形成多种化合物，高炉中能还原的 Si 皆可溶入铁水。生产中可通过控制炉渣碱度、炉缸热状态等办法来调节生铁硅含量。一般高炉可经济地冶炼硅含量达 12% 的低硅铁合金以及硅含量为 1.25%~3.25% 的铸造生铁，而炼钢生铁的硅含量则波动在 0.2%~1.0% 的较宽范围内。有害元素 P、As、S 都与铁有较强的亲和力，炉料带入的 P、As 均可 100% 还原进入生铁，因此，这两者只能通过配矿来控制。S 虽然在 γ-Fe 中溶解度不高（1350 ℃时为 0.05%），但是已溶入的 S 及 FeS 可稳定地存在于铁液中，在凝固过程中形成共晶体或以低熔点混合物聚集在晶格间，对钢铁造成危害。

在线测试9-1

9.2 高炉造渣与脱硫

高炉渣的来源主要是铁矿石中的脉石以及焦炭（或其他燃料）燃烧后剩余的灰分。按我国目前使用的原料条件，每炼 1 t 生铁产生 300~500 kg 炉渣，国外已达 300 kg 左右。炉渣数量及其性能直接影响高炉的顺行、生铁的产量和质量以及焦比。"要想炼好铁，必须造好渣"是炼铁工作者多年实践的经验总结。

9.2.1 高炉渣的成分与要求

9.2.1.1 高炉渣的成分

普通高炉渣主要由 SiO_2、Al_2O_3、CaO、MgO 四种氧化物组成，除此之外，还有少量的其他氧化物和硫化物。用焦炭冶炼的高炉炉渣成分的大致范围见表 9-2。

表 9-2 用焦炭冶炼的高炉炉渣成分 (质量分数) 的大致范围

炉渣成分	SiO₂	Al₂O₃	CaO	MgO	MnO	FeO	CaS	K₂O + Na₂O
质量分数/%	30~40	8~18	35~50	<10	3	<1	<2.5	<1.5

这些成分及含量主要取决于原料的成分和高炉冶炼的铁种。冶炼特殊铁矿的高炉渣还会有其他成分, 如冶炼包头含氟矿石时, 渣中含有 18% 左右的 CaF; 冶炼攀枝花钒钛磁铁矿时, 渣中含有 20%~25% 的 TiO₂; 冶炼酒泉含 BaO 的高硫镜铁矿时, 渣中含有 6%~10% 的 BaO; 冶炼锰铁时, 渣中 MnO 含量为 8%~20%。

炉渣成分可分为碱性氧化物和酸性氧化物两大类。在炉渣离子理论中, 将熔融炉渣中能提供氧离子 (O²⁻) 的氧化物称为碱性氧化物, 能吸收氧离子的氧化物称为酸性氧化物。有些既能提供又能吸收氧离子的氧化物则称为中性氧化物或两性氧化物, 从碱性氧化物到酸性氧化物的排列顺序为:

$$K_2O \rightarrow Na_2O \rightarrow BaO \rightarrow PbO \rightarrow CaO \rightarrow MnO \rightarrow FeO \rightarrow ZnO \rightarrow MgO \rightarrow CaF_2 \rightarrow Fe_2O_3 \rightarrow$$
$$Al_2O_3 \rightarrow TiO_2 \rightarrow P_2O_5$$

碱性氧化物可与酸性氧化物结合形成盐类, 酸碱性相距越大, 结合力就越强。以碱性氧化物为主的炉渣称为碱性炉渣, 反之称为酸性炉渣。炉渣的很多物理化学性质与其酸碱性有关, 表示炉渣酸碱性的指数称为炉渣碱度 (R), 它是指炉渣中碱性氧化物与酸性氧化物的质量分数之比。

炉渣碱度的表示方法有以下三种。

(1) $R = \dfrac{w(CaO) + w(MgO)}{w(SiO_2) + w(Al_2O_3)}$ 称为四元碱度, 又称全碱度, 常在 0.85~1.15 的范围内。

(2) $R = \dfrac{w(CaO) + w(MgO)}{w(SiO_2)}$ 称为三元碱度。一般渣中 Al₂O₃ 含量比较固定, 生产中也难以调整, 故在计算中常不考虑 Al₂O₃。三元碱度一般为 1.2~1.5。

(3) $R = \dfrac{w(CaO)}{w(SiO_2)}$ 称为二元碱度。炉渣中 MgO 含量也是比较固定的, 生产中一般也不调整, 故往往不用 MgO 一项。二元碱度比较简单, 且调整方便, 又能满足一般生产工艺的需要, 因此生产中最为常用。生产中, 碱度大于 1.0 的炉渣常被称为碱性炉渣, 碱度小于 1.0 的炉渣则称为酸性炉渣。我国大中型高炉选用的炉渣二元碱度一般为 1.0~1.2。

9.2.1.2 对高炉炉渣的要求

(1) 炉渣要有合适的化学成分、良好的物理性质, 在高炉内能熔融成液体并与金属分离而顺利地流出炉外, 不给冶炼操作带来任何困难。

(2) 炉渣要有选择还原与调整生铁成分的能力。例如冶炼低硅生铁时, 可通过造碱性渣来抑制硅的还原。

(3) 炉渣要具有充分的脱硫能力, 保证炼出优质生铁。

（4）炉渣要能满足允许煤气顺利通过渣铁及渣气良好分离的力学条件。

（5）炉渣要具有形成渣皮、保护炉衬的能力。例如我国包头矿中含有 CaF_2，会强烈腐蚀炉衬，造渣时应保证有足够的 CaO，从而限制或削弱其侵蚀能力。

9.2.2 高炉解剖研究

高炉是一个密闭的、连续的逆流反应器，对这些过程不能直接观察，直观了解炉内情况的有效办法是对高炉进行解剖研究。高炉解剖是将进行正常冶炼的高炉突然停止鼓风，并且急速降温（通常用 N_2，有时也采用水冷）以保持炉内原状，然后将高炉剖开，进行全过程的观察、录像以及分析化验等各个项目的研究考察，此项工作称为高炉解剖研究。下面介绍高炉解剖研究的一些成果。

9.2.2.1 炉料下降过程中的层状分布现象

在冶炼过程中，炉内料柱基本上是整体下降的，称为层状下降或活塞流。高炉内堆积成料柱状的炉料受逆流而上的高温还原气流作用，不断被加热、分解、还原、软化、熔融、滴落，并最终形成渣铁熔体而分离。产生上述一系列炉料形态变化的区域，基本上取决于温度场在料柱中的分布，如图 9-14 所示。通常将炉料形态发生变化的五个区域称为五带或五层，如图 1-4 所示。

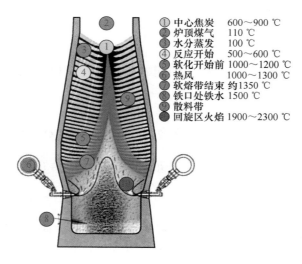

① 中心焦炭　600～900 ℃
② 炉顶煤气　110 ℃
③ 水分蒸发　100 ℃
④ 反应开始　500～600 ℃
⑤ 软化开始前 1000～1200 ℃
⑥ 热风　1000～1300 ℃
⑦ 软熔带结束　约1350 ℃
⑧ 铁口处铁水 1500 ℃
⑨ 散料带
⑩ 回旋区火焰 1900～2300 ℃

图9-14
彩图

图 9-14　高炉内炉料形态变化示意图

（1）块状带。炉内料柱的上部，即炉料软熔前的区域，主要发生游离水蒸发、菱铁矿和结晶水分解、矿石的间接还原（还原度可达 30%～40%）等变化。块状带焦炭块度和强度下降很少，透气性较好。矿石与焦炭始终保持着炉喉布料明显的层状结构缓缓下降，但层状逐渐趋于水平，厚度也逐渐变薄（一方面，从炉喉到炉身下部高炉的断面逐渐扩大，料层发生横向位移，使料层变薄；另一方面，由于风口回旋区的焦炭燃烧，燃烧带上方料速比其他区域要快）。块状带矿石虽保持固体状态，但脉石中的氧化物与还原而来的低级铁及锰氧化物发生固相反应，形成部分低熔点化合物，为矿石的软化和熔融创造了条件。

（2）软熔带。当温度为 900~1100 ℃时，炉料开始软化黏结。图 9-15 为 1000 ℃以上烧结矿还原、软化、收缩和软熔过程的示意图。炉料从软化到熔融的区域称为软熔带，由许多固态焦炭层和黏结在一起的半熔融矿石层组成。软熔带的上沿是软化线，下沿是熔化线，它和矿石的软熔温度区间相一致，其最高部分称为软熔带的顶部，最低部分称为软熔带的根部。软熔带内，焦炭与矿石相间，层次分明。矿石由表及里逐渐软化熔融，有一定的塑性，矿石料块的气孔和料块间隙急剧减少，煤气穿过软熔层的可能性极小，还原过程几乎停顿，煤气阻力大大增加。而焦炭仍呈块状，起到疏松和使气流畅通的作用，像窗户一样，因此被称为"焦窗"。根据高炉透气阻力模型研究的结果，如果矿石层透气性指标

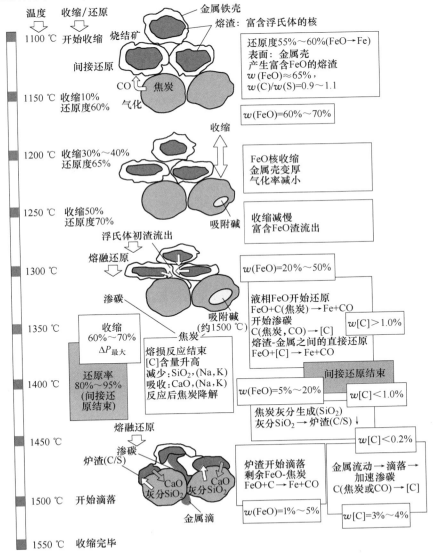

图 9-15　铁矿石还原、软化、收缩和软熔过程示意图

是1，焦炭层则为13，而软熔层只有0.2~0.25。由于这一区域碳的气化反应剧烈，焦炭中碳的损失可达30%~40%，所以焦炭强度下降较快，块焦减小很明显，同时也有许多碎焦和焦粉产生，不利于气流的通畅。因此，焦炭块度均匀和 CO_2 反应后强度的改善对高炉软熔带状态有重要的作用。测定数据表明，煤气在料柱内流动的阻力损失有60%发生在软熔带。软熔带在料柱中形成的位置高低以及径向分布的相对高度、厚度及形状对冶炼过程有极大的影响。

（3）滴落带。当温度高于1400℃时，软熔带开始熔化，渣铁分别聚集并滴落下来，炉料中铁矿石消失。位于软熔带之下，渣铁完全熔化后呈液滴状落下的区域称为滴落带。此区域内焦炭尚未燃烧，承受滴落液态渣铁的冲刷，完成铁的渗碳过程。滴落带的焦炭一般能保持一定的块度与强度，有一定的透气性，它是上升气流的通道。该区域料柱是由焦炭构成的塔状结构，分为下降较快的疏松区和更新很慢的中心死料区（或炉芯）两部分，如图1-4所示。疏松区的焦炭将填充到风口前燃烧的空间内，发生燃烧反应；而中心下部料柱的焦炭由于受到上面炉料的重力、下部渣铁液体的浮力和四周鼓风的压力，形成一个平衡状态，相对静止，成为中心死料区或呆滞区。中心死料区的焦炭基本不能参与燃烧，主要进行渗碳溶解、直接还原，少部分被渣铁浮起挤入燃烧带时气化消耗，因而更新很慢，需要7~10 d的时间。液态渣铁在焦炭空隙间滴落的同时，继续进行直接还原、渗碳等高温反应，特别是非铁元素的还原反应。

（4）风口燃烧带。燃料燃烧产生高温热能和气体还原剂的区域，称为风口燃烧带。焦炭在风口前由于被高速鼓风气流带动，形成一个半空状态的焦炭回旋区，焦炭在回旋运动的气流中悬浮燃烧，这是高炉中唯一存在的氧化性区域，回旋区的径向深度达不到高炉的中心，因而在炉子中心仍然堆积着一个圆丘状的焦炭死料柱，构成滴落带的一部分。

（5）渣铁带。炉缸下部渣铁熔体存放的区域称为渣铁带，其由液态渣铁以及浸入其中的焦炭组成。在这一区域内，铁滴穿过渣层以及渣铁界面时最终完成必要的渣铁反应（脱硫及硅氧化的耦合反应），得到合格的生铁。

9.2.2.2 软熔带及其对高炉冶炼的影响

软熔带的形状一般可分为以下三种，如图9-16所示。

（1）倒V形软熔带。形状像倒写的字母"V"，对高炉冶炼的影响表现为以下几个方面：

1）中心气流发展，有利于活跃中心；

2）燃烧带产生的煤气易于穿过中心焦炭柱并横向穿过软熔带的焦窗折射向上（即煤气的径向流动是从内圆向外圆流动），空间较大，因而有利于降低高炉内煤气流的压差和改善煤气流的二次分布；

3）边缘气流相对较弱，可以减轻煤气对炉墙的冲刷和降低炉衬承受的热负荷；

4）可使下降的液态渣铁沿风口回旋区的四周和前端流下，由于和煤气接触的条件好，渣铁温度高，炉缸煤气热能利用最好。

倒V形软熔带的特点是：中心温度高，边缘温度低，煤气利用较好，而且对高炉冶炼

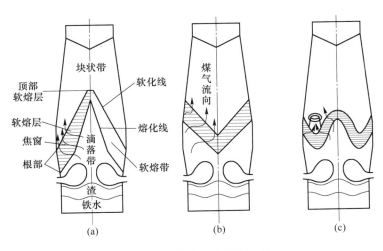

图 9-16　软熔带形状示意图

（a）倒 V 形；（b）V 形；（c）W 形

过程的一系列反应具有很好的影响，被公认为是最佳软熔带。

（2）V 形软熔带。形状像字母"V"，与倒 V 形软熔带正好相反。中心炉料堆积，透气性变差，料柱阻力增加，大量煤气从边缘通过，不利于能量的利用，砖衬破坏也十分严重。此外，V 形软熔带使液态渣铁直接穿过死料堆而进入炉缸，渣温常常不足，煤气热能利用不好，出现铁温高、渣温低以及生铁高硅、高硫的现象。V 形软熔带的特点是：边缘温度高，中心温度低，煤气利用差，不利于炉缸反应。高炉操作中应该尽量避免 V 形软熔带。

（3）W 形软熔带。它的形状像英文字母"W"。一般来说，W 形软熔带与倒 V 形软熔带相比，前者的阻力损失要大，这是因为其包含的焦炭层数较少，而且煤气的径向流动既有从外圆向内圆的流动，又有从内圆向外圆的流动，流向的冲突会增加阻力损失。W 形软熔带是中心与边缘两道气流适当发展的结果，是长期在原料不精、上下部调节手段少的情况下的高炉操作形式，不能满足高炉进一步强化和降低燃料比的要求。它的特点与效果都处于以上两者之间。

各种形状的软熔带对冶炼进程的影响见表 9-3。

表 9-3　各种形状的软熔带对冶炼进程的影响

项　　目	倒 V 形	V 形	W 形
铁矿石预还原	有利	不利	中等
生铁脱硫	有利	不利	中等
生铁硅含量	有利	不利	中等
煤气利用	利用好	差	中等
炉缸中心活跃性	中心活跃	不活跃	中等
炉墙维护	有利	不利	中等

软熔带的形状主要受装料制度与送风制度影响，前者属于上部调剂，后者属于下部调剂。当上部边缘处矿石分布多、下部鼓风动能较大时，一般都是接近倒 V 形的软熔带；反之，基本上属于 V 形软熔带。

当软熔带宽度增加时，由于煤气通过软熔带的横向通道加长，煤气阻力增加；反之，当软熔带宽度变窄时，煤气容易通过。

当软熔带顶点位置高时，包含的焦炭层数多，增加了软熔带中的焦窗数目，减小了煤气阻力，有利于强化冶炼。当软熔带平坦时，气窗面积小，煤气阻力较大。实践证明，高度较高的软熔带属于高产型，一般利用系数大的高炉为此种类型；高度较矮的软熔带属于低焦比型，燃料比低的先进高炉大多为此种类型。

软熔带厚度增加意味着矿石批重加大，虽因焦窗厚度相应增加使煤气通道阻力减小，但焦窗数目减少，而且扩大料批后块状带中分布到中心部分的矿石增加，煤气阻力呈增加趋势，使总的煤气阻力和总压差可能升高，不利于强化和高炉顺行。只有适当的焦层、矿层厚度才能实现总阻力最小。即使是倒 V 形软熔带，其根部的宽度与厚度也不能太大。如果边缘矿焦比高，或炉腹煤气量太大，易变成倒 U 形软熔带，会使高炉边缘区软熔层的宽度与厚度都增加，阻力反而更大。

一般来说，软熔带位置较低时，温度梯度增大，软熔层的宽度与厚度都减少，阻力也减小；同时，能扩大块状带的区域，使间接还原充分进行，提高煤气的利用率，降低焦比。反之，软熔带位置高时，间接还原区域缩小，不利于改善料柱的透气性；并且高炉成渣早，流动进入炉缸时带入的热量少，不利于炉缸温度的提高。不过，软熔带位置过低也不利于炉况顺行，如果直到炉腹才开始熔化成渣，则因炉腹上大下小，会引起炉料在炉腹处卡塞，造成难行。软熔带位置的高低和厚度主要取决于矿石的软熔性，当矿石开始软熔温度较高、软化到熔化的范围较小时，高炉内软熔带的位置低，软熔层就薄。在操作中希望软熔带位置要稳定，否则将引起难行甚至生成炉瘤，特别在软熔带下移时更会如此。

9.2.3　炉料的蒸发、分解与气化

9.2.3.1　水分的蒸发和水化物的分解

高炉炼铁所用的各种炉料，除了热烧结矿外，都或多或少地含有水分。炉料中的水以游离水（也称吸附水或物理水）和结晶水两种形式存在。游离水是依靠微弱的表面张力吸附在炉料颗粒表面及其孔隙表面的水。结晶水是与炉料中的氧化物化合成化合物的水，也称化合水。含有结晶水的化合物称为水化物。除此之外，炉料中还含有碳酸盐。在高炉炼铁中，游离水将蒸发成为水蒸气，结晶水和碳酸盐将发生分解反应，它们都对高炉冶炼或多或少地产生一定的影响。

A　游离水的蒸发

游离水蒸发温度是 100 ℃，由于料块内部的游离水蒸发较困难，对于大块料来说，甚至要到 200 ℃才能全部蒸发掉。一般用天然矿或冷烧结矿的高炉，其炉顶温度为 150～300 ℃，因此，炉料进入高炉之后，游离水不久就蒸发完毕。游离水蒸发吸收炉顶煤气的

余热，不会引起焦比的升高，反而使炉顶煤气温度降低，体积缩小，不仅有利于保护炉顶设备及金属结构，而且减少了炉尘的吹出量。因此，游离水蒸发对高炉冶炼是有益无害的。

B　结晶水的分解

炉料中的结晶水主要存在于水化物矿石（褐铁矿 $2Fe_2O_3 \cdot 3H_2O$）和高岭土（$Al_2O_3 \cdot 2SiO_2 \cdot 2H_2O$）中，褐铁矿所含的结晶水最多，高岭土次之。高岭土是黏土的主要成分，有些矿石中含有高岭土。试验表明，褐铁矿中的结晶水从 200 ℃ 开始分解，到 400~500 ℃时剧烈分解完毕。高岭土中的结晶水从 400 ℃ 开始分解，但分解速度很慢，到 500~600 ℃迅速分解，全部除去要到 800~1000 ℃。结晶水分解的难易与炉料的大小也有关系，小块料分解完成的时间更短。

高温下分解出来的结晶水与高炉内的碳发生下列反应：

500~800 ℃　　　　　　$2H_2O + C \Longrightarrow 2H_2 + CO_2 - 83134\ kJ$

850 ℃ 以上　　　　　　$H_2O + C \Longrightarrow H_2 + CO(碳水反应) - 124390\ kJ$

可见高温区分解结晶水，对高炉冶炼是不利的，不仅消耗焦炭使焦比升高，而且吸收高温区热量，降低炉缸温度。因此，高炉使用褐铁矿的比例不能太高。此外结晶水剧烈分解时，矿石容易碎裂产生粉末，使料柱透气性变差，不利于高炉顺行。因此，含结晶水高的炉料最好预先经过炉外焙烧后再入炉冶炼。

达到高温区分解参加上述反应的结晶水所占比例称为结晶水高温区分解率。一般结晶水高温区分解率为 30%~50%。

9.2.3.2　挥发分的挥发

A　燃料挥发分的挥发

燃料挥发分存在于焦炭及粉煤中。焦炭下降到风口时，已被加热到 1400~1600 ℃，所含挥发分已全部逸出。由于数量少（焦炭燃烧生成的煤气中，挥发分仅占 0.20%~0.25%），对煤气成分和冶炼过程影响不大。但在喷吹煤粉时，煤粉如含挥发分含量高，喷吹量又大，则将引起炉缸煤气成分明显变化，对还原反应的影响是不能忽视的。

B　其他物质挥发分的挥发

炉料中的物质都会或多或少地挥发，其中最易挥发的是碱金属（钾和钠）化合物，此外，还有 Zn、Mn 和 SiO 等。

碱金属化合物落至高炉下部高温区时，一部分进入渣中，另一部分被还原成 K、Na或生成 KCN、NaCN 气体，呈气态挥发随煤气上升。一般碱金属化合物有 70% 进入炉渣，30% 挥发随煤气上升，到 CO_2 浓度较高而温度较低的区域时，有一部分随煤气逸出炉外，另一部分则被 CO_2 氧化成 K_2O、Na_2O 或碳酸盐，当有 SiO_2 存在时可生成硅酸盐，黏附在炉料上又随炉料下降，落至高炉下部高温区时再次被还原和气化，如此循环而积累，在高炉下部形成循环富集现象，使炉料粉化，恶化炉料透气性，导致高炉难以操作。在高炉中上部还易生成液态或固态粉末状的碱金属化合物，黏附在炉衬上，导致炉墙结厚或结瘤，破坏炉衬。

锌很容易挥发，上升到高炉上部会被 CO_2 或 H_2O 氧化成 ZnO，其中一部分 ZnO 被煤气带出炉外，另一部分黏附在炉料上又随炉料一起下降，再被还原和挥发，形成循环。一部分锌蒸气渗入炉料中，冷凝后被氧化成 ZnO，体积增大，胀裂炉料，部分 ZnO 附着在炉墙内壁上，严重时会形成炉瘤，阻碍炉料的顺利下降。

锰在冶炼时，有 8%~12% 的锰挥发。挥发的锰随煤气上升至低温区又被氧化成极细的 Mn_3O_4，随煤气逸出，增加了煤气的清洗难度。

SiO 也易挥发，挥发的 SiO 在高炉上部重新被氧化，凝成白色的 SiO_2 微粒，一部分随煤气逸出，增加了煤气的清洗难度；另一部分沉积在炉料的孔隙中，堵塞煤气上升的通道，使料柱的透气性变坏，导致炉料难行。

在冶炼炼钢生铁和铸造生铁时，在温度不是特别高的情况下，锰和 SiO 的挥发不多，影响不大。

9.2.3.3 碳酸盐的分解

A 炉内碳酸盐的分解反应

炉料中的碳酸盐主要来自熔剂（石灰石或白云石），有时矿石也带入一小部分。炉料中的碳酸盐主要有 $CaCO_3$、$MgCO_3$、$MnCO_3$、$FeCO_3$ 等，碳酸盐在下降过程中逐渐被加热发生分解反应，其通式为（Me 代表 Ca、Mg、Fe、Mn 等元素）：

$$MeCO_3 \longrightarrow MeO + CO_2 - Q \qquad (9\text{-}64)$$

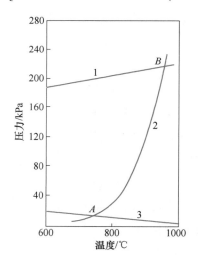

该反应式达到平衡时的 CO_2 压力称为碳酸盐的分解压力，用符号 p_{CO_2} 表示。碳酸盐分解压力的大小，取决于温度和碳酸盐本身的性质。在一定温度下，分解压力越小的碳酸盐越稳定。碳酸盐分解压力与温度的关系可用图 9-17 或函数式表示。$CaCO_3$ 分解反应，以及分解压力与温度的函数关系如下：

$$CaCO_3 \longrightarrow CaO + CO_2 \uparrow - 17858 \text{ kJ} \qquad (9\text{-}65)$$

$$\lg(p_{CO_2})_{CaCO_3} = -\frac{8920}{T} + 7.54 \qquad (9\text{-}66)$$

分解反应能否进行与碳酸盐分解压 p_{CO_2}、高炉煤气总压 p 和煤气中 CO_2 的分压 p'_{CO_2} 有关。图9-17 中，曲线 3 与曲线 2 的交点 A 表示 $CaCO_3$ 的分解压力与煤气中 CO_2 的分压相等，$CaCO_3$ 开始分解，相应的温度称为 $CaCO_3$ 的开始分解温度。曲线 2 与曲线 1 的交点 B 表示 $CaCO_3$ 的分解压力 p_{CO_2} 与煤气总压力 p 相等，$CaCO_3$ 激烈分解，CO_2 呈沸腾状高速析出，相应的温度称为

图 9-17　碳酸盐分解
压力与温度的关系
1—炉内煤气总压；2—$CaCO_3$ 分解压；
3—炉内煤气中 CO_2 分解压

$CaCO_3$ 的化学沸腾温度。高炉冶炼条件不同，碳酸盐在不同高炉内的开始分解温度和化学沸腾温度也有差别。

B CaCO₃ 分解对高炉冶炼的影响

碳酸盐分解由易到难依次为 $FeCO_3$、$MnCO_3$、$MgCO_3$、$CaCO_3$，具体数据见表 9-4。

表 9-4 碳酸盐分解难易程度数据

碳酸盐	$FeCO_3$	$MnCO_3$	$MgCO_3$	$CaCO_3$
开始分解温度/℃	380~400	450~550	550~600	740
分解出 1 kg CO_2 吸热/kJ	1995	2180	2490	4045

可以看出，以上碳酸盐仅 $CaCO_3$ 分解对高炉冶炼影响较大。事实上，$FeCO_3$、$MnCO_3$ 和 $MgCO_3$ 在高炉内的低温区就分解完毕，只消耗高炉上部多余的热量，对高炉冶炼无大影响。而 $CaCO_3$ 开始分解温度在 700 ℃以上，沸腾分解温度在 960 ℃以上，而且分解速度受到料块粒度影响很大，一方面是分解析出的 CO_2 向外扩散制约分解，另一方面反应生成的 CaO 导热性很差，阻挡外部热量向中心传递，石灰石块中心不易达到分解温度，这样石灰石总有部分进入高温区分解。

未分解完的大块石灰石随炉料下降到高温区时，分解出来的 CO_2 会与焦炭中的碳素发生气化反应 [见式 (9-22)]，增加固定碳的消耗，导致焦比升高。根据测定，在正常冶炼情况下高炉中石灰石分解（高温区分解率一般为 0.5~0.7）完毕后，大约有 50% 的 CO_2 在高温区会发生碳素气化反应。

综上所述，在高炉内较低温度区（间接还原区）分解放出的 CO_2 进入煤气中，冲淡了还原气氛，使煤气的还原能力降低；在高温区 $CaCO_3$ 的分解，以及分解产物 CO_2 与碳发生的碳素气化反应，都是吸热反应，不仅会消耗较多热量，而且还会消耗较多的碳，对高炉冶炼影响较大。

C 消除 $CaCO_3$ 分解不良影响的措施

（1）采用自熔性或熔剂性烧结矿，在高炉炉料中不加或少加石灰石，不仅能减少热量消耗，降低焦比，还能改善炉内的造渣过程，促进炉况稳定顺行。

（2）用生石灰代替石灰石，将石灰石的分解过程移到高炉外进行。

（3）减小石灰石的粒度，使其在高炉上部尽量分解完毕，降低高温区分解的有害影响。

9.2.4 高炉内的成渣过程

高炉成渣过程是炉料中不进入生铁和煤气的其他成分软化、熔融并汇合成为液态炉渣与生铁分离的过程。从矿石中固相组分相互作用开始，到软化黏结，再到风口区焦炭燃烧后剩余灰分溶入，造渣过程一直在进行。可见，高炉渣从开始形成到最后排出经历了一段相当长的过程。开始形成的渣称为初渣，最后排出炉外的渣称为末渣或终渣。初渣到终渣之间，其化学成分和物理性质处于不断变化过程的渣称为中间渣。

9.2.4.1 初渣的形成

初渣形成过程包括固相反应、软化和熔融。

（1）固相反应。在块状带会发生各物质的固相反应，形成部分低熔点化合物。固相反应主要是在脉石与熔剂之间或脉石与铁氧化物之间进行的。用生矿冶炼时，固相反应是在矿块内部 SiO_2 与 FeO 之间以及矿块表面脉石（或铁的氧化物）与黏附的粉状 CaO 之间进行，最终形成 $2FeO \cdot SiO_2$ 以及 $CaO-Fe_2O_3$、$CaO-SiO_2$、$CaO-FeO-SiO_2$ 等类型的低熔点化合物；当高炉使用自熔性烧结矿（或自熔性球团矿）时，固相反应主要在矿块内部的脉石之间发生。

（2）软化和熔融。固相反应形成的低熔点化合物，在进一步加热时首先发生少量的局部熔化。由于液相的出现改善了其与熔剂间的接触条件，矿石在继续下降和升温过程中进一步熔化就汇聚成为初渣。

初渣中 FeO 和 MnO 的含量较高，这是因为铁、锰氧化物还原产生的 FeO、MnO 能与 SiO_2 结合生成熔点很低的硅酸盐，如 $2FeO \cdot SiO_2$ 在 1100~1209 ℃ 时即熔化。当矿石越难还原或高炉上部还原过程越不充分时，初渣中的 FeO 含量就越高，一般在 10% 以下，少数情况高达 30%。高炉内生成初渣的区域称为软熔带（过去也称成渣带）。很明显，矿石开始软化温度越低，高炉内液相初渣出现得就越早。

9.2.4.2　中间渣的变化

初渣在滴落和下降过程中，FeO 因不断还原而减少，SiO_2 和 MnO 的含量也因 Si 和 Mn 还原进入生铁而有所降低；另外，CaO、MgO 不断溶入渣中，炉渣碱度不断升高，炉渣的流动性也随着温度的升高而变好。当炉渣经过风口带时，焦炭灰分中大量的 Al_2O_3 与一定数量的 SiO_2 进入渣中，炉渣碱度又会降低。中间渣的化学成分和物理性质都处在变化中，它的熔点、成分和流动性之间互相影响。

中间渣的这种变化反映出高炉内造渣过程的复杂性。使用天然矿和石灰石的高炉，熔剂分布不均，加上铁矿石品种和成分方面的差别，初渣的成分和流动性从一开始就不均匀一致。在以后的下降过程中总的趋势是成分渐趋均匀，但在局部区域这种成分的变化可能是较大的。比如，在高 FeO 和高 CaO 的区域内，当温度升高时 FeO 被急速还原，炉渣的熔化温度会急剧升高。如果由煤气和热焦炭得到的热量不足，则已熔化的初渣可能会重新凝固，黏附于炉墙上形成局部结厚，甚至结瘤。使用成分较稳定的自熔性或熔剂性熟料时，在入炉前炉料已完成了矿化成渣，因而在高炉内的成渣过程较为稳定。

9.2.4.3　终渣的生成

中间渣进入炉缸后，在风口区被氧化的部分铁及其他元素将在炉缸中重新还原进入铁水，使渣中 FeO 含量有所降低。当含硅的铁滴穿过渣层时，炉缸中存在硅氧化的耦合反应，使炉渣中 SiO_2 的含量升高，炉渣碱度有所降低。当铁流或铁滴穿过渣层和渣-铁界面进行脱硫反应后，渣中 CaS 将有所增加。最后，从不同部位和不同时间聚集到炉缸的炉渣相互混匀，形成成分和性质稳定的终渣，定期排出炉外。通常所指的高炉渣均指终渣。终渣对控制生铁的成分、保证生铁的质量有重要影响。终渣的成分是根据冶炼条件，经过配料计算确定的。在生产中若发现终渣不当，可通过配料调整使其达到适宜成分。

造渣数量也是直接影响冶炼过程强化的根本因素。当矿石品位低时，冶炼单位生铁的渣量大，软熔带的透气阻力将增大；同时，还使滴落带中渣焦比增大，造成渣液在焦炭孔隙中的滞留量升高，增加发生液泛的危险。

9.2.5 高炉渣的物理性质

高炉渣的物理性质是指其熔化性、流动性（黏度）、表面性质及上述特性的稳定性。

9.2.5.1 熔化性

熔化性是指炉渣熔化的难易程度，可用熔化温度和熔化性温度来衡量。

A 熔化温度

熔化温度是指熔渣完全熔化为液相时的温度，或液态炉渣冷却时开始析出固相的温度，即相图中液相线或液相面的温度。炉渣不是纯物质，没有一个固定的熔点，炉渣从开始熔化到完全熔化是在一定的温度范围内完成的。熔化温度是炉渣熔化性的标志之一，熔化温度高表明炉渣难熔，熔化温度低则表明其易熔。

图 9-18 为 $CaO\text{-}SiO_2\text{-}Al_2O_3\text{-}MgO$ 四元渣系的等熔化温度图。

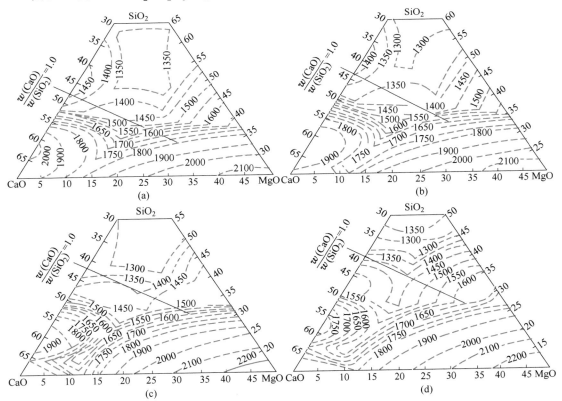

图 9-18　$CaO\text{-}SiO_2\text{-}Al_2O_3\text{-}MgO$ 四元渣系的等熔化温度图

（a）$w(Al_2O_3)=5\%$；（b）$w(Al_2O_3)=10\%$；（c）$w(Al_2O_3)=15\%$；（d）$w(Al_2O_3)=20\%$

当 $w(Al_2O_3)$ = 5% ~ 20%、$w(MgO)$ < 20% 时，在 $w(CaO)/w(SiO_2)$ ≈ 1.0 的区域里，其熔化温度比较低。

当 Al_2O_3 含量低时，随着碱度的增加，熔化温度增加得比较快。当 $w(Al_2O_3)$ > 10% 以后，由于较多的 Al_2O_3 存在削弱了 $w(CaO)/w(SiO_2)$ 变化的影响，随碱度增加熔化温度增加得较慢，低熔化温度区域扩大了，增强了炉渣稳定性。

在 $w(CaO)$ = 30% ~ 45% 和 $w(CaO)/w(SiO_2)$ = 1.0 ~ 1.2 范围内（即常见的高炉炉渣成分），随着渣中 MgO 含量增加，熔化温度不断降低。当 $w(MgO)$ < 8% 时，熔化温度降低得较快；当 $w(MgO)$ > 10% 后，其对熔化温度的影响减弱；当 $w(MgO)$ > 15% 时，熔化温度反而升高。

在二元碱度低于 1.0 的区域内熔化温度较低，但因脱硫能力和炉渣流动性不能满足高炉要求，所以一般不选用。如果碱度超过 1.0 很多，炉渣成分则处于高熔化温度区域。炉渣熔化温度的选择要考虑以下几方面的影响。

（1）对软熔带位置高低的影响。难熔炉渣的开始软化温度较高，从软化到熔化的范围小，在高炉内的软熔位置低，软熔层薄，有利于高炉顺行；但在炉内温度不足的情况下可能黏度高，影响料柱透气性。易熔炉渣在高炉内的软熔位置较高，软熔层厚，料柱透气性差；但其流动性好，有利于高炉顺行。

（2）对高炉炉缸温度的影响。难熔炉渣在熔化前下降速度慢、受热充分、吸收的热量多，进入炉缸时携带的热量也多，有利于提高炉缸温度。若炉渣熔化温度过低，必然在固态时受热不足，使终渣温度降低，难以保证得到高质量的产品。实践证明，欲生产硅、锰含量高且出炉温度高的"热"铁，除需保证有足够高的燃烧温度外，炉渣有适当高的熔化温度也是必要条件之一。

（3）对高炉内热量消耗和热量损失的影响。难熔炉渣流出炉外时带走的热量较多，热损失增加，使焦比升高；易熔炉渣则相反。

（4）对炉衬寿命的影响。当炉渣熔化温度高时，炉渣易凝结而形成渣皮，对炉衬起保护作用；易熔炉渣因其流动性过大，则会冲刷炉墙。

（5）选择熔化温度时，必须兼顾流动性和热量两个方面的因素。

各种不同成分炉渣的熔化温度可以从图 9-18 中查得。实际高炉渣成分除了 CaO、SiO_2、Al_2O_3 和 MgO 四种主要成分外，还有 MnO、FeO 等成分，均能降低炉渣的熔化温度。因此，从图 9-18 中查出的熔化温度数值要比该成分炉渣的实际熔点高 100 ~ 200 ℃。生产中合适的炉渣熔化温度为 1300 ~ 1400 ℃。

B　熔化性温度

熔化性温度是指炉渣从不能流动转变为能自由流动时的温度。高炉生产要求炉渣在熔化后必须具有良好的流动性。有的炉渣（特别是酸性渣）加热到熔化温度后并不能自由流动，仍然十分黏稠，例如，$w(SiO_2)$ = 62%、$w(Al_2O_3)$ = 14.25%、$w(CaO)$ = 22.25% 的炉渣在 1165 ℃下熔化后，即使再升高 300 ~ 400 ℃，流动性仍然很差，所以说，对高炉生产有实际意义的不是熔化温度而是熔化性温度。熔化性温度高，表示炉渣难熔，反之，则炉渣易熔。熔化性温度可通过测定炉渣黏度-温度（η-t）曲线来确定，如图 9-19 所示。

图 9-19 中，A 渣的转折点为 f，当温度高于 t_a 时，渣的黏度较小（d 点），有很好的流动性；当温度低于 t_a 之后，黏度急剧增大，炉渣很快失去流动性，因此 t_a 就是 A 渣的熔化性温度。一般碱性渣属于这种情况，取样时渣滴不能拉成长丝，渣样断面呈石头状，俗称短渣或石头渣。B 渣的黏度随温度降低而逐渐升高，在 η-t 曲线上无明显转折点，一般取其黏度值为 2.0~2.5 Pa·s 时的温度（相当于 t_b）为熔化性温度。2.0~2.5 Pa·s 为炉渣能从高炉顺利

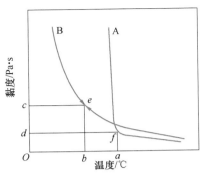

图 9-19 炉渣黏度-温度曲线

流出的最大黏度。为统一标准，常取 45° 直线与 η-t 曲线相切的点 e 所对应的 t_b 为熔化性温度。一般酸性渣的特性类似于 B 渣，取样时渣滴能拉成长丝，且渣样断面呈玻璃状，俗称长渣或玻璃渣。

9.2.5.2 黏度

黏度是指速度不同的两层流体之间的内摩擦系数，它是流体流动过程中内部相邻各层间的内摩擦力大小的量度。设一层流体的流速为 v，另一层流体的流速为 $v+dv$，两层流体间的接触面积为 S，距离为 dx，内摩擦力为 F，则有：

$$F = \eta \cdot S \cdot \frac{dv}{dx} \tag{9-67}$$

式中　η——内摩擦系数（即黏度），Pa·s。

流体流动性是黏度的倒数，黏度越大，流动性越差。炉渣黏度及流动性直接影响高炉顺行和生铁质量等指标，是高炉工作者最关心的炉渣性能指标之一。

A　影响炉渣黏度的因素

对均相的液态炉渣来说，决定其黏度的主要因素是成分和温度；而在非均相的状态下，固态悬浮物（渣中固相质点）的性质和数量对黏度有重大影响。

a　温度对炉渣黏度的影响

从炉渣黏度-温度关系曲线可以看出，炉渣的黏度随温度的升高而降低。其原因是温度升高能供给液体流动所需的黏流活化能，同时又能使某些复合负离子群解体或消除渣内固相分散物（即增大它们在渣中的溶解度）。一般来说，在足够的过热条件下（高于熔化性温度），碱性渣的黏度比酸性渣低些，另外，由于其结晶能力较强，容易生成固相物质，所以碱性渣的黏度随温度的变化较大。

生产中要求高炉渣为 1350~1500 ℃时具有较好的流动性，一般在炉缸温度范围内，适宜的黏度值应为 0.5~2.0 Pa·s，通常不大于 1 Pa·s，最好为 0.4~0.6 Pa·s；但过低时则流动性过好，对炉衬有冲刷侵蚀作用。

b　炉渣成分对炉渣黏度的影响

图 9-20 是 CaO-SiO_2-MgO-Al_2O_3 四元渣系的黏度图，Al_2O_3 含量分别为 5%、10%、15%、20%，温度分别为 1400 ℃ 和 1500 ℃。

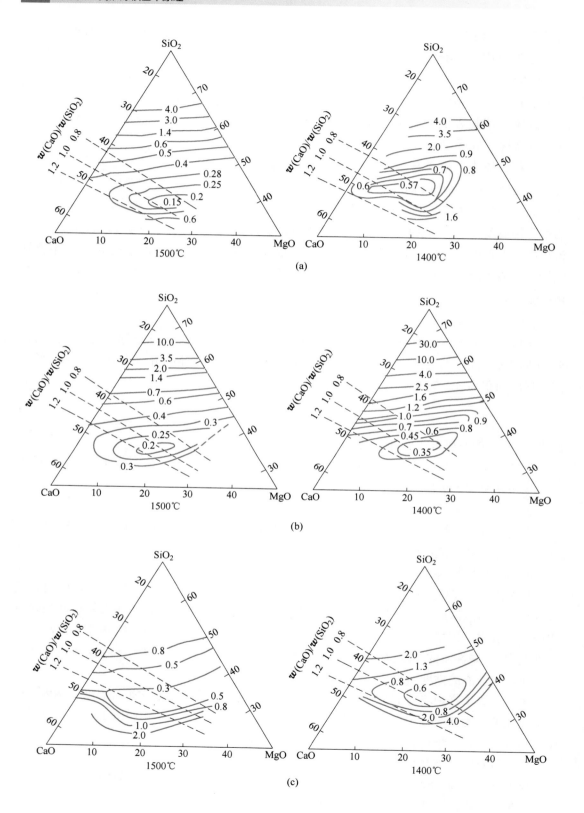

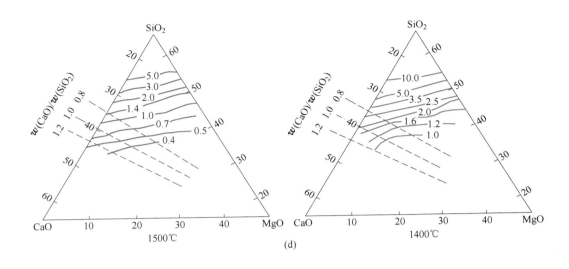

图 9-20 CaO-SiO$_2$-MgO-Al$_2$O$_3$ 四元渣系的黏度图

(a) w(Al$_2$O$_3$)=5%；(b) w(Al$_2$O$_3$)=10%；(c) w(Al$_2$O$_3$)=15%；(d) w(Al$_2$O$_3$)=20%

渣中 SiO$_2$ 含量为 35% 左右时黏度最低，若再增加 SiO$_2$ 含量，黏度逐渐增加。此时黏度线几乎与 SiO$_2$ 浓度线平行。

CaO 对炉渣黏度的影响正好与 SiO$_2$ 相反。随着渣中 CaO 含量的增加，可使黏度逐渐降低，w(CaO)/w(SiO$_2$)=0.8~1.2 时的黏度最低。如果继续增加 CaO，黏度则急剧上升。因为在酸性渣中增加碱性物质 CaO，可以使酸性渣中复杂的硅氧离子解体成简单的硅氧离子，从而使炉渣黏度降低；而在碱性渣中增加碱性物质，会产生难熔的固相结晶颗粒，炉渣的熔化温度升高，黏度升高。

MgO 对炉渣黏度的影响与 CaO 相似。在 w(MgO)<20% 范围内，随着 MgO 的增加，炉渣黏度下降。特别是在酸性渣中，当保持 w(CaO)/w(SiO$_2$) 不变而增加 MgO 时，这种影响更为明显。如果三元碱度 [w(CaO)+w(MgO)]/w(SiO$_2$) 不变而用 MgO 代替 CaO 时，这种作用不明显。但无论何种情况。MgO 含量都不能过高，否则由于 [w(CaO)+w(MgO)]/w(SiO$_2$) 的值太大，将使炉渣难熔，造成黏度增高且脱硫率降低。下面是一组炉渣在 1350 ℃ 时黏度随 MgO 含量变化的数据，见表 9-5。

表 9-5　炉渣在 1350 ℃ 时黏度随 MgO 含量变化的数据

渣中 MgO 含量（质量分数）/%	1.52	5.10	7.35	8.68	10.79
黏度/Pa·s	2.45	1.92	1.52	1.18	1.18

从表 9-5 中可知，在 1350 ℃ 时，若 MgO 含量从 1.52% 增加至 7%，炉渣黏度降低近一半；当 MgO 含量超过 10% 以后，炉渣黏度不再降低。因此一般认为，炉渣中 w(MgO)=7%~9% 较为合适，同时也有利于改善炉渣的稳定性和难熔性。

Al$_2$O$_3$ 对炉渣黏度的影响比 CaO 和 SiO$_2$ 要小。含 CaO 30%~50% 的炉渣，当 w(Al$_2$O$_3$)

≈10%时，黏度最小；当 $w(Al_2O_3)$<5%时，增加 Al_2O_3，能降低炉渣黏度、改善炉渣的稳定性；$w(Al_2O_3)$>15%后，继续增加 Al_2O_3，又会使炉渣黏度上升。若渣中 $w(CaO)/[w(SiO_2)+w(Al_2O_3)]$ 的值固定，SiO_2 与 Al_2O_3 互相变动时对黏度没有影响。Al_2O_3 一般视为酸性物质，当 Al_2O_3 含量高时，炉渣碱度应取得高些或通过增加 MgO 含量来降低炉渣黏度。

当炉渣中 $w(FeO)$<20%时，随其含量的增加能显著降低炉渣黏度；由于终渣中它的含量很低（小于 1%），对黏度影响不大，若出现高 FeO 渣往往是炉温不足、还原不充分造成的，此时渣温很低，FeO 也改善不了流动性。不过在初渣中它的影响却很大，FeO 在初渣中含量的剧烈波动会造成初渣黏度的很大波动。

当炉渣中 $w(MnO)$<15%时，随其含量的增加能显著降低炉渣黏度。由氧化锰形成的硅酸盐所组成的炉渣熔点都比较低，为 1150~1250 ℃；此外，硅酸锰的还原需要消耗一定的 CaO，渣中 MnO 在一定浓度范围内还有降低高碱度炉渣黏度的作用，有利于消除炉缸碱性黏结物的堆积。

一般含氟炉渣的熔化温度为 1170~1250 ℃，比普通炉渣低 100~200 ℃。含氟炉渣黏度很小，在一定的温度下增加渣中 CaF_2 含量，能显著降低炉渣黏度，改善其流动性，用萤石洗炉就是利用这个道理。

高钛炉渣是一种熔化温度高、流动区间窄小的"短渣"，液相温度为 1395~1440 ℃。可操作的渣铁温度范围只有 90 ℃左右，比冶炼普通矿小 100 ℃。TiO_2 本身黏度并不高，1450 ℃、$w(TiO_2)$=5%~30%时，黏度小于 0.5 Pa·s，但高钛渣会自动变稠，其原因是炉渣中少量的 TiO_2 被还原成 Ti 后，将与 C、N 结合生成高熔点的物质 TiC、TiN、Ti(NC)，这些物质呈固相分散状，使炉渣黏度升高。此外，碳化物、氮化物还常以网络状结构聚集在铁滴表面，使铁滴难以聚合、难以与炉渣分离，进一步造成黏度升高，形成渣中带铁，增加了铁损失。因此，用钛磁铁矿冶炼时要注意炉渣自动变稠的问题。同样，也可以利用此原理来保护炉衬，近年来我国推广了钛渣护炉操作法，起到了自动补炉的作用。

当矿石中含有 $BaSO_4$ 时，渣中存在 BaO，其含量低于 7%时，对高炉渣的黏度影响不大。BaO 含量增高时其影响与 CaO 相近，因而此时可以适当降低炉渣碱度和提高 MgO 含量。

　　c　渣中固相质点对炉渣黏度的影响

当熔渣中出现或存在固相质点（即固态微粒）时，将产生液-固界面，液体流动时需要克服的阻力大增。渣中悬浮物越多，其黏度值越大。例如，从风口喷吹煤粉时，如果煤粉不能完全燃烧，残余的碳粒就会使滴落带中熔渣的黏度显著增大，破坏炉况顺行。又如，当炉衬严重侵蚀时，通过加入钛矿，有少量的 TiC、TiN、Ti(NC) 固相质点存在，会使熔渣的黏度增大，起到护炉作用。

　　B　炉渣黏度对冶炼行程的影响

炉渣黏度对冶炼行程的影响很大，其主要表现如下。

（1）炉渣黏度影响成渣带以下料柱的透气性。黏度过大的初渣能堵塞炉料间隙，使料柱透气性变差；也易在炉墙上结瘤，造成崩料和悬料等生产故障。

（2）炉渣黏度影响炉缸工作。过于黏稠的炉渣（终渣）容易堵塞炉缸，不易从炉缸中自由流出，使炉缸壁结厚，缩小炉缸容积，造成操作困难，有时还会引起风口大量烧坏。

（3）炉渣黏度影响炉渣的脱硫能力。流动性好的炉渣扩散能力强，利于脱硫。

（4）炉渣黏度影响炉前操作。黏度高的炉渣易发生黏沟、凝渣等现象。

（5）炉渣黏度影响高炉寿命。黏度高的炉渣在炉内容易形成渣皮，起到保护炉衬的作用；而黏度过低、流动性好的炉渣则会冲刷炉衬，缩短高炉寿命。如含 CaF_2 和 FeO 较高的炉渣流动性过好，对炉缸和炉腹的砖墙不仅有机械冲刷，还有化学侵蚀作用。生产中应通过配料计算调整终渣的化学成分，使其具有适当的流动性。一般在 1500 ℃ 时，黏度应不大于 $1.0\ Pa \cdot s$。

9.2.5.3 表面性质

炉渣的表面性质是指液态炉渣与煤气间的表面张力和渣铁间的界面张力。

表面张力的物理意义可以理解为生成单位面积的液相与气相新交界面所消耗的能量，如渣层中生成气泡即是生成了新的渣-气交界面。表面张力值与物质表面层质点作用力的类型有关。金属的表面张力为 $1 \sim 2\ N/m$，而高炉渣的表面张力为 $0.2 \sim 0.6\ N/m$，只有液态金属的 $1/3 \sim 1/2$。

炉渣中有些组分（如 SiO_2、TiO_2、CaF_2 等）的表面张力值较低，会降低炉渣的表面张力，使气体穿过渣层出现困难，形成稳定的气泡而使炉渣成为泡沫渣，其原理及现象与肥皂泡极为相近。炉渣表面张力与黏度之比（σ/η）的降低是形成稳定泡沫渣的充分必要条件。炉渣的表面张力小，意味着生成渣中气泡耗能少（比较容易）；而炉渣的黏度大，则气泡薄膜比较强韧，气泡在渣层内上浮困难，生成的小气泡不易聚合或不易逸出渣层之外。泡沫渣加大了液体在焦窗中滞留的数量，严重时会造成液泛，引起难行、悬料，给高炉操作带来很大的麻烦；而排出炉外时，大气压力低于炉内压力，渣中气泡体积膨胀，泡沫现象更严重，造成渣沟、渣罐外溢。我国冶炼钒钛磁铁矿及含 CaF_2 矿石的高炉都曾遇到过这类问题，其原因就是 TiO_2、CaF_2 是表面活性物质，易降低炉渣的表面张力。

界面张力存在于液态渣、铁之间，一般为 $0.9 \sim 1.2\ N/m$，界面张力小的物理意义与表面张力相似，即容易形成新的渣、铁间的相界面。而炉渣的黏度一般比液态金属高 100 倍以上（铁水在 1400 ℃ 的黏度值为 $0.0015\ Pa \cdot s$），故常会造成铁珠"乳化"为高弥散度的细滴而悬浮于渣中，出现很大的渣中带铁现象，造成较大的铁损。因此，炉渣 σ/η 偏小，是容易造成铁珠悬浮于渣中的原因。

9.2.5.4 稳定性

炉渣稳定性是指炉渣的化学成分或外界温度波动时，对炉渣物理性能的影响程度。若炉渣的化学成分波动后对炉渣的物理性能影响不大，称此渣具有良好的化学稳定性；同理，如外界温度波动对其炉渣的物理性能影响不大，称此渣具有良好的热稳定性。炉渣稳定性影响炉况稳定性，稳定性差的炉渣易引起炉况波动，给高炉操作带来困难，具有良好稳定性的炉渣才能维持高炉的正常生产。

判断炉渣化学稳定性的好坏，可以依据炉渣等熔化性温度图和等黏度图。若该炉渣成分位于图中等熔化性温度线或等黏度线密集的区域内，表明化学成分略有波动，则炉渣熔化性温度或黏度波动很大，炉渣化学稳定性很差；相反，位于等熔化性温度线或等黏度线稀疏区域的炉渣，其化学稳定性就比较好。通常在炉渣碱度等于 $1.0 \sim 1.2$ 的区域内，炉渣的熔化性温度和黏度都比较低，可认为其稳定性好，是适于高炉冶炼的炉渣。而碱度小于 0.9 的炉渣其稳定性虽好，但由于脱硫效果差，生产中不常采用。渣中含有适量的 MgO（$5\% \sim 10\%$）和 Al_2O_3（小于 15%）时，都有助于提高炉渣的稳定性。

9.2.6　熔渣结构及矿物组成

熔渣的各种物理化学性质以及金属与熔渣之间的反应都与熔渣的结构有关，关于熔渣的结构存在两种理论学说，即分子理论和离子理论。

9.2.6.1　分子理论

分子理论是在固体渣的化学、岩相和 X 射线分析以及状态图研究的基础上建立的，其主要论点如下。

（1）熔融的炉渣是由一些自由的简单氧化物（如 FeO、MnO、MgO、CaO、SiO_2、P_2O_5、Al_2O_3 等）分子和由这些自由氧化物所形成的复杂化合物（如 $2FeO \cdot SiO_2$、$CaO \cdot SiO_2$、$4CaO \cdot P_2O_5$ 等）分子组成的，见表9-6。当冶炼特殊矿石（如钒钛磁铁矿）时，还会有 $CaO \cdot TiO_2$、$MgO \cdot TiO_2$ 和 $Al_2O_3 \cdot TiO_2$ 等含钛矿物。

表9-6　高炉渣中各种矿物的组成

矿物种类	分子式	化学成分(质量分数)/%				熔化温度/℃
		CaO	SiO_2	Al_2O_3	MgO	
假硅灰石	$CaO \cdot SiO_2$	48.2	51.8	—	—	1540
硅钙石	$3CaO \cdot SiO_2$	58.2	41.8	—	—	1475
甲型硅灰石	$2CaO \cdot SiO_2$	65.0	35.0	—	—	2130
尖晶石	$MgO \cdot Al_2O_3$	—	—	71.8	28.2	2135
钙镁橄榄石	$CaO \cdot MgO \cdot SiO_2$	35.9	38.5	—	25.6	1498
镁蔷薇辉石	$3CaO \cdot MgO \cdot 2SiO_2$	51.2	36.6	—	12.2	
钙长石	$CaO \cdot Al_2O_3 \cdot 2SiO_2$	20.1	43.3	36.6	—	1550
黄长石	$m(2CaO \cdot MgO \cdot 2SiO_2)$	—	—	—	—	—
	$n(2CaO \cdot Al_2O_3 \cdot SiO_2)$	—	—	—	—	—
镁方柱石	$2CaO \cdot MgO \cdot 2SiO_2$	41.2	44.1	—	14.7	1458
铝方柱石	$2CaO \cdot Al_2O_3 \cdot SiO_2$	40.8	22.0	37.2	—	1590
斜顽辉石	$MgO \cdot SiO_2$	—	60.0	—	40.0	1557
透辉石	$CaO \cdot MgO \cdot 2SiO_2$	25.9	55.6	—	18.5	1391

（2）酸性氧化物和碱性氧化物相互作用形成复杂化合物，且处于化学动平衡状态，随温度升高，复杂化合物的解离度增大，自由氧化物的浓度增加，只有自由氧化物才能与金属相作用。例如，渣、铁间的脱硫反应可看成是铁中的 FeS 分子与渣中自由的 CaO 分子间发生反应的结果：

$$(CaO) + [FeS] = (FeO) + (CaS) \tag{9-68}$$

各种矿物在炉渣中的解离度不同，可以用来控制化学反应的进行。

（3）熔渣是理想溶液，可以用理想溶液各定律来进行定量计算。

分子理论可以形象简明地说明与炉渣有关的种种化学反应，定性地判断反应进行的条件、难易及方向等，甚至可以测定较稳定的平衡常数。不过，关于液态炉渣的分子学说不能真实地反映炉渣的本性，一些问题也不能加以解释，如酸性渣与碱性渣的黏度为什么存在巨大的差别、为什么液态炉渣具有导电性等。尽管如此，由于其计算简单和应用方便，直到今天这种理论仍被广泛地应用。

9.2.6.2 离子理论

熔融炉渣可以导电，其电导率值和典型离子化合物的电导率值相近，远大于分子组成的液态绝缘体；熔渣还可以电解，在阴极上析出金属。可以肯定，冶金熔渣中确实存在带电质点，即高温冶金熔渣具有离子结构。

熔渣离子理论认为，金属元素大部分失去电子形成简单的阳离子，如 Fe^{2+}、Mn^{2+}、Mg^{2+}、Ca^{2+} 等；非金属元素能取得外来的电子形成简单的阴离子，如 O^{2-}、S^{2-}、F^- 等。此外，由于离子间电化学力的作用，熔渣中离子半径小、电荷多的 Si^{4+} 和 Al^{3+} 等正离子（见表9-7）可以与负离子中半径最小的 O^{2-} 相互吸引，组成复杂的负离子团，如 SiO_4^{4-}、AlO_3^{3-}、PO_4^{3-} 等，并具有相当的稳定性。其中半径最小、电荷最多的 Si^{4+} 与 O^{2-} 结合力最大，按式（9-69）结合形成硅氧复合负离子：

$$Si^{4+} + 4O^{2-} = SiO_4^{4-} \tag{9-69}$$

表 9-7 高炉渣熔体中的离子电荷及有效半径

离子电荷	Si^{4+}	Al^{3+}	Mg^{2+}	Fe^{2+}	Mn^{2+}	Ca^{2+}	P^{5+}	O^{2-}	S^{2-}
有效半径/nm	0.039	0.057	0.078	0.083	0.091	0.106	0.34	0.132	0.174

SiO_4^{4-} 是空间四面体结构（见图9-21），它是构成液态渣的基本结构单元。四面体角上的 O^{2-} 可以被相邻的 Si^{4+} 所共有，则众多的四面体可形成向三维空间延伸的网状结构，而其总体的化学成分为 SiO_2，如图9-22所示。此网状结构中的每个质点由于离子键力的相互制约而不能任意移动，因而纯 SiO_2 黏度特别高。

由于炉渣中 Al_2O_3 和 P_2O_5 的含量远不及 SiO_2，此外 AlO_3^{3-} 和 PO_4^{3-} 只能提供三个共价键的 O^{2-}，故其在液态炉渣中不占有重要地位。下面以 SiO_4^{4-} 构成的复杂阴离子团为例进行讨论。

当 $n(O)/n(Si) = 4$ 时，一个 Si^{4+} 与四个 O^{2-} 结合形成四个负化合价的复合负离子（络合离子），与周围的金属正离子结合形成一个单独单元，四面体可以单独存在。若 $n(O)/n(Si)$

比值减小，则四面体不能单独存在，此时是两个以上的四面体共用顶点 O^{2-}，形成数量不等的四面体结合而成的群体负离子（络合离子），如图 9-23 所示。具有群体负离子的熔渣，其物理性质与四面体单独存在的熔渣完全不相同，即熔渣的物理性质取决于复合负离子的结构形态。

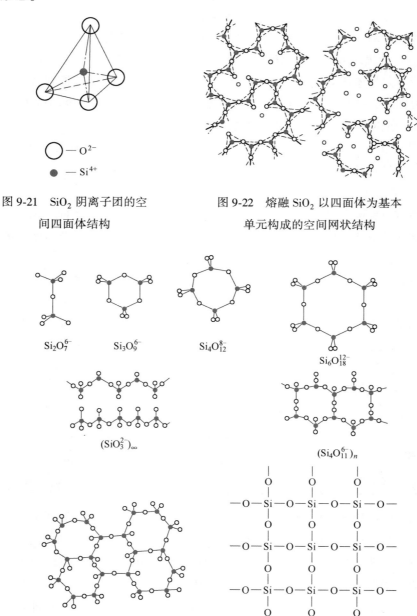

图 9-21 SiO_2 阴离子团的空
间四面体结构

图 9-22 熔融 SiO_2 以四面体为基本
单元构成的空间网状结构

图 9-23 硅氧阴离子结构

SiO_2 在熔渣中具有复杂的多晶结构，其通式可写为 $Si_xO_y^{z-}$。随着渣中 $n(O)/n(Si)$ 值的减小，即渣中碱性氧化物浓度的降低，SiO_4^{4-} 会聚合成越来越复杂的阴离子团；相反，随着 $n(O)/n(Si)$ 值的增大，硅氧离子团的结构会变得简单。$n(O)/n(Si)$ 值实际上就是炉渣碱度，因为氧离子是由碱性氧化物提供的。显然，提高碱度会使 O^{2-} 增多，能使复杂结构的硅氧离子团解体为简单的 SiO_4^{4-}。

应用离子结构理论，可以解释炉渣的一些重要现象。例如，解释炉渣碱度与黏度之间的关系。炉渣黏度取决于构成炉渣的硅氧复合四面体是单独存在，还是以复杂度不等的群体负离子形式存在。增加碱度，碱性氧化物 MeO 增加，MeO 离解成 Me^{2+} 和 O^{2-}，O^{2-} 进入硅氧复合离子，使 $n(O)/n(Si)$ 增大，炉渣黏度降低；反之，降低碱度，使 $n(O)/n(Si)$ 降低，炉渣黏度增加。如图 9-23 所示，当 $n(O)/n(Si)=3.5$ 时，两个四面体结合在一起，形成 $(Si_2O_7)^{6-}$；当 $n(O)/n(Si)=3$ 时，三个四面体结合在一起形成 $(Si_3O_9)^{6-}$，或者四个四面体结合在一起形成 $(Si_4O_{12})^{8-}$，或者六个四面体结合在一起形成 $(Si_6O_{18})^{12-}$ 等。连接形成的络合离子越庞大复杂，炉渣黏度也越大。如果继续降低碱度，就出现由众多四面体聚合而成的巨大的群体负离子，有链状的、环带形的、层状的和骨架状的等。最后一个由纯 SiO_2 组成的无限多个四面体连接形成的骨架状群体 $(SiO_2)_n$，实际上已经是不能流动的了。相反，炉渣中增加碱性氧化物 CaO、MgO、FeO、MnO 等，提高 $n(O)/n(Si)$，则复杂结构开始裂解，结构越来越简单，直到成为完全能自由流动的单独的硅氧四面体为止，此时熔渣黏度降到最小值。

炉渣碱度过高时黏度上升是由于形成熔化温度很高的渣相，熔渣中开始出现不能熔化的固相悬浮物所致，即液相中含有固体结晶颗粒，破坏了熔融炉渣的均一性质，虽然高碱渣的硅氧离子结构很简单，但仍具有很高的黏度。

用离子理论还能解释炉渣中加入 CaF_2 会降低炉渣黏度。当碱度小时，CaF_2 的影响可解释为：F^- 的作用类似于 O^{2-} 的作用，它可使硅氧离子分解，变为简单的四面体，颗粒变小，黏度降低。对碱度高的炉渣，虽然此时硅氧复合离子已很简单，但由于 F^- 为一价，所以用 F^- 截断 Ca^{2+} 与硅氧四面体的离子键，而使颗粒变小，黏度降低。当然，加入 CaF_2 还有降低熔化温度的作用。

9.2.7　生铁去硫

硫在生铁中是有害元素，保证铁水的硫含量合格是高炉冶炼中的重要任务。

9.2.7.1　硫在高炉中的变化

高炉内的硫来自矿石、焦炭和煤粉。冶炼每吨生铁时由炉料带入的总硫量称为硫负荷。炉料中燃料带入的硫量最多，占 80% 左右。焦炭中的硫主要是有机硫，也有部分以 FeS 和硫酸盐的形态存在于灰分中。矿石及熔剂中的硫则主要以硫化铁（FeS_2、FeS）为主，也有少量呈硫酸钙、硫酸钡及其他金属（Cu、Zn、Pb）的硫化物形态。

随着炉料下降，当温度达到 565 ℃ 以上时，FeS_2 开始分解生成单质 S 或 SO_2 进入煤气：

$$FeS_2 \Longrightarrow FeS + S \tag{9-70}$$

分解生成的 FeS 在高炉上部少量被 Fe_2O_3 和 H_2O 所氧化：

$$FeS + 10Fe_2O_3 \Longrightarrow 7Fe_3O_4 + SO_2 \tag{9-71}$$

$$3FeS + 4H_2O \Longrightarrow Fe_3O_4 + 3H_2S + H_2 \tag{9-72}$$

硫酸钙等盐类在与 SiO_2 等接触时分解或生成 SO_3 进入煤气，也会与 C 作用生成 CaS 进入渣中：

$$CaSO_4 + SiO_2 \Longrightarrow CaSiO_3 + SO_3 \tag{9-73}$$

$$CaSO_4 + 4C \Longrightarrow CaS + 4CO \tag{9-74}$$

焦炭中的有机硫在到达风口区之前就几乎全部挥发进入煤气了，而焦炭灰分中的硫和喷吹燃料中的硫则在风口前燃烧时生成 SO_2 进入煤气。

煤气中的 SO_2 在高温下与 C 接触可被还原成单体 S：

$$SO_2 + 2C \Longrightarrow 2CO + S \tag{9-75}$$

随煤气上升的硫，大部分被炉料中的 CaO、FeO 和海绵铁所吸收，分别以 CaS、FeS 的形式进入炉渣和生铁，只有一小部分随煤气逸出。冶炼炼钢生铁时挥发的硫量占 5%~15%，冶炼铸造生铁时最高可达 30%。途中被炉料吸收的硫随着炉料下降，一部分会形成循环富集现象，如图 9-24 所示。冶炼每吨铁由炉料带入的硫量为 2.83 kg，重油带入的硫量为 0.4 kg，风口处燃烧生成的硫量为 1.92 kg；在燃烧之前先挥发了 0.75 kg 硫，这些硫在上升到熔融滴落带时被滴落的渣和铁吸收 0.85 kg，煤气中硫浓度降低；继续上升到软熔带，该处透气性很差，炉料吸硫能力很强（1.24 kg），而至块状带时则吸硫较少（0.58 kg）。由于硫在炉内的循环，软熔滴落带的总硫量比实际炉料带入的硫量要多，最终从煤气挥发带走的硫量应包括在差额 0.35 kg 中。可见，在高炉中下部有相当数量的硫进行气化→吸收→再气化→再吸收的循环过程。

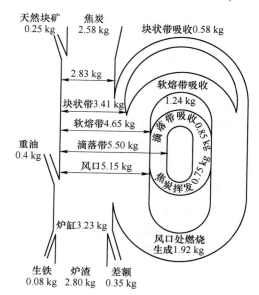

图 9-24　硫在炉内循环（以 1 t 铁为单位）

9.2.7.2　决定生铁硫含量的因素

炉料带入高炉的硫由铁水、炉渣和煤气带出炉外，根据硫的平衡：

$$S_料 = S_铁 + S_渣 + S_气$$

以生产 1 kg 生铁为计算单位，则上式可写成：

$$w(S)_料 = w[S] + nw(S) + w(S)_气 \tag{9-76}$$

$$w[S] = \frac{w(S)_{料} - w(S)_{气}}{1 + nL_S} \tag{9-77}$$

式中　　　$S_{料}$——炉料带入的总硫量，kg；

$S_{铁}$，$S_{渣}$，$S_{气}$——分别为铁水、炉渣、煤气带出炉外的硫量，kg；

$w(S)_{料}$——炉料带入的总硫量，kg/kgFe；

$w[S]$，$w(S)$——分别为炉渣和铁水中的含硫量（质量分数），%；

$w(S)_{气}$——随煤气挥发的硫量，kg/kgFe；

n——渣比，kg/kgFe；

L_S——硫在渣、铁之间的分配系数，$L_S = \dfrac{w(S)}{w[S]}$。

可见，铁水硫含量的高低取决于以下四方面因素。

（1）炉料带入的总硫量。炉料（矿石和燃料）中带入的硫量越少，生铁硫含量越低。同时，可减轻炉渣脱硫负担，减少熔剂用量并降低渣量，降低燃料消耗，改善炉况顺行。要重视降低燃料的硫含量，一是要选用低硫的燃料，二是在洗煤过程中尽力去除无机硫。生产中要求硫负荷尽量低于 5 kg/t。

（2）随煤气挥发的硫量。挥发逸出炉外的硫实际只是气体硫中的一部分。影响挥发硫量的主要因素有以下两方面。

1）焦比和炉温。焦比和炉温升高时，生成的煤气量增加，煤气流速加快，煤气在炉内的停留时间缩短，被炉料吸收的硫量减少，从而增加了随煤气挥发的硫量。当然，由于焦比提高而造成硫负荷的提高也不可忽视。

2）碱度和渣量。石灰和石灰石的吸硫能力很强，当碱度不变增加渣量时，也会增加吸硫能力。据统计，冶炼不同品种生铁时，由于热制度、炉渣碱度、渣量以及煤气在高炉内的分布等因素不同，挥发硫量的比例见表9-8。

表9-8　挥发硫量的比例

生铁品种	炼钢生铁	铸造生铁	硅铁及锰铁
挥发硫量/%	<10	15~20	40~60

（3）相对渣量。虽然相对渣量越大，生铁的硫量越低，但一般不采用这一措施去硫，因为增加渣量必然升高焦比，反而使硫负荷增加；同时焦比和熔剂用量的增加也增大了生铁成本；增加渣量还会恶化料柱透气性，使炉况难行和减产。

（4）硫的分配系数 L_S。硫的分配系数 L_S 代表炉渣的脱硫能力，L_S 越高，生铁中的硫量越低。硫负荷和渣量主要与原料条件（即外部条件）有关，硫的分配系数则与炉温、造渣制度及作业的好坏有密切关系。

9.2.7.3　炉渣脱硫

高炉中的硫80%左右是靠炉渣脱除的，故在一定冶炼条件下，生铁的脱硫主要是靠提高炉渣的脱硫能力（即提高 L_S）来实现的。炉缸内渣铁间脱硫反应达到平衡状态时的分配系数称为理论分配系数，研究表明，理论分配系数高达 200 以上；而高炉内的实际脱硫反应因动力学条件差而达不到平衡状态，所以实际分配系数远比理论分配系数小得多，一般低的只有 20~25，而高的也不会超过 80。

硫在渣铁中以元素 S、FeS、MnS、MgS、CaS 等形态存在，其稳定程度依次是后者大于前者，其中 MgS 和 CaS 只能溶于炉渣；MnS 少量溶于铁水，大量溶于炉渣；FeS 既溶于铁水，也溶于炉渣。炉渣脱硫就是渣中的 MgO、CaO 等碱性氧化物与生铁中的硫反应，生成只溶于渣的 MgS、CaS 等，减少生铁含硫量。

A　炉渣的脱硫反应

据高炉解剖研究证实，铁水进入炉缸前的硫含量比出炉铁水的硫含量高得多，由此可认为，主要的脱硫反应是在铁水滴穿过炉缸的渣层时发生的。

炉渣中起脱硫作用的主要是碱性氧化物 CaO、MgO、MnO 等（或其离子）。从热力学角度来看，CaO 是最强的脱硫剂，其次是 MnO，最弱的是 MgO。

按分子理论的观点，渣、铁间脱硫反应按以下三个步骤进行：

$$[FeS] = (FeS) \tag{9-78}$$

$$(FeS) + (CaO) = (CaS) + (FeO) \tag{9-79}$$

$$(FeO) + C = [Fe] + CO_{(g)} \tag{9-80}$$

即在渣铁界面上首先是铁中的 FeS 向渣面扩散并溶入渣中，然后与渣中的 CaO 作用生成 CaS 和 FeO。CaS 只溶于渣而不溶于铁，FeO 则被固体碳还原生成 Fe 和 CO，CO 气体离开反应界面时产生搅拌作用，将聚积在渣铁界面的生成物 CaS 带到上面的渣层，加速 CaS 在渣内的扩散。总的脱硫反应方程式可写成：

$$[FeS] + (CaO) + C = [Fe] + (CaS) + CO - 149140 \text{ kJ} \tag{9-81}$$

现代炉渣离子结构理论认为脱硫反应实际上是离子反应，通过渣铁界面上离子扩散的形式进行，在渣铁界面上氧和硫进行离子交换，反应式如下：

$$[S] + 2e = (S^{2-})$$

$$+ (O^{2-}) - 2e = [O]$$

$$[S] + (O^{2-}) = (S^{2-}) + [O] \tag{9-82}$$

渣中的碱性氧化物不断供给 O^{2-}，进入生铁的氧原子与碳作用形成 CO，不断离开反应面，铁水中的硫原子则成为 S^{2-} 进入渣中，使脱硫反应继续进行。

从上述可以看出，要使脱硫反应易于进行，提高 L_S，必须满足以下条件：

（1）要有足够数量的自由的 CaO，要求炉渣有适当高的碱度；

（2）因脱硫反应吸热，所以要有足够的热量，促进反应进行；

（3）生成的 CaS 能很快脱离反应的接触面，要求炉渣黏度低，以利于扩散；

（4）稳定炉内操作，保证炉缸中碱度稳定，热量稳定，炉渣黏度稳定，使脱硫反应能稳定进行。

B　影响炉渣脱硫能力的因素

（1）炉渣温度。高温会提供脱硫反应所需的热量；加速 FeO 的还原，减少渣中 FeO 的含量；使铁中的硅含量提高，增加铁水中硫的活度系数；降低炉渣黏度，有利于扩散进行。因此，炉温波动是生铁硫含量波动的主要因素，控制稳定的炉温是保证生铁合格的主要措施。对高碱度炉渣，提高炉温更有意义。

（2）炉渣化学成分。

1）炉渣碱度。碱度 $w(CaO)/w(SiO_2)$ 是影响炉渣脱硫的重要因素，碱度高，则炉渣的脱硫能力强，特别是在低渣量（渣中 CaO 的绝对数减少）冶炼的条件下。实践表明，在一定炉温下有一个合适的碱度（见图 9-25），碱度过高反而会降低脱硫效率。碱度太高时，炉渣的熔化性温度升高，出现 $2CaO \cdot SiO_2$ 固体颗粒，降低炉渣的流动性，影响离子扩散。高碱度渣只有在保证良好流动性的前提下，才能发挥较强的脱硫能力；此外，高碱度渣稳定性差，容易造成炉况不顺。

2）MgO、MnO 等碱性氧化物。MgO、MnO 等碱性氧化物也具有一定的脱硫能力，但由于 MgS、

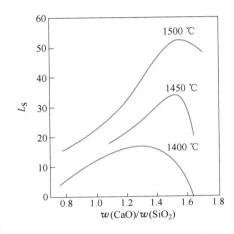

图 9-25　不同温度下碱度对 L_S 的影响

MnS 不及 CaS 稳定，故其脱硫能力较 CaO 弱。在渣中一定范围内增加 MgO、MnO 能降低炉渣熔化温度和黏度（MgO 还能提高炉渣的稳定性），还可以提高总碱度，相当于增加了 O^{2-} 的浓度，有利于脱硫。

3）FeO。FeO 对脱硫极为不利，会发生如下反应：

$$(Fe^{2+}) + (O^{2-}) = [Fe] + [O] \tag{9-83}$$

从而使铁中氧的浓度增加，对脱硫反应不利。生产实践也证明，当炉冷时，渣中 FeO 含量升高，生铁含硫量也随之升高，因此，渣中 FeO 要尽量少。在还原气氛下能最大限度地降低渣中的 FeO 含量，这是高炉炼铁脱硫优于炼钢的原因之一。

4）Al_2O_3。Al^{3-} 能与 O^{2-} 结合形成铝氧复合负离子，降低渣中氧离子的浓度。因此，当碱度不变而增加渣中 Al_2O_3 含量时，炉渣的脱硫能力就会降低。

（3）炉渣黏度。降低炉渣黏度能改善 CaO 和 CaS 的扩散条件，有利于脱硫（特别是在反应处于扩散范围时）。

（4）其他因素。当煤气分布不合理、炉缸热制度波动、高炉结瘤和炉缸中心堆积时，必然降低炉渣的脱硫效率。为促进硫在渣铁间的分配达到平衡，增加铁水和熔渣的接触条件对脱硫有好处，但不可因此延长出铁的间隔时间。

总之，高炉内脱硫的情况取决于多方面因素，既要考虑炉渣的脱硫能力，又需从动力学方面创造条件，使其反应加快进行。

9.2.7.4 实际生产中有关脱硫问题的处理

当炉渣碱度未有较大波动，但炉温降低，铁水硫含量有上升出格趋势时，首先应解决炉温问题，如喷吹高炉可以适当增加喷煤量，有后备风温时可以提高风温，有加湿鼓风设施时要减少湿分或关闭加湿。如果下料过快，则要及时减风，控制料速。如由长期性原因导致炉温降低，应考虑适当减轻焦炭负荷。

当炉渣碱度变低、炉温降低时，应在提高炉缸温度的同时适当提高炉渣碱度，待变料下达，看碱度是否适当；也可临时加 20~30 批稍高碱度的炉料应急，防止 [S] 含量的升高（但需注意炉渣流动性）。

当炉温高、炉渣碱度高，但生铁硫含量高时，要校核硫负荷是否过高，如有此因，要及时调整原料。如原料硫负荷不高，脱硫能力差，可能是由于炉渣流动性差、炉缸堆积造成的，应果断降低炉渣碱度以改善流动性，提高 L_S 值。

当低渣量操作导致生铁硫含量有上升出格趋势时，应提高碱度，并采用高风温和富氧等措施，保证生铁和炉渣具有足够的物理热和化学热。

9.2.8 生铁的炉外脱硫

生铁的炉外脱硫是在铁水流出高炉，进入炼钢炉前，通过加入炉外脱硫剂进行的脱硫。这种方法早先只是作为一种补救措施临时性地应用于硫含量过高的生铁，以避免产出不合格生铁；但近年来为适应冶炼优质钢的需要（优质钢生产要求生铁 $w[S]<0.01\%$ 甚至在 0.005% 以下），而高炉生产特低硫铁水又比较困难，因而必须辅以炉外脱硫。此外，当原料中碱金属含量很高（碱负荷大于 5 kg/t）时会严重影响炼铁生产，为适应高碱金属原料的冶炼和提高高炉的生产能力，急需研发新的生产工艺，即采用低碱度渣操作并进行铁水的炉外脱硫。

9.2.8.1 炉外脱硫剂

炉外脱硫剂应具有成本低、效率高、使用方便、反应速度快而不爆炸、脱硫后易与铁水分离、产生的硫化物稳定，以及产生的刺激性烟气少等特点，目前主要有以下几种。

A 碳酸钠（Na_2CO_3）

碳酸钠俗称苏打，是应用较广的脱硫剂。它使用方便，可在出铁时均匀撒在铁水沟或铁水罐内进行脱硫，其脱硫反应为：

$$Na_2CO_3 = Na_2O + CO_2$$
$$+ Na_2O + FeS = Na_2S + FeO$$

$$Na_2CO_3 + FeS = Na_2S + FeO + CO_2 - 205518 \text{ kJ} \qquad (9\text{-}84)$$

反应生成的 Na_2S 不溶于铁水而上浮成渣，生成的 CO_2 对铁水起搅动作用。铁水中部分 Si、Mn 被氧化成 SiO_2 及 MnO，由于反应吸热和铁水搅动，故铁水温度要降温 30~100 ℃。当炉渣碱度不足时，Na_2S 分解使铁水回硫：

$$Na_2S + SiO_2 + FeO =\!=\!= Na_2O \cdot SiO_2 + FeS \tag{9-85}$$

苏打的加入量视生铁的原始硫含量和要求达到的硫含量而定，一般为化学反应计量的 3~7 倍。苏打熔点（852 ℃）低，气化损失大，利用率一般仅为 25%~30%，有时甚至不到 10%，不适于原始硫含量在 0.025% 以下的铁水脱硫。

B 氧化钙（CaO）

氧化钙即石灰，来源广，价格便宜，其脱硫反应为：

$$CaO + FeS + C =\!=\!= CaS + Fe + CO \tag{9-86}$$

石灰的脱硫效率较强，其脱硫效率主要取决于石灰和铁水的混合及接触情况，加入炭粉可以提高其利用率。可用专门的喷吹设备将 CaO 粉喷入铁水罐，搅拌以加速扩散，可使铁水硫含量降至 0.03%。石灰的用量取决于生铁的硫含量和石灰的加入方法，一般为生铁硫含量的 10 倍，可按生铁质量的 1%~10% 考虑。

C 碳化钙（CaC₂）

碳化钙俗称电石，在搅拌法和喷吹法脱硫工艺中应用广泛，反应式为：

$$CaC_2 + FeS =\!=\!= CaS + 2C + Fe \tag{9-87}$$

CaC_2 的反应能力和脱硫速度比苏打和石灰都高，适合于快速处理大量铁水。由于 CaC_2 熔点高（2300 ℃），在铁水中不熔化，故要求将 CaC_2 制成粉状，再用有效的喷吹机械和搅拌设备喷入铁水，这样可脱硫至 0.01% 以下；但其粒度也不宜太细，否则会因反应过激而影响操作安全。碳化钙脱硫反应是放热反应，脱硫过程的温降比较小，生成的 CaS 可牢固地结合在渣中，不产生回硫现象。

应用 CaC_2 要特别注意安全，它受潮时产生乙炔气，会引起爆炸，而且其粉末接触人体有刺激性，储存时应采用密封容器，气力输送介质为无水 N_2。

D 镁（Mg）

镁与 CaO、CaC_2、Na_2CO_3 等传统的脱硫剂相比，与铁水中硫的亲和力最大，因此反应速度快，脱硫效果好，能将铁水中的硫脱到 0.01% 以下。反应式为：

$$Mg_{(g)} + [S] =\!=\!= MgS_{(s)} \tag{9-88}$$

该反应迅速且放热，铁水温度下降少，MgS 稳定，适于处理大量铁水。但镁的熔点（651 ℃）和沸点（1107 ℃）都很低，且不溶于生铁，如果把镁块或镁粉投入铁水罐上面，则会迅速蒸发爆炸，引起金属喷溅，逸出桶外的镁蒸气燃烧。为防止镁的迅速气化，可将它稀释（例如做成合金）或钝化（采用充填剂，例如制成镁焦、镁锭、镁白云石团块以及其他镁基脱硫剂），然后通过机械装置，将镁块、镁焦、镁锭等送入熔池中间，使镁在铁水中蒸发上升，进行脱硫反应。

工业上采用较多的镁焦制作方法：将预热过的焦炭投入液态镁中，使液态镁浸入焦炭孔隙，制成含镁 45%~50%、块重 0.9~2.2 kg 的镁焦，用专门容器压入铁水中进行脱硫。焦炭为缓解镁挥发的钝化剂，在脱硫过程中不减少。

E 复合脱硫剂

单一使用苏打粉或石灰粉脱硫效率低，配入适量的促进剂后可显著提高脱硫效率。促进剂一般分为以下三类。

（1）活性剂。含有能提高铁水中硫的活度、使反应界面保持还原性气氛的元素，如 C、Al 等，一般复合脱硫剂使用焦粉和铝粉。

（2）发气剂。如 $CaCO_3$，在铁水中分解出 CO_2 起搅拌作用，加快脱硫反应。

（3）助熔剂。如萤石，能降低脱硫渣的熔点和黏度，利于硫向渣中扩散。

9.2.8.2 炉外脱硫常用方法

（1）撒放法。最简单的炉外脱硫法是往高炉流铁沟或铁水罐内撒放苏打。它不需要专门的特殊设备，操作简单，但难以保证脱硫剂与铁水充分而均匀地接触，脱硫效率低、不稳定，操作时放出大量烟气，因此已经逐渐被淘汰。

（2）摇动法。摇动法是指铁水和脱硫剂同时由不同的加入位置加入摇包，用机械装置摇动摇包，使其围绕垂直中心做偏心转动，促进脱硫剂与铁水的混合搅拌。

（3）搅拌法。机械搅拌法是将耐火材料制成的搅拌器插入铁水中，以一定的速度旋转，同时加入脱硫剂，利用铁水翻腾旋回使卷入其中的脱硫剂充分利用，脱硫效率高且稳定。气泡搅拌法是在加入脱硫剂的铁水罐中喷吹气体（氮气和氩气），由铁水翻腾产生搅拌，使铁水与脱硫剂充分反应。

（4）喷吹法。喷吹法是利用某种压缩气体作载运气体，通过插入式喷枪将粉状脱硫剂吹入铁水熔池深处，在搅拌混合的同时进行脱硫反应。载气不仅输送脱硫剂，适当的载气还可控制脱硫反应，例如，用氩气喷吹镁粉可以降低反应的激烈程度。喷吹法脱硫效率高，处理时间短，适于处理大量铁水，应用越来越广泛。

（5）浸入法。镁焦脱硫时多采用此法。浸入法通常将定量镁焦装入薄壁金属匣，然后置于带孔的石墨钟罩内，以插销固定，再将组装好的脱硫装置用吊车运至铁水罐处，使其进入铁水面之下。

除以上脱硫方法外，国内外还有真空脱硫、电解脱硫、金属脱硫以及电磁搅拌脱硫等许多方法，有的停留在实验室，有的已开始用于生产。

在线测试9-2

9.3 炉缸内燃料的燃烧反应

9.3.1 燃烧反应

焦炭是高炉炼铁主要的燃料。随着喷吹技术的发展，煤、重油、天然气等已代替部分焦炭作为高炉燃料使用。高炉内进行的燃烧反应，主要是 C 与 O_2、CO_2 和 H_2O 的反应，以及 C_nH_m 和 O_2 的反应。

风口前燃料燃烧对高炉冶炼过程起着重要的作用，正确掌握风口前燃料燃烧反应的规律，保持良好的炉缸工作状态，是高炉高产优质的基本条件。

（1）燃料燃烧后产生还原性气体 CO 和少量的 H_2，并放出大量热，燃烧反应既提供还原剂，又提供热能。

（2）燃烧反应使固体碳不断气化，为炉料下降创造了条件。燃料燃烧是否均匀有效，对煤气流的初始分布、温度分布、热量分布以及炉料的顺行情况都有很大影响。没有燃料燃烧，高炉冶炼就没有动力和能源，就没有炉料和煤气的运动，一旦停止向高炉内鼓风（休风），高炉内的一切过程都将停止。

炉缸内除了燃料燃烧外，直接还原、渗碳、脱硫等都集中在炉缸内最后完成，最终形成流动性较好的铁水和熔渣，从铁口排出。可见，炉缸反应既是冶炼过程的起点，又是冶炼过程的终点，炉缸工作的好坏对冶炼过程起决定性作用。

炉缸内的燃烧反应与一般的燃烧过程不同，是在充满焦炭的环境中进行的（空气量一定而焦炭过剩），燃烧的最终产物是 CO、H_2 及 N_2。

9.3.1.1 焦炭的燃烧

入炉焦炭中的碳除了少部分消耗于直接还原和溶解于生铁（渗碳）外，有 70% 以上在风口前燃烧。

（1）在风口前氧气比较充足，最初完全燃烧和不完全燃烧反应同时存在，产物为 CO 和 CO_2，反应式为：

完全燃烧
$$C + O_2 = CO_2 + 400660 \text{ kJ} \qquad (9\text{-}89)$$

不完全燃烧
$$C + \frac{1}{2}O_2 = CO + 117490 \text{ kJ} \qquad (9\text{-}90)$$

（2）在离风口较远处，由于自由氧的缺乏及大量焦炭的存在，而且炉缸内温度很高，氧气充足处产生的 CO_2 会与固体碳进行碳的气化反应，见反应式（9-22）。

（3）干空气的成分为 $\varphi(O_2) : \varphi(N_2) = 21 : 79$，而氮不参加化学反应，这样干风燃烧时炉缸中最终的燃烧反应产物是 CO 和 N_2，总的反应式可表示为：

$$2C + O_2 + \frac{79}{21}N_2 = 2CO + \frac{79}{21}N_2 \qquad (9\text{-}91)$$

（4）鼓风中还含有一定数量的水分，水分在高温下与碳发生以下反应：

$$H_2O + C = H_2 + CO - 124390 \text{ kJ} \qquad (9\text{-}92)$$

因此，焦炭燃烧的最终产物（炉缸煤气成分）由 CO、H_2 和 N_2 组成。

9.3.1.2 喷吹燃料的燃烧

高炉采用喷吹技术时，煤粉、重油、天然气等作为喷吹燃料使用。

（1）煤粉的燃烧。无论是无烟煤或烟煤，它们的主要成分碳的燃烧和前述焦炭的燃烧类似。但是煤粉和焦炭有不同的性状差异，因此燃烧过程不同。煤粉燃烧要经历三个过程：加热蒸发和挥发物分解；挥发分燃烧和碳结焦；残焦燃烧。即煤粉在风口前首先被加热，继之所含挥发分气化并燃烧，最后碳进行不完全燃烧。

（2）重油的燃烧。重油的主要成分是碳氢化合物 C_nH_m，重油被加热后，碳氢化合物气化，再热分解和着火燃烧，燃烧生成物为 CO 和 H_2，燃烧反应如下：

$$C_nH_m + \frac{n}{2}O_2 \Longrightarrow nCO + \frac{m}{2}H_2 + Q \tag{9-93}$$

（3）天然气的燃烧。天然气的组成主要是碳氢化合物，且以 CH_4 为主，CH_4 在高温下分解：

$$CH_4 \Longrightarrow C + 2H_2 - 17892 \text{ kJ} \tag{9-94}$$

故 CH_4 的燃烧生成物为 CO 和 H_2。天然气中的其他碳氢化合物如 C_2H_6、C_3H_8、C_4H_{10} 等，无论是高温裂解，还是不完全燃烧，其最终产物仍是 CO 和 H_2。

9.3.1.3 焦炭燃烧与喷吹燃料燃烧的差异

尽管焦炭和喷吹燃料的燃烧都提供热源和还原剂，但它们所起的作用和影响是不尽相同的。主要表现为以下几点。

（1）喷吹燃料都有热分解反应，先吸热后燃烧。燃料中氢碳比越高，分解需热越多。各种燃料的分解热为：无烟煤 837~1047 kJ/kg；重油 188~1465 kJ/kg；天然气 3140~3559 kJ/kg。

（2）喷吹燃料带入炉缸的物理热比焦炭低。焦炭下降到风口前已加热到 1450~1500 ℃，而喷吹燃料均不大于 100 ℃。

（3）焦炭和喷吹燃料燃烧产生的还原性气体及煤气体积不同。现以各种燃料燃烧 1 kg 进行计算，结果见表 9-9 和表 9-10。

表 9-9　各种燃料的组成（质量分数）　　　　　　　　（%）

燃料组成	C	灰分	H_2	H_2O	S	O	N_2
焦炭	83.00	14.00	0.49		0.50		
煤粉	75.30	16.82	3.66	0.83	0.32	3.56	0.83
重油	86.00	—	11.50	0.25	0.19	1.00	0.25
天然气	CH_4 98.15	C_2H_6 0.325	C_3H_8 0.11	C_4H_{10} 0.01	H_2 1.10	H_2S 0.05	CO_2 0.25

表 9-10　燃烧后生成的还原气体和煤气体积

名称	CO 体积 /m^3	H_2 体积 /m^3	还原性气体体积 /m^3	N_2 体积 /m^3	煤气体积/m^3	（CO+H_2）体积/%
焦炭	1.553	0.055	1.608	2.920	4.528	35.50
煤粉	1.408	0.410	1.818	2.040	4.458	40.80
重油	1.605	1.290	2.895	3.020	5.915	48.94
天然气	1.370	2.780	4.150	2.580	6.730	62.00

喷吹燃料燃烧后，煤气体积增加，还原气体数量增多，其中以天然气为最高；另外，喷吹燃料时，煤气中 H_2 含量显著升高，改善了煤气的还原能力。最终炉缸煤气成分为：

$\varphi(CO) = 33\% \sim 36\%$，$\varphi(H_2) = 1.6\% \sim 5.6\%$，$\varphi(N_2) = 58\% \sim 62\%$。

上述煤气成分是碳素燃烧的最后结果，但炉缸内燃烧过程是逐渐完成的，在风口前不同位置上的燃烧条件不同，生成的气相成分也不同。

9.3.2 炉缸煤气成分的计算

9.3.2.1 干风燃烧时煤气成分的计算

从式（9-91）可知，$1\ m^3\ O_2$ 参与燃烧后生成 $2\ m^3\ CO$ 和 $\frac{79}{21}\ m^3\ N_2$，则 $1\ m^3$ 干风（不含水分的空气）的燃烧产物为：

$$\varphi(CO) = 2 \times \frac{1}{2 + \frac{79}{21}} \times 100\% = 34.7\%$$

$$\varphi(N_2) = \frac{79}{21} \times \frac{1}{2 + \frac{79}{21}} \times 100\% = 65.3\%$$

9.3.2.2 湿风燃烧时煤气成分的计算

当鼓风中有一定水分时，从式（9-92）可知，随鼓风湿度的增加，煤气中 H_2 和 CO 的量将会增加，而且吸收热量。设鼓风湿度为 $f(\%)$，则：

$$1\ m^3\ 湿风中的干风体积 = 1 - f \quad (m^3)$$

$$1\ m^3\ 湿风中\ O_2\ 量 = 0.21(1 - f) + 0.5f = 0.21 + 0.29f \quad (m^3)$$

$$1\ m^3\ 湿风中\ N_2\ 量 = 0.79(1 - f) \quad (m^3)$$

$1\ m^3$ 湿风中燃烧产物的成分为：

$$V_{CO} = 2 \times (0.21 + 0.29f) \quad (m^3)$$

$$V_{H_2} = f \quad (m^3)$$

$$V_{N_2} = 0.79(1 - f) \quad (m^3)$$

所以，炉缸煤气的总体积为：

$$V_{CO} + V_{H_2} + V_{N_2} = 2 \times (0.21 + 0.29f) + f + 0.79(1 - f) = 1.21 + 0.79f \quad (m^3)$$

即炉缸煤气的体积大约是鼓风量的 1.21 倍。

对不同鼓风湿度，炉缸煤气成分的计算结果见表 9-11。

表 9-11 不同鼓风湿度下的炉缸煤气成分

鼓风湿度/%	含水量/g·m⁻³	炉缸煤气成分（体积分数）/%		
		CO	N₂	H₂
0	0	34.7	65.3	0
1	8.04	34.96	64.22	0.82
2	16.08	35.21	63.16	1.63

鼓风湿度/%	含水量/g·m^{-3}	炉缸煤气成分（体积分数)/%		
		CO	N$_2$	H$_2$
3	24.12	35.45	62.12	2.43
4	32.16	35.70	61.08	3.22

注：18 kg 水蒸气在标准状态下的体积是 22.4 m^3，则 1 m^3 水蒸气的含水量为 $\frac{18 \times 1000}{22.4} = 804$ g/m^3，当 $f = 1\%$ 时，则含水量约为 8.04 g/m^3。

因此，增加鼓风湿度（加湿鼓风）时，炉缸煤气中 H$_2$ 和 CO 的含量增加，N$_2$ 含量减少，有利于发展间接还原。

9.3.2.3 富氧鼓风时煤气成分的计算

设干风中 O$_2$ 含量为 w；湿风中 H$_2$O 含量为 f，则 1 m^3 鼓风（湿风）中 O$_2$ 总体积 $V_{O_2} = (1 - f)w + 0.5f$。下面用三种计算单位分别计算煤气成分。

（1）以燃烧 1 kg 碳为单位：

$$V_{CO} \approx 1.8667 \ (m^3)$$

$$V_{H_2} = V_{风} \cdot f \ (m^3)$$

$$V_{N_2} = V_{风} \cdot (1 - f)(1 - w) \ (m^3)$$

式中 $V_{风}$——燃烧 1 kg 碳所需的风量，m^3/kg。

$$V_{风} = \frac{22.4}{2 \times 12} \times \frac{1}{(1 - f)w + 0.5f} \tag{9-95}$$

（2）以 1 m^3 鼓风为单位：

$$V_{CO} = [(1 - f)w + 0.5f] \times 2 \ (m^3) \tag{9-96}$$

$$V_{H_2} = f \ (m^3) \tag{9-97}$$

$$V_{N_2} = (1 - f)(1 - w) \ (m^3) \tag{9-98}$$

（3）以 1 t 铁为单位（并喷吹含 H$_2$ 的燃料）：

$$V_{CO} = \frac{22.4}{12}m(C)_{风} \ (m^3)$$

$$V_{H_2} = V'_{风}f + \frac{22.4}{2}m(H_2)_{喷} \ (m^3)$$

$$V_{N_2} = V'_{风}(1 - f)(1 - w) + \frac{22.4}{28}m(N_2)_{喷} \ (m^3)$$

式中 $V'_{风}$——冶炼 1 t 铁所需的风量，m^3/t；

$m(C)_{风}$——冶炼 1 t 铁风口前燃烧的碳量，kg/t；

$m(H_2)_{喷}$，$m(N_2)_{喷}$——冶炼 1 t 铁喷吹燃料中带入的 H$_2$ 及 N$_2$ 量，kg/t。

表 9-12 反映了某高炉富氧鼓风后炉缸煤气成分的变化。

表 9-12　某高炉富氧鼓风后炉缸煤气成分的变化

鼓风 O_2 含量/%	鼓风湿度/%	炉缸煤气成分/%		
		CO	N_2	H_2
21.0	2.0	35.21	63.16	1.63
22.0	2.0	36.52	61.86	1.62
23.0	2.0	37.80	60.59	1.61
24.0	2.0	39.07	59.33	1.60
25.0	2.0	40.82	58.10	1.58

可见在富氧鼓风时，炉缸煤气中 N_2 含量减少，CO 含量相对增加。

9.3.3　燃烧带

9.3.3.1　燃烧带与风口回旋区

通常将风口前发生燃料燃烧反应的区域称为燃烧带。

传统高炉容积小、冶炼强度低，焦炭在风口前的燃烧状态与炉条上炭的燃烧过程相似，炭块是相对静止的。这种层状燃烧带的特点是：沿风口中心线 O_2 不断减少，而 CO_2 随 O_2 的减少则增多，达到一个峰值后再下降，直至完全消失。CO 在 O_2 接近消失时出现，在 CO_2 消失处其含量达到最高值。图 9-26 所示为沿风口径向煤气成分的变化，也称"经典曲线"。

现代高炉冶炼强度高，风口风速大（100 ~ 260 m/s），强大的气流将风口前的焦炭推动，形成一个疏松且近似球形的自由空间，焦炭块在其中做高速回旋运动，速度可达 10 m/s 以上，称为焦炭

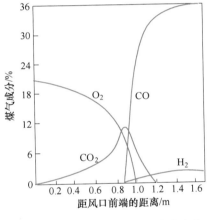

图 9-26　沿风口径向煤气成分的变化

回旋区，如图 9-27 所示。此回旋区外围是一层厚为 100~200 mm 的焦炭疏松层，称为中间层，它不断地向回旋区补充焦炭。增加风量和提高风速，回旋区内焦炭相互碰撞、摩擦的频率增加，焦粉率增加。喷煤量增加，焦粉率也增加。高炉解剖风口区的研究证实，在风口上方炉墙附近及死料堆表层堆积大量焦粉，形成鸟巢状积聚，恶化了死料堆的透气性和透液性，提高风速后鸟巢加厚、增高，并有向上延伸的趋势，如图 9-28 所示。风口循环区存在着许多不稳定的因素，成为高炉下部气流和料流不稳的发源地。

与层状燃烧带相比，焦炭回旋燃烧时煤气成分的分布情况也发生了变化，如图 9-27 下部所示。自由氧不是逐渐地而是跳跃式地减少，在离风口 200 ~ 300 mm 处有增加，在 500 ~ 700 mm 的长度内保持相当高的含量，直到燃烧带末端才急剧下降并消失。CO_2 含量的变化与 O_2 的变化相对应，分别在风口附近和燃烧带末端 O_2 急剧下降处出现两个高峰。

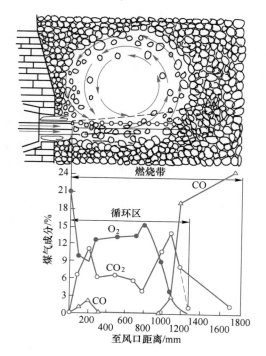

风口
回旋区

图 9-27 风口回旋区中焦炭运动和燃烧带煤气成分变化示意图

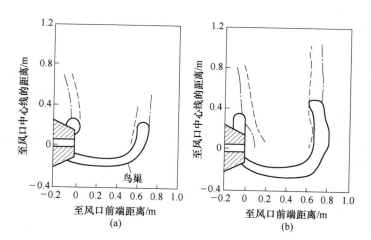

图 9-28 不同风速对循环区外壳形成和焦粉积聚的影响

(a) 风速 200 m/s; (b) 风速 260 m/s

(-3 mm 粉焦率为 5% 用虚线表示; -3 mm 粉焦率为 10% 用点划线表示)

燃烧带中有自由氧存在的区域称为氧化区, 反应为: $C + O_2 = CO_2$。

从自由氧消失直到 CO_2 消失的区域称为 CO_2 还原区, 反应为: $CO_2 + C = 2CO$。

由于燃烧带是高炉内唯一存在氧化气氛的区域, 因此也称其为氧化带。

在燃烧带中, 碳首先与氧反应生成 CO_2, 当氧含量开始下降时 CO_2 与 C 反应, 使 CO

急剧增加，CO_2 逐渐消失。燃烧带的范围可按 CO_2 消失的位置确定，常以 CO_2 含量降到 1%~2% 的位置定为燃烧带的界限。风口回旋区比燃烧带的范围略小些，是燃烧带的氧化区部分。

9.3.3.2 理论燃烧温度与炉缸温度

理论燃烧温度（$t_理$）是指风口前燃料燃烧所能达到的最高平均温度，是炉缸煤气尚未与炉料参与热交换前的原始温度。理论燃烧温度用式（9-99）表示：

$$t_理 = \frac{Q_碳 + Q_风 + Q_燃 - Q_水 - Q_喷}{c_{CO}V_{CO} + c_{N_2}V_{N_2} + c_{H_2}V_{H_2}} = \frac{Q_碳 + Q_风 + Q_燃 - Q_水 - Q_喷}{Vc_{p煤}} \quad (9-99)$$

式中　　　$t_理$——风口前理论燃烧温度，℃；

$Q_碳$——风口区碳燃烧生成 CO 时放出的热量，kJ/t；

$Q_风$——热风带入的物理热，kJ/t；

$Q_燃$——燃料带入的物理热，kJ/t；

$Q_水$——鼓风及喷吹物中水分的分解热，kJ/t；

$Q_喷$——喷吹物的分解热，kJ/t；

c_{CO}，c_{N_2}，c_{H_2}——CO、N_2、H_2 的比热容，kJ/(m^3·℃)；

V_{CO}，V_{N_2}，V_{H_2}——炉缸煤气中 CO、N_2、H_2 的体积，m^3/t；

V——炉缸煤气的总体积，m^3/t；

$c_{p煤}$——理论温度下炉缸煤气的平均比热容，kJ/(m^3·℃)。

风口前理论燃烧温度计算复杂，生产中可根据经验式进行计算。理论燃烧温度的水平与以下因素有关。

（1）鼓风温度。鼓风温度在 1100 ℃ 左右时，带入的显热约占总热量的 40%。鼓风温度升高，$t_理$ 升高。一般每 100 ℃ 风温可影响 $t_理$ 80 ℃。

（2）鼓风中 O_2 含量。鼓风中 O_2 增加，N_2 减少时，减少了鼓风的物理热，但 V_{N_2} 降低的幅度较大，$t_理$ 会显著升高。鼓风氧含量增加 1%，影响 $t_理$ 35~45 ℃。

（3）鼓风湿度。鼓风湿度增加，水分分解热增加，$t_理$ 降低。湿度较低时，每 1% 的湿度使 $t_理$ 降低 40~45 ℃；湿度很高（10%~20%）时，$t_理$ 降低 30~35 ℃。

（4）喷吹燃料量。喷吹物的加热、分解和裂化，使 $t_理$ 降低。各种燃料的分解热差别很大。例如，含 H_2 22%~24% 的天然气为 3350 kJ/m^3；含 H_2 11%~13% 的重油为 1675 kJ/kg；含 H_2 2%~4% 的无烟煤为 1047 kJ/kg，烟煤比无烟煤高出 120 kJ/kg。通常，喷吹天然气使 $t_理$ 降低的幅度最大，其次为重油、烟煤、无烟煤。每喷吹 10 kg 的煤粉，$t_理$ 降低 20~30 ℃，无烟煤为下限，烟煤为上限。

（5）炉缸煤气体积。当炉缸煤气体积增加时，$t_理$ 降低，反之则升高。

实践证明，保持适当的理论燃烧温度是高炉顺行的基础。过高的 $t_理$ 容易造成 SiO 的大量挥发，使高炉发生悬料等事故，而过低的 $t_理$ 又使炉缸热量不足。宝钢的经验是，在喷煤 230 kg/t 时，$t_理$ ≥ 2050 ℃。炉容较小的高炉 $t_理$ 可低一些，但中心温度也不能低于

1900 ℃，否则应给予热补偿。

在燃烧带内，有部分碳燃烧生成 CO_2（完全燃烧），此时比生成 CO（不完全燃烧）时要多放出热量。因此，炉缸煤气中 CO_2 含量最高的区域即是燃烧带中温度最高的区域，也称燃烧焦点，其温度称为燃烧焦点温度。不同条件下 CO_2 在炉缸内的最高点在不断变化，故不便计算燃烧焦点温度。

生产中所指的炉缸温度常以铁水的温度为标志，一般为 1400~1550 ℃。理论燃烧温度与炉缸温度两者有本质上的区别。例如，喷吹燃料后，$t_{理}$ 降低，炉缸温度却往往升高。

炉缸温度分布常指炉缸上方煤气的温度分布，与煤气流分布密切相关。处于炉缸边缘的燃烧带是炉缸内温度最高的区域，由边缘向中心随着煤气量的减少，温度也逐渐降低，如图 9-29 所示。理想的炉缸温度分布应该是风口前的燃烧焦点温度不过分高，但沿炉缸半径方向的温度梯度降低，炉缸整体活跃、热量充足。达到这种理想状态会使高炉的物惯性和热惯性增加，即当高炉的原料成分或热供给有所波动时，在一段时间内对铁水温度、$w[Si]$、$w[S]$ 的影响较小。

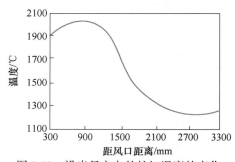

图 9-29　沿半径方向的炉缸温度的变化

炉缸工作均匀、活跃是高炉获得高产、优质、低耗的重要基础，而保持足够的炉缸中心温度，使渣、铁保持液体熔融状态并具有良好的流动性，是炉缸工作均匀、活跃的重要条件。炉缸中心温度过低会使中心的炉料得不到充分加热和熔化，不利于各项反应的进行，从而造成"中心堆积"，严重影响冶炼进程。当冶炼炼钢生铁时，炉缸中心温度不应低于 1350 ℃；当冶炼锰铁或硅铁时，炉缸中心温度应为 1500~1650 ℃。影响炉缸中心温度的主要因素如下：

（1）焦炭负荷和煤气热能利用情况；

（2）风温、鼓风的成分以及炉缸中心煤气量的分布状况；

（3）所炼生铁的品种及造渣制度（主要指炉渣熔化性）；

（4）炉缸内的直接还原度（R_d）；

（5）燃料的物理化学性质及炉缸料柱的透气性。

炉缸内的温度分布不仅沿炉缸半径方向不均匀，沿炉缸圆周的温度分布也不完全均匀，有以下三个原因。

（1）炉料偏行，布料不匀，煤气分布不合理而产生管道行程，某些地区下料过快，造成局部直接还原相对增加。

（2）风口进风不均匀，靠近热风主管一侧的风口可能进风稍多些；热风管混风不匀，可能造成风温和风量的不均匀；结构不合理（例如各风口直径不同，进风环管或各弯管的内径不同），将使各风口前温度有更大的差别。

（3）铁口位置的影响，一般铁口附近与其他部位相比下料较快、温度较低。

为使炉缸工作均匀、活跃，炉缸中心有足够的温度，重要措施是采用合理的送风制度和装料制度。生产中常采用不同直径的风口来调剂各风口前的进风情况，以使炉缸温度分布尽可能地均匀、合理。比如，当铁口上方因经常出铁而下料较快时，可适当缩小铁口两侧的风口。操作人员可通过各个风口窥视孔观察和比较其亮度及焦炭的活跃情况，判断炉缸的热制度和圆周的下料情况。

9.3.3.3 燃烧带对炉缸工作的影响

燃烧带大小对炉缸工作的影响主要表现在以下几个方面。

(1) 对炉内煤气流分布的影响。燃烧带长，炉缸中心煤气发展；相反，燃烧带缩小至炉缸边缘，边缘煤气流发展。燃烧带向周围扩大，将使沿圆周方向的煤气分布更加均匀，从而有利于炉缸工作的均匀、活跃。燃烧带的大小决定着炉缸煤气的初始分布，并在较大程度上决定和影响煤气流在上升过程中的第二次分布（软熔带的煤气分布）和第三次分布（块状带的煤气分布）。煤气初始分布合理将有利于煤气热能和化学能的充分利用，有利于高炉顺行和焦比的降低。

(2) 对炉缸温度分布的影响。燃烧带长，煤气流向中心扩展，使炉缸中心保持较高的温度，控制焦炭堆积数量，维持炉缸有良好的透气性和透液性；反之，燃烧带短，炉缸中心温度降低，不利于炉缸内化学反应的充分进行，炉缸中心不活跃，同时，煤气流对炉墙的过分冲刷将使高炉寿命缩短。通常，希望燃烧带较多地伸向炉缸的中心，但燃烧带过分向中心发展会造成"中心过吹"和边缘煤气流不足，增加炉料与炉墙之间的摩擦阻力（边缘下料慢），不利于高炉顺行。如果燃烧带较小而向风口两侧发展，又会造成"中心堆积"。

(3) 对炉料下降的影响。燃烧带上方的炉料总是比其他地方松动，而且下料快。适当扩大燃烧带（包括纵向和横向）可以缩小炉料的呆滞区域，扩大炉缸活跃区域的面积，有利于高炉顺行。燃烧带的均匀分布将促使炉料均匀下降。若送风不均匀，燃烧状况差异增大，就将造成炉料下降不均匀。为了保证炉缸工作的均匀和活跃，必须有适当大小的燃烧带；为了促进炉料顺行，希望燃烧带的水平投影面积越大越好；从炉缸的周围来看，希望燃烧带连成环形，这些可通过改变送风参数（风量、风压、风温等）以及风口的数目、形状、长短等进行调剂。

9.3.3.4 影响燃烧带大小的因素

燃烧带及其控制是高炉下部调剂的理论基础。燃烧带的大小主要取决于鼓风动能，其次与燃烧反应速度、炉料状况有关。

A 燃烧反应速度

通常，燃烧速度增加，燃烧反应在较小范围内完成时，则燃烧带缩小；反之，燃烧速度降低，则燃烧带扩大。但在有明显回旋区的高炉上，燃烧带的大小主要取决于回旋区的尺寸，而回旋区的大小又取决于鼓风动能的高低，此时燃烧速度仅是通过对 CO_2 还原区的影响来影响燃烧带大小。但 CO_2 还原区占燃烧带的比例很小，因此可以认为燃烧速度对燃烧带的大小无实际影响。

B　炉缸料柱阻力

若中心料柱疏松、透气性好、煤气通过的阻力小时，即使鼓风动能较小也能维持较大（长）的燃烧带，炉缸中心煤气量仍然会是充足的；相反，若炉缸中心料柱紧密，煤气不易通过，即使有较大的鼓风动能燃烧带也不会扩展较大。

C　鼓风动能

鼓风动能是鼓风所具有的机械能，反映了鼓风克服风口前料层的阻力向炉缸中心扩大和穿透的能力。鼓风动能是使焦炭做回旋运动的根本因素，鼓风动能小，燃烧带则短，边缘气流发展；鼓风动能大，燃烧带就长，有利于中心气流的发展。但鼓风动能过大会产生副作用：一方面，中心煤气流过大导致煤气流失常；另一方面，随着鼓风动能的增大，燃烧带并不成比例地向中心扩展，而是在达到某个值后，在风口前出现逆时针与顺时针方向旋转的两股气流，如图 9-30 中 4、8 风口所示。顺时针（向风口下方）回转的涡流阻碍下部过渡层及碎焦层的移动和更新，如图 9-30 中 4、8 风口下部的蓝色死角所示，常引起风口前沿下端的频繁烧损。风口喷吹燃料工艺推广初期，鼓风动能过大（燃料在直吹管内燃烧），曾出现大量风口被烧坏的现象；扩大风口直径后，此现象消失。

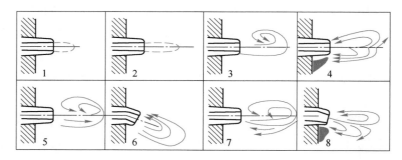

图 9-30　鼓风动能对燃烧带的影响

不考虑喷吹时，鼓风动能可用式（9-100）表示：

$$E = \frac{1}{2} mv^2 \tag{9-100}$$

每秒钟进入一个风口的鼓风质量为：

$$m = \frac{Q_0 \rho_0}{60 \times n} \tag{9-101}$$

标准状态下鼓风通过风口时达到的速度为：

$$v_0 = \frac{Q_0}{60 \times nS} \tag{9-102}$$

实际状态下鼓风通过风口时达到的速度为：

$$v = \frac{(273 + t_{风}) \times 101.3}{273 \times (101.3 + p_{风})} \times v_0 \tag{9-103}$$

则
$$E = 4.12 \times 10^{-10} \times \frac{(273 + t_风)^2 \times Q_0^3}{n^3 S^2 \times (101.3 + p_风)^2} \tag{9-104}$$

式中　E——鼓风动能，kW；

　　　ρ_0——标准状态下的鼓风密度，其值为 1.293 kg/m³；

　　　v——鼓风速度（实际状态下），m/s；

　　　Q_0——标准状态下进入高炉的鼓风流量，m³/min；

　　　$t_风$——鼓风温度，℃；

　　　$p_风$——鼓风表压力，kPa；

　　　n——工作风口数目，个；

　　　S——工作风口的平均截面积，m²/个。

由式（9-104）可以看出，鼓风动能与风量、风温、风压及风口面积等因素有关。鼓风动能正比于风量的三次方，因此增加风量，鼓风动能显著增大，燃烧带也相应扩大。风量在日常操作中变动相对频繁，应给予相当的重视。图 9-31 所示为不同风量时燃烧带长度的变化。

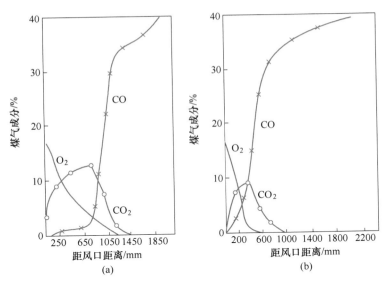

图 9-31　不同风量时燃烧带长度的变化
（a）大风量；（b）小风量

提高风温鼓风体积膨胀，风速增加，动能增大，燃烧带扩大；但风温升高也会使燃烧反应加速，燃烧带相应缩小。但一般来说，风温升高，燃烧带扩大。

高压操作时，鼓风体积压缩而质量不变，鼓风动能减小，燃烧带缩短。

在风量、风温和其他条件一定时，鼓风动能与工作风口截面积的平方成反比，这也是调整风口尺寸、风口加套等下部调剂的理论基础。当进风量不变时，扩大风口直径将导致风速下降，鼓风动能减小，燃烧带缩短，边缘气流发展。

鼓风动能与工作风口数目成反比。当高炉临时堵风口时，不但缩小了总进风面积，同时也减小了进风风口数目，实际上对鼓风动能的影响也是三次方关系，这对确保足够的鼓风动能、恢复炉况很有效。

由以上分析可知，可用不同的手段获得相同的鼓风动能，但相同的鼓风动能却可以获得不同的煤气分布。首钢某高炉曾两次测得鼓风动能同是 $6500\ kg \cdot m/s$，一次是风口面积较大，风量、风压等关系相适应，燃烧带各向尺寸适宜，如图9-32（a）所示；另一次缩小风口面积，提高风速，使燃烧带变得窄长，炉缸活跃面积减小，如图9-32（b）所示。结果前者炉况顺行，生产指标良好；后者则不接受风量，风压很高，气流不稳，经常崩料，炉况不顺，风口大量烧坏。因此，适宜的鼓风动能应保证获得既向中心延伸又在圆周有一定发展的燃烧带，实现炉缸工作的均匀、活跃与炉内煤气的合理分布。

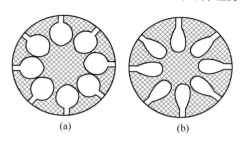

图9-32 炉缸截面上燃烧带的分布

9.3.4 适宜鼓风动能的选择

判断鼓风动能大小的直观表象见表9-13。

表 9-13 判断鼓风动能的直观表象

因素	鼓风动能合适	鼓风动能过大	鼓风动能过小
风压	稳定，有正常波动	波动大而有规律	曲线死板，风压升高时容易悬料、崩料
探料尺	下料均匀、整齐	下料不均匀，出铁前下料慢，出铁后下料快	下料不均匀，容易出现滑料现象
炉顶温度	区间正常，波动小	区间窄，波动大	区间较窄，四个方向有交叉
风口工作	各风口均匀、活跃、破损少	风口活跃，但显凉，严重时破损较多，发生于内侧下沿	风口明亮但不均匀，有生降（指风口区域没有完全熔化的炉料或渣铁黏结物），破损多
生铁	炉温充足，炼钢生铁冷态是灰口，有石墨碳析出	炉温常不足，炼钢生铁冷态是白口，石墨碳析出少，硫含量低	炉温常不足，炼钢生铁冷态是灰口，石墨碳析出很少，硫含量高

不同的冶炼条件有不同的适宜鼓风动能，选择适宜鼓风动能应考虑下列因素。

（1）炉容。高炉容积扩大后，炉缸直径增加，需要有较大的鼓风动能保证合适的中心气流。适宜鼓风动能与高炉容积的关系见表9-14。高炉容积相近时，矮胖型多风口的高炉其鼓风动能也要求大一些。当高炉运行时间较长、炉衬侵蚀严重时，鼓风动能也应大些，以控制边缘气流的过分发展。

表 9-14　炉缸直径与风速、鼓风动能的关系参考表

高炉容积/m³	600	1000	1500	2000	2500	3000	4000	5000
炉缸直径/m	6.0	7.2	8.6	9.8	11.0	11.8	13.5	14.6
鼓风动能/kJ·s⁻¹	35~50	50~100	50~110	60~120	70~130	90~150	110~150	120~160
风速/m·s⁻¹	120~220	120~230	140~240	150~260	160~260	200~270	200~280	240~280

（2）冶炼强度。冶炼强度是影响燃烧带和煤气分布的重要因素。在一般情况下，提高冶炼强度，鼓风动能增大，燃烧带扩大；降低冶炼强度，鼓风动能减小，燃烧带缩小。故冶炼强度高时采用较小的鼓风动能，适宜的鼓风动能与冶炼强度成反比。表9-15所示为某高炉冶炼强度与鼓风动能的关系。

表 9-15　某高炉冶炼强度与鼓风动能的关系

试验阶段	1	2	3	4	5
冶炼强度/t·(m³·d)⁻¹	0.800	0.911	1.020	1.149	1.230
冶炼强度提高/%	0	14.0	27.5	44.5	54.0
风口（直径×风口数）/mm×个	130×12	130×14	130×7+140×7	160×14	160×6+180×8
风口面积/m³	0.160	0.186	0.239	0.281	0.313
风口面积扩大/%	0	11.6	51	76	96
实际风速/m·s⁻¹	263	251	223	196	182
鼓风动能/kJ·s⁻¹	67.50	61.40	55.30	48.70	44.30

（3）原料条件。原料条件对煤气初始分布的影响也比较明显。一般来说，原料条件好（如粉末少、品位高、渣量少、高温冶金性能好等），则炉缸透气性好，煤气容易扩散，使燃烧带缩小，为保证中心煤气流，应采用较大的鼓风动能。图9-33所示为梅山高炉烧结矿中小于5 mm粉末的含量与鼓风动能的关系。

（4）压力影响。风压升高，鼓风动能降低，燃烧带缩小，边缘气流增加。在高压操作时应适当增大风量，提高鼓风动能，以抑制边缘气流。

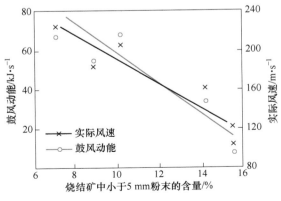

图 9-33　梅山高炉烧结矿中小于 5 mm
粉末的含量与鼓风动能的关系

（5）喷吹燃料。喷吹燃料时，有 25%~40% 的燃料在风口内燃烧，混合燃烧产物的空气温度升高，体积增大，鼓风动能增加，中心气流增加，因此要适当减小鼓风动能。表 9-16 为某高炉喷吹量与鼓风动能的关系。但随着喷煤量的增加和利用系数的提高，焦炭负荷增加，料柱透气性变差，同时煤粉的分解热增加，回旋区径向长度缩短，导致边缘煤气流增强，反而需缩小风口面积，适当提高鼓风动能。例如，武钢 4 号高炉煤比由 117.6 kg/t 提高到 138.1 kg/t 时，风口面积由 0.3767 m² 逐渐减小到 0.3560 m²，日常风量没有减少，炉况稳定顺行。因此，当煤比变动量大时，鼓风动能和风速的变化方向应根据实际情况决定。

（6）富氧鼓风。富氧鼓风将加快燃烧速度，减小燃烧产物体积，导致燃烧带缩小。当富氧率高时，应减小风口直径以增大鼓风动能，获得适宜的煤气分布。

表 9-16　某高炉喷吹量与鼓风动能的关系

冶炼强度/t·(m³·d)⁻¹	1.027	1.173	1.03	1.10	1.235
喷吹量/%	0	0	23.5	24.8	26.6
实际风速/m·s⁻¹	252	229	215	213	191
鼓风动能/kJ·s⁻¹	5770	5040	4256	4348	3852

当然，高炉适宜的鼓风动能不是一个定值，而是有一个很大的范围，下部调剂的合理调剂空间也正对应于此。

9.3.5　煤气上升过程中的变化

9.3.5.1　煤气上升过程中体积和成分的变化

煤气上升过程中体积和成分的变化，如图 9-34 所示。

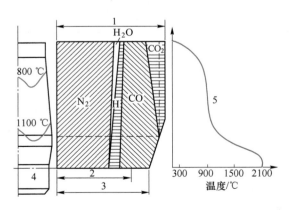

图 9-34　煤气上升过程中体积、成分和温度沿炉子高度的变化
1—炉顶煤气量；2—风量；3—炉缸煤气量；4—风口水平；5—煤气温度

（1）CO 先增加后减少。煤气在上升过程中，Fe、Si、Mn、P 等元素的直接还原生成 CO，部分碳酸盐在高温区分解出的 CO_2 与 C 作用生成 CO，到了中温区，因有大量间接还

原进行又消耗了 CO，所以 CO 量是先增加而后又减少的。

（2）CO_2 逐渐增加。炉缸、炉腹处煤气中 CO_2 量几乎为零，在以后的上升过程中，由于间接还原和碳酸盐的分解，CO_2 逐渐增加。间接还原时消耗 1 体积的 CO 仍生成 1 体积的 CO_2，CO 的减少量与 CO_2 的增加量相等，如图 9-34 中虚线左边的 CO_2 即由间接还原生成，右边则代表碳酸盐分解的 CO_2 量，总体积有所增加。

（3）H_2 逐渐减少。鼓风中水分分解、焦炭和煤粉中的 H_2 都是氢的来源。H_2 在上升过程中有 $1/3 \sim 1/2$ 参加间接还原生成 H_2O，在上升过程中逐渐减少。

（4）N_2 绝对量不变。鼓风中带入大量 N_2，少量是焦炭中的有机 N_2 和灰分中的 N_2。N_2 不参加任何化学反应，故其绝对量不变。

最后，到达炉顶的煤气成分的大致范围见表 9-17。

表 9-17　到达炉顶的煤气成分的大致范围（体积分数）

煤气成分	CO_2	CO	N_2	H_2
范围/%	15~22	20~25	55~57	约2.0

一般情况下，炉顶煤气中 CO 与 CO_2 的总量比较稳定，其含量为 38%~42%。改善煤气化学能利用的关键是提高 CO 的利用率（η_{CO}）和 H_2 的利用率（η_{H_2}）。炉顶煤气中 CO_2 含量越高，H_2 含量越低，则煤气化学能利用越好。

煤气总的体积自下而上有所增大。一般在全焦冶炼条件下，炉缸煤气量约为风量的 1.21 倍，炉顶煤气量为风量的 1.35~1.37 倍；喷吹燃料时，炉缸煤气量为风量的 1.25~1.30 倍，炉顶煤气量为风量的 1.4~1.45 倍。

9.3.5.2　煤气上升过程中压力的变化

煤气从炉缸上升到炉顶，压力能降低，压头损失（Δp）可表示为 $\Delta p = P_缸 - P_喉$，本钢高炉煤气静压力分布如图 9-35 所示。炉喉压力 $P_喉$ 主要取决于炉顶结构、煤气系统的阻力和操作制度（常压或高压操作）等，它在条件一定时变化不大；炉缸压力 $P_缸$ 主要取决于料柱透气性、风温、风量和炉顶压力等，一般不测定，其值用热风压力表示。所以，高炉内料柱阻力 Δp 常近似表示为：

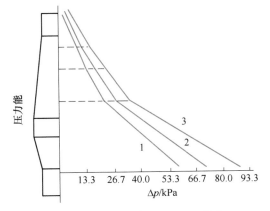

图 9-35　本钢高炉煤气静压力分布
1—冶炼强度为 0.985 t/（m³·d）；2—冶炼强度为 1.130 t/（m³·d）；3—冶炼强度为 1.495 t/（m³·d）

$$\Delta p = P_热 - P_顶 \tag{9-105}$$

当操作制度一定时，料柱阻力（透气性）的变化主要反映在热风压力 $P_热$ 上，热风压力增大，阻力变大，说明料柱透气性变差。高炉下部压力变化比较大（压力梯度大），而高炉上部则较小。随着风量加大（冶炼强度提高），高炉下部压差（梯度）变化更大。因此，改善高炉下部料柱的透气性（减少渣量、降低炉渣黏度等）是进一步提高冶炼强度的重要措施。

高炉从炉缸边缘到中心的煤气压力是逐渐降低的，若炉缸料柱透气性好，中心的煤气压力较高（压差小）；反之，中心的煤气压力较低（压差大）。

9.3.6　高炉内的热交换

高炉内的热交换是指煤气流与炉料之间的热量传递。由于热量传递，煤气温度不断降低，炉料温度不断升高，这个热交换过程是一个复杂的过程。

9.3.6.1　高炉内的热交换过程

煤气与炉料的温度沿高炉高度不断变化。一般，炉身上部主要进行的是对流热交换；炉身下部温度很高，对流热交换和辐射热交换同时进行；料块本身与炉缸渣铁之间主要进行传导传热。在风量、煤气量、炉料性质等一定的情况下，煤气与炉料的热交换量主要取决于煤气与炉料的温差。

不同高炉内的温度场千差万别，然而，高炉是竖炉的一种，研究表明，竖炉热交换有一个共同的规律，即温度沿高度的分布呈 S 形变化，高炉热交换过程示意图如图9-36所示。

沿高炉高度上煤气与炉料之间的热交换分为三段，即上段热交换区、中段热交换平衡区和下段热交换区。在上、下两段热交换区内，煤气和炉料之间存在着较大的温差（$\Delta t = t_气 - t_料$），在上段越向上越大，在下段越向下越大，而且下段比上段还大，因此，在这两个区域内存在着激烈的热交换。在中段（900~1100 ℃），Δt 较小（小于 50 ℃），而且变化不大，热交换不激烈，被认为是热交换的动态平衡区，也称热储备区或热交换空区，占高炉高度的50%~60%。

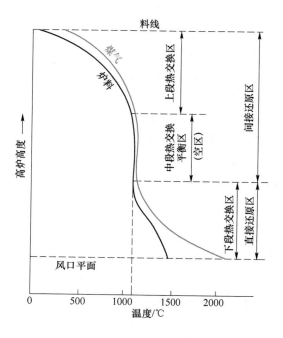

图9-36　高炉热交换过程示意图

9.3.6.2　热流比

热流是单位时间内通过高炉某一截面的炉料（或煤气），其温度升高（或降低）1 ℃所吸收（或放出）的热量，即单位时间内使煤气或炉料改变 1 ℃所产生的热量变化，单位为 kJ/(h·℃)。

$$W_料 = G_料 \cdot c_料 \tag{9-106}$$

$$W_气 = V_气 \cdot c_气 \tag{9-107}$$

式中　　$W_料$，$W_气$——炉料热流和煤气热流，$kJ/(h·℃)$；

　　　　$G_料$，$V_气$——通过高炉某一截面上的炉料量（kg/h）和煤气量（m^3/h）；

　　　　$c_料$，$c_气$——炉料的比热容[$kJ/(kg·℃)$]和煤气的比热容[$kJ/(m^3·℃)$]。

炉料热流与煤气热流的比值称为热流比。热流比决定了单位煤气的热容量承担的炉料热容量，决定了炉内的热流强度，热流强度决定炉内的温度分布和热交换。但高炉不是一个简单的热交换器，在煤气和炉料进行热交换的同时还进行着传质等一系列的物理化学反应，热流比也具有氧化剂与还原剂之比的含义。

9.3.6.3　高炉热交换的基本规律

在高炉下段热交换区，由于直接还原反应激烈进行和熔化造渣等都需要消耗大量的热，因此，$W_料 > W_气$，且不断增大。即单位时间内通过高炉下部某一截面使炉料温度升高 1 ℃所需的热量远大于煤气温度降低 1 ℃所放出的热量，热量供应相当紧张，虽然煤气温度迅速下降，但炉料温度升高并不快，这样两者之间就存在较大的温差 Δt，而且越向下 Δt 越大，使热交换激烈进行。

煤气上升到中部某一高度后，直接还原等耗热反应减少，间接还原放热反应增加，$W_料$ 逐渐减小直至某一时刻与 $W_气$ 相等，即 $W_料 = W_气$。此时煤气和炉料间的温度差很小并维持相当一段时间，煤气放出的热量和炉料吸收的热量基本保持平衡，炉料的升温速率大致等于煤气的降温速率，热交换进行缓慢，成为热储备区。热储备区的存在及其温度，与矿石间接还原、石灰石分解和熔损反应等有密切的关系。如果没有其他反应，仅有 CO、H_2 的间接还原，导致反应比较迟缓，就会出现热储备区。当有石灰石分解等吸热反应使间接还原难以发展时，热储备区缩小，向低温方向偏移；而在大量使用烧结矿或高压操作的高炉中，热储备区向高温方向偏移。当使用大量石灰石时，热储备区开始于石灰石激烈分解的温度，即 900 ℃左右；而使用高碱度烧结矿（不加石灰石）时，热储备区开始于直接还原开始发展的温度，即 1000 ℃左右。另外，吨铁煤气量增加，则热储备区缩小。

煤气从热储备区进入上段热交换区后，由于此处进行炉料的加热、蒸发和分解以及间接还原反应等，所需热量较少，因而 $W_料 < W_气$，即单位时间内炉料温度升高 1 ℃所吸收的热量小于煤气降温 1 ℃所放出的热量，热量供应充足，炉料迅速被加热，即炉料装入高炉后不久便被加热到与煤气差不多的温度。

现代高炉中，$W_料$ 在上部为 $1800 \sim 2500\ kJ/(h·℃)$，在下部为 $5000 \sim 6000\ kJ/(h·℃)$；而 $W_气$ 在上下部基本相同，为 $2000 \sim 2500\ kJ/(h·℃)$。

9.3.6.4　高炉热交换规律的应用

高炉内煤气和炉料的热交换过程具有良好的接触条件，热交换效率很高，生产中如果能正确运用热交换规律，便能改善煤气能量利用，减少燃料消耗。

A　高炉上部热交换及影响高炉炉顶温度的因素

根据区域热平衡原理，在上段热交换区的任一截面上，煤气所含的热量等于炉料吸收的热量与炉顶煤气带走的热量之和（不考虑入炉料的物理热），即：

$$W_气 \cdot t_气 = W_料 \cdot t_料 + W_气 \cdot t_顶$$

所以
$$t_气 = \frac{W_料}{W_气} \cdot t_料 + t_顶$$

当上段热交换终了、进入热储备区时，$t_气 \approx t_料 \approx t_储$，则：

$$t_顶 = \left(1 - \frac{W_料}{W_气}\right) \cdot t_储 \tag{9-108}$$

式中 $t_储$，$t_顶$——热储备区和炉顶煤气的温度，℃。

在原料、操作稳定的情况下，$t_储$ 一般变化不大，故 $t_顶$ 主要取决于 $W_料/W_气$。影响 $t_顶$ 的因素主要有以下几个方面。

(1) 煤气在炉内合理分布，煤气与炉料充分接触，$t_顶$ 则低；相反，煤气分布失常，过分发展边缘或中心气流甚至产生管道行程，$t_顶$ 则升高。

(2) 燃料比降低，单位炉料煤气量减少，煤气热流 $W_气$ 减小，$t_顶$ 降低。喷吹煤粉可使 $W_料$ 增大，$t_顶$ 降低；但是若喷煤的置换比不高，喷煤后高炉的燃料比没有降低，则由于 $W_气$ 的增加而使 $t_顶$ 升高。

(3) 炉料的性质。增大焦炭负荷 $G_料$，从而增大 $W_料$；炉料中水分含量高，在上部蒸发时要吸收更多热量，$W_料$ 增大，$t_顶$ 则降低。如果使用焙烧过的干燥矿石，炉顶温度 $t_顶$ 相应较高，如使用热烧结矿，$t_顶$ 更高。

(4) 提高风温后，若燃料比降低，则煤气量减少，$t_顶$ 会降低；如果燃料比不变，则煤气量变化不大，对 $t_顶$ 的影响也不大。

(5) 富氧鼓风时，煤气量减少，$W_气$ 降低，$W_料/W_气$ 升高，从而使 $t_顶$ 降低。

炉顶温度是评价高炉热交换的重要指标。正常操作时，$t_顶$ 常为 150 ~ 200 ℃。

B　高炉下部热交换及影响炉缸温度的因素

高炉下部，$W_料/W_气 > 1$，下段热交换区热平衡式为：

$$W_料 \cdot t_缸 - W'_料 \cdot t_储 = W_气 \cdot t_气 - W'_气 \cdot t_储$$

煤气上升到达热储备区时，$W'_料 \approx W'_气$，即 $W'_料 \cdot t_储 = W'_气 \cdot t_储$，则：

$$t_缸 = \frac{W_气}{W_料} \cdot t_气 \tag{9-109}$$

式中 $t_缸$——炉缸渣铁温度，℃；

$t_气$——炉缸煤气温度，℃；

$W'_料$，$W'_气$——热储备区部位炉料与煤气的热流，kJ/(h·℃)。

由式 (9-109) 可得，影响 $t_缸$ 的因素如下。

(1) 风温提高，$t_气$ 升高；如果焦比不变，则 $t_缸$ 增加；若焦比降低，则煤气量减少，$W_气$ 降低，$t_缸$ 可能变化不大。

(2) 焦比升高而风温等不变时，$W_气/W_料$ 增大，而 $t_气$ 不变，故 $t_缸$ 将升高。

(3) 富氧鼓风时，$t_气$ 升高比对 $W_气/W_料$ 降低的影响更大，结果 $t_缸$ 升高。

(4) 当炉况不顺，直接还原增加时，$W_料$ 增大；同时，炉料在上部预热不良，$t_气$ 将降低，因而 $t_{缸}$ 将降低。同理，当铁矿石的还原性变差时，直接还原必然增加，$t_{缸}$ 也会降低。

C　关于热储备区的问题

无论高炉大小、操作条件如何，在高炉炉身中下部总是存在热储备区，此区域是发展间接还原提高煤气利用率和降低燃料比不可或缺的区域。上段、下段热交换区相对独立而互不影响，这也是可以利用下部区域热平衡来计算高炉焦比的理论依据。上段主要是对炉料进行加热和预还原，而下段主要是进行最终冶炼加工和传热，热储备区起着缓冲作用。如高炉偶然的坐料或崩料不会影响到焦比的升高，热储备区越大，高炉热惯性越大，则热量波动越小。因此，过大降低高炉高度是不利的。与此相反，过分增加高炉高度以保持较大的热储备区也是不经济的，且不利于高炉的顺行和强化冶炼。

在线测试9-3

9.4　高炉内炉料和煤气的运动

高炉中一切物理化学过程都是在炉料和煤气的相对运动中完成的。只有保证炉料和煤气的合理分布和正常运动，才能使高炉冶炼持续、稳定、高效地进行。

9.4.1　炉料下降的条件

9.4.1.1　炉料下降的基本条件（必要条件）

炉料下降的基本条件是在高炉内不断存在着促使炉料下降的自由空间。形成这一空间的原因有以下几个方面。

（1）焦炭在风口前的燃烧。焦炭占料柱总体积的 $50\% \sim 70\%$，而且有 70% 左右的碳在风口前燃烧掉，为上部炉料的下降提供了 $35\% \sim 40\%$ 的空间。

（2）焦炭中的碳参加直接还原的消耗，提供了 $11\% \sim 16\%$ 的空间。

（3）固体炉料在下降过程中，小块料不断充填于大块料的间隙中并使之受压，从而使体积收缩；矿石熔化形成液态的渣、铁，炉料体积缩小，可提供 30% 的空间。

（4）定期从炉内放出渣、铁，腾出的空间为 $15\% \sim 20\%$。

仅仅具备基本条件并不能保证炉料可以顺利下降，例如高炉在难行、悬料时，风口前的燃烧虽然还在缓慢进行，但炉料的下降却停止了。

9.4.1.2　炉料下降的力学条件（充分条件）

炉料下降的力学条件可以通过料柱受力分析来获得。一般把高炉料柱的下降看成是保持层状状态整体下降的活塞流，其料柱下降的动力为：

$$F = W_料 - P_{墙摩} - P_{料摩} - \Delta p = W_{有效} - \Delta p \tag{9-110}$$

式中　F——决定炉料下降的力；

　　$W_料$——炉料在炉内的总重；

　　$P_{墙摩}$——炉料与炉墙之间的摩擦阻力；

　　$P_{料摩}$——料块相互运动时颗粒之间的摩擦阻力（下降慢的炉料对下降快的炉料、不动的炉料对下降的炉料的阻力）；

　　Δp——煤气对炉料的支撑力（压差）；

　　$W_{有效}$——炉料的有效重力，$W_{有效} = W_料 - P_{墙摩} - P_{料摩}$。

炉料的有效重力（$W_{有效}$）是指炉料自身重力克服了炉墙对炉料的摩擦力以及炉料之间的摩擦力后，垂直作用于底部的重力。炉料下降的力学条件是：

$$F = W_{有效} - \Delta p > 0 \tag{9-111}$$

$W_{有效}$越大，Δp越小，F值越大，越有利于炉况顺行。当$W_{有效}$接近或等于Δp时，将产生难行和悬料；当局部$W_{有效} < \Delta p$时，高炉出现管道行程。

一般具备上述两项条件则具备了炉料顺利下降的条件。但在高炉内部炉料的分布和状态是不均匀的，故沿高炉高度方向煤气的压降梯度不是均等的，孔隙率大的料层压降梯度小，软熔层或粉末聚集层的压降梯度大，在分析炉内炉料下降时不能只考虑总的压降，更重要的是局部的压降梯度是否危及了炉料的正常运动。因此，在料柱中每个局部位置，也应保持其$W_{有效} > \Delta p$。

需要注意的是，$F > 0$是炉料下降的力学条件，其值越大越有利于炉料下降。而炉料下降的快慢取决于下部空间腾出的快慢，影响下料速度的主要是单位时间内焦炭燃烧的数量，即下料速度与鼓风量和鼓风中的氧含量成正比。

9.4.1.3　影响有效重力的因素

（1）高炉设计参数。炉腹角α增大，炉身角β减小，炉料与炉墙之间的摩擦阻力会减小，即$P_{墙摩}$减小，有效重力$W_{有效}$则增大，有利于炉料顺行。但α过大，风口前高温火焰容易将炉腹砖衬烧坏；而β过小，则边缘气流过分发展，对煤气能量利用和砖衬保护都不利，因此必须全面考虑。随着风口数目的增加，扩大了燃烧带炉料的活动区域，减小了$P_{墙摩}$和$P_{料摩}$，有利于$W_{有效}$的提高。矮胖型高炉的$W_{有效}$较大，有利于顺行。

（2）炉料的运动状态。运动状态炉料的摩擦阻力小于静止状态炉料的摩擦阻力。保持适当的冶炼强度，使料柱保持适当的下降速度，会增加其有效重力。排放渣、铁等使炉料下降也是有利于增加炉料有效重力的。

（3）炉料的堆积密度。炉料的堆积密度增大，$W_料$增大，有利于$W_{有效}$增大。故焦比降低后随着焦炭负荷的提高，炉料的堆积密度提高，对顺行是有利的。

（4）其他。渣量的多少、成渣位置的高低、初渣的流动性、炉料下降时的均匀程度、炉墙表面的光滑程度等，都会造成$P_{墙摩}$、$P_{料摩}$的改变，从而影响炉料有效重力。

9.4.1.4　影响 Δp 的因素

高炉内煤气对炉料的支撑力Δp可表示为：

$$\Delta p = p_{缸} - p_{喉} \approx p_{热} - p_{顶} \tag{9-112}$$

式中 $p_{缸}$——煤气在炉缸风口水平面的压力，kPa；

        $p_{喉}$——料线水平面炉喉煤气压力，kPa；

        $p_{热}$——热风压力，kPa；

        $p_{顶}$——炉顶煤气压力，kPa。

     煤气是在堆积颗粒的孔隙间曲折流动的，并且由于高炉内整个料柱都是散料体床层，在高温区还有渣、铁液相的存在，其阻力损失非常复杂。为了确定煤气通过高炉料柱时的压力损失，多年来曾有许多人对其进行了深入的研究。

A 影响块状带 Δp 的因素

     埃根（Ergun）依据实验提出散料层 Δp 的表达式：

$$\frac{\Delta p}{\Delta H} = 150 \frac{\mu U (1 - \varepsilon)^2}{\phi^2 d_p^2 \varepsilon^3} + 1.75 \frac{\rho U^2 (1 - \varepsilon)}{\varepsilon^3 d_p \phi} \tag{9-113}$$

式中 ΔH——料层高度，m；

        μ——气体黏度，Pa·s；

        ε——散料孔隙率，$\varepsilon = 1 - \gamma_{堆} / \gamma_{块}$，$\gamma_{堆}$ 为散料堆积密度（t/m³），$\gamma_{块}$ 为料块密度（t/m³）；

        U——表观（空炉）煤气平均流速（$U = \omega / \varepsilon$，ω 为煤气实际平均流速），m/s；

        ϕ——形状系数，它等于等体积的圆球与料块的表面积之比，或表示为散料粒度与圆球形状粒度不一致的程度，$\phi < 1$；

        d_p——料块的平均粒径，mm；

        ρ——气体密度，kg/m³。

     式（9-113）前一项代表层流，后一项代表紊流。一般高炉内非层流，前一项为零，即：

$$\frac{\Delta p}{\Delta H} = 1.75 \frac{\rho U^2 (1 - \varepsilon)}{\varepsilon^3 d_p \phi} = 1.75 \frac{(1 - \varepsilon)}{\varepsilon^3 d_p \phi} \rho_0 U_0^2 \cdot \frac{p_0}{p} \cdot \frac{T}{T_0} \tag{9-114}$$

式中，p、T 为流体工况下的压力和温度；角标 0 代表标准状态。

     如果料柱微元上的压强梯度为 $\dfrac{\Delta p}{\Delta H}$，在高度为 H 的料柱中等温流动时，可将式（9-114）两端分别对 dp 和 dH 积分，得到：

$$p_2^2 - p_1^2 = 3.5 \frac{(1 - \varepsilon)}{\varepsilon^3 d_p \phi} \rho_0 U_0^2 \cdot \frac{p_0 T}{T_0} \cdot H = K U_0^2 \tag{9-115}$$

式中，p_2、p_1 是料柱底面和顶面处煤气的压力；K 称为透气阻力指数，K 值越大，透气性越好。生产时通常对整个料柱使用式（9-116）表示透气阻力系数（也称为透气性指数 K 值）。

$$K = \frac{P_B^2 - P_T^2}{V_{BG}^{1.7}} \tag{9-116}$$

式中　V_{BG}——炉腹煤气量，m^3/min；

　　　P_B——鼓风绝对压力，100 Pa；

　　　P_T——炉顶绝对压力，100 Pa。

由式（9-115），取透气阻力指数的倒数就是料柱透气性的表达式：

$$\Phi = \frac{1}{K} = \frac{U_0^2}{p_2^2 - p_1^2} \tag{9-117}$$

在生产中常用鼓风流量 Q 来代替 U_0，以鼓风压力和炉顶压力之差，即全压差 Δp 代替 $p_2^2 - p_1^2$，因此透气性指数 Φ 变为：

$$\Phi' = \frac{Q^2}{\Delta p} \tag{9-118}$$

当炉内煤气流速较低时，甚至常用 $\dfrac{Q}{\Delta p}$ 表示料柱的透气性。

若想改善料柱透气性，必须降低料柱透气阻力、减少煤气压力损失。就炉料性质而言，增大粒径和使粒子接近球形可以降低阻力，但颗粒太大与还原的要求相矛盾，应适当兼顾。更主要的着眼点是在提高料柱的空隙率上。从图 9-37 中可以看出高炉内的 ε（阴影部分）正处于变化极为敏感的区域。在 $\varepsilon<0.45$ 时，随着 ε 的降低，$\dfrac{1-\varepsilon}{\varepsilon^3}$ 升高极快，使 $Q^2/\Delta p$ 快速降低，透气性变差。由于 ε 恒小于 1，细小的 ε 变化，会使 ε^3 变化很大，所以 $Q^2/\Delta p$ 反映炉料透气性变化非常

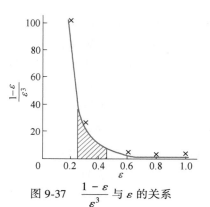

图 9-37　$\dfrac{1-\varepsilon}{\varepsilon^3}$ 与 ε 的关系

灵敏。生产高炉的 Q 和 Δp 都是已知的，在一定的生产条件下，可求出 $Q^2/\Delta p$ 值在某一适合顺行的范围，低于此范围时就可能难行甚至悬料。

透气性指数的物理意义是单位压差所允许通过的风量。它把风量和高炉料柱全压差联系起来，更好地反映出风量必须与料柱透气性相适应的规律，它在一定范围内波动，超过或低于这个范围，就可能引起炉况不顺，应及时调整。

影响块状带 Δp 的因素可归纳为三个方面：其一是原料方面，主要包括炉料的孔隙率、形状系数、粒度组成等；其二是煤气流方面，包括煤气的流量、流速、密度、黏度、压力、温度等；其三与操作有关。

（1）炉料的孔隙率。炉料孔隙率越大，料柱透气性越好。图 9-38 所示是料层孔隙率与大、小料块直径及数量比的关系。对于粒度均一的散料，孔隙率与原料粒度无关，一般为 0.4～0.5。当小块占 30%、大块占 70% 时，ε 值为最小。炉料粒度相差越小，即 $D_{小}/D_{大}$ 的值越大，ε 越大，其波动幅度也变小。因此，为增大炉料的孔隙率，首先应提高焦炭和矿石的强度，特别要提高矿石的高温强度和降低焦炭的气化反应能力；其次要加强原料整粒工作，筛去粉末和小块，使炉料粒度均匀，最好采用分级入炉。

（2）炉料的粒度。增大原料粒度对改善料层透气性有利（见图 9-39），随料块直径的增加，料层相对阻力减小。但当料块直径超过一定数值（大于 25 mm）后，相对阻力基本不降低；当料块直径为 6~25 mm 时，随着粒度减小，相对阻力增加得不明显；若粒度小于 6 mm，则相对阻力显著升高。可见，适于高炉冶炼的矿石的粒度范围是 6~25 mm。5 mm 以下的粉末危害极大，这是筛除粉末的理论基础；对 25 mm 以上的大块，对冶炼益处不多，反而会增加还原的困难。

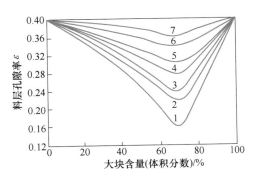

图 9-38　料层孔隙率与大、小料块直径及数量比的关系

1—0.01；2—0.05；3—0.1；4—0.2；

5—0.3；6—0.4；7—0.5

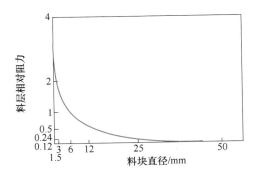

图 9-39　炉料透气性的变化与矿块粒度
（用计算直径 D 表示）的关系

（3）炉料的形状系数。根据埃根公式可知，炉料的形状系数增大，Δp 则减小。与焦炭相比，烧结矿的形状系数比较小，故矿石层的 Δp 大于焦炭层的 Δp（矿石层阻力比焦炭层阻力大 10~20 倍）。矿层与焦层厚度比大的地方，煤气流动阻力大、流量小。因此，控制矿层与焦层厚度比的分布是高炉上部调剂最常用的方法。一般形状与某些材料的形状系数见表 9-18。

表 9-18　一般形状与某些材料的形状系数

形　状	形状系数	材料名称	形状系数
球形	1.00	煤粉	0.730
圆柱体形	0.873	煤粒（10 mm）	0.649
立方体形	0.805	筛下矿石	0.571
方柱体形	0.610	石灰石	0.455
圆盘形	0.472	焦炭	0.72
方板形	0.431	球团矿	0.92
圆形沙状	0.806	烧结矿	0.65
有棱角的形状	0.671	白云石	0.87
粗糙的形状	0.595		

（4）煤气的流速。由于 $\Delta p \propto \omega^2$，$\Delta p$ 随煤气流速的增加而迅速增加，如图 9-40 所示。

然而，煤气流速与煤气量或鼓风量成正比，在焦比（燃料比）不变的情况下，风量（或冶炼强度）又与高炉生产率成正比，这就形成了强化和顺行的矛盾。若风量过大，超过了料柱透气性允许的程度，会引起煤气流分布失常，形成管道行程，此时尽管 Δp 不会过高，但大量煤气得不到充分利用，必然导致炉况恶化。

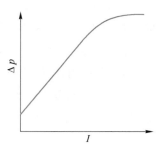

图 9-40　冶炼强度 I 与料柱全压差 Δp 的关系

（5）煤气的温度。煤气体积受温度影响很大，例如，1650 ℃ 的空气体积是常温下的 6.5 倍。因此，炉内温度增高时，煤气体积增大，流速增大，Δp 增大。

（6）煤气的压力。当炉内煤气的压力升高、体积缩小、流速降低时，有利于炉况顺行。如果保持原 Δp 水平，则允许增加风量以强化冶炼和增产。

（7）其他因素。生产中 Δp 还受其他因素的影响。例如，在矿、焦层交替堆叠时，界面上会形成混合渗入层，使煤气流通阻力增加 20%～30%。因此，采用大批重可减少矿、焦界面的混合数量，从而降低 Δp。

B　影响软熔带 Δp 的因素

据研究，气体通过软熔带的阻力损失可用式（9-119）表示：

$$\Delta p = k \frac{L^{0.183}}{n^{0.46} h_{\mathrm{c}}^{0.93} \varepsilon^{3.74}}$$　　　　　　（9-119）

式中　Δp——软熔带单位高度上的阻力损失；

k——系数，不同的软熔带有区别；

L——软熔带的宽度；

n——焦炭夹层的层数；

h_{c}——焦炭夹层的高度；

ε——焦炭夹层的孔隙率。

由此可见，软熔带越窄，焦炭夹层数越多，夹层越厚，孔隙率越大，则软熔带透气性越好。软熔带形状对 Δp 也有重要影响。在软熔带高度大致相同的情况下，倒 V 形软熔带的 Δp 最小，W 形软熔带的 Δp 最大，V 形软熔带的 Δp 居中。

C　影响滴落带 Δp 的因素

滴落带是由焦炭床层构成的，但在空隙中有渣铁液滴落和滞留。由于煤气和渣铁液滴相向运动且共用一个通道，因此，煤气流通阻力显然会随着渣铁滞留量的增加而升高。而渣铁的滞留量与其黏度、表面张力等有关，当液态渣铁的黏度增大、表面张力降低时，渣铁的滞留量就增加，从而导致 Δp 升高，破坏顺行，严重时造成高炉行程失常。

总之，加强原料管理，确保原料的"净""匀"，提高焦炭的机械强度与高温强度，采用合理的操作制度，能明显改善料柱的透气性，确保炉料顺利下降。

9.4.2　炉料运动与冶炼周期

9.4.2.1　高炉下料情况的探测

高炉的下料情况直接反映冶炼进程的好坏，生产中通过探料尺的变化可以了解炉内的下料情况。图9-41所示是探料尺工作曲线，当炉内料面降到规定的料线时，探料尺提到零位 A 点，布料溜槽旋转，将炉料装入炉内，探料尺又快速下降至料面（C 点），并随料面一起缓慢向下运动；当其重新降至料线（B 点）时，探料尺又自动提到零位（D 点），进行下批料的装入。BD 线代表料线的高度，此线越长，表示料线越低。AE 线表示两批料时间的间隔。BD 线、AC 线表示一批料在炉喉所占的高度。AC 线是加完料后料面离开零位的距离（后尺）。CB 线的斜率就是炉料下降速度，当 CB 线变水平时，下料速度为零，此即悬料；当 CB 线变成与纵轴平行的直线时，说明瞬间下料速度很快，即崩料。分析探料尺工作曲线能看出下料是否平稳或均匀。如果探料尺走走停停，说明炉料下行不理想（设备机械故障除外），再发展下去就可能难行。如果两个探料尺指示不相同，说明是偏料。如果后尺 AC 线很短，说明在布料之前存在假尺，料尺可能陷入料面或陷入管道，造成料线提前到达的假象，多次重复此情况，可考虑适当降低料线。

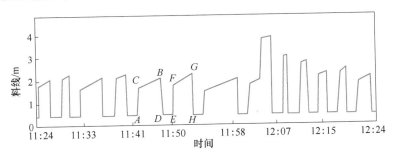

图9-41　探料尺工作曲线

9.4.2.2　炉料在炉喉的分布

炉喉的重要作用是：承受合理布料，使炉料在炉喉按一定规律分布，故炉喉又称为布料带。所谓炉料在炉喉的分布，是指炉料沿炉喉横截面的分布（基本上是矿石和焦炭的分布）。大块料和焦炭多的区域煤气流分布多，炉料温度高；小块料和矿石多的区域煤气流分布少，炉料温度低。生产中，可以通过在炉喉合理布料控制炉内煤气流的合理分布。炉料分布在下降过程中基本保持不变，因此，布料对煤气流的影响不是对一批料的影响，而是对整个固体料柱的作用。

9.4.2.3　滴落带液态渣铁的运动

渣铁液滴脱离软熔带时，由于受到煤气流穿过焦炭夹层时的径向运动影响，将产生偏流，其偏流方向与软熔带的位置有关。倒 V 形软熔带，液流由炉中心向边缘偏流；V 形软熔带则恰好相反，液流向中心偏流；而 W 形软熔带，则是中心和边缘的液流从两个方向向中间环区偏流。

当进入风口平面时，倒 V 形软熔带使液流进入回旋区，受回旋区气流的作用沿着其四周和前端流下，由于和煤气的接触条件好，渣铁温度高，炉缸煤气热能利用最好；相反，V 形软熔带使液流直接穿过死料堆而进入炉缸，渣温常常不足，煤气热能利用差，出现铁温高、渣温低、生铁高硅高硫的现象，炉衬也易侵蚀；而 W 形软熔带则介于上述两者之间。

9.4.2.4 高温区内焦炭的运动

从滴落带到炉缸均被由焦炭构成的料柱所充满，在每个风口处都因焦炭回旋运动而形成一个疏松带，如图 9-42 所示。

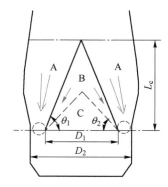

图 9-42　高炉下部炉料运动的模式图

A—焦炭向风口区下降的主流区；B—滑移区；C—死料堆：θ_1—A、B 区圆锥界面的水平夹角；

θ_2—C 区圆锥表面的水平夹角；D_1—死料堆底部在直径方向的宽度；D_2—炉缸直径；

L_c—B 区锥顶距风口中心平面的高度

（1）A 区域。A 区域在回旋区上方，是焦炭向回旋区运动的主流。少量炉芯焦炭随渣铁在炉缸内集聚而上浮时，也会从燃烧带下方迂回进入回旋区燃烧。

（2）B 区域。B 区域为焦炭滑移区，降落速度明显减小；一般来说，A、B 区圆锥界面的水平夹角 $\theta_1 = 60° \sim 65°$。

（3）C 区域。C 区域是一个接近圆锥形的炉芯部分（炉芯夹角 $\theta_2 = 40° \sim 50°$），在液态渣铁的浸泡中受到很大的浮力。

炉芯焦炭死料堆随出铁周期的变化有一定幅度的"浮起"和"沉降"运动。在渐渐浮起的过程中，焦炭疏松区的孔隙被压缩，加之风口区煤气在死料堆中可流动区域的缩小，因而出现出铁前风压升高、回旋区缩短和风口区焦炭回旋运动不活跃等现象。相反，出铁后炉缸容易活跃。

焦炭死料堆主要来自从高炉中心加入的焦炭。此焦炭受到 CO_2 侵蚀少，强度性能没有显著下降；焦炭或多或少保持其装入时的粒度，仅在下降过程中受到轻微摩擦的影响。因此，死料堆的焦炭粒度大于靠近炉墙焦炭层中的焦炭。对死料堆的主要要求是，要有足够的孔隙度。

1）从风口水平线向上：对来自回旋区的煤气无限制通过。

2）从风口水平线向下：对液体进入炉缸提供良好渗透性。

在炉缸内，低于铁口水平线：死料堆坐在炉底，它对铁水和炉渣的渗透性决定了渣铁的流动方式（见图9-43），通过死料堆的流动（见图9-43左图）和绕着死料堆的流动（见图9-43右图）。当通过死料堆的流动受阻时，将产生沿炉墙的流动，这将导致炉缸耐火材料炉衬的磨损增加，使炉缸耐火材料更快达到使用极限。一些炼铁厂从高炉中心加入强度更高和（或）粒度更大的焦炭来提高死料堆的渗透性。

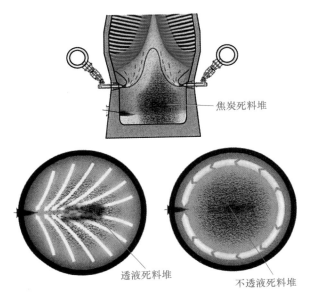

图9-43　焦炭死料堆、透液死料堆和不透液死料堆对流向铁口的铁水流线的影响

死料堆焦炭从燃烧带下方迂回进入回旋区燃烧、参与脱硫反应和碳在铁水中溶解等使得焦炭块被缓慢消耗，这是一个缓慢而连续的死料堆焦炭置换过程，由来自炉顶下来的新鲜焦炭进行补充。焦炭在炉缸的停留时间估计为2~3周，这取决于高炉容积和高炉状况。

由以上可见，引起高炉下部炉料运动的原因，主要有焦炭向回旋区流动、直接还原、出渣、出铁等方面。

9.4.2.5　炉料下降的速度

A　炉料下降的平均速度

炉料下降的平均速度 $\bar{u}$ 可用式（9-120）近似计算：

$$\bar{u} = \frac{V}{24S} \tag{9-120}$$

式中　V——每昼夜装入高炉的全部炉料体积，m^3；

$\qquad S$——炉喉截面积，m^2。

或写成：

$$\bar{u} = \frac{V_u \eta_u V'}{24S} \tag{9-121}$$

式中　V_u——高炉有效容积，m^3；

η_u——高炉有效容积利用系数，$t/(m^3 \cdot d)$；

V'——吨铁炉料的体积，m^3/t。

一定条件下，利用系数越高，下料速度越快；每吨铁的炉料体积越大，下料速度也越快。

B　高炉不同部位的下料速度

高炉内不同部位炉料的下料速度是不一样的，一般遵循以下规律。

（1）沿高炉半径炉料的运动速度不相等。距炉墙一定距离处下料速度最快，这是因为这里是燃烧带的上方，这个区域炉料最松动，有利于炉料的下降。此外，由于布料时在距炉墙一定距离处的矿石量总是相对多些，此处矿石下降到高炉中下部时被大量还原和软化成渣，炉料的体积收缩比半径上的其他地方都要大。

（2）沿高炉圆周方向炉料的运动速度不一致。由于热风总管与各风口的距离不同，阻力损失也不相同，致使各风口的进风量相差较大（有时各风口进风量之差可达 25% 左右），造成各风口前的下料速度不均匀。另外，在铁口方位经常排放渣铁，因此在铁口的上方炉料下降速度相对较快。

（3）不同高度处炉料的下降速度不相同。炉身部分断面自上而下逐渐扩大，下料速度将逐渐减小，料层厚度也逐渐变薄，炉身下部下料速度最小。到炉腹处，断面开始收缩，下降速度又有所增加。

C　冶炼周期

冶炼周期是指炉料在炉内停留的时间，计算方法是：

$$t = \frac{24V_u}{PV'(1-C)} \tag{9-122}$$

因为

$$\eta_u = \frac{P}{V_u}$$

所以

$$t = \frac{24}{\eta_u V'(1-C)}$$

式中　t——冶炼周期，h；

V_u——高炉有效容积，m^3；

P——高炉日产量，t/d；

V'——1 t 铁的炉料体积，m^3。

C——炉料在炉内的压缩系数，大中型高炉 $C \approx 12\%$，小型高炉 $C \approx 10\%$。

式（9-122）为近似公式，因为炉料在炉内除固态体积收缩外，还有变成液相或气相的体积收缩等，它可看作是固体炉料在不熔化状态下在炉内的停留时间。

生产中常以料线平面到达风口平面时的下料批数作为冶炼周期的表达方法。如果知道这一下料批数，又已知每小时下料的批数，就能方便地算出变料、休风料到达炉缸的时间，从而掌握炉况变化的动向和休风或停炉的时间。

$$N_{批} = \frac{V}{(V_{矿} + V_{焦})(1 - C)}$$ (9-123)

式中　$N_{批}$——由料线平面到风口平面间的炉料批数；

　　　V——风口以上的工作容积，m^3；

　　　$V_{矿}$——每批料中矿石料（包括熔剂）的体积，m^3；

　　　$V_{焦}$——每批料中焦炭的体积，m^3。

通常，天然矿石的堆积密度取 2.0～2.2 t/m^3，烧结矿为 1.6 t/m^3，焦炭为 0.45～0.55 t/m^3。冶炼周期是评价冶炼强化程度的指标之一。冶炼周期越短，利用系数越高，意味着生产越强化。冶炼周期还与高炉容积有关，小高炉容积小、料柱短，冶炼周期也短。如容积相同，矮胖型高炉易接受大风，料柱相对较短，故冶炼周期也较短。我国大中型高炉的冶炼周期一般为 6~8 h，小型高炉为 3~4 h。

9.4.3　非正常情况下的炉料运动

9.4.3.1　超越现象

炉料在下降过程中存在纵向再分布现象，即超越现象，从而造成纵向矿、焦相对位置的变化，这主要是受纵向料速差异的影响。而原料性质，如密度、形状、大小等都对炉料的下降速度产生不同的影响，质量大的、光滑的、细小的、液态的炉料具有超前下降的能力，例如，当矿石熔融后以液态渣铁形式滴落时就会超越固态焦炭而先入炉缸。正常生产属于连续作业，前后各料批中的焦炭负荷一致，即使存在超越现象，前后超越结果也能维持原有矿焦结构，影响不明显。但在变料时应对超越问题予以注意，如改变铁种时，由于造成新料批的物料不是同时下到炉缸，往往会得到一些中间产品。因此，由炼钢生铁改炼铸造生铁时，可先提炉温后降碱度；与此相反，由铸造生铁改炼炼钢生铁时，则先提碱度后降炉温，争取在铁种改变时做到一次性过渡到要求的生铁品种。

9.4.3.2　炉料的流态化

在高炉内，煤气流速随风量的增加而增加，Δp 迅速增大。当流速达到一定值时，散料开始松动而膨胀，孔隙率增加，若压力损失（煤气对炉料的阻力）等于进而大于粒子的重量，则散料颗粒变成悬浮状态，能像流体一样流动，此时散料即处于流态化状态，煤气的流速即为散料流态化的临界速度。如流速进一步增加，达到散料颗粒的自由沉降速度（等速沉降），颗粒就会随煤气流一同上升；当气体流速超过等速沉降时便将颗粒带走，形成所谓的管道。

实际生产中，由于炉料颗粒的直径、密度外形等不同，它们被流化的速度也不相同。颗粒越大，密度越大，料层孔隙率越大，越不易流化，如图 9-44 所示。炉料中，一般焦炭先于矿石流化（矿石单独下降将导致炉凉），小颗粒比大颗粒易于流化。高炉中由于炉料块度相对较大，不至于造成炉料全部流化；但产生局部流化是完全可能的，冶炼强度高时尤其如此。高炉炉尘是粉料流化的结果，管道也是局部流化的表现，操作中探料尺有时出现假尺现象，也可能是由炉料流化造成的。流化会限制高炉的强化，因此，生产中应加强原料的整粒、筛除粉末、高压操作、采用大料批等，以利于减少和防止流化产生。

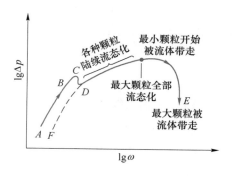

图 9-44　颗粒大小和密度不同时的流态化

9.4.3.3　液泛现象

在滴落带，当煤气流速升高到一定值，液态渣铁被煤气吹起而不能降落，这一现象即为液泛现象。液泛时液态渣铁被煤气带入软熔带或块状带，随着温度的降低，渣铁黏度增大甚至凝结，阻损增大，容易造成难行、悬料。

液泛现象不仅与气流速度有关，也与滴落的液体数量、煤气流量、滴落带的孔隙率、炉渣黏度以及炉渣界面张力等有关。通过采取降低煤气流速和体积、改善焦炭强度、提高滴落带的孔隙率、降低炉渣黏度、提高品位、减少渣量等措施，都会使液泛现象发生的概率大大降低。

9.4.4　煤气流的分布

9.4.4.1　煤气流分布的重要意义

煤气流分布的合理与否，很大程度上反映高炉的顺行情况，控制高炉煤气流合理分布极其重要，主要体现在以下几个方面：

（1）煤气流合理分布是炉况稳定顺行的基础，决定炉缸工作和炉内"三传"（动量传递、热量传递和质量传递）的好坏、炉型的维护状况、强化冶炼能够达到的程度等；

（2）煤气流合理分布是高炉节能降耗的基础；

（3）煤气流合理分布是高炉稳定长寿的重要措施，气流分布不合理，会造成耐火材料冲刷加剧、冷却设备易破损、炉缸工况易变差；

（4）炉缸初始煤气流的分布，不仅决定了炉缸的工作状态，同时也主导了高炉上部软熔带和块状带的气流分布。

9.4.4.2　煤气流分布的基本规律

气流分布存在自动调节作用。一般认为，各风口前煤气压力（$p_口$）大致相等，炉喉截面处各点压力（$p_喉$）也都一样。因此可以说，任何通路的 $\Delta p = p_口 - p_喉$。

如图 9-45 所示，p_1、p_2 分别代表 $p_口$ 与 $p_喉$，煤气分别从 1 和 2 两条通道上升，各自的阻力系数和流速为 K_1、ω_1 和 K_2、ω_2。由于 $K_1 > K_2$，煤气通过时的阻力分别为 $\Delta p_1 = K_1\omega_1^2/2g$ 与 $\Delta p_2 = K_2\omega_2^2/2g$，此时煤气的流量在通道 1 和 2 之间自动调节。K_1 较大，在通道 1 中煤气量自动减少而使 ω_1 降低，在通道 2 中煤气量增加而使 ω_2 增大，最后达到

$K_1\omega_1^2/2g = K_2\omega_2^2/2g$ 为止。显然，阻力大的通道气流分布较少，阻力小的通道气流分布较多，这就是煤气分布的自动调节规律。

自下而上的煤气是热气体，根据气体垂直流动分流定则，当各条通道内阻力不一样时，煤气分布更加不均匀。煤气分布的不均匀性还与煤气在各通道内的最初分布有关，根据喷射器原理［见图 9-46（a）］，高速煤气进入一条通道时，由于动量交换的结果，周围的气体将被吸入，这进一步加剧了煤气分布的不均匀性。增加煤气的流量可以提高煤气在各通道内分布的均匀性，如图 9-46（b）所示，煤气进入上方通道时，因流量增加，速度增加，阻力增加，在通道内发生满溢现象，煤气将进入周围其他通道，煤气分布的均匀性增加。

高炉中各部位透气性有较大差异，煤气分布也不一样，例如一般炉料中矿石的透气性比焦炭要差，因而炉内矿石集中区域的阻力较大，煤气量分布较少。另外，在风量很小的情况下（如刚开炉或复风不久的高炉），煤气产生较少，气流分布不均匀，只有增加风量到一定程度，料柱中煤气分布才能得到改善。但是，增加风量也不是无限的，这是因为风量超过一定范围后，与炉料透气性不相适应，会产生煤气管道，煤气利用会严重变差。

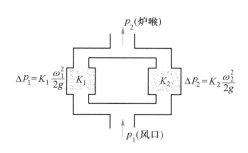

图 9-45 气流分布自动调节原理示意图

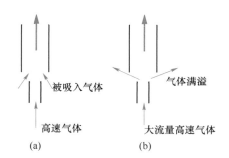

图 9-46 喷射器原理与大流量时的满溢现象
（a）喷射器原理；（b）大流量时的满溢现象

9.4.4.3 煤气流分布的形成

高炉是一个典型的逆流反应器，煤气流的分布有三个阶段。

（1）初始分布。自风口向上和向中心扩散。第一阶段的煤气流分布与死料柱透气性和回旋区形状关系很大，其中焦炭性能与送风条件等起到了决定性作用。

（2）二次分布。穿过滴落带，在软熔带焦炭夹层中做横向运动。第二阶段的煤气流分布与软熔带的形状、位置、焦炭性能和焦层厚度，以及滴落带的阻力密切相关，装料模式和送风制度决定了二次分布。

（3）三次分布。煤气流向上曲折地通过块状带，装料制度及原燃料的物理性能、粒度、含粉量决定了煤气流的三次分布。除此以外，炉体冷却设备的状况和是否漏水也都将影响煤气流的分布。

在影响煤气流分布的因素中，一种或几种因素发生变化时，将引起煤气流分布变化，产生炉况波动，故不能长期在异常炉况下进行冶炼生产。保持正常炉况的根本方法是加强原燃料的准备，使其物理化学性能稳定，再辅以合理造渣、送风制度合理调配、合适的上部制度配合，取得上稳下活的高炉操作效果，维护好冷却设备工作状态，三管齐下使炉况长期稳定顺行。

9.4.4.4 煤气分布的检测和分析

（1）根据炉喉截面的煤气取样（取样孔的位置应设在炉内料面以下，否则取出的是混合煤气，没有代表性），分析各点的 CO_2 含量，间接测定煤气分布。通常，在炉喉与炉身交界部位的 4 个方向上设有 4 个煤气取样孔，在 4 个方向上取煤气样，一般一个方向取 5 个样，如图 9-47 所示。4 个方向共取 20 点煤气样，然后化验各点煤气样中 CO_2 的含量，绘出曲线（见图 9-48），操作人员即可根据曲线判断煤气的分布情况。由于炉喉温度较高，煤气取样不方便，故实用中此法应用较少。

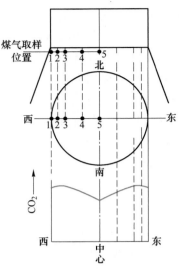

图 9-47 煤气取样点位置分布

由于高炉内矿石少、焦炭多的部位透气性好，通过的煤气量多，则还原产生的 CO_2 相对较少，故 CO_2 含量低的部位煤气流分布必然多；反之，CO_2 含量高的部位煤气流分布必然少。故 CO_2 曲线上，边缘 CO_2 含量低，则边缘气流发展；相反，中心 CO_2 含量低，则中心气流发展；CO_2 平均水平提高，则表明煤气化学能利用改善。图 9-48（a）所示是煤气在边缘分布多、中心分布少的情况，也称边缘气流型曲线。图 9-48（b）所示是中心轻、边缘重，又称中心气流型曲线。图 9-48（c）所示是边缘与中心同时发展的两道气流型煤气曲线，又称双峰型曲线。图 9-48（d）曲线上有一个向下的尖峰，则可能出现管道。

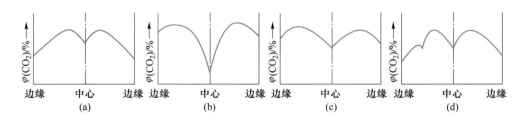

图 9-48 炉喉煤气 CO_2 曲线

（a）边缘气流型；（b）中心气流型；（c）两道气流型；（d）管道行程

（2）利用十字测温装置，间接测定煤气在炉顶不同方位的分布。比如在料面以上 $700 \sim 800$ mm 的高度，安装两个互相垂直并向中心沿料面下倾的固定探测管，内装热电偶（或称十字形探测器），每个直径方向上可测 $9 \sim 13$ 个点，如图 9-49 所示。根据所测温度画出两个直径方向上的温度分布曲线，如图 9-50 所示。温度高的部位意味着煤气流分布多；温度低的部位则煤气流分布少。温度曲线与 CO_2 曲线的关系如图 9-51 所示。温度曲线比 CO_2 曲线更易连续测量，是目前最常用的方法。

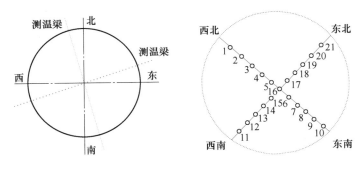

图 9-49 测温梁布局

分析温度曲线可以从以下几方面着手。

1）看曲线的边缘点与中心点温度的差值。边缘温度高，则边缘气流发展；中心温度高，则中心气流发展。图 9-50 及图 9-51 均是中心气流型曲线。

2）看曲线的平均水平。曲线的平均水平低，则表明煤气热能利用改善。

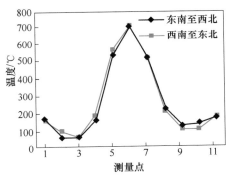

图 9-50 十字测温曲线

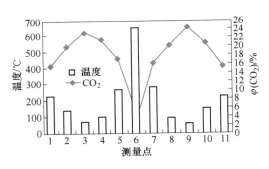

图 9-51 十字测温与炉喉 CO_2 曲线的关系

3）看曲线的对称性。对称性好，表明煤气分布均匀；曲线不对称，最高温度点不在中心或边缘，则可能出现管道甚至结瘤。长期某方向曲线水平高，可能是炉料偏行。

4）看曲线各点温度。各点间所代表的炉喉圆环面积不一样，因此各点温度对总的煤气利用的影响不同。如图 9-49 所示，1 点影响最大，2 点、3 点次之，16 点最小，故边缘点温度低，则相对来说煤气利用好。

（3）通过红外成像，判断炉顶煤气流的分布。红外线法装置是将红外线摄像机光学扫描系统安装在炉头上，将搜集的红外光反射到监测器中，经过信号转换和处理输出到显示器上，给出料面等温线和分色的温度区带以及某一直径上的温度分布曲线，为操作者很直观地提供料面温度分布图像。此外，利用热图像仪提供的信息也可判断炉料下降和煤气分布的情况，光束强处表示煤气流分布多，暗处表明煤气流分布少，如图 9-52 所示。

（4）其他方法。随着高炉的大型化和现代化，涌现出很多检测炉内煤气分布的方法，如红外线连续分析炉喉和炉顶煤气成分的方法；雷达微波装置测量料面形状，快速显示料面各处温度分布的方法等。

炉喉煤气流在半径方向上的分布情况取决于装料制度与原料条件。如果含有较高温度（较少 CO_2）的强烈煤气流保持在很窄的边缘区和有限的中心圆环区内，则高炉的热状态相对稳定。

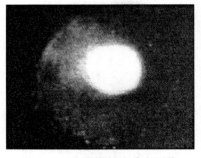

图 9-52　炉顶煤气流分布图像

9.4.4.5　不同类型煤气流分布的比较

高炉煤气流分布曲线主要归纳为四种类型，即边缘发展型、双峰型、中心发展型（包括中心开放性）、平峰型。

（1）边缘发展型［见图 9-53（a）］：边缘处 CO_2 含量很低，而中心处 CO_2 含量很高，十字测温边缘温度上翘，超过中心温度，大量煤气未经充分利用即从炉喉边缘逸出料面。高炉边缘所占的面积比中心大得多，从煤气能量利用的角度分析，改善边缘煤气利用所带来的效益比中心大。优点是：原燃料较差时，短期内可改善顺行、降低压差。缺点是：边缘过分发展，易出现管道；干区（炉身块状带）热负荷高，易烧坏冷却设备；经常性熔铁落下烧坏风口；长时间维持该气流模式，炉缸工况变差，差压上升，不接受风量，严重时将造成中心堆积；顶温高，经常需要炉顶打水。从长期来讲，边缘发展型的煤气流分布模式应避免采用。

（2）双峰型［见图 9-53（b）］：边缘和中心煤气流都较发展，与前者相比煤气利用较好，同时消除了边缘和中心的炉料呆滞区，炉缸均匀、活跃，因而炉况顺行。双峰型煤气流分布一般在采用同时疏松边缘、中心气流时出现。当炉料的冶金性能不佳、渣量大、焦炭强度差且粉末多时，采用双峰型煤气流分布，能使粉末集中于既不靠近炉墙也不靠近中心的中间环形带内，炉况才能顺行。不过，双峰型煤气流分布的煤气利用水平不是很高，长期来看，对炉墙、炉缸工况有较大影响，对高炉长寿不利。

（3）中心发展型［见图 9-53（c）］：中心处 CO_2 含量低，边缘处 CO_2 含量高，中心气流比边缘气流强，也称为中心开放型（"喇叭型"或"展翅型"）。随着高炉炉容扩大、富氧大喷煤，需要较强的中心气流。优点是：能最大限度地利用煤气；料面形状稳定且焦炭置换率高，有利炉缸工况，利于维持高炉中心料柱良好的活跃性和透气性；边缘气流减弱，高炉热损失和对炉墙破坏程度降低。缺点是：压差略高。宝钢一般采用确保一定中心气流、维持一定边缘气流的操作模式，十字测温曲线呈现中心充沛、边缘略翘的"虾尾型"。

（4）平峰型［见图 9-53（d）］：炉喉半径方向上 CO_2 曲线比较平坦，表明高炉横截面上单位矿石量通过的煤气量相等，煤气分布均匀，煤气的化学能和热能利用最充分。但这种曲线煤气阻力最大，需维持较高的压差操作，对高炉原料条件、设备条件及技术水平都要求很高，抗外界波动能力差，一般条件的高炉很难长期维持顺行。

应当注意的是，中心开放型煤气曲线与中心过吹（有中心管道）的"漏斗型"煤气曲线是完全不同的。后者中心下料快，高炉中心料面过低，破坏了正常的布料规律；边缘过重，煤气供给炉墙的热量不足，很容易引起软熔带附近的炉料黏结到炉墙上，形成炉墙

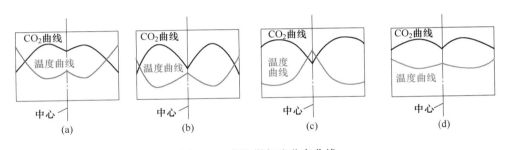

图 9-53　高炉煤气流分布曲线

（a）边缘发展型；（b）双峰型；（c）中心发展型；（d）平峰型

结厚。

　　煤气分布由所用原燃料的性质决定，由送风制度和装料制度来完成。各种煤气流分布曲线的类型及其对高炉冶炼的影响见表 9-19。

表 9-19　各种煤气流分布曲线的类型及其对高炉冶炼的影响

类型	名称	煤气曲线形状	煤气温度分布	软熔带形状	煤气阻力	对炉墙侵蚀	炉喉温度	散热损失	煤气利用	对炉料要求
I	边缘发展型				最小	最大	最高	最大	最差	最差
II	双峰型				较小	较大	较高	较大	较差	较差
III	中心开放型				较大	最小	较低	较小	较好	较好
IV	平峰型				最大	较小	最低	最小	最好	最好

类型	名称	形成的原因和条件	采用的装料制度	高炉寿命
I	边缘发展型	原燃料条件差、强度低、粉末多，渣量大（在 500 kg/t 以上）	小料批、低负荷、低冶炼强度为主	短
II	双峰型	原燃料粒度组成差，渣量大（400~500 kg/t）	料批不大，负荷不高	短
III	中心开放型	原燃料质量好，粉末筛除，渣量为 250~300 kg/t 左右，高炉较强化	料批较大，负荷较高	较长
IV	平峰型	原燃料质量很好，渣量在 250 kg/t 左右，冶炼强度为 0.95~1.05 t/(m³·d)	大料批，重负荷	长

9.4.4.6　合理的煤气分布

　　合理煤气分布是高炉炼铁的核心，涉及高炉稳定顺行、节能降耗、长寿等核心问题。从传热传质角度看，最理想的煤气分布应该是在高炉横截面上单位矿石量所通过的煤气量相等，这时煤气的热能和化学能利用最充分，与此相应要求炉料呈均匀分布。但事实上，块状带炉料均匀分布时，气流阻力最大；同时软熔带呈水平形状，软熔层将最厚，气体阻力也最大，容易导致炉况不顺。

合理的煤气分布应该兼顾顺行和提高煤气利用率，但应优先保证顺行。为了高炉顺行，边缘和中心的大块料和焦炭应较多，而边缘与中心之间的环形区域小块料和矿石应较多，这样边缘和中心的透气性好，利于形成两道煤气流分布；为了提高煤气利用率，炉料分布应均匀，但边缘炉料的负荷应适当重一些（边缘效应易使边缘煤气流发展），以利于形成平峰式或中心开放式煤气流分布。

合理的煤气分布的特点是：炉料顺利下降，炉温充沛，炉况稳定；煤气能量利用充分，炉顶温度低，CO 利用率高；最终表现为焦比和燃料比低，生铁成分稳定，炉衬寿命长。

对高炉生产来说，合理的煤气分布曲线是相对的，它随着炉容大小、原料情况、设备条件、操作工艺水平等而变化。不同的历史时期，不同高炉所追求的合理煤气分布也不同。例如，为了追求产量（多出铁）时，宁可维持较高的焦比，常采用两道气流型，甚至边缘发展型。在原料准备较好，设备先进的大型高炉上，认为应是平坦中心气流型，即要求中心保持一个阻力较小的煤气发展道路，但范围不宜过宽，边缘也应有适量的煤气流，在中间环区则尽量均匀平坦分布；四周 CO_2 和温度的分布比较均匀。日本炼铁工作者依据高炉解剖的事实，则认为中心开放型煤气流分布是大型高炉最佳的煤气流分布，如图 9-54 所示。

现在大多数高炉优先发展中心开放式的煤气分布，在保证炉况稳定顺行的基础上，逐步过渡到平坦型，使煤气热能和化学能得到充分

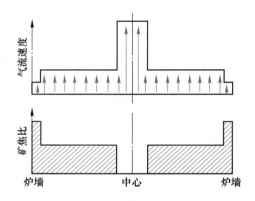

图 9-54　日本确定的炉料与煤气的合理分布

利用，实现最佳最合理的煤气分布，达到高效、优质、低耗、长寿、环保的目的。

9.4.4.7　影响煤气流分布的因素

A　入炉原燃料的影响

（1）焦炭的影响：焦炭强度和粒度是改善料柱透气性的重要保证，是影响煤气流分布的重要指标。随着高炉大型化和焦比的降低，对焦炭质量提出了更高要求，尤其对焦炭热性能有更高的要求。在高炉内部，自炉身中部开始，焦炭平均粒度变小、强度变差、气孔率增大，反应性增加、碱金属和灰分含量等增高，各种变化以靠近炉墙最为剧烈。在块状带，随炉料中焦炭体积的减少，料柱透气性降低；在软熔带，焦炭强度能够保证的前提下，焦炭粒度适当增大可以提高焦炭夹层的透气性；在滴落带，渣铁熔化通过固体焦炭层，当焦炭粒度变小或不均匀时，焦炭的比表面积增大和孔隙度减小，增加了渣铁液体通过焦炭层的阻力和产生"液泛"的可能。因此，入炉焦炭少且强度低下、粒度小且均匀性差，极易恶化料柱整体透气性（见表 9-20），使炉缸死焦堆肥大，进而导致炉缸堆积，炉缸不活跃。

表 9-20　焦炭强度差对高炉冶炼的影响

部 位	影　响
块状带	焦粉增多，炉尘增多，气流阻力增加
软熔带	焦炭层内某些部位粉焦增多，煤气阻力明显增加，影响煤气的合理分布，易发生管道、崩料和悬料
滴落带	焦粉和软熔的矿石黏结在一起，滞留熔融物增多，使煤气阻力增大，通过的煤气减少，边缘气流增强
风口区	回旋区深度减少，高度增加；边缘气流增加，中心气流减弱；渗透性变差，铁水和熔渣淤积在风口下方，易烧坏风口或休风时发生风口灌渣
炉缸	死料堆透气性和透液性变差，气流吹不透中心，炉缸温度降低，铁水和熔渣的流动性变差；炉缸工作不均，时间长将造成炉缸中心堆积
炉况	上部气流分布紊乱，下部风压升高，热交换和间接还原都变差，炉况应变能力和顺行都差，经济技术指标明显降低

（2）喷吹煤粉的影响：在一定冶炼条件下，随着喷煤量增多，炉腹煤气量相应增加（每喷吹煤粉 100 kg/t，炉缸煤气体积增加 4.6%），易发展边缘气流。由于烟煤比无烟煤挥发分含量高，烟煤比例增加，炉腹煤气量增加，对边缘气流影响较大。一旦混合煤比例发生变化，要考虑热量变化，还要关注气流变化并适时调整。同时随着喷煤量增多，焦炭负荷升高，料柱骨架显著减少，焦炭层厚度减薄，焦炭在炉内滞留时间延长，炉内压差升高，对焦炭的热强度要求更高。

（3）入炉矿石成分、质量变化的影响：矿石还原强度、软熔性和高温还原性等对高炉软熔带位置和形状有较大影响，原料低温还原粉化率影响上部炉料透气性，软熔性影响软熔带位置和结构，高温还原性影响煤气利用。矿石中有害元素增加，易造成冷却设备损坏、炉墙结瘤，影响煤气流的分布。

（4）入炉原料粒度的影响：含铁原料的透气性远低于焦炭，是决定高炉料柱透气性的根本因素。加强含铁原料筛分管理，严格控制好原料粒度，潮湿天气加强筛网清理，减少原料粉末入炉，才能保障高炉料柱的透气性。入炉原料的粒度偏析大，平均粒度过小，特别小于 5 mm 的粒度一旦大于 5% 容易造成炉料透气性恶化。最好跟踪粉焦比（入炉焦炭筛分下的焦粉量加焦丁量与入炉总焦炭的质量比）、粉烧比（槽下返粉总量与矿石总量比）的数据变化进行预警管理。

B　操作制度的影响

（1）布料制度：由于冶炼条件变化，布料制度未及时调整，调整不到位，或者调剂方向错误，均对煤气流分布产生影响。

（2）送风制度：送风制度不相符，即鼓风参数与风口面积不适应，不同冶炼条件，包括富氧、喷煤等变化，风口面积未及时调整，煤气流分布也要发生变化。

（3）炉热制度：炉温过高，煤气利用差；炉温过低，容易破坏炉况顺行。由于炉温调整错误或者其他因素，造成炉温波动较大，上下起伏，导致炉墙脱落，煤气流分布混乱，甚至出现崩滑料。

（4）造渣制度：炉渣成分长期严重不合理，造成排渣铁困难，导致下部气流发生变化。

（5）作业制度：炉前出渣铁作业不稳定，铁口深浅不均，出铁时间长短不一；长时间未见渣，渣铁未出净，高炉受憋，风压高，影响煤气流分布。

C 设备的影响

（1）设备故障：包括原料系统、上料系统、喷吹制粉系统、炉前设备、炉体周围设备泄漏等，造成低料线或高炉休减风，对煤气流分布都造成影响。

（2）冷却系统漏水：风口、冷却壁、冷却板、微型冷却器、十字测温等漏水未及时发现，不仅影响炉温，而且影响气流分布，使煤气量增大，煤气利用率低。

（3）布料控制设备异常：如探尺由于机械或电气原因，产生零点漂移，布料料线发生变化，或者由于炉料偏行，布料料线发生较大变化；布料倾角由于编码器故障发生角度漂移；炉顶称量计不准导致布料圈数和重量与要求不一致；布料溜槽磨损未及时发现和更换等均影响煤气流分布。

D 炉型的影响

不同炉役时期，高炉从设计炉型到侵蚀炉型（实际操作炉型）不断转变，若上下部调剂制度不相适应，煤气流分布将发生变化；日常操作炉型维护不当，如炉墙大面积脱落、炉墙结厚等，煤气流将发生变化。

9.4.4.8 合理煤气分布的实现途径

煤气调剂的原则是以下部调剂为基础，上下部调剂相结合的，煤气是上升的，只有从炉缸做起才能达到真正的合理煤气分布。合理的煤气分布首先是下部形成中心发展的煤气，即炉缸初始煤气最大限度向中心渗透，以利于提高整个死焦堆的透气、透液能力，这就是"吹透中心"的高炉，只是吹透程度因高炉而异。要实现"吹透中心"，需要保持足够的、稳定的鼓风动能，维持风口前回旋区的深度。对应"吹透中心"的下部煤气分布形态，上部煤气分布形态在中心煤气与边缘煤气的分配方面产生程度上的差异，产生中心煤气与边缘煤气都开的煤气分布形态或中心煤气开与边缘煤气稳定的煤气分布形态，总的原则是中心煤气与边缘煤气的合理分配，不在局部发生因煤气流速过高而导致的管道行程。

高炉布料务必将炉料直接布到炉喉径向相应位置，增强对中心煤气与边缘煤气的控制能力，各档位矿、焦的调整能有效地控制中心煤气与边缘煤气，避免边缘煤气圆周方向不均匀及中心煤气波动。同时装料制度中焦炭布料的基础是形成适当宽度的平台及对应深度的漏斗，以稳定矿石在料面的分布。生产中煤气分布的调整可以通过调整矿石布料圈数来有效地实现。

在线测试9-4

9.5 高炉基本操作制度

高炉基本操作制度是根据高炉具体条件（如高炉炉型、设备水平、原料条件、生产计划及品种指标要求）制定的高炉操作准则。选择合理的操作制度是高炉操作的基本任务。合理的操作制度能保证煤气流的合理分布和良好的炉缸工作状态，促使高炉稳定顺行，进行高效冶炼。高炉基本操作制度包括装料制度、送风制度、炉缸热制度和造渣制度。随着高炉冶炼技术进步和高炉长寿的需要，在操作管理上又增加了冷却制度和炉前作业制度。应根据高炉强化程度、冶炼的生铁品种、原燃料质量、大气温度和湿度变化、高炉炉型及设备状况等选择合理的操作制度。

9.5.1 炉缸热制度

炉缸热制度是指高炉炉缸所具有的温度水平；或者说是根据冶炼条件，为获得最佳效益而选择的最适当的炉缸高温热量，它反映了高炉炉缸内热量收入与支出的平衡状态。

表示炉缸热制度的指标有两个。一是铁水温度，通常为 1400~1550 ℃，俗称"物理热"。炉缸渣铁温度主要受料速、热流比、风口前理论燃烧温度以及炉缸热损失的影响。料速快，热流比大，意味着炉料在上部加热不充分，炉温将降低。理论燃烧温度降低，也会影响铁水温度。二是生铁硅含量，硅全部是由直接还原得来的，炉缸热量越充足，生铁硅含量就越高，因此生铁硅含量在一定条件下可以反映炉缸热量的多少，俗称"化学热"。一般情况下，当炉渣碱度变化不大时，两者基本是一致的，即化学热越高，物理热越高，炉温也越充沛。但生铁硅含量变化反映的不单是炉缸内渣铁温度，它还受滴落带大小、气氛和（SiO_2）反应活性等因素的影响。生产中要求两炉铁之间硅含量的波动小于 ±0.2%。

9.5.1.1 热制度的选择依据

（1）根据炉容的大小、铁种的需要、炉缸的结构形式来确定铁水温度与生铁硅含量的控制范围。一般 1500 m^3 级及以上高炉的铁水温度应在 1510 ℃ 以上，1200 m^3 级高炉的铁水温度为 1470~1500 ℃，620 m^3 级高炉的铁水温度为 1450~1480 ℃，400 m^3 级高炉的铁水温度不低于 1400 ℃。

冶炼炼钢生铁时，300~1000 m^3 级高炉 $w[Si]$ 一般控制在 0.45%~0.75%；陶瓷杯结构的炉缸，$w[Si]$ 可控制在 0.30%~0.65%。大型高炉冶炼炼钢生铁时，$w[Si]$ 可控制在 0.25%~0.55%，$w[S]$ 控制在 0.03%。冶炼铸造生铁时，应根据生铁牌号来确定 $w[Si]$，如冶炼 18 号铸造生铁时，可将 $w[Si]$ 控制在 1.7% 左右。

（2）根据原燃料条件选择。原燃料硫含量高、物理性能好时，可维持偏高的炉温；原燃料条件好、成分稳定时，可维持偏低的 $w[Si]$；冶炼钒钛矿石时，一般控制 $w[Ti]$ + $w[Si] = 0.5\%~0.6\%$。

（3）结合高炉设备情况选择。例如在炉役后期，炉缸炉墙受侵蚀变薄，要规定较高的炉温，将 $w[Si]$ 控制在 0.85%~1.25%，必要时改炼一段时间铸造生铁。这是因为提高生铁硅含量后有石墨碳析出，能形成保护层，减缓炉衬的侵蚀速度。当设备经常发生故障，高炉因此经常减风或休风时，$w[Si]$ 的下限应适当提高。进行洗炉时，必须确保炉温，$w[Si]$ 在 $0.5\% \sim 1.0\%$ 的范围内。若高炉冷却设备漏水，在没有查明并及时处理的情况下，必须把炉温保持在中、上限水平。

（4）根据炉缸工作状况选择。炉缸工作均匀、活跃，生铁硅含量可低些；如果炉缸堆积，生铁硅含量必须相应提高。

（5）结合技术操作水平与管理水平进行选择。如原料中和混匀良好、高炉工长经验丰富、炉况调节及时准确，生铁硅含量下限可低些，实现铁水物理温度高的低硅操作。在确定硅含量的下限值时，必须根据情况留有余地，防止出现因连续低于规定下限炉温而导致的炉况失常。

9.5.1.2 影响热制度的主要因素

生产中任何影响炉缸热量收支的因素都会造成热制度的波动。例如，原燃料条件的变化（矿石品位、烧结矿 FeO 含量的波动等）、冶炼参数的变动（风温、湿度、富氧率、喷吹量等）以及冷却设备漏水、原燃料称量上的误差等都对高炉热制度有影响，见表 9-21。

表 9-21　影响高炉燃料比变化的因素

项　目		变动量	燃料比变化	项　目		变动量	燃料比变化
入炉品位		+1.0%	−1.5%	风温	>1150 ℃	+100 ℃	−8 kg/t
烧结矿 FeO 含量		±1.0%	±1.5%		1050~1150 ℃	+100 ℃	−10 kg/t
烧结矿碱度		±1.0%	±(3.0%~3.5%)		950~1050 ℃	+100 ℃	−15 kg/t
熟料率		+10%	−(4%~5%)		<950 ℃	+100 ℃	−20 kg/t
烧结矿中小于 5 mm 粉末比例		+10%	+0.5%	顶压		+10 kPa	−(0.3%~0.5%)
矿石金属化率		+10%	−(5%~6%)	鼓风湿度		+1 g/cm³	+1 kg/t
焦炭	M_{40}	+1.0%	−5.0 kg/t	富氧		+1%	−0.5%
	M_{10}	−0.2%	−7.0 kg/t	生铁硅含量		+0.1%	4~5 kg/t
	灰分	+1.0%	+(1%~2%)	煤气 CO₂ 含量		+0.5%	−10 kg/t
	硫分	+0.1%	+(1.5%~2%)	渣量		+100 kg/t	+40 kg/t
	水分	+1.0%	+(1.1%~1.3%)	矿石直接还原度		+0.1	+8%
	转鼓	+1.0%	−3.5%	炉渣碱度		+0.1	+3%
入炉石灰石		+100 kg	+(6%~7%)	炉顶温度		+100 ℃	+30 kg/t
碎铁		+100 kg	−(20~40 kg/t)	焦炭	CRS	+1%	−(0.5%~1.1%)
					CRI	+1%	+(2%~3%)
矿石硫含量		+1.0%	+5%	烧结球团转鼓		+1%	−0.5%

9.5.1.3 热制度的调节

热制度调节方法：首先分析清楚造成热制度失常的原因、类型及幅度，然后根据原因制定调节措施、调节量和采取调节措施的时间。热制度失常的调剂原则是：失常初期，先调剂对炉况影响较小的因素，而对炉况影响较大、需要做出较大牺牲的手段排在后面进行。

在富氧喷吹时，炉热的调节顺序一般为：减煤→加氧→加风→降风温→减焦；炉凉的调剂顺序一般为：提风温→减湿分→加煤→减焦→减风。

喷吹煤粉有热滞后现象，增加喷煤并不能立即提高炉温，只有等喷吹煤粉改善了矿石的加热和还原后，矿石下降到炉缸，炉温才提高，热滞后时间为 2.5~3.5 h；风温的作用时间快一些，一般 1.5~2 h 后可集中反映出来；风量、鼓风湿度、富氧则见效更快。而装料制度的变化，至少要等换完炉内整个固体炉料段（即一个冶炼周期）后才会反映出来。

9.5.2 造渣制度

造渣制度是指根据原燃料条件和铁种要求，从脱硫和顺行角度出发，选择使炉渣的流动性、稳定性以及软熔带的温度区间都能满足高炉冶炼需要的炉渣组分。造渣制度是控制造渣过程和终渣性能的制度，控制造渣过程实际上就是控制软熔带，控制终渣性能是为了脱硫和控制生铁硅含量等。

9.5.2.1 高炉冶炼对选择造渣制度的要求

（1）炉料组分的选择应使初渣形成较晚、软熔带的温度区间较窄、FeO 含量少，这有利于料柱透气性的改善。一般炉渣的熔化温度应在 1300~1400 ℃，可操作的温度波动范围大于 150 ℃。

（2）保证炉渣在一定温度下有较好的流动性、稳定性和足够的脱硫能力。1400 ℃ 左右，炉渣黏度应小于 1 Pa·s。当炉渣温度波动 ±25 ℃、二元碱度波动 ±0.5 时，炉渣应有稳定的物理性能。在炉温和碱度适宜的条件下，当硫负荷小于 5 kg/t 时，L_S 应为 25~30；当硫负荷大于 5 kg/t 时，L_S 应为 30~50。

（3）当冶炼不同的铁种时，炉渣要能根据铁种的需要促进有益元素的还原，防止有害元素进入生铁。

（4）应有利于形成稳定的渣皮，维护高炉内型的规整。

9.5.2.2 确定炉渣碱度的原则

（1）根据冶炼生铁品种确定，见表 9-22。冶炼硅铁、铸造生铁时，需要促进硅的还原，应选择较低的炉渣碱度。冶炼炼钢生铁时，既要控制硅的还原，又要有较高的铁水温度，宜选择较高的炉渣碱度，小型高炉取上限，大型高炉取下限。冶炼锰铁时，应采用高 CaO 炉渣，有利于锰的还原。

表 9-22 生铁品种与炉渣碱度的关系

铁种	硅铁	铸造生铁	炼钢生铁	低硅铁	锰铁
$w(CaO)/w(SiO_2)$	0.6~0.9	0.95~1.10	1.05~1.25	1.10~1.25	1.20~1.50

（2）根据原料条件确定。炉料硫含量高时，应适当提高炉渣碱度；当渣量少、硫负荷大于 5 kg/t 时，炉渣二元碱度应保持在 1.15~1.25。当矿石碱金属含量高时，可选用熔化温度较低的酸性炉渣。适当 MgO 含量（7%~12%）可提高炉渣的流动性和稳定性，对脱

硫、排碱及冶炼低硅生铁均有好处。

（3）根据渣量确定。若入炉料铁分高、渣量少、炉渣中 Al_2O_3 含量偏高时，应适当提高 MgO 含量至 8%～12%，控制 $w(CaO)/w(SiO_2)=1.15～1.20$。

（4）根据生产情况确定。处理一般炉缸堆积时，可用高炉温、高萤石和氧化锰渣洗炉；处理碱度过高造成的炉缸堆积时，采用比正常碱度低的炉渣清洗，即低碱度、高炉温洗炉。

9.5.2.3　炉渣碱度的调节

（1）下列因素变动时，应调节配料以保持要求的炉渣碱度：

1）因装入原料的 SiO_2、MgO、CaO 的含量发生变化而引起炉渣碱度变化时；

2）因改变铁种而需要变化炉渣碱度时；

3）因调整生铁硅含量而导致炉渣碱度有较大变化时；

4）硫负荷与喷煤比有较大变化时。

（2）调整炉渣碱度的方法。

1）增加（或减少）熔剂加入量。熔剂要避免加到炉墙边缘，防止结厚和结瘤。

2）改变矿比。例如，增加高碱度烧结矿的比例可提高炉渣碱度。

9.5.2.4　造渣制度调剂中的注意事项

（1）造渣制度与生铁硫含量的关系。在保证生铁质量的前提下，尽可能地把炉渣碱度调剂到规定范围的下限。注意双向调剂，即硫含量高提碱度，硫含量低降碱度。

（2）较大幅度调整炉渣碱度时，必须充分估计炉温状况是否许可。碱度已降，炉温未升，可能影响生铁质量；碱度已升，炉温不足或不稳，将影响顺行。因此，较稳妥的做法是：将炉温置于合适水平后，再调整炉渣碱度。

（3）炉渣碱度控制过高不仅是浪费，而且是导致炉况失常的一个隐患。确保铁水硫含量合格的首要措施在于维持稳定的炉温，这在冶炼低硅生铁时尤其重要。

9.5.2.5　洗炉与操作制度的关系

洗炉分为维护性洗炉和事故性洗炉两类。维护性洗炉指的是定期使用酸料洗炉，事故性洗炉指的是高炉结厚或结瘤时用萤石或锰矿洗炉。洗炉缸时，洗炉剂要布入高炉中心；洗炉墙时，要弄清黏结方位后再定点布料。洗炉剂可以均匀地加入料批内，数量约占矿批的 5%，持续时间由洗炉效果而定，一般为 7 d 左右；也可以集中装入高炉，即每 5～10 批料内加入 1 批洗炉剂，这种洗炉对处理下部结瘤有效，此方法剂量较大，持续时间较短，具体由清洗效果决定。

洗炉时要变更造渣制度与热制度，碱度比正常值低些，炉温比正常值高些（洗炉会造成炉温降低，特别是黏结物熔化和脱落时，如果炉温太低，将失去洗炉的作用，甚至造成风口涌渣）。比如，维护性洗炉时应稍退负荷，稍轻边缘，适当提炉温、降碱度，$w[Si]$ 应比正常值高出 1 个牌号。洗炉过程要注意炉身温度的变化，控制风量与风压的对应关系，除洗瘤外，维持全风或正常风温；还要注意水温差的变化，达到规定标准时应停止洗炉。

送风制度是指在一定的冶炼条件下，确定合适的鼓风参数和风口进风状态，控制适宜的炉缸煤气量，以达到煤气流初始分布合理、炉缸工作均匀活跃、炉况稳定顺行的目的。送风制度调剂手段包括鼓风参数与风口参数两类，如风量、风温、风压、鼓风湿度、喷吹量、富氧率以及风口面积、长度、倾角和布局等。通过送风制度的变动对炉况进行调剂通常称为下部调剂。送风制度的中心环节在于选择风口面积，以获得基本合适的风口风速和鼓风动能。风量、风温的调剂主要用于控制料速和炉温，对风速和鼓风动能的调剂只起辅助作用。送风制度稳定是煤气流稳定的前提，是炉温稳定和顺行的必要条件。

9.5.3.1 送风制度检验指标

（1）风速和鼓风动能。判断鼓风动能是否合适的直接表象以及高炉有效容积与风速、鼓风动能的关系见 9.3.4 节中表 9-13 和表 9-14。

（2）风口前理论燃烧温度。理论燃烧温度是风口前燃烧带热状态的主要标志，它的高低不仅决定了炉缸的热状态和煤气温度，还对炉料传热、还原、造渣、脱硫以及铁水温度、化学成分等产生重大影响。我国高炉风口前理论燃烧温度一般在（2150±50）℃。

（3）炉腹煤气量。炉腹煤气量是风口前燃料燃烧产生的高温、高压的还原性煤气量，它是高炉冶炼所需能量的载体，相当于高炉炉腹处的一次煤气量。炉腹煤气量小时，边缘气流发展，炉缸不活跃；反之，将使高炉中心过吹。选择适宜的送风参数，保持合适的炉腹煤气量，是高炉操作者时刻关注的内容。高炉生产中，一般采用式（9-124）简易计算炉腹煤气量 V_{BG}（m^3/min）：

$$V_{BG} = 1.21V_B + 2V_{O_2} + \frac{44.8W_B(V_B + V_{O_2})}{18000} + \frac{22.4\,HP_C}{120} \tag{9-124}$$

式中　V_B——风量（不包括富氧量，标态），m^3/min；

$\quad\quad V_{O_2}$——富氧量（标态），m^3/min；

$\quad\quad W_B$——鼓风湿分（标态），g/m^3；

$\quad\quad H$——煤粉氢含量，%；

$\quad\quad P_C$——喷煤量，kg/h。

（4）风口回旋区深度。回旋区的形状和大小反映了风口的进风状态，它直接影响煤气流初始成分、温度的分布以及炉缸的均匀、活跃程度。风口回旋区面积大，有利于炉缸工作均匀与炉况顺行；回旋区深一些，有利于活跃炉缸中心，使炉缸中心有良好的透气性和透液性。一般炉缸直径越大，回旋区应该越深；鼓风动能增加，回旋区深度也增加。目前，测定回旋区深度的方法有：一是燃烧带气体成分分析法，通常以炉缸煤气中 CO_2 浓度减少至 1%~2% 的位置为燃烧带边缘来表示回旋区深度；二是实测法，即用铁棒从风口插入，直接测量疏松的回旋区深度。

（5）风口圆周工作均匀程度。炉缸工作良好不仅要求煤气流径向分布合理，还要求风口圆周气流分布均匀。长时间的风口圆周工作不均匀会使炉衬遭到侵蚀，使正常的工作炉型遭到破坏。这种圆周工作的不均匀必然导致上部矿石预还原的程度不均匀，从而破坏炉缸工作的均匀与稳定，因此要求高炉风口合理布局。

9.5.3.2 送风制度调剂参数

A 风量

选择风量的原则是风量必须要与料柱透气性相适应。不富氧时，冶炼每吨生铁消耗的风量值见表9-23。

表9-23 冶炼每吨生铁消耗的风量值（不富氧）

燃料比/kg·t⁻¹	540	530	520	510	500
消耗风量/m³·t⁻¹	≤1310	≤1270	≤1240	≤1210	≤1180

风量对高炉冶炼的下料速度、煤气流分布、造渣制度和热制度都会产生影响。一般情况下，风量与下料速度、冶炼强度和生铁产量成正比关系，但只有在燃料比降低或维持燃料比不变的条件下上述关系才成立，否则适得其反。

在炉况顺行和供料正常的情况下，应力求全风操作、固定风量操作，以充分发挥风机能力，提高高炉生产率。为此，要求各班风量波动不大于正常风量的3%，装料批数在±2批料范围内。风量过小时，产生的煤气量过少，不利于提高炉温，也不利于初始煤气的合理分布。

风量的调节作用如下：

（1）控制料速，达到预期的冶炼强度，实现料速均衡不变；

（2）稳定气流，在炉况不顺的初期，减少风量是降低压差、消除管道以及防止难行、崩料和悬料的有效手段。

风量的调节要以透气性指数为依据，需要加减风时为了节能，由鼓风机来加减风，风闸全关。一般炉热时不减风。炉凉时要先提风温、增加喷煤量，还不能制止炉凉时可适度减风（5%~10%），使料速达到正常水平，提升炉温。若低料线操作大于0.5h，应减风，不允许长期低料线作业。减风要一次到位。在未出渣铁前，减风时应密切注意风口状况，避免风口灌渣。

由于风量变化直接影响炉缸煤气体积，正常生产时，每次加风不能过猛，否则将破坏顺行。一般每次调剂风量要在总风量的3%左右，而二次加风时间间隔应大于20 min，加风量每次不能超过原风量的10%。

B 风温

提高风温是高炉高效冶炼的主要措施。提高风温能增加炉缸高温热量的收入，改善喷煤的效果，同时增加了鼓风动能，活跃了炉缸。因此，在高炉生产中，要尽可能使用高风温，充分发挥热风炉的能力及高风温对炉况的有利作用。

风温调节的原则如下。

（1）经济性原则。只要条件许可，风温应稳定在最高水平。

（2）顺行原则。提高风温会导致炉缸温度升高、上升煤气的上浮力增加而不利于顺行，故提高风温的速度要平稳，中小型高炉每次可提高 20~40 ℃，大型高炉每次可提高 50~100 ℃。在风温水平不高时，每小时可提高风温 2~3 次。

风温调节调剂时应注意以下几点。

（1）因炉热而需要减风温时，幅度要大一些，一步到位地将风温减到高炉需要的水平；炉温向凉时，提风温幅度不宜过大，可分几次将风温提高到需要的水平，以防煤气体积迅速膨胀而破坏顺行。

（2）在喷吹燃料的情况下，一般不使用风温调节炉况，而是将风温固定在较高水平上，用煤粉来调节炉温。这样可最大限度地发挥高风温的作用。

（3）风温对焦比有影响。风温越低，提高风温时降低焦比的效果越显著。风温在 1000 ℃ 左右时，每增减 100 ℃ 风温，影响焦比 4% 左右。

（4）调剂风温一般在 1.5~2 h 后起作用。降风温要损失焦比，会改变软熔带位置，对合理炉型有影响。

C 风压

风压直接反映炉内煤气量与料柱透气性的适应情况，它的波动是冶炼过程的综合反映，也是判断炉况的重要依据。在原燃料条件波动不大的情况下，操作中应稳定风量、风压及压差操作。风压的波动范围不宜大于 5 kPa，否则表明风量与料柱透气性不适应，炉况顺行变差。如果调整不及时，则风压逐渐升高，风量逐渐减少，当风压升高到一定限度时就会产生悬料。当原燃料强度降低、粉末增加、质量变差、风压不稳时，不能强行加风。

（1）风压不稳时的调节。发生风压不稳的原因虽然很多，但关键是炉料的透气性与风量不适应。由于料柱的孔隙率不是固定不变的，处于波动状态，所以风量与风压也随着波动。风压不稳的表现是：风压曲线不是波动很小的直线，而是上下波动频繁，波动范围超过 5 kPa，透气性指数明显超过或低于正常水平。风压不稳时的调节措施如下：

1）如果炉温高，可较大幅度降低风温（一次降 100~150 ℃）；

2）如果炉温在正常范围内或偏低，可采取减风的措施（按风压操作），减风后使风压比原来低 10~20 kPa；

3）不管采取何种措施，必须待风压稳定后（下两批正常料）才能逐渐将风量加回原水平。

（2）风压突然冒尖时的调节。发现风压冒尖时必须及时减风，达到风量与风压对称的水平（按风压操作），否则容易发生崩料或悬料，具体操作如图 9-55 所示。风压突然冒尖时的调节措施如下。

1）减风时必须一次到位，设正常风压值为 P_0，冒尖时风压值为 P_1，风压应减至 $P_0 - (2~3) \times (P_1 - P_0)$。

2）减风后必须保持风压平稳，正常下两批料后才能逐渐将风量加回到原水平。如果加风过急，风压与风量不对称，表明高炉不接受风量，需第二次减风，不仅延误了时机，

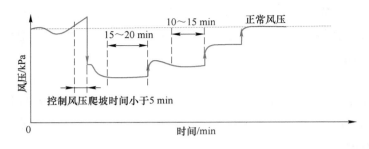

图 9-55 按风压操作曲线

而且损失更大。

D 鼓风湿度

全焦冶炼的高炉采用加湿鼓风最有利，它能控制适宜的理论燃烧温度，使风温固定在最高水平。

（1）加湿鼓风对炉温的影响是：1 m³ 鼓风中每增加1 g 湿分，需要补偿相当于6 ℃风温的热量，可见加湿鼓风能够迅速改变炉缸热制度，从而迅速纠正炉温的变化。

（2）加湿鼓风对料速的影响是：湿分在风口前分解出来氧，相当于增加了鼓风中氧的浓度。1 kg 湿分相当于 2.693 m³ 的干风量，即 1 m³ 干风量加10 g 湿分，相当于增加风量约3%。因此，增加湿分，料速加快；减少湿分，料速减慢。

（3）加湿鼓风对高炉顺行的影响是：水分在炉缸内分解吸热，有利于消除由于高风温或炉热引起的热悬料或难行现象；加湿鼓风后煤气中氢含量增加，提高了间接还原率，使炉缸中心热能消耗减少；同时，加湿鼓风后可采用高风温操作，使炉缸中心热量收入增加，因此，炉缸中心温度高、热量充沛、温度分布趋于均匀，有利于炉况顺行。

由于加湿鼓风需要热补偿，对降低焦比不利。因此，喷吹燃料的高炉基本上不采用加湿鼓风，进而代之以脱湿鼓风，对稳定炉况和降低焦比非常有利。

E 喷吹量

喷吹燃料不仅在热能和化学能方面可以取代焦炭，而且也增加了一个下部调剂手段。喷吹煤粉的高炉应固定风温操作，用喷煤量来调节炉温。调节幅度一般为 0.5~1.0 t/h，最高不超过 2 t/h，幅度不宜过大，以免影响气流分布和炉缸工作状态发生剧烈变化。炉温热行时减少喷煤量，炉温向凉时增加喷煤量。用喷煤量调节炉温没有用风温或湿分来得快，热滞后时间大约为冶炼周期的 70%（3~4 h），煤的挥发分含量越高，热滞后时间越长。当喷吹设备临时发生故障时，必须根据热滞后时间准确地进行变料，以防炉温波动。

F 富氧率

空气中的氧气含量为 21%，采用不同方法提高鼓风中的氧含量，称为富氧鼓风。富氧鼓风可以提高风口前理论燃烧温度，有利于提高炉缸温度、提高冶炼强度、增加喷煤量及增加产量，同时也增加了一个下部调剂手段。但应注意，富氧鼓风只有在炉况顺行的情况下才宜进行。一般情况下，在炉况顺行差，如发生悬料、塌料等情况及炉内压差高、不接受风量时，首先应减少氧量，并相应减少喷煤量。同样，低压或休风时，首先应停氧，然后停煤。在料速过快而引起炉凉时，首先要减少氧量。

G 风口面积、长度和倾角

在一定风量下，风口面积和长度对风口的进风状态起决定性的作用，使用较大的风口和适当加长风口均有利于提高送风系统风量的均匀程度。实践表明，一定的冶炼强度必须与合适的鼓风动能相配合，一般情况下风口面积不宜经常变动。生产条件变化较大时，可采用改变风口进风面积的办法来调剂鼓风动能，有时也用改变风口长度的办法调节边缘与中心气流。选择风口面积的依据如下。

（1）当原燃料条件改善，如原燃料强度高、粒度均匀、粉末和渣量少时，炉料透气性改善，有可能接受较高的鼓风动能和压差操作，否则相反。

（2）喷吹燃料使炉缸煤气体积增大，中心气流发展，为防止中心过吹，应适当扩大风口面积；但当喷吹量增加到一定程度后，随着煤比和利用系数提高，回旋区径向长度缩短，导致边缘煤气流增强，此时应采取缩小风口面积的措施。

（3）高炉失常时，由于长期减风操作造成炉缸中心堆积。为尽快消除炉况失常、发展中心气流、活跃炉缸，应采取缩小风口面积或堵死部分风口的措施。

（4）缩小一个或少量几个风口的直径，风口风速下降，而其相邻风口的风速增加；当全部或大部分风口的直径都缩小时，整个风口的平均风速才会增加。

选择风口长度的依据是：当高炉为低冶炼强度生产或炉墙侵蚀严重时，可采用长风口操作。这是因为使用长风口送风易使循环区向炉缸中心移动，有利于吹透中心和保护炉墙。风口长度一般为380~700 mm，大型高炉控制在上限或者更长，如宝钢高炉的风口长度达到700 mm左右。风口长度根据经验直接选定，见表9-24。

表9-24　不同容积高炉的风口长度

高炉容积/m³	<1000	1000	2000	3000	4000	5000
风口长度/mm	<450	400~500	500~600	600~650	650~683	650~700

生产实践表明，风口向下倾斜可使煤气直接冲向渣铁层，缩短风口与渣铁层之间的距离，有利于提高渣铁温度，而且有助于消除炉缸堆积和提高炉渣的脱硫能力。一般高炉风口向下倾斜的角度为0°~5°，小型高炉风口向下倾斜的角度可以稍大一些。但风口向下倾斜将分解鼓风动能，不利于发展中心气流。

H 风口布局

风口布局是指确定好风口直径与长度后，根据风口工作状态沿圆周进行合理分布。合适的风口布局能够保证炉缸工作均匀、活跃，渣铁物理热充沛。

高炉冶炼调节风口布局的原则如下：

（1）炉墙结厚部位应该用大风口、短风口；

（2）铁口难以维护，铁口两侧应该用小风口、长风口；

（3）煤气流分布不均、炉料偏行时，下料快的方位选小风口；

（4）炉缸工作不均、进风少的区域，应该选择大风口、增加进风量等。

生产实践表明，正常情况下，热风总管对面的 1 个或 2 个风口的进风量比其他部位风口相对多些，在确定风口布局时要进行综合考虑。

9.5.4 装料制度

目前，高炉普遍使用无钟炉顶装料设备。装料制度是指炉料装入炉内的方法，主要包括料线高低、批重大小、装料顺序、溜槽倾角等。制定和调节装料制度可以实现对炉喉径向矿焦比的控制，调整炉料在炉喉的分布，实现高炉的上部调剂。上部调剂就是根据高炉装料设备特点，按原燃料的物理性质及在高炉内分布特性，正确选择装料制度，保证高炉顺行，获得合理的煤气分布，最大限度地利用煤气的热能和化学能。

9.5.4.1 影响布料的因素

A 炉料的性质

散料从一个不太高的空间落到没有阻挡的平面上都会形成一个自然圆锥形料堆，锥面与水平面之间夹角称为自然堆角（用 α_0 表示）。对于形状不同的料块，圆滑易滚的堆角小，反之堆角大。对同一种散料，小块的比大块的自然堆角要大，若粒度不等的混合料堆成一堆时，将产生按不同粒度的偏析现象，即大块料容易滚到堆脚，而粉末和小块易集中于堆尖，如图 9-56 所示：Ⅰ部分粒度最细，Ⅲ部分粒度最大，Ⅱ部分介于二者之间。炉内布料时，堆尖附近由于富集了大量的碎块和粉末，因而透气性差，通过的煤气量也较少，炉喉煤气 CO_2 最高点和温度最低点，正处在堆尖下面。

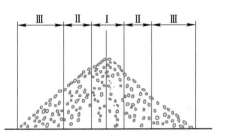

图 9-56　自然布成的散粒料堆中的粒度分布情况

高炉常用原料的自然堆角见表 9-25。

表 9-25　高炉常用原料的自然堆角

常 用 原 料	自然堆角/(°)
天然矿石（粒度 12~120 mm）	40.5~43
烧结矿（粒度 12~120 mm）	40.5~42
石灰石	42~45
焦炭	43

由此可见，各种原料自然堆角差别不大。由于受到布料设备、炉喉尺寸以及煤气浮力等因素影响，各种炉料的炉内实际堆角（见图 9-57）与自然堆角有差异。

实测发现，矿石在炉内的实际堆角为 36°~43°，而焦炭实际堆角则比本身的自然堆角小得多，只有 26°~29°。研究人员得出以下近似公式：

$$\tan\alpha = \tan\alpha_0 - k\frac{h}{r} \qquad (9\text{-}125)$$

式中 α——炉料在炉内的实际堆角；

α_0——炉料的自然堆角；

r——炉喉半径；

h——料线高度（炉料的下落高度）；

k——与炉料性质有关的系数，表示料块下落碰到炉墙或料堆后，剩余的使料块继续滚动的能量。

由式（9-125）可知，炉料落差越大，炉喉半径越小，实际堆角越小，此外由于焦炭的弹性和粒度都比矿石大，因而 $K_{焦} > K_{矿}$，所以焦炭比矿石的实际堆角小得多。

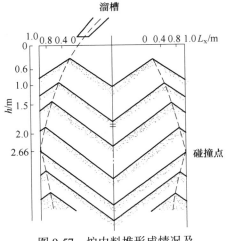

图 9-57 炉内料堆形成情况及料线深度对布料的影响

B 界面效应

不同的炉料在料面上相互作用，对布料有重要影响，这种作用称为界面效应。界面效应主要有混合、变形两方面。

a 混合

两种粒度不同的炉料同时或分别装入炉内，在布料界面上互相渗透，形成混合层。混合层孔隙度小，对高炉强化是不利的。在炉料中，矿石和焦炭的粒度差越大，混合层所占比例越高，如图 9-58 所示。

b 变形

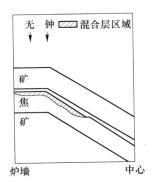

图 9-58 混合料面形状示意图

在装料过程中，上层炉料对下层炉料的撞击、推挤作用，使料面发生不规则变形。当矿石装入高炉时，矿石将焦层上的大块焦炭推向高炉中心，这一效果被称为"推焦"，当高炉处于生产状态时，该效果更加明显，如图 9-59 所示。最终结果是矿石落点处焦炭层厚度减薄，矿石层自身则增厚；而炉喉中心区焦炭层增厚，矿石层随之减薄。

实际上，料面的混合和变形往往是同时发生的。图 9-60 是日本模型界面效应试验的结果。

界面效应给高炉布料带来的缺陷是明显的：首先它破坏了炉料的层状结构，使布料操作复杂化；其次，由于矿、焦的互相作用，界面上的混合层是难以避免的，它对料柱透气性会有不同程度的不利影响。

一般来说，不同炉料的粒度差越大，界面效应越强；料线越深，界面效应越强；而批重大的炉料，界面效应较少。

图9-59　在煤气流作用下的推焦效果

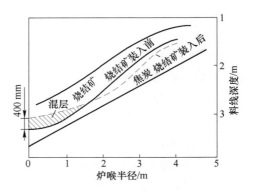

图9-60　界面效应试验

C　料线高度

料线高度是指探料尺零位到炉内料面的距离。生产中要求料线选择在碰撞点（见图9-57）之上。否则会碰撞炉墙，然后反弹落下，使矿石对焦炭的冲击作用增大，粉末量增多；并使布料层紊乱，气流分布失去控制，加重界面效应。同时，料线过深还会使料面以上的工作空间不能充分利用，使得炉顶温度过高，一旦塌料发生，顶温会更高，从而加速设备损坏。正常操作时，料线选在碰撞点之上，加料后余500 mm左右即可。一般高炉正常料线深度为：中小型高炉1.2~1.5 m，大型高炉1.5~2.0 m。特殊情况需要临时转动旋转溜槽时，应根据批重核对料层厚度及料线高度，严禁装料过满而损坏旋转溜槽。料线一般是固定不变的，只有在其他调剂手段失灵时才改变，因为频繁变动料线会导致炉况失常。

高炉料线由两根（或三根）探料尺测明，为保证其准确性，探料尺零位在每次计划检修时都要校正。料线过低与过高均不利于炉顶设备的维护，生产中严禁低料线操作。正常生产时，两个探料尺相差小于0.5 m，个别情况下单尺上料应以浅尺为准，不准长期使用单尺上料。料线低于正常规定值0.5 m以上或时间超过1 h时，称为低料线。低料线1 h，要加8%~12%的焦炭；料线超过3 m时，要加10%~15%的焦炭。高炉低料线时间长就应休风，也不允许长期慢风作业，否则会造成炉缸堆积和炉墙结厚。

D　批重

批重是指一批料的质量。一批料中矿石质量称为矿批，焦炭质量称为焦批。批重对透气性的影响有矛盾的两方面。批重决定炉内料柱层状结构的厚度，批重越大，料层越厚，软融带每层"气窗"面积越大，高炉将因此改善透气性。批重越大，整个料柱的层数减少，因此界面效应减少，有利于高炉透气性改善。但是，批重越大，矿层越厚，要求的装料能力越大，而且对于高炉块状带的还原和软熔带的矿层熔化，应当考虑两方面的影响。

（1）块状带的还原。煤气进入较厚矿层的还原能力将被快速耗尽，结果块状带中铁矿炉料的还原将变得更差。

（2）软化和熔化。一旦矿层开始软化和熔化，它将变得不透气。这意味着矿层只在焦层和矿层接触表面被加热。矿层越厚，需要完全熔化的时间越长。另外，矿层熔化速度减慢，矿层越厚，矿层的熔化越困难，如图9-61所示。

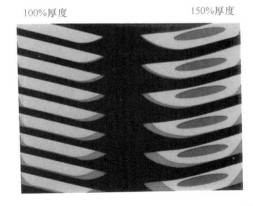

100%厚度   150%厚度

厚料层区域加热缓慢，气体还原变差

气体还原达不到正常铁氧比，低于0.5

当这些料层熔化下降时，可通过风口窥
视孔观察到这些部分似渣皮脱落

图9-61
彩图

图 9-61 薄矿层和厚矿层熔化比较

因此，高炉操作者需要透气好的焦层（即厚焦层）和熔化好的矿层（即薄矿层），取得最好的操作指标是在于这两个因素的相互妥协。一般来说，从实际生产的观察，在高炉炉喉的矿层不应超过 70~80 cm，焦层不应小于 32 cm，最佳比例及厚度取决于各高炉的条件。经验已表明：如果使用透气性好的铁矿炉料，即使当矿层相当厚时，矿层透气性仍能保持。

皮带上料高炉趋于采用较厚矿层生产。这是由于在皮带上料的高炉，上料能力的提高增加了矿层厚度。料车上料高炉，达到最佳的上料能力是焦炭满料车。焦炭层厚度最佳化的另一方面是涉及焦层的透气性。在高炉槽下筛分的焦炭越粗，焦层的透气性越好。然而，筛分粗颗粒焦炭（35 mm 及以上）有两个缺点。

（1）筛分的焦炭越粗，产生的焦丁或小焦越多。焦丁被加到矿层中，增加了矿层的厚度，减小了焦层的厚度。

（2）槽下筛分的焦炭越粗，在焦-矿界面形成的混合层越厚。

一般情况下，小矿批料层薄，界面效应明显，气流不稳定，矿石滚到中心的量较少，相对发展中心，加重边缘；大矿批料层厚，既加重边缘又加重中心，但大矿批界面效应减轻，相对加重中心，发展边缘，煤气分布也更加均匀稳定。在一定冶炼条件下，每座高炉都有自己合适的批重，找到合适的批重后要尽量保持稳定。合适的批重与下列因素有关。

（1）与炉容有关。炉容越大，炉喉直径也越大，为保证煤气流合理分布，批重应相应增加，见表9-26。近年来，随着原燃料条件的逐步改善，矿石品位提高，炉料粉末减少，批重进一步有所增加，从而改善了煤气利用，降低了燃料比。

表 9-26 不同炉容的适宜批重

炉喉直径/m	3.5~6	6~7	7.0~8.5	8.5~10	10~11	11
高炉容积/m³	<1000	1000	2000	3000	4000	5000
矿石批重/t·批⁻¹	<45	35~60	60~90	100~130	110~145	130~165
矿石厚度/mm	450	500	600	680	700	750
焦炭厚度/mm	450	500	600	680	700	750

（2）与冶炼强度有关。随着冶炼强度的提高，风量增加，中心气流加大，必须适当扩大矿石批重。此外，冶炼强度提高后，炉料下降速度及其均匀性也有所提高，从而改善了料柱的透气性，为扩大矿石批重、增加矿层厚度创造了条件。

（3）与喷煤量有关。当冶炼强度不变时，高炉喷吹燃料后，炉缸煤气体积和炉腹煤气速度增加，促使中心气流发展，需要适当扩大批重，抑制中心气流。但是随着冶炼条件的变化，近几年来在大喷煤量的高炉上出现了相反情况，随着喷煤量的增加，中心气流不易发展，边缘气流反而发展，这时不能加大批重。

现代高炉上为保持软熔带内焦窗的稳定，当需要改变焦炭负荷时，最好保持焦批体积不变，即改变矿批重而不改焦批重；在改换不同堆积密度矿石时，则应整个调整料批质量而保持焦批体积不变。

E　粉料及煤气速度

在炉喉上方空区，煤气对炉料的阻力也可称作浮力，这个力的增长与煤气速度的平方成正比。煤气浮力对不同粒度炉料的影响不同，在一般冶炼条件下，煤气浮力只相当于直径 10 mm 粒度矿石质量的 0.5%~0.8%，相当于 10 mm 焦炭质量的 1%~2%，但煤气浮力 P 与炉料质量 Q 的比值（P/Q）因粒度缩小而迅速升高，对于小于 5 mm 炉料的影响不容忽视（小于 5 mm 炉料占比小时可忽略）。如果块状带中炉料的孔隙度在 0.3~0.4 mm，一般冶炼强度的煤气速度很容易达到 4~8 m/s，可把 0.3~2 mm 的矿粉和 1~3 mm 的焦粉吹出料层。煤气离开料层进入空区后速度骤降，携带的粉料又落至料面，如果边缘气流较强，则粉末落向中心，若中心气流较强则落向边缘，产生炉料在炉喉落下时的分级现象。

使用含粉较多的炉料，以较高冶炼强度操作时，必须使粉末集中于既不靠近炉墙，也不靠近中心的环形带内，保持两条煤气通路和高炉顺行；否则无论是只发展中心或只发展边缘，都避免不了粉末形成局部堵塞现象，导致炉况失常。

由于煤气速度对布料的影响，日常操作中使炉喉煤气体积发生变化的原因（如改变冶炼强度、富氧鼓风、改变炉顶压力等），都会影响炉料分布，应予注意。

9.5.4.2　无钟炉顶布料

A　布料平台

无料钟炉顶采用旋转溜槽布料时，溜槽以一定的角速度旋转，炉料除了受重力作用沿溜槽向下滑动之外，还受离心力和惯性力作用沿溜槽截面做横向运动。当炉料离开旋转溜槽时，由于离心作用将使炉料落点外移，炉料向堆尖外侧滚动多于内侧，大粒度多滚向外侧，小粒度则在堆尖附近，形成料面的不对称分布，外侧料面较平坦，这种现象称为溜槽布料旋转效应，转速越大效应越强。当溜槽同一角度多圈放料时，自然偏析现象更加严重，如图 9-62 所示。因此，旋转溜槽布料时，炉料粒度应当整齐。采取多环或螺旋布料可以减少粒度偏析。

多环布料把粉料分散到较大的面积内，降低了粉料的破坏作用，提高了料柱透气性。由于外侧炉料堆角较小，在多环布料环间距离较小时，料面形成平坦的台阶如图 9-63 所示。炉内呈平台-V 形料面（漏斗）形状（见图9-64），即边缘料面是平台形，中心料面呈 V 形，高炉稳定、顺行。平台要求有适宜的宽度。平台过窄，气流不稳定，煤气利用差。平台过宽，V 形漏斗浅，中心气流受抑制。

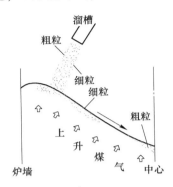

图 9-62　旋转溜槽布料料面

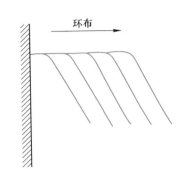

图 9-63　螺旋或多环布料形成的平坦料面

B　布料方式

无钟炉顶对高炉上部煤气流的控制非常灵活。生产中根据炉喉直径的不同，通常将其进行 8~11 等分，溜槽角度对应于每等份分成 8~11 个角度，由里向外，倾角逐渐增大见表9-27。不同炉喉直径的高炉，其环位对应的倾角不同。布料时由外环开始逐渐向里环进行，可实现多种布料方式。无钟炉顶的典型布料方式有以下四种，如图9-65所示。

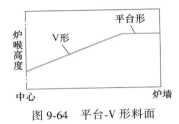

图 9-64　平台-V 形料面

表 9-27　溜槽倾角与位置

位　置	11	10	9	8	7	6	5	4	3	2	1
0 m 料线倾角/(°)	50.5	48.5	46.5	44.5	42.0	39.0	35.5	32.0	28.0	23.0	16.0
1 m 料线倾角/(°)	46.5	44.0	42.0	40.0	37.5	35.0	32.5	29.5	25.0	21.0	15.0
2 m 料线倾角/(°)	42.5	40.5	38.5	36.5	34.0	31.5	28.5	25.5	22.0	18.0	14.0
4 m 料线倾角/(°)	37.0	35.5	33.5	31.5	29.5	27.5	25.0	22.5	19.5	16.0	13.0
落点（距中心距离）/mm	4004	3808	3602	3383	3149	2896	2618	2307	1945	1492	618

（1）定点布料。定点布料是指倾动角与方位角都固定的一种布料方式，在高炉截面某点或某个部位发生管道或过吹时可使用。定点布料可以在 11 个倾角位置中的任意角度进行，操作时溜槽倾角和定点方位由人工手动控制。

（2）环形布料。环形布料因为能自由选择溜槽倾角，所以可在炉喉任一部位做单环、双环、多环布料，随着溜槽倾角的改变，可将焦炭和矿石布在距离中心不同的部位上，借以调整边缘或中心的气流分布。进行环形布料时，多数高炉通过固定布料器转数、调节节流阀的开度来实现规定的料层数目。

1）单环布料。单环布料是指只使用一个倾角布料。此方式料制单一，容易发生粒度偏析，料面坡度较大，炉料分布不均，较少采用。

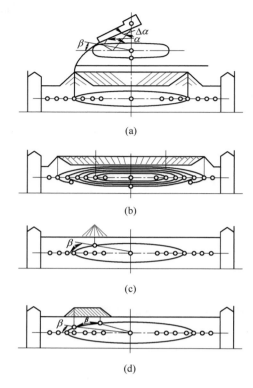

图 9-65　无钟炉顶四种典型的布料方式

（a）环形布料；（b）螺旋布料；（c）定点布料；（d）扇形布料

α—旋转溜槽与垂线方向的夹角；β—旋转溜槽布料时在水平面的方位角

2）双环布料。双环布料是指使用两个倾角布料。此方式粒度偏析现象减少，料面坡度较缓，炉料分布较均匀。

3）多环布料。多环布料是指使用三个及三个以上倾角布料。此方式炉料分布均匀，显著抑制偏析现象，煤气利用得到改善，生产中多用此法。

（3）扇形布料。溜槽布料倾角（α）不变而方位角（β）在任意选择的两个角度之间进行的布料方式，称为扇形布料。扇形料面常用在出现偏料和局部崩料而导致煤气流分布失常时。这种布料方式为手动操作，且时间不宜太长。

（4）螺旋布料。螺旋布料是倾动角与方位角都不固定的一种布料方式。从一个固定角位出发，布料溜槽在做匀速回旋运动的同时做径向运动，最终形成变径螺旋形的炉料分布。螺旋布料的径向运动是布料溜槽由外向里改变倾角而获得的，摆动速度由慢到快。这种布料方式能把炉料布到炉喉截面任一部位，根据生产要求不仅可以调整料层厚度，而且能获得较为平坦的料面。

C　布料调剂规律

图 9-66 所示是两个多环布料操作实例。

基本规律是：溜槽倾角大，边缘布料多；溜槽倾角小，中心布料多。当 $a_焦 > a_矿$ 时，边缘焦炭增多，发展边缘；而当 $a_矿 > a_焦$ 时，边缘矿石增多，加重边缘。

A 例：$O^{9876543(位置)}_{1332221(环数)}$ $\qquad$ $C^{8765321(位置)}_{2333111(环数)}$

B 例：$O^{9876543(位置)}_{1332221(环数)}$ $\qquad$ $C^{87654321(位置)}_{22322111(环数)}$

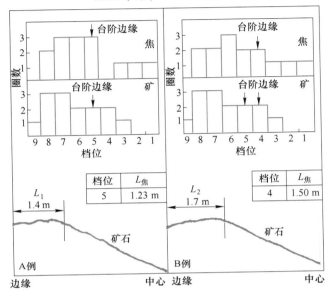

图 9-66　布料位置与平台宽度

根据无钟布料方式和特点，炉喉料面由一个适当的平台和由滚动为主的漏斗组成。为此，应考虑以下问题：

（1）焦炭平台是根本性的，一般情况下不作调节对象；

（2）高炉中间和中心的矿石在焦炭平台边缘附近落下为好；

（3）漏斗内用少量的焦炭来稳定中心气流。

为满足上述要求，必须正确地选择布料环位和每个环位上的布料份数。环位和份数变更对气流的影响见表 9-28，从 1~6 对布料的影响逐渐减小，1、2 变动幅度太大，一般不宜采用；3~6 变动幅度较小，可作为日常调节使用。

表 9-28　环位和份数对气流分布影响

序号	变 动 类 型	影响	备　　注
1	矿焦环位同时向相反方向变动	最大	不轻易采用，处理炉况失常选用
2	矿或焦环位单独变动	大	用于原燃料或炉况有较大波动
3	矿焦环位同时向同一方向变动	较大	用于日常调节炉况
4	矿焦环位不动时，同时反向变动份数	小	用于日常调节炉况
5	矿焦环位不动，单独变动矿或焦份数	较小	用于日常调节炉况
6	矿焦环位不动，向同方向变动矿焦份数	最小	用于日常调节炉况

9.5.4.3　判断装料制度是否合理的标准

（1）煤气利用率。煤气利用率 η_{CO} 的值在 0.5 以上时表明装料制度合理，在 0.45 左右时较合理，在 0.4 以下时较差，在 0.3 以下时则很差。

（2）炉喉煤气分析曲线。边缘气流型表明装料制度不合理，双峰型有两条通道适合于原料差的高炉，中心开放型适合于大中型高炉，平峰型煤气利用最好。

（3）炉顶温度。装料制度合理的标准为：中心 500~600 ℃，四周 150~200 ℃，四周各点温差不大于 50 ℃。

（4）炉顶煤气中 CO_2 含量（表示能源利用情况）。装料制度合理、煤气利用好时，2000 m^3 以上高炉，CO_2 含量应在 20%~24% 范围内；1000 m^3 左右高炉，CO_2 含量应为 20%~22%；1000 m^3 以下高炉，CO_2 含量应为 18%~20%。

9.5.4.4　装料制度的选择依据

（1）根据煤气分布类型确定装料制度。合理的装料制度要力求使煤气流分布达到所要求的类型。而煤气流分布形式的选择首先要考虑原料条件，如果粉末多，应采用双峰型煤气流分布，使粉末集中于既不靠近炉墙也不靠近中心的中间环形带内。另外，还要考虑高炉容积。小型高炉料柱短，阻力小，炉缸直径小，中心容易活跃，原料条件好时，在布料上可争取平坦型的煤气分布。大高炉的炉缸直径大，中心不易活跃，料柱高，对煤气阻力大，多采用中心发展型的装料制度。

（2）装料制度要与送风制度相适应。当装料制度以疏松中心为主时，下部应能接受较高的风速；当以发展边缘为主时，中心通路被矿石堵塞，下部不可能接受较高的风速。无论是改变装料制度还是送风制度，均要考虑两者互相适应。例如，当改变长期边缘发展时，在装料制度方面不应过激地加重边缘，而应逐步加重，以防边缘突然堵塞；与此同时，逐步提高风速，使煤气向中心延伸。这样，上下部调剂相互结合、互创条件，就能较快地改变发展边缘的错误操作。

（3）装料制度的选择要考虑煤气流速的影响。一般煤气流速低，高炉易顺行。炉顶压力高时，煤气流速低的高炉应争取采用接近于平坦型的装料制度进行生产。高冶炼强度、低顶压的高炉宜采用中心发展或接近中心发展型的装料制度。

（4）使用焦矿混装改善矿石的还原。提高矿焦比时，热流比上升，产生了矿石还原迟缓、软熔带肥大和透气性下降等问题，可在小块焦与矿石混合装入的基础上，进一步扩大矿石和焦炭混合装料的比例，合适的比例需通过试验确定。

9.5.4.5　选择或变更装料制度时应注意的问题

（1）力求装料制度稳定，但在高炉出现压差升高、憋风、难行时应及时调整，用两条煤气通路争取高炉顺行。一旦炉况恢复，应及时恢复原有的装料制度。还要经常注意炉墙温度和压量指数，如果炉墙温度低于正常值，应及时调整装料制度。变更装料制度时应尽量固定几个因素、变更一个因素，否则会自乱阵脚。

（2）禁止长期使用剧烈发展边缘气流的装料制度。

（3）高炉冶炼一般希望废铁和石灰石装入高炉的中心。不同高炉因炉顶和装料设备的结构不同，原料的装入顺序也不相同。

（4）变更装料制度时要考虑热制度的波动。加净焦或空焦可迅速改善料柱透气性（加煤、提风温无此作用），较大幅度地提高炉温，有利于尽快恢复炉况。与加煤、提风温相比，焦炭在炉缸能充分参加反应；而煤粉在条件不好时燃烧不完全，尤其是在失常炉况下会使炉渣黏度升高，给恢复炉况造成困难。

9.5.5 基本制度间的关系

高炉冶炼是在上升煤气流和下降炉料的相向运动中进行的。要使冶炼过程顺利进行，必须合理选择操作制度，充分发挥各种制度的调剂作用。各操作制度之间是相互依存、相互影响的。如热制度和造渣制度是否合理，对炉缸工作和煤气流的分布，尤其是对产品质量有一定的影响；但热制度和造渣制度相对比较固定，其不合理程度易于发现和调节，送风制度和装料制度则不同，它们对煤气与炉料相对运动影响最大，同时也影响热制度和造渣制度的稳定。因此，合理的送风制度和装料制度是正常冶炼的前提。送风制度对炉缸工作起决定性的作用，是保证高炉内整个煤气流合理分布的基础。装料制度可改变炉料在炉喉的分布状态，与上升煤气流达到有机的配合，是维持高炉顺行的重要手段。为此，选择合理的操作制度，应以下部调剂为基础，上下部调剂相结合，如图9-67所示。

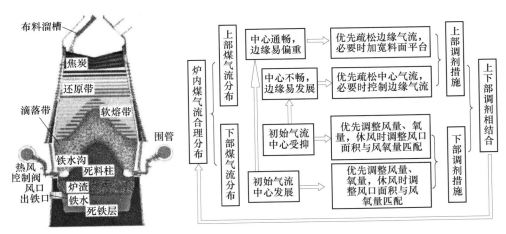

图 9-67　上下部调剂相结合控制煤气流分布

生产上，必须保持各操作制度互相适应，出现异常时及时准确调整。

（1）上部调剂一般在调剂批次炉料抵达风口平面处才起效果，因此时间较长（大约一个冶炼周期），完全作用一般要经过三个冶炼周期。下部调剂见效时间快，但调整后纠正难度大。在调节方法上，一般先进行下部调剂，其后为上部调剂。特殊情况可同时采用上下部调剂手段。

（2）在正常冶炼情况下，下部调剂一般优先选用合适的风口面积以获得最佳的鼓风动能，上部调剂一般优先选用合适的批重、调整装料顺序或角度。在上下部调剂过程中，还要考虑炉容、炉型、冶炼条件及炉料等因素。

（3）除了上下部调剂，近年有人提出中部调剂概念，中部调剂主要是通过对高炉中部（炉腹、炉腰及炉身下）区域冷却水流量、流速、水温差、喷吹等手段进行调控，使该区域维持合理的热流强度并得到合理的操作炉型，有助于稳定软熔带根部，使合理的煤气流分布不遭到破坏，高炉冶炼长期稳定顺行。

（4）日常生产调整应该让高炉处在一个稳定的基础上，日常的波动调整应在灵敏可调的范围内选择，不应大幅脱离。特殊情况或未知因素引起的气流变化调整上也要先找基准位置。寻找基准应先根据实际生产状态确定基本送风制度参数范围，通过结合开炉布料试验及休风时料面观察、检测，找准布料平台基本位置，在此基础上进行优化调整，调整过程切忌频繁变动基本操作参数和平台位置，遵从气流分布先可控后细化，参数水平最终回归到正常状态。

（5）气流调剂前要对气流主次有个评价，保证主气流的通畅，辅气流服从主气流，稳定后再寻找两道气流的平衡，做到"松""紧"有度，引导有方，避免依赖一道气流长期操作。边缘气流过分收"紧"，容易导致炉墙渣皮不稳，脱落增加，进而破坏煤气流分布；边缘过分"松"，则会导致冷却设备烧损增加；中心气流过强消耗上升，过弱容易引起炉缸不活，导致煤气流分布不合理。两者有机结合，"主""辅"有别才能保证调剂过程稳定，避免出现大的波动。

（6）操作上要做到早调、少调。大型高炉生产特点是冶炼周期长、惯性大、动作调剂见效慢，而生产运行的第一原则是稳定。因此，日常气流调剂动作必须进行趋势判断，看准之后采取小幅动作微调早调，若等到气流已经明显变化后采取过大、过快的调剂措施，气流分布难以在短期内适应和调整，势必造成炉况波动；另外，一旦确认调剂方向、动作量之后，必须要有一定的观察时间，若非炉况失常，切忌短期内多次调整、反复调整。

（7）炉缸的工作状况是气流调整的下部基础，直接影响一次气流初始分布，调整气流首先要确定炉缸的状态，炉缸工况不好的情况下，上部不宜简单地采取疏松边缘气流、抑制中心的调剂措施，先要从下部调剂着手，改善初始煤气流分布状态；如果炉缸工况良好，边缘气流偏重，中心气流有保障，可以从上部适当疏松边缘，也可对下部初始煤气流做适当调整。

（8）需要调整产量时，优先调整氧量，保证风速及炉腹煤气量维持在正常水平，不要过低，当富氧量调整不了时再考虑风量，大幅减产或炉况处于波动时，力求送风制度稳定，可适当加风、减氧。特别要注意在接近定修周期末期时，由于风口小套熔损（磨损），实际风口面积比理论计算大，为维持实际鼓风动能不发生较大变化，有时也采取维持产量不变，适当加风、减氧操作。

（9）恢复炉况，首先恢复风量，控制风量与风压对应关系，相应恢复风温和喷吹燃料，最后再调整装料制度。

（10）长期不顺的高炉，风量与风压不对应，采用上部调剂无效时，应果断采取缩小风口面积，或临时堵部分风口。炉墙侵蚀严重、冷却设备大量破损的高炉，不宜采取任何强化措施，应适当降低炉顶压力和冶炼强度。炉缸周边温度或水温温差大的高炉，应及早采用含 TiO_2 炉料护炉，并适当缩小风口面积，或临时堵部分风口，必要时可改炼铸造生铁。矮胖多风口的高炉，适于提高冶炼强度，维持较高的风速或鼓风动能和采取加重边缘的装料制度。原燃料条件好的高炉，适宜强化冶炼，可维持较高的冶炼强度。反之则相反。

在线测试9-5

9.6 炼铁工艺计算

9.6.1 概述

炼铁工艺计算是分析高炉冶炼过程的重要方法，也是评价高炉冶炼效率的重要手段，主要包括配料计算、物料平衡计算（以质量守恒定律为依据）和热平衡计算（以能量守恒定律为依据）等。配料计算是物料平衡的一部分，物料平衡则是热平衡计算的基础。配料计算是根据冶炼条件、生铁品种等原始数据，计算冶炼单位生铁所需的矿石、熔剂、焦炭、喷吹物等各种原燃料消耗量，以及生成的渣量。若进一步算出入炉风量和产生的煤气量，就包括了全部物质的收入与支出，这就是物料平衡计算的内容。在物料平衡基础上再进行热平衡计算可以了解高炉的能量利用情况。衡量高炉热能利用程度的指标是热量有效利用系数 K_T 和碳素热能利用系数 K_C。K_T 是在高炉总热消耗中除去煤气带走的显热和其他热损失后的有效热量消耗占的百分比；K_C 是碳素氧化成 CO 和 CO_2 放出的热量与假定碳素全部氧化成 CO_2 放出的热量之比。通过分析可以找出改善能量利用的途径，指导高炉生产。

炼铁工艺
计算实例

现场操作计算是高炉工长的一项重要工作，其要求简便、快捷、及时，要紧扣炉况和冶炼条件的变化，在计算中忽略对结果影响不大的因素，并应用平日积累的经验数据。现场操作计算结果直接指导操作调剂，不但要快而且要尽量准确，为此，要求工长平时注意积累经验数据，计算要与现场实际相结合。

9.6.2.1 批料出铁量与出渣量计算

高炉冶炼中总有少量铁（0.3%~0.5%）进入炉渣，而焦炭及喷吹煤粉带入的铁量通常也仅有几千克，与渣中铁量相近。因此，简化计算时，认为生铁中的铁全部由矿石带入，渣中的铁由燃料带入。考虑铁元素的收得率，则计算公式如下：

$$E = \frac{\sum m(\text{Fe})_{料}}{w[\text{Fe}]} \eta_{\text{Fe}} \qquad (9\text{-}126)$$

式中　　E——批料出铁量，t/批；

　　$\sum m(\text{Fe})_{料}$——批料总铁量，t/批；

　　　$w[\text{Fe}]$——生铁中的铁含量（质量分数），%；

　　　η_{Fe}——生铁收得率，%。

$$批料出渣量 = \frac{\sum m(\text{CaO})_{料}}{w(\text{CaO})} \qquad (9\text{-}127)$$

式中　　$\sum m(\text{CaO})_{料}$——批料 CaO 总量，t/批；

　　　$w(\text{CaO})$——渣中 CaO 的含量（质量分数），%。

例 9-1　已知某高炉的炉料结构为烧结矿 81%、海南矿 19%，焦批为 18.5 t/批，焦炭负荷为 4.2 t/t，料批为 8 批/h，喷煤量为 48 t/h，$w[\text{Fe}] = 94.4\%$，焦炭灰分为 12.5%，煤粉灰分为 11.5%，生铁的收得率为 0.998。忽略其他成分，炉渣中 $w(\text{CaO}) = 42.0\%$，原燃料成分见表 9-29。计算：批料出铁量及出渣量。

表 9-29　原燃料的成分（质量分数）　　　　　　　　　　（%）

名　称	TFe	CaO
烧结矿	57.83	9.98
海南矿	55.99	0.30
焦炭灰分		0.60
煤粉灰分		0.68

解　　　　　矿批 $= 18.5 \times 4.2 = 77.7$ t/批

烧结矿批重 $= 77.7 \times 81\% = 62.94$ t/批

海南矿批重 $= 77.7 \times 19\% = 14.76$ t/批

$$E = \frac{62.94 \times 57.83\% + 14.76 \times 55.99\%}{94.4\%} \times 0.998 = 47.2 \text{ t/批}$$

每批料的喷煤量 $= 48/8 = 6$ t/批

$$\sum m(\text{CaO})_{料} = 62.94 \times 9.98\% + 14.76 \times 0.30\% + 18.5 \times 12.5\% \times$$

$$0.60\% + 6 \times 11.5\% \times 0.68\% = 6.34 \text{ t/批}$$

批料出渣量 $= 6.34/0.42 = 15$ t/批

9.6.2.2　变料计算

A　矿石品位变化时焦批的调整

一般来说，矿石铁含量降低，出铁量减少，负荷没变时焦比升高、炉温上升，因此应加重负荷；相反，矿石品位升高，出铁量增加，炉温下降，因此应减轻焦炭负荷。焦比与焦批有如下关系：

$$焦比 = \frac{焦批}{批料出铁量}$$

如果焦炭负荷调整是按焦比不变的原则进行，在矿批不变的情况下，焦批变化量由式（9-128）计算：

$$\Delta J = \frac{P \cdot [w(Fe)_{后} - w(Fe)_{前}] \eta_{Fe} \cdot K}{w[Fe]} \qquad (9\text{-}128)$$

式中　　　　　ΔJ——焦批变动量，kg/批；

　　　　　　　P——矿批，t/批；

$w(Fe)_{前}$，$w(Fe)_{后}$——波动前、后的矿石铁含量（质量分数），%；

　　　　　　η_{Fe}——铁元素进入生铁的比率（生铁收得率），%；

　　　　　　　K——焦比，kg/t；

　　　　　$w[Fe]$——生铁的铁含量（质量分数），%。

但高炉冶炼通常的经验是，矿石品位提高1%，焦比降低1.5%~2.0%，因此，焦批的调整量还应考虑焦比变动的因素。可见，矿石品位变化后焦批的调整按式（9-128）计算，结果误差较大。

现场常用式（9-129）计算：

$$J_{后} = \frac{J_{前} w(Fe)_{后}}{w(Fe)_{前}} \{1 - [w(Fe)_{后} - w(Fe)_{前}] \cdot \alpha\} \qquad (9\text{-}129)$$

式中　$J_{后}$——品位变化后的焦批，kg/批；

　　　$J_{前}$——品位变化前的焦批，kg/批；

　　　α——矿石品位波动1%对焦比的影响值（此值根据高炉冶炼的经验数据选取，常取2）。

例9-2　已知烧结矿铁含量由53%降至48%，原综合焦比为580 kg/t，矿批为18 t/批，$\eta_{Fe} = 0.997$，生铁中 $w[Fe] = 95\%$，问焦批如何变动，焦炭负荷将调整到多少？

解　品位变化前的焦批为：

$$J_{前} = 18 \times 0.53 \times 0.997 \times 580 / 0.95 = 5807 \ kg/批$$

则：

$$J_{后} = \frac{5807 \times 0.48}{0.53} \times [1 - (0.48 - 0.53) \times 2] = 5785 \ kg/批$$

品位变化后的焦炭负荷 $H_{后} = \dfrac{18}{5.785} = 3.11$

焦批由原来的5807 kg/t降低到5785 kg/t，变料后的焦炭负荷为3.11。

B　生铁硅含量变化时焦批的调整

生产中炉温习惯用生铁硅含量来表示。高炉炉温的改变通常用调整焦炭负荷的方法来实现，一般情况下，生铁 $w[Si]$ 每变化1%，影响焦比40~60 kg/t，小型高炉取上限，当固定矿批、调整焦批时，可用式（9-130）计算：

$$\Delta J = \Delta w[Si] \cdot m \cdot E \qquad (9\text{-}130)$$

式中　ΔJ——焦批变化量，kg/批；

　$\Delta w[\mathrm{Si}]$——硅质量分数变化量，%；

　　　m——$w[\mathrm{Si}]$ 每变化 1% 时焦比的变化量，$m=40\sim60$ kg/t；

　　　E——批料出铁量，t/批。

当固定焦批、调整矿批时，矿批调整量（ΔP）由式（9-131）计算：

$$\Delta P = J_{前} \cdot H_{后} - P_{前} \tag{9-131}$$

式中　$P_{前}$——原矿批，t/批；

　$H_{后}$——调整后的焦炭负荷。

例 9-3　已知：某高炉矿批为 40 t/批，矿石铁含量为 54%，综合焦批为 12.121 t/批，$\eta_{\mathrm{Fe}}=0.998$，生铁中 $w[\mathrm{Fe}]=94\%$。当 $w[\mathrm{Si}]$ 从 0.4% 提高到 0.6% 时，计算：（1）矿批不变时，应加焦多少？（2）焦批不变时，需减矿多少？

解　设 $w[\mathrm{Si}]$ 每变化 1% 时焦比的变化量为 0.05 t/t，则：

$$E = \frac{40 \times 54\% \times 99.8\%}{94\%} = 23 \text{ t/批}$$

矿批不变时，焦批调整量为：

$$\Delta J = \Delta w[\mathrm{Si}] \times 0.05 \times 23 = 0.2 \times 0.05 \times 23 = 0.23 \text{ t/批}$$

焦炭负荷：

$$H_{后} = \frac{40}{0.23 + 12.121} = 3.24$$

焦批不变时，矿批调整量为：$\Delta P = 12.121 \times 3.24 - 40 = -0.73$ t/批

综上，矿批不变，应加焦 0.23 t/批；焦批不变，应减矿 0.73 t/批。

固定焦批、调整矿批时，有的厂也用式（9-132）进行估算：

$$\Delta P = \Delta w[\mathrm{Si}] \cdot m \cdot E \cdot H_{后} \tag{9-132}$$

式中　ΔP——矿批调整量，kg/批；

　$H_{后}$——调整后的焦炭负荷。

C　焦炭固定碳含量变化时焦批的调整

焦炭固定碳含量变化时，发热量也随之变化。为稳定高炉热制度，必须调整焦炭负荷，调整原则是保持入炉的总碳量不变。

当固定矿批、调整焦批时，每批焦炭的变动量为：

$$\Delta J = \frac{[w(\mathrm{C})_{前} - w(\mathrm{C})_{后}] \cdot J_{前}}{w(\mathrm{C})_{后}} \tag{9-133}$$

式中　　　ΔJ——焦批变动量，kg/批；

$w(\mathrm{C})_{前}$，$w(\mathrm{C})_{后}$——波动前、后焦炭的碳含量（质量分数），%；

　　　$J_{前}$——原焦批，kg/批。

例 9-4　已知焦批为 620 kg/批，焦炭中固定碳含量由 85% 降至 83% 时，焦批如何调整？

解　由式（9-133）计算焦批变动量：

$$\Delta J = \left[(0.85 - 0.83) \times 620 \right]/0.83 = 15 \text{ kg/批}$$

当固定碳降低后，每批料应多加焦炭 15 kg。

一般来说，焦炭固定碳含量改变时焦炭灰分含量也会变化，而灰分的主要成分是 SiO_2，为保持炉渣碱度不变，还要调整石灰石的用量，其计算式为：

$$\Delta\phi = \frac{\left[J_{后} \cdot w(SiO_2)_{后} - J_{前} \cdot w(SiO_2)_{前} \right] \cdot R}{w(CaO)_{有效}} \tag{9-134}$$

式中　　　　　　　$\Delta\phi$——批料石灰石的调整量，kg/批；

$w(SiO_2)_{前}$，$w(SiO_2)_{后}$——灰分波动前、后焦炭中 SiO_2 的质量分数，%；

　　　　　　　R——炉渣二元碱度；

　　　$w(CaO)_{有效}$——石灰石的有效熔剂性。

D　焦炭硫含量变化时焦批的调整

根据经验，焦炭硫含量每改变 0.1%，影响焦比（焦炭负荷）改变 1.5%，因此：

$$J_{后} = J_{前} \cdot \left(1 + \frac{\Delta w(S)\%_{焦}}{0.1} \times 0.015 \right) \tag{9-135}$$

例 9-5　已知高炉原焦批为 500 kg/批，炉渣碱度为 1.10，石灰石的有效熔剂性为 50%，焦炭成分变化见表 9-30，试计算新焦批（焦炭中硫含量变化 1%，影响焦比改变 1.5%）。

表 9-30　焦炭成分变化（质量分数）　　　　　　　　　　（%）

成分	固定碳	S	灰分	灰分中 SiO_2
原焦炭	84	0.70	14	48
新焦炭	82	0.75	16	48

解　因固定碳含量改变，变更后的焦批量为：

$$J_{1后} = 500 \times 0.84/0.82 = 512.2 \text{ kg}$$

因硫含量改变，应变更的焦批量为：

$$J_{2后} = 512.2 \times \left(1 + \frac{0.75 - 0.70}{0.1} \times 0.015 \right) = 516.0 \text{ kg}$$

根据式（9-135），可以计算得石灰石的调整量为：

$$\Delta\phi = \frac{(516.0 \times 16\% \times 48\% - 500 \times 14\% \times 48\%) \times 1.1}{50\%} = 13.26 \text{ kg（取 13 kg）}$$

应将焦批调整到 516 kg，并补加石灰石 13 kg。

E　喷吹物变化时焦批的调整

目前大部分高炉都喷吹煤粉，当喷吹量发生变化时，要及时根据喷吹物的置换比、焦炭负荷以及小时料批数计算应调整的焦炭量，以保持稳定的燃料比。

$$每批增减焦炭量 = \frac{每小时喷吹物的减增量}{小时料批数} \times 置换比 \tag{9-136}$$

例 9-6 某高炉原喷煤 42 t/h，风温 1200 ℃，鼓风湿度 8 g/m³，每小时下 5 批料，每批料出铁量为 60 t。现因设备故障预计 5 h 后喷煤量降到 36 t/h，计算每批料需补多少焦炭？

解 设煤粉的置换比为 0.8，则：

$$每批料补加的焦炭量 = \frac{42 - 36}{5} \times 0.8 = 0.96 \ t/ 批$$

每批料补加焦炭 0.96 t。

F 风温变化时焦比的调整

高炉生产中由于多种原因，可能出现风温较大的波动，从而导致高炉热制度的变化。为保持高炉操作稳定，必须及时调节焦炭负荷。

高炉使用的风温水平不同，风温对焦比的影响也不同，按经验可取数据见表 9-31。

表 9-31 风温对焦比的影响

风温水平/℃	800~900	900~1000	1000~1100	1100~1200	>1200
风温影响焦比系数 β/%	4.3	3.8	3.5	3.2	3.0

$$\Delta K = \frac{\Delta t}{100} \cdot \beta \cdot K_{综} \tag{9-137}$$

式中　ΔK——焦比变化量，kg/t；

　　　Δt——干风温变化量，℃；

　　　β——影响焦比的系数，%；

　　　$K_{综}$——综合焦比，kg/t。

例 9-7 高炉入炉焦比为 476 kg/t，煤比为 80 kg/t，煤粉置换比为 0.8，风温影响焦比系数按 3.5% 计。计算风温（干）由 1030 ℃ 提高到 1080 ℃ 时焦比的变化量。

解 综合焦比 = 476 + 80 × 0.8 = 540 kg/t

焦比的变化量 = 3.5% × (1080 − 1030) × 540 = 9.45 kg/t

风温提高后，焦比可降低 9.45 kg/t。

9.6.2.3 烧结矿碱度波动时的调节计算

(1) 烧结矿碱度波动时每批料需调节石灰石的量：

$$石灰石量 \approx 2w(SiO_2)_{烧} \cdot \Delta\gamma \cdot P_{烧} \tag{9-138}$$

式中　$w(SiO_2)_{烧}$——烧结矿中 SiO_2 的含量（质量分数），%；

　　　$\Delta\gamma$——烧结矿碱度的波动量；

　　　$P_{烧}$——批料烧结矿量，kg/批。

(2) 烧结矿碱度波动时矿石配比的变动可按式 (9-139) 进行简易计算（批重 P 不变）：

$$P_{烧} + P_{球} = P$$

$$R = \frac{P_{烧} \cdot R_{烧} + P_{球} \cdot R_{球}}{P_{烧} + P_{球}} = 1.25 \sim 1.35 \tag{9-139}$$

式中　　$P_{烧}$，$P_{球}$，P——烧结矿、球团矿与混合矿的批重，$t/$批；

　　　　$R_{烧}$，$R_{球}$，R——烧结矿、球团矿与混合矿的碱度。

智能炼铁

· 智能 9-1　自动化

自动化是指机器设备系统或过程（生产、管理过程），在没有人或较少人的直接参与下，按照人的要求，经过自动检测、信息处理、分析判断、操纵控制，实现预期的目标。自动化的核心是"控制"。在以上对自动化的解释中，包含了两层基本意思：

（1）自动运行或控制，即没有人或较少人的直接参与；

（2）虽然没有人，但肯定应按人的要求去做。

自动化设备能克服人的局限性——生理阈值，完成人无法完成的工作，例如：

（1）受限于人的情绪波动，人易出错，自动化设备与系统完成作业的一致性与重复性要远高于人，例如热风炉换炉通风时各种阀门的操作自动完成，避免了人为失误；

（2）受限于人的视觉、触觉与控制能力，人的手无法完成精细动作，例如集成电路的制作必须采用高精度的自动化设备；

（3）受限于人的"庞大"的躯体，无法在窄小空间中作业，例如各种管道（油管、水管）内的检修，需要各种管道机器人；

（4）人无法承受高温、高压、深水、核等环境下的工作，必须采用各种自动化设备或机器人，例如用机器人实现高炉内衬的热态喷补。

一个常见的自动化设备是水箱液位高度自动控制装置。图 9-68 给出了水箱液位自动控制系统示意图。其工作原理为：设"希望液位"高度为 H，通过水中的"浮子"测量"实际液位"高度，控制器比较这两个值，当"实际液位"低于"希望液位"，则控制"电动阀门"的开度加大进水量；反之，当"实际液位"高于"希望液位"，则控制"电动阀门"的开度减少进水量；直

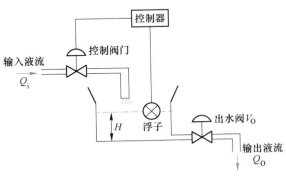

图 9-68　水箱液位自动控制系统示意图

至水箱水位稳定在"希望液位"H 值。当改变节流阀的开度（如用户用水增加或减少），输出液流发生变化，此时水箱水位再次偏离 H 值，液位自动控制再次进行，直至水箱水位再次稳定在"希望液位"H 值。

为了便于分析研究和理解，用图 9-69 表示这一液位自动控制系统的输入输出作用关

系，由此可以看出一个控制系统的基本组成，这里水箱变成了被控制的对象。

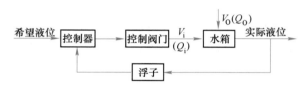

图 9-69　液位自动控制系统框图

一个典型的自动控制系统从结构上通常由下列功能环节组成，如图 9-70 所示。

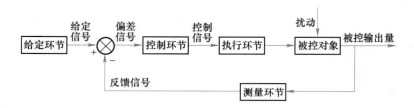

图 9-70　典型自动控制系统方框图

（1）被控对象。被控对象指具有某种功能的设备或过程，需要通过控制系统达到一定的性能。在液位控制系统中，水槽及管道等组成的水箱装置构成被控对象，水箱的液位是被控输出量，进水阀门开度（流量）是操作控制量。

（2）给定环节。产生给定信号或作为参考输入信号的环节。给定的输入信号通常与希望的被控输出量相关，它可以是一个确定的量值，这时的控制系统称恒值控制系统，希望在各种干扰下能使输出量稳定；它也可以是变值，对应的控制系统是随动系统，希望被控量快速准确地跟随给定输入信号变化。上述液位控制系统是一恒值控制系统，水箱水位的希望值（即给定输入信号）可在控制器上设定；高炉风口巡检机器人是一个随动系统，其巡检路线定位模块提供变化的运动方向作为给定信号，由机身底部的四轮驱动机构自动追踪风口位置，实现快速准确的风口"窥视"。

（3）测量环节。随时将被控输出量检测出来的装置。上述液位控制系统中的浮子是测量环节。

（4）比较环节。将给定的输入信号（被控输出量的希望值）与实际检测值进行比较。这里涉及自动控制的一个关键概念——反馈，它把被控输出量"反送"至输入端，与被控输出量的希望值进行比较（相减），由此得到偏差信号，提供给控制环节。在自动控制系统中，由反馈得到偏差信号不断减小，因此称为负反馈。当然，有些系统的反馈信号可以呈正形式，构成正反馈，偏差越来越大。在上述液位控制系统中，给定信号与反馈信号的比较在控制器中完成。反馈是自然界中一种普遍现象，人用手去抓某一物体时，总是用眼睛观察，不断调整手的运动方向以便接近物体；决策者下达指令后也会不时地收集指令的执行情况，从而修正指令或调整决策，保证任务的顺利完成。因此，反馈及反馈控制蕴含着深厚的"方法论"及"哲学理念"，是自动控制最基本的形式。

（5）控制环节。根据偏差信号，决策如何产生控制作用操作被控对象，实现被控量达到所希望的目标。这一环节是自动控制系统的核心。由于不同的对象有不同的特性，比如上述系统中存在水箱容量大小、管道粗细、进水压力、阀门开关特性等多个影响因素，因此要得出正确、有效、优化的决策并不是一件容易的事。上述液位控制系统中的控制器主要完成控制环节的功能。

（6）执行环节（执行机构）。按控制环节的控制决策，产生具体的操作控制，改变被控制对象的输出状态。图 9-69 中控制阀门就是液位控制系统的执行环节。

· 智能 9-2　最优控制

最优控制（optimal control）是现代控制理论的核心，它研究的主要问题是：在满足一定约束条件下，寻求最优控制策略，使得性能指标取极大值或极小值。

最优控制所研究的问题可以概括为：对一个受控系统或过程，从一类允许的控制方案中找出一个最优的控制方案，使系统在由某个初始状态转移到目标状态的同时，其性能指标值为最优。这类问题广泛存在于技术领域或社会问题中。例如，确定最优的鼓风参数（流量、压力、温度等）使初始煤气流的分布最为合理，制定最合理的人口政策使人口发展过程中老化指数、抚养指数和劳动力指数等为最优等，都是一些典型的最优控制问题。

最优控制的实现离不开最优化技术，它研究和解决如何从一切可能的方案中寻找最优的方案，包括如何将最优化问题表示为数学模型以及如何根据数学模型尽快求出最优解两个方面。在数学模型建立后，主要是解决寻优问题，可分为两种类型——公式解和数值优化。前者给出一个最优化问题的精确公式解，也称为解析解，一般是理论结果；后者是在给出解析解非常困难的情况下，用数值计算方法近似求得最优解，基本思想是用直接搜索方法经过一系列的迭代以产生点的序列，使之逐步接近到最优点。

对于越来越多的复杂控制对象，一方面，人们所要求的控制性能不再单纯的局限于一两个指标；另一方面，许多实际工程问题是很难或不可能得到其精确的数学模型。随着模糊理论、神经网络等智能技术和计算机技术的发展，近年来，神经网络优化、遗传算法优化、模糊优化等智能式的优化方法得到了重视和发展。

一般而言，最优化问题的求解过程分三步：

（1）根据所提出的最优化问题，建立数学模型，确定变量，列出约束条件和目标函数；

（2）对所建立的数学模型进行具体分析和研究，选择合适的最优化方法；

（3）如果使用数值优化，可根据选择的最优化算法编写程序，用计算机求解，或者使用集成了各种最优化算法的计算机软件（如 Matlab 等）求解。

另外，最优化方式有离线静态优化方式和在线动态优化方式。基于对象数学模型的离线静态优化是一种理想化方式。因为尽管生产过程（对象）被设计得按一定的正常工况连续运行，但是环境的变动、设备的老化以及原料成分的变动等因素形成了对生产过程的扰动，因此原来设计的工况条件就不是最优的，故应对生产过程实施在线实时监控，通过在线仪表、先进控制和实时优化技术等，对生产过程进行在线动态优化。高炉炼铁过程就是一个需要在线动态优化的生产过程。

· 智能 9-3 最优参数

例 9-8 由表 9-14，取表中鼓风动能和风速的数据均值，得到表 9-32。忽略其他因素的影响，试根据数据确定鼓风动能和风速的公式。

表 9-32 鼓风动能和风速的关系

风速 v/m · s^{-1}	170	175	190	205	210	235	240	260
鼓风动能 E/kJ · s^{-1}	42.5	75	80	90	100	120	130	140

确定公式包含确定公式形式及确定公式中的参数两个方面。确定公式形式（即模型公式）的方法有机理分析方法和测试分析方法；而如何确定公式中的参数是一个最优化问题。

机理分析方法是建立在对实际研究对象有一定认知基础上的理想方法，可根据相关变量所应遵循的自然规律建立数学模型。由式（9-100）知，鼓风动能与风速的平方成正比，可给出式（9-140）：

$$E_1 = kv^2 \tag{9-140}$$

以均方根误差 *RMSE* 最小为评价指标，求最优的参数 k 值。

$$RMSE = \sqrt{\frac{1}{n} \sum_{i=1}^{n} (Y_i - y_i)^2} \tag{9-141}$$

式中 Y_i——真实值；

y_i——预测值。

可使用 Matlab 等软件通过拟合求得最优参数 $k = 0.0022$，*RMSE* = 8.44（见图 9-71 中的蓝线）。所谓拟合就是使一系列的数据点与一组已知函数相吻合，拟合时需求出函数中除自变量之外的参数。例如，为了使式（9-140）适应表 9-32 中的数据，要求出参数 k，就是一个拟合过程。

更多的时候数据之间关系比较复杂，难以使用机理分析方法获得公式，可通过分析数据特点使用测试分析方法确定公式。测试分析方法是把所研究的问题看作一个内部机理看不清楚的黑箱，仅仅根据输入输出的数据建立数学模型。

本例中，以风速为自变量，鼓风动能为因变量，做出直观的观测图形（见图 9-71 中的数据点）。在数学上，任意阶可导的函数均可展开为泰勒级数，故确定近似模型公式如下：

$$E_2 = k_1 + k_2 v + k_3 v^2 \tag{9-142}$$

可求得最优参数 $k_1 = -270.9$，$k_2 = 2.539$，$k_3 = -0.003684$，*RMSE* = 6.98（见图 9-71 中的黑线）。

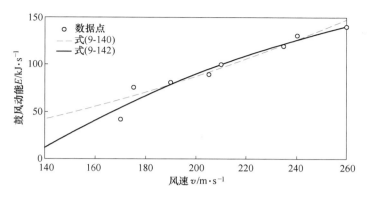

图 9-71　鼓风动能和风速的关系

实际应用中，机理分析方法和测试分析方法常常是交替使用的，以求最终获得一个可靠的模型公式。

本例中，由于忽略了鼓风温度、鼓风压力等因素的影响，故获得的公式并不准确，但显然式（9-142）中的参数 k_1、k_2、k_3 更好地适应了鼓风温度、鼓风压力等因素的变化，误差更小些。

本例是一个单变量函数关系的例子，实际应用中，涉及多组数据的多变量函数关系更为常见，无论是确定模型公式，还是通过最优化获得最优参数都变得更加复杂。目前，越来越多的计算机软件如 Matlab、1stOpt、Lingo、OpenLu 等均可用于求解最优参数。

事物的运行规律（或趋势）会通过一些相关参数的变化反映出来，反过来，测量并分析相关参数的变化也可以掌握事物的运行规律，当然，首先要明确事物的规律反映在哪些参数的变化上，然后通过测量获得数据；对这些数据，我们通常希望得到这些参数间的函数关系以便于分析和应用，因此要建立相关的数学模型并求解模型中的参数，模型中的参数常称为模型的最优参数（并非前面所说的与事物相关的参数）。

最优参数求解过程中，拟合效果的好坏取决于以下几个方面：

（1）数据点足够多，能反映所研究问题的基本规律；

（2）建立合理的数学模型；

（3）数据点的个数远多于数学模型中的参数个数，如果模型参数个数相对较多，易产生过拟合（例如使用多项式拟合时，多项式次数越高，参数个数越多，易产生龙格现象，反而和真实的函数差距越大，如图 9-72 所示）；

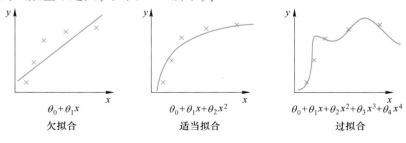

图 9-72　欠拟合和过拟合

（4）有合适的求解工具或算法，能方便地求解模型参数。

⤢ 拓展知识

· 拓展 9-1　Rist 操作线

· 拓展 9-2　最优参数实例

Rist 操作线

最优参数实例

？ 思考与练习

· 问题探究

9-1　如何理解高炉顺行，如何实现高炉顺行？

9-2　写出还原反应的通式。选择高炉还原剂要考虑哪些因素，高炉内的还原剂有哪些？

9-3　在高炉冶炼条件下，Cu、Pb、Ni、Co、Fe、Cr、Mn、V、Si、Ti、Al、Mg、Ca 等元素的还原程度如何？

9-4　铁氧化物的存在形态有哪些，其还原次序及还原难易程度如何？

9-5　什么是直接还原反应，什么是间接还原反应？比较两种还原反应的特点。

9-6　为什么炉顶煤气中必定有一定数量的 CO 存在，什么是 CO 的利用率？

9-7　比较 H_2 与 CO 还原的相同点和不同点。

9-8　高炉内的直接还原反应是如何实现的？

9-9　什么是碳的气化反应，它是如何影响高炉内铁的还原区域的划分的？

9-10　什么是铁的直接还原度和高炉的直接还原度？

9-11　直接还原与间接还原是如何影响高炉最低燃料消耗的，为什么说高炉工作者当前的奋斗目标是降低直接还原，发展间接还原？

9-12　降低焦比的基本途径有哪些？

9-13　简述未反应核模型理论。

9-14　高炉内影响铁矿石还原反应速度的主要因素有哪些？

9-15　为什么铁的复杂化合物更难还原？

9-16　高炉内硅酸铁的还原有哪些特点？

9-17　高炉内钛磁铁矿的还原有哪些特点？

9-18　高炉内锰的还原特点是什么？

9-19　高炉内硅的还原特点是什么？硅还原的中间产物 SiO 对高炉冶炼有何影响？

9-20　为什么高炉内磷可以全部还原？

9-21　结合高炉内碱金属的还原过程，说明什么是循环富集？

9-22　在高炉中碱金属有哪些危害，如何避免？

9-23　生铁形成过程中，碳是如何进入生铁的？

9-24　为什么说"要想炼好铁，必须造好渣"？

9-25 炉渣的成分有哪些，有哪些碱性氧化物和酸性氧化物？

9-26 什么是炉渣碱度，其表示方法有哪些？

9-27 高炉冶炼对炉渣有哪些要求？

9-28 什么是高炉解剖研究，取得了哪些成果？

9-29 简述高炉内五带分布的基本特点。

9-30 软熔带有哪几种形式，它们对高炉冶炼有何影响？

9-31 软熔带宽度、厚度、高度由什么因素决定，对高炉冶炼有何影响？

9-32 炉料中的水分有哪几种，它们对高炉冶炼有何影响？

9-33 高炉内碱金属、Zn、Mn 和 SiO 的挥发对高炉冶炼有何影响？

9-34 什么是 $CaCO_3$ 的开始分解温度和化学沸腾温度？

9-35 高炉内 $CaCO_3$ 分解对冶炼有何影响，如何消除这些影响？

9-36 简述高炉内的成渣过程。

9-37 炉渣的物理性质包括哪些方面，它们对高炉冶炼有何影响？

9-38 什么是长渣和短渣，各有何特点？

9-39 影响炉渣黏度的因素有哪些？

9-40 简述炉渣分子理论和离子理论的主要内容。

9-41 应用炉渣离子结构理论解释炉渣碱度与黏度之间的关系。

9-42 影响生铁中硫含量的因素有哪些，炉渣脱硫的条件是什么？

9-43 影响炉渣脱硫能力的因素有哪些？

9-44 什么是生铁的炉外脱硫，常用的炉外脱硫剂和脱硫方法有哪些？

9-45 说明炉缸燃料燃烧的作用，写出焦炭在风口前的燃烧反应方程式？

9-46 炉缸燃烧反应的最终产物是什么？

9-47 比较焦炭燃烧与喷吹燃料燃烧的异同。

9-48 鼓风中有水分时将如何影响煤气成分？

9-49 富氧鼓风时将如何影响煤气成分？

9-50 什么是燃烧带和风口回旋区，二者有何区别？

9-51 什么是风口前理论燃烧温度，影响理论燃烧温度的因素有哪些？

9-52 什么是炉缸温度，炉缸温度与理论燃烧温度有何关系？

9-53 影响炉缸中心温度的主要因素有哪些？

9-54 燃烧带大小对炉缸工作有何影响？

9-55 影响燃烧带大小的因素有哪些？

9-56 什么是鼓风动能，其影响因素有哪些？

9-57 合适的鼓风动能应考虑哪些因素，鼓风动能对高炉冶炼有哪些影响？

9-58 煤气在上升过程中其成分、温度、压力有何变化？

9-59 什么是热流和热流比，在高炉内煤气和炉料热流是如何变化的？

9-60 为什么高炉上部热流比小，而下部热流比大？

9-61 试述高炉内的热交换规律。怎样利用这一规律来改善煤气的能量利用？

9-62 影响炉顶温度的因素有哪些？

9-63 影响炉缸温度的因素有哪些？

9-64 炉料下降的条件有哪些？

9-65 影响有效重力的因素有哪些？

9-66 影响料柱压差的因素有哪些？

9-67 什么是透气性指数，它有何作用？

9-68 影响下料速度的主要因素是什么，生产中控制料速的主要方法是什么？

9-69 高炉下料情况如何探测？

9-70 高温区内焦炭如何运动？

9-71 什么是死料堆，它对高炉冶炼有何影响？

9-72 高炉不同部位的下料速度有何规律？

9-73 什么是冶炼周期，高炉的冶炼周期一般是多少？

9-74 超越现象对高炉冶炼有何影响？

9-75 炉料的流态化对高炉冶炼有何影响，如何避免炉料的流态化？

9-76 液泛现象对高炉冶炼有何影响，如何减少液泛现象？

9-77 控制煤气流分布有何意义？

9-78 煤气流分布的基本规律是什么？

9-79 煤气流的分布分几个阶段，它是如何形成的？

9-80 检测煤气分布的常用方法有哪些？

9-81 如何通过 CO_2 曲线和十字测温曲线判断煤气流分布情况？

9-82 高炉煤气流分布曲线有哪些形式，各有何特点，它是如何形成的？

9-83 何为合理的煤气分布，如何实现合理的煤气分布？

9-84 影响煤气流分布的因素有哪些？

9-85 高炉基本操作制度有哪些？

9-86 什么是高炉的热制度、造渣制度、送风制度和装料制度？

9-87 热制度的选择依据是什么？

9-88 影响热制度的主要因素是什么？

9-89 如何进行热制度的调节？

9-90 高炉冶炼对造渣制度有哪些要求？

9-91 如何确定炉渣的碱度？

9-92 如何调节炉渣的碱度？

9-93 造渣制度调剂中的有哪些注意事项？

9-94 什么是送风制度，什么是下部调剂，有哪些主要的调剂手段？

9-95 送风制度是否合理的评价指标有哪些？

9-96 高炉选择风量的原则是什么，风量有哪些调节作用？

9-97 高炉选择风温的原则是什么，风温有哪些调节作用？

9-98 为什么说风压是判断炉况的重要依据，如何对风压进行调剂？

9-99 鼓风湿度有何调剂作用？

9-100 喷吹燃料有何调剂作用？

9-101 富氧有何调剂作用？

9-102 如何选择风口面积、长度和倾角？

9-103 什么是装料制度，什么是上部调剂，有哪些主要的调剂手段？

9-104 影响布料的因素有哪些？

9-105 炉料堆尖处透气性如何，为什么？

9-106 什么是界面效应，对布料有何影响？

9-107 如何选择料线高度，低料线有什么危害？

9-108 如何选择批重大小，合适的批重与哪些因素有关？

9-109 煤气流对布料有何影响？

9-110 含粉较多的炉料应使用哪一种煤气分布？

9-111 无钟炉顶布料平台是如何形成的，平台宽度对煤气流有何影响？

9-112 简述无钟炉顶的典型布料方式。

9-113 无钟炉顶布料时环位和份数对煤气流分布是如何影响的？

9-114 判断装料制度是否合理的标准有哪些？

9-115 简述装料制度的选择依据。

9-116 选择或变更装料制度应注意哪些问题？

9-117 简述高炉基本操作制度之间的关系。

9-118 什么是自动化，自动化的核心是什么？

9-119 简述自动控制系统的基本组成。

9-120 什么是最优控制，如何解决一个最优控制问题？

9-121 什么是最优化技术，用最优化方法解决实际工程问题的步骤是什么，最优化问题的求解方法有哪些？

9-122 什么是数据拟合，拟合效果的好坏取决于哪些因素？

9-123 什么是 Rist 操作线，它有何用途？

· 技能训练

9-124 在无喷吹的条件下，计算鼓风湿度为2%、富氧率为2%时炉缸煤气的组成。

9-125 某高炉使用的炉料结构见表9-33，生铁中 $w[Fe]=94\%$ ，计算硫负荷为多少？

表 9-33　炉料成分表

炉料名称	批重/kg·批⁻¹	TFe/%	S/%
烧结矿	21000	57.8	2.8
球团矿	2100	61.8	0.6
生矿	1100	62.05	3.5
焦炭	5700		0.65

9-126 某 1000 m^3 高炉风温为 1100 ℃ ，风压为 0.3 MPa ，有 14 个风口工作，风口直径为 160 mm ，仪表记录风量 $V_风=2500$ m^3/min ，漏风率为 10% ，求实际风速和鼓风动能。

9-127 某高炉 $V_u=1513$ m^3 ，全焦冶炼，风量（标态）为 3000 m^3/min ，风口焦炭燃烧率为72%，鼓风湿度为1%，焦炭固定碳含量为85%，矿批为 30 t/批，焦批为 8 t/批，计算冶炼周期（矿石堆积密度 $\gamma_矿=1.8$ t/m^3 ，焦炭堆积密度 $\gamma_焦=0.45$ t/m^3 ，炉料在炉内的体积缩减系数为 $C=0.14$ ）。

9-128 某高炉使用烧结矿，铁含量由58.49%下降到52.5%，原矿批为 56 t/批，焦批为 14 t/批，综合焦比为 528 kg/t，求负荷变动量（η_{Fe} 取 0.997）。

9-129 已知某高炉炉料结构中含烧结矿 80%，炉渣碱度 $R = 1.1$，矿批为 9000 kg/批，焦批为 2200 kg/批，喷煤 6 t/h，料速为 8 批/h。铁的分配率为 99.5%，生铁成分中 $w[Si] = 0.6\%$。炉料成分见表 9-34。问需配加球团矿和生矿各百分之几？

表 9-34 炉料成分表

名称	烧结矿	球团矿	生矿	焦炭	煤粉
CaO/%	8.1	0.6	2.0	0.7	0.2
SiO₂/%	4.5	8.0	12.6	5	7
TFe/%	57	62	56		

9-130 某高炉生产中焦炭质量发生变化，灰分由 12% 升高至 14.5%，按焦批为 1000 kg/批、固定碳含量为 85% 计算，每批焦以调整多少为宜？

9-130习题
解答参考

9-131 案例分析：某高炉在 2006 年 10 月 10—15 日，原燃料条件见表 9-35。

表 9-35 原燃料条件 （%）

日 期	烧结矿粒度组成				焦炭分析	
	15~25 mm	10~15 mm	5~10 mm	<5 mm	CSR	CRI
2006 年 10 月 10 日	47.73	28.07	21.01	3.2	60.92	29.00
2006 年 10 月 11 日	37.09	23.37	30.06	9.48	57.18	31.50
2006 年 10 月 12 日	38.17	17.30	31.24	12.56	58.50	30.00
2006 年 10 月 13 日	32.47	25.54	32.55	9.45	56.30	30.30
2006 年 10 月 14 日	30.44	24.77	35.82	10.97	53.67	31.25
2006 年 10 月 15 日	28.01	24.76	31.35	15.67	55.62	31.90

从 10 月 11 日开始炉况失常，风量萎缩到 3000 m³/min，风压波动大，高炉不接受风量，对出铁晚点时间非常敏感，易憋炉；管道行程、崩料、塌料、悬料频繁，高炉顺行遭到彻底破坏，各项技术经济指标下滑。10 月 11 日，全天平均风量为 3860 m³/min，比 10 日全天平均风量低 90 m³/min。11 日 16:40，炉况突然难行，风压陡升，风机因承受不了风压而自动放风，为恢复炉况，被迫缩矿批、调矩阵。10 月 13 日加全风后，高炉操作参数恢复至与 11 日相同。

10 月 15 日夜班 01:30 时，炉况难行，风量萎缩，把矩阵由 O²³³²¹²¹¹¹⁰⁹⁸⁷⁶ C²²²²²³¹⁰⁹⁸⁷⁶¹ 调整为 O²³³²²¹¹¹¹⁰⁹⁸⁷⁶ C²²²²²⁴¹⁰⁹⁸⁷⁶¹。04:30 时悬料，被迫处理炉况。高炉坐料后由于风量小，炉况顺行变差，矿批由 58 t/批减小到 55 t/批。08:00 时将矿批减到 50 t/批，同时锐减焦炭负荷，矩阵变为 O³³²²¹¹⁰⁹⁸⁷⁶ C²²²²²⁴¹⁰⁹⁸⁷⁶¹。通过观察炉喉影像，发现中心气流不畅，边缘气流又不稳定。17:00 时，矩阵调整为 O¹³³²²¹¹¹¹⁰⁹⁸⁷⁶ C²²²²²⁴¹⁰⁹⁸⁷⁶¹，但由于透气性差，风量偏小，仅为 2950 m³/min，且塌料不断。18:20 时再次难行、悬料。为此，决定堵 8 号、14 号、21 号、28 号四个风口，减小矿批到 45 t/批，停氧、停煤，实行全焦冶炼，集中加净焦洗炉；并从 10 月 15 日开始，炉料结构由 76% 烧结矿+10% 唐山球团矿+10% 水冶球团矿+4% 海南矿改为 81% 烧结矿+9% 水冶球团矿+5% 锰矿+5% 海南矿。

经过几天的处理，10 月 19 日的风量、风压恢复到 3850 m³/min、355 kPa，炉况转入正常。

分析以下问题。

（1）处理炉况过程中，矩阵由 $O_{33221}^{109876} C_{222224}^{1098761}$ 变为 $O_{133221}^{11109876} C_{222224}^{1098761}$，希望能够起到什么作用？

（2）高炉坐料后，矿批由 58 t/批减小到 55 t/批，08:00 时再减到 50 t/批，目的是什么？

（3）10 月 15 日 18:20 再次难行、悬料后，决定堵 8 号、14 号、21 号、28 号四个风口的意义何在？

（4）10 月 15 日开始，炉料结构发生了什么变化，其目的是什么？

（5）此次高炉炉况失常可能是由哪些原因导致的？

▪ **进阶问题**

9-132　根据各级铁氧化物的还原的实际情况论述可能性和现实的辩证关系？

9-133　高炉内硫、锌、碱金属等存在循环富集现象，从量变到质变的观点解释循环富集造成的危害？用水满则溢及系统平衡的观点解释硫在高炉内各部位浓度分布的建立及维持状况？

9-134　从对立统一规律解释煤气和炉料的相对运动？

9-135　从普遍联系的观点解释高炉基本操作制度之间的关系？

9-136　喷吹燃料调剂炉温有滞后性，如何从全局出发理解各种调剂措施？

9-137　为什么炉腹煤气量几乎决定了与炉内所有传热、传质和动量传递的过程？

9-138习题解答参考

9-138　某高炉渣碱度为 1.03，MgO 含量为 7%，渣量由 650 kg/t 降至 $300 \sim 350$ kg/t 时出现号外铁（硫含量出格），应如何处理？

9-139　某 1372 m³ 高炉生产情况见表 9-36，绘制煤气曲线，分析生产上所采取的措施，这些措施使得顺行逐渐改善，但能否长期使用？

表 9-36　某高炉不同煤气分布的燃料比

月份	生铁硅含量/%	折算燃料比/kg·t⁻¹	煤气 CO₂ 含量/%				
			1	2	3	4	5
5	0.49	512.1	15.4	18.6	20.5	18.0	13.1
7	0.56	533.9	17.4	19.9	20.2	16.4	10.6
8	0.53	534	17.7	20.7	21.4	14.6	6.4

9-140　由表 9-10，试根据数据确定鼓风动能与炉缸直径的近似公式。

9-141　对高炉冷却壁热面状况进行检测对于了解高炉的运行状况以及预测高炉寿命有很大的参考价值。在冷却壁壁体不同深度上或在冷却壁间隙之间的填料上安装检测传感器，会破坏高炉冷却壁的本体结构，严重时会导致高炉炉壳的应力分布不均匀。因此，大量使用传感器布设在高炉冷却壁上不太现实。通过测量冷却壁水温差了解冷却壁的热面状况越来越得到广泛使用，设已获得不同厚度炉渣下冷却壁热面最高温度及冷却水进出口温差见表 9-37，为了方便对冷却壁热面状况进行量化分析，试确定冷却壁热面最高温度与冷却水进出口温差之间的函数关系，以及冷却壁热面炉渣层厚度与冷却水进出口温差之间的函数关系。

表 9-37　不同厚度炉渣下冷却壁热面最高温度及冷却水进出口温差

炉渣厚度/mm	冷却壁热面最高温度/℃	冷却水进出口温差/℃
0	157.0	5.9
3	121.6	3.9
5	106.2	3.2
10	84.8	2.2

续表 9-37

炉渣厚度/mm	冷却壁热面最高温度/℃	冷却水进出口温差/℃
15	74.0	1.6
20	67.5	1.3
30	59.7	1.0
40	55.5	0.7
50	52.6	0.6
60	50.7	0.5
80	48.3	0.4
100	46.7	0.3

项目 10　高炉炉况的判断与处理

🎯 学习目标

　　本项目介绍高炉炉况正常的标志和日常监控的判断依据，以及操作中炉况出现问题时的征兆和处理方法。学习者需从熟悉和掌握炉况判断依据和炉况出现的各种征兆开始深入理解异常炉况的处理方法。

- 知识目标：
- （1）理解炉况顺行的判别方法及标准；
- （2）理解煤气流形成过程、类型及影响因素；
- （3）掌握日常气流变化时的应对；
- （4）掌握失常炉况的形式，理解其处理方法。
- 能力目标：
- （1）熟知现代化高炉炉况顺行的标志和标准；
- （2）能对高炉气流分布监控检测点及其正常与否做出判断；
- （3）能制定炉况失常处理预案。
- 素养目标：
- （1）能由普遍联系规律理解和熟知从高炉原料到日常需要检测和关注的测温测压点等因素对炉况的影响；
- （2）能从全局观念考虑对失常炉况的处理。

思政课堂

凝造匠心

★ 每课金句 ★

　　要增强战略的前瞻性，准确把握事物发展的必然趋势，敏锐洞悉前进道路上可能出现的机遇和挑战，以科学的战略预见未来、引领未来。

　　——摘自习近平 2023 年 2 月 7 日在新进中央委员会的委员、候补委员和省部级主要领导干部学习贯彻习近平新时代中国特色社会义思想和党的二十大精神研讨班开班式上的讲话

📖 基础知识

10.1　炉况顺行的判别

10.1.1　炉况顺行的定义

　　炉况顺行是指高炉内气、固、液三态物质运动状态不发生任何形式的异常，冶炼进程

能够按照基本物理、化学原理顺利进行，并保持在某一水平稳定生产的状态；反之，炉况不顺就是不能达到或不能完全达到前面所述情况的状态，其形式多种多样，通常是指炉墙结厚或结瘤、悬料、崩料、管道和炉缸堆积等。

10.1.2 炉况顺行的特点

炉况顺行的主要标志是：炉缸工况均匀活跃，炉温充沛稳定，煤气流分布合理稳定，下料均匀顺畅。具体表现在以下几方面。

（1）高炉全风、全氧、全风温操作，压差及透气性指数在合适范围。风压平稳，在较小范围内波动（风压波动值 σ 在 $3\sim7$ kPa 以下，大型高炉取小值；σ 为风压波动标准方差）。

（2）气流分布良好，十字测温边缘温度、中心温度分配比例、同步同向性、稳定性及均匀性良好。

（3）下料均匀、顺畅，下料曲线没有呆滞、毛刺，料速没有时快时慢现象；探尺深度均匀稳定，差别不超过 0.5 m。

（4）风口明亮，炉缸圆周工作均匀活跃，风口前无大块生降；炉温在规定范围内波动。

（5）煤气利用率稳定性好且在合理范围。

（6）高炉热负荷、炉体冷却设备水温差、炉体耐火材料温度在正常范围内波动。

（7）炉顶温度随下料规律性波动，波峰、波谷在合理控制范围，各点温度均匀，极差不大于 50 ℃。

（8）炉体静压力无剧烈波动，高炉上下部压差相对稳定，并在正常的范围内。

（9）在炉料无大变化时，灰比（指高炉除尘灰和干法除尘灰的总量和铁量的比值）变化较小。

10.1.3 炉况顺行的判别方法及标准

10.1.3.1 判别方法

评判一座高炉运行状况的好坏包含两方面的指标：一是稳定性，二是适应性。稳定性是指在一定冶炼条件下，高炉运行波动幅度情况，体现高炉当前均值水平和"健康"状况；适应性是指高炉在内外部条件发生较大改变时，高炉能够自我调节的能力，包括幅度和程度，体现了长期运行时炉子的抗干扰、抗波动能力。稳定性和适应性是辩证统一的：稳定性是适应性的前提和基础，没有稳定，一切生产和指标无从谈起；适应性是稳定性的必要保障，没有适应性，高炉稳定也是暂时的，一旦冶炼条件变化，稳定就维持不了。

10.1.3.2 判别要素及标准

炉况稳定性可以从风压、下料、煤气利用、炉温、炉前作业等方面判别。

（1）铁水白亮，流动性良好，火花和石墨碳较多，铁水温度不低于 1500 ℃（小高炉稍低），断口呈银灰色，化学成分为低硅低硫。

（2）炉渣温度充足，流动性良好，渣中不带铁，凝固不凸起，断口呈褐色玻璃状，带石头边。

（3）风口明亮但不耀眼，焦炭运动活跃，无生降现象，圆周工作均匀，风口很少破损。

（4）料尺下降均匀、顺畅、整齐、无停滞和崩落现象，料面不偏斜，两尺相差小于0. 5 m。

（5）炉墙各层温度稳定，且在规定范围内。

（6）炉顶压力稳定，无向上高压尖峰。炉顶温度呈之字形波动，四点温差为30～50 ℃，顶温低于200 ℃。

（7）炉喉煤气五点取样 CO_2 曲线呈两股气流，边缘高于中心，最高点在第三点位置。

（8）炉腹、炉腰、炉身冷却设备水温差，稳定在规定范围内。

适应性主要从内部、外部条件变化时高炉抗波动能力来判别。

（1）内部本身变化时高炉适应能力：炉温连续两炉以上超上限或下限控制目标、渣铁未出净炉子受憋、造渣连续三炉以上高于上限或低于下限、炉墙大面积脱落、热负荷波动大于20 GJ/h 等情况下，看炉温有否波动或波动程度。如果出现这些情况，高炉仍能基本保持稳定顺行，或波动很小，未出现减风、大幅退负荷达10 kg 以上等情况，则表明炉子适应强；反之，顺行变差，炉况波动大，出现减风、顶压冒尖或炉温急剧变化，则适应性差。

（2）看外部条件变化时高炉适应能力：冶金性能差的原燃料入炉、矿焦比变更提升、送风制度较大变更、装入制度有较大变化时，高炉能自我调剂，仍能较快地达到另外一种平衡状态并保持稳定，未出现减风、大幅退负荷达10 kg 以上等情况，则炉子适应性强；反之，则适应性差。

10. 2 观察和评判气流分布方法

10. 2. 1 直接观察法

10. 2. 1. 1 通过看风口状态判断气流情况

主要判断炉缸初始气流分布情况，重点关注各风口工作是否均匀，焦炭燃烧是否活跃，有否有渣皮脱落或生降。看风口的作用包括以下几方面。

（1）判断炉缸圆周工作情况：炉缸工作的要点是均匀、活跃。各风口亮度、焦炭运动活跃程度均匀，说明炉缸圆周温度均匀，鼓风量、鼓风动能一致。

（2）判断炉缸半径方向的工作状况：若观察到焦炭在风口区虽然仍呈循环状态，但深度不够，说明炉缸中心不够活跃。

（3）判断炉缸温度：高炉热行时，风口光亮夺目，焦炭循环区较浅，运动缓慢。若风口明亮，无生料，不挂渣，则表面炉缸热量充沛；风口亮度一般，有时在风口前能看到生料或黑块、挂渣皮，则表面炉缸热量不足或下行；风口暗红，甚至肉眼可以观察，出现挂渣、涌渣甚至灌渣，则是炉缸大凉、炉缸冻结的征兆。通过风口判断炉温应注意区分几种情况：炉渣碱度过高，不管高低都易发生挂渣；风口破损时，局部易挂渣，并不一定炉温低。

（4）判断顺行情况：风口明亮但不耀眼，工作均匀、活跃，无生料，不挂渣，风口破损少，则高炉顺行，下料均匀、稳定。高炉难行时，风口前焦炭运动呆滞。高炉上部崩料时，风口并没有什么反应；下部崩料时，在崩料前风口表现非常活跃，而崩料后焦炭运动呆滞。高炉发生管道时，正对管道方向，在形成期很活跃，循环区也很深，但风口不明亮；在管道压制后焦炭运动呆滞，有生料在风口前堆积；炉凉期若发生管道则风口可能会灌渣。高炉偏料时，低料面一侧风口发暗，有生料和挂渣。

观察风口主要在现场进行，现代高炉装有风口摄像仪，在值班室的监视器上也能够实时在线观察风口工作状况如图 10-1~图 10-4 所示。

图 10-1　风口煤粉正常喷吹的图像　　　图 10-2　风口呆滞和煤粉停喷的图像

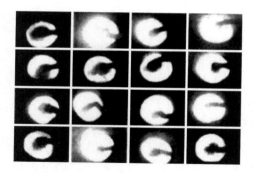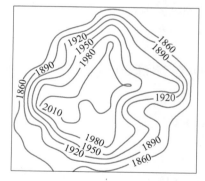

图 10-3　多风口监视器图像　　　图 10-4　风口回旋区温度场分布的图像处理界面(单位：℃)

10.2.1.2　通过炉顶摄像仪直观判断气流情况

现代大型高炉基本装有炉顶红外摄像仪，通过温度感应成像，可以直观地分析、判断气流分布。图 10-5~图 10-8 所示是四种气流分布现象。

10.2.1.3　通过看料面判断气流情况

休风时看料面的形状及料面煤气火焰情况判断炉况。高炉料面的实际形状如图 10-9~图 10-11 所示。看料面的作用如下。

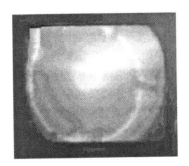

图 10-5　正常气流分布　　　　　　　　　图 10-6　边缘气流过旺

图 10-7　中心气流过旺　　　　　　　　　图 10-8　边缘气流局部过旺

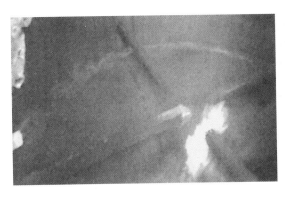

图 10-9　平台漏斗正常料面　　　　　　　图 10-10　大漏斗无平台料面

（1）直观看气流分布的强弱及均匀性。气流分布较好时，边上、中心均有煤气火焰，且中心较集中，边缘稍弱且均匀。

（2）为日常上部调剂提供辅助参考。通过边上是否有焦炭、平台宽度、漏斗深度、各方向料面偏差情况、炉喉钢砖磨损情况（辅助参考落料点）、料面堆尖位置等综合判断布料制度是否合适，为下一步调剂方向做参考。一般在休风后打开大人孔，马上用专门的料面检测仪观察、测量料面形状。从经验上看，较为理想的料面形状是：边上有一定量焦炭，并有 200~300 mm 的"倒角"；平台宽度约占炉喉半径 1/3；漏斗深度为 2~2.5 m，

图 10-11　馒头形料面

且不是"锅底形"漏斗；炉料径向分布平滑过渡，堆尖处炉料不高于其余处 0.5 m，且堆尖不靠近炉中心斜坡处（否则布料及下料稳定性受影响）。

10.2.2　间接观察法

间接观察法是指通过检测仪表观察、判断气流。

10.2.2.1　炉顶十字测温

日常重点要关注炉喉十字测温中心温度（包括正中心 CCT_1、次中心 CCT_2 均值及极差）、边缘温度（边缘 4 点均值及极差、次边缘的稳定性及极差），以及中心和边缘的相对值。为消除不同炉顶温度情况下对温度绝对值的影响，引入边缘气流指数，即边缘 4 点温度均值与炉顶 4 点温度（上升管顶端温度）均值之比（W 值）；中心气流指数，即中心及次中心 5 点温度之和与炉顶 4 点温度均值之比（Z 值）；中心与边缘分布比例指数，即 Z 值与 W 值之比（Z/W）。十字测温图电偶分布如图 10-12 所示。

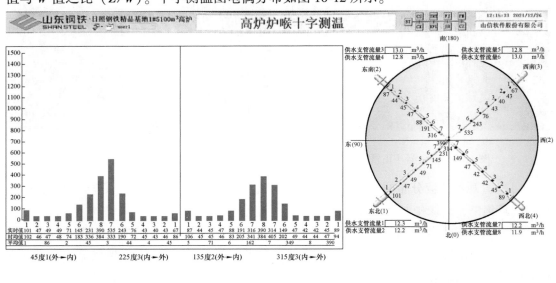

图 10-12　十字测温图电偶分布

10.2.2.2　炉体热负荷、温度、水温差检测计

热负荷过高，对炉体冷却壁寿命产生威胁；而热负荷过低，边缘气流过重，炉况不稳定，炉墙渣皮易脱落，影响高炉顺行。要重点关注总热负荷水平、稳定性情况，热负荷分区、分段位分布情况；同样，炉体温度、水温差也关注分区、分段的水平及趋势，并针对不同耐火材料、冷却系统、每座高炉都建立自己的热负荷、炉体温度及水温差控制标准。一般炉腰中部以下热负荷频繁波动是边缘偏重，有时也是气流未控制住（料量或料层厚度不够）造成的；若是炉身块状带（干区）热负荷频繁波动，则可能是边缘过强或气流严重不均匀造成的。

10.2.2.3　探尺或微波料面计

通过探尺和料速，可以探知料面形状，判断下料顺畅程度，进而推断气流情况。若边缘气流不畅，往往会出现料速不均、各探尺深度及风压周期性波动；反之，若中心气流过旺或中心漏斗过大，由于中心下料快，将会出现布料或下料过程中有炉料突然滑向中心、风压突升等现象。

10.2.2.4　钢砖下温度计

钢砖下温度计反映边缘气流情况。日常重点关注其均值、均匀性（极差大小）、稳定性（小时或班均偏差）和趋势性（均值持续走低还是走高）。

10.2.2.5　煤气成分检测计

煤气成分检测计反映炉内煤气利用状况，日常重点关注其稳定性、均值及变化趋势。煤气利用率过高，则表明气流较闷，中心及边缘都不畅，易造成差压高；过低，则说明中心或边缘过强，或局部存在炉料流态化。

10.2.2.6　静压力检测计

通过静压力检测计波动情况、压差分布可判断炉内料柱阻损情况。一般炉腰中部以下静压力频繁波动可能是边缘气流偏重或气流严重不均匀、局部炉墙渣皮频繁脱落造成的；块状带静压力频繁波动，往往是边缘气流过强或因为边缘偏重、局部薄弱区域气流窜动所致。而压差分布，即上部、中部、下部压差也对应不同气流状态。上部压差对应块状带压差，其高低反映块状带阻损情况，也可辅助判断炉内块状带料层厚度、软熔带位置高低和形状；中部压差对应软熔带区域阻损，辅助判断软熔带厚度、稳定性；下部压差对应滴落带以下区域，辅助判断炉温水平、出渣铁状况、风量与风口面积的匹配程度、炉缸工况，下部压差长期偏高，若排除出渣铁、炉温影响，可能是炉缸工况不好、初始气流分布不易达到炉中心而边缘通道有限导致下部煤气流受阻，也有可能是风量与风口面积不匹配，大风量用小风口面积将导致进风受阻、下部压差高。

10.2.2.7　炉顶温度计

炉顶温度计用来辅助判断气流均匀性及下料顺畅程度。日常重点关注其稳定性、均值及变化趋势。

10.2.2.8　综合检测仪表

通过顶压稳定或波动情况（如顶压冒尖）、风压稳定或波动特点与规律（如压差水

平，是否有周期波动、急剧波动）、透气性指数水平来间接判断气流。高炉炉况部分监控曲线如图 10-13 所示。

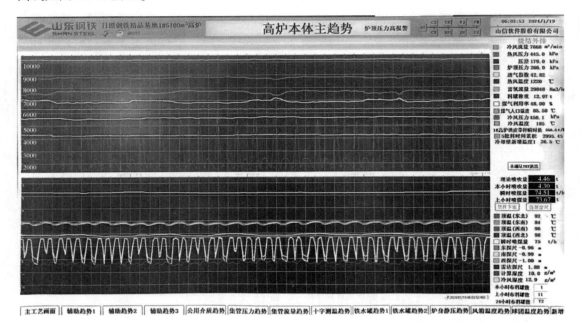

图 10-13　高炉炉况部分监控曲线

图10-13
彩图

10.3　合理煤气流的调剂与控制

所谓合理煤气流，是指能够保持炉况长期稳定、顺行，技术经济指标良好的气流分布状况。合理煤气流是相对和动态的，也就是说，合理煤气流分布，并不是要某些气流参数处于某个绝对的值，此种冶炼条件下的合理煤气流分布，在另一种冶炼条件也可能不合理，它必须与一定冶炼条件相匹配，以炉况顺行结果为最终评判标准。换句话说，在一定冶炼条件下，能够保持高炉稳定顺行，且具有一定抗波动能力的气流分布就是符合该冶炼条件的合理煤气流分布。合理煤气流分布特征包括：

（1）风压平稳，压差、透气性指数在适宜范围内；

（2）煤气利用率在合适水平，而且稳定；

（3）料速均匀，下料平稳，料面平整，稳定性好，探尺偏差小；

（4）十字测温中心和边缘温度适宜而且稳定；

（5）顶温均匀，随布料同步同向在一定范围内波动；

（6）炉喉钢砖温度稳定，圆周方向均匀；

（7）操作炉型及热负荷平稳，在适宜范围内，波动小，炉墙温度稳定，无脱落；

（8）炉缸工作状态良好，炉温充沛，各铁口温度均衡，出渣铁稳定；

（9）风口工作活跃，鼓风动能控制在适宜范围内，理论燃烧温度适宜。

10.3.1 基本原则

煤气流调剂基本原则：下部调剂是基础，上部调剂是重要手段，上下部调剂必须相结合和匹配。先进行下部的基础调节，再进行上部布料制度日常调节。

10.3.2 基本思路和方法

（1）找准基准点：结合高炉运行实绩，找准基本送风制度参数范围；结合开炉布料试验及休风料面观察、检测，找准布料溜槽不同倾角时炉料与炉喉的初始碰撞点。

（2）综合判断，"压""疏"有度：根据下部气流分布特点，判断中心和边缘煤气流状况，进行上部调剂。"压"和"疏"都有一个度，达到适宜参数值为最佳。边缘气流过分"压"，容易导致炉墙脱落，破坏煤气流分布，过分"疏"导致烧损冷却设备。中心气流过强或过弱都会导致煤气流分布不合理。

（3）早调、少调：大高炉冶炼周期长、惯性大、动作调剂见效慢，因此，日常气流调剂必须先判断趋势，看准之后采取小幅动作微调早调；另外，一旦确认调剂方向、动作量之后，必须要有一定的观察时间，若非炉况失常，切忌短期内多次调整、反复调整。

10.3.3 调整煤气流应考虑的因素

（1）当前基本送风制度。送风制度包括风量、氧量、富氧率、鼓风动能、理论燃烧温度、风口面积（含堵风口个数、方位、风口直径）、风口长度等。

（2）当前喷煤量。高炉煤比高低对风口回旋区、下部料层透气透液性、上部料层透气性、炉墙边缘气流强弱及热负荷有很大影响。

（3）炉料结构，尤其是球团比例。球团矿粒度均匀，易滚动，自然堆角小，软熔温度低而且软熔区间宽，采取气流调剂措施时，要考虑如何适应配比变化。

（4）焦炭质量。焦炭质量对透气性、顺行影响较大。

（5）烧结矿质量。烧结矿质量对高炉过程影响很大，尤其是低温还原粉化率。

（6）操作炉型。不同炉型对气流调剂有不同要求；反过来，操作炉型的变化将引起煤气流分布的明显改变。维护好操作炉型就是在炉墙结厚与过快侵蚀之间寻找一个合理平衡点。

（7）炉温热水平。炉温的高低反映了软熔带根部位置。软熔带根部位置高，炉况相对稳定。软熔带根部位置低，甚至在风口附近，若炉况稍有波动，顺行即被破坏，出现崩滑料不止、局部气流过强，甚至管道及风压剧降现象。

（8）炉缸工况。炉缸工况不好，上部不易采取疏松边缘气流、抑制中心的调剂措施，要从下部调剂上改善初始煤气流分布；反之，炉缸工况良好，边缘偏重，可以从上部适当疏松边缘，下部初始煤气流也可适当调整。

10.3.4 具体调剂手段

高炉气流调剂的出发点和落脚点是确保气流分布合理，炉况长期稳定顺行。

10.3.4.1 下部调剂

下部调剂可调整风口回旋区形状，进而调整炉缸径向煤气流的初始分布。

A 主要手段

下部调剂的主要手段有：风量、氧量及匹配；风口布置包括面积、风口个数、角度及长度等，风温、湿分、喷煤量等。各手段中，风量、富氧调整对送风制度影响最大；其次是风口面积；再次是风温、湿分和喷煤。

B 调剂目标

调剂目标为控制鼓风动能、炉腹煤气指数、炉身煤气平均流速、理论燃烧温度等参数在合理范围。

（1）鼓风动能：

$$OR = 0.88 + 0.000092E - 0.00031PCI/N \qquad (10\text{-}1)$$

式中　OR——回旋区长度，m；

　　　E——鼓风动能（不考虑喷吹燃料在风口内燃烧的影响），$kg \cdot m/s$；

　　PCI——喷煤量，t/h；

　　　N——风口个数。

调节回旋区大小（具有一定的回旋区长度）以调节煤气流的初始分布最重要的是调节鼓风动能。任何高炉都有一个允许最低、最高的鼓风动能，超出这个范围，无论怎么调剂，炉况都不能保证稳定；在此范围之内，还要根据不同的冶炼条件，控制不同的鼓风动能，以使炉况、技术经济指标尽可能最好。图 10-14 是根据回旋区长度，测算不同直径高炉合理鼓风动能曲线图。

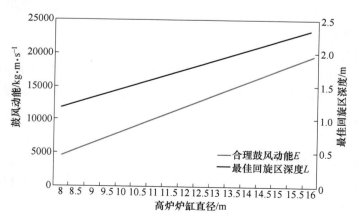

图 10-14　大型高炉鼓风动能与炉缸直径关系

（2）炉腹煤气指数：限制高炉强化的气体力学因素，归根结底是高炉内煤气的通过能力，因此高炉存在着强化冶炼的上限；但同时，从气流分布、炉缸传质传热角度考虑，高炉冶炼也存在一定下限。这意味着炉腹煤气量指数应有一个合适的范围。

（3）炉身煤气平均流速：炉身煤气平均流速是指煤气在炉身平均截面积上的流动速度，它是块状带气流分布的重要指标，对煤气、炉料的逆流反应和炉料下降影响很大，必须控制在合理范围；煤气流速过高，不仅煤气利用降低，严重时容易出现管道。炉身煤气平均流速计算见式（10-2）：

$$炉身煤气平均流速 = \frac{\frac{V_{BG} + V_t}{2}}{60} \times \frac{\frac{Tf_1 + T_T}{2} + 273}{273} \times \frac{1.013}{1.013 + \frac{BP + TP}{2}} \times \frac{1}{0.55S} \quad (10\text{-}2)$$

式中　V_{BG}——炉腹煤气量日平均值（标态），m^3/min；

V_t——日均炉身煤气量(标态)，$V_t =$（送风流量日平均值+压缩空气量日平均值）×0.79×100/［100−（H_2+CO+CO_2）］，m^3/min；

Tf_1——风口前理论燃烧温度，℃；

T_T——炉顶温度，℃；

273——摄氏与开氏温度换算，K；

BP——高炉风压（表压），MPa；

TP——高炉顶压（表压），MPa；

S——炉身平均断面积，$S=$炉身容积/炉身高度，m^2；

0.55——炉料填充系数。

根据经验，一般控制炉身煤气平均流速为（2.6±0.2）m/s，极限不大于 3.0 m/s。

（4）理论燃烧温度：风口前理论燃烧温度（T_f 值）标志风口前燃烧带热状态。T_f 经验计算公式如下：

$$T_f = 1559 + 0.839BT - 6.033BH + 4972 \times \frac{V_O}{V_b + V_O} - 3150 \times 1000 \times \frac{W_C}{V_b + V_O}$$
$$(10\text{-}3)$$

式中　BT——鼓风温度，℃；

BH——鼓风湿度，g/m^3；

V_O——鼓风氧量（标态），m^3/h；

V_b——鼓风风量（不包括氧量，标态），m^3/h；

W_C——喷煤量，t/h。

一般将 T_f 值控制在（2150±100）℃，极端情况下，上限不大于 2300 ℃，下限不小于 1950 ℃。

C　调剂方法

（1）选取和调整合适的风量、氧量：定修或休风时，首先根据计划产能、正常生产时吨铁耗风量来测算需要的风量、氧量范围，然后再测算风量、氧量各种不同匹配方式时，下部气流参数变化情况（结合风口面积变化），据此综合选取。除产量外，风氧量选取还要考虑不同炉容。同样产量情况下，炉容大的高炉，风量要优先考虑。生产过程中需要调整产量时，优先调整氧量，保证送风比及炉腹煤气指数不过低；氧量调整不过来再考虑风量；大幅减产时，为保证送风制度不至于发生大的变化，要适当加风、减氧。在接近定修周期末期时，由于衬套熔损，实际风口面积比理论计算大，为维持实际鼓风动能不发生较大变化，有时也采取维持产量不变，适当加风、减氧操作。

（2）合理布置风口及选取面积：定修或计划休风时，在确定一定风量、氧量范围之后，调整风口面积，控制下部气流参数在合理范围。若风口面积过小或过大，仍不能合理调整下部气流参数，则在产量不变情况下，微调风量、氧量。在调整风口面积的同时，为保证初始气流均匀、吹入角度偏差小，还要注意：在侧壁温度高堵风口时，尽可能对称堵风口，不连续堵风口；曲损风口小套必须更换，同时清理干净风口小套前端炉膛内黏结渣、铁；不同直径风口尽量均匀分布。

（3）根据需要控制风温、湿分及喷煤：风温、湿分及喷煤根据理论燃烧温度综合选取，但不作为下部调剂的主要关注及调控措施。一般风温用到最高水平，且正常不做调剂；喷煤量根据一定的矿焦比及燃料比控制要求调剂；鼓风湿度（BH）一般结合大气湿分情况，留有 $3\sim5$ g/m^3 的调剂余地。

10.3.4.2　上部调剂

下部调剂一般找准之后基本固定，上部调剂是日常气流调剂的主要内容。

A　主要手段

上部调剂主要包括布料倾角、档位、料线（含不同料线水平的补偿角度）、布料圈数、批重、排料顺序等的调剂，各手段对气流影响方向及程度大小是：倾角>料线>焦炭档位>矿石档位>圈数>批重>排料顺序。其影响规律是：溜槽倾角对布料影响最大，在布料边缘达到碰撞点以前，缩小角度边缘发展、中心抑制，布料平台加宽，反之则相反。料线对气流影响次之，布料边缘达到碰撞点以前，提高料线发展边缘，降低料线加重边缘。焦炭、矿石档位对气流影响再次之，在一定料线范围内，矿石布向边缘是压制边缘气流，焦炭布向边缘是疏松边缘气流，但料线深到一定程度后，炉料将反弹，效果正好相反；布料圈数对气流影响又再次之，在其他布料制度不变情况下，圈数增加或减少对气流影响要看增加或减少的部位。批重对气流影响较小，批重越大，料层越厚，边缘和中心均得以控制，但相对抑制中心更明显；批重缩小，边缘和中心均得以释放，但相对加重边缘。

B　调剂目标

调剂目标为控制上部主要气流参数在合理范围。虽然合理气流分布不是绝对的，是为稳定顺行服务的过程参数，但炉况长期稳定顺行状态时的气流参数范围，也可以作为日常气流重要参考依据。上部调剂主要控制的气流参数及管控范围如下。

（1）十字测温温度：CCT_1（550 ± 100）℃，CCT_2（300 ± 50）℃，边缘 4 点温度均值

（130±30）℃；边缘气流指数 W 值 0.8±0.2，中心气流指数 Z 值为 11±3，中心与边缘分布比例指数 Z/W 为 14±4，随煤比和冶炼条件、各高炉特点，上下限选取略有不同。

（2）探尺或微波料面计：平均料线与目标料线偏差连续 3 h 不大于 300 mm，3 把探尺之间极差连续 3 h 不大于 500 mm，3 把探尺各自的平均深度与总平均深度偏差连续 3 h 不大于 500 mm；料速偏差每 5 批不大于 5 min；焦炭和矿石布完料探尺刚放下时料线深度偏差不大于 0.3 m。

（3）煤气利用率：班平均（51.5±0.5）%，不同班次差异不大于 1%。

（4）压差：下部压差（100±10）kPa，中部压差（10±5）kPa，上部压差（45±5）kPa。

（5）炉顶温度：均值班均差异（不同班次班平均值差异）不大于 30 ℃，4 点极差不大于 50 ℃。

（6）综合检测数据：顶压冒尖单次不大于 15 kPa，超过减风；连续冒尖立即减风。风压缓步上升时，上限不大于正常值+3σ（σ 值为正常班均风压波动标准方差）；风压急剧拐动时，瞬时值较拐动前上升或下降不大于 15 kPa。透气性指数班均波动不大于 0.3，日均波动不大于 0.2。

C 调剂方法

（1）控制合理料面形状：不同布料模式或同种布料模式，不同的调剂动作量，将有不同料面形状，上部调剂的主要目的是形成合理料面形状。布料模式主要有平台加漏斗和中心加焦（向高炉中心另外添加少量焦炭来减小高炉中心狭小范围内的矿焦比，使中心透气性改善）两种。平台加漏斗模式煤气利用率较高、燃料消耗较低，但对原燃料质量的稳定性要求也较高。中心加焦模式能够较好地适应原燃料质量的波动，但煤气利用率较低、燃料消耗较高。

（2）根据料流轨迹和落点位置确定料线深度：在倾角确定后，以不碰撞炉墙、有上下调剂空间和实际气流状况选择合适料线。

（3）根据批重和炉喉直径确定布料圈数：一般是批重越大，圈数可多 1~2 圈；炉喉直径越大，选择圈数可多一点。在批重有较大变化，需要调整圈数时，原则是保证每圈的物流量变化不大。由于截面积差异，布料要把握外档圈数应多于内档圈数原则。

（4）根据合理料面形状需要确定布料档位：以形成边缘焦层有一定宽度平台（避免料面边缘产生混合层、软熔带根部位置过低）、中心有一定深度漏斗（确保中心气流稳定）、合适的边缘矿焦比的料面形状为目标确定布料档位，调整径向矿焦比分布，使边缘、中心、中间带的气流比率相对稳定。原则：中心调剂以料面形状控制为主，边缘调剂以矿焦比例调剂为主。

（5）根据料层厚度及冶炼强度选择合适批重：以炉腰焦层厚度大于 200 mm、炉喉大于 500 mm 为原则确定焦批；在此基础上，根据炉腹煤气量、料速适当选择矿批：增大风量强化冶炼时，炉腹煤气量大，适当扩大批重，既加重中心也适当压抑了边缘气流，对稳定煤气流是有好处的，但大矿批总体上是压制气流的，在风压高、透气性不好时，必须要适当缩小矿批，改善整个料柱的透气性，使矿批与冶炼强度、原燃料质量、喷煤比、炉况相适应。

（6）根据料线和档位关系确定不同料线时溜槽倾角设定值：发生崩滑料或探尺偏差较大时，若不进行料线补偿，将出现大部分炉料碰撞炉墙反弹的现象，因此有必要进行料线补偿的设定。根据料线抛物线形状，反推不同料线布料刚刚到炉墙边缘时的倾角，或固定不同溜槽倾角调整值，推算炉料刚刚到达炉墙边缘时料线，以此作为不同溜槽倾角的补偿料线。一般随料线越深，补偿料线间距越大。

（7）根据炉料在料槽位置安排合适的排料顺序：炉墙边缘及炉中心尽可能布冶金性能好的烧结矿，还原性差和粉末多的料尽量不要布在边缘和中心。

10.3.4.3　上下部调剂的结合与匹配

（1）总的原则：下部吹透中心，确保初始煤气流分布合理；上部适当疏松边缘气流，确保下料顺畅，维持合理差压；中部保持合适冷却强度，维持合理操作炉型。

（2）下部制度是基础，初始煤气流在合理范围，上部调剂方能很好地发挥作用；下部制度不合适，调剂上部效果很小或不明显。

（3）"压"和"疏"都有一个度，达到适宜参数值为最佳，不宜极限操作。中心、边缘气流过强或过弱都会导致煤气流分布不合理。

（4）上下部气流结合控制软熔带合理位置和形状，尤其要保持良好透气性。

10.3.5　日常气流变化时的应对

10.3.5.1　气流分布不合理

A　边缘气流过分发展

征兆：炉顶温度（T_T）高，炉喉、炉身温度普遍上升；十字测温边缘温度高；顶压（TP）不稳，有冒尖现象；下料不均匀，易发生崩滑料；风口工作不均匀；渣铁温度不均匀。

原因：长期风量不足，鼓风动能低或长期使用发展边缘的装料制度；原料粉末多，强度差等。

调剂：缩小风口面积，提高鼓风动能；使用适当发展中心的装料制度；提高炉温，降低碱度；适当降低顶压；有条件增加鼓风量或在产量不变条件下增加风量、减少氧量（以风换氧）。

B　中心气流过分发展

征兆：炉喉、炉身温度普遍偏低；顶压不稳，冒尖，顶温低；十字测温中心温度高，边缘气流低；风口工作不均；下料不均，风压受出渣铁影响大。

原因：鼓风动能过大，长期使用加重边缘的装料制度，或长期高炉温高碱度操作。

调剂：适当减少风量，降低鼓风动能；适当扩大风口面积或使用短风口；使用适当发展边缘的装料制度；若炉墙黏结严重，则洗炉。

10.3.5.2 炉温失控

A 炉温过低

征兆：铁水温度持续走低，低于1450℃；硅含量低、硫含量高。料速连续快于正常料速；局部铁水温度最低之处率先出现崩滑料；风口暗红，工作不均，局部出现生降。

原因：冷却器漏水、变料错误、称量异常、连续亏欠燃料比等。

调剂：立即用足下部热量，但煤比不高于正常15 kg/t；若崩滑料导致炉温急剧下降，减氧控制料速；煤气利用率急剧下降，立即减风300~500 m³/min，消除崩滑料；分析炉温下降原因，及时消除不利因素；根据实际情况决定退负荷程度，一般退10%以上；炉前强化出渣铁。

B 炉温过高

征兆：铁水温度持续上行，超过目标值30℃以上，高硅、高碱度；料速连续慢于正常料速，甚至出现呆滞现象；风压持续上升，下部压差显著上升；风口白亮，甚至呈现橘红；十字测温边缘、中心温度均上升，顶温持续高，甚至必须要炉顶洒水降温。

原因：变料后操作应对不当，变料错误，称量异常，燃料比连续偏高。

调剂：立即大幅撤下部热量，优先风温、煤量，慎用湿分；出现探尺打横，撤热后没有效果，应减风坐料，同时可进一步适当撤热；出现管道，立即减风300~500 m³/min，消除管道，同时继续大幅撤热；立即分析炉温高的原因，及时消除不利因素；调剂碱度，避免高硅、高碱度。

10.3.5.3 原燃料异常变化

原燃料异常变化包括炉料结构变化、成分变化、入炉粉末变化、强度变化等。

征兆：没有调剂气流，但差压、气流分布变化，炉况顺行变差；粉末入炉多则上部压差上升、中心气流受抑；炉料结构变化，则边缘、中心气流分配比例变化明显；使用相同原料的高炉表现出同样问题；现场检查实物质量下降。

原因：原料处理不好，筛网管理不到位，槽位控制过低，前道工序质量控制问题。

调剂：根据气流变化程度和方向决定是否要调剂气流；差异超过规定值，及时减风并退矿焦比；立即分析查找原因，采取针对性措施及时消除不利因素。

10.3.5.4 出渣铁不好

不能及时出净渣铁，高炉差压上升，严重时导致悬料、管道。

征兆：计算炉缸储铁储渣上升，排出量小于生产量；风压逐步上升，下部压差上升多，下料变慢；下部热负荷或静压力容易波动；料速基本正常，但铁水温度高、硅含量高。

原因：作业管理与控制不当导致不能及时排渣铁；设备故障导致不能及时出铁或单侧长时间出铁；料速连续过快，远大于排出能力。

调剂：根据存储渣铁量情况，有条件马上组织强化出铁（重叠出铁、增加上下两个铁口的搭接时间、扩大开口机钻头等）；由于设备故障，不能强化出铁，则视渣铁存储量进行减氧、减风控制；连续单边出铁一个冶炼周期以上，气流将偏行，适当退负荷，防止炉况失常；连续料快造成出渣铁不好，强化出渣铁，必要时减氧控制料速；立即分析查找具体原因，及时消除不利要素。

10.3.5.5 设备故障

布料或其他设备造成高炉低料线、布料失常等。由于影响种类因素较多，故需要综合判断与分析，然后有针对性地采取气流调剂或操作调整措施。

A 单环布料处理

（1）送风制度：炉况顺行良好，在全风全氧下直接变更为单环布料的方式；顺行一般或较差，则考虑适当减风、减氧；退负荷后，调整煤量时要控制理论燃烧温度，如果理论燃烧温度过高，湿分无法调节，则适当减氧；控制好风速以及炉身煤气流速，避免过高而吹出管道。

（2）装入制度：单环角度设定为日常正常布料时矿石、焦炭倾角加权值。按之前的正常料线进行布料，根据实际边缘和中心气流的情况进行上下调节。确定合适的装入矿焦比，保持高炉合适的风压与透气性；矿批要控制在合适范围，矿批过大对气流影响大，矿批过小料速将过快；料流阀（FCG）开度根据需要圈数调整。为减少布料时球团矿滚落对气流的影响，将球团比例降到 15% 以下。

（3）炉热制度：铁水温度为 1515~1525 ℃，$w[Si] = 0.5\% \pm 0.05\%$。煤气利用率下降多（一般在 48% 的水平），平衡炉热时，必须要以校正焦比为主，考虑煤气利用率下降对燃料比的影响。

（4）造渣制度：目标碱度为 1.21~1.23，$w(Al_2O_3) < 15\%$，确保渣铁流动性。

（5）作业制度：强化出渣铁，操作上严格先开后堵，避免渣铁受憋对气流造成影响。

B 布料溜槽底部磨穿的处理

（1）溜槽底部磨穿的判断：十字测温温度异常，CCT 温度直线下降，煤气利用率下降、煤气中 H_2 含量大幅上升；气流紊乱，高炉透气性指数（K 值）、高炉燃料比均上升；在排除了原燃料异常、炉顶设备漏水等原因后，观察溜槽旋转、倾动电流变化；从炉顶摄像头观察溜槽变短、有漏料或布料异常。

（2）溜槽底部磨穿的处理：风温、湿分用足，临时补充热量；停止上料，安排休风，更换溜槽；复风后风压高、透气性指数高，加风要慢，待料柱疏松中心后再加快加风速度；避免压差高而悬料；顶压略低于正常风量时的匹配值，以便引出中心气流；优先加风，富氧靠后考虑。

10.3.5.6 操作炉型变化

（1）炉墙结厚征兆、原因及处理，参见第 10.4.2.8 节。

（2）热负荷频繁波动原因及处理，参见第 10.4.2.9 节。

10.4 炉况失常及处理

10.4.1 炉况失常

10.4.1.1 炉况失常的定义

由于某种原因炉况波动，调节不及时、不准确和不到位，造成高炉较长时间不能维持正常生产的状态，称为炉况失常。炉况失常一般分为煤气流分布失常和炉温失常两类，而且二者相互左右、相互影响。大型高炉由于惯性大，炉况失常处理时间长，采用常规调节方法很难使炉况恢复，必须采用一些特殊手段，才能逐渐恢复正常生产。因此，炉况失常，轻则造成铁水质量异常、产量指标损失，重则造成高炉长时间非正常状态生产，人力、物力投入量大，同时安全风险高，处理不当或考虑不周容易出现安全事故。

10.4.1.2 炉况失常的原因

（1）基本操作制度不相适应，如长期气流分布不合理，造成高炉出现管道、连续崩滑料、炉墙结厚或频繁大幅脱落等。

（2）原燃料的物理化学性质发生大的波动，如入炉粉末急剧增多、成分剧烈变化、结构变化大，导致透气性、炉温急剧变化，操作上应对不当。

（3）分析与判断失误，导致调整方向错误，如炉温、气流的日常调剂上出现偏差，反向动作，加剧炉况波动造成炉况失常。

（4）意外事故，包括设备事故与有关环节的误操作两个方面，如设备故障导致紧急状态下长时间无补热休风、长时间低料线、设备严重漏水、布料溜槽角度漂移或磨损等。

10.4.2 炉况失常处理方法

10.4.2.1 管道行程

管道行程是高炉断面某局部气流过分发展的表现。按发生部位可分为上部管道、下部管道、边缘管道、中心管道等，按形成原因可分为炉热、炉凉、入炉粉末多、布料不正确、炉墙凝结物脱落等引起的管道行程。

A 现象或征兆

（1）风压呈锯齿波动或急剧下降后又上升，波动范围超过 20 kPa，风压 σ 水平显著增大。

（2）炉顶压力波动，并出现尖峰，冒尖 10 kPa 以上。

（3）炉顶温度、煤气风罩温度或十字测温边缘温度在某一固定方向急剧升高，圆周方向温度分散。一般情况下，温度急速上升至 500 ℃以上。

（4）管道方向的炉身静压力以及冷却设备水温差会出现突然升高的现象。

（5）炉喉红外摄像可看出管道处炉料有明显吹出现象。

（6）煤气利用率（η_{CO}）瞬时下降 2% 以上或小时平均下降 1% 以上。

（7）探尺工作不均，之间偏差增大至 500 mm 以上，并伴有呆滞现象。

（8）崩滑料逐步增多，并出现连续崩滑料现象，2 h 内大于 3 次。

（9）风口有向凉的趋势，并伴有下大块或生降现象，严重有涌渣现象。

（10）瓦斯灰（炉尘）吹出量明显增加。

B　原因分析

（1）冷却器漏水（炉顶煤气氢含量上升、铁口煤气火增大、风口进出水流量差别大、补水量增加）。

（2）煤气流分布失常（生产条件变化后，基本操作制度不匹配）。

（3）长期的装料制度（料线控制、批重大小、布料模式）不合理。

（4）炉墙结厚或炉墙黏附物有大的脱落（炉墙、壁体温度低，水温差小）。

（5）炉热水平失控（炉温过高或过低）。

（6）出渣铁作业不正常（见渣时间长、铁流过小）。

（7）原燃料条件、性状发生大变化（粉末多、强度差、高温性能下降）。

（8）风量与高炉透气性不匹配，压差过高。

（9）设备故障导致料线过低。

C　应对调剂措施

大型高炉出现管道一般是边缘管道，处理原则：尽快消除管道行程。

（1）第一步处理措施："三步同时法"，即"三同时法"。

1）减风减氧：一次性减风 500~1000 m³/min，直至消除管道行程，管道不止原则上不能加风；视富氧率高低减氧或停氧，富氧率低于减风前水平。煤比控制不高于调整矿焦比前正常水平的 10~15 kg/t。

2）调整装入制度：开放中心，强力控制边缘。料线降 0.2~0.3 m（上料改手动，以浅料尺控制）；调整布料模式，可考虑短时间取消中心区矿档位，压缩矿平台，待风量回至一定水平，再逐步过渡恢复原料制，局部偏行造成管道可视情况在管道方向采用小批量扇形布料；遇到顶温高，要采用打水控制的方法，尽量避免提前放料。

3）视炉温水平、减风幅度和管道状况酌情减轻焦炭负荷 5%~10% 或集中加空焦和轻料。

（2）强化出渣铁，出净炉内渣铁。

（3）调整炉渣成分，炉渣碱度控制不大于 1.20，Al_2O_3 含量控制在 15.0% 以下，保证渣铁流动性。

（4）增加对风口观察的频度，密切关注炉温变化，可以临时提高风温、降低湿分进行强制性补热，避免炉温急速下滑。

10.4.2.2　悬料

悬料是炉料透气性与煤气流运动极不适应，高炉炉料停止下降时间超过 1~2 批料的时间（大于 30 min），或者高炉料难行依靠大减风才能使炉料塌落（减压崩料）的失常现象。

A　悬料征兆

悬料发生之前高炉料难行的征兆：探尺下降缓慢或停止（出现探尺划线打横现象）；风压急剧升高，压差超过规定值；悬料区域压差过高，上部悬料时上部压差过高，下部悬料时下部压差过高。炉顶温度明显上升，达到报警值，且 4 点温度差别缩小，各点互相重叠；风口焦炭不活跃。

B　原因分析

（1）高炉原燃料质量变化：入炉原燃料的粒度变小、粉末增多、强度变差、低温还原粉化指数 *RDI* 降低；焦炭或烧结的槽位过低，壁附料增加、强度降低。

（2）操作制度不合理导致压差过高：装入制度不合理，中心、边缘气流均受抑制，导致透气性差；气流分布不合理，边缘过强、过重或严重不均匀，导致操作炉型严重变化。

（3）监控不到位或操作失误：风压急剧拐动或持续上升到高位，未及时发现处置；未按照压差控制要求操作，风压急剧上升时减风慢或未减风。

（4）高炉热制度变化过大：炉温急剧变化（急热急凉），煤气流分布短期内难以调整与适应，导致透气性急剧恶化；还有空焦下达热量调整不及时、高炉向热反向操作继续跟热、长时间高硅高碱度、一段时间集中跟热等。

（5）渣铁未及时出净：短期内由于出铁不畅或由于设备故障，不能及时见渣，导致炉缸储铁渣量过多而引起透气性恶化。

C　悬料处理

原则：尽快减风减压，使炉料下降，稳定恢复炉况。短期料难行（探尺短期打横）、长时间悬料和顽固悬料（经过 3 次或以上坐料未下）分别进行处理。

（1）炉温充足（或过热）时料难行的处理：视炉温情况，迅速撤风温 50~100 ℃，立即减氧减煤，甚至停氧停煤，争取炉料不坐而下；料不下时立即坐料，坐料前先把料线提至料线零位，出净渣铁，然后减风坐料（按照岗位规程）；坐料后风量恢复要谨慎，按压差或透气性指数复风至正常风量；优先恢复风量，复风过程根据炉温情况补充热量（采用加净焦方式），加风温要谨慎，每次加风温不大于 20 ℃；采用适当发展边缘气流的炉顶布料模式。

（2）炉温不足时 [$w(\text{Si}) < 0.2$，$PT < 1490$ ℃] 料难行的处理：先减风温 10~20 ℃，争取料不坐而下。若有轻料到达炉腹，酌情减风温 20~30 ℃（不超过 50 ℃）；采取疏松边缘的装入制度，适当加净焦，改善炉料透气性；炉料不下，采取坐料措施；坐料恢复时，立即补充足够热量（采取加净焦），酌情提高风温以保证炉温不至于急剧降低。

（3）长时间悬料处理。

1）做好坐料准备，与鼓风机房、能源中心联系。

2）停 TRT，停氧，停煤。

3）若料线低于正常料线，提高料线到料线零位以上。

4）观察风口确认没有异常。

5）提起料尺。

6）锁住调压阀组。

7）全关冷风调阀。

8）先每次减风 1000 m^3/min，逐步减至常压。

9）减风、停氧到一定程度（一般 2000 m^3/min 左右），料仍不下时，要根据出渣铁情况决定是否继续减风、放风坐料。若渣铁出净，考虑继续减风、减压或放风坐料；若渣铁未出净，则要暂缓减风、减压，全力组织出好渣铁后再选择合适时机坐料。

10）减压过程中，监视炉顶压力计，观察指示针变化。

11）放下料尺，确认坐料完毕。

（4）顽固性悬料处理。

1）连续悬料时，缩小料批，适当发展边沿及中心气流，集中加净焦或减轻焦炭负荷。

2）如坐料后探尺仍不动，根据风压、风机允许范围，适当回风，在高炉下部烧出一定空间（以累计风量、吨焦耗风量来理论推算该空间体积，以料崩下后炉喉处料线深度不大于 6 m 为控制上限）；确认料加到正常料线，再次坐料（再次坐料应进行彻底放风）。

3）悬料仍坐不下来，可进行休风坐料。

4）每次坐料后，应按指定热风压力进行操作，恢复风量应谨慎。

5）严重冷悬料，难以处理，只有等净焦下达后方能好转，及时改为全焦操作。

6）连续悬料难以加上风量，可以择机休风临时堵风口。

7）连续悬料坐料，炉温尽量上限控制。

D 悬料预防

（1）按照风压制限（风压超过规定值）操作，避免压差过高而悬料。

（2）避免集中跟热或炉温过高时反向操作，避免高硅、高碱度操作。

（3）出净渣铁，避免储存渣铁水过多、炉子进风受阻、下部风压升高而悬料。

（4）杜绝过多粉末炉料入炉，管理好筛网。

（5）持续透气性不良，不能及时查出原因时，及早退负荷。

（6）维护好操作炉型，杜绝炉墙结厚。

10.4.2.3 低料线

因各种原因不能按时上料，导致料面低于正常规定料线 0.5 m 以上时称为低料线；一般低料线时间不允许超过 40 min，应避免低料线超过 3.5 m。

A 低料线的危害

（1）低料线影响矿石的预热和还原，打乱炉料正常分布，导致煤气流分布失常，破坏顺行，造成炉凉和炉况失常。

（2）顶温升高，若未及时处理，易损坏炉顶设备，烧坏除尘布袋。

（3）大低料线会造成炉身上部砖衬脱落和冷却壁损坏。

（4）成渣带波动，易造成炉墙黏结，甚至结瘤。低料线越深，危害越大。

（5）未预热还原的炉料直接落入高温区，增加直接还原，造成炉温低和焦比升高；长期低料线，加焦不及时到位，甚至会造成风口灌渣、炉缸冻结。

B 低料线的处理

a 联系汇报

因供料能力不足或高炉上料设备出现故障时，应及时逐级上报，安排相关人员迅速至现场进行原因排查及处理工作。

b 风量控制

（1）设备故障、无料等造成低料线，尽快查明原因，确定处理时间，并减风控制料速。预计 20 min 不能排除时，将风量控制为正常风量的 70%～80%，氧量按照减风量减少，保证富氧率比全风时低 1%～2%。

（2）料线已达 2.5 m，且造成亏料线的原因仍未排除时，将风量控制在正常风量的 60% 以下，并立即组织重叠出铁，做休风准备。

（3）料线已达 3.0 m，且仍无明确恢复正常时间，减风至 50%，以能够正常喷煤为标准，汇报作业区、部领导及生产部，经批准后转入正常休风程序休风。

（4）减风过程中，注意观察风口，防止减风过快，造成风口灌渣。

（5）炉顶温度大于 250 ℃，开始炉顶打水降温，但顶温应控制在 200 ℃ 以上易于赶料线。如果打水超过 15 min，且炉顶已通 N_2，风量不宜再减时，炉顶温度仍未在要求范围内，应按正常休风程序休风，以防打水时间过长造成炉凉。

c 加焦控制

恢复正常上料时，根据料线深度、炉温水平、亏料线时间及炉况表现，适当加入净焦，减轻焦炭负荷，料线正常后再酌情减回。低料线期间可适当增加中心焦量。

d 赶料线控制

（1）设备故障引起的低料线的处理。

1）赶料线期间注意核对料线区间与布料角度是否对应，如果程序没有按照料线区间对应角度布料，要求上料工手动设置布料角度。

2）深低料线赶料，当料线到达 2～2.5 m 时，要适当控制打料速度，防止赶料线过快风压上升过多。

3）低料线炉料下达至软熔带时，视炉况表现，可适当控制风量或风温。要充分注意炉温的变化，凉中防热、热中防凉。低料线炉料过后，再逐步将风量及风温恢复至正常水平。

（2）炉况波动引起的低料线的处理。

1）崩料、坐料引起的低料线，赶料线时兼顾炉况转顺和控制炉顶温度。每放一罐料均需关注透气性指数和风量风压的适应性。高炉接受风量，装料速度可快点；风压高，透气性指数低，装料速度尽量慢，以避免重复悬料和坐料。

2）赶上料线若继续悬料，坐料后的恢复操作要更稳妥，采取以上措施幅度可小点，装料可慢点，千方百计避免再悬料。

3）炉况难恢复，允许缩小料批、采取适当发展边沿的装料制度，并加入净焦疏松料柱，赶上料线，酌情改回。风量恢复要慎重，防止亏料线过深和赶料线时间过长。

4）料线赶上，一般要求探尺工作正常后再打料。

10.4.2.4 炉凉和炉热

A 炉凉

a 炉凉征兆

初期向凉征兆：风口向凉，生铁含硅降低，含硫升高，铁水温度不足；炉渣中 FeO 含量升高，炉渣温度降低，容易接受提炉温措施。风压逐渐降低；压差降低，下部静压力降低。在不增加风量的情况时，下料速度加快。顶温、炉喉温度降低。

严重炉凉征兆：高炉风压、煤气利用率长时间持续大幅度下行。高炉顺行恶化，崩滑料不断，煤气利用率大幅度下降。高炉炉墙持续大面积脱落，风口有生降。铁水温度、含硅量大幅度下降，含硫量上升。炉渣变黑，渣温急剧下降，流动性变差，渣铁沟易结死。风口发红，出现生料，有涌渣、挂渣现象。

b 炉凉原因

（1）原料结构发生大的变化（如大量使用落地矿、落地焦）没有及时调整气流，产生管道造成炉凉。

（2）原燃料成分异常，入炉校正焦比大幅度下降。

（3）原料称量或水分设定错误，没有及时发现和正确应对引起炉凉。

（4）喷煤设备故障，导致不能喷煤或煤比失控，后续没有及时补热或亏欠过多。

（5）炉温大幅度波动或气流变化引起炉墙黏结物严重脱落，大量渣皮和生料进入炉缸。

（6）高炉顺行破坏，连续崩滑料、管道或悬料，煤气利用率大幅度下降。

（7）高炉连续休风或长时间休风，导致热量大幅度亏欠。

（8）操作失误，长时间低炉温没有及时上调或炉温调剂反向。

（9）高炉冷却设备大量漏水或忘记关炉顶打水，产生炉凉。

（10）设备故障导致高炉大低料线，没有采取补热等应对措施。

c 炉凉处理

（1）有初期炉凉征兆时，应最大限度提高风温、降低湿分，避免炉温急剧下滑。在保证理论燃烧温度不小于 1950 ℃ 的情况下，通过增加喷煤量来提高燃料比，但要控制煤比不高于调整矿焦比前 10~15 kg/t，防止料速过慢、煤比过高，进一步恶化炉况。

（2）必要时减风、减氧或停氧，控制料速，改善顺行。优先减氧、停氧，出现管道、连续崩滑料、煤气利用率持续下降必须减风，以控制住崩滑料、管道或悬料为目标，在此基础上，尽可能维持 1.0 或以上的送风比（风量和炉容的比例，例如 5000 m³ 高炉风量 5000 m³/min 以上），让轻料尽快下达。炉温未回到最低限，原则上不能加风、加氧；加风与加氧时，优先考虑加风。

（3）及时分析炉凉的原因，如果造成炉凉因素是长期性的，如原燃料质量变化、热负荷持续高位波动、煤气利用率持续下降等，应立即采取加紧急空焦、减轻焦炭负荷措施，视高炉情况退矿焦比（O/C）10%~20%；如果出现连续崩滑料或管道行程，将富氧率下降2%以上，先补紧急空焦，同时马上退矿焦比20%以上，并适当缩小矿批；若冷却设备漏水，则最大限度控制漏水；高炉一侧炉凉时，结合炉顶H_2含量，马上检查冷却设备是否漏水，发现漏水后及时切断漏水水源；检查称量情况，有问题马上处理或临时取消有问题的矿槽称量。

（4）严重炉凉且风口涌渣时，风量应减少到风口不灌渣的最低程度。如风量小于3500 m^3/min 则停止喷煤。已经确认严重炉凉，做好如下工作。

1）矿焦比退到2.0~3.5，改全焦冶炼。

2）调整好炉渣性能，成分控制：$w[Si]$=2.0%；$w(Al_2O_3)$<14.3%；R=1.10~1.12。

3）炉前调整出渣铁安排，休止一个铁口，以二用一备、对角出铁为原则。主沟、铁沟、渣沟、残铁沟满铺黄沙，采用比正常大的钻杆开口；出铁过程中加强铁口区域结渣结铁的清理，并加强铁沟和渣沟的引流，防止渣铁上炕。

4）根据渣铁分离状况，炉前改干渣，确保出渣铁安全。

5）对休止铁口进行快速投入处理，尽快使之具备出铁条件。

6）对渣铁沟进行每炉清理，确保渣铁不满溢、不漏渣铁。

7）组织专人看风口，防止自动灌渣、烧出（风口烧穿，往外喷焦炭和高温煤气）。

（5）严重炉凉且风口涌渣，出现悬料时，只有在渣铁出尽后才允许坐料。放风坐料时，若个别风口进渣，可加风吹回（一般不宜超过3个）并立即往吹管打水，不急于放风，防止大灌渣。

B 炉热

a 炉热征兆

（1）风压逐步上升，接受风量困难，炉喉、炉身、炉顶温度普遍上升。

（2）下料缓慢，风口明亮耀眼、无生降，各风口工作均匀。

（3）渣铁温度升高，炉渣断口由褐玻璃状变为白石头状；生铁$w[Si]$升高并超过规定范围，生铁$w[S]$下降；铁量少，流动性差。

b 炉热调节

（1）在富氧喷吹的条件下，调节顺序为：减煤→加氧→加风→减风温→减焦。

（2）向热料慢时，首先减煤，降低每批料的喷煤量，使之低于正常炉温时每批料的平均喷煤量。

（3）炉温超过规定水平、炉况不顺时，可降低风温100~200 ℃（不许超过2 h）。

（4）采取上述措施后，若炉况顺行、热风压力低于额定风压，可加风50~100 m^3/min。

（5）料速正常、炉温经常高于正常水平时，可按降低生铁$w[Si]$的多少减焦或加矿。

（6）原料铁分或焦炭灰分变化时，应迅速增加焦炭负荷。

（7）原燃料称量设备零点误差增大时，应迅速调回到正常零点，然后再按差值及当时的炉温水平调整焦炭负荷。

（8）焦炭水分降低（正常为 5% 左右）时，应按要求减焦或补矿。

（9）调节炉热时应注意热惯性，防止降温过猛而引起炉温大波动。

10.4.2.5　炉缸堆积

炉缸堆积指炉缸工作不活跃，透气、透液性恶化甚至变成死区的现象。

A　炉缸堆积征兆

（1）高炉压差上升，日均透气性指数 K 值大于 2.8，高炉不接受风量。

（2）炉温不稳定，铁口间铁水温度偏差达到正常值 3 倍以上；铁水温度和铁水含硅不匹配，出现硅高、铁水温度低现象。

（3）炉芯温度低下，第一层炭砖上炉芯温度接近历史最低且无变化。

（4）高炉煤气流分布均匀性差，下降不均匀、顺畅，有崩滑料现象。

（5）出铁时间严重不均匀，及时见渣的铁口出铁时间很短，不能及时见渣的铁口出铁时间很长；重叠多，日均铁次较正常上升 3 次以上，见渣率连续低于 75%。

（6）风口工作不均匀，有生降现象。

B　炉缸堆积处理

（1）适当提高鼓风动能，如风压高、不接受风量，则降低矿焦比，保持大风量操作。

（2）降低煤比，保持高炉顺行，防止因炉况原因造成频繁减风。

（3）发展中心气流，确保十字测温中心温度不低于 550 ℃。

（4）改善原燃料质量，特别是改善焦炭热强度、平均粒度。

（5）保持充沛炉温，铁水温度 1515~1520 ℃，$w[\mathrm{Si}] = 0.45\% \sim 0.5\%$。

（6）改善炉渣流动性，炉渣碱度控制在 1.20~1.22，Al_2O_3 控制在 15% 以内。

（7）强化炉前出铁，保证 45 min 见渣。

（8）优化炉缸冷却制度，可降低炉底板水量到最低限。

C　炉缸堆积预防

（1）避免长时间低风量操作，炉况波动不接受风量，要及时退矿焦比，来保持全风量操作。

（2）防止长时间中心气流不足。

（3）避免较长时间原料条件恶化，特别是焦炭质量劣化。

（4）加强设备管理，防止频繁设备故障休、减风。

（5）避免长时间低炉温，造成炉缸不活。

（6）避免长时间单面出铁，造成炉缸不均匀。

（7）防止炉渣性能长时间超出管理目标，尤其是长时间高碱度操作。

（8）加强风口均匀性控制，防止送风制度严重不均匀。

10.4.2.6 炉缸冻结

高炉大凉后，炉温下降到渣铁不能从铁口自动排出，称为炉缸冻结。炉缸冻结是高炉生产中的严重事故，处理非常困难，需要付出巨大代价。

A 炉缸冻结征兆及原因

高炉长时间大凉，炉温低于1300 ℃；炉前出渣铁困难，铁口自动凝死不能出铁；所有铁口主沟冻死，不能出渣铁；风口涌渣自动灌死不能进风；炉温极低突遇紧急情况休风；炉温极低，冷却器大量漏水，不能及时查出、处理。

B 炉缸冻结处理

(1) 堵风口：只保留铁口上方两个风口送风。

(2) 低风量操作：最多保证一个风口200 m³/min 风量。

(3) 减负荷：矿焦比退至2.0以下，视情况补空焦。

(4) 铁口烧氧：用氧气将铁口烧出一个通道，将特制氧枪从铁口打入，保证密封，通空气和氧气，从铁口向上烧凝固铁层。

(5) 定期排放渣铁：定期将铁口烧出的液态渣铁排出炉外，视氧气流量大小确定排放时间，一般5~6 h，若氧枪堵住，及时排放渣铁，并更换氧枪，继续烧铁口，直至铁口与上方风口贯通。

(6) 逐步开风口：待铁口与上方风口贯通，逐步从铁口上方风口向两侧开风口，一般一次一个铁口上方开两个风口，并逐步加风。待炉温正常，渣铁排放正常，可以加快开风口数量，直至全部风口打开。

(7) 恢复：风口全部打开后，炉温恢复正常，出渣铁正常，风量恢复正常，炉内冻结渣铁基本熔化后排出，可以考虑逐步提负荷，至炉况恢复正常。

(8) 异常情况：若在铁口与上方风口贯通前，渣铁涌至风口，影响送风，需要做好预案，从风口排放渣铁。

10.4.2.7 铜冷却壁渣皮大面积脱落

A 现象或征兆

大面积炉体温度报警，热负荷、水温差急剧上升；有时伴有风压、静压力曲线急剧拐动，甚至出现风口曲损、漏风现象。

B 原因分析

炉墙渣皮黏结到一定厚度，在气流、炉温、渣系、入炉炉料条件变化后，大面积或局部与铜冷却壁脱离开来。

C 应对措施

(1) 炉况顺行的应对：立即减风，减风幅度以能够制止住崩滑料、消除管道为基准（一般200~400 m³/min），减风时不减或少减顶压。气流紊乱时，通过料线（SL）、档位等调整气流分布，适当开放中心，引导气流。若炉料层状结构破坏，为改善透气性，适当降低O/C。

（2）炉温平衡的应对：黏结物脱落，热负荷会大幅度升高，炉温将快速下滑，要马上补充下部热量，用足风温，全闭湿分，适当跟煤 2~3 t/h，如果炉温仍下行则应果断减氧控料速提炉温，不能连续、过多加煤，防止集中跟热过多、煤比过高破坏顺行；渣皮脱落使顺行遭到破坏，煤气利用率下降明显，要防炉凉，并根据具体情况减风、减氧、退负荷来补充炉温。

（3）确认冷却设备的排水温度，对升温速度快的方向加大水量，并密切监视水温的变化；检查风口如果出现大曲损跑风，进行外部打水冷却控制；如果出现红热焦炭等高温物料喷出，紧急减风或休风，现场人员撤离到安全地带。

（4）强化炉前作业，出尽渣铁。控制 40 min 内见渣，出铁时间在 1.5 h 后应立即打开下一个铁口强化出铁。

（5）改善原燃料条件，如果使用落地物料，则停止使用。

10.4.2.8 炉墙结厚和结瘤

炉墙结厚和结瘤就是炉内熔融物质凝结在炉墙上，影响炉料下降，是高炉生产中严重的炉况失常。结厚可视为结瘤的前期表现。

A 结厚和结瘤的征兆

a 高炉炉况特征

高炉出现不顺，稳定性差，风量偏少且不接受加风，下料变差，管道行程增多，滑料、崩料较频繁，容易出现悬料且坐料难以坐干净，往往恢复过程中会出现多次悬料，甚至出现顽固悬料。风压偏高且容易爬坡，风压波动大，透气指数偏小且波动大，风压风量不匹配，铁水温度及生铁含硅波动大，结厚高炉的炉尘吹出量普遍升高。

b 炉体热状态

（1）炉体砖衬温度、冷却壁壁体温度与结厚部位的炉壳温度明显低于正常水平，也低于不结厚区域，且结厚（结瘤）部位温度变化迟钝。

（2）高炉冷却壁水温差明显降低。

（3）结厚部位的热流强度明显降低。

c 结厚（结瘤）的个别特征

高炉类型、原燃料、高炉操作等的多样性，决定了高炉结厚或结瘤也具有不同特征。如上部分结瘤将出现结瘤一侧炉顶温度偏低，炉喉煤气分布不规则、有时边缘出现转折点，煤气利用率低，料尺深度不齐、波动大，风口工作不均匀等特征。

B 结厚和结瘤的原因

炉墙结厚和结瘤有多种原因，往往是多种因素的综合。

（1）原燃料成分波动大，质量下降，粉末率增加，球团和块矿的高温熔融性能变差，尤其烧结矿碱度频繁波动及入炉粉焦量增加时更容易出现边缘黏结；原燃料中碱金属（钾、钠）和锌增加，易造成炉墙结厚结瘤，尤其要重视锌的变化。

（2）经常性的管道行程，连续悬料、崩料，长期低料线操作或长期偏料得不到纠正。

（3）送风制度不合理：风氧量设定不合理，风口布局欠合理或局部堵风口时间偏长，长期的慢风操作和边缘发展都可能造成结厚。

（4）布料制度不合理：矿石装入顺序不合理，粉末偏多的料、软熔性能差的料和大量熔剂布在炉墙附近，易黏附在炉墙上；边缘气流过强与过弱都可能造成结厚。

（5）冷却制度不合理：水温差管理，进水温度、冷却水量控制与当前高炉操作不相适应。不同操作模式下，如产量下降、煤比下降时，冷却制度未相应调整；进入冬季气温低下，冷却器进水温度低，冷却强度增加，未及时调整；冷却设备长时间向炉内漏水，引起局部黏结等。

（6）炉热制度不合理：炉温大幅度波动，会导致气流不稳与软熔带的根部上下频繁移动，容易结厚，将部分没有还原的矿石熔化，凝固后黏结在炉墙上。

（7）设备故障多，频繁减休风，造成软熔带根部移动频繁，易引起结厚。炉顶布料设备工作失常而未被及时发现，如炉喉钢砖严重变形、布料器失灵等，另外风口进风不均，炉役后期炉型不规整等，容易造成炉料分布不合理，甚至偏行，引起黏结。

（8）设计炉型不合理的高炉，也会使其结厚次数增加。

C　炉墙结厚处理措施

处理结厚方法有化学洗炉（加入锰矿或萤石，对炉缸也有较大影响，慎用）和热洗炉。热洗炉主要遵循四大原则：确保顺行；提高炉腹煤气量；提高炉温及强化出渣铁；上部边缘进行控制。

（1）确保顺行。以确保顺行为根本，消除连续崩滑料，确保全风、全氧操作，维持较高的炉腹煤气量。严格按照压差操作，风压急拐、探尺打横或顶压冒尖必须减风避让，避免该减不减，后面大减；减风后如果压差下降、风压平稳，则及时回风。透气性指数 K 值连续 4 h 过高，则焦批加 0.5~0.8 t/批。

（2）气流调整方针。确保下部送风制度合理：风温尽量不动，湿分大于等于 20 g/m³，有条件尽量保持较高煤比，增大炉腹煤气量，理论燃烧温度小于 2250 ℃。上部装料制度要确保稳定充沛的中心气流和适当的边缘气流，结厚期间总体控制边缘、保证中心，高炉过度疏松边缘会出现向上黏结的危险。

（3）确保持续充沛的炉温和适当的造渣制度。提高炉温，保证燃料比，通过足够量的煤气把足够的热量传递给黏结的炉墙，熔化炉墙黏结物，对炉墙进行热震，PT 为（1520±5）℃，堵口大于 1530 ℃，$w[Si]=(0.55±0.05)\%$。炉渣碱度控制在 1.18~1.20，适当下控，有利高硅时的渣铁分离，$w(Al_2O_3)<15.3\%$。

（4）炉前作业管理。必须强化出渣铁，出好渣铁：各铁口务必先开后堵；见渣时间小于 45 min，否则重叠出铁；铁口打开后 90 min，如果出渣铁速率低于渣铁生成速率，则重叠出铁；铁口打开后流不正、铁口钻漏等特殊情况导致渣铁流较小，则必须在开口后 30 min 内重叠出铁。

（5）炉体冷却器水量控制标准。适当减少水量，降低冷却强度是处理结厚的辅助手段，按控制标准圆周方向尽量均匀分布，供水温度可按上限控制。

（6）炉墙结厚脱落后曲损风口的风险防范。风口区域打水枪、胶管、波纹板、支架准备到位，确保每根打水管完好。对风口小曲损（风口前端下垂、无漏风、无漏水）加强点检，调整好煤枪角度或停止喷吹。风口曲损严重时，立即进行外部打水冷却，曲损风口漏风大时，加大风口及中套给水量，漏风严重，不能再维持时，进行减风、休风处理。

D 炉墙结瘤处理措施

a 炉瘤位置的判定

（1）炉身探孔法：定期打开炉墙上的预留孔，用钢钎等探测炉衬厚度，探后用耐火泥浆将孔堵上。一般按风口分布设探孔位置，从炉腰开始到炉身上部。

（2）降料面观察法：利用检修机会降料面，直接观察炉瘤位置和分布，此法简单，但降料面较费时间且损失较大。

（3）传热计算法：测量炉体有关部位的热流强度，计算其炉瘤位置。

b 处理措施

首先要实施热洗炉，当结瘤位置高或结瘤很牢固，在热洗炉无效的情况下即实施炸瘤操作。一般采用空料线炸瘤，空料线到瘤根全部露出，观察瘤体的位置、形状和大小，以决定安放炸药的数量和位置。空料线前应该加适当的净焦，以保证掉下的炉瘤落到净焦上，补充熔化炉瘤所需的热量。

E 炉墙结厚的预防

（1）稳定炉料结构、烧结矿碱度等原燃料条件。加强原燃料质量管理，降低入炉粉率，关注碱金属和锌入炉量，保证充分的中心气流可以提高锌的逸出量。另外，过低的煤比对高炉结厚预防不利。

（2）综合上下部进行调剂，维持合理的风口面积、风氧量设定，控制中心与边缘煤气流的强弱，保持炉况长期稳定顺行。避免将石灰石等熔剂布在炉墙附近。

（3）保持合理的冷却强度，严格按照水温差结合炉体温度来管理，不同冶炼模式下冷却制度与之匹配，如原燃料条件发生变化，产量调整较大时，因外部条件造成频繁减休风时注意热负荷的管理。

（4）加强操作炉型的维护，尤其加强炉腰高度的热负荷管理，保持炉型均匀，避免个别方向结厚的出现，不均匀结厚的处理难度更大。

（5）尽量减少无计划休风，休风后需清洗炉墙。

（6）及时消除设备缺陷。

（7）树立均衡生产的思想，杜绝超高冶炼强度、超低硅操作。

（8）发现结厚迹象应立即采取有效措施，减少炉况波动，避免发展成结瘤。

10.4.2.9 热负荷频繁波动处理

热负荷是冷却水的给排水温差、冷却水量、水的热容的乘积，反映了炉内向炉外传递热量的多少。炉体热负荷受炉体侵蚀程度、煤气流分布状况、高炉顺行情况、炉墙黏结物多少、冷却强度高低等多方面因素影响。正常情况下，炉体热负荷在一定值和一定范围内波动；异常情况下，炉体热负荷会较大幅度波动上升，轻则影响炉温和铁水质量，重则危及炉况稳定顺行，容易造成风口、冷却板、冷却壁破损和炉壳发红开裂，处理不当，甚至会导致炉况严重失常。

热负荷波动范围和波动部位不同，对炉况顺行影响不同。高炉操作者必须有针对性地加以分析，并确定有效应对措施加以处置。

A 热负荷波动大的原因分析

热负荷波动是一个相对概念，可以以热负荷变化相对量和绝对量来衡量，一般变化幅度 15% 以上、变化绝对值在 10 GJ/h 以上时可以判定热负荷波动大。炉体热负荷波动大有多种原因，主要包括以下几个方面。

（1）原燃料质量劣化，炉料透气性下降，煤气流分布变化，导致热负荷波动大。

（2）煤气流分布异常，如边缘气流较长时间过强，边缘气流过弱引起局部管道，导致局部渣皮脱落，热负荷大波动。

（3）炉温波动过大，造成软熔带位置上下波动，渣皮由于热震脱落引起热负荷大波动，一般波动范围在炉腹、炉腰部位。

（4）炉墙黏结物较大脱落，造成局部煤气流过强或炉墙热阻降低，致使热负荷大波动。

（5）风口有曲损、破损，或者风口或送风支管有异物堵塞，导致气流不均匀；冷却器有破损，大量冷却水进入高炉导致炉墙不稳。

（6）冷却水的水质变化、给水温度变化、给水量变化或其他仪表因素造成水温差、水量变化会引起热负荷的波动。水与冷却板之间形成水垢或者有气膜，对传热的效果影响甚大，一旦不能有效传热，就不能形成稳定的渣皮。

（7）高煤比生产时，炉腹煤气量相应增加，风压升高、风口回旋区缩小、边缘煤气流发展，热负荷容易出现波动。

B 热负荷频繁波动处理

（1）原燃料品质下降引起热负荷波动大的处理。

1）根据热负荷波动幅度和煤气利用率变化情况，加焦炭 0.5~1.0 t/批，矿焦比降低 2.5%~5%，以改善透气性和补充热损失；跟踪、确认原燃料状况，如灰分、水分、粒度、发热值、TFe、FeO、*RDI*、热爆裂指数等，发现异常情况及时调整。加强筛网点检、清堵工作和水分检测工作；加强炉温、热量管理和称量系统精准度管理。

2）煤气流分布根据情况调整，原则上保证中心稳定充沛。

（2）煤气流分布异常引起热负荷波动大的处理。

1）根据热负荷波动对高炉冶炼影响程度，结合炉况顺行、炉温、煤气利用率和热负荷变化情况，加焦炭 0.5~2.0 t/批，矿焦比降低 2.5%~10.0%。

2）判断煤气流分布异常的原因，调整装入制度，从源头上控制热负荷波动。边缘气流过强调整：料线降 0.1~0.2 m；采取控制边缘气流的布料措施；若伴有顶压冒尖、煤气利用率大幅下降等管道迹象则按照管道处理的"三同时法"进行处置。边缘过弱调整：保证中心稳健前提下，适当疏松边缘，料线上提 0.1~0.2 m 或用焦炭、矿石疏松边缘气流，具体可结合实际使用档位调整。热负荷波动大引起连续崩滑料或顶压冒尖：酌情减风 200~500 m^3/h，并同步调整富氧量。当有滑料、崩料时，应适当降低料线，放慢上料速度，再平稳地赶料线，避免全自动赶料，防止煤气流进一步恶化带来更严重的后果。

（3）炉墙黏结物大脱落引起热负荷大波动处理。

1）确定热负荷波动大对高炉冶炼影响程度，并结合炉况顺行、炉温、煤气利用率和热负荷变化情况加焦炭 0.5~2.0 t/批，矿焦比降低 2.5%~10.0%.

2）脱落后煤气流若发生较大变化，如中心减弱、边缘增强，可适当调整装入制度，维持正常煤气流分布。

3）大脱落引起炉温低下或风口曲损，可酌情装入紧急空焦，并适当减风、减氧，原则上，能够控制风险时尽量少减风。

4）如炉墙温度、热负荷上升多，且 3 把探尺有崩滑料出现，风压、透气性指数急剧下降或上下波动大，煤气利用率下降多，有顶压冒尖现象，特别是冷却壁高炉，则立即实施减氧、减风、加空焦、退矿焦比等动作，并要求炉前出尽渣铁，避免高炉大凉。

（4）炉温波动大引起热负荷波动处理。

1）找准炉热控制参数水平，稳定炉温，对于炉温低引起热负荷波动需防止炉温迅速向凉。

2）炉温低热负荷波动，可用足下部热量，减氧同时退负荷 5%~10%。

3）煤气利用率下降 2% 以上，根据炉温基础，及时补充热量，根据崩料深度，适当补充空焦。

4）如高炉下部脱落，则立即用足下部热量，风温用足，湿分全关，适当补充煤量，提高燃料比水平。同时根据脱落程度、炉温基础加空焦。

（5）给排水温度、流量等仪表原因引起热负荷波动大处理：查找出引起热负荷波动大的因素，立即纠正调整。

（6）其他注意事项。

1）强化炉前出渣铁工作，出净炉内渣铁。热负荷波动较大时，务必强化炉前作业，强化出净渣铁。一方面要控制 40 min 内见渣，另一方面出铁 1.5 h 后应立即打开下一个铁口强化出铁。

2）及时调整炉渣成分，炉渣碱度控制不大于 1.22，Al_2O_3 含量（质量分数）控制在 15.0% 以下，以保证渣铁的流动性。

3）密切关注炉温变化，可以临时提高风温、降低湿分强制性补热，避免炉温急速下滑。加煤不超过 5 t/h，煤比增加不超过 10 kg/t。如果炉温仍下行则应果断减氧控料速提炉温，不能一味增加煤比提炉温，避免煤气流失常。

4）对冷却设备的排水温度进行确认，对升温速度快的方向加大水量，并密切监视水温的变化。同时检查风口，若出现大曲损、跑风声音很响，进行外部打水冷却控制；若出现有红热焦炭等高温物料喷出，应紧急减风甚至休风。

10.5 高炉炉况的综合判断

高炉操作者不仅要掌握引起炉况波动的因素，掌握各种参数的改变对炉况的影响，而且还要善于对炉况做出准确判断，适时并且准确地采取调剂措施，保证高炉生产稳定顺行。炉况失常时，会有许多反应（体现在各种指标的变化上），但反过来，一个反应会对应多个失常炉况（例如风压升高有可能是悬料、透气性下降、炉热或者严重炉冷等导致）；操作者必须善于掌握各种反应现象中的主次，进行综合判断和分析。

综合判断炉况时，要分析清楚目前各种反应现象的主要表现是什么，次要表现是什么，找出炉况失常的主要原因和次要原因。每种失常炉况，都有一个或几个反应现象是主要的，有了这种反应，就能基本确定失常炉况的性质。例如判断是否悬料，主要的反应是料尺停滞不动，其他如风压升高、风量降低、透气性下降等都是次要反应。注意区别有些失常炉况也可能出现风压升高、风量降低、透气性下降现象，但不一定是悬料，如炉热、严重炉冷等。这样就能基本确定炉况失常的性质，从而弄清其方向、幅度和作用时间，采取相应的措施，及早扭转炉况的被动局面。

以下几个方面，在综合判断时要重点考虑。

（1）重视对原燃料质量的分析。例如原燃料成分分析不准确、不及时，会造成配料计算的碱度和实际炉渣碱度的差异；明确变料后炉料何时能下达炉缸，何时能起作用，操作者在调节炉况时才能做到早动、少动，使炉况稳定顺行。

（2）重视对日报表的分析。高炉的变化是循序渐进的，一般情况下不会突然和无规则地变化，因此必须用冶炼原理来分析推断近几日报表内的数据，科学地推测炉况的变化，这对于指导以后的变料也具有重要的意义。

（3）在分析炉况时，应注意风量与风压是否对称，是偏高还是偏低，必须记住一些经验数据，再结合 Δp、温度曲线、风口状况、出渣出铁情况来分析炉缸工作是否均匀、活跃。

（4）在分析炉温时，要从总体来看炉温的变化趋势，不要片面地被某些特殊值所迷惑。要注意 [Si] 与 [S] 有明显的相反关系；注意原燃料成分的变化、配比、附加料等因素的变化对炉温的影响；注意下料速度对炉温的影响；了解风温与负荷的配合；长时间热风温度过低或过高都会引起炉温大的波动。除此之外，还应注意混合煤气中的 CO_2 含量，它是煤气化学能利用好坏的标志；其他如装料制度、炉顶温度和温度曲线等都需要了解。

"上医治未病"，普通的操作者一般是发现问题、思考问题、解决问题，而优秀的炼铁工作者能做到防患于未然，通过日常观察，对观测数据的处理及分析，提前做出预判，采取合理的调剂措施，使高炉高效稳定地运行。

智能炼铁

· 智能　高炉主控室

高炉
主控室

拓展知识

· 拓展 10-1　高炉当班的生产组织

· 拓展 10-2　全国钢铁行业职业技能竞赛

高炉当班
的生产
组织

全国钢铁
行业职业
技能竞赛

企业案例

· 案例　高炉炉况失常典型案例

高炉炉况
失常典型
案例

思考与练习

· 问题探究

10-1　什么是炉况顺行，炉况顺行的特点有哪些？

10-2　如何评判一座高炉运行状况的好坏？

10-3　判断炉况的方法有哪些？

10-4　怎样由观察风口来判断炉况？

10-5　如何通过看料面判断气流分布？

10-6　什么是边缘气流指数、中心气流指数、中心与边缘分布比例指数？

10-7　如何用热负荷和水温差判断炉体及气流分布？

10-8　如何通过探尺和料速判断炉况？

10-9　如何通过煤气利用率判断炉况？

10-10　如何通过静压力检测计判断炉况？

10-11　如何理解合理煤气流分布？

10-12　煤气流调剂的基本原则是什么？

10-13　煤气流调剂的基本思路和方法是什么？

10-14 调整煤气流应考虑哪些因素？

10-15 下部调剂的目标是什么，有哪些主要手段和方法？

10-16 上部调剂的目标是什么，有哪些主要手段和方法？

10-17 平台加漏斗模式和中心加焦模式各有何特点？

10-18 边缘气流过分发展的征兆、原因分别是什么，如何处理？

10-19 中心气流过分发展的征兆、原因分别是什么，如何处理？

10-20 炉温过低的征兆、原因分别是什么，如何处理？

10-21 炉温过高的征兆、原因分别是什么，如何处理？

10-22 原燃料异常变化的征兆、原因分别是什么，如何处理？

10-23 出渣铁不好的征兆、原因分别是什么，如何处理？

10-24 单环布料时需要进行哪些调剂？

10-25 如何判断和处理溜槽底部磨穿？

10-26 什么是失常炉况，其原因是什么？

10-27 什么是管道，其征兆、原因分别是什么，如何处理？

10-28 什么是悬料，其征兆、原因分别是什么，如何处理？

10-29 什么是低料线，它有哪些危害，如何处理？

10-30 炉凉的征兆、原因分别是什么，如何处理？

10-31 炉热的征兆、原因分别是什么，如何处理？

10-32 炉缸堆积的征兆是什么，如何处理及预防？

10-33 炉缸冻结的征兆是什么，如何处理？

10-34 铜冷却壁渣皮大面积脱落的征兆、原因分别是什么，如何处理？

10-35 什么是炉墙结厚和结瘤，其征兆、原因分别是什么，如何处理及预防？

10-36 热负荷频繁波动的原因是什么，如何处理？

10-37 如何对炉况进行综合判断？

10-38 高炉主控室有什么功能？

10-39 简述高炉当班的工作内容。

▪ 技能训练

10-40 某高炉 5 月 9 日 14:16～15:30 发生主卷扬系统故障，无法上料，被迫减风至最低并被迫在 16:18 休风处理，料线降至 4 m 左右。6 月 2 日，铁中 $w[Si]$ 的平均值达 0.80%，比正常值高 0.2%。6 月 3 日 8:00 开始，连续 11 炉铁中 $w[Si]$ 的平均值为 0.22%，最低一炉仅为 0.15%。

(1) 分析该高炉在 5—6 月期间发生了哪些炉况失常问题？这些失常如果不能及时处理，将导致怎样的破坏？

(2) 该高炉 10 月 13 日与 10 月 23 日的装料制度见表 10-2。与 13 日相比，23 日装料制度的改变对煤气流分布将产生怎样的影响？

表 10-2　装料制度

日　期	装　料　制　度	
10 月 13 日	O_{22221}^{87654}	$C_{2222233}^{8765432}$
10 月 23 日	O_{122222}^{987654}	$C_{1222233}^{8765432}$

10-41　某高炉有东、西两个铁口，2010 年 3 月 8 日高炉计划检修 10 h，同时整体浇注西出铁主沟，复风时堵 8 号（西北方向）、17 号风口控制力强。9 日东铁口单面出铁。14:25 打开铁口出铁，15:33 听到风口区传来很响的声音，且 8 号风口附近冒火、喷焦炭，断定 8 号吹管烧穿，15:34 开始减风，因皮管破损没有及时打水冷却，5 min 至常压。休风后检查发现 8 号风口直吹管前端下半部烧损长达 500 mm；小套下部与直吹管接触面烧坏，小套内下部有 1/3 通道，其余部分为堵泥；中套内侧中、下部位烧坏。

10-41 习题解答参考

3 月 9 日，早班值班室操炉、配管工巡检时从窥视孔观察风口堵泥已经发红，其他无异常，中班 15:20 进行巡检，情况与早班一样。

基于以上材料，分析下列问题。

（1）事件结论：分析事故的性质，并简要说明理由。

（2）事件分析：分析事件发生的原因。

（3）事件处理：分析应吸取的教训，并说明处理此类事故的关键点。

10-42　某高炉长期休风 85 h，送风时采用 1 号、2 号、3 号、4 号、5 号、13 号、14 号风口集中送风。送风后不接受风量，风压冒尖，发生悬料，后崩料。崩料后赶料线较快，赶完料线后仍处于悬料状态，也一直坐不下来。于是决定休风坐料，料仍坐不下来。最后采用加风顶的方法，约 4 h 10 min 出铁后再次坐料，料才坐下来。

10-42 习题解答参考

基于以上材料，分析下列问题。

（1）事件结论：分析事故的性质，并简要说明理由。

（2）事件分析：分析事件发生的原因。

（3）事件处理：分析应吸取的教训，并说明处理此类事故的关键点。

▪ 进阶问题

10-43　"牵一发而动全身"出自清·龚自珍《自春徂秋偶有所感触》诗："一发不可牵，牵之动全身"，说明事物是普遍联系的。试从高炉原料、风温、风压、喷吹量等的变化解释对炉况的影响？

10-44　试举例从全局观念说明处理炉况失常应注意的问题？

10-45　参考习题 4-29 的要求，了解国家职业技能标准《高炉炼铁工》的主要内容。

在线测试 10

项目 11   高炉高效冶炼

项目11
课件

🎯 学习目标

本项目主要介绍高炉高效冶炼的基本概念和主要技术措施，学习者需理解炉腹煤气量与炉内其他现象及技术指标之间的关系，掌握精料、高压、高风温、富氧、喷吹燃料、鼓风湿度调节等对高炉冶炼的影响，能够根据实际情况制定适宜的高效冶炼方案，实现高炉高效、优质、低耗、长寿、环保的目标。

· 知识目标：
(1) 理解高炉高效冶炼的基本概念；
(2) 理解炉腹煤气量与炉内其他现象及技术指标之间的关系；
(3) 掌握精料"七字"方针的基本内容；
(4) 掌握高压操作、高风温、富氧鼓风、喷吹燃料、加湿和脱湿鼓风对高炉冶炼的影响，以及综合鼓风的基本内容；
(5) 理解低硅生铁冶炼、富氢冶炼基本原理。

· 能力目标：
(1) 能评价运行高炉的技术指标是否合理，并提出改进措施；
(2) 能根据高炉实际情况，制定适宜的高效冶炼操作方案；
(3) 具备冶炼低硅生铁的能力。

· 素养目标：
(1) 能区分事物的主要矛盾和非主要矛盾，理解其辩证统一关系；
(2) 能用联系的观点分析事物之间的相互影响、相互制约和相互作用；
(3) 培养节能环保、精益求精、开拓创新的工匠精神。

思政课堂

凝造匠心

★ 每课金句 ★

要强化精准思维，坚持"致广大而尽精微"，做到谋划时统揽大局、操作中细致精当，以绣花功夫把工作做扎实、做到位。
——摘自习近平 2022 年 3 月 1 日在中央党校（国家行政学院）中青年干部培训班开班式上的讲话

📖 基础知识

11.1   高炉高效冶炼概述

高炉炼铁必须积极推行可持续发展和循环经济的理念，实现节能降耗。以"减量化、再利用、再循环"为原则（减量化即用较少的原料和能源达到既定的生产或消费目的，从源头上节约资源和减少污染），以节能降耗、减少排放为目标，积极采用降低能耗和清洁的生产技术，减轻对环境的不良影响。

我国高炉炼铁以精料为基础，全面贯彻高效、优质、低耗、长寿、环保的炼铁技术方针。以精料为基础，以节能减排为核心，持续降低焦比和燃料比，以实现"减量化"；以大型化为方向，优化高炉结构组成；以长寿为依托，保持钢厂持续经济运行；以提高资源、能源和设备利用效率为目标，持续稳定地低成本生产优质生铁，走可持续发展的道路。"高效"即高效利用资源、高效利用能源、高效率和高效益生产等。高效益包括高的生产效益、高的社会效益；高效率生产应以提高产量，并持续高产以及长寿为主。高效利用资源、高效利用能源应以节约燃料为主，特别是应将降低焦比作为重要任务。高炉高效冶炼即在"减量化"基础上实现高炉持续高产及长寿。

11.1.1　炉腹煤气量与炉内现象

高炉炼铁是非常复杂的系统，包含着气、固、液、粉体等多相间的物理、化学反应的变化过程。高炉内强化的主要矛盾是上升煤气流和下降炉料之间的传热、传质和动量传递，以及还原过程的矛盾。炉腹煤气是冶炼生铁所需化学能和热能的源泉和载体，是炉内能量流的源头，是推动炉内所有炉料下降、传热、传质过程的动力源。抓住高炉炉腹煤气，就抓住了上述矛盾的源头。炉腹煤气量与炉内现象的关联如图 11-1 所示。

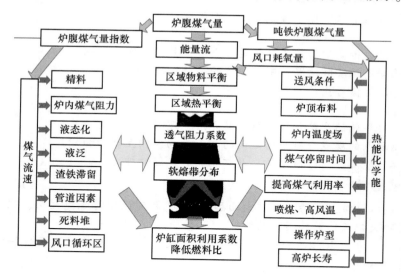

图 11-1　炉腹煤气量与炉内现象的关联

炉腹煤气是两个方面的技术指标：吨铁炉腹煤气量 v_{BG} 反映炉内还原过程热能和化学能的供应量，是高炉能耗利用指标；炉腹煤气量指数 χ_{BG} 是燃烧带产生的煤气在标准状态下的空塔流速，代表高炉强化的程度。这两个参数与煤气利用率 η_{CO}、吨铁风口耗氧量 v_{O_2} 和炉缸面积利用系数 η_A 都是评价高炉生产效率的指标，它们表征了高炉强化程度以及燃料和热量的消耗。

高炉高效冶炼的基础是降低燃料比，降低燃料比最有效的方法是选择合适的炉腹煤气量指数，降低吨铁炉腹煤气量、吨铁风口耗氧量和高温区热量的消耗。合适的炉腹煤气量指数可满足气体力学对煤气量的需求，而降低吨铁耗氧量和吨铁炉腹煤气量，也就是降低炉腹煤气的供给量，提高煤气利用率，是高炉强化冶炼和降低燃料的重要手段，两者存在着矛盾和统一的辩证关系。

高炉强化冶炼受气体力学和矿石还原动力学的限制。高效高炉首先应该是高效地利用煤气，其次才是通过煤气多生产铁水。除了炉缸面积利用系数以外，从气体力学角度能够代表这些矛盾的有炉腹煤气量指数 χ_{BG} 和透气阻力系数 K 等；而从还原动力学角度有吨铁炉腹煤气量、精料程度、矿石的还原性、原燃料粒度和空隙率，以及煤气与矿石的接触条件，特别是间接还原区气体和固体的接触条件，包括接触时间等。从研究炉腹煤气出发，高炉炼铁需要处理好如下关系：

(1) 炉腹煤气量指数与高产、燃料比之间的关系；
(2) 炉腹煤气量指数与吨铁炉腹煤气量、煤气利用率的关系；
(3) 鼓风动能与循环区焦炭粉化、炉缸活跃程度之间的关系；
(4) 炉腹煤气量与料柱透气性的关系；
(5) 炉腹煤气量指数与高炉下部热量消耗的关系；
(6) 炉腹煤气量指数与软熔带形式的关系；
(7) 布料制度、煤气利用率与炉腹煤气量指数的关系；
(8) 块状带和热储备区的体积与煤气利用率的关系；
(9) 控制热储备区温度与煤气利用的关系；
(10) 软熔带渣铁形成与滴落量分布的关系；
(11) 矿石还原率与初渣中 FeO 含量的关系；
(12) 死料堆透液性与渣中 FeO 含量、死料堆温度之间的关系；
(13) 死料堆结构、炉缸内铁水流动与炉缸寿命之间的关系；
(14) 炉缸凝结保护层的形成、消蚀与渣铁进入炉缸的状态、与铁水流动的关系。

11.1.1.1 炉腹煤气量指数与吨铁炉腹煤气量及炉缸面积利用系数的关系

图 11-2 为 2009 年我国约 150 座高炉按容积分为 7 个级别，其炉腹煤气量指数 χ_{BG}、吨铁炉腹煤气量 v_{BG}、与炉缸面积利用系数 η_A 的关系。图 11-2 中的一组斜线表示等吨铁炉腹煤气量线，当吨铁炉腹煤气量 $v_{BG}=1440\ m^3/t$ 时，即为图中斜率等于 1 的对角线。当燃料比上升时，吨铁炉腹煤气量随之升高（见图 11-2 中斜率更小的直线），如果炉腹煤气量指数不变，随着吨铁炉腹煤气量的减少，炉内煤气利用率的改善，燃料比下降，炉缸面积利用系数上升。

大部分小型高炉受高冶炼强度的影响，吨铁炉腹煤气量很大，炉腹煤气量指数很高，而煤气利用率却很低，燃料比高，炉缸面积利用系数不高。如图 11-2 中箭头所示，在炉腹煤气量指数 60 m/min 的初始阶段，中小型高炉与左边的大型高炉并没有多大的差距。大型高炉炉腹煤气量指数值保持 66 m/min 以下，降低吨铁炉腹煤气量，使左边代表炉缸面积利用系数的箭头高高升起。可是，小型高炉随着炉腹煤气量指数提高，箭头向增加吨

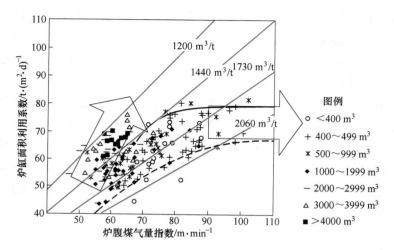

图 11-2　炉腹煤气量指数、吨铁炉腹煤气量与炉缸面积利用系数的关系

铁炉腹煤气量偏转，而高炉利用系数却没有多大的提高，燃料比上升，产量停留在低的水平，高炉强化没有取得所期望的效果。

炉内气流速度是高炉最基础的参数，与炉容无关，炉腹煤气量指数表征炉内一次煤气的流速，吨铁炉腹煤气量表征炉内化学能和热能载体的单位消耗。因此，控制合适的炉腹煤气量指数，即控制炉内的煤气流速在合理的范围内，尽量降低吨铁炉腹煤气量至 1400 m³/t 以下或者更低，才能使还原剂的需要量达到较低的水平，提高利用系数。

11.1.1.2　炉腹煤气量指数与燃料比及产量的关系

图 11-3 对 2012—2014 年近 30 座 1000~4148 m³ 高炉的炉腹煤气量指数与容积利用系

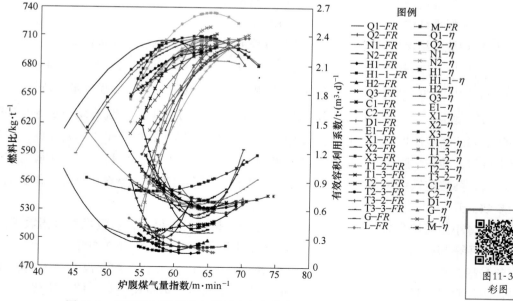

图 11-3　炉腹煤气量指数与燃料比和有效容积利用系数之间的关系

数的日生产统计指标进行了回归。可以看出，炉腹煤气量指数与燃料比呈"U"形关系，与容积利用系数呈倒"U"形关系。其中，炉腹煤气量指数较低或最低点在 56 m/min 左右的高炉，其燃料比都比较低。炉腹煤气量指数高的高炉利用系数也不一定高。也就是说，保持合适的炉腹煤气量，用降低燃料比的办法可以达到既高产、又低耗的效果。因此，追求高利用系数靠提高炉腹煤气量指数是没有作用的，反而多消耗了燃料，增加了各项消耗。

图 11-4 综合了不同容积高炉炉腹煤气量指数与炉缸面积利用系数、燃料比的关系。可以看出，炉腹煤气量指数与燃料比呈"U"形关系，与面积利用系数呈倒"U"形关系。可以按炉腹煤气量指数将图分成三个区域：区域Ⅰ为低产高燃料比的低效率区；在炉腹煤气量指数 52~60 m/min 的区域Ⅱ为高产低燃料比的高效率区；在炉腹煤气量指数大于 60 m/min 的区域Ⅲ为高燃料比的低效率区域，比区域Ⅰ和Ⅱ的资源、能源的利用效率都低。虽然区域Ⅲ资源、能源的效率低，但其中 60~62 m/min 的区域Ⅲ'能以资源、能源为代价，取得较高的产量得到一些补偿，不过区域Ⅲ'的范围很狭窄，操作难度较大。区域Ⅲ"则不但浪费资源、能源，还以拼设备、拼寿命为代价，即所谓的"片面强化"。由以上

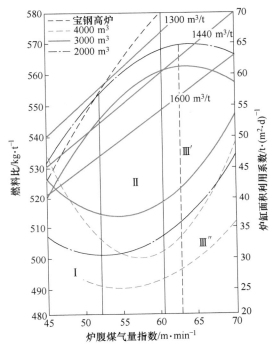

图 11-4　以炉腹煤气量指数划分各级高炉的生产效率

分析，不同容积、不同生产条件的高炉都能得到相同的结果，说明用炉腹煤气量指数评价高炉生产效率指标具有普遍性。

11.1.1.3　炉腹煤气量指数与煤气利用率及吨铁风口耗氧量的关系

图 11-5 为 2016 年 22 座容积大于 4000 m³ 高炉炉腹煤气量指数与煤气利用率和吨铁风口耗氧量的关系。可以看出，炉腹煤气量指数与吨铁风口耗氧量呈"U"形关系，与煤气利用率呈倒"U"形关系。炉腹煤气量指数增加到一定值以后，吨铁风口耗氧量迅速抬升，煤气利用率迅速下降。其原因是随着炉腹煤气量指数和吨铁炉腹煤气量上升，风口耗氧量和风口燃烧的碳素量增加，高炉下部高温区扩大，直接还原增加。因此，减少吨铁炉腹煤气量对于改善煤气利用率、降低燃料比非常重要。

在吨铁炉腹煤气量中，包含了吨铁风口耗氧量。由于采用了富氧鼓风等新技术，吨铁风口耗氧量较吨铁风量更能代表炉内煤气的发生量和风口碳素消耗量。控制吨铁风口耗氧量是控制高炉供给侧能源消耗的重要判据。从整体上看，随着炉容增大，吨铁风口耗氧量

下降，对应的炉腹煤气量指数也有下降的趋势。

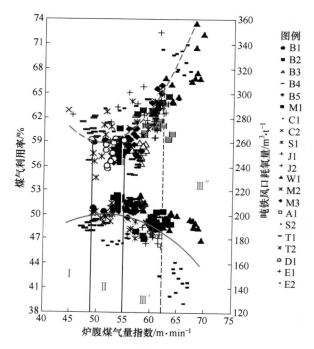

图 11-5　容积大于 4000 m³ 的高炉炉腹煤气量指数与煤气利用率和吨铁风口耗氧量的关系

11.1.1.4　炉腹煤气量指数与燃料比及煤气利用率的关系

在一定的原燃料质量和燃料比的前提下，存在合理的最大炉腹煤气量指数值。降低燃料比和吨铁炉腹煤气量是提高产量的重要途径。全面评价高炉生产效率的重要指标是燃料比和煤气利用率。

过度强化冶炼造成煤气流速增加，并使煤气与炉料的接触时间缩短，使反应动力学条件变差。炉内还原反应过程基本上处于矿石内部的扩散范围，增加煤气的速度，增加炉腹煤气量指数不能改变内部扩散条件和还原反应速度。而进一步提高强化程度，提高炉腹煤气量指数，破坏了倒"V"形软熔带，块状带缩小，煤气的分布变坏，使还原过程和煤气利用变差，燃料比上升。

2009 年统计了 308 座有效体积 380 ~ 5800 m³ 高炉的生产数据，由炉腹煤气量指数来估算，得到标准状态下炉内空塔煤气停留时间与燃料比的关系，如图 11-6 所示。可以看出，煤气在炉内的停留时间越短，燃料比越高。

降低燃料比必须提高煤气利用率，而提高煤气利用率又受到煤气在炉内停留时间的影响，因此煤气利用率是限制高炉强化的又一个重要制约条件。为了提高煤气利用率，应该珍惜炉腹煤气，采取布料手段增加煤气与炉料的接触，可是这样会使高炉透气阻力系数有所上升，料柱通过煤气的能力会受到一定的限制。图 11-7 为宝钢 3 号高炉 1999 年 1 月至 2009 年 12 月月平均吨铁炉腹煤气量与煤气利用率的关系。随着吨铁炉腹煤气量的增加，煤气利用率不断下降，燃料比上升。

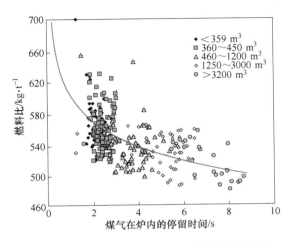

图 11-6　煤气在炉内的停留时间与燃料比的关系

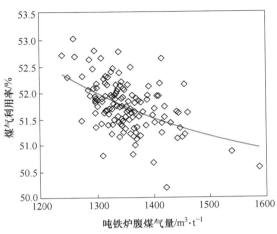

图 11-7　宝钢 3 号高炉吨铁炉腹煤气量
与煤气利用率的关系

11.1.2　冶炼强度与燃料比的关系

生产实践表明，冶炼强度和燃料比（焦比）之间有如图 11-8 所示的关系。由图 11-8 可见，在一定的冶炼条件（原料、设备和操作条件）下，高炉冶炼有一个适宜的冶炼强度，此时燃料比最低。高于和低于这个适宜的冶炼强度，都会引起燃料比升高。这是因为冶炼强度过低时，风量和煤气量很小，煤气流速低，炉缸不活跃，煤气分布不均匀（通常中心煤气不足，而边缘煤气过分发展），煤气与矿石不能充分接触，矿石加热和还原不良，煤气热能和化学能利用不好，因而燃料比升高。随着冶炼强度的提高，炉缸变得活跃，煤气分布趋于均匀合理，煤气与炉料的接触条件改善，传热、传质过程加速，煤气能量利用改善，故燃料比逐渐降低。但是，冶炼强度过大，将导致炉缸中心"过吹"，中心煤气过分发展，煤气流速过大，与矿石接触时间过短，传质传热不充分，煤气把大量热量带出炉外，甚至造成管道行程、液泛、崩料、难行和悬料等失常现象，使燃料比升高。由此可知，每座高炉应根据自身的冶炼条件，选择适宜的冶炼强度，最大限度地降低燃料比和提高产量。实践表明，当前综合冶炼强度在 1.0~1.1 t/(m³·d) 是较为合适的。

由图 11-8 还可以看出，随着冶炼条件的改善（即冶炼条件由曲线 1 向着曲线 5 的方向改进），燃料比最低，最适宜的冶炼强度将相应升高。因而高炉强化冶炼，就是要采取一系列技术措施，使高炉冶炼条件不断改善，以获得较高的冶炼强度和较低的燃料比，从而使高炉生产得到较好的经济效益。

炉腹煤气量指数和吨铁炉腹煤气量之间与

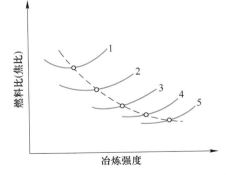

图 11-8　冶炼强度和燃料比（焦比）的关系
（1~5 分别表示不同冶炼条件）

冶炼强度和燃料比之间有类似的关系。

11.1.3　合适的强化程度

11.1.3.1　高炉产量与冶炼强化

高炉的产量 P、有效容积利用系数 η_V、有效容积 $V_{有}$、焦比（或燃料比）K 和冶炼强度 I 之间存在着如下关系：

$$P = \eta_V V_{有} = \frac{I}{K} V_{有} \tag{11-1}$$

高炉的产量 P、炉缸面积利用系数 η_A、炉缸面积 A、炉腹煤气量指数 χ_{BG} 和吨铁炉腹煤气量 V_{BG} 之间存在着如下关系：

$$P = \eta_A A = \frac{\chi_{BG}}{V_{BG}} A \tag{11-2}$$

以前认为高炉强化在很大程度上就是要提高产量。从式（11-1）和式（11-2）可以看出，对于一定炉型的高炉来说，提高产量即是提高利用系数，要提高利用系数，就要提高冶炼强度和降低燃料比，或者提高炉腹煤气量指数和降低吨铁炉腹煤气量。

我国有些高炉，提高产量的方式仍然是按照过去的高产理念，片面追求高风量，不顾燃料比；另一种类型是保持一定的炉腹煤气量指数，以降低燃料比来增产，这是应大力提倡的方式。

用炉缸面积利用系数和炉腹煤气量指数取代容积利用系数和冶炼强度可以有效地分析高炉生产中的问题，有助于制定合理的操作制度。

11.1.3.2　合适的炉腹煤气量指数

炉腹煤气量指数比较高的高炉，煤气流速比较高，煤气停留时间缩短，炉料与煤气的接触条件变差，煤气利用率降低，燃料比升高。首先，吨铁风口耗氧量增加，煤气流增大，携带的 CO 量增多，而铁矿石还原时需要夺取的氧量几乎是一定的，过量的 CO 只有从炉顶排出；其次，由于风口燃烧碳素增加，下部热量过多，使软熔带和高温区上升，块状带缩小，间接还原不足，煤气的热能、化学能不能很好利用；最后，煤气量大，炉料下降的阻力较大，为了维持顺行，必须采取疏松边缘或者中心的布料措施，导致煤气的利用率降低。

合理的鼓风参数保证合理的鼓风动能、炉腹煤气量及其分布，即炉内一次煤气的分布。提高炉腹煤气量指数，风量和风速相应增加，提高风速应与焦炭的冶金性能相匹配，不然产生大量焦粉，使得死料堆的透气性和透液性下降，将导致产量下降和燃料比升高。合理的布料保证合理的软熔带和第二、三次煤气的合理分布，扩大块状带和热储备区体积。合理的布料应该在保证顺行的基础上（不能牺牲燃料比来换取顺行），提高煤气利用率，降低燃料比，保证炉腹煤气量指数在合理的范围，采取降低吨铁炉腹煤气量来合理强化高炉。使煤气流速与炉料质量相适应，控制好炉腹煤气量，可以充分发挥上下调剂降低燃料比的能动作用。

热储备区进行着铁矿石还原与焦炭熔损耦合反应，在这里 FeO 间接还原所需的 CO 与焦炭熔损反应提供的 CO 达到平衡，耦合反应进行的程度是决定高炉燃料比的重要因素。使用小块焦、矿石焦炭混装、含碳团块等技术，缩短矿石颗粒与碳素颗粒间的距离，降低煤气的扩散能量，可以降低热储备区的反应平衡温度，促进还原。为降低燃料比，应该采取降低热储备区温度、减少吨铁炉腹煤气量等措施，而不是单纯地提高炉腹煤气量指数。

提高炉腹煤气量指数，必须提高原燃料的质量，改善料柱透气性，改善煤气分布。随着 O/C 的升高，焦窗面积减小，煤气通过软熔带的阻力增加。当增加风口风速和炉腹煤气量指数时，循环区焦炭的粉化加剧，死料堆透气性、透液性降低，迫使死料堆与软熔带之间的煤气通道加大，循环区上方炉料下降漏斗向边缘集中，下料速度增加，直接还原增加；软熔带中高速的气流将渣铁吹向边缘，渣铁经过燃烧带在循环区附近被再氧化和脱碳，使大量 FeO 和碳不饱和铁水进入炉缸，低碳铁水直接溶解炭砖，加剧了铁水环流的破坏作用，大幅度缩短炉缸寿命。故提高炉腹煤气量指数时，必须增加软熔带焦炭窗的面积、焦炭窗的层数和软熔带的高度，扩大软熔带包络的高炉下部高温区的体积，扩大滴落带，这也使得块状带缩小，煤气利用率下降。

在高炉高产、低燃料比要求下，必须寻求与原燃料相适应的炉腹煤气量指数，降低吨铁炉腹煤气量；必须研究炉内各种现象的相互关系，寻求各种操作参数最佳化的匹配模式，寻求各种炉内现象的平衡点，使高炉的各种功能发挥到淋漓尽致，物尽其利，能尽其力。以下是一些生产经验及数据。

（1）当炉内料柱透气性限制高炉强化时，应提高原燃料的质量，以提高炉内通过煤气的能力，提高炉腹煤气量指数。

（2）在原燃料一定的条件下，应有一个合理的煤气流速范围。在 21 世纪初原燃料质量高时，炉腹煤气量指数不宜高于 66 m/min；而目前原燃料质量较差，炉腹煤气量指数应降低至 62 m/min 为宜。炉腹煤气量指数不是越高越好。

（3）炉腹煤气量指数与燃料比普遍存在"U"形关系。最低燃料比在炉腹煤气量指数 54~56 m/min 的位置。

（4）为了提高炉缸面积利用系数，即使低燃料比的高炉，炉腹煤气量指数还是较最低燃料比的位置高出 5~6 m/min。此时，高炉已经接近敏感地带，更需要质量优良的原燃料，操作必须谨慎小心，必须精细化，严防环境波动造成高炉炉况失常。

（5）原燃料条件较好的高炉，必须保持环境条件比较宽松，在不引起燃料比升高的条件下，保持炉况稳定、顺行，以降低吨铁炉腹煤气量来提高利用系数。

（6）在精料和富氧率 3% 左右的条件下，先进高炉的炉缸面积利用系数大于 62 t/(m^2·d)，燃料比 490 kg/t，适宜的炉腹煤气量指数为 50~58 m/min，吨铁炉腹煤气量小于 1300 m^3，煤气利用率高于 50%，吨铁风口耗氧量低于 260 m^3/t。

11.1.4 高炉高效冶炼的主要措施

高炉高效冶炼的措施主要有精料、高风温、高压操作、喷吹燃料、富氧鼓风、加湿鼓风和脱湿鼓风等。采用适宜的最大炉腹煤气量指数能够充分发挥各项技术措施的作用。

11.2　精料

精料是高炉炼铁的基础，高炉高效冶炼必须把精料放在首位。高炉炼铁工作者通过长期的生产实践，用"七分原料三分操作"或"四分原料三分设备三分操作"来说明精料对高炉生产的决定性影响。

所谓精料是指高炉原料要达到"高、熟、净、匀、小、稳、少"七字要求。"高"是指提高入炉矿石品位、提高焦炭强度和固定碳含量、提高熔剂的有效熔剂性；"熟"是指提高入炉料的熟料比，使高炉多用或全部使用人造富矿；"净"是指筛除入炉料的粉末，保持入炉料的干净；"匀"是指缩小入炉料粒度的上下限差距，保持其粒度均匀；"小"是指降低炉料粒度的上限，使入炉炉料的粒度不至于过大；"稳"是指稳定入炉料的物理性能、化学性能和冶金性能；"少"则是指原料中有害杂质要少，特别是硫、磷的含量要严格控制。

11.2.1　提高矿石品位

入炉矿石品位的高低是决定渣量和冶炼过程热量消耗的决定性因素之一。提高入炉矿石品位能有效地降低焦比和提高冶炼强度，它既能减少渣量和熔剂使用量，降低冶炼过程的热量消耗，又能使成渣带厚度减薄，改善料柱透气性，促进高炉顺行。资料表明，入炉矿石品位每提高1%，可减少渣量约6%，降低焦比2%，提高产量3%。因此，各厂都把提高入炉品位作为高效冶炼最有效的措施。

我国不同炉容高炉入炉原料含铁品位见表11-1。

表 11-1　入炉原料含铁品位及熟料率的要求

炉容级别/m³	1000	2000	3000	4000	5000
平均含铁量（质量分数）/%	≥56	≥57	≥58	≥58	≥58
熟料率/%	≥85	≥85	≥85	≥85	≥85

11.2.2　增加熟料比

高炉采用熟料（烧结矿和球团矿）冶炼时，由于气孔度大、透气性和还原性好，有利于还原和炉况顺利。尤其是使用高碱度烧结矿时，高炉可少加或不加熔剂，从而减少热量消耗、改善造渣过程和改善料柱透气性。资料表明，提高熟料比1%，可降低焦比 2～3 kg/t。目前，我国高炉虽已大部分使用熟料，但提高熟料比仍然是主要的努力方向。

11.2.3　优化入炉炉料的粒度组成

为改善矿石的还原性和炉料的透气性，要优化入炉炉料的粒度组成。大块要破碎，粉末要筛除。即通常所说的炉料要"净、小、匀",也称整粒。炉料的粒度适当小能缩短铁矿石的还原时间,降低焦比;但过小的炉料(指矿石小于 5 mm、焦炭小于 10 mm)将导致料柱透气性恶化、煤气流分布失常和炉尘量高,对炉顶设备产生磨损等。通常,对入炉料可采用多次筛分(最重要的是槽下筛分),尽可能除去炉料中的粉末。入炉料粒度过大对高炉冶炼也是不利的,因此炉料中的大块料也应该除去。入炉的炉料粒度应有一个适宜的范围,见表 11-2。

表 11-2 高炉炉料粒度控制范围

炉料	天然矿	烧结矿	球团矿	焦炭
粒度/mm	5~30	5~50	6~18	25~75

表 11-2 中所列粒度范围不是绝对的,还应根据矿石的特性、高炉类型、设备条件等具体选择。另外,按"匀"的要求炉料要分级入炉,如焦炭可分为 25~40 mm 和 40~60 mm 两级。小于 25 mm 的还可分出 15~25 mm 一级供小型高炉使用,或者将 15~25 mm 的"焦丁"与矿石混装入炉,既代替了部分块焦,又可改善软熔层的透气性。天然矿可分为 5~15 mm 和 15~30 mm 两级。烧结矿也可分为 5~25 mm 和 25~50 mm 两级。

11.2.4 稳定炉料成分

性能稳定的炉料成分,特别是矿石成分的相对稳定,是稳定炉况、稳产高产、降低燃料比、稳定操作和实现自动控制的先决条件。一般,入炉矿品位波动 1%,影响产量 2%~3%,焦比变化 1.5%~2%;碱度波动 0.1,影响产量 2%~4%,焦比变化 1.2%~2.0%。

实践表明,原料成分不稳定是引起高炉炉况波动的重要原因。为防止炉况失常,生产中常被迫维持较高的炉温,无形中增加了燃料消耗,这也是很多高炉尤其是中小型高炉炼钢生铁中的 $w[Si]$ 降不下来的原因。例如,炼钢要求生铁中 $w[Si]$ 在 0.4%即可,但生产者考虑烧结矿中 TFe 和碱度 $w(CaO)/w(SiO_2)$ 的波动,$w[Si]$ 被迫维持在 0.6%,甚至 0.8%,而 $w[Si]$ 每增加 0.1%,焦比要上升 4 kg/t。如果原料成分稳定,消除炉温波动,便可节省这部分热量。稳定炉料成分的关键在于建立现代化的混匀料场,加强中和混匀工作。

11.2.5 改善人造富矿的高温冶金性能

改善人造富矿的质量包括改善其冷态性能和热态性能两个方面,热态性能对改善高炉冶炼过程更为重要。高温冶金性能主要包括还原性能(RI)、烧结矿低温还原粉化性能(RDI)、球团矿的还原膨胀、软熔特性等。人造富矿的还原强度对块状带料柱透气性有决定性的影响,而高温软熔特性影响软熔带结构和气流分布。例如球团矿高温强度差,使用时会膨胀、碎裂、粉化,使料柱透气性变差,影响高炉顺行。一般在大型高炉上只使用部分球团矿,提高球团矿的高温强度和其他高温冶金性能是国内外研究的主要课题。采用低温烧结法生产高碱度低 FeO 高还原性的烧结矿,并向低 SiO_2 发展,是提高烧结矿冶金性能的重要措施。我国宝钢烧结矿中的 SiO_2 含量降到 4.5% 左右，达到世界先进水平，现已逐步推广。

11.2.6　合理的炉料结构

合理的炉料结构是指炉料组成的合理搭配：具有优良的冶金性能；炉料成分能满足造渣需要，不另加熔剂；人造富矿占大多数。

目前，我国高炉炉料结构的形式很多，但基本上可以分为：（1）全部自熔性烧结矿；（2）高碱度烧结矿加少部分天然富矿；（3）高碱度烧结矿加少部分酸性球团矿；（4）高碱度烧结矿配加低碱度烧结矿。

上述炉料结构中，普遍认为第（3）种是较理想的炉料结构。由于我国各地高炉冶炼原料不同，合理的炉料结构只能通过实验产生。例如，柳钢曾根据本企业的原料条件选择炉料结构为：82% ~ 83% 的高碱度烧结矿，7% ~ 8% 的混合矿，3% ~ 4% 的越南矿，4% ~ 5% 的澳矿（或南非矿），适量转炉钢渣（每座高炉每天 20 ~ 30 t），取得了较好的冶炼效果。当然，所谓的"最佳炉料结构"将随条件的变化而变化。

11.2.7　提高焦炭质量

高炉冶炼的主要燃料是焦炭和煤粉。燃料比降低及喷吹量增加必然使得焦炭的使用量减少，对焦炭的骨架作用有了更高的要求。焦炭质量的好坏直接影响高炉冶炼顺行稳定情况、技术经济指标和高炉寿命等。高炉冶炼对焦炭质量的要求有：固定碳含量高，灰分含量低；挥发分含量适当，水分含量低；降低硫、磷等有害杂质的含量；提高机械强度，改善粒度组成。

由于煤气是通过焦炭块之间的空隙上升的，因此，要求焦炭在高温下具有良好的粒度组成，均匀的焦炭粒度能够使高炉透气性良好。但粒度稳定与否取决于焦炭强度。焦炭强度差，应提高粒度下限；焦炭强度好，可适当放宽粒度下限。

11.3　高风温

古老的高炉采用冷风炼铁。1928 年，英国第一次使用 150 ℃ 的热风，节约燃料 30%。从此以后，加热鼓风技术在世界上得到迅速推广，高风温是高炉降低焦比高效冶炼的有效措施。采用喷吹技术之后，使用高风温更为迫切，高风温能为提高喷吹量和喷吹效率创造条件。世界各国风温水平不断提高，目前最高已达 1350 ~ 1400 ℃，我国高炉风温目前在（1250±50）℃。

11.3.1　提高风温对冶炼过程的影响

（1）高风温对燃烧带大小的影响。风温对于不同的焦炭燃烧状态下的燃烧带的影响是不同的。通常情况下，焦炭处于回旋运动燃烧，燃烧反应处于扩散范围。因此，随风温的提高，因鼓风动能增大，燃烧带扩大。但是，当焦炭层状燃烧和炉凉时，燃烧反应处于动力学范围或过渡范围。因此，随风温的提高，由于燃烧速度加快，燃烧带有可能缩小。

（2）高风温对炉温的影响。随风温的提高，风口前的燃烧温度升高，炉缸温度升高，对于硅、锰等难还原元素的还原有利。随着风温的提高，燃料比相应降低，吨铁炉腹煤气量减少，煤气热流降低，于是高炉上部温度降低，炉顶煤气温度下降，高温区和软熔带下移，有利于间接还原的发展和炉况顺行。由此认为，热风带入的物理热在高炉下部高温区能全部被利用，而燃料燃烧后供给的热量（化学热）只有一部分被利用，另一部分被煤气带出炉外。

（3）高风温对顺行的影响。高风温对于高炉顺行，既有有利的一面，也有不利的一面。提高风温使鼓风动能增大，燃烧带扩大，炉缸活跃，同时高温区和软熔带下移，块状带扩大，高炉上部区域温度降低，这些因素均有利于高炉顺行。但是，高炉下部的温度升高，使 SiO 挥发加剧，恶化了料柱的透气性，同时炉缸煤气体积膨胀，流速增大，高炉下部压差升高，易产生液泛。另外，焦比下降，使料柱的透气性相应变差，这些因素均不利于高炉顺行。因此，在一定的原料条件下，每座高炉都有一个适宜的风温水平，若盲目地追求高风温，将导致高炉不顺。

11. 3. 2 高风温与降低焦比的关系

高风温与降低焦比之间的关系如下：

（1）高风温带入物理热（占总热量收入的 20%~30%），减少了焦炭消耗；

（2）风温提高后焦比降低，吨铁炉腹煤气量减少，炉顶煤气温度降低；

（3）提高风温后高温区下移，中温区扩大，减少了直接还原；

（4）风温提高，焦比降低，产量相应提高，单位生铁热损失减少；

（5）风温升高，可以加大喷吹燃料数量，更有利于降低焦比。

风温水平不同，提高风温的节焦效果也不相同。风温越低，降低焦比的效果越显著。高风温需要高发热值的煤气，对热风炉结构及材质要求提高，热风阀等阀门和管道设备必须耐更高的风温。从能量的观点分析，如果加热冷风所需的热量多于热风给高炉节省的热量就不经济了。一方面，风温提高后，节能效果下降；另一方面，热风炉效率影响能量消耗，因此风温水平应当有个限度，超过这个水平，再提高风温就无意义了。由此可以引出经济风温的概念，即在能够节能范围内的风温称为经济风温。经济风温与吨铁耗风量有关，吨铁风量消耗越小，风温的效率越高。当风耗大于 2000 m^3/t 铁时，高风温就不经济了。

11. 3. 3 高炉接受高风温的条件

凡能降低炉缸燃烧温度和改善料柱透气性的措施，都有利高炉接受高风温。

（1）加强原燃料准备。精料是高炉接受高风温的基本条件，即提高矿石品位，降低焦炭灰分和焦炭含硫量，使渣量降低；提高矿石和焦炭强度，尤其是高温强度，加强整粒以改善料柱的透气性等，为高风温的使用创造条件。

（2）喷吹燃料。高风温是维持正常冶炼需要的最低理论燃烧温度和提高喷吹物置换比的有效措施。特别是随着喷吹量的加大，对风温的要求也提高到一个新的水平。由于喷吹的燃料是冷料，在风口前燃烧时分解吸热，使理论燃烧温度降低；同时喷吹燃料后为了维持燃烧带具有足够温度来加速燃料的裂化与燃烧，也需要有更高的风温来进行补偿。一般，风温在 1000 ℃时，喷吹 1 kg 重油需补偿风温为 1.6~2.3 ℃；喷吹 1 kg 煤粉需补偿风温 1.3~1.8 ℃。

（3）加湿鼓风。加湿鼓风时，因水分解吸热降低理论燃烧温度，需相应提高风温进行补偿。

$$H_2O \rightleftharpoons H_2 + \frac{1}{2}O_2 - 242039 \text{ kJ}(\text{即 } 13446 \text{ kJ/kg}) \tag{11-3}$$

鼓风在 900 ℃时，比热为 1.4 kJ/（m³·℃）。因此，1 m³ 鼓风中加入 1 g H_2O 需提高风温 9.6 ℃（13.4/1.4）。考虑到分解出的 H_2 在高炉上部又还原变成 H_2O，放出相当于 3 ℃热风的热量。故每增加 1 g H_2O/m^3，要提高风温 6 ℃进行热补偿。

（4）做好上下部调剂保证高炉顺行。高风温有不利于顺行的一面，故只有高炉顺行时才有利于提高风温。

11.3.4 提高风温的途径

（1）采用新式热风炉和改造旧式热风炉。宝钢 1 号高炉采用外燃式结构，风温能力大于 1200 ℃。新建的大中型高炉多采用顶燃式热风炉，其提高风温的效果较好。冷水江钢铁厂将内燃式热风炉改为顶燃式后，热风炉效率由 73% 提高到 80.1%，风温提高 100 ℃。小型高炉也有采用球式热风炉，在相同拱顶温度下，比内燃式热风炉风温高 50 ℃。

（2）采用干式除尘。湿式除尘系统严重影响煤气的发热值，影响着烧炉的效果。干式除尘的煤气含水量低（3% 左右），温度在 150~200 ℃（显热 210~270 kJ/m³），而且除尘效果较好。因此，高炉采用布袋等干式除尘是获得高风温的有效途径。

（3）预热助燃空气。热风炉烟道废气温度常在 300 ℃以上，利用废气余热来预热助燃空气是提高风温和节能的廉价途径。若废气温度为 300 ℃，可将助燃空气预热到 200 ℃左右，提高热风炉理论燃烧温度 70 ℃左右，从而可相应提高风温。

（4）提高煤气发热值。热风炉烧炉使用的燃料主要是高炉自身产生的煤气，随着高炉煤气利用率的提高，其发热值相应降低。若风温到 1200 ℃以上，煤气发热值要提高到 4600~5000 kJ/m³，这需要对煤气富化，即掺入转炉煤气（7880~8500 kJ/m³）、焦炉煤气（16300~17600 kJ/m³）或天然气（33500~42200 kJ/m³），或采用高炉煤气和助燃空气双预热的办法。

11.4 高压操作

高压操作是通过安装在煤气除尘系统管道上的高压调节阀组，改变煤气通道截面，进而改变炉顶煤气压力的一种操作。一般常压高炉炉顶压力低于 30 kPa（表压力），凡炉顶压力超过 30 kPa 的均称为高压操作。

高压操作对冶炼过程的影响

高压操作高炉可提高产量、降低焦比并大幅度降低炉尘吹出量。

11.4.1.1　高压操作对燃烧带的影响

由于炉内压力提高，在鼓风量相同的情况下，鼓风体积变小，鼓风动能下降。根据计算，由常压（15 kPa）提高到 80 kPa 的高压后，鼓风动能降到原来的 76%。同时，由于炉缸煤气压力升高，煤气中 O_2 和 CO_2 的分压升高，促使燃烧速度加快。鼓风动能降低和燃烧速度加快导致高压操作后的燃烧带缩小。为维持合理的燃烧带以利于煤气流分布，就可以增加鼓风量，这对增加产量起了积极的作用。

11.4.1.2　高压操作对还原的影响

从热力学上来讲，压力对还原的影响是通过压力对碳气化反应（$CO_2+C = 2CO$）的影响体现的。压力增加有利于该反应向左进行，即有利于 CO_2 的存在，从平衡移动地来说，这不利于间接还原的进行；但是，高炉内直接还原发展程度取决于上述反应进行的程度，高压抑制了直接还原的发展，或者说将直接还原推向更高的温度区域进行，间接还原区的扩大有利于 CO 还原铁氧化物而改善煤气化学能的利用。

从动力学上来讲，压力的提高加快了气体的扩散和化学反应速度，有利于还原反应的进行和降低焦比。但也有研究者认为，压力的提高对铁的直接还原度不会产生明显的影响，单从压力对还原的影响分析，高压操作对焦比没有影响。

另外，高压操作可抑制硅还原反应（$SiO_2+2C = Si+2CO$），所有的研究者和实际操作者都肯定高压对 Si 的还原是不利的，这表明高压对低硅生铁的冶炼是有利的。

11.4.1.3　高压操作对料柱阻损的影响

对料柱阻损的影响是高压操作对高炉冶炼影响最重要的一个方面，从公式（9-114）不难看出，料层的阻力损失与气流的压力成反比。在其他条件不变的情况下，可写成：

$$\frac{\Delta p_{常}}{\Delta p_{高}} = \frac{p_{高}}{p_{常}} \tag{11-4}$$

高压操作以后，炉内的总压力 $p_{高}$ 比常压操作时的 $p_{常}$ 大，即 $p_{高}/p_{常}>1$，因而常压操作时煤气流通过料柱的阻力损失 $\Delta p_{常}$ 大于高压操作时的 $\Delta p_{高}$。这就使得在常压高炉上因 Δp 过高而引起的诸如管道行程、崩料等炉况失常现象在高压操作的高炉上大为减少，而且还可弥补一些高炉强化冶炼技术使 Δp 升高的缺陷。研究者们用不同的方式对高压操作后 $\Delta p_{高}$ 下降值进行了测定和计算，所得结果不尽相同，但其平均值约为顶压每提高 100 kPa，料柱阻损下降 3 kPa。在常压提高到 100 kPa 时，Δp 下降值略大于 3 kPa，而顶压由 100 kPa 进一步提高到 200~300 kPa 时，此值降到 2 kPa/100 kPa。

应当指出，高压操作以后，炉内料柱阻损的下降并不是上下部均相同的，研究表明，炉子上部阻损下降得多，下部则下降得少，如图 11-9 所示。造成这种现象的原因是料柱上下部透气性不同，高炉下部由于被还原矿石的软熔，空隙度急剧下降，压力对 Δp 的作用被空隙度的下降所减弱。

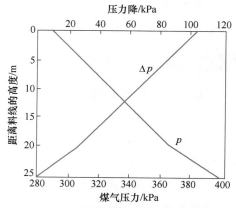

图 11-9　高压高炉高度上的煤气压力变化

高压操作后 Δp 的下降无疑减少了炉料下降的阻力，可使炉况顺行。如果 Δp 维持在原来低压时的水平，则可增加风量，即提高高炉的冶炼强度。早期的生产实践表明，由常压改为 80 kPa 的高压后，鼓风量可增加 10%～15%，相当于提高 2%/9.8 kPa 左右；现在的实践表明，再从 100 kPa 往上提高时，这个数值下降到（1.7%～1.8%）/9.8 kPa。这比理论计算的 3% 左右要低很多，造成这种差别的原因在于：

（1）高炉内限制冶炼强度提高的是炉子下部，如前所述，下部 Δp 减少的数值较小；

（2）高压以后焦比有所降低，炉尘最大幅度降低，在入炉炉料准备水平相同的情况下，上部块状带内料柱的透气性也变差；

（3）高压以后燃烧带和炉顶布料发生变化，上下部调剂跟不上也阻碍着高压操作作用的发挥。

为此，欲充分发挥高压对增产的作用，需要改善炉料的性能，特别是焦炭的高温强度、矿石的高温冶金性能和品位（降低渣量）；掌握燃烧带和布料变化规律，应用上下部调剂手段加以控制。随着这些工作进展的情况不同，各厂家每提高 10 kPa 的增产幅度在 1.1%～3.0% 波动。我国宝钢的生产经验是顶压每提高 10 kPa，风量可增加 200～250 m³/min。

11.4.1.4　高压操作对炉顶布料的影响

高压操作降低了离开料柱和炉顶的煤气的动压头，这首先影响到炉尘吹出量，在冶炼强度和炉料粒度结构相同的情况下，被吹出炉尘的粒度变小、数量减少。根据统计，由常压改为高压操作后，炉尘吹出量降低 20%～50%，有的甚至高达 75%。在目前炉顶煤气压力达到 150～250 kPa 的现代高炉上，炉尘吹出量经常在 10 kg/t 以下。

高压操作后动压头的减小对炉料从装料设备（布料溜槽）落到料面的运动有着一定的影响，根据测定和计算，这种影响表现为边缘料层加厚、料面漏斗加深，而影响的程度则取决于炉料准备情况（小于 5 mm 粒级的含量和大小粒度的组成）和炉顶煤气压力提高的幅度。这种炉料在炉喉径向上分布的变化有可能恶化边缘区域的炉料透气性，从而使炉内压降增大，削弱了顶压提高的作用。为发挥高压的作用，应尽量用布料档位来调节布料。

11.4.1.5　高压操作对焦比的影响

由于高压操作促进炉况顺行、煤气分布合理、利用程度改善、有利于冶炼低硅生铁等，而使焦比有所下降。国内外的生产经验是顶压每提高10 kPa，焦比下降0.2%~1.5%。

11.4.2 高压操作的特点

（1）常压转入高压操作的条件。顺行是保证高炉不断强化的前提。因此，只有在炉况基本顺行，风量已达全风量的70%以上时，才可从常压转为高压操作。

（2）高压操作时需加重边沿。高压后鼓风受到压缩，风速降低，鼓风动能和燃烧带缩小，促使边沿气流更加发展，如不相应地加大风量，或者采取加重边缘的装料制度，则煤气分布将失常。

（3）高压操作时需提高下部透气性。高压后，高炉上部（块状带）的压差降低较多，下部压差降低较少。生产过程产生的难行或悬料多发生在炉子下部，故高压操作以后，采取措施提高下部透气性非常重要。

（4）高压高炉处理悬料的特点。高压操作还是调剂炉况的一个有效手段。当炉温比较充分，原料条件较好时，有时由于生成管道风压突升，炉料不下，此时立即从高压改为常压，由于炉内压力降低，风量会自动增加，煤气流速加快，同时上部压力突减，煤气流对炉料产生一种"顶"的作用，使炉料被顶落；同时，应将风量减至常压时风量的90%左右，并停止上料，等风压稳定后可逐渐上料，待料线赶上即可改为高压全风量操作。如果悬料发生在高炉下部，也需要改高压为常压，但主要措施应该是减少风量（严禁高压放风坐料），使下部压差降低，这样有利于下部炉料的降落。

11.5 富氧鼓风

向高炉鼓风中加入工业氧，使鼓风含氧量超过大气含氧量，称为富氧鼓风。富氧可以提高理论燃烧温度、多喷吹燃料、降低焦比、提高冶炼强度和增加产量。富氧与喷吹燃料结合是高炉强化的有效措施。鼓风中含氧量每增加1%，可增产4%~5%，减少煤气量4%~5%，提高理论燃烧温度55 ℃，可相应增加喷吹重油9 kg/t或者天然气8 m³/t，或者煤粉15 kg/t。富氧鼓风的方式有以下三种。

（1）将氧气厂送来的高压氧气（1.6 MPa），经部分减压（0.6 MPa）后加入冷风管道，经热风炉预热后再送入高炉。此种供氧方式可远距离输送，易于联锁控制，但热风炉系统存在一定的漏风率，氧气损失较多。

（2）低压制氧机的氧气或低纯度氧气送到鼓风机吸入口混合，经风机加压后送至高炉。此方式动力消耗最省，操作控制可全部由鼓风机系统管理，但氧气漏损大。

（3）利用氧煤枪或氧煤燃烧器将氧气直接加入高炉风口，强化煤粉在风口前的燃烧。这是较经济的供氧方法，可提高氧煤枪出口区域的局部氧浓度，改善氧煤混合效果，提高煤粉燃烧率，扩大喷吹量，但供氧管线要引到风口平台，安全防护控制措施较烦琐，而且氧气没经过热风炉预热，不利于燃烧。

11.5.1　富氧鼓风对冶炼过程的影响

11.5.1.1　富氧鼓风对炉缸煤气的影响

富氧鼓风可使炉缸煤气量减少，煤气中 CO 浓度升高，鼓风中含氧量不同时的燃烧指标见表 11-3。

11.5.1.2　富氧鼓风对高炉温度的影响

从风口前理论燃烧温度公式（9-99）可以看出，理论燃烧温度 $t_{理}$ 与煤气量成反比，与鼓风带入的热量成正比。富氧鼓风时，风量和煤气量均减少，但风量减少对 $t_{理}$ 的影响小于煤气量减少对 $t_{理}$ 的影响，因此，富氧后 $t_{理}$ 将升高，见表 11-3。

表 11-3　鼓风中含氧量不同时的燃烧指标

干风中 CO 含氧量/%	燃烧 1 kg 碳的风量（湿度 1%）/m³	燃烧 1 kg 碳产生的煤气量/m³	炉缸煤气中 CO 含量/%	风温 1000 ℃ 时的 $t_{理}$/℃
21	4.38	5.33	35.0	2120
25	3.70	4.66	40.0	2280
30	3.09	4.04	46.2	2480

富氧鼓风时，吨铁炉腹煤气量减少，炉顶煤气温度下降，高炉上部温度降低，高温区和软熔带下移，中低温区扩大（见图 11-10），有利于间接还原的发展和炉况顺行。

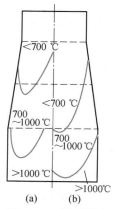

图 11-10　炉身温度

（a）普通鼓风；（b）富氧鼓风 27%~28%

11.5.1.3　富氧鼓风对还原度的影响

富氧鼓风可降低直接还原度。富氧鼓风后，煤气中 CO 浓度提高，煤气还原能力提高，且中低温区扩大，均有利于间接还原的发展。不过，当富氧超过一定水平后，由于上部温度过分降低，还原速度缓慢，反而限制间接还原的发展。

11.5.1.4　富氧鼓风对高炉顺行的影响

富氧鼓风对高炉顺行的影响，有有利的一面，也有不利的一面。

富氧鼓风时，吨铁炉腹煤气量减少，软熔带下移，块状带扩大，高炉下部温度升高使炉缸活跃等，这些因素都有利于顺行。但当富氧程度超过一定的限度后，不利于顺行的因素将起主导作用，会引起难行、悬料。其原因主要是：

（1）当燃烧带温度超过 1900~2000 ℃ 时，将引起 SiO 的激烈挥发，焦炭抗压强度随温度升高严重下降，料柱的透气性急剧变差，从而导致难行、悬料；

（2）炉缸温度升高，煤气体积膨胀，使下部的煤气压差增大；

（3）燃烧温度提高，促使燃烧带缩小，同时煤气量减少，使中心煤气流减弱，易造成炉缸中心堆积；

（4）当软熔带下移到炉腹时，将恶化高炉下部料柱的透气性。

生产实践表明，仅富氧而不喷吹燃料，在冶炼炼钢生铁时，当风中的氧含量超过 24%～25% 后，就会引起炉况不顺。

11.5.2 富氧鼓风的效果

（1）富氧鼓风可提高产量。富氧鼓风时，单位生铁所需风量减少，因此，若保持风量不变，则冶炼强度提高，产量增加。同时，富氧产生的煤气量减少，使得压差降低，有利于顺行，因而产量提高。

（2）富氧鼓风可降低焦比。这是因为：吨铁炉腹煤气量减少，炉顶煤气温度降低，热损失减少；煤气中 CO 浓度提高，同时中低温区扩大，有利于间接还原的发展；在一定的富氧率下，有利于炉况顺行，从而煤气利用率提高。生产实践表明，在一定的富氧率范围内，鼓风中 O_2 浓度每提高 1%，约降低焦比 1%。

（3）富氧鼓风能提高喷吹燃料的效果。富氧鼓风后高炉上部变冷，下部变热，与喷吹燃料的影响正好相反，二者能互相取长补短。

11.6 喷吹燃料

高炉喷吹燃料，是指从风口喷入气体、液体和固体燃料，代替一部分焦炭降低焦比的一种冶炼手段。根据资源条件不同，各国喷吹的燃料有所侧重。例如，俄罗斯、美国天然气资源丰富则大量喷吹天然气。20 世纪 60 年代油价便宜，世界各国在高炉上大量喷吹重油；70 年代末，因油价高涨，大部分高炉转为喷吹煤粉。我国以喷煤为主，喷煤技术在世界上处于领先地位，也是应用最普遍的国家，喷煤量最高已达 250 kg/t。

11.6.1 喷吹燃料对冶炼过程的影响

喷吹燃料对高炉冶炼过程的影响主要有以下几方面。

（1）炉缸煤气量增加，煤气还原能力增强，燃烧带扩大。由表 11-4 可见，与焦炭相比，喷吹燃料中的碳氢化合物在风口前汽化产生大量的 H_2，使炉缸煤气量增加，煤气量的增加与燃料的氢碳质量比（H：C）有关，氢碳质量比（H：C）越高，增加的煤气量越多。煤气量的增加，无疑将增强煤气还原能力，增大燃烧带。燃烧带扩大的另一原因是部分燃料在直吹管和风口内就开始燃烧，在管路内形成高温（高于鼓风温度 400～800 ℃），热风和燃烧产物混合气流的流速和动能远比全焦冶炼时大得多。

（2）煤气的分布得到改善，中心气流明显发展。喷吹能使炉缸工作活跃，其原因主要是鼓风动能显著增大所致，使中心气流发展。喷吹后，炉缸煤气体积增大（喷吹高灰分无烟煤时例外），煤气中 H_2 含量增多，渗透能力增强。

表 11-4　风口前每千克燃料燃烧产生的煤气体积

燃料	炉缸煤气中各成分量/m³			炉缸煤气生成量/m³	(CO+ H₂) /%	氢碳质量比（H∶C）
	CO	H₂	N₂			
焦炭	1.533	0.055	2.92	4.528	35.5	0.002~0.005
煤粉	1.408	0.41	2.64	4.458	40.8	0.02~0.03
重油	1.608	1.29	3.02	5.918	49.0	0.11~0.13
天然气	1.370	2.78	2.58	6.730	61.9	0.333

（3）炉顶温度升高，炉缸冷化，有热滞后现象。炉顶温度与吨铁炉腹煤气量有关，而煤气量变化又与置换比有关。置换比高时产生的煤气量相对较少，炉顶温度上升少，反之，炉顶温度上升多。当然，喷吹之初，喷吹量少且置换比高时，炉顶温度甚至有下降的可能；但当喷吹量过大，煤气分布失常时，炉顶温度剧升是必然现象。一般，炉顶温度增加 $50 \sim 60$ ℃。

炉缸冷化是指风口前的理论燃烧温度降低，其原因是：喷入的煤粉是以冷态进入燃烧带，不似焦炭经预热已具有 1500 ℃ 的高温；燃料中碳氢化合物在高温下，先分解再燃烧，分解反应吸收热量；燃烧生成的煤气体积大。据统计，喷吹 100 kg 煤粉大约降低 150 ℃，喷吹 100 kg 重油约降低 180 ℃。解决炉缸冷化的办法是进行热补偿，通常是指提高风温和富氧。

燃料喷入高炉后，对炉温的影响要经过一段时间才能完全显示出来，这种现象称为热滞后性。喷吹燃料对炉缸温度增加的影响要经过一段时间才能反映出来的这个时间称为热滞后时间。产生热滞后的原因，主要是煤气中 H_2 和 CO 量增加，改善了还原过程，当还原性改善后的这部分炉料下到炉缸时，减轻了炉缸热负荷，喷吹燃料的效果才反映出来。热滞后的时间随高炉容积的大小、冶炼周期和喷吹用燃料种类的不同而异，一般为冶炼周期的 70% 左右。

当喷、停或大幅度增、减喷吹量时，由于热滞后性，炉缸热状态会出现所谓"先冷后热"和"先热后凉"现象，即开始喷吹或大幅度增加喷吹量时，炉缸先暂时变冷而后转热；相反，停止喷吹或大幅度减少喷吹量时，炉缸先变热而后转冷。因此，在高炉实际操作中，有计划地停喷或大幅度增、减喷吹量时，应按照热滞后时间，事先调整焦炭负荷使之适应，以免炉温剧烈波动。

（4）压差升高。喷吹燃料后，炉内压差增加，且随喷吹量增加，压差有升高趋势，尤其是下部压差，如图 11-11 和图 11-12 所示。主要原因是喷吹燃料后，煤气量增加，煤气流速变快，导致压差增加；另外喷吹燃料代替了部分焦炭，焦炭负荷提高，料柱透气性变差，特别在高炉下部，渣、焦之比（渣量/焦炭量）升高，导致高炉下部压差增加更多。但实践表明，喷吹燃料后炉缸活跃，中心气流发展，允许在较高压差下操作，实际并不妨碍顺行，反而常常更易接受风量和风温。

（5）生铁质量提高。喷吹燃料后生铁质量普遍提高，生铁含硫下降含硅更稳定，允许

适当降低 $w[Si]$ 含量、而铁水的温度却不下降。炉渣的脱硫效率提高。因此，更适于冶炼低 $w[Si]$、低 $w[S]$ 生铁。其原因如下：

1）炉缸活跃，炉缸中心温度提高，炉缸内温度趋于均匀，渣、铁水的物理热有所提高，这些均有助于提高炉渣的脱硫能力；

2）喷吹燃料后高炉直接还原度降低，减轻了炉缸工作负荷，渣中（FeO）比较低，有利于脱硫效率的提高；

3）喷天然气、重油等燃料时，其含硫量低于焦炭，降低了硫负荷。

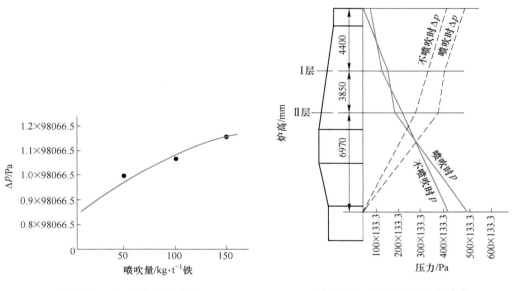

图 11-11　Δp 与喷吹量关系　　　　图 11-12　喷油前后 Δp 的变化

11.6.2　**喷吹量与置换比**

喷吹单位质量或单位体积的燃料在高炉内所能代替的焦炭的质量称为置换比。喷吹燃料能置换焦炭的原因主要是：

（1）喷吹燃料燃烧时放出的热量和产生的气体产物，能够取代焦炭作为发热剂和还原剂的作用，发热值越高，还原剂作用越强的燃料，置换比越高。

（2）喷吹燃料后吨铁炉腹煤气量增加，尤其是 H_2 增多，富化了煤气，改善间接还原，降低了直接还原度；

（3）喷吹灰分少或不含灰分的燃料如重油，能够减少渣量，节约燃料；

（4）由于热补偿，允许高风温操作，使风口前碳素燃烧的有效热升高。

总的说来，喷吹燃料能大幅度降低焦比，但燃料比下降不多。

置换比是衡量喷吹效果的重要指标。置换比与喷吹燃料的种类、数量、质量、煤粉粒度、重油雾化、天然气裂化程度、风温水平以及鼓风含氧量等有关，并随冶炼条件和喷吹制度的变化而有所不同。据统计，通常喷吹燃料置换比煤粉 $0.7\sim1.0$ kg/kg，重油 $1.0\sim$

1.35 kg/kg，天然气 0.5~0.7 kg/m^3，焦炉煤气 0.4~0.5 kg/m^3。

置换比高，喷吹效果就好。在其他条件不变情况下，置换比随着喷吹燃料量的增加而降低。表 11-5 为鞍钢高炉喷油时的重油置换比。

表 11-5　重油置换比

油比/kg·t^{-1}	<40	40~60	60~80	>80
置换比	1.25~1.35	1.15~1.25	1.10~1.05	1.0~1.1

加大喷吹量置换比降低的原因主要是热补偿跟不上，理论燃烧温度降低；即使热补偿跟上，理论燃烧温度维持在合适的水平，随喷吹量增加，置换比也是递减的。同时，当煤气中 H$_2$ 量增加到某一范围后，其利用率也下降了。

合适的喷吹量应从经济和技术两个方面来考虑。从经济方面看，当喷吹燃料的成本与节省的焦炭成本相等时，此时的喷吹量就是极限喷吹量；从技术方面看，极限喷吹量取决于以下因素。

（1）喷吹的燃料在风口前能否完全燃烧。喷吹量过大时，燃料的固定颗粒不能完全燃烧，炭粒（黑）将被气流带出回旋区，在成渣带黏附在初渣中，大大增加初渣黏度，恶化料柱透气性，导致炉况不顺。喷吹重油量过大时，可能还有部分未分解的重油被煤气带出炉外，不仅浪费能源，还可能堵塞煤气净化设备；此外因重油不完全燃烧在风口前结焦，可能造成风管烧穿事故。

（2）必须不破坏炉况顺行。喷吹量过大，煤气体积增加较多，压差增大，顺行将受影响。

提高喷吹量的措施如下。

（1）尽量减小煤粉粒度，改善重油雾化程度，加强喷吹燃料与鼓风的混合，使喷吹燃料在燃烧带完全燃烧。

（2）尽量采用多风口均匀喷吹。均匀喷吹可以保证燃料需要的氧量，必要的燃烧温度，也可使煤气均匀分布，增大炉缸活跃面积，下料均匀，高炉容易稳定顺行。

（3）保证一定的燃烧温度，尽量提高风温，提高风口前的理论燃烧温度。

我国高炉以喷煤为主，高炉吨铁喷煤量宜符合表 11-6 的规定。

表 11-6　高炉吨铁喷煤量

富氧率/%	0~1.0	1.0~2.0	2.0~3.0	≥3.0
吨铁喷煤量/kg	≥100	100~130	130~170	170~200

注：当采用自然湿度或加湿鼓风，热风温度为 1050~1100 ℃时，可采用表中下限值；当焦炭强度高、渣量低，并采用脱湿鼓风，热风温度为 1200~1250 ℃时，可采用上限值。

11.6.3　喷吹燃料的高炉操作特点

喷吹燃料后，高炉上部气流不稳定，下部炉缸中心气流发展，容易形成边缘堆积。因此，要相应进行上下部调剂。

（1）抑制中心气流，适当疏松边缘。上部调剂措施：扩大批重、增加中心矿焦比等抑制中心气流。下部调剂措施：扩大风口直径、缩短风口长度以减小鼓风动能。另外，增加富氧率、提高炉顶压力等对抑制中心气流也有一定效果。

（2）调节喷吹量以控制炉温。调节喷吹量一方面改变了焦炭负荷，从而达到提高或降低炉温的目的，另一方面则相当于改变进风量的大小。这是因为，在风量不变的情况下，增加喷吹量时，由于喷吹物中碳素燃烧消耗了风口前一部分氧，使与焦炭燃烧的氧减少，从而焦炭燃烧量减少，下料速度降低，炉温升高；反之，减少喷吹量，炉温则下降。

用喷吹量调节炉温需具备两个条件：一是计量应准确，操作应方便；二是操作者应掌握本高炉的热滞后时间。调剂方法是：向凉增加喷吹量，向热减少喷吹量，用调节量保持料速的稳定。但应注意，当炉温已凉时则禁止增加喷吹量。

11.6.4　综合鼓风

在鼓风中实行喷吹燃料同富氧和高风温相结合的方法，统称为综合鼓风。喷吹燃料煤气量增大，炉缸温度可能降低，因而增加喷吹量受到限制，而富氧鼓风和高风温既可提高理论燃烧温度，又能减少炉缸煤气生成量。若单纯提高风温或富氧又会使炉缸温度梯度增大，（燃烧焦点）温度超过一定界限，将有大量 SiO 挥发，导致难行、悬料。若配合喷吹就可避免，它们是相辅相成的。实践表明，采用综合鼓风，可有效地强化高炉冶炼，明显改善喷吹效果，大幅度降低焦比和燃料比，综合鼓风是获得高产、稳产的有效途径。

11.7　加湿鼓风与脱湿鼓风

11.7.1　加湿鼓风

加湿鼓风是往鼓风中加入水蒸气，使鼓风湿度超过自然湿度，用于调节炉况和强化冶炼。通常，是在冷风放风阀前（鼓风机与放风阀之间）将水蒸气加入冷风总管中，进行鼓风加湿。

加湿鼓风可以稳定风中湿分、稳定炉况、增加产量。但现代高炉喷吹燃料，高风温已作为必须的热补偿措施，加湿鼓风就不适合使用了，进而代之以脱湿鼓风。不过在无喷吹燃料的高炉上，加湿鼓风仍不失为一种调节和强化冶炼的手段。

11.7.1.1　加湿鼓风对冶炼过程的影响

生产实践表明，加湿鼓风后炉况更顺行。这是由于炉缸中的水蒸气在炉缸燃烧带发生分解反应［见式（11-3）］，或者：

$$H_2O + C \rightleftharpoons H_2 + CO - 124474 \text{ kJ} \tag{11-5}$$

以上反应吸收大量热量，使燃烧温度降低。在燃烧焦点，水分分解进行最激烈，因而降低了燃烧焦点温度，消除了过热区，使 SiO 挥发减弱，有利于防止因高风温或炉热引起的难行和悬料。同时，燃烧温度降低，炉缸煤气温度降低，煤气体积和煤气流速减小，有利于顺行。

此外，大气鼓风中所含水分（自然湿度一般为 1%~3%）的波动势必造成高炉热制度的波动，加湿鼓风可以消除这种波动，有利于稳定炉况。

随着鼓风湿度的提高，煤气中还原剂浓度将增加，从而使煤气的还原能力提高，有利于间接还原的发展，降低直接还原度。

11.7.1.2　加湿鼓风的效果

加湿鼓风使鼓风的含氧量提高。可以认为，加湿鼓风实际上是富氧鼓风的一种形式。因此，在一定加湿程度下可以提高冶炼强度，从而提高产量。

干风的含氧量为 21%，水蒸气的含氧量为 50%。于是水蒸气与干风的含氧量之比为 $50/21 = 2.38$。即 1 单位体积水蒸气的含氧量为 1 单位体积干风含氧量的 2.38 倍。因此，鼓风中湿度每增加 1%，相当于增加干风 1.38%，即可以使冶炼强度提高 1.38%；在焦比不变的条件下，产量可提高 1.38%。

鼓风在一定加湿程度下，可以降低焦比，其主要原因如下。

（1）有利于炉况顺行，故有利于提高煤气的利用率。

（2）有利于高炉接受高风温。这样，鼓风中 H_2O 消耗的热量可以由提高风温补偿，而 H_2O 分解产生的 H_2，一部分在上升过程中参加间接还原再度变成 H_2O，其放出的热量可以被高炉利用，相当于增加了热收入。

（3）直接还原度降低。

（4）产量提高，可以减少单位生铁的热损失。

由上述可知，鼓风中水的含量不仅对高炉热制度有影响，而且对顺行和冶炼强度等也有影响。

11.7.2　脱湿鼓风

脱湿鼓风与加湿鼓风正好相反，它是将鼓风中湿分脱除到较低水平，使其保持在低于大气湿度的稳定水平，以增加干风温度提高 $t_{理}$、降低焦比、增加喷吹量和增加产量。显然，脱湿鼓风一方面减少了水分分解耗热；另一方面又消除了大气湿度波动，对稳定炉况有利。因此，脱湿鼓风能取得很好的效益。

目前，脱湿设备有氯化锂干法脱湿、氯化锂湿法脱湿和冷冻法脱湿三种。

（1）氯化锂干法脱湿。采用结晶 LiCl 石棉纸，过滤鼓风空气中的水分，吸附水分后生成 $LiCl \cdot nH_2O$，然后将滤纸加热至 140 ℃ 以上，使 $LiCl \cdot nH_2O$ 分解脱水，LiCl 则再生循环使用。这种脱湿法平均脱湿量可达到 7 g/m^3。

（2）氯化锂湿法脱湿。采用浓度为 40%LiCl 水溶液，吸收经冷却的水分，LiCl 液则被稀释，然后送到再生塔，通蒸汽加热 LiCl 的稀释液，使之脱水再生以供使用。此法平均脱湿量可以达到 5 g/m^3。

（3）冷冻法脱湿。冷冻法是随着深冷冻技术的发展而采用的一种方法。其原理是用大型螺杆式泵把冷媒（氨或氟利昂）压缩液化，然后在冷却器管道内气化膨胀，吸收热量，使冷却器表面的温度低于空气的露点温度，高炉鼓风温度降低（夏天可由 32 ℃ 降到 9 ℃，冬天可由 16 ℃ 降到 5 ℃），饱和水含量减少，湿分即凝结脱除。

11.8 低硅生铁冶炼

冶炼低硅生铁是增铁节焦的一项技术措施，炼钢采用低硅铁水，可减少渣量和铁耗，缩短冶炼时间，获得显著经济效益。近 20 年来，国内外高炉冶炼低硅铁，每降低 $w[Si]=0.1\%$，可降低焦比 4~7 kg/t。

控制生铁含硅量的方法如下。

（1）控制硅源。降低风口前的燃烧温度，减少从 SiO_2 中挥发的 SiO 量；提高炉渣碱度控制渣中 SiO_2 的活度。

（2）控制滴落带高度。上升的 SiO 气体会与滴落带铁水中的 ［C］ 反应还原硅，降低滴落带高度可减少铁水中 ［C］ 与 SiO 接触机会，有利于低硅冶炼。

（3）渣中的 MnO、FeO 等可消耗铁水中的 ［Si］，故增加炉缸中的氧化性，可促进铁水脱硅反应，降低生铁含硅量。

（4）控制好炉渣碱度，尤其是三元碱度 $\dfrac{w(CaO)+w(MgO)}{w(SiO_2)}$。冶炼低硅铁，需适当提高炉渣碱度，它不仅抑制 SiO_2 还原，而且能提高炉渣脱硫能力和熔化温度，有利于保持充足的炉缸温度。碱度控制水平由原燃料条件决定，一般二元碱度为 1.05~1.20，三元碱度为 1.30~1.35。有些厂因渣量低（250 kg/t 左右）及脱硫的需要，将二元碱度控制在 1.2~1.25，三元碱度控制在 1.4~1.55。渣中 MgO 含量（5%~10%）适度有利于脱硫，含量过高会导致渣量增加，焦比升高。

实际生产中冶炼低硅生铁的具体操作如下。

（1）选择合适的炉渣碱度。国内外冶炼低硅生铁高炉的二元和三元碱度见表 11-7。

表 11-7 冶炼低硅铁时的炉渣碱度

厂 名	$w[Si]/\%$	$w(CaO)/w(SiO_2)$	$w(CaO+MgO)/w(SiO_2)$	$w(MgO)/\%$
杭钢	0.21	1.15~1.20	1.45~1.60	10.4~14.85
首钢	0.29	1.06	1.37	11.10
马钢	0.40	1.09	1.42	10.76
唐钢	0.29	1.04	1.51	15~16
日本水岛 2 号炉	0.17~0.31	1.23	1.45	7.6
瑞典 SSAB	0.27~0.31	0.97	1.54	16.3
日本福山 3 号炉	0.27	1.28		7.3

（2）依靠良好高温冶金性能的原料降低软熔带和滴落带位置。

（3）采用较大的料批，控制边缘与疏松中心的装料制度。

（4）稳定的炉料成分，改善焦炭质量，加强原料的混匀、过筛与分级是冶炼低硅生铁的可靠基础。

（5）充分发挥渣中 MnO 的作用，或者从风口喷吹矿粉、轧钢皮等，利用其中的 FeO 在炉缸脱硅。

拓展知识

· 拓展 11-1　高炉富氢冶炼

· 拓展 11-2　从挫折中不断提升高炉炼铁技术水平

高炉
富氢冶炼

从挫折中不断提升高炉炼铁技术水平

企业案例

· 案例　高炉高效冶炼实践

高炉高效冶炼实践

？ 思考与练习

· 问题探究

11-1　我国的炼铁技术方针是什么，什么是高炉高效冶炼？

11-2　为什么说炉腹煤气量是炉内现象矛盾的源头？

11-3　评价高炉生产效率的指标有哪些？

11-4　为什么说降低燃料比是高炉高效冶炼的基础，如何降低燃料比？

11-5　简述炉腹煤气量指数与吨铁炉腹煤气量及炉面面积利用系数的关系。

11-6　简述炉腹煤气量指数与燃料比和产量的关系。

11-7　简述炉腹煤气量指数与煤气利用率和吨铁风口耗氧量的关系。

11-8　简述炉腹煤气量与燃料比和煤气利用率的关系。

11-9　简述冶炼强度与燃料比的关系。

11-10　高炉高效冶炼如何选择合适的强化程度？

11-11　什么是精料，为什么说精料是高炉高效冶炼的基础？

11-12　提高风温对冶炼过程的影响有哪些？

11-13　提高风温为什么能降低焦比，什么是经济风温？

11-14　高炉接受高风温的条件是什么？

11-15　提高风温的途径有哪些？

11-16　什么是高压操作，高压操作对高炉冶炼有何影响？

11-17 采用高压操作的高炉有哪些特点?

11-18 什么是富氧鼓风,富氧鼓风的方式有哪些?

11-19 富氧鼓风对高炉冶炼过程有何影响?

11-20 为什么富氧鼓风可降低焦比?

11-21 高炉可喷吹的燃料有哪些,我国以喷吹哪种燃料为主?

11-22 喷吹燃料对高炉冶炼过程有何影响?

11-23 什么是置换比,为什么加大喷吹量置换比会降低?

11-24 提高喷吹量的措施有哪些?

11-25 喷吹燃料的高炉操作特点是什么?

11-26 什么是综合鼓风?

11-27 什么是加湿鼓风,加湿鼓风对高炉冶炼有什么影响?

11-28 为什么说加湿鼓风是富氧鼓风的一种形式?

11-29 什么是脱湿鼓风,脱湿鼓风的方法有哪几种?

11-30 为什么要提倡冶炼低硅生铁?

11-31 什么是高炉富氢冶炼?

▪ 技能训练

11-32 如何冶炼低硅生铁?

▪ 进阶问题

11-33 小型高炉容积利用系数普遍比大型高炉高,是否说明小型高炉高效冶炼比大型高炉做得好,为什么?

11-34 高炉追求产量与高效冶炼之间有何区别和联系?

11-35 高风温和富氧鼓风都可以提高炉缸温度,但有何不同?

11-36 儒家提倡中庸之道,"过犹不及",试从高炉合适的富氧率和喷吹燃料量解释这一哲学原理。

在线测试11

项目 12 | 高炉特殊操作

项目12
课件

学习目标

本项目主要介绍高炉生产中休风、复风、开炉、停炉、封炉等特殊工况的操作处理，学习者应结合炼铁工艺操作理解这些处理过程，注重积累特殊操作经验，为后续入厂工作能执行好操作方案，并进一步根据本厂实际情况制定合理的操作方案奠定基础。

- 知识目标：
  (1) 熟悉高炉休风与复风操作；
  (2) 理解高炉开炉操作；
  (3) 理解高炉停炉操作；
  (4) 理解高炉封炉操作。
- 能力目标：
  (1) 能进行高炉开炉料段安排并计算开炉料；
  (2) 能制定高炉休风、复风、开炉、停炉、封炉的操作方案。
- 素养目标：
  (1) 具有全局意识、创新意识和团队协作精神；
  (2) 具有吃苦耐劳、精益求精的工匠精神。

思政课堂

凝造匠心

★ 每课金句 ★

为者常成，行者常至，历史不会辜负实干者。我们靠实干创造了辉煌的过去，还要靠实干开创更加美好的未来。

——摘自习近平 2023 年 1 月 20 日在二〇二三年春节团拜会上的讲话

基础知识

12.1 高炉休风与复风

高炉因检修、处理事故或其他原因需要停止生产时，停止送风冶炼称为休风。休风按紧急程度分为计划休风和紧急休风两种，按时间长短分为长期休风（休风 4 h 以上）和短期休风（休风 4 h 以下）。计划休风指需要高炉在预定时间段内休风或临时处理设备故障进行的预定休风。紧急休风指因高炉生产线或设备等出现重大故障，难以维持正常生产被迫进行的快速休风。

计划休风要确定好休风料和炉渣成分。休风料根据休风前的风氧水平、炉况状态及负荷程度等确定，主要安排好炉内各段的负荷调整及批数体积、总负荷调整及总批数体积和休风时间长短等。

（1）休风料各段负荷调整。高炉内部不同位置的负荷调整幅度是根据各段炉料下达到炉缸影响炉温的时间规律来选定的。一般炉腰、炉身下部位置负荷调整幅度最大，负荷最低，炉腹次之，炉身中上部负荷调整幅度逐渐降低，最上部负荷则达到复风料负荷的程度。具体来说，炉身上部是加负荷的过渡阶段，负荷调整 5% 左右；炉身中部有煤气间接还原，燃料比要求相对低一点，负荷调整 15%~20%；炉身下部靠近软熔带，耗热量大，透气性要求高，负荷调整 35%~45%（含空焦）；炉腰部位处于软熔带及滴落带之间，耗热量大，透气性要求高，该段料下达炉缸时虽已喷煤，但煤的热效应仍未起效且风温未能达到要求，负荷调整 20%~30%（含空焦）；炉腹以下休风前炉料下达到风口，复风初期燃料比低，炉温低，负荷下调 5%~10%。

（2）炉渣成分调整。合理的炉渣成分（主要指渣中 Al_2O_3、MgO 含量及渣碱度）可以保证送风后，尤其是在铁水温度偏低、含硅量较高的状况下，炉渣有良好的流动性，可以保证出净渣铁、出好渣铁，为快速复风创造条件。计算炉渣碱度、成分时要综合考虑各段的负荷，变料核料铁水含硅量、煤比及空焦数，一般控制实际渣碱度在 1.1~1.2，Al_2O_3 含量控制在 16% 以下，MgO 含量大于 7.5%〔镁铝质量比（Al_2O_3：MgO）比正常略大，约 0.6〕，集中空焦部位可补充 3~5 t 硅石或萤石调剂渣系。

12.1.1 短期休风与送风

12.1.1.1 短期休风操作

（1）休风前应与有关单位联系，发出休风指令，通知调度室、鼓风机、热风炉、上料系统及煤气系统等做好休风准备。

（2）组织炉前出铁。

（3）停止 TRT，顶压调节改为旁通阀组控制。

（4）渣铁出净后，根据铁口喷吹情况以适当的时间间隔分次减风。减风不能过快、过急，尤其是炉凉时休风，因渣铁流动性差，不易出净渣铁，减风要慢，低压时间可长些。

（5）减风过程中，调整炉顶压力，调整喷煤量和富氧量直至停氧停煤。

（6）减风到常压风量时，全开减压阀组，高压改常压操作。

（7）减风到 50% 时停止上料，提起探料尺。

（8）关闭混风大闸和混风调节阀，打开炉顶放散阀。

（9）关闭除尘器切断阀，开切断阀上部的蒸汽或氮气，停止回收煤气，准备休风。赶煤气时，炉顶用蒸汽，重力除尘和之后部分用氮气，除尘器不能用蒸汽赶煤气，防止蒸汽凝结成水造成煤气灰结块，日后排灰困难。

（10）放风到风压小于 20 kPa，检查各风口，没有灌渣危险时，全开放风阀，风压小于10 kPa 发出休风信号。减风时若发现风口有灌渣现象，应回风或维持一段当前风量，待风口内熔渣吹回后再慢慢减风减压至休风。

（11）热风炉按休风程序休风，关闭热风阀和冷风阀，打开废气阀。

（12）需要倒流休风时，通知热风炉进行倒流，开倒流休风阀。休风后不要马上开倒流，打开风口插板阀，确认风口没有灌渣后再进行倒流。

（13）热风炉执行完休风程序后，通知风机房休风，并回休风信号，通知调度已经休风。

（14）休风后指挥炉前工打开风口大盖，进行检查并处理问题。

12.1.1.2　短期休风后的复风操作

（1）采用倒流休风时，复风前关闭倒流休风阀，停止倒流，关闭所有的风口大盖。

（2）检查放风阀是否处于全开状态。

（3）发出送风信号，通知风机房将风送至放风阀。

（4）通知热风炉送风。关送风炉的废气阀，打开冷风小门，开冷风阀、热风阀（热风阀开的时间作为送风开始时间），关冷风小门，完成并确认后通知高炉。

（5）高炉接到通知后，逐渐关闭放风阀，缓慢加风升压。

（6）慢风时检查风口、吹管等是否严密可靠，确认不漏风时才允许加风。

（7）送风量达到正常 1/3 以上时，可以视顶温情况引煤气。开除尘器上煤气切断阀，逐个关严炉顶放散阀，关闭炉顶、除尘器和煤气切断阀处的蒸汽。

（8）风量加至全风的 50%～60%、炉况顺行时，酌情将常压转高压，恢复高压操作，恢复富氧鼓风和喷煤。

（9）慢慢加风到规定风量后，转 TRT 工作，开始发电。

马钢 3200 m³ 高炉休风及复风操作如图 12-1 和图 12-2 所示。

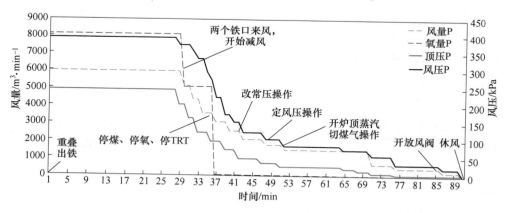

图 12-1　马钢 3200 m³ 高炉休风操作图

12.1.2　长期休风与复风操作

12.1.2.1　长期休风与短期休风的区别

长期休风的操作程序与短期休风相同，其与短期休风的区别如下。

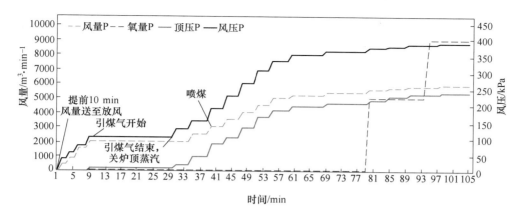

图 12-2 马钢 3200 m³ 高炉复风操作图

（1）长期休风前要清洗炉缸，减轻焦炭负荷，保持炉温充沛，炉况顺行。

（2）装好休风料。休风料的作用如下。

1）补偿休风期间仍需支付的热量，一般以空焦方式加入。

2）鉴于复风时不能同时恢复喷煤，应将复风后停煤时间的煤量折算成焦炭量，在休风料中以轻料方式补偿。轻料的批数由复风后停煤的时间估算，使其作用时间与喷煤的热滞后时间吻合。此外，风温恢复时间较长时，风温损失的热量也应在休风料中补偿。当休风料下到炉腹部位时出最后一次铁，确保渣铁出净。

3）休风料的炉渣碱度要适当降低。

（3）全面彻底地检查冷却设备是否漏水，发现破损漏水时应立即减水。如果风口破损，休风后立即更换；倘若冷却壁（板）漏水，休风后关闭至不断水即可，避免往炉内漏水。

（4）要将重力除尘器等处的炉尘清除干净，防止残存热炉尘与煤气。

（5）休风后风口要密封，并进行炉顶点火。上料皮带、中间料斗、称量斗、料罐不存炉料，以便进行检修。

12. 1. 2. 2 长期休风时的煤气处理

无钟炉顶长期休风时，先休风，然后处理煤气，最后点火，以降低炉顶温度。处理煤气的原则是稀释、断源、敞开、禁火。

（1）稀释。向整个煤气系统的隔断部分通蒸汽或氮气，以达到稀释煤气浓度、降低系统温度，进而置换出系统中残余煤气的目的。

（2）断源。关闭盲板阀（或水封），切断高炉与煤气管网的联系。炉顶点火后高炉内的残余煤气被烧掉，做到彻底断绝气源。

（3）敞开。按先高后低、先近后远（对高炉而言）的次序，开启煤气系统的所有放散阀和人孔，使系统完全与大气相通。

（4）禁火。在处理煤气期间，整个煤气系统与附近区域严禁动火。

12.1.2.3　长期休风时高炉与送风系统和煤气系统彻底隔断

送风系统：关热风炉的热风阀、冷风阀，卸下风管并进行堵泥，根据休风时间长短决定是否停风机。煤气系统：关上与煤气管网联络的盲板阀并进行高炉炉顶点火，重力除尘器以后进行撵煤气操作。

12.1.2.4　长期休风的送风程序

(1) 送风前检查放风阀是否全开，在送风前 4 h 通知鼓风机启动，提前 1~2 h 提高水压，使各部通水正常。

(2) 封闭炉顶、热风炉、除尘器、煤气管道上的所有人孔。

(3) 把炉顶放散和除尘器放散全部打开，除尘器清灰口小开 1/3，关闭煤气切断阀，并将炉顶、除尘器及煤气管道通入蒸汽。

(4) 按复风的装料程序，将料线加到 4 m 以上。

(5) 检查送风管道、煤气管道的各个阀门是否处于停风状态。

(6) 送风前要装好风管，捅开送风的风口。

(7) 各岗位准备就绪后，可按短期送风程序送风。

12.1.3　高炉紧急休风操作

当高炉遇到猝不及防的事故时进行的休风，称为紧急休风。在最紧急的情况下，高炉工长至少应做好三件事：立即关闭混风阀，将高炉与鼓风机隔离；立即打开炉顶蒸汽；立即组织出铁，然后进行休风。紧急休风中，较为常见的是断水和断风事故。

12.1.3.1　高炉断水

因水泵、管道破裂、停电等原因而导致供水系统水压降低或停水时，应采取如下措施：

(1) 减少炉身各部的冷却水，以保持风口冷却用水；

(2) 停止喷吹、富氧，改高压为常压，放风到风口不灌渣的最低风压；

(3) 迅速组织出铁，力争早停风，避免或减轻风口灌渣危险。

突然停水的注意事项：

(1) 高炉突然停水，不管在出渣铁之前或之后都要立即休风。抢在高炉冷却水管出水为零之前休风就能避免和减少风口、热风阀等冷却设备烧坏；

(2) 高炉断水后，在冷却设备出水为零时要将进出水总阀门关小，目的是防止突然来水，使风口急剧生成大量蒸汽而造成风口突然爆炸；

(3) 炉缸内有渣铁情况下休风时，要迅速将风口窥视孔打开，防止弯管灌死；

(4) 操作必须果断、谨慎，严格按照操作程序操作，保证人身、设备安全。

恢复正常水压的操作，应按以下程序进行：

(1) 把来水的总阀门关小；

(2) 先通风口冷却水，如发现风口冷却水已尽或产生蒸汽，则应逐个或分区缓慢通水，以防蒸汽爆炸；

（3）风口通水正常后，由炉缸向上分段缓慢恢复通水，注意防止蒸汽爆炸；

（4）全部冷却水出水正常后，逐步恢复正常水压，待水量、水压都正常后再送风。

12.1.3.2 鼓风机突然停风

鼓风机突然停风的主要危害：煤气向送风系统倒流，造成送风系统管道甚至风机爆炸；因煤气管道产生负压，吸入空气而引起爆炸；因突然停风机，可能造成全部风口、直吹管甚至弯头灌渣。因此，发生风机突然停风时，应立即进行如下处理：

（1）风口前无风后，将放风阀打开，发信号通知热风炉休风，并打开一座废气温度较低的热风炉的冷风阀、烟道阀，将送风管道内的煤气抽出；

（2）立即关闭混风阀，将高炉与鼓风机隔开，停止喷煤与富氧，同时打开炉顶放散阀，关闭煤气切断阀；

（3）向炉顶、除尘器、切断阀通入蒸汽；

（4）检查发现风口灌渣可打开窥视孔盖排出部分渣液，并立即组织人员处理；

（5）立即组织出铁；

（6）如休风时间超过2 h，应堵严全部风口，并按长期休风操作控制冷却水量，对漏水冷却壁，休风后立即关闭进水。

12.1.3.3 突然停电

发生停电时，要根据停电的性质和范围，进行分析和处理。若因突然停电引起鼓风机停风时，则应按鼓风机突然停风处理；若因突然停电引起水泵停水则应按突然停水处理；若仅是上料系统不能上料，应减风按低料线处理。

12.2 高炉开炉

开炉是高炉一代寿命的开始，它直接影响着高炉投产后能否在短期内达产达效，同时也是影响高炉使用寿命的关键。开炉是一项复杂的系统工程，它牵涉面很广，不容许有任何漏洞。开炉之前要做好开炉方案编制、设备验收及试车、原燃料准备、操作人员培训等准备工作，保障开炉工作顺利进行。

12.2.1 开炉前的准备

开炉前的准备如下。

（1）编制开炉方案。开炉方案主要包括烘炉方案、开炉技术方案、组织体系安全方案、相关工种的作业方案等。其中核心是开炉技术方案，该方案主要包括以下几方面内容：

1）开炉料计算（含枕木量计算）；

2）装料（含枕木填充）；

3）布料参数测试方案；

4）点火作业及其后的参数调整；

5）引煤气及出铁安排。

（2）编制开炉网络。高炉建设进入后期，要根据工程进度拟定一个开炉点火计划时间，再按此时间节点倒排并优化各个系统准备工作的顺序和进度，形成详细的开炉网络图（见图 12-3），时间精确到小时，确保各项准备工作有序推进，保证按时点火。

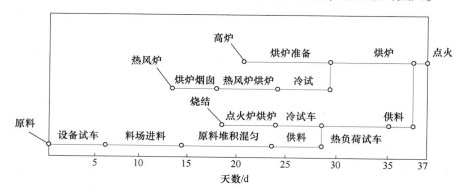

图 12-3　高炉系统投产进度表

（3）设备调试验收。高炉烘炉前要完成风机压力能力与喘振试验，完成冷风、热风管道耐压测漏试验。高炉烘炉结束前要完成槽下供料、炉顶上料，炉前、冲渣、煤气布袋除尘、TRT 发电、渣铁输送等系统设备调试，确保设备联动试车合格，工作稳定，具备开炉条件。

（4）开炉料的准备及理化成分检测。开炉料除了常规的烧结矿、块矿外，还要配入适量的锰矿、萤石、白云石等辅料以调剂炉渣成分，改善渣铁流动性。为了确保开炉顺利，必须对所列开炉料进行必要的化学成分检验，以使开炉料计算准确。各类炉料的总体质量要求是含粉低、粒度均匀，成分稳定，质量指标符合要求，尤其焦炭冷热态性能要满足要求。装料前 2 d，按指定仓位，择优备足、备齐开炉所需全部原燃料。

（5）炉前准备。备好开炉时所用工具、材料等用品。出铁沟、备用铁沟、撇渣器和渣沟全部做好、烘干。干渣坑用干渣或黄沙垒好，做好围坝。准备好干木柴，以便点燃开炉时铁口喷吹的煤气。进行炉前人员培训，熟练掌握炉前设备。

（6）其他。做好物流平衡、铁罐配置、物料及渣、铁的运输调度方案等。

12.2.2　烘炉

新建或大修高炉必须进行充分烘炉，烘炉重点是炉缸、炉底。烘炉的目的是缓慢蒸发砖衬和砖缝中泥浆水分，增强砌体强度，避免因剧烈升温而使砖衬和砌体膨胀破损。烘炉包括热风炉烘炉和高炉烘炉，热风炉拱顶温度烘到 850 ℃ 以上可以送风烘高炉，达到 1000 ℃ 以上时，可以送风点火开炉。

高炉烘炉方法见表 12-1。当今技术条件下，高炉本体烘炉都采用热风烘炉（见图 12-4），即经热风炉加热的风从高炉风口吹入高炉，逐渐将砖衬和砖缝泥浆的水分蒸发成蒸汽，从炉顶排气孔以及炉底废气排出口排出。

表 12-1　高炉烘炉方法

热　源	使用条件	方　法	特　点
固体燃料（煤、木柴）	无煤气	在高炉外砌燃烧炉，利用高炉铁口作燃烧烟气入口，调节燃料量及高炉炉顶放散阀开度来控制烘炉温度；或直接将固体燃料通过铁口直接送入炉缸中，在炉缸内燃烧，调节燃料量来控制烘炉温度	烘炉时间长，温度不易控制
气体燃料（煤气）	无热风	在高炉内设煤气燃烧器，调节煤气燃烧量来控制	热量过于集中，必须注意煤气安全
热风	通常采用	风口安装烘炉导管。350 m³ 以下的高炉可不设烘炉导管，直接从风口吹入热风，但需在炉缸设一钢架，上置钢板，高度超过风口，该挡风钢板与炉墙的间隙约300 mm。更小的高炉只设铁口废气导出管	最方便，不用清灰，烘炉温度上升均匀，且易控制，烘炉比较安全

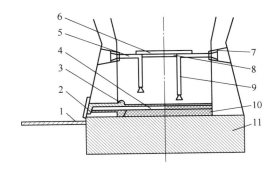

图 12-4　高炉采用热风炉烘炉示意图

1—主铁沟；2—铁口泥套；3—泥炮；4—铁口煤气导出管；5—短烘炉弯管；6—烘炉盖板；
7—风口；8—固定弯管拉筋；9—长烘炉弯管；10—块状干渣；11—耐火砖

12.2.2.1　制定烘炉方案

为保证烘炉效果，必须制定详细的烘炉方案，其核心是设定科学合理的烘炉曲线，即升温曲线和风量曲线。设定主要依据耐火材料的特性要求和砌筑情况，并适当结合工期要求等。马钢 3200 m³ 高炉烘炉曲线如图 12-5 所示。

12.2.2.2　烘炉前的准备工作

（1）砌筑好铁口砖套，制作好铁口泥套。

（2）炉底铺设保护砖，制作并安装烘炉装置。烘炉装置由烘炉导管（"Γ"形，下端为喇叭口）、排煤气管、封板（烘炉盖板）、测温装置等组成，如图 12-4 所示。按规定的风口位置安装水平段及垂直段长度不同的烘炉导管，各烘炉导管之间用拉筋点焊连成一体，务使稳固，且其上可支撑封板（搭在烘炉导管上的薄板圆盘）。排煤气管（铁口导管）伸到炉底中心，伸入炉缸内的部分下半圆钻些小孔，防止装料时炉料落入堵塞。

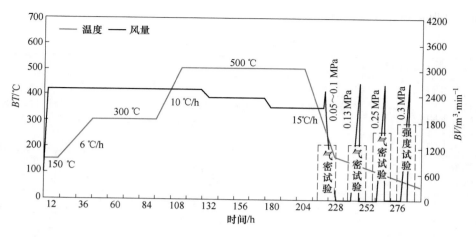

图 12-5　马钢 3200 m³ 高炉烘炉曲线

（3）烘炉前一个班高炉各冷却设备（正常水量的 1/2）、风口（正常水量的 1/4）通水。

12.2.2.3 烘炉过程

烘炉必备条件再确认：烘炉前应对各设备、动力介质、仪表、通信等逐项进行条件再确认，必备条件具备后方可烘炉。

烘炉要严格执行烘炉曲线，控制好烘炉温度及风量。温度以热风温度为准，热电偶温度作为参考，不做调节依据。烘炉初始应先通过混风管送入冷风，优先调控好风量，然后根据烘炉曲线要求，适时掺入热风，并调控风温到符合要求水平。严格控制炉顶温度和气密箱温度，严禁炉顶温度超过 350 ℃ 或气密箱温度超过 70 ℃。再升温及高温区保温阶段操作以加风温为主、风量为辅的原则。实际保温温度根据炉顶温度上限并结合气密箱和下阀箱限定温度而定。顶压一般可控制在 20~25 kPa。

烘炉结束的判定：一是废气湿度接近大气湿度，连续 3 个湿度差值小于 1 g/m³（上升管取样），并维持两个班；二是各排气孔无水汽排出，并维持两个班。

12.2.2.4 凉炉

烘炉任务完成，当风温降至最低后，炉顶、风口前端、风口上方以及炉底电偶温度与风温接近时，应转入休风凉炉阶段，操作程序如下：按休风程序进行休风操作；卸下所有吹管，弯头处加盲板；确认炉顶放散阀全开；只有当炉内温度低于 50 ℃ 时，凉炉阶段才能结束，才可转入下一步工作。

高炉烘炉时注意事项如下：

（1）铁口两侧排气孔和炉体所有灌浆孔在烘炉时都要打开以方便及时排出水汽，烘炉完再封堵；

（2）烘炉期间炉体冷却系统要减少水量，以提高烘炉效果；

（3）烘炉过程中，各膨胀部位拉杆处于松弛状态以防胀断，要设膨胀标志，检测烘炉过程中各部位的膨胀情况；

（4）炉顶放散阀设置好开关状态，轮流工作，定期进行倒换；

（5）烘炉期间除尘器和煤气系统内禁止有人工作。

12.2.3 开炉料准备

12.2.3.1 开炉焦比和造渣制度的选择

A 开炉焦比

所谓开炉焦比（总焦比）是指开炉料的总焦量与理论出铁量之比。开炉时高炉炉衬温度、料柱温度都很低，炉料未经充分的预热和还原到达炉缸，直接还原增多，渣量大，需要消耗的热量也多，因此开炉焦比要比正常焦比高几倍。具体数值应根据高炉容积大小、原燃料条件、风温高低、设备状况及技术操作水平等因素进行选择。一般情况见表 12-2。

表 12-2 开炉焦比的选择

炉容/m³	500~1000	1000 以上
焦比/t·t⁻¹	3.5~4	3~3.5

选择合适的开炉焦比对开炉进程有决定性的影响。焦比选择过高，既不经济，又可能导致炉况不顺，即导致高温区上移，在炉身中上部容易产生炉墙结厚现象，更严重的是延长了开炉时间；焦比选得过低，会造成炉缸温度不足，出渣出铁困难，渣铁流动不畅，严重时会造成炉缸冻结。一般要求开炉前几次铁含硅量为 3%~3.5%。

B 开炉造渣制度

为了改善渣铁流动性能，冶炼合格生铁，加热炉缸，稀释渣中的 Al_2O_3（Al_2O_3 质量分数大于 18% 时，开炉配料中需增加低 Al_2O_3 的造渣剂），开炉时渣量要大一些，渣铁比一般为 0.4~0.5。如渣量小，可加干渣调节。开炉的炉渣碱度 $w(CaO)/w(SiO_2) = 0.90 \sim 1.05$。控制生铁 $w[Mn] = 0.8\%$，为了改善炉渣流动性，可提高渣中的 MgO 含量，使之维持在 8%~10%，也可适当加些萤石来稀释炉渣。小型高炉在用全天然矿冷风开炉时，焦比特高，可在空料（即焦炭+石灰石）段加些硅石来调整炉渣成分。不用干渣，不仅可节约焦炭，而且铁口见渣较晚，可以延长喷吹铁口时间，有利于加热炉缸。开炉焦比高，硫负荷就会随之增大，此时炉渣碱度不宜低于正常时的下限，同时还可选用含硫较低的开炉料。

12.2.3.2 炉缸填充料的选择

炉缸填充物有枕木和焦炭两种。没有煤气持续供热风炉烧炉的新建高炉，因风温相对低，故一般填充枕木；风温有保证的情况，两种方法都可选择。目前，国内选择填充枕木的多为大型高炉，选择填充焦炭的多为小一些的高炉，选择填充焦炭的开炉方法正在向大型高炉延伸和推广。

填充枕木的优点是枕木着火点低，先于焦炭燃烧，能充分加热进入炉缸的焦炭，加速了炉缸升温进程和前期炉缸的热量储备，有利于高温煤气、渣铁通过。炉缸中心枕木所堆砌的堆包有利于高炉中心气流通过，能够促进合理软熔带的形成。尤其是开炉初期枕木的烧损，腾出空间有利于料柱松动，改善透气性。风口部位枕木在装料过程中还起到保护风口的作用。

12.2.3.3 炉内各段炉料安排原则

开炉料的料段安排，应根据不同时间，不同区域的需要，提供不等的热源；并且应符合高炉生产时炉料在炉内布置的模式。其基本原则如下。

（1）净焦是骨架，是填充料。高炉风口以下多为焦炭所填充，故开炉时应保证炉缸和死铁层均装入不带熔剂的净焦。同时由于软熔带之下有炉芯"死焦堆"存在，炉腹的一部分也应装净焦，一般以炉腹高度 1/2 左右为宜。

（2）空焦是提供开炉前期所需巨额热量的主要热源。炉腹 1/2 高度以上至炉腰上沿附近填充空焦。因开炉影响因素复杂，所以目前只能根据经验来决定空焦数量，是点火送风后 2~3 h 的焦炭消耗量。空焦数量也不宜过多，空焦过多不仅增加燃料消耗，还会导致局部升温过快危害炉衬。实验表明，升温速度高于 5 ℃/min，将造成黏土砖砖衬剥落、断裂。

（3）空焦的熔剂宜晚加。用于焦炭灰分造渣的熔剂宜晚加，不要与空焦同步加入，这样既可减少石灰石在高温区分解耗热，又可推迟焦炭灰分成渣，延长渣铁口的喷吹时间。有人提出，熔剂应加在风口 5~8 m 以上。

（4）矿料在可能条件下要装在较高位置，以尽量推迟第一批渣铁到达尚未充分加热的炉缸。大量生矿过早进入炉缸，易导致炉缸温度过低，铁口难开或铁水高硫。

（5）带负荷料的分段可从简。由于净焦和集中加入的空焦数量较大，余下供插于正常料间的空焦批数所剩不多，故空焦段上带负荷料的分段可以简化，例如采用两段或三段过渡。

A 炉缸填充枕木的高炉

（1）死铁层和炉缸装枕木（枕木下方先装铺底焦）。

（2）炉腹装净焦。

（3）炉腰和炉身下部装空焦（净焦加熔剂）。

（4）炉身中上部装空焦和正常料的组合料。

（5）组合料上部至料线装轻负荷正常料。

B 炉缸填充焦炭的高炉

（1）死铁层和炉缸装净焦。

（2）炉腹及炉腰 2/3 装空焦。

（3）炉腰上部 1/3 及炉身下部 2/3 装空焦和正常料的组合料。

（4）组合料上部至料线装轻负荷正常料。

12.2.3.4 开炉料的质量要求

填充时炉料在炉内落下距离长，易粉化，要求焦炭及烧结矿冷强度高。点火后原料在低温区滞留时间长，为防止还原粉化，要求烧结矿还原粉化指数（*RDI*）低；为使初期生成的软熔带稳定，要使用高温性能好的烧结矿。为确保低温软熔物的流动性，要求焦炭粒度大。

12.2.4 装料及布料参数测试

12.2.4.1 全焦开炉装料

目前，炉缸填充焦炭全焦开炉的高炉，多采用带风装料。带风装料的好处在于有利于料柱疏松，适当加热炉料，加快开炉进程；缺点是不能进入炉内检查烘炉效果，也不便于在炉喉进行料面测量工作。带风装料的主要步骤如下。

（1）预先测定焦炭布料参数，测定完毕，堵好方案预定的风口，并关闭炉喉人孔等；矿石的布料参数参考往年的测试数据。

（2）开始送风。确认冷风阀、热风阀处于关闭状态；全开混风阀和混风蝶阀送冷风。

（3）风量、风温的调控。风量调至正常风量的50%，风温调至200℃左右，不大于250℃，即可进行装料。

（4）装料进入有矿石料时，逐步增加风量至正常风量的60%，风温逐步增加到300℃，不大于350℃。

12.2.4.2 填充枕木的装料

炉缸填充枕木开炉的高炉不能采用带风装料。装枕木时要做好安全保护工作。

A 枕木填充前的准备工作

（1）卸掉填充用风口的小套和中套，安装好梯子平台，照明及通风等均正常。

（2）装底焦。炉缸满铺垫皮，以适宜的旋转布料器角度将底焦布到炉缸中心，焦炭要避免打到风口，料面要尽可能平坦，在安全前提下作业人员从风口进入炉内将焦炭扒平。

（3）炉内CO浓度不高于30 mg/m³，O_2含量不小于20.6%，环境温度低于50℃，炉墙或炉底温度低于70℃。

B 填充枕木

（1）铁口泥包及暴露在外的排煤气导管，应用枕木将其完全保护，并用骑马钉固定。

（2）风口中心线以下散装枕木及中心堆包。向炉内装枕木，每次300~400根。确认安全后，作业人员进入炉内将枕木扒平，用骑马钉固定好。重复上述步骤，直至将枕木装填至风口中心线。在炉缸中心将枕木与圆木堆砌好并打入骑马钉固定。

（3）风口处应采取保护性填充方式。

12.2.4.3 后续装料及布料参数测试

炉料填充要确保安全、顺利，避免环境污染。在装料时还要测定一些布料参数，这是高炉运行调控的基础数据，尤其要测定不同布料溜槽角度时炉料与炉墙的第一碰撞点，以及料线6 m以上不同布料档位的料面形状。因此，事先必须制定细致的测定方案，见表12-3。

表 12-3　炉料填充料面测定项目及内容

序号	项　　目	内　　容
1	初始炉型扫描	精确扫描高炉初始炉型并同设计参数进行检核
2	料罐内型扫描	对料罐内型、最大装焦量、料罐内料面形状进行扫描和分析
3	溜槽扫描	溜槽内型，悬挂点高度扫描，重构溜槽内型，并校核溜槽倾角
4	料流 FCG 曲线测量	校核和确认不同炉料的 FCG 曲线（炉料节流阀开度和料流量之间的关系曲线）
5	测量料流轨迹	精确测量料流轨迹，对料流宽度进行测量和计算
6	料流极限角度测定	测量不同料线炉料的极限角度
7	料面形状测定	高炉料面形状的 3D 精确扫描
8	装入高度测定	用探尺及扫描仪确定装入高度，确定料段位置

参数测定方法：

（1）采用激光栅格、激光测位仪、3D 扫描成像等多种测量手段，相互印证，进行布料测试，得到精准的布料测试数据。

（2）选取可靠记录的数据，推算出焦炭和矿石的料流量和节流阀开度之间的关系曲线（FCG 曲线），炉料在各个溜槽倾角时的布料轨迹，炉料装入高炉后的体积压缩系数。

12.2.5　开炉操作

12.2.5.1　点火前的准备与条件再确认

（1）点火前条件再确认。对高炉本体、炉前、上料系统、热风、煤气、冷却、送风、动力等各系统再次确认，确认各设备处于正常的状态，各阀门处于正确的状态，高炉所有人孔处于关闭状态，设备运行符合规定标准等。

（2）点火前 2 h 启动风机，并将冷风送至放风阀。

（3）检查确认风口，要求堵的风口必须堵严堵牢，确保不被吹开。

（4）送风前 1 h 重力除尘器通氮气，炉顶及煤气净化系统通氮气、蒸汽。

12.2.5.2　点火方法

（1）人工点火。对于热风温度很低或无高风温的高炉用人工点火。用木柴填充炉缸时，在每个风口前添装一些木柴、刨花、油棉纱等引火物，用烧红的铁棒或火把将各个风口的易燃物点燃，然后关闭风口盖开始送风。对于焦炭填充的炉缸点火可采用氧气点燃。

（2）热风点火。将方案规定风温水平的合适风量通过风口送入炉内直接点燃炉内的枕木和焦炭（着火温度为 600~650 ℃）。这是最常用的方法。

（3）烘炉导管点火。有些高炉开炉时，不撤掉烘炉导管，使烘炉导管成为烘炉与点火的两用装置。向炉底吹送温度在 700 ℃ 左右的热风，将炉底焦炭点燃，有利于炉底和炉缸的加热烘烤。同时，在长时间的装炉过程中，一直保持有近 300 ℃ 的鼓风吹向炉底，对内衬和炉料加热也十分有利。

（4）半炉点火。根据开炉的配料计算，当炉料装至炉腰上部，或即将装带负荷炉料时，如果高炉开炉进程顺利，即可将风温提高到650~700 ℃进行点火，称为半炉点火。半炉点火能缩短开炉进程，使高炉较早进入冶炼状态。点火时炉内料柱较矮，空隙度较大，利于焦炭燃烧，炉料易下降，也有利于上部炉衬的加热。

点火开炉后要充分空吹铁口以便加热炉缸内的焦炭，储备足够的炉缸热量，以及适时稳定排空渣铁，进而实现炉况稳定顺行和快速达产。

12.2.5.3　开炉送风制度

开炉送风制度对高炉升温过程有重大影响，对高炉顺行起决定性作用。

A　风量使用

开炉风量按高炉容积大小、炉缸填充方法、点火方式及设备运行情况而决定。一般开炉风量较小，待各风口工作正常，出渣出铁及下料顺畅后，再逐步将风量加到全风量。开炉初期炉底炉缸的升温主要靠热煤气流加热，开炉风量得当是提高高炉下部温度的关键。风量大，单位时间产生的热量就多，燃烧温度升高，升温过程加快。但风量过大，高炉的热效率下降，炉料未经必要的预热和还原就下达到炉缸，使直接还原增加，大量吸收炉缸热量，对开炉极为不利。

（1）木柴法开炉时，燃烧速度快，使炉料塌落，料柱疏松，因此初期风量不能太大，但加风速度可适当加快。同时加风速度也与木柴的材质、在炉内的摆放有关，若木柴不易燃烧、燃烧时间长或摆放密实、空隙度小，则加风速度就慢；反之加风速度就快。把握加风的时机对开炉进程至关重要。若加风过早，炉缸还没有形成一定的空间，在上部料段没有松动情况下易出现悬料；若加风过晚，炉缸形成的较大空间很快被开炉料所充满，也容易造成炉况难行。

（2）全焦法开炉不像木柴法开炉那样易形成较大的空间，在点火后必须有足够的风量，才能迅速地形成较大的空间，松动料柱。全焦法开炉风量一般不低于正常风量的60%。在风口全部点燃以后，加风不当容易造成悬料，因此要慎重；尤其是在软熔带形成期，炉缸透液性差，稍不慎重就会造成炉况失常。

B　风温使用

开炉最关键的是要给炉缸提供足够的热量，因此开炉时比任何时候都需要高风温。由于新开高炉的炉衬和炉料都是凉的，即使使用高风温，也不会产生过高的理论燃烧温度，更不会因使用高风温影响炉况顺行。另外，开炉料负荷较轻，料柱透气性好，也为使用较高风温提供了有利条件。一般情况下，开炉风温在700 ℃左右，甚至到800 ℃以上。

C　风口面积选择

开炉时风量较正常生产时小，为了保证炉内初始煤气流的合理分布和足够的鼓风动能，要相应缩小风口面积。通常以堵风口或风口加砖衬套的办法解决。随着风量的逐渐加大，可根据高炉实际需要来捅开风口或砖套。

12.2.5.4　引煤气

点火开炉1 h后，从炉顶上升管取样孔取煤气样，化验煤气成分，分析 H_2、O_2 的含量，0.5 h 分析一次。当煤气成分合格，O_2 含量不高于 0.6%，且探尺走动，此时可按规程引煤气。一般在点火后 2~4 h 具备引煤气条件。

12.2.5.5　点火 24 h 内的参数调整

（1）加风速度视炉况实际进程而定。在炉内热量充分蓄积及矿石软熔之前，尽量把风量水平提升至一定水平。开炉送风初期加风进程适当加快，送风 8 h 后加风要谨慎，以保证下料顺畅为原则，正常每小时风量实时值的增加值为 100~200 m^3/min；第一次出铁顺利，炉况顺行良好，加风速度可适当加快。

（2）顶压。风量达 2500~3000 m^3/min 时，可考虑改高压操作。

（3）风温。在送风 10~11 h 后，可考虑加风温，但在出铁前（约送风 15 h），原则上风温不超过 850 ℃。

（4）湿度。原则上维持自然湿度，难行或因炉热而影响加风时，允许适当增湿，但最高不超过 35 g/m^3。

（5）负荷。送风后如下料正常并已引煤气，在送风 5~6 h 后可考虑第 1 次加负荷。第 1 次铁前可考虑加一次负荷，出铁正常后，可加快加负荷速度。

12.2.5.6　初次出铁时间

计算炉缸铁水面到铁口中心线能够存储的铁量、渣面到风口以下 0.5 m 处能够存储的渣量，再根据经验设定相关参数及边界条件和加风的节奏，反推出铁时间。点火后根据下料批数推算初期出铁时间最为准确、安全、可靠。

大型高炉当累计生成铁量达到铁口中心线时，先烧开铁口，排出炉内冷渣铁后堵上铁口，一段时间后再正式出第一次铁。小型高炉一般是当计算出铁量约 10 t 时，出第一炉铁，这样的优点在于炉缸热量充沛，渣铁流动性好，基本上第一炉铁水就能成分合格，烧铁口的工作量也小。

12.2.5.7　后续操作

点火后如第一炉出铁正常，则后续操作的主要任务是在保证铁水温度充足（$PT >$ 1490 ℃）的条件下，通过协同调整负荷和风量，以按梯度降低生铁含硅，送风 48 h 后目标为 $w[Si] = 1.0\% ~ 1.5\%$，3 d 后争取降至 0.5%~0.7%。

（1）负荷。根据炉况和炉温水平加负荷，目标 36 h 内加至喷煤负荷，力争 24 h 内负荷 3.2，48 h 内目标负荷 4.0。

（2）风量。标速接近 240 m/s 时可以考虑开风口，并相应加风和加负荷，目标 48 h 内风口全开，其风量可作为开炉初期阶段的基准风量。

（3）料制。随着加风、喷煤、富氧、开风口等进程加快，根据气流状况，对装料制度进行调整，最终合理的布料制度有待开炉后进一步摸索。

（4）喷煤。喷煤投入前必须要确认相关条件及状态，条件具备方可实施：首先，高炉顺行良好，风量达到全风 80%，同时炉前出渣铁正常；其次，负荷已达到 3.2 以上，风温大于 850 ℃，铁水温度已达到 1480 ℃以上。

（5）富氧。风量达到全风80％以上，同时全焦负荷4.0左右料下达后，炉况允许开始富氧。

（6）其他操作参数根据每天高炉实际情况酌情调整。

12.2.6 中修高炉开炉

高炉中修和大修的主要区别在于中修停炉时不放残铁，扒炉不彻底，炉底、炉缸砖衬基本上不更换。因此，开炉和新建或者大修高炉开炉有所区别。

12.2.6.1 开炉前的准备

中修开炉前的准备工作和大修高炉基本类似，主要区别和关键点在于必须扒炉到位。由于中修高炉不放残铁，所以炉缸中下部残存的渣铁比较难扒，为了开炉的方便和顺利要求炉缸的残存渣铁必须扒出来，也就是说铁口下沿以上的渣铁必须扒出来。实在难扒的至少靠近开炉出铁口的约1/2区域必须扒到铁口下沿以下，对面的也要尽量扒到接近铁口平面。

12.2.6.2 烘炉

高炉烘炉可以缩短时间。高炉烘炉的重点是炉底、炉缸。由于中修高炉炉底砖衬没有更换，因此，烘炉时根据炉缸的中修程度结合炉墙砖衬及喷涂情况考虑烘炉时间，一般不超过3 d，烘炉装置可以适当简化。

12.2.6.3 开炉料计算、装料及布料参数测试

中修开炉料的计算和大修高炉类似，区别在于铁口以下存在冷渣铁，因此，炉缸的填充空间变小，同时由于炉缸内不少冷渣铁的存在，全炉焦比应该比大修高炉适当高一些。其他装料及布料参数测试和大修高炉相同。

12.2.6.4 开炉操作

中修高炉不彻底扒炉，其开炉和大修高炉有较大区别。

（1）由于炉缸内存有冷态渣铁，一般点火开风口数量和位置多选择出铁口两侧的风口，开风口总数一般以1/3~1/2为宜。扒炉比较彻底的，开风口数可以适当多些，其他风口必须堵牢、堵严，不能被吹开。

（2）点火前应在铁口埋氧枪，这对提高铁口区域炉缸温度有好处，有利于减轻炉前出第一炉铁的工作量。扒炉比较彻底的高炉也可以不埋氧枪开炉，但应充分空吹铁口，以加热铁口区域，增加该区域热储备。

（3）由于开风口数少，故风量比大修高炉要小。加风时根据炉缸热量和风口数确定。

（4）必须等炉缸温度满足条件，渣铁流动性好才考虑捅风口，需依次捅开，原则上不跳隔去捅。

（5）负荷的加重相比大修高炉也要缓慢些，加负荷的依据是炉缸温度充沛，风口数和风量达到适宜的水平。

（6）首次出铁要适当提前，尽早排空炉缸冷态渣铁，减少对炉缸热量的吸收。

12.3 高炉停炉

高炉停炉分中修停炉和大修停炉。当炉缸、炉底状况良好，其他部位（炉腹、护腰等）损坏严重时进行中修停炉，中修停炉不放炉缸残铁。当炉缸、炉底侵蚀严重，继续生产有烧穿炉缸的危险时进行大修停炉，大修时需要更换炉缸、炉底砖衬，因此必须放净炉缸残铁。停炉的重点是抓好停炉准备和安全措施，做到安全、顺利停炉。停炉要求如下。

（1）要确保人身、设备安全。在停炉过程中，煤气中 CO 含量增加，炉顶温度也逐渐升高，炉顶打水降温产生大量蒸汽，使煤气中的 H_2 含量也增加，煤气爆炸的危险性增大。因此，停炉时一定要把安全放在第一位。

（2）尽量出净渣铁，并将炉墙、炉缸内的残渣铁及残留的黏结物清理干净，为以后的拆卸和安装创造条件。

（3）要迅速拆除残余炉衬和减少炉缸残余渣铁量，缩短停炉过程，减少经济损失。

12.3.1 停炉方法

停炉方法可分填充法和空料线法两种。

填充法是在停炉过程中用碎焦、石灰石或砾石来代替正常料向炉内填充，当填充料下降到风口附近进行休风。这种方法比较安全，但停炉后清除炉内物料工作量大，耗费许多人力、物力和时间，很不经济。

空料线法即在停炉过程中不装料，采用炉顶喷水来控制炉顶温度，当料面降到风口附近进行休风。此法停炉后炉内清除量较少，停炉进程加快，为大中修争取了时间。但停炉过程中危险性较大，必须特别注意煤气安全。

停炉方法的选择，主要取决于具体条件即炉容大小、炉体结构、设备损坏情况。如果高炉炉壳损坏严重，或想保留炉体砖衬，可采用填充法停炉；如果高炉炉壳完整，结构强度高，多采用空料线法停炉。目前多采用空料线法停炉。

12.3.2 停炉前的准备

12.3.2.1 制定停炉方案

为确保安全、顺利停炉，必须提前制定好详细的停炉方案。方案主要内容包括建立停炉指挥体系、降料面和放残铁等技术操作方案以及安全措施方案等。

12.3.2.2 停炉前的其他准备和要求

A 炉内操作上的配合和准备

（1）降料线前力求炉况稳定，全风操作，可适当疏松边缘。如长时间堵风口操作，应提前半个月调整，以利于炉内圆周工作均匀，避免出现死区和炉墙黏结。

（2）停炉前一周保证炉温充沛（$w[Si] = 0.4\% \sim 0.6\%$，PT 在 1490 ℃以上），渣铁流

动性好。

（3）停炉前 3 d 可酌情加洗炉料进行洗炉，以求停炉后炉墙干净。

（4）预休风前两个班逐渐将负荷退至全焦冶炼，全焦负荷作用时停止喷煤并停氧。预算好煤粉用量，争取做到停止喷吹时喷吹系统各煤粉罐全部喷空。

B　设备方面的准备

（1）停炉前一个月内借休风机会适时对炉皮开裂处进行焊补并加固。

（2）提前制作好出残铁平台及残铁沟。

（3）提前检查确认炉顶打水装置、炉顶煤气取样管、煤气分析仪及各蒸汽管正常。

（4）提前准备降料面用的打水装置，并进行试喷。

（5）降料线前对炉顶温度、打水专用流量计、探尺等相关仪表进行检查、确认。

（6）检查确认炉顶齿轮箱、下阀箱冷却系统运转正常。

（7）提前 1 d 对炉身、炉腰及炉腹部位冷却器进行全面查漏，发现漏水及时处理，杜绝休风后冷却器向炉内漏水，此项工作一直进行到降料面开始。

（8）检查确认炉顶蒸汽压力、氮气压力、高压水压力处于正常水平，环水（循环冷却水）、清水保持正常。

C　空仓安排

安排好料仓的空仓清料工作，力争停止加料预休风时，上料系统各罐及皮带不压料，所有料仓空仓。

D　炉前的准备与配合

（1）停炉前一天联系好堵铁口及风口用的有水炮泥并运至炉台。

（2）停炉前两侧出铁场要具备出铁条件，并备好工具、资材。

E　其他

（1）高炉中控室负责联系休风前除尘器清灰事宜。

（2）提前联系安排好热风炉煤气总管、焦炉煤气总管、TRT 进口煤气管道等管道的堵盲板准备工作。

12.3.2.3　加停炉料

（1）加净焦若干。基本原则是：料面到炉腰部位仍能维持焦层厚度不低于 2.0 m，净焦前还应在全焦负荷的基础上加轻料约 15 批，校料时应考虑轻料和停煤的影响。

（2）预休风时间确定后，据此推算加停炉料时间。

12.3.2.4　停炉前预休风

A　预休风

（1）当停炉料加完，出尽渣铁后，料线降至约 4 m 时，即可进行预休风。

（2）预休风前 1 炉铁必须保证出完、出好，适当喷吹铁口。

（3）休风按长期休风程序执行炉顶点火。

B 预休风期间的主要工作

（1）拆除十字测温杆，安装停炉打水枪，安装后，适量通水，避免打水管被烧坏，检查管道畅通。

（2）接通炉顶煤气取样管。

（3）富氧房富氧总管插盲板。

（4）更换漏水风口。

（5）进一步焊补、加固炉皮。

（6）校准探尺的检修位，调试好探尺。

（7）关死所有漏水冷却壁进水，进水阀门插盲板，确保不向炉内漏水，出水管塞木塞。

（8）检查确认炉顶原有洒水枪、炉顶蒸汽、氮气正常。

（9）检查确认齿轮箱水冷、氮气正常。

（10）检查确认炉顶上密、上料闸、下密、下料闸关闭，溜槽处于检修位，探尺处于待机位，一均、二均关闭，排压阀开，齿轮箱停电。

（11）做好放残铁准备工作。

（12）全开风口进入降料线操作。

12.3.3 降料面

降料面是停炉过程中最为关键的操作，其重点是合理使用风量、风温、打水量，维持炉顶温度和煤气成分在要求的范围内，确保降料面过程安全顺利。

12.3.3.1 风量使用

风量使用的一般原则是：

（1）空料线初期适当使用较大风量，以顺行为重，避免风量过大导致气流偏行、管道等，影响顶温控制和空料线进程；

（2）料线过炉身下部成渣带区域后，顶温及煤气成分 H_2 上升变化较快，风量控制要果断，满足气流稳定、顶温水平、煤气成分控制要求；

（3）当料线降到一定水平，风压明显下降时，要注意适时控制风量，防止料层厚度薄而风量过大吹出管道；

（4）如遇到气流不稳定、顶温难以控制，风量的使用以顺行和顶温受控为原则，不强求与方案一致；

（5）如空料线过程中出现风压剧烈波动、顶压大幅冒尖的爆震、管道难行崩料等异常现象，必须及时控制风量至合适水平，确保空料线进程安全。

12.3.3.2 炉顶打水量的调控

原则上以控制顶温处于方案要求的范围为准。空料线期间炉顶温度一般是 300～450 ℃。

（1）空料线开始逐步加大打水量控制顶温在要求水平，打水量保持圆周方向相对均匀。

（2）空料线过程中要协调好风量、水量与料线之间的对应关系。顶温应控制在范围的上限，但要保证齿轮箱温度不大于 50 ℃，煤气总管入口温度不大于 80 ℃。

（3）调整圆周方向的打水枪水量，维持炉顶温度四点的均匀稳定。

12.3.3.3 风温使用

一般风温为 800~1000 ℃。原则上初期风温靠上限，后面随着料面的下降，风量逐渐减少，风温也要相应逐步降低直至 800 ℃。

12.3.3.4 煤气主要成分 H_2 和 O_2 的控制和变化规律

降料面开始后，每半小时取煤气样化验一次，分析 N_2、H_2、CO、CO_2 及 O_2 含量，并将成分连成曲线进行分析。

（1）降料面煤气回收时，煤气成分应符合：H_2 含量不大于 10%，O_2 含量不大于 1%。

（2）参考空料线过程中煤气成分的变化判断实际料面位置：当 H_2 上升接近 CO_2 值时，预示料面进入炉身下部；当 H_2 含量大于 CO_2 含量时，预示料面进入炉腰；CO_2 回升，预示料面进入炉腹；N_2 开始上升，预示料面进入风口区。

（3）空料线过程中炉顶蒸汽、氮气全开，空料线中后期要利用风量、打水量的合理控制匹配来降低煤气中的 H_2 含量。

（4）当炉顶煤气成分与参考成分差别较大时，要对比分析手动和自动取样结果。如分析结果没有问题，则可能是炉况出现管道行程，要适当控制风量消除管道；如煤气中 H_2 含量异常升高，可能是打水量过大，要检查顶温是否过低，必要时减风减水以保安全。

12.3.3.5 切煤气操作

当料面降至炉腰以后，即可考虑切煤气，炉况及各参数相对稳定应尽可能晚切煤气。一旦出现下列情况之一时，必须果断打开炉顶放散阀，按规程切煤气。

（1）控风仍不能稳定炉况。

（2）有较大爆震。

（3）炉顶压力低于 40 kPa。

（4）煤气中 H_2 含量大于 10% 或 O_2 含量大于 1% 时。

12.3.3.6 休风

切煤气后维持低风量操作，料线到达指定位置，即按规程进行休风操作，至此空料线工作结束。

12.3.4 出残铁

高炉停炉大修时必须出残铁。残铁口选择的原则是既要尽量出净残铁，又要保证出残铁工作安全便利。残铁口方位的选择，原则上选炉缸水温差和炉底温度较高的方向，同时考虑出残铁时铁罐配备便利。一般设一个残铁口。

12.3.4.1　残铁口位置的确定

通过测算并参考往年同类型高炉的经验，结合铁水罐高度及现场勘察综合确定残铁口的位置，估算残铁量，配备足量的铁水罐。

A　拉姆热工理论计算公式

$$Z = \frac{(T_0 - \theta)\lambda}{Q} - \alpha \tag{12-1}$$

式中　Z——炉底最大侵蚀深度，m；

　　　Q——炉底中心的垂直热流，kJ/(m^2·h)；

　　　T_0——铁口中心线附近的铁水温度，一般取 1450 ℃；

　　　θ——铁水凝固温度，一般取 1100~1150 ℃；

　　　λ——铁水向炉底的导热系数，kJ/(m·h·℃)；

　　　α——设计的死铁层深度，m。

B　炉底剩余厚度计算经验公式

$$h = K \cdot d \cdot \lg(t_1/t) \tag{12-2}$$

式中　h——炉底中心剩余厚度，m；

　　　d——炉缸直径，m；

　　　t_1——炉底侵蚀面上铁水温度，℃；

　　　t——炉底中心温度，℃；

　　　K——系数，$t<1000$ ℃时，$K=0.0022t+0.2$；$t=1000~1100$ ℃时，$K=2.5~4.0$。

C　直接测量法

直接测量炉缸下部炉皮的表面温度，温度最高处是炉缸侵蚀最严重的地方。以该处为基点再往下 300 mm 左右（有炉底冷却的）或 500~800 mm（无炉底冷却的）处即为炉底侵蚀最深、开残铁口的位置。

12.3.4.2　出残铁操作

出残铁前要安排好时间，迅速完成出残铁的全部工作，具体内容如下。

（1）降料面过程切煤气后，切开残铁口处的炉缸围板。如割开炉皮后，煤气外逸严重，则应等到高炉休风后再实施。

（2）料面降至炉腰时，立即关闭残铁口位置所在冷却壁的冷却水，并拆除该冷却壁。

（3）当料面降到炉腹时，制作残铁口的砖套。残铁沟与冷却壁、炉皮的接口一定要牢靠，以保证大量残铁顺利流出，杜绝漏铁、放炮及爆炸事故的发生。具体做法是用砖伸入炉底砖墙内 200 mm 以上，使从冷却壁、炉皮到残铁沟的砖套成为一个整体，并用耐火泥料垫好、烤干。

（4）当料面降至风口区时，可一边从铁口正常出铁，一边烧残铁口。先用残铁开口机钻，钻不动时再用氧气管平烧，深度约 2.5 m 后如不见残铁流出，应改向上方斜烧；如仍不见来铁，则适当提高残铁口位置后再烧。残铁出完，残铁口自动结死。

12.3.5 凉炉

凉炉是将休风后的热态高炉冷却到可以进行大修施工的作业过程，是高炉停炉的最后一步。凉炉过程中关键是控制打水节奏，确保煤气成分在安全范围。一般采用前期打水凉炉、后期闷水凉炉，通过残铁口、铁口排水的方式。

中修和大修高炉的凉炉操作有着重要的区别。中修高炉凉炉要防止打水太过，影响炉缸砖衬寿命，绝对不可以闷水凉炉。控制好凉炉过程的适量打水非常重要，宁可打水不足也绝不可过量，打水不足时可以在扒炉过程再临时打水冷却，目的是保护好炉缸砖衬。

大修高炉采取闷水凉炉加快凉炉进程。闷水凉炉前，用木塞堵严全部风口小套，在炉腹下部位置捅开3~4个灌浆孔作为溢流孔，水位控制在风口上方4~6 m，炉缸物料浸泡在水中，冷却强度高，同时水压高、排水快。当有水从风口与中套接触面渗出时，表明水位已到风口位置，此时考虑打开铁口排水。若出现红热渣铁，则马上用铁棒封堵。开铁口要注意安排好顺序，风口先见水位置的铁口先开。后期打开残铁口排水，加快凉炉进度。另外，可在整个风口平台圆周方向拆松一定数量的风口木塞，使更多的热水从这些部位排出，加大凉炉力度。当铁口的排水温度降低到50 ℃以下，凉炉结束，可以排水，进行后期检修工作。凉炉排水有毒，必须到废水池进行处理后排放，禁止直排。

12.4 高炉封炉

高炉封炉是长期休风的一种特殊形式，它是比长期休风时间还要长的休风。休风期间为防止空气进入炉内或水漏入炉内，要对高炉严格密封。封炉操作正确与否，直接影响开炉炉温、顺行以及能否恢复到正常生产水平。为了能便于以后顺利恢复生产，封炉前必须使炉况顺行，炉缸活跃，否则会使复风很困难。

12.4.1 封炉前的准备

（1）为了防止焦炭烧损和炉料粉化，封炉前必须严格检查高炉设备，尤其是冷却设备，发现问题及时处理，以确保高炉封炉的密封性。

（2）封炉料要选用粉末少、还原性好及强度高的原燃料，质量不得低于大修、中修开炉原燃料标准。

（3）封炉前采取发展边缘等一系列措施来保证炉况稳定顺行，炉缸活跃，炉温充沛，避免发生崩料和悬料。

12.4.2 封炉料的确定

正确确定封炉料，选定总焦比，是封炉成败的关键，是保证开炉后炉缸温度充足，取得合格产品以及顺利而迅速恢复正常生产的基础。由于封炉后炉内热量散失大、开炉后直接还原较高等因素的影响，送风后炉缸温度将降低，如封炉前不加足够的焦炭，开炉后将导致炉缸大凉或冻结。但加入过多焦炭，不仅增加焦炭损耗，而且送风后还会使炉子过热不顺。

影响封炉总焦比的因素如下。

（1）封炉时间。在封炉期间，炉内积蓄的热量会随着时间的延长而逐渐散失，渣、铁冷凝，因此封炉总焦比应选择合适。封炉总焦比随时间的延长而增加，其关系见表 12-4。

表 12-4　封炉总焦比与时间的关系

封炉时间/d	10~30	30~60	60~90	90~120	120~150	150~180	180~210
总焦比/$t \cdot t^{-1}$	1.0~1.2	1.2~1.6	1.6~1.9	1.9~2.2	2.2~2.5	2.5~2.8	2.8~3.1

（2）炉容。小型高炉比大型高炉热损失多，封炉料总焦比应相应提高。一般，1000 m^3 高炉的总焦比比 1500 m^3 的高炉高 10% 左右。

（3）封炉料质量状况。若高炉使用还原性差、强度低、易粉化的原料和灰分含量高、强度差的焦炭，生矿比例较大等，封炉焦比应该选高些。

（4）冷却设备及炉料状况。高炉炉役后期，冷却设备及炉壳等都已损坏严重，密封程度变差，容易漏水、漏风；高炉使用强度低、还原性差及易粉化破碎的原料；这些高炉一般不允许长期封炉。如果因特殊情况非封炉不可，也必须彻底查出漏水、漏风点，确保不向炉内漏水和漏风，且封炉焦比应额外增高。

12.4.3　封炉操作

12.4.3.1　停风前操作

（1）封炉前采取发展边缘等一系列措施来保证炉况稳定顺行，炉缸活跃，炉温充沛，避免发生崩料和悬料。

（2）封炉前炉渣碱度不宜偏高，可适当减少石灰石用量，同时配加少量锰矿，维持炉渣碱度 $w(CaO)/w(SiO_2) = 1.00 \sim 1.05$，渣中（MnO）含量为 1.0% ~ 2.0%，保证炉渣的流动性。

（3）在封炉前应加萤石清洗炉缸，消除炉缸堆积。

（4）损坏的风口要及时更换，烧损的冷却壁要关闭其进出水，杜绝向炉内漏水。

（5）封炉料也由净焦、空料和正常轻料等组成，炉缸、炉腹全装焦炭，炉腰及炉身下部可根据封炉时间长短装入空焦和正常轻料，封炉时间越长，轻料负荷越轻。

（6）封炉前应适当增大铁口角度，特别是在最后一次铁时要把铁口角度加大到 14°，全风喷吹后再堵口，以保证休风前渣铁出净，最大限度地减少炉缸中的剩余渣铁。

（7）当封炉料到达风口平面时可按长期休风程序休风。

（8）炉顶料面加装水渣（或矿粉）封盖，以防料面焦炭燃烧。

12.4.3.2　停风后操作

（1）休风后进行炉体密封，即把各个风口堵泥，外部砌砖，并用泥浆封严；补焊有裂缝的炉壳，大缝焊死，小缝刷沥青密封。

（2）封炉期间更换损坏的冷却设备，严重的要关闭；关闭的冷却设备在冬季要吹空水管内的积水，防止水管冻裂。

（3）封炉期间减少冷却水量。

（4）封炉 2 d 后，为减少炉内抽力，应关闭一个炉顶放散阀。

（5）炉顶压料后火焰逐渐减小，3 d 后基本熄灭。如果火焰仍很旺盛，且颜色若呈蓝色，表明高炉密封不严，应迅速采取密封弥补；若颜色呈黄色且时有爆裂声，表明是冷却器漏水，应立即检查处理冷却设备和其他水源。

12.4.4 高炉封炉后的送风操作

封炉后开炉难度较大，特别在封炉时间很长时，炉缸温度逐渐下降，炉缸内积存的残余渣铁会逐渐凝结，并且随时间的延长而加重。开炉送风后，风口以上炉料受高温煤气流预热和还原，逐步产生渣铁流向炉缸。此时炉缸加热较慢，凝结的渣铁熔化迟缓。炉缸渣铁不断增加，不但有碍于炉况恢复，而且极易造成风口灌渣或烧坏风口。因此，尽快从铁口放出铁水和熔渣，是炉前操作的关键。

12.4.4.1 送风前的准备工作

（1）加强热风炉烘炉工作，保证在开炉期间有较高的风温，应尽量使开炉期间热风温度接近停炉前的水平。热风温度高，有利于加热炉缸，一般情况下，热风炉应能达到 800 ℃以上的风温。

（2）送风前对所有设备进行试运转，认真检查冷却系统、蒸气系统及煤气系统，确认各系统能正常运行。

（3）以零度角将铁口水平钻开，清理出铁口前熄灭的黑焦炭，直到露出红焦炭为止。

（4）把风口前已经熄灭的黑焦炭清理出来，补入新焦炭。如果风口前有渣铁凝结物时，要用氧气把渣铁凝结物烧掉。

（5）送风前用氧气把铁口上方两侧的风口与铁口烧通，如果准备临时出铁口时，还应把临时出铁口上方两侧的风口烧通。在烧出的通道里放入一定量的食盐和铝铁，前者可增加炉渣的流动性，后者在氧化时可放出大量的热量，有利于凝渣的熔化，可有效地防止新生成的铁水聚集在凝渣铁上将风口烧坏。

（6）根据封炉时间长短决定工作风口的多少。封炉时间越长，送风工作风口越少。一般情况下，封炉 3 个月以上，工作风口选 2~4 个为宜。工作风口的位置应集中在铁口附近。送风前将工作的风口之间用氧气烧通，不送风的风口用硬泥堵死，保证送风后不能吹开。

（7）由于开炉的前几次出铁不正常，渣铁的流动性很差，为了防止堵塞撇渣器，要将撇渣器口用铁板和河沙堵好，让铁水改道通过下渣沟流入干渣坑内或带渣壳的渣罐内。

12.4.4.2 出渣出铁操作

高炉封炉后送风操作的关键是送风到一定时间后能及时打开铁口或临时出铁口将渣铁

排出。否则，炉缸渣铁会越积越多，不仅影响到高炉顺行，而且还会引发其他事故。因此，在开炉送风后的第一次出铁以前，应采取以下相应措施。

（1）送风前用氧气将铁口与送风风口烧通。

（2）将铁口钻开，从铁口喷出的煤气要用火点燃，同时要经常用钢钎子捅铁口，尽量喷吹铁口，加热炉缸。见渣铁后用炮泥把铁口堵上，打泥量要少。

（3）根据风量和下料情况来确定第一次开铁口时间，一般在送风 5~6 h 后出第一炉铁。烧铁口要集中力量，连续进行，及时烧开铁口。

（4）如果烧进 3 m 以上仍未见渣铁时，根据送风的风口情况，准备了临时铁口的用临时铁口出铁，没有准备临时铁口的，可用炸药通风口和铁口出铁。

（5）出铁顺畅后，可逐步恢复送风的风口数量，不允许间隔开风口。

（6）随着炉缸工作趋于正常，残铁熔化速度加快，铁口角度可逐渐加大，待风口全部工作后，铁口角度应恢复到正常水平。

智能炼铁

· 智能 开炉布料参数测试

拓展知识

· 拓展 开炉配料计算

开炉布料
参数测试

开炉配料
计算

企业案例

· 案例 高炉特殊操作实例

高炉特殊
操作实例

思考与练习

· 问题探究

12-1 什么是计划休风和紧急休风、长期休风和短期休风？

12-2 计划休风时，如何确定休风料和炉渣成分？

12-3 简述短期休风与复风的操作过程。

12-4 长期休风与短期休风有何异同？

12-5 长期休风时煤气如何处理？

12-6 长期休风时高炉与送风系统及煤气系统如何操作？

12-7 简述长期休风的送风程序。

12-8 高炉断水、断风、断电时如何操作？

12-9 高炉开炉前有哪些准备工作？

12-10 高炉有哪些烘炉方法？

12-11 高炉烘炉曲线的制定依据是什么，如何理解烘炉曲线上的水平段？

12-12 高炉烘炉导管、排煤气管、封板、测温装置等各有何作用？

12-13 简述高炉烘炉及凉炉的过程。

12-14 开炉时如何选择焦比和造渣制度？

12-15 开炉时炉缸填充料有哪些，各有何特点？

12-16 开炉时炉内各段炉料安排的原则是什么？

12-17 开炉时炉缸填充枕木和填充焦炭在料段安排上有哪些区别？

12-18 开炉料的质量要求有哪些？

12-19 开炉时炉缸填充枕木和填充焦炭的装料步骤各是什么？

12-20 开炉装料布料参数测试有哪些内容？

12-21 开炉有哪些点火方法？

12-22 简述开炉送风制度。

12-23 开炉后什么时候引煤气？

12-24 开炉点火 24 h 内的参数调整原则是什么？

12-25 开炉初次出铁时间如何确定？

12-26 开炉点火后如第一炉出铁正常，后续应如何操作？

12-27 中修高炉开炉和新建或者大修高炉开炉有何区别？

12-28 高炉中修停炉和大修停炉有何区别？

12-29 高炉停炉要求是什么？

12-30 高炉停炉方法有哪些，如何选择停炉方法？

12-31 高炉停炉前有哪些准备工作？

12-32 高炉停炉前为什么进行预休风，预休风期间有哪些主要工作？

12-33 高炉空料线法停炉过程为什么要打水？

12-34 简述高炉停炉降料面操作的主要工作。

12-35 高炉大修停炉残铁口位置如何确定，如何进行出残铁操作？

12-36 高炉停炉的最后如何进行凉炉操作？

12-37 什么是封炉，封炉前有哪些准备工作？

12-38 怎样选择封炉料及封炉焦比？

12-39 简述封炉操作过程。

12-40 如何进行高炉封炉后的送风操作？

▪ 技能训练

12-41 根据下列条件及参数进行开炉配料计算。

已知开炉料成分见表 12-5，高炉各部位装料容积见表 12-6。

表 12-5 原燃料理化指标

| 开炉料 | 成分（质量分数）/% | | | | | | | | 配比/% | 堆密度 /t·m⁻³ |
	TFe	SiO₂	CaO	MgO	Mn	Al₂O₃	S	P		
烧结矿	52.29	6.17	11.11	2.29		2.56	0.028		70	1.85
球团矿	61.21	5.83	0.97			2.19	0.071		20	2.10
块矿	61.83	2.50	0.10			2.22	0.018		8	2.10
锰矿	16.3	23.86			22.71				2	1.80
白云石		2.69	29.47	20.8						1.50
焦炭灰分		45	4.5	1.70		34.0				

注：其中焦炭水分含量为 11.5%，灰分含量为 12.91%，硫含量为 0.74%，固体碳含量为 85.63%，堆密度为 0.55 t/m³。

表 12-6 高炉各部位填充容积

部 位	炉喉	炉身	炉腰	炉腹	炉缸	死铁层	合 计
填充容积/m³	14.2	1219.7	189.9	259.8	274.7	49.2	2007.5

参数设定：

（1）生铁成分(质量分数)：Fe 92.67%，C 4.0%，Si 2.5%，Mn 0.5%，P 0.4%，S 0.05%。

（2）焦炭批重为 8500 kg/批，全炉焦比为 2.6 t/t，正常料焦比为 0.9 t/t；炉渣碱度为 1.0，MgO 含量为 8%；铁的回收率为 99.7%，锰的回收率为 60%。

（3）料线为 1.6 m；炉缸净焦压缩率为 18%，炉腹为 15%，炉腰以上为 12%。

▪ 进阶问题

12-42 尝试制定某高炉详细的休风及复风操作方案，你还需要哪些资料和数据，设想如何才能获得这些资料和数据？

12-43 尝试制定某高炉详细的开炉操作方案，你还需要哪些资料和数据，设想如何才能获得这些资料和数据？

12-44 尝试制定某高炉详细的封炉操作方案，你还需要哪些资料和数据，设想如何才能获得这些资料和数据？

在线测试12

项目 13 | 高炉信息化与智能化

◎ 学习目标

本项目介绍高炉信息化和智能化炼铁技术，学习者应认识到这些技术仍在不断发展中，需要不断加强学习，为操作高炉做好知识储备。

- 知识目标：
(1) 了解高炉智能炼铁体系架构；
(2) 了解高炉信息化和智能化系统的配置结构和总体功能；
(3) 了解高炉专家系统构成；
(4) 了解炉况诊断与评价技术；
(5) 了解高炉主要智能控制参数及检测仪表；
(6) 了解高炉体检技术。

- 能力目标：
(1) 能描述高炉智能炼铁涉及的技术；
(2) 能设计相应的检测参数对某炉况进行判断。

- 素养目标：
(1) 能介绍我国高炉智能炼铁技术，增强民族自豪感；
(2) 具有整体观念和全局意识；
(3) 具有团结协作和开拓创新精神。

思政课堂

凝造匠心

★ 每课金句 ★

国家现代化建设为年轻人提供了广阔舞台，大家正当其时，要把握历史机遇，大显身手，勇攀科技高峰，将来你们一定会为自己对民族复兴所作的贡献而自豪。

——摘自习近平 2023 年 7 月 5 日至 7 日在江苏考察时的讲话

⚙ 智能炼铁

现代高炉炼铁已经进入了大型化、智能化时代，现代化大型高炉，具有规模大、效率高、成本低等诸多优势。随着现代化高炉对工艺操作精细化要求的不断提高，自动化和信息化新产品、新技术的应用也与时俱进，合理的检测设备、全集成的控制系统、先进的信息网络、完善的管控功能，已经成为高炉智能化发展的主流。

13.1　智能炼铁体系架构

智能炼铁的目标是提高炼铁生产的精准性和柔性，并大幅提高劳动生产效率。《智能炼铁体系架构与建设指南》（T/CSM 13—2020）提出了炼铁"智慧管控-智慧操控-智慧作业"的技术架构，总体目标是通过先进绿色制造技术与新一代信息技术、人工智能技术等新兴技术的有机融合，构建一个高效低耗、以人为本、安全长寿、绿色环保、协同优化的炼铁生产模式。该体系架构主要特征如下。

（1）一体化协同优化智慧决策：建立铁区大数据中心，基于物联网、大数据机器视觉等技术，以铁区生产稳定高效、铁水成本和能源消耗最优为目标，通过"铁烧焦料球"的一体化生产决策实现铁区生产的系统最优，创造一流的生产技术指标。

（2）大数据智能化辅助生产：利用铁区一体化智能管控平台，对影响高炉炉况的原料、操作、设备等海量数据按时间序列，基于工艺冶炼知识和逻辑关系，开展大数据挖掘及数据建模，针对不同管理层级的需求，进行及时预警提出生产的建议及措施，寻找设备状态、原料、操作参数之间的合理关系，寻求合理的控制区间，智能辅助生产和操作，提升炉况的稳定、顺行和高效、低耗。

（3）提升本质化安全：采用 5G 技术、图像识别、虚拟仿真、人工智能、大数据分析等新一代信息技术，通过远程操作、远距离集控等操作模式的转变，对位于涉煤气等重大危险区域的操作工作进行撤离，远离危险区，采用无人化操作及智能维检，减少现场危险区域人工作业，提升本质化安全。

（4）提高自动化作业率：通过提升现场设备自动化程度，减少现场人工操作。利用智能装备和智能检测，减少现场"3D"（即 Dirty，Dangerous，Difficult；脏，危险，困难）岗位，降低现场作业和设备维检人员的劳动强度，提高生产运行稳定率。

13.1.1　体系架构

智能炼铁总体技术体系由"智慧管控-智慧操控-智慧作业"组成，如图 13-1 所示。智慧管控是基于贯通"铁烧焦料球"铁区全流程的一体化管控，为提高整个铁区生产的系统性、匹配性提供决策支持；智慧操控是基于数据化、智能化，通过数据分析、智能模型等为动态精准生产操作提供技术支撑；智慧作业则是生产作业和设备操作的少人化、无人化。在此技术体系中，智慧操控是纽带，智慧操控与智慧管控相互支撑，倒逼和促进现场的智慧作业，最终形成三者之间的联动，实现全面性的智能制造。

13.1.1.1　智慧管控

（1）一体化管控：基于铁区一体化智能管控平台，形成以高炉为核心，铁区一体化协同，"物质流、能量流、信息流"深度耦合的管控体系，实现面向整个铁区的高效协同、集中决策、智慧操控的目标。

（2）智慧决策：以高炉的稳定顺行、低耗低成本为中心，对"铁烧焦料球"铁区全

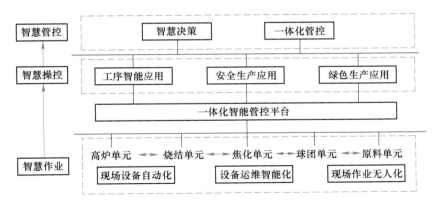

图 13-1　智能炼铁整体技术架构体系

流程进行全面分析，统筹铁区各工序的技术决策。以基于大数据的智能化系统为手段，建立丰富的生产运行案例库，通过大数据挖掘，按照工艺逻辑对关键影响因素动态分析、参数动态寻优等技术手段，提高整个铁区生产的系统性、匹配性、及时性和准确性。通过智慧决策可以明确原料指标的合理范围、环保的管控范围、过程治理等。

13.1.1.2　智慧操控

（1）智能化支撑优化操控：各工序智能化应用是实现生产管理由专家经验向数字化、科学化转变的基础。基于一体化智能管控平台，采用大数据算法，并结合工艺生产需求，在高炉、烧结、球团、焦化、原料场等工序上线智能化应用，实现移动或远程监控，提高工艺生产管理水平。

（2）安全生产保障：安全生产保障包括人的安全、设备的安全、区域和系统的安全。基于铁区大数据平台，通过实时监测、动态预警、智能联动、长寿判断、原因追溯等手段建立起安全保障体系，从根本上解决炼铁生产中存在的安全问题。通过智能化手段，实现现场人员定位、跟踪，CO 报警联动，危险区域电子围栏划线，巡检路线规划等保证现场人员安全。利用大数据、深度学习等技术进行相关分析，降低设备失修风险，减少非计划停机，降低维护人员劳动负荷，提高生产运行稳定性。

（3）绿色生产保障：将铁区环保检测点数据互联互通，动态设定监控报警分级，以及环保数据预警，建立包括提前预警、报警管控因素分析在内的绿色生产监测体系，提升环保监控水平。一方面提高环保监测的智能化水平，降低环保事件发生的概率；另一方面提高铁区整体生产的协同性，降低工序的能耗，从而从源头提高绿色制造综合水平（过程治理）。

13.1.1.3　智慧作业

（1）现场设备自动化：宜因地制宜地在现场设备侧采用智能化装备技术，如通过研发和采用自动加泥、自动开铁口等自动化水平更高的设备，大幅降低人工作业强度，提高生产效率。

（2）现场作业无人化：在设备自动化的基础上，通过系统化集成，实现某个作业区域整体的无人化或少人化，比如堆取料机无人化、出铁场无人化等。同时，采用如皮带无人巡检等智能巡检技术，使生产者远离危险环境，最终实现现场作业的无人化。

（3）设备管理智能化：上线设备智慧管理，对设备运行状态进行实时监控、分析和预警，加强设备的预测性维护，并对备品备件进行库存管理，提升设备管理的智能化水平。

（4）智能诊断分析：通过人工智能图像识别技术，充分结合摄像机，识别物料、人、设备等行为及异常状态，及时通过语音报警、预警，代替传统的人员现场和监视屏观察的方式，辅助生产管理、设备管理，通过电子围栏技术提升人员安全及现场管理水平。

（5）监测系统维护：加强对现场智慧作业相关的监测系统的维护，确保系统正常运行，有效支撑智慧作业的运转。

13.1.2 IT 架构

智能化炼铁 IT 架构由设备层、接入层、平台层和应用层四个层次构成，如图 13-2 所示。

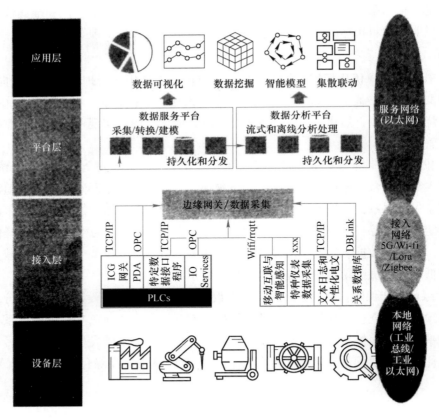

图 13-2　智能化 IT 架构示意图

（1）设备层。设备层智能化的核心问题是设备的自动感知和自动控制能力。铁区的智能化建设应不遗余力地推进装备的自动化改造和智能装备新技术的应用，持续不断地推进炼铁生产过程中人、机、料、环等隐性数据的显性化。自动控制是在数据显性化、信息化和知识化基础上，通过基于铁区大数据平台的智能模型和应用进行分析、挖掘后做出的精准执行。设备的监测内容主要包括：压力、温度、流量、速度、振动、变形、位移、堵塞、破损、泄漏、密封等。

（2）接入层。铁区智能化建设过程中，应致力于网络系统的扁平化、无线化和灵活性，根据各生产环节的具体时效性、可靠性和安全性要求选用合适的网络技术。连接一切可以连接的设备和系统，彻底消除信息和系统孤岛。接入层负责与炼铁区域各类资源如生产设备、自动化系统、智能产品边缘网关以及外部数据源进行对接，主要包括接入管理功能和数据采集功能。网络接入是智能炼铁的基础性保障。

（3）平台层。铁区数据中心和大数据平台、智能模型/应用服务平台建设宜以"四个消除"（即消除孤立异构硬件系统，统一基础设施架构；消除点对点通信，构建统一服务总线；消除自治数据库，构建统一数据存储；消除分隔技术栈，构建统一应用开发平台）为原则，构建铁区统一的跨工艺单元，跨信息化层级架构、跨平台、跨专业的数据集散中心、数据存储中心、数据分析中心和数据共享中心，为构建铁区工业软件体系构建坚实的数据和公共服务基础。

平台层以知识库（元数据和规则库）为核心，通过接入层连接数据源头（设备层）和应用层（可视化、智能分析、决策和智能模型应用），为智能炼铁提供数据集成、数据管理、实时（流式）分析引擎和数据服务。从结构上看，铁区大数据平台应包括数据预处理、数据建模、数据存储、数据服务层、智能应用开发运行环境和公共组件库、统一数据服务等多个子层次。与炼钢、轧钢及公辅单元的数据交换在平台层完成。

（4）应用层。应用层包括智能模型、智能应用、智能控制软件等工业软件及相应的开发、配置平台环境，如铁区各工艺单元的集控 HMI 软件、过程控制系统和专家系统模型等。应用层是铁区操作、生产管理和经营管理过程的模型化、工具化，是数据、经验知识化的载体。应用层致力于打造"状态感知-实时分析-科学决策-精准执行"的数据闭环，构建数据、信息、知识自动流动的规则，应对"人机料环"各种外部因素的不确定性，实现铁区各工序制造资源的动态高效配置。

1）数据可视化。数据可视化层次由自动化报表、可视化图表等组件构成，为各类决策的产生提供更为直观的数据支持，如高炉操作炉型直观显示、软熔带形状直观显示、全炉冷却壁温度气象云图显示、中心大屏幕系统、智慧集控中心（Intelligent Centralized Control，ICC）所需操作决策工位（驾驶舱）、工艺工程师数字工位等。

2）实时数据分析。实时数据分析应用包括高炉、烧结、焦化等工序的原料、操作参数的实时动态分析、异常报警、诊断与分析等，为及时调整操作方针提供依据。

3）历史数据挖掘。历史数据挖掘应用包括对海量历史数据的挖掘与利用。对重要生产参数、关键原燃料指标的合理控制区间进行挖掘与分析，建立高炉、烧结、球团、焦化等工序运行的知识库和案例库，从而实现生产的提前预警、未来预测等，为铁区生产的长期稳定顺行打下基础。

4）智能模型应用。在炼铁生产中，新一代智能模型的应用范围涵盖高炉、烧结、球团、焦化、原料等工序，智能应用以微服务的形式运行在扁平化的大数据平台上，炼铁智能应用基于各工序冶炼机理，结合多元回归、主元分析法、聚类分析、遗传算法、深度神经网络等智能算法，以铁区大数据平台为基础，开发相关智能化模型，解决工艺复杂与烦琐计算、冶炼"黑箱"问题，通过模型计算结果为炼铁操作决策提供精准化依据。例如：利用大数据手段对高炉进行在线"体检"，跟踪高炉炉况变化趋势；从原料场到槽下，再到入炉对原燃料进行全流程跟踪管理；对炉料和气流分布进行预测诊断和智能控制，对操作炉型、炉缸侵蚀、出铁状态等进行智能监控，同时通过在线多维度对标寻优、最低能耗诊断评估、操作参数大数据寻优等智能计算，为高炉指标优化提供科学指导；原料工序上线智能混匀、智能物流、数字化料场等模型，实现料场 3D 数字化重构、实时自动盘库、自动料场图、智能感知支撑等功能。

13.2 智能炼铁信息化系统

目前，现代化高炉均在积极发展各种智能化炼铁技术。以下以马钢炼铁系统为例，介绍高炉信息化和智能化系统的配置结构和总体功能。马钢在仪表检测、控制理论、工艺模型、计算机网络、信息化系统等技术和理论方面进行了研究和实践，炼铁系统具有平台多元化、系统集成化、功能结构化、过程标准化的特点。

13.2.1 概述

马钢铁前信息化系统涉及覆盖炼铁区域的生产业务管理系统、二级过程控制系统。生产业务管理系统包括物流支撑系统（LES）、检化验管理系统（QS）、计量系统、日成本平台、公司 ERP 系统、煤焦化综合数据处理系统和铁前大数据分析平台等；二级过程控制系统包括烧结、炼铁主要工序的二级系统、控制模型。各系统之间的关系如图 13-3 所示。

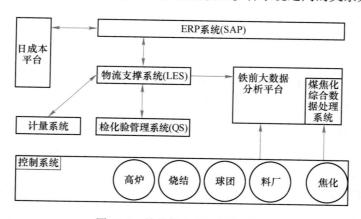

图 13-3 铁前信息化系统结构图

物流支撑系统实现了原燃辅料采购业务全过程管控，集采购到货、计量、检验、入库、出库管理为一体，为 ERP 实现原燃辅料采购结算提供了数据支撑；对物料内部倒运、铁前生产投入产出、铁前副产品的回收和销售业务进行全面管理。

计量系统为物流支撑系统提供了物资量的计量数据，包括水运、汽运、铁运、皮带运输等业务，实现了计量委托接收、计量过程管控、计量数据上报、异常处理等功能。

检化验管理系统为物流支撑系统提供了原燃辅料和铁前工序产品的检化验数据，实现了检验委托接收、检验过程管控、检验数据上传等功能。

日成本平台从 ERP 系统获取铁前各产线的投料和产出数据，包括能介消耗等，计算各产线每日工艺技术指标及制造成本，为公司及时发现生产运行问题、提高成本核算数据质量及运行过程控制提供监控手段。

铁前大数据分析平台在采集高炉、烧结、球团、焦化等控制系统实时工艺参数的同时，结合物流支撑系统提供的检验、计量数据，将铁前分散独立的数据集中展示分析，逐步形成铁前生产技术大数据。基于云平台建成了重要工艺参数历史数据库，实现了实时监控、预警、数据分析、报表生成、高炉体检技术模型等功能。

13.2.2 铁前大数据分析平台

铁前生产的稳定与否直接关系到公司能否顺利达产保持盈利，铁前的重要性不断提高，铁前生产一体化管理平台实现了高炉、烧结等所有铁前产线生产信息的采集、处理、汇总、分析，有效地提高了高炉生产管理效率。

铁前大数据分析平台建设的目标是：加强铁前系统重点参数监控及信息传递，建立高炉、烧结、球团、焦炉运行参数监控及统一信息共享平台，建立铁前生产和技术大数据。实现关键运行参数实时自动预警，建立各类技术模型，以便铁前相关技术人员和管理人员快速获取相关信息及时应对生产过程中出现的问题，为高炉稳定顺行提供实时有效的数据支撑。同时，基于云平台建立铁前工序重点工艺参数的历史数据库，设计存储能力为一代炉龄，为后续的数据分析、运行情况诊断、模型建立提供支撑。深度挖掘大数据，利用信息化技术进行工艺流程管控。该系统实现了煤焦化、烧结、高炉多个工序的主要工艺参数采集和历史数据存储，实现了料面跟踪、操作炉型、气流分布、鼓风动能、理燃温度、炉缸侵蚀、炉缸平衡、黏度预测、炉缸活跃性、工长曲线、在线布料、物料平衡、热平衡、优化配置、Rist 操作线、有害元素、冶炼成本、水温差等各类技术模型，为生产技术人员提供技术支撑。

13.2.3 部分模型简介

（1）高炉体检预警模型。高炉体检预警模型建立在采集大量现场设备参数和工艺操作参数的基础上，结合焦化综合数据处理系统、物流支撑系统、检化验系统等数据，根据各高炉历史数据总结出的计算模型，以百分制得分方式自动生成各高炉每日的炉况结果，直接反映高炉炉况的实际情况。该模型建立各高炉体检项目表、计算规则表、数据来源配置表，实时计算当前各高炉的体检得分，同时在系统后台实时从数据库抓取数据并与预警极限值比对，产生报警信息。

（2）高炉全炉物料平衡模型。高炉全炉物料平衡模型计算入炉、出炉的所有物料，计算出入物料的绝对误差及相对误差。入炉物料包括矿石量、焦炭量、煤粉量、熔剂量、鼓风量，出炉物料包括生铁量、渣量、煤气量、煤气中水量、炉尘等。该模型分别以料批、天、月为单位三个频次进行计算。

（3）高炉热平衡模型。高炉热平衡模型是指高温区域的热量收入与支出，收入与支出之差为热状态指数，热状态指数对炉温的判断起重要的作用。用户可选择日期查看高炉热量收入与支出情况，并自动计算热指数。该模型计算周期为 15 min。

（4）炉缸侵蚀模型。高炉是高温、高压、密闭的"黑匣子"，炉缸侵蚀模型提供炉缸炉底侵蚀图（包括纵剖与横剖图）、热电偶数据、趋势曲线、历史数据查询、参数设置等功能，帮助技术人员实时掌握炉缸炉底耐火材料内的温度分布、三维侵蚀内型、渣铁壳厚度、炉缸活跃性等情况。

该模型主要有以下功能：炉缸炉底耐火材料温度的在线采集、存储和分层显示；炉缸炉底不同剖面温度场、等温线、侵蚀内型、耐火材料厚度的自动计算、绘制、显示和历史数据查询；炉缸炉底任一坐标点的温度、材质、厚度等可随光标实时显示；炉缸异常侵蚀、耐火材料厚度过薄、炉缸结厚等异常情况的自动诊断和预警；炉缸炉底网格的划分；预警查询、预警标准设定；异常诊断知识库的建立。

（5）热负荷模型。高炉冷却壁热负荷的变化情况是高炉运行情况的晴雨表，尤其对于高炉后期的运行有重要的指导意义。热负荷模型一般包含水温差、热负荷实时检测、多视角的纵测和横测图、报警、历史曲线、报表等功能。

拓展知识

- 拓展 13-1　高炉专家系统基础知识

专家系统 ES（Expert System）是指在某些特定的领域内，具有相当于人类专家的知识经验和解决专门问题能力的计算机程序系统。专家系统不同于一般的计算机软件系统，它的特点是知识信息处理、知识利用系统、知识推理能力、咨询解释能力。20 世纪 80 年代，人们开始将专家系统引入高炉领域，按高炉操作专家所具备的知识进行信息集合和归纳，通过推理做出判断，并提出处理措施，形成了高炉冶炼的专家系统。

人工智能（Artifical Intelligence，AI）是模拟人类思维方式去认识和控制客观对象的技术，如用神经网络技术去辨识客观事物的隐含规律，用模糊理论去处理过程很复杂的控制问题。专家系统是人工智能技术的一个分支。近年来在高炉上应用的 ES 中也大量应用神经网络和模糊数学方法，因此 ES 与 AI 系统并无严格区分。

专家系统的核心问题是对知识的处理，即知识的表达、推理方式和知识的获取等。

1. 知识的表达方式及知识库

知识的表达方式应该有足够的表达能力、推导新知识的能力、获取新知识的能力。一般可将表述知识分为规则和事例两类。最有代表性的产生式规则的形式为：IF（条件或前提）...THEN（结论或行动）...，专家系统运行中一旦满足该规则的应用先决条件，就将触发该规则，并对数据库进行规定的操作。

为了表述不确切的知识，引入了模糊理论的置信度 CF 和资格函数的概念。CF 值为 0~1，在使用每一条规则时都要判定其可信度。利用资格函数来确定 CF 值。对不同的对象（如非统计型不确定性知识），可以定义隶属函数来描述其状态和属性定义的不确定性。例如，对高炉某些上升型参数可定义：

$$f(x) = \begin{cases} 0, & x \leqslant x_1 \\ \dfrac{x - x_1}{x_2 - x_1}, & x_1 < x \leqslant x_2 \\ 1, & x > x_2 \end{cases} \tag{13-1}$$

其中，x_1 和 x_2 是由专家给定的 x 参数的左、右边界值，并且可以在运行中修正。

高炉专家系统绝大多数知识是用产生式规则表达的，整个系统的规则就是知识库。为保证知识库的有效使用，可将其分为判定知识库和控制知识库。在知识库中进一步把知识按信息属性（如温度、压力等）或规则的功能进行分类，将其单元化。这些单元化的知识可以组合成各种知识源。例如，炉热控制系统中铁水温度水平知识源，就是利用铁水温度推断炉热水平的多条规则组成的。对知识库的管理与维护，主要是保证知识的一致性、完整性和无冗余性，不能有相互矛盾的规则、重复的或过时的规则。

2. 推理方式

AI 和 ES 技术中的推理机包含有演绎逻辑推理和归纳推理方法。推理方式分为正向和后向两种。正向推理是从前提条件或子目标出发向主要目标推进，图 13-4 是某高炉诊断悬料采用的正向推理树。首先逐一处理信息数据，然后按其置信度找出为真的节点，并向上逐级推理，直到找到根目标。因此，正向推理也称数据驱动方式。后向推理时则先提出几种中间假设，依次进行推理，如果结论不能被接受则退回到出发点按另一假说去推理。这两种推理方式往往同时使用。

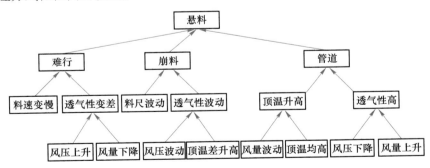

图 13-4　正向推理推理树实例

3. 知识的获取及数据的处理

专家系统使用的知识主要是专家经验和工艺理论知识。但专家知识常常以高炉冶炼常识为前提条件，在形成专家知识时要注意这些隐含条件。高炉各种操作事件发生前后的信息构成知识，专家系统对这些知识应有自动获取的能力。

专家系统要像冶炼专家那样根据检测信息进行分析判断和综合，必须从这些数据中提取变化特征值。除了根据不同目的对数据首先进行平滑滤波处理外，提取特征值还有参数平均值时序趋势梯度值、波动量的标准方差以及参数规整化处理等方法。

高炉中连续检测的参数都是时间序列数据，它既有短周期的波动，也有长周期的发展趋势。采用"变时间区间的动态平均方法"处理，更能清楚地反映长周期趋势和特点。例如，对炉顶煤气温度时序数据平滑处理，以一批料间隔时间动态平均构成新的时序数据等。

4. 高炉专家系统构成

典型的高炉专家系统构成如图 13-5 所示。它是在原高炉过程计算机系统中配备专用的人工智能处理机构成的。程序由功能模块组成，主要有数据采集、推理数据处理、过程数据库推理机、知识库及人工智能工具（包括自学习知识获取、置信度计算、推理结论和人机界面等）。专家系统要有高精度控制能力，能满足和适应频繁调整的要求，具有一定的容错能力，与原监控系统有良好的包容性。在功能上一般包括炉热状态水平预测及控制、对高炉行程失常现象（悬料、管道、难行等）预报及控制、炉况诊断与评价、布料控

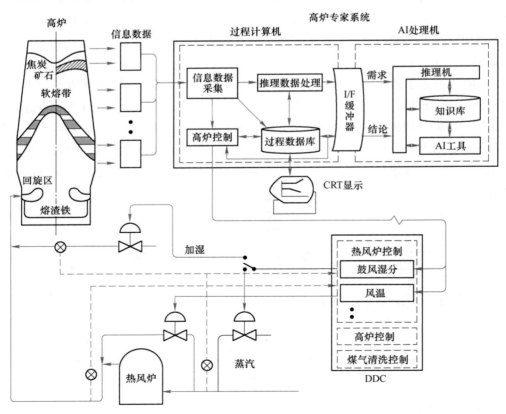

图 13-5　高炉专家系统构成

制、炉衬状态的诊断与处理、出铁操作控制等。

5. 高炉专家系统的新特点

从 20 世纪 80 年代开始，专家系统在国外高炉得到推广应用。同时期，我国采用多种模式开发与应用高炉专家系统，但由于操作理念、检测数据、维护等原因，没有达到预期效果。将多种智能技术结合起来形成混合系统，克服实际应用中的缺陷和不足，是当今智能系统的发展趋势。高炉冶炼工艺复杂，影响炉况的因素很多，控制过程实时性要求强，因此高炉应作为一个复杂的大系统来考虑，将智能化仪表、信息化、数据库、物联网、神经网络、机器人、集散控制系统、多媒体等多种新型技术与高炉专家系统充分融合，实现高炉生产过程的精确在线控制。

▪ **拓展 13-2　炉况诊断与评价专家系统**

炉况诊断与评价是高炉专家系统的重要组成部分。建立有效的炉况诊断与控制的前提是要有足够的传感信息以及根据传感信息建立有效的判断参数，判断参数的合理性均用高炉冶炼原理来衡量。例如，AGS 系统根据高炉操作诸多因素的定量分析，将其控制在最佳范围内，并依此来检验、评价和诊断高炉过程的状态。后来抽取 230 个检测信息用于推理机，并建立起 600 条知识规则的知识库，进而发展成为川崎水岛 4 号高炉的 Advanced GO-STOP 系统（简称 AGS 系统）。

1. AGS 系统的参数

AGS 系统采集的数据和计算指数见表 13-1，并将其归纳为用于炉况水准判断的 8 个分类参数和用于炉况变动判断的 4 个分类参数。

表 13-1　AGS 系统炉况判断的参数

炉况水准判断			炉况波动判断		
个别参数	判断类型	分类参数	个别参数		分类参数
全压差（DP）	A	全炉透气性（DPF2）	风压	短期（VBP-S）	风压（VBP）
气流阻力指数（F2）	A			中期（VBP-M）	
炉身下部压差（DSPL）	A	局部透气性（DSP）		长期（VBP-MD）	
炉身上部压差（DSPU）	A				
铁水温度（HMT）	B	炉子热状态（HI）	炉身下部压差	短期（VSPLS）	炉身压（VSP）
炉热指数（HO）	B			中期（VSPL-MD）	
渣中 FeO 含量（FeO）	A			长期（VSPL-L）	
煤气 CO 利用率（ECO）	B	炉顶煤气（GAS）	炉身上部压差	短期（VSPU-S）	
炉顶煤气温度（TGT）	A			中期（VSPU-M）	
崩料空穴指数（SH）	A	料柱下降（SHE）		长期（VSPU-L）	
气流分布指数 I（GTC）	A	炉顶煤气分布（TED）	炉热指数	短期（VHO-S）	炉热指数（VHO）
气流分布指数 II（GTP）	C			中期（VHO-M）	
				长期（VHO-L）	

续表 13-1

个别参数	判断类型	分类参数	个别参数		分类参数
炉身冷却壁温度（STTS）	C'		煤气 CO	短期（VCO-S）	
炉腹冷却壁温度（STTB）	C'	炉体温度（STT）		中期（VCO-M）	
冷却壁热负荷（STHL）	C'			长期（VCO-L）	炉顶煤气成分
			煤气 N$_2$	短期（VN$_2$-S）	（VGAS）
前三炉渣量（SR3）	A	炉缸渣铁残留量（PSB）		中期（VN$_2$-M）	
渣量平衡（SLAG）	A			长期（VN$_2$-L）	

注：判别类型，当数值由小变大时，A：好→注意→坏；B：坏→注意→好；C：注意→坏→好；C′：坏→好→注意。

表 13-1 中每一个参数都进行合理定义，例如气流阻力指数（F2）：

$$F2 = \frac{P_b^2 - P_t^2}{LU_0^{1.7}P_0} \times \frac{T}{T_0} \tag{13-2}$$

式中　P_b，P_t——送风压力、炉顶压力，kPa；

$\quad\quad P_0$，T_0——标准状态下压力与温度，kPa，K；

$\quad\quad L$——风口至料面间的距离，m；

$\quad\quad U_0$——标准状态下的炉内煤气平均流速，m/min；

$\quad\quad T$——炉内平均温度，K。

上述参数与炉料下降失常的因果关系如图 13-6 所示。图 13-6 中虚线框是参数的变化，实线框是炉况的变化。图 13-6 不但指出了使炉料下降失常的诸因素，同时也说明炉料下降失常引起其他参数的变化，例如，管道行程使煤气利用率变差，煤气中 CO 上升。

2. 炉况评价判断过程

AGS 系统判断炉况的流程和步骤如图 13-7 所示。

（1）个别参数判断。由操作数据的统计分析确定上下两个边界值，将实时参数

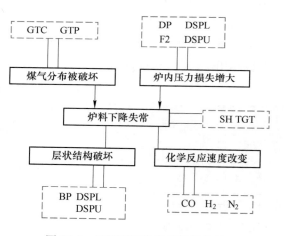

图 13-6　炉料下降失常的因果关系

与之比较判定属于好（good）、注意（caution）和坏（bad）三个范围，对水准判断参数分别用 2、1、0 数值代表上述判定结果，而变动判断参数则用 0、−1、−2 来表示，这些值均称为 GS 数，如果某参数判断结果为坏，系统将立即报警。

（2）分类参数判断。首先计算分类参数的 GS 数 P_{wj}：

$$P_{wj} = \sum W_{ij}P_{ij} \tag{13-3}$$

式中　W_{ij}，P_{ij}——第 j 个分类参数中各参数的权重与 GS 数。

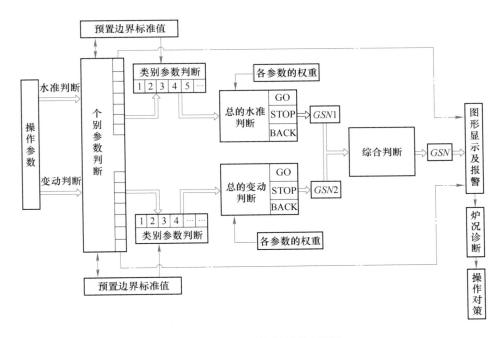

图 13-7　AGS 系统判断程序框图

对水准判断的 8 个分类参数和变动判断的 4 个分类参数也同样设置上、下边界值进行判断，并将结果显示在屏幕上。

（3）总的水准判断和变动判断。将上述判定结果的 GS 数累加起来分别为：

$$GSN1 = \sum_{i=1}^{8} P_{wj} \tag{13-4}$$

$$GSN2 = \sum_{i=1}^{4} P_{wj} \tag{13-5}$$

得到的 $GSN1$ 和 $GSN2$ 就是总的水准判断和总的变动判断的依据，按其累加值的范围，同样判定出：好、注意和坏。调整各参数的权重，使得 $GSN1 = 0 \sim 100$，其值越大炉况越好；使 $GSN2 = -30 \sim 0$，其值越接近零，炉况波动越小，反之亦然。可将 $GSN1$ 和 $GSN2$ 做成实时参数曲线，像其他高炉参数一样显示在屏幕上。

（4）对炉况综合评价和给出操作指导。将 $GSN1$ 与 $GSN2$ 之和 GSN 作为对炉况综合评价的结果。例如，将 $GSN>70$ 判为 GO，即高炉状态良好，可维持现状"前进"；当 $GSN = 50 \sim 70$ 时判为 STOP，即高炉进程出现问题应"停止前进"，进行微调；当 $GSN<50$ 时为 BACK，表明高炉已经失常，必须立即采取进一步措施使高炉"返回"正常。

根据川崎公司高炉经验采取的措施如下。

（1）STOP。找出炉况不良的原因后，采取以下三种措施之一：

1）若 STOP 持续 3 h，则减风 3%；

2）若炉热状态 GS 数为 0，则降低负荷；

3）若炉缸渣铁残留量 GS 数为 1 或 0，则提前下次出铁，强化出渣出铁操作。

（2）BACK。一旦出现 BACK 判断立即减风 5%，同时查找失常原因：

1）若炉热状态 GS 为 1 或 0，则降低负荷；

2）如炉缸残留渣铁量 GS 数为 0 或 1，则连续出渣出铁；

3）若全压差或炉身压差 GS 数为 0，则再减风 5%。

- 拓展 13-3　智能炼铁检测与控制仪表

- 拓展 13-4　宝钢智慧高炉运行平台

智能炼铁检测与控制仪表

宝钢智慧高炉运行平台

📖☆ 企业案例

- 案例 13-1　高炉体检技术

- 案例 13-2　智慧高炉

高炉体检技术

智慧高炉

❓ 思考与练习

- 问题探究

13-1　简述智能炼铁体系架构的主要内容，该体系架构有何特点？

13-2　简述智能化炼铁 IT 架构的组成及主要内容。

13-3　高炉信息化和智能化系统的配置结构和总体功能有哪些？

13-4　高炉专家系统如何对知识进行处理？

13-5　高炉专家系统有哪些新特点？

13-6　AGS 系统如何对炉况进行诊断与评价？

13-7　高炉有哪些主要检测仪表？

13-8　高炉仪表在安装时需注意哪些问题？

13-9　什么是高炉体检技术，是如何实施的？

- 进阶问题

13-10　尽可能详细地介绍我国某高炉使用的智能化炼铁技术。

13-11　古希腊哲学家赫拉克利特说过"人不能两次踏进同一条河流"，要想成为一名炼铁工匠，应如何规划你的学习内容？请重做习题 1-16。

在线测试13

参 考 文 献

[1] 高海潮，黄发元.马钢炼铁技术与管理［M］.北京：冶金工业出版社，2019.

[2] 项钟庸，王筱留，张建良，等.高炉高效低耗炼铁理论与实践［M］.北京：冶金工业出版社，2020.

[3] 沙永志.现代高炉炼铁［M］.3版.北京：冶金工业出版社，2016.

[4] 侯向东.高炉冶炼操作与控制［M］.北京：冶金工业出版社，2012.

[5] 郑金星.炼铁工艺及设备［M］.北京：冶金工业出版社，2010.

[6] 周传典.高炉炼铁生产技术手册［M］.北京：冶金工业出版社，2005.

[7] 刘云彩.高炉布料规律［M］.3版.北京：冶金工业出版社，2005.

[8] 张建良，焦克新，王振阳.炼铁过程节能减排先进技术［M］.北京：冶金工业出版社，2020.

[9] 储满生，柳政根，唐钰.低碳炼铁技术［M］.北京：冶金工业出版社，2021.

[10] 汤清华，王筱留，祁成林.高炉喷吹煤粉知识问答［M］.2版.北京：冶金工业出版社，2016.

[11] 王筱留.钢铁冶金学（炼铁部分）［M］.3版.北京：冶金工业出版社，2013.

[12] 林磊.炼铁生产操作与控制［M］.北京：冶金工业出版社，2017.

[13] 万新.炼铁厂设计原理［M］.北京：冶金工业出版社，2009.

[14] 万新.炼铁设备及车间设计［M］.2版.北京：冶金工业出版社，2007.

[15] 傅燕乐.高炉操作［M］.北京：冶金工业出版社，2006.

[16] 卢宇飞.炼铁工艺［M］.北京：冶金工业出版社，2006.

[17] 胡先.高炉热风炉操作技术［M］.北京：冶金工业出版社，2006.

[18] 胡先.高炉前操作技术［M］.北京：冶金工业出版社，2006.

[19] 金艳娟.高炉喷煤技术［M］.2版.北京：冶金工业出版社，2011.

[20] 张寿荣.高炉失常与事故处理［M］.北京：冶金工业出版社，2012.

[21] 戴先中，马旭东.自动化学科概论［M］.2版.北京：高等教育出版社，2016.

[22] 刘保东，宿洁，陈建良.数学建模基础教程［M］.3版.北京：高等教育出版社，2015.

[23] GB 50427—2015，高炉炼铁工程设计规范［S］.

[24] T/CSM 13—2020，智能炼铁体系架构与建设指南［S］.

[25] 周传典，徐矩良，刘云彩，等.高炉操作的第三代技术［J］.炼铁，1999，18（5）：53.

[26] 柳萌.我国高炉炼铁技术发展方向之管见［J］.炼铁，2021，40（3）：1-6.

[27] 杨天钧，张建良，刘征建，等.低碳炼铁　势在必行［J］.炼铁，2021，40（4）：1-11.

[28] 潘钊彬，乔军.炼铁工业发展现状及趋势之我见［J］.炼铁，2020，39（6）：20-25.

[29] 章启夫，毛庆武，刘国友，等.首钢京唐3号高炉的技术特点及生产效果［J］.炼铁，2021，40（2）：26-29.

[30] 朱国峰，那树人，张兆华，等.新型高炉炼铁原燃料采购决策专家系统［J］.金属世界，2015，179（3）：74-76.

[31] 徐迅，刘玲，陈胜，等.冷却壁水温差监测高炉冷却壁热面状况研究［J］.山东工业技术，2015，184（2）：20-22.

[32] 杨博.高炉矿焦槽全自动上料控制系统［J］.化工自动化及仪表，2017，44（4）：369-371.

[33] 李长武，张文政.降低热风炉换炉波动的生产实践［J］.天津冶金，2022，238（2）：5-7.

[34] 胡正益.热风炉智能燃烧控制技术分析与应用［J］.山西冶金，2021，193（5）：252-255.

［35］陈智平，杨军军，吴诚诚，等. 汉钢 1280m³ 高炉智能化新技术的应用［J］. 炼铁，2021，40（1）：56-58.

［36］张西周，李大安. 高炉铁水智能取样测温系统简述［J］. 新疆钢铁，2021，158（2）：42-44.

［37］唐永辉，刘仕虎. 全液压式开口机在大型高炉上的应用［J］. 冶金工程，2017，4（1）：43-49.

［38］吕杰，赵双，温瑞瑞. 山钢日照 5100m³ 高炉煤气布袋除尘系统设计特点［J］. 工业炉，2020，42（3）：32-33.

［39］陈小东，柏德春. 韶钢 3200m³ 高炉降低焦比生产实践［J］. 南方金属，2021，239（4）：58-62.

［40］车玉满，郭天永，孙鹏，等. 高炉冶炼专家系统的现状与趋势［J］. 辽宁科技大学学报，2019，42（4）：241-246.